科学与工程
计算技术丛书

MATLAB
图像处理

（第2版）

刘成龙◎编著

清华大学出版社
北京

内 容 简 介

本书以MATLAB R2020a为平台，面向初、中级读者，由浅入深地讲解MATLAB在图像处理中的应用知识。本书按逻辑编排，自始至终采用实例描述，内容完整且每章相对独立，是一本全面讲解MATLAB图像处理的参考书。

全书分为3部分，共14章。第一部分为MATLAB基础知识，涵盖MATLAB基本语法概念、程序设计方法、图形绘制技巧等内容；第二部分为基于MATLAB的常见图像处理技术，涵盖图像处理基础、颜色模型转换、图像的基本运算、图像变换、图像压缩与编码、图像增强、图像退化与复原等内容；第三部分为基于MATLAB的高级图像处理技术及应用，涵盖图像分割与区域处理、图像形态学处理、综合应用等内容。

本书适合作为高等院校理工科本科生、研究生教学用书，也可作为广大科研工程技术人员的参考用书。

图书在版编目（CIP）数据

MATLAB图像处理/刘成龙编著．—2版．—北京：清华大学出版社，2023.5
（科学与工程计算技术丛书）
ISBN 978-7-302-61566-8

Ⅰ．①M…　Ⅱ．①刘…　Ⅲ．①Matlab软件—应用—图像处理—教材　Ⅳ．①TP391.413

中国版本图书馆CIP数据核字（2022）第141879号

策划编辑：盛东亮
责任编辑：吴彤云
封面设计：李召霞
责任校对：时翠兰
责任印制：刘海龙

出版发行：清华大学出版社
网　　址：http://www.tup.com.cn, http://www.wqbook.com
地　　址：北京清华大学学研大厦A座　　邮　　编：100084
社 总 机：010-83470000　　邮　　购：010-62786544
投稿与读者服务：010-62776969，c-service@tup.tsinghua.edu.cn
质 量 反 馈：010-62772015，zhiliang@tup.tsinghua.edu.cn
课 件 下 载：http://www.tup.com.cn，010-83470236
印 装 者：北京同文印刷有限责任公司
经　　销：全国新华书店
开　　本：203mm×260mm　　印　　张：27.5　　字　　数：788千字
版　　次：2017年9月第1版　　2023年7月第2版　　印　　次：2023年7月第1次印刷
印　　数：1～2500
定　　价：108.00元

产品编号：095891-01

序言

FOREWORD

致力于加快工程技术和科学研究的步伐——这句话总结了 MathWorks 坚持超过 30 年的使命。

在这期间，MathWorks 有幸见证了工程师和科学家使用 MATLAB 和 Simulink 在多个应用领域取得无数变革和突破：汽车行业的电气化和不断提高的自动化；日益精确的气象建模和预测；航空航天领域持续提高的性能和安全指标；由神经学家破解的大脑和身体奥秘；无线通信技术的普及；电力网络的可靠性等。

与此同时，MATLAB 和 Simulink 也帮助了无数大学生在工程技术和科学研究课程里学习关键的技术理念并应用于实际问题中，培养他们成为栋梁之材，更好地投入科研、教学以及工业应用中，指引他们致力于学习、探索先进的技术，融合并应用于创新实践中。

如今，工程技术和科研创新的步伐令人惊叹。创新进程以大量的数据为驱动，结合相应的计算硬件和用于提取信息的机器学习算法。软件和算法几乎无处不在——从孩子的玩具到家用设备，从机器人和制造体系到每种运输方式——让这些系统更具功能性、灵活性、自主性。最重要的是，工程师和科学家推动了这些进程，他们洞悉问题，创造技术，设计革新系统。

为了支持创新的步伐，MATLAB 发展成为一个广泛而统一的计算技术平台，将成熟的技术方法（如控制设计和信号处理）融入令人激动的新兴领域，如深度学习、机器人、物联网开发等。对于现在的智能连接系统，Simulink 平台可以让您实现模拟系统，优化设计，并自动生成嵌入式代码。

“科学与工程计算技术丛书”汇集了 MATLAB 和 Simulink 支持的领域——大规模编程、机器学习、科学计算、机器人等。我们高兴地看到“科学与工程计算技术丛书”支持 MathWorks 一直以来追求的目标——帮助用户加快工程技术和科学研究的步伐。

期待着您的创新！

Jim Tung

MathWorks Fellow

序言
FOREWORD

To Accelerate the Pace of Engineering and Science. These eight words have summarized the MathWorks mission for over 30 years.

In that time, it has been an honor and a humbling experience to see engineers and scientists using MATLAB and Simulink to create transformational breakthroughs in an amazingly diverse range of applications: the electrification and increasing autonomy of automobiles; the dramatically more accurate models and forecasts of our weather and climates; the increased performance and safety of aircraft; the insights from neuroscientists about how our brains and bodies work; the pervasiveness of wireless communications; the reliability of power grids; and much more.

At the same time, MATLAB and Simulink have helped countless students in engineering and science courses to learn key technical concepts and apply them to real-world problems, preparing them better for roles in research, teaching, and industry. They are also equipped to become lifelong learners, exploring for new techniques, combining them, and applying them in novel ways.

Today, the pace of innovation in engineering and science is astonishing. That pace is fueled by huge volumes of data, matched with computing hardware and machine-learning algorithms for extracting information from it. It is embodied by software and algorithms in almost every type of system — from children's toys to household appliances to robots and manufacturing systems to almost every form of transportation — making those systems more functional, flexible, and autonomous. Most important, that pace is driven by the engineers and scientists who gain the insights, create the technologies, and design the innovative systems.

To support today's pace of innovation, MATLAB has evolved into a broad and unifying technical computing platform, spanning well-established methods, such as control design and signal processing, with exciting newer areas, such as deep learning, robotics, and IoT development. For today's smart connected systems, Simulink is the platform that enables you to simulate those systems, optimize the design, and automatically generate the embedded code.

The topics in this book series reflect the broad set of areas that MATLAB and Simulink bring together: large-scale programming, machine learning, scientific computing, robotics, and more. We are delighted to collaborate on this series, in support of our ongoing goal: to enable you to accelerate the pace of your engineering and scientific work.

I look forward to the innovations that you will create!

Jim Tung

MathWorks Fellow

前言
PREFACE

MATLAB 这个名字是由 Matrix 和 Laboratory 两词的前 3 个字母组合而成。20 世纪 70 年代后期，时任美国新墨西哥大学计算机科学系主任的 Cleve Moler 教授出于减轻学生编程负担的动机，为学生设计了一组调用 LINPACK 和 EISPACK 库程序的“通俗易用”的接口，此即利用 FORTRAN 语言编写的处于萌芽状态的 MATLAB。

MATLAB 以商业形式出现后的短短几年，以其良好的开放性和运行可靠性，淘汰了原控制领域中的众多封闭式软件包，使其改在 MATLAB 平台上重建。在国际上 30 多个数学类科技应用软件中，MATLAB 在数值计算领域独占鳌头。

目前，MATLAB 已成为图像处理、信号处理、通信原理、自动控制等专业的重要基础课程的首选实验平台。对于学生而言，最有效的学习途径是结合某一专业课程的学习，通过实践掌握该软件的使用与编程。MATLAB 拥有专门的工具箱用于图像处理，提供一系列支持图像处理的函数，本书结合 MATLAB 在图像处理中的广泛应用展开讲解，帮助读者掌握利用 MATLAB 解决实际应用问题，以提高分析和解决问题的能力。

1. 本书特点

（1）由浅入深，循序渐进。本书以初、中级读者为对象，以 MATLAB 软件为主线，先让读者了解其各项功能，然后进一步分别详细介绍 MATLAB 在图像处理方面的应用。

（2）步骤详尽、内容新颖。本书结合编者多年 MATLAB 使用经验与图像处理实际应用案例，详细讲解 MATLAB 软件的使用方法与技巧，使读者在阅读时能够快速掌握书中所讲内容。

（3）实例典型，轻松易学。学习实际工程应用案例的具体操作是掌握 MATLAB 最好的方式。本书通过综合应用案例，透彻、详尽地讲解了 MATLAB 在各方面的应用。

2. 本书内容

本书基于 MATLAB R2020a，详细讲解 MATLAB 图像处理的基础知识和核心内容。结合 MATLAB 软件应用技巧并根据图窗处理的特点，将全书分为 3 部分，共 14 章。

第一部分为 MATLAB 基础知识，主要介绍 MATLAB 的基础知识、矩阵运算、程序设计、图形绘制等内容。章节安排如下：

第 1 章　初识 MATLAB　　第 2 章　MATLAB 基础

第 3 章　程序设计　　第 4 章　图形绘制

第二部分为基于 MATLAB 的常见图像处理技术，详细讲解图像处理基础及各种运算方法、颜色模型转换、图像压缩与编码、图像增强、图像退化与复原等内容。章节安排如下：

第 5 章　图像处理基础　　第 6 章　颜色模型转换

第 7 章　图像的基本运算　　第 8 章　图像变换

第 9 章　图像压缩与编码　　第 10 章　图像增强

第 11 章　图像退化与复原

第三部分为基于 MATLAB 的高级图像处理技术及应用，主要讲解图像的分割方法与区域处理手段、数学形态学的基本操作以及 MATLAB 在医学、特征提取、人脸识别、图像配准、视频目标检验等方面的应用。章节安排如下：

第 12 章　图像分割与区域处理

第 13 章　图像形态学处理

第 14 章　综合应用

3. 读者对象

本书面向 MATLAB 初学者以及期望应用 MATLAB 提高图像处理能力的读者，包括：

★ 图像处理从业人员

★ 初学 MATLAB 图像处理的技术人员

★ 高等院校的教师和在校生

★ 相关培训机构的教师和学员

★ MATLAB 爱好者

★ 广大科研工作人员

4. 读者服务

为了方便解决疑难问题，读者在学习过程中若遇到与本书有关的技术问题，可以访问“算法仿真”公众号，在相关栏目下留言获取帮助。公众号会不定期分享 MATLAB 各种应用知识，方便读者学习。

本书由刘成龙编著，虽然编者在编写过程中力求叙述准确、完善，但由于水平有限，疏漏之处在所难免，希望读者和同仁能够及时指出，共同促进本书质量的提高。最后，再次希望本书能为读者的学习和工作提供帮助！

编者

2023 年 3 月

知识结构

CONTENT STRUCTURE

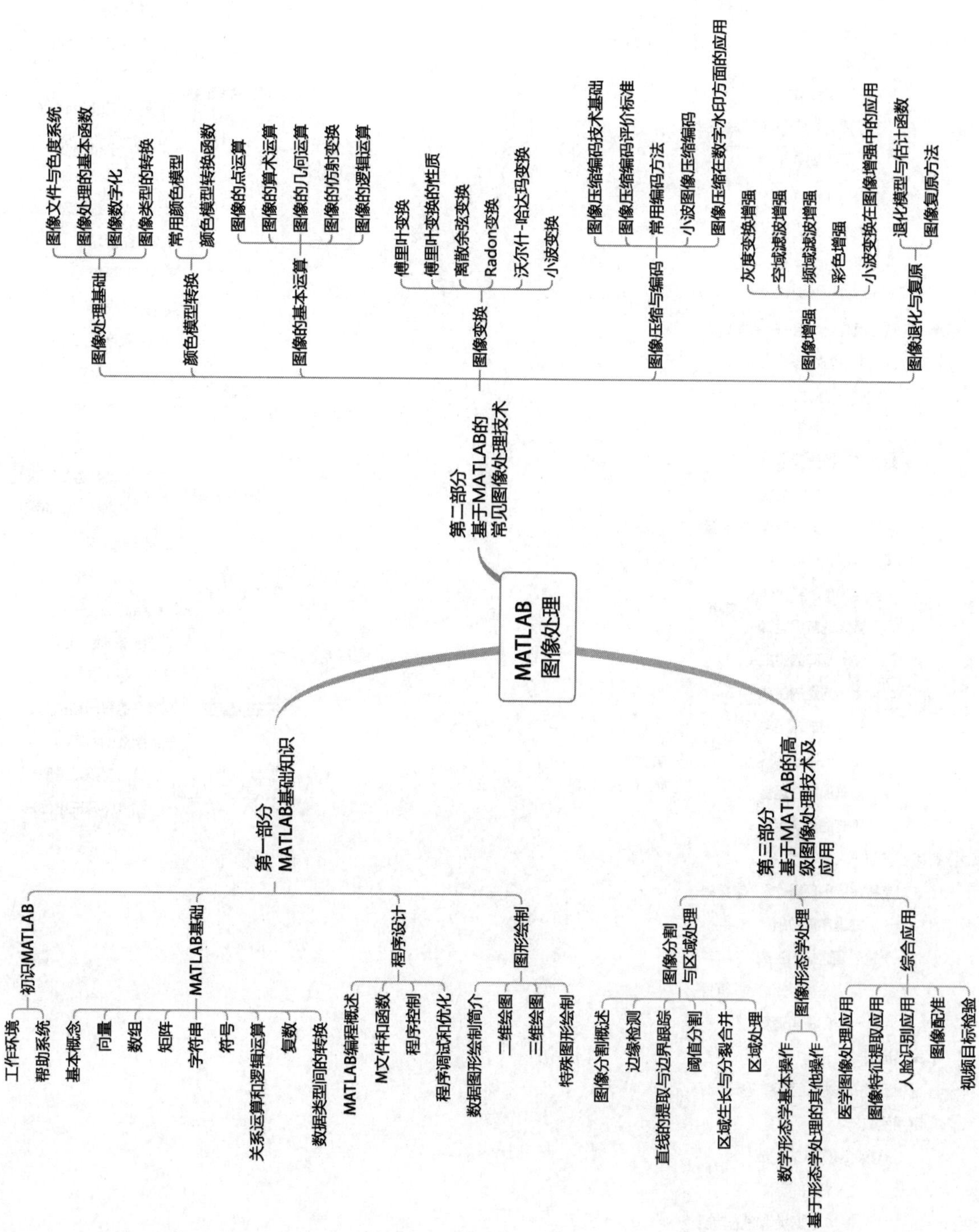
MATLAB图像处理
第一部分 MATLAB基础知识
初识MATLAB
工作环境
帮助系统
MATLAB基础
基本概念
向量
数组
矩阵
字符串
符号
关系运算和逻辑运算
复数
数据类型间的转换
程序设计
MATLAB编程概述
M文件和函数
程序控制
程序调试和优化
图形绘制
数据图形绘制简介
二维绘图
三维绘图
特殊图形绘制
第二部分 基于MATLAB的常见图像处理技术
图像处理基础
图像文件与色度系统
图像处理的基本函数
图像数字化
图像类型的转换
颜色模型转换
常用颜色模型
颜色模型转换函数
图像的基本运算
图像的点运算
图像的算术运算
图像的几何运算
图像的仿射变换
图像的逻辑运算
图像变换
傅里叶变换
傅里叶变换的性质
离散余弦变换
Radon变换
沃尔什-哈达玛变换
小波变换
图像压缩与编码
图像压缩编码技术基础
图像压缩编码评价标准
常用编码方法
小波图像压缩编码
图像压缩在数字水印方面的应用
图像增强
灰度变换增强
空域滤波增强
频域滤波增强
彩色增强
小波变换在图像增强中的应用
图像退化与复原
退化模型与估计函数
图像复原方法
第三部分 基于MATLAB的高级图像处理技术及应用
图像分割与区域处理
图像分割概述
边缘检测
直线的提取与边界跟踪
阈值分割
区域生长与分裂合并
区域处理
图像形态学处理
数学形态学基本操作
基于形态学处理的其他操作
综合应用
医学图像处理应用
图像特征提取应用
人脸识别应用
图像配准
视频目标检验

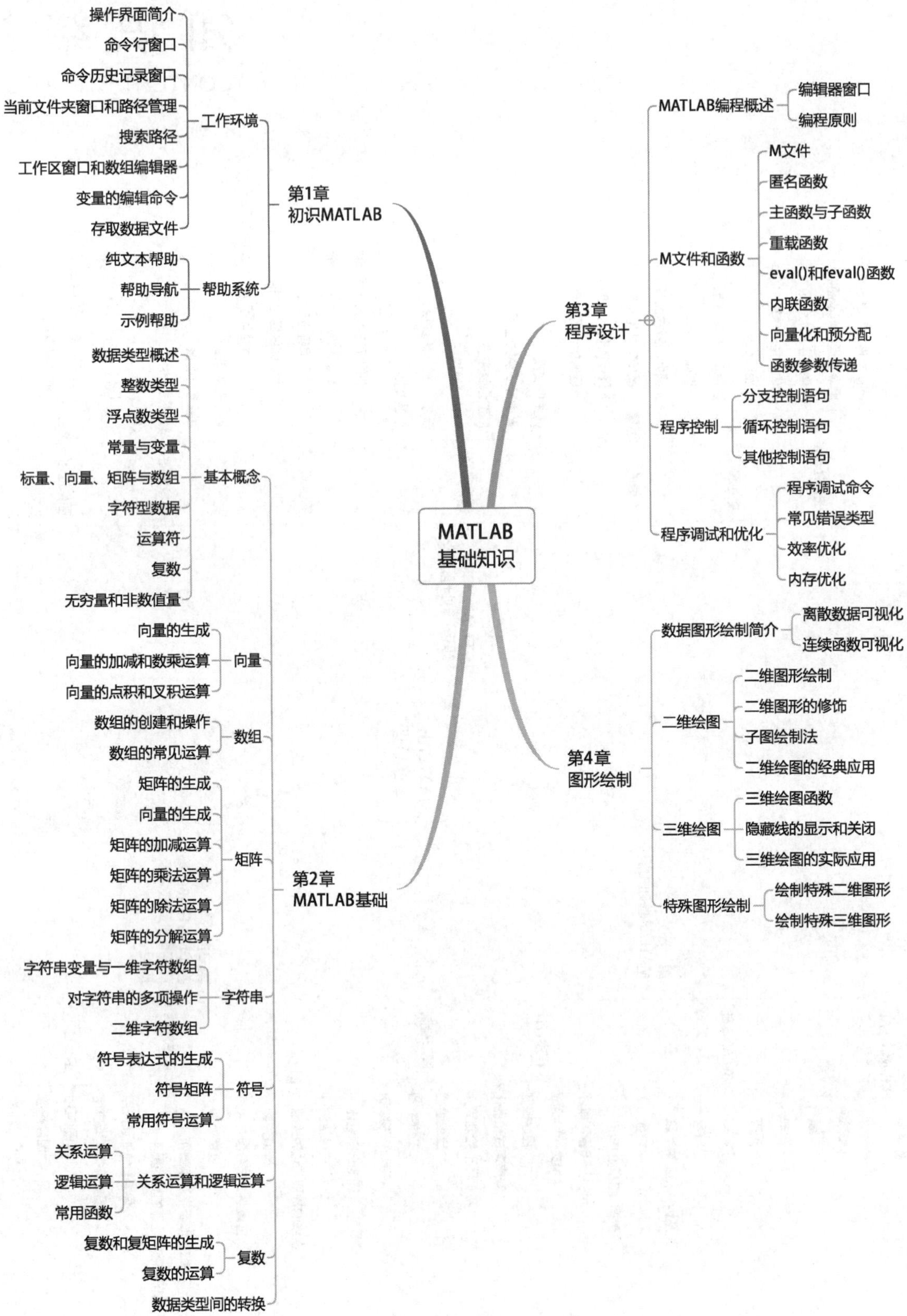
MATLAB
基础知识
第1章
初识MATLAB
工作环境
操作界面简介
命令行窗口
命令历史记录窗口
当前文件夹窗口和路径管理
搜索路径
工作区窗口和数组编辑器
变量的编辑命令
存取数据文件
帮助系统
纯文本帮助
帮助导航
示例帮助
第2章
MATLAB基础
基本概念
数据类型概述
整数类型
浮点数类型
常量与变量
标量、向量、矩阵与数组
字符型数据
运算符
复数
无穷量和非数值量
向量
向量的生成
向量的加减和数乘运算
向量的点积和叉积运算
数组
数组的创建和操作
数组的常见运算
矩阵
矩阵的生成
向量的生成
矩阵的加减运算
矩阵的乘法运算
矩阵的除法运算
矩阵的分解运算
字符串
字符串变量与一维字符数组
对字符串的多项操作
二维字符数组
符号
符号表达式的生成
符号矩阵
常用符号运算
关系运算和逻辑运算
关系运算
逻辑运算
常用函数
复数
复数和复矩阵的生成
复数的运算
数据类型间的转换
第3章
程序设计
MATLAB编程概述
编辑器窗口
编程原则
M文件和函数
M文件
匿名函数
主函数与子函数
重载函数
eval()和feval()函数
内联函数
向量化和预分配
函数参数传递
程序控制
分支控制语句
循环控制语句
其他控制语句
程序调试和优化
程序调试命令
常见错误类型
效率优化
内存优化
第4章
图形绘制
数据图形绘制简介
离散数据可视化
连续函数可视化
二维绘图
二维图形绘制
二维图形的修饰
子图绘制法
二维绘图的经典应用
三维绘图
三维绘图函数
隐藏线的显示和关闭
三维绘图的实际应用
特殊图形绘制
绘制特殊二维图形
绘制特殊三维图形

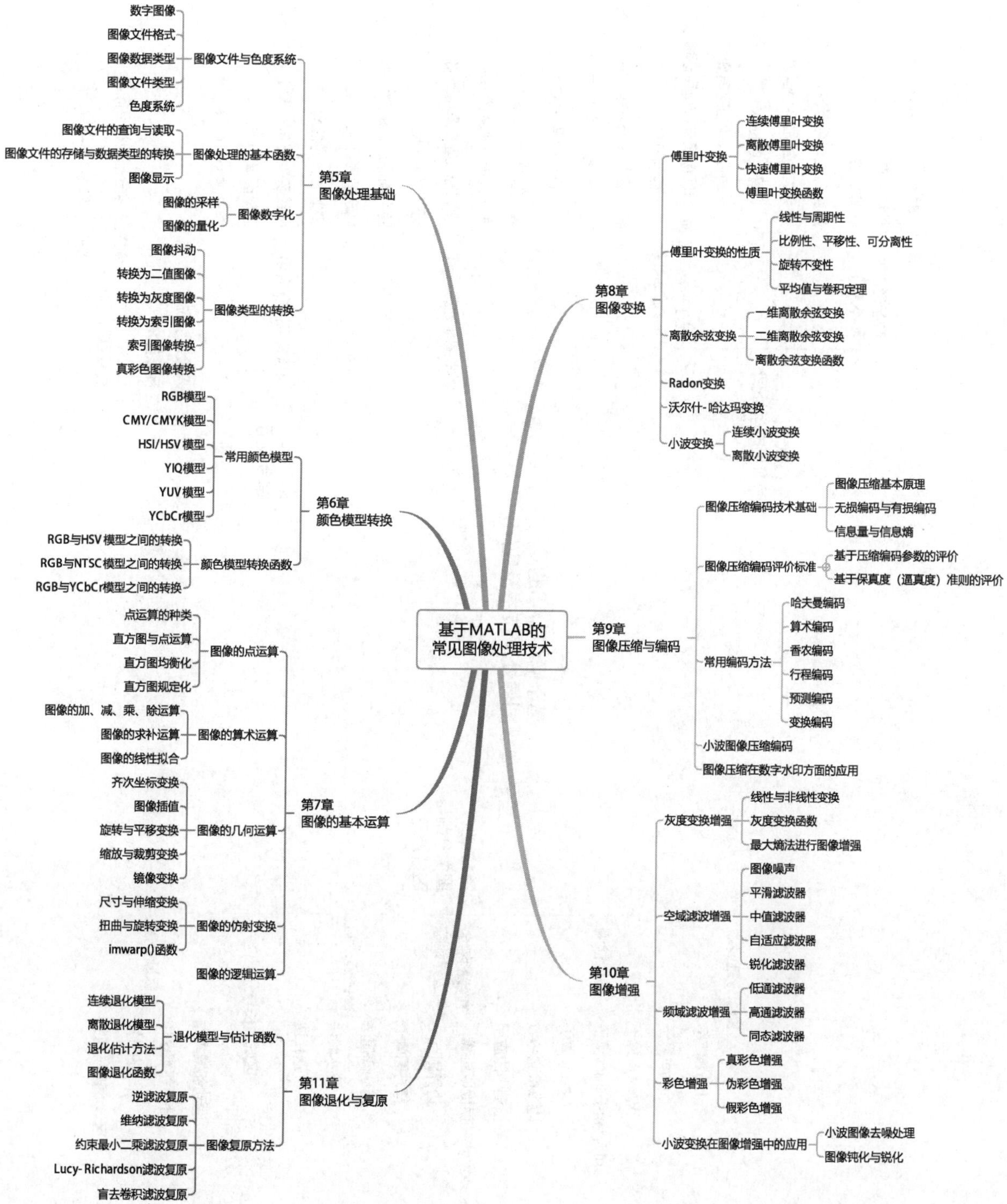
基于MATLAB的常见图像处理技术
第5章 图像处理基础
图像文件与色度系统
数字图像
图像文件格式
图像数据类型
图像文件类型
色度系统
图像处理的基本函数
图像文件的查询与读取
图像文件的存储与数据类型的转换
图像显示
图像数字化
图像的采样
图像的量化
图像类型的转换
图像抖动
转换为二值图像
转换为灰度图像
转换为索引图像
索引图像转换
真彩色图像转换
第6章 颜色模型转换
常用颜色模型
RGB模型
CMY/CMYK模型
HSI/HSV模型
YIQ模型
YUV模型
YCbCr模型
颜色模型转换函数
RGB与HSV模型之间的转换
RGB与NTSC模型之间的转换
RGB与YCbCr模型之间的转换
第7章 图像的基本运算
图像的点运算
点运算的种类
直方图与点运算
直方图均衡化
直方图规定化
图像的算术运算
图像的加、减、乘、除运算
图像的求补运算
图像的线性拟合
图像的几何运算
齐次坐标变换
图像插值
旋转与平移变换
缩放与裁剪变换
镜像变换
图像的仿射变换
尺寸与伸缩变换
扭曲与旋转变换
imwarp()函数
图像的逻辑运算
第11章 图像退化与复原
退化模型与估计函数
连续退化模型
离散退化模型
退化估计方法
图像退化函数
图像复原方法
逆滤波复原
维纳滤波复原
约束最小二乘滤波复原
Lucy-Richardson滤波复原
盲去卷积滤波复原
第8章 图像变换
傅里叶变换
连续傅里叶变换
离散傅里叶变换
快速傅里叶变换
傅里叶变换函数
傅里叶变换的性质
线性与周期性
比例性、平移性、可分离性
旋转不变性
平均值与卷积定理
离散余弦变换
一维离散余弦变换
二维离散余弦变换
离散余弦变换函数
Radon变换
沃尔什-哈达玛变换
小波变换
连续小波变换
离散小波变换
第9章 图像压缩与编码
图像压缩编码技术基础
图像压缩基本原理
无损编码与有损编码
信息量与信息熵
图像压缩编码评价标准
基于压缩编码参数的评价
基于保真度（逼真度）准则的评价
常用编码方法
哈夫曼编码
算术编码
香农编码
行程编码
预测编码
变换编码
小波图像压缩编码
图像压缩在数字水印方面的应用
第10章 图像增强
灰度变换增强
线性与非线性变换
灰度变换函数
最大熵法进行图像增强
空域滤波增强
图像噪声
平滑滤波器
中值滤波器
自适应滤波器
锐化滤波器
频域滤波增强
低通滤波器
高通滤波器
同态滤波器
彩色增强
真彩色增强
伪彩色增强
假彩色增强
小波变换在图像增强中的应用
小波图像去噪处理
图像钝化与锐化

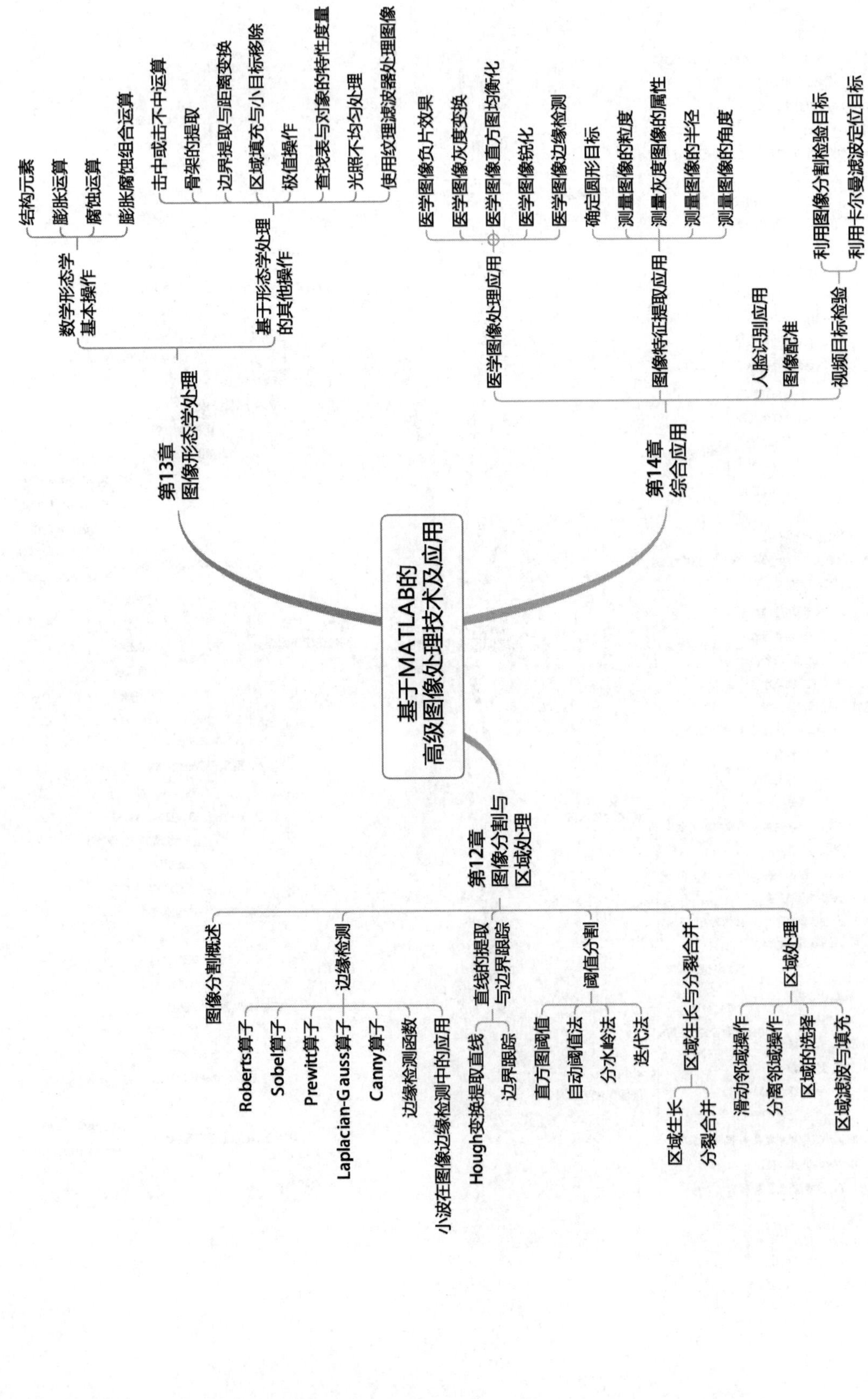
基于MATLAB的
高级图像处理技术及应用
第12章
图像分割与
区域处理
图像分割概述
边缘检测
Roberts算子
Sobel算子
Prewitt算子
Laplacian-Gauss算子
Canny算子
边缘检测函数
小波在图像边缘检测中的应用
直线的提取
与边界跟踪
Hough变换提取直线
边界跟踪
阈值分割
直方图阈值
自动阈值法
分水岭法
迭代法
区域生长与分裂合并
区域生长
分裂合并
区域处理
滑动邻域操作
分离邻域操作
区域的选择
区域滤波与填充
第13章
图像形态学处理
数学形态学
基本操作
结构元素
膨胀运算
腐蚀运算
膨胀腐蚀组合运算
基于形态学处理
的其他操作
击中或击不中运算
骨架的提取
边界提取与距离变换
区域填充与小目标移除
极值操作
查找表与对象的特性度量
光照不均匀处理
使用纹理滤波器处理图像
第14章
综合应用
医学图像处理应用
医学图像负片效果
医学图像灰度变换
医学图像直方图均衡化
医学图像锐化
医学图像边缘检测
图像特征提取应用
确定圆形目标
测量图像的粒度
测量灰度图像的属性
测量图像的半径
测量图像的角度
人脸识别应用
图像配准
视频目标检验
利用图像分割检验目标
利用卡尔曼滤波定位目标

目录

CONTENTS

第一部分　MATLAB 基础知识

第二部分 基于 MATLAB 的常见图像处理技术

第三部分　基于 MATLAB 的高级图像处理技术及应用

第一部分
MATLAB 基础知识

第 1 章 初识 MATLAB

CHAPTER 1

MATLAB 是当前国际上被广泛接受和使用的科学与工程计算软件。随着不断地发展，MATLAB 已经成为一种集数值运算、符号运算、数据可视化、程序设计、仿真等多种功能于一体的集成软件。在介绍 MATLAB 图像处理实现方法之前，本章先介绍 MATLAB 的工作环境和帮助系统，让读者尽快熟悉 MATLAB 软件。

学习目标

（1）掌握 MATLAB 的工作环境；

（2）熟练掌握 MATLAB 各窗口的用途；

（3）了解 MATLAB 的帮助系统。

1.1 工作环境

使用 MATLAB 前，需要将安装文件夹（默认路径为 C:\Program Files\Polyspace\R2020a\bin）中的 MATLAB.exe 应用程序添加为桌面快捷方式，双击快捷方式图标可以直接打开 MATLAB 操作界面。

1.1.1 操作界面简介

启动 MATLAB 后的操作界面如图 1-1 所示。默认情况下，MATLAB 的操作界面包含选项卡及功能区、当前文件夹、命令行窗口、工作区 4 个区域。

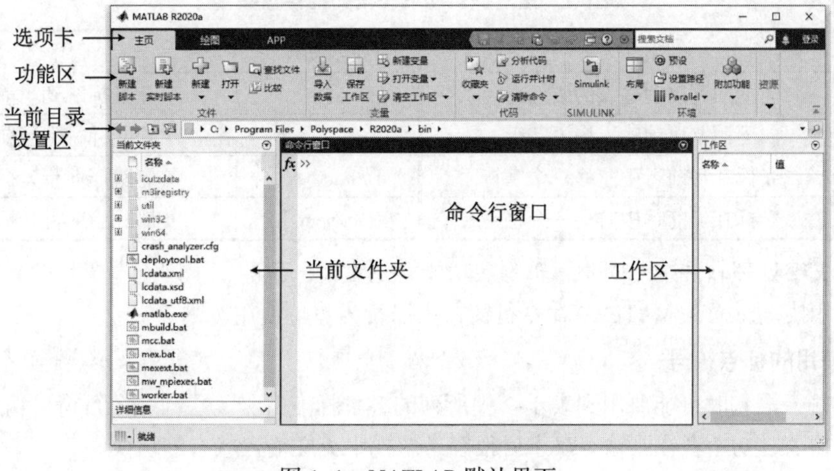

图 1-1　MATLAB 默认界面

选项卡在组成方式和内容上与一般应用软件基本相同，这里不再赘述。下面重点介绍命令行窗口、命令历史记录窗口、当前文件夹窗口等内容。其中，命令历史记录窗口并不显示在默认界面中。

1.1.2 命令行窗口

MATLAB 默认主界面的中间部分是命令行窗口。命令行窗口就是接收命令输入的窗口，可输入的对象除 MATLAB 命令之外，还包括函数、表达式、语句以及 M 文件名或 MEX 文件名等，为叙述方便，这些可输入的对象以下统称为语句。

MATLAB 的工作方式之一是在命令行窗口中输入语句，然后由 MATLAB 逐句解释执行并在命令行窗口中给出结果。命令行窗口可显示除图形以外的所有运算结果。

读者可以将命令行窗口从 MATLAB 主界面中分离出来，以便单独显示和操作。当然，该命令行窗口也可重新回到主界面中，其他窗口也有相同的功能。

分离命令行窗口的方法是单击窗口右侧按钮，在弹出的下拉菜单中选择“取消停靠”命令，也可以直接用鼠标将命令行窗口拖离主界面，如图 1-2 所示。若要将命令行窗口停靠在主界面中，则可选择下拉菜单中的“停靠”命令。

图 1-2 分离的命令行窗口

1. 命令提示符和语句颜色

在分离的命令行窗口中，每行语句前都有一个>>符号，即命令提示符。在此符号后（也只能在此符号后）输入各种语句并按 Enter 键，方可被 MATLAB 接收和执行。执行的结果通常会直接显示在语句下方。

不同类型的语句用不同的颜色区分。默认情况下，输入的命令、函数、表达式和计算结果等为黑色，字符串为红色，if、for 等关键词为蓝色，注释语句为绿色。

2. 语句的重复调用、编辑和运行

在命令行窗口中，不但能编辑和运行当前输入的语句，而且可以对曾经输入的语句进行重复调用、编辑和运行。重复调用和编辑的快捷方法是利用表 1-1 中所列的键盘按键进行操作。

表 1-1 重复调用和编辑语句的键盘按键

键盘按键	用　途	键盘按键	用　途
↑	向上回调以前输入的语句行	Home	让光标跳到当前行的开头
↓	向下回调以前输入的语句行	End	让光标跳到当前行的末尾
←	光标在当前行中左移一个字符	Delete	删除当前行光标后的字符
→	光标在当前行中右移一个字符	Backspace	删除当前行光标前的字符

这些按键与文字处理软件中的同一编辑键在功能上是大体一致的，不同点主要是在文字处理软件中是针对整个文档使用按键，而在 MATLAB 命令行窗口中以行为单位使用按键。

3. 语句中使用的标点符号

MATLAB 在输入语句时可能要用到表 1-2 中所列的各种标点符号。在向命令行窗口输入语句时，一定要在英文状态下输入，初学者在刚输完汉字后很容易忽视中英文输入状态的切换。

表 1-2 MATLAB语句中常用的标点符号

名 称	符 号	作 用
空格		变量分隔符；矩阵一行中各元素间的分隔符；程序语句关键词分隔符
逗号	,	分隔欲显示计算结果的各语句；变量分隔符；矩阵一行中各元素间的分隔符
点号	.	数值中的小数点；结构数组的域访问符
分号	;	分隔不想显示计算结果的各语句；矩阵行与行的分隔符
冒号	:	用于生成一维数值数组；表示一维数组的全部元素或多维数组某一维的全部元素
百分号	%	注释语句说明符，凡在其后的字符均视为注释性内容而不被执行
单引号	''	字符串标识符
圆括号	()	用于矩阵元素引用；用于函数输入变量列表；确定运算的先后次序
方括号	[]	向量和矩阵标识符；用于函数输出列表
花括号	{}	标识元胞数组
续行号	…	长命令行需分行时连接下行用
赋值号	=	将表达式赋值给一个变量

4. 命令行窗口中数值的显示格式

为了适应用户以不同格式显示计算结果的需要，MATLAB 设计了多种数值显示格式以供用户选用，如表 1–3 所示。其中，默认的显示格式：数值为整数时，以整数显示；数值为实数时，以 short 格式显示；如果数值的有效数字超出了范围，则以科学计数法显示结果。

表 1-3 命令行窗口中数值的显示格式

格 式	显示形式	格式效果说明
short（默认）	2.7183	保留4位小数，整数部分超过3位的小数用short e格式
short e	2.7183e+000	用一位整数和4位小数表示，倍数关系用科学计数法表示为十进制指数形式
short g	2.7183	保留5位有效数字，数值大小为10^5 ~ 10^{-5}时自动调整数位，超出幂次范围时用short e格式
long	2.71828182845905	保留14位小数，最多两位整数，共16位十进制数，否则用long e格式表示
long e	2.718281828459046e+000	保留15位小数的科学计数法表示
long g	2.71828182845905	保留15位有效数字，数值大小为10^{15} ~ 10^{-15}时自动调整数位，超出幂次范围时用long e格式
rational	1457/536	用分数有理数近似表示
hex	4005bf0a8b14576a	采用十六进制表示
+	+	正数、负数和零分别用+、–和空格表示
bank	2.72	限两位小数，用于表示元、角、分
compact	不留空行显示	在显示结果之间没有空行的压缩格式
loose	留空行显示	在显示结果之间有空行的稀疏格式

需要说明的是，表 1–3 中最后两种格式是用于控制屏幕显示格式的，而非数值显示格式。MATLAB 的所有数值均按电气与电子工程师学会（Institute of Electrical and Electronics Engineers，IEEE）浮点标准所规定的 long 格式存储，显示的精度并不代表数值实际的存储精度或数值参与运算的精度。

5. 数值显示格式的设置方法

数值显示格式有两种设置方法。

（1）单击“主页”选项卡→“环境”面板→“预设”按钮 预设，在弹出的“预设项”对话框左侧列表中选择 MATLAB→“命令行窗口”进行显示格式设置，如图 1–3 所示。

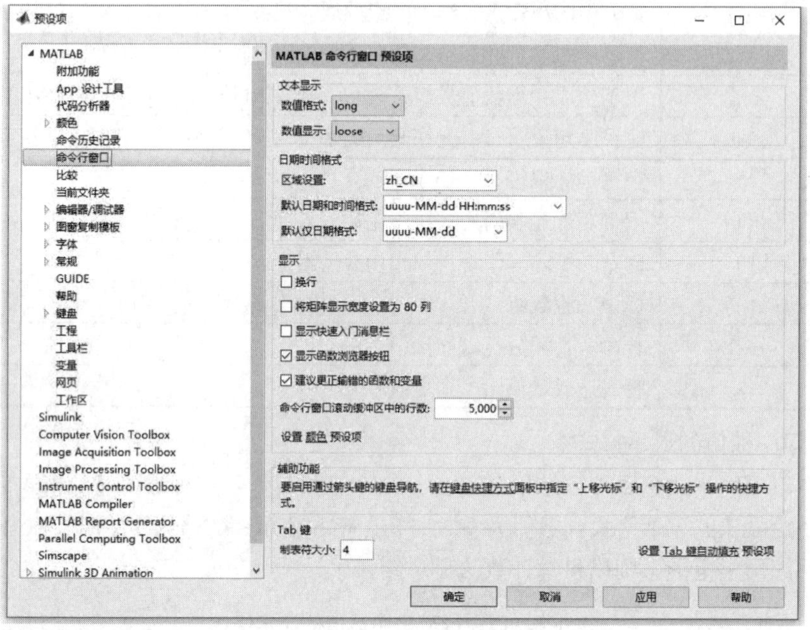

图 1–3 “预设项”对话框

（2）在命令行窗口中执行 format 命令。例如，要使用 long 格式时，在命令行窗口中输入 format long 语句即可。使用命令方便在程序设计时进行格式设置。

不仅数值显示格式可以自行设置，数字和文字的字体显示风格、大小、颜色也可由用户自行设置。在“预设项”对话框左侧列表中选择要设置的对象，再配合相应的选项，便可对所选对象的风格、大小、颜色等进行设置。

6. 命令行窗口清屏

当命令行窗口中执行过许多命令后，经常需要对命令行窗口进行清屏操作，通常有以下两种方法。

（1）单击“主页”选项卡→“代码”面板→“清除”命令→“命令行窗口”按钮。

（2）在命令提示符后直接输入 clc 语句。

两种方法都能清除命令行窗口中的显示内容，也仅仅是清除命令行窗口的显示内容，并不能清除工作区的显示内容。

1.1.3 命令历史记录窗口

命令历史记录窗口用来存放曾在命令行窗口中用过的语句，借用计算机的存储器保存信息。其主要目的是方便用户追溯、查找曾经用过的语句，利用这些既有的资源节省编程时间。

在下面两种情况下命令历史记录窗口的优势体现得尤为明显：①需要重复处理长的语句；②选择多行曾经用过的语句形成 M 文件。

在命令行窗口中按键盘上的↑方向键，即可弹出命令历史记录窗口，如同命令行窗口一样，对该窗口也可进行停靠、分离等操作，分离后的窗口如图 1-4 所示，从窗口中记录的时间可以看出，其中存放的正是曾经用过的语句。

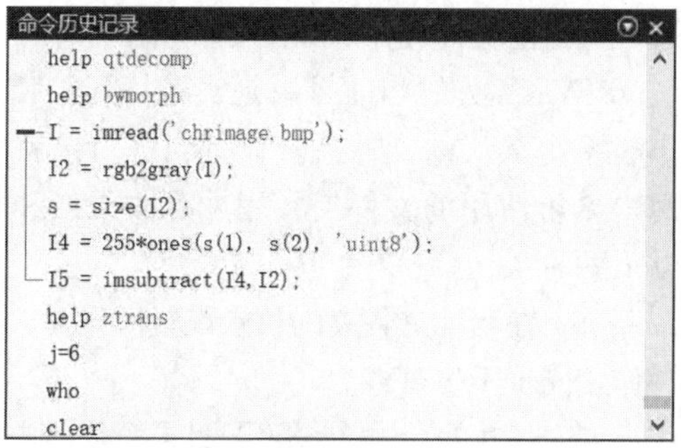

图 1-4　分离的命令历史记录窗口

对于命令历史记录窗口中的内容，可在选中的前提下将它们复制到当前正在工作的命令行窗口中，以供进一步修改或直接运行。

1. 复制、执行命令历史记录窗口中的命令

命令历史记录窗口的主要用途如表 1-4 所示，“操作方法”中提到的“选中”操作与在 Windows 中选中文件的方法相同，同样可以结合 Ctrl 键和 Shift 键使用。

表 1-4　命令历史记录窗口的主要用途

功　能	操作方法
复制单行或多行语句	选中单行或多行语句，执行“复制”命令，回到命令行窗口，执行“粘贴”命令即可实现复制
执行单行或多行语句	选中单行或多行语句，右击，在弹出的快捷菜单中选择“执行所选内容”命令，选中语句将在命令行窗口中运行，并给出相应结果。双击选择的语句也可运行
把多行语句写成M文件	选中单行或多行语句，右击，在弹出的快捷菜单中选择“创建实时脚本”命令，利用随之打开的M文件编辑/调试器窗口，可将选中语句保存为M文件

用命令历史记录窗口完成所选语句的复制操作如下。

（1）选中所需的第 1 行语句。

（2）按 Shift 键结合鼠标选择所需的最后一行语句，连续多行即被选中。

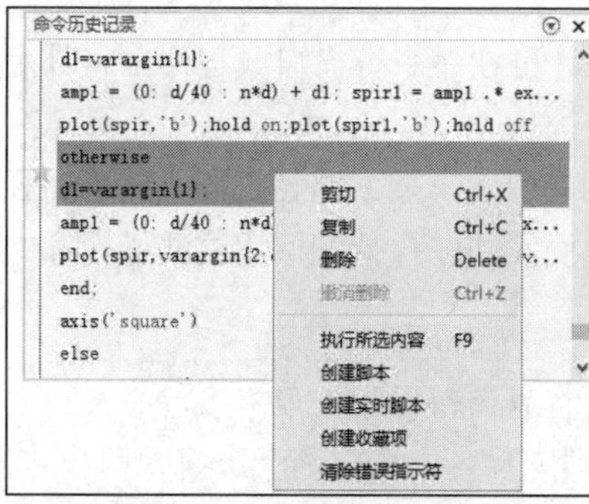

图 1-5　命令历史记录窗口中的选中与复制操作

（3）按 Ctrl+C 快捷键或在选中区域右击，在弹出的快捷菜单中选择“复制”命令，如图 1-5 所示。

（4）回到命令行窗口，在该窗口中执行快捷菜单中的“粘贴”命令，所选内容即被复制到命令行窗口中。

用命令历史记录窗口执行所选语句操作如下。

（1）选中所需的第 1 行语句。

（2）按 Ctrl 键结合鼠标选择所需的行，不连续多行被选中。

（3）右击选中的区域，在弹出的快捷菜单中选择“执行所选内容”命令，计算结果就会出现在命令行窗口中。

2. 清除命令历史记录窗口中的内容

单击“主页”选项卡→“代码”面板→“清除”命令→“命令历史记录”命令，命令历史记录窗口中的当前内容就被完全清除了，以前的命令再不能被追溯和利用。

1.1.4　当前文件夹窗口和路径管理

MATLAB 利用当前文件夹窗口组织、管理和使用所有 MATLAB 文件和非 MATLAB 文件，如新建、复制、删除、重命名文件夹和文件等；还可以利用该窗口打开、编辑和运行 M 程序文件以及载入 mat 数据文件等。当前文件夹窗口如图 1-6 所示。

MATLAB 的当前目录是实施打开、装载、编辑和保存文件等操作时系统默认的文件夹。设置当前目录就是将此默认文件夹修改为用户希望使用的文件夹，用来存放文件和数据。具体的设置方法有以下两种。

（1）在当前文件夹的目录设置区设置，设置方法与 Windows 系统操作相同，不再赘述。

（2）使用目录命令设置。目录命令语法格式如表 1-5 所示。

用命令设置当前目录，为在程序中改变当前目录提供了方便，因为编写完成的程序通常用 M 文件存放，执行这些文件时即可存储到需要的位置。

图 1-6 当前文件夹窗口

表 1-5 设置当前目录的常用命令

目录命令	含　义	示　例
cd	显示当前目录	cd
cd filename	设定当前目录为filename	cd f:\matfiles

1.1.5 搜索路径

MATLAB 中大量的函数和工具箱文件是存储在不同文件夹中的。用户建立的数据文件、命令和函数文件也是由用户存放在指定的文件夹中的。当需要调用这些函数或文件时，就需要找到它们所存放的文件夹。

路径其实就是给出存放某个待查函数和文件的文件夹名称。当然，这个文件夹名称应包括盘符和一级级嵌套的子文件夹名。

例如，现有一个文件 E04_01.m，存放在 D 盘“MATLAB 文件”文件夹下的 Char04 子文件夹中，那么描述它的路径是 D:\MATLAB 文件\Char04。若要调用这个 M 文件，可在命令行窗口或程序中将其表达为 D:\MATLAB 文件\Char04\E04_01.m。

在使用时，这种书写过长，很不方便。MATLAB 为克服这一问题引入了搜索路径机制。搜索路径机制就是将一些可能要被用到的函数或文件的存放路径提前通知系统，而无须在执行和调用这些函数和文件时输入一长串的路径。

提示：在 MATLAB 中，一个符号出现在程序语句中或命令行窗口的语句中可能有多种含义，它也许是一个变量、特殊常量、函数名、M 文件或 MEX 文件等，应该识别成什么，就涉及一个搜索顺序的问题。

如果在命令提示符>>后输入符号 xt，或在程序语句中有一个符号 xt，那么 MATLAB 将试图按下列顺序搜索和识别。

（1）在 MATLAB 内存中进行搜索，看 xt 是否为工作区的变量或特殊常量，如果是，就将其当作变量或特殊常量处理，不再继续展开搜索。

（2）上一步否定后，检查 xt 是否为 MATLAB 的内部函数，如果是，则调用 xt 这个内部函数。

（3）上一步否定后，继续在当前目录中搜索是否有名为 xt.m 或 xt.mex 的文件，如果有，则将 xt 作为文件调用。

（4）上一步否定后，继续在 MATLAB 搜索路径的所有目录中搜索是否有名为 xt.m 或 xt.mex 的文件，如果有，则将 xt 作为文件调用。

（5）上述 4 步全搜索完后，若仍未发现 xt 这一符号，则 MATLAB 发出错误信息。必须指出的是，这种搜索是以花费更多执行时间为代价的。

MATLAB 设置搜索路径的方法有两种：①使用“设置路径”对话框；②使用命令。

1. 利用“设置路径”对话框设置搜索路径

在主界面中单击“主页”选项卡→“环境”面板→“设置路径”按钮，弹出如图 1-7 所示的“设置路径”对话框。

单击该对话框中的“添加文件夹”或“添加并包含子文件夹”按钮，会弹出一个如图 1-8 所示的“将文件夹添加到路径”对话框，利用该对话框可以从树形目录结构中选择要指定为搜索路径的文件夹。

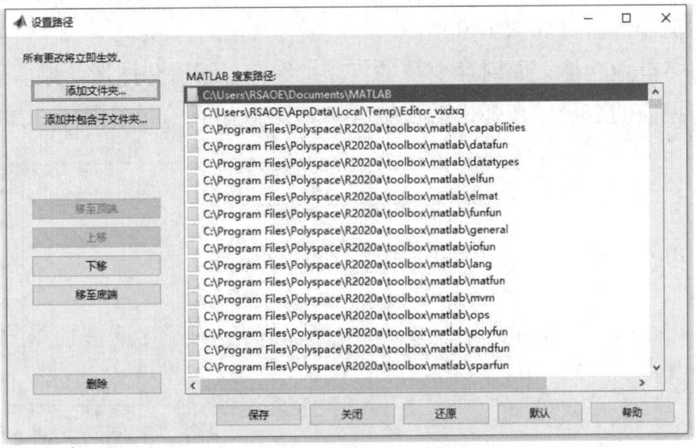

图 1-7　“设置路径”对话框

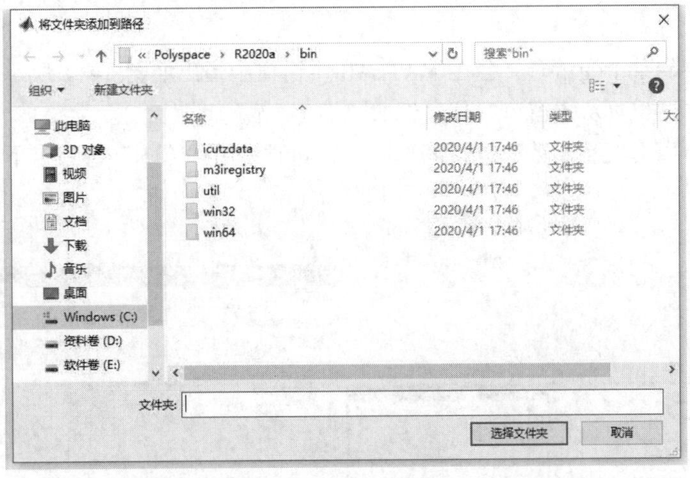

图 1-8　“将文件夹添加到路径”对话框

“添加文件夹”和“添加并包含子文件夹”两个按钮的不同之处在于，后者设置某个文件夹成为可搜索的路径后，其下级子文件夹将自动被加入搜索路径。

2. 利用命令设置搜索路径

MATLAB 中将某一路径设置为可搜索路径的命令有 path 和 addpath。其中，path 命令用于查看或更改搜索路径，该路径存储在 pathdef.m 文件中；addpath 命令将指定的文件夹添加到当前 MATLAB 搜索路径的顶层。

下面以将路径“F:\MATLAB 文件”设置为可搜索路径为例进行说明，用 path 和 addpath 命令设置搜索路径。

```
>> path(path,'F:\ MATLAB 文件');
>> addpath F:\ MATLAB 文件 - begin              %begin 意为将路径放在路径表的前面
>> addpath F:\ MATLAB 文件 - end                %end 意为将路径放在路径表的最后
```

1.1.6 工作区窗口和数组编辑器

在默认情况下，工作区位于 MATLAB 操作界面的右侧。与命令行窗口一样，也可对该窗口进行停靠、分离等操作，分离后的工作区窗口如图 1-9 所示。

工作区窗口拥有许多其他功能，如内存变量的打印、保存、编辑和图形绘制等。这些操作都比较简单，只需要在工作区中右击相应的变量，在弹出的快捷菜单中选择相应的命令即可，如图 1-10 所示。

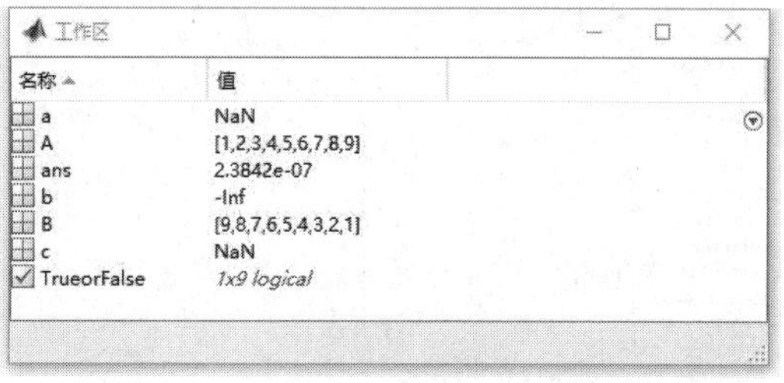

图 1-9　分离的工作区窗口

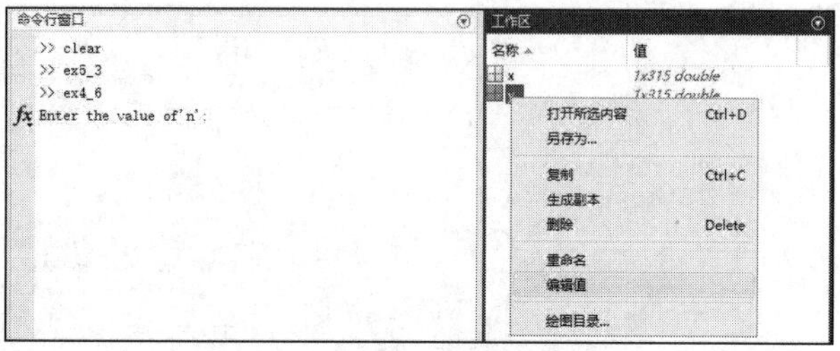

图 1-10　对变量进行操作

在 MATLAB 中，数组和矩阵都是十分重要的基础变量，因此 MATLAB 专门提供了变量编辑器工具编辑数据。

双击工作区窗口中的某个变量时，会在 MATLAB 主窗口中弹出如图 1-11 所示的变量编辑器。与命令行窗口一样，变量编辑器也可从主窗口中分离，如图 1-12 所示。

在变量编辑器中可以对变量及数组进行编辑操作，同时利用“绘图”选项卡下的功能命令可以很方便地绘制各种图形。

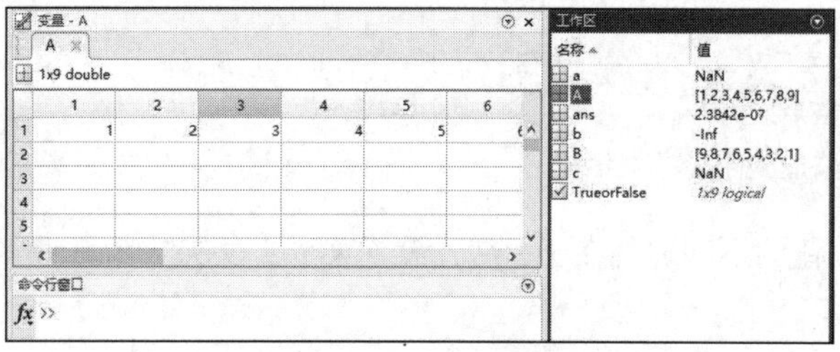

图 1-11　变量编辑器

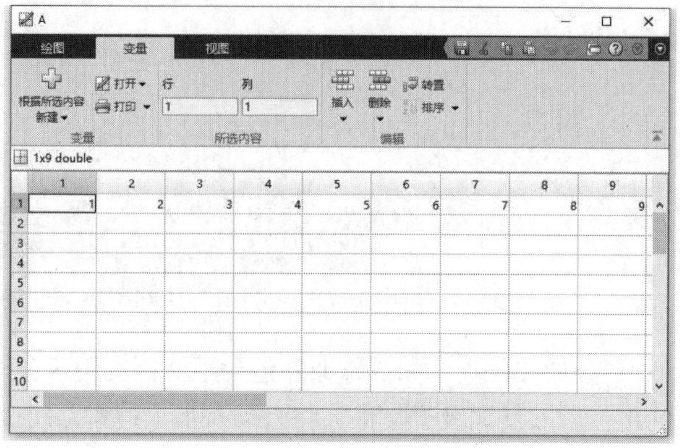

图 1-12　分离后的变量编辑器

1.1.7　变量的编辑命令

在 MATLAB 中除了可以在工作区中编辑内存变量，还可以在 MATLAB 的命令行窗口输入相应的命令，查看和删除内存中的变量。

【例 1-1】 在命令行窗口中创建 4 个变量：A、i、j、k，然后利用 who 和 whos 命令查看内存变量的信息。

解　如图 1-13 所示，在命令行窗口中依次输入以下代码。

```
>> clear, clc
>> A(2,2,2)=1;
>> i=6;
>> j=12;
>> k=18;
>> who
  您的变量为:
  A  i  j  k
>> whos
 Name       Size              Bytes  Class     Attributes
 A          2x2x2                64  double
 i          1x1                   8  double
 j          1x1                   8  double
 k          1x1                   8  double
```

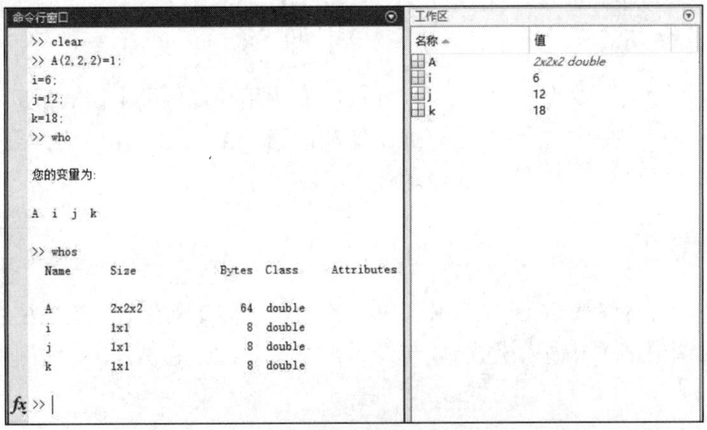

图 1-13　查看内存变量的信息

提示： who 和 whos 两个命令的区别只是内存变量信息的详细程度。

【例 1-2】 删除例 1-1 创建的内存变量 k。

解　在命令行窗口中输入以下代码。

```
>> clear k
>> who
  您的变量为:
  A  i  j
```

运行 clear k 命令后，变量 k 将从工作区删除，而且在工作区中也将该变量删除。

1.1.8 存取数据文件

MATLAB 提供了 save 和 load 命令实现数据文件的存取。表 1-6 列出了这两个命令的常见用法。用户可以根据需要选择相应的存取命令，对于一些较少见的存取命令，可以查阅帮助。

表 1-6 MATLAB文件存取的命令

命　令	功　能
save Filename	将工作区中的所有变量保存到名为Filename的mat文件中
save Filename x y z	将工作区中的x、y、z变量保存到名为Filename的mat文件中
save Filename –regecp pat1 pat2	将工作区中符合表达式要求的变量保存到名为Filename的mat文件中
load Filename	将名为Filename的mat文件中的所有变量读入内存
load Filename x y z	将名为Filename的mat文件中的x、y、z变量读入内存
load Filename –regecp pat1 pat2	将名为Filename的mat文件中符合表达式要求的变量读入内存
load Filename x y z –ASCII	将名为Filename的ASCII文件中的x、y、z变量读入内存

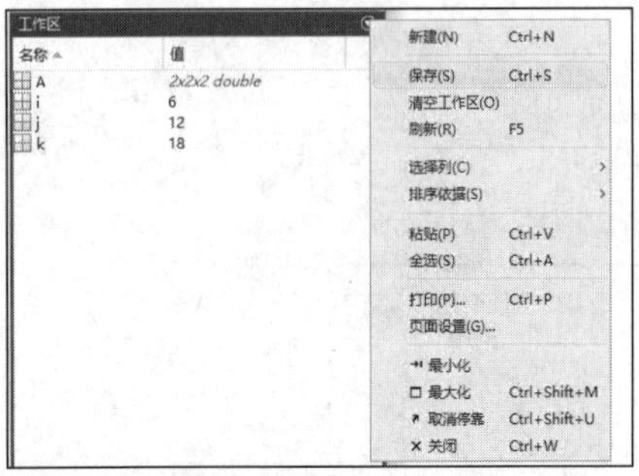

图 1–14 在工作区实现数据文件的存取

MATLAB 除了可以在命令行窗口中输入相应的命令外，也可以执行工作区右上角的下拉菜单中的相应命令实现数据文件的存取，如图 1–14 所示。

1.2 帮助系统

MATLAB 为用户提供了丰富的帮助系统，可以帮助用户更好地了解和运用 MATLAB。本节将详细介绍 MATLAB 帮助系统的使用。

1.2.1 纯文本帮助

在 MATLAB 中，所有执行命令或函数的 M 源文件都有较为详细的注释。这些注释是用纯文本的形式表示的，一般包括函数的调用格式或输入函数、输出结果的含义。下面使用简单的示例说明如何使用 MATLAB 的纯文本帮助。

【例 1-3】在 MATLAB 中查阅帮助信息。

解 根据 MATLAB 的帮助系统，用户可以查阅不同范围的帮助信息，具体如下。

（1）在命令行窗口中输入 help help 命令，按 Enter 键，可以查阅如何在 MATLAB 中使用 help 命令，如图 1–15 所示。

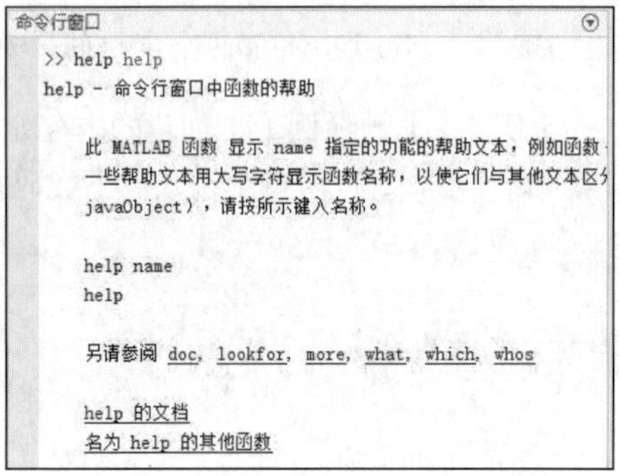

图 1–15 使用 help 命令的帮助信息

界面中显示了如何在 MATLAB 中使用 help 命令的帮助信息，用户可以详细阅读此信息学习如何使用 help 命令。

（2）在命令行窗口中输入 help 命令，按 Enter 键，可以查阅最近所使用命令主题的帮助信息。

（3）在命令行窗口中输入 help topic 命令，按 Enter 键，可以查阅关于该主题的所有帮助信息。

上面简单地演示了如何在 MATLAB 中使用 help 命令获得各种函数、命令的帮助信息。在实际应用中，用户可以灵活使用这些命令搜索所需的帮助信息。

1.2.2　帮助导航

MATLAB 提供帮助信息的“帮助”交互界面主要由帮助导航器和帮助浏览器两部分组成。这个帮助文件和 M 文件中的纯文本帮助无关，而是 MATLAB 专门设置的独立帮助系统。该系统对 MATLAB 的功能叙述比较全面、系统，而且界面友好，使用方便，是用户查找帮助信息的重要途径。

用户可以在操作界面中单击按钮，打开“帮助”交互界面，如图 1–16 所示。

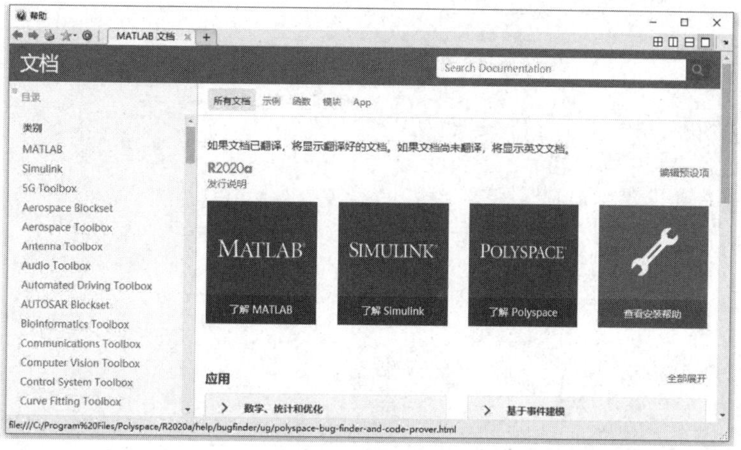

图 1–16　“帮助”交互界面

1.2.3　示例帮助

在 MATLAB 中，各个工具包都有设计好的示例程序，对于初学者，这些示例对提高自己的 MATLAB 应用能力具有重要的作用。

在 MATLAB 命令行窗口中输入 demo 命令，就可以进入关于示例程序的帮助窗口，如图 1–17 所示。用户可以打开实时脚本进行学习。

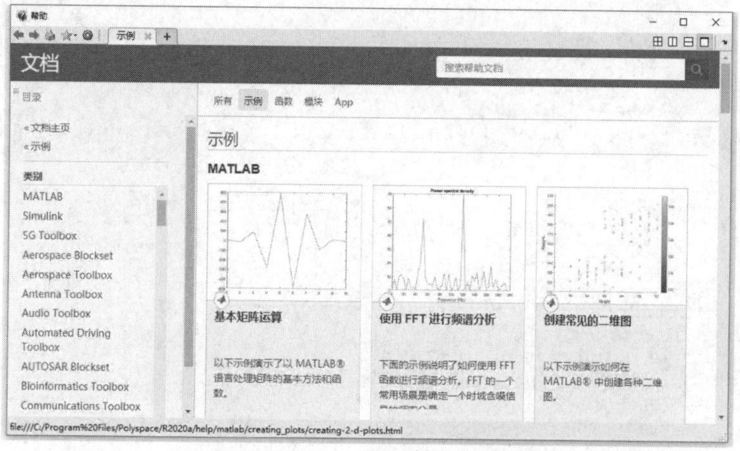

图 1–17　MATLAB 中的示例帮助

1.3 本章小结

MATLAB 是一种功能多样、高度集成、适合科学和工程计算的软件，同时又是一种高级程序设计语言。MATLAB 的主界面集成了命令行窗口、当前文件夹、工作区和选项卡等，它们既可单独使用，又可相互配合，为读者提供了十分灵活方便的操作环境。通过本章的学习，读者能够对 MATLAB 有一个较为直观的印象，为后面 MATLAB 图像处理算法的实现打下基础。

第 2 章 MATLAB 基础

CHAPTER 2

MATLAB 是目前在国际上被广泛接受和使用的科学与工程计算软件，在图像处理中有广泛的应用。本章主要介绍 MATLAB 的基础知识，包括基本概念、向量、数组、矩阵、字符串、符号、关系运算和逻辑运算等内容。

学习目标

（1）了解 MATLAB 基本概念；

（2）掌握 MATLAB 中向量、数组、矩阵等的运算；

（3）熟练掌握 MATLAB 数据类型间的转换。

2.1 基本概念

20 世纪 70 年代中后期，曾在密歇根大学、斯坦福大学和新墨西哥大学担任数学与计算机科学教授的 Cleve Moler 博士和同事出于讲授矩阵理论和数值分析课程的需要，用 FORTRAN 语言编写了两个子程序库 EISPACK 和 LINPACK，这便是构思和开发 MATLAB 的起点。MATLAB 一词是 Matrix Laboratory（矩阵实验室）的缩写，由此可看出 MATLAB 与矩阵计算的渊源。

数据类型、常量和变量是 MATLAB 语言入门时必须引入的一些基本概念，MATLAB 虽然是一个集多种功能于一体的集成软件，但就其语言部分而言，这些概念不可缺少。

2.1.1 数据类型概述

数据作为计算机处理的对象，在程序语言中可分为多种类型，MATLAB 作为一种可编程的语言当然也不例外。MATLAB 主要数据类型如图 2-1 所示。

MATLAB 数值型数据划分为整型和浮点型的用意与 C 语言有所不同。MATLAB 的整型数据主要为图像处理等特殊的应用问题提供数据类型，以便节省空间或提高运行速度。对于一般数值运算，绝大多数情况是采用双精度浮点型数据。

MATLAB 的构造型数据基本上与 C++语言的构造型数据相同，但它的数组却有更加广泛的含义和不同于一般语言的运算方法。

符号对象是 MATLAB 所特有的一类为符号运算而设置的数据类型。严格地说，它不是某一类型的数据，它可以是数组、矩阵、字符等多种形式及其组合，但它在 MATLAB 的工作区中的确又是另立的一种数据类型。

在使用中，MATLAB 数据类型有一个突出的特点：在对不同数据类型的变量进行引用时，一般不用事先对变量的数据类型进行定义或说明，系统会依据变量被赋值的类型自动进行类型识别，这在高级语言中是极具特色的。

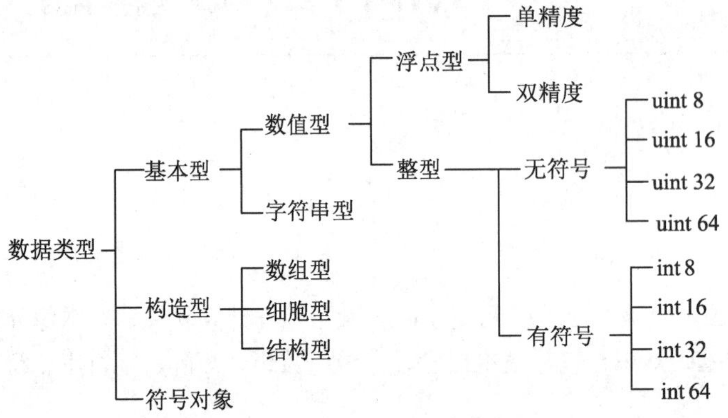

图 2–1　MATLAB 主要数据类型

这样处理的优势是，在书写程序时可以随时引入新的变量而不用担心会出什么问题，这的确给应用带来了很大方便；但缺点是有失严谨，会给搜索和确定一个符号是否为变量名带来更多的时间开销。

2.1.2 整数类型

MATLAB 提供了 8 种内置的整数类型，表 2–1 列出了它们各自的存储占用位数、数值范围和转换函数。

表 2-1　整数类型

整数类型	数值范围	转换函数	整数类型	数值范围	转换函数
有符号8位整数	$-2^7\sim2^7-1$	int8	有符号32位整数	$-2^{31}\sim2^{31}-1$	int32
无符号8位整数	$0\sim2^8-1$	uint8	无符号32位整数	$0\sim2^{32}-1$	uint32
有符号16位整数	$-2^{15}\sim2^{15}-1$	int16	有符号64位整数	$-2^{63}\sim2^{63}-1$	int64
无符号16位整数	$0\sim2^{16}-1$	uint16	无符号64位整数	$0\sim2^{64}-1$	uint64

不同的整数类型所占用的位数不同，因此所能表示的数值范围不同。在实际应用中，应该根据需要的数据范围选择合适的整数类型。有符号的整数类型拿出一位表示正负，因此表示的数据范围和相应的无符号整数类型不同。

由于 MATLAB 中数值的默认存储类型是双精度浮点类型，因此，必须通过表 2–1 中列出的转换函数将双精度浮点数值转换为指定的整数类型。

在转换中，MATLAB 默认将待转换数值转换为最近的整数，若小数部分正好为 0.5，那么 MATLAB 转换后的结果是绝对值较大的那个整数。另外，应用这些转换函数也可以将其他类型转换为指定的整数类型。

【例 2-1】通过转换函数创建整数类型。

解　在命令行窗口中依次输入以下代码，同时会显示相关输出结果。

```
>> x=105;y=105.49;z=105.5;
>> xx=int16(x)                    %把 double 型变量 x 强制转换为 int16 型
xx =
  int16
```

```
    105
>> yy=int32(y)
yy =
  int32
    105
>> zz=int32(z)
zz =
  int32
    106
```

MATLAB 中还有多种取整函数，可以用不同的策略把浮点小数转换为整数，如表 2-2 所示。

表 2-2 取整函数

函　数	说　明	举　例
round(a)	向最接近整数取整 小数部分是0.5时向绝对值大的方向取整	round(4.3)结果为4 round(4.5)结果为5
fix(a)	向0方向取整	fix(4.3)结果为4 fix(4.5)结果为4
floor(a)	向不大于a的最接近整数取整	floor(4.3)结果为4 floor(4.5)结果为4
ceil(a)	向不小于a的最接近整数取整	ceil(4.3)结果为5 ceil (4.5)结果为5

数据类型参与的数学运算与 MATLAB 中默认的双精度浮点运算不同。当两种相同的整数类型进行运算时，结果仍然是这种整数类型；当一个整数类型数值与一个双精度浮点类型数值进行数学运算时，计算结果是这种整数类型，取整采用默认的四舍五入方式。需要注意的是，两种不同的整数类型之间不能进行数学运算，除非提前进行强制转换。

【例 2-2】整数类型数值参与的运算。

解 在命令行窗口中依次输入以下代码，同时会显示相关输出结果。

```
>> clear,clc
>> x=uint32(367.2)*uint32(20.3)
x =
  uint32
    7340
>> y=uint32(24.321)*359.63
y =
  uint32
    8631
>> z=uint32(24.321)*uint16(359.63)
错误使用  *
整数只能与同类的整数或双精度标量值组合使用。
>> whos
  Name      Size            Bytes  Class     Attributes
  x         1x1                 4  uint32
  y         1x1                 4  uint32
```

表 2-1 中已经介绍了不同的整数类型能够表示的数值范围不同。数学运算中，运算结果超出相应的整数类型能够表示的范围时，就会出现溢出错误，运算结果被置为该整数类型能够表示的最大值或最小值。

MATLAB 提供了 warning()函数，可以设置是否显示这种转换或计算过程中出现的溢出以及非正常转换的错误，有兴趣的读者可以参考 MATLAB 的联机帮助。

2.1.3 浮点数类型

MATLAB 中提供了单精度浮点数和双精度浮点数类型，它们在存储位宽、各数据位用处、数值范围、数值精度等方面都不同，如表 2-3 所示。

表 2-3 单精度浮点数和双精度浮点数的比较

浮点类型	存储位宽	各数据位的用处	数值范围	转换函数
双精度	64	0 ~ 51位表示小数部分； 52 ~ 62位表示指数部分； 63位表示符号（0为正，1为负）	$-1.79769\times10^{308} \sim -2.22507\times10^{-308}$ $2.22507\times10^{-308} \sim 1.79769\times10^{308}$	double
单精度	32	0 ~ 22位表示小数部分； 23 ~ 30位表示指数部分； 31位表示符号（0为正，1为负）	$-3.40282\times10^{38} \sim -1.17549\times10^{-38}$ $1.17549\times10^{-38} \sim 3.40282\times10^{38}$	single

从表 2-3 可以看出，存储单精度浮点类型所用的位数少，因此内存占用小，但从各数据位的用处来看，单精度浮点数能够表示的数值范围和数值精度都比双精度小。

和创建整数类型数值一样，创建浮点数类型也可以通过转换函数实现，当然，MATLAB 中默认的数值类型是双精度浮点类型。

【例 2-3】浮点数转换函数的应用。

解 在命令行窗口中依次输入以下代码，同时会显示相关输出结果。

```
>> clear,clc
>> x=5.4
x =
    5.4000
>> y=single(x)                                  %把 double 型的变量强制转换为 single 型
y =
  single
    5.4000
>> z=uint32(87563);
>> zz=double(z)
zz =
       87563
>> whos
  Name      Size            Bytes  Class     Attributes
  x         1x1                 8  double
  y         1x1                 4  single
  z         1x1                 4  uint32
  zz        1x1                 8  double
```

双精度浮点数参与运算时，返回值的类型依赖参与运算中的其他数据类型。双精度浮点数与逻辑型、字符型进行运算时，返回结果为双精度浮点类型；而与整数型进行运算时，返回结果为相应的整数类型；

与单精度浮点型进行运算时，返回单精度浮点型。单精度浮点型与逻辑型、字符型和任何浮点型进行运算时，返回结果都是单精度浮点型。

注意：单精度浮点型不能和整数型进行算术运算。

【例 2-4】浮点型参与的运算。

解　在命令行窗口中依次输入以下代码，同时会显示相关输出结果。

```
>> clear,clc
>> x=uint32(240);y=single(32.345);z=12.356;
>> xy=x*y
错误使用 *
整数只能与同类的整数或双精度标量值组合使用。
>> xz=x*z
xz =
  uint32
   2965
>> whos
  Name      Size            Bytes  Class     Attributes
  x         1x1                 4  uint32
  xz        1x1                 4  uint32
  y         1x1                 4  single
  z         1x1                 8  double
```

从表 2-3 可以看出，浮点数只占用一定的存储位宽，其中只有有限位分别用来存储指数部分和小数部分。因此，浮点类型能表示的实际数值是有限的，而且是离散的。任何两个最接近的浮点数之间都有一个微小的间隙，而所有处于这个间隙中的值都只能用这两个最接近的浮点数中的一个来表示。MATLAB 提供了 eps()函数，可以获取一个数值和它最接近的浮点数之间的间隙大小。

2.1.4　常量与变量

1. 常量

常量是程序语句中取不变值的那些量，如表达式 y=0.618*x，其中就包含一个 0.618 数值常数，它便是一个数值常量；而表达式 s='Tomorrow and Tomorrow'中，单引号内的英文字符串 Tomorrow and Tomorrow 则是一个字符串常量。

在 MATLAB 中，有一类常量是由系统默认给定一个符号来表示的，如 pi，它代表圆周率 π 这个常数，即 3.1415926…，类似于 C 语言中的符号常量，这些常量如表 2–4 所示，有时又称为系统预定义的变量。

表 2-4　特殊常量

常量符号	常 量 含 义
i或j	虚数单位，定义为$i^2=j^2=-1$
Inf或inf	正无穷大，由零作除数引入此常量
NaN	不定时，表示非数值量，产生于0/0、∞/∞、0*∞等运算
pi	圆周率π的双精度表示

续表

常量符号	常 量 含 义
eps	容差变量，当某量的绝对值小于eps时，可以认为此变量为零，即为浮点数的最小分辨率，个人计算机上此值为2^{-52}
realmin	最小浮点数，值为2^{-1022}
realmax	最大浮点数，值为2^{1023}

【例 2-5】显示常量值示例。

解 在命令行窗口中依次输入以下代码，同时会显示相关输出结果。

```
>> eps
ans =
   2.2204e-16
>> pi
ans =
    3.1416
```

2. 变量

变量是在程序运行中其值可以改变的量，由变量名表示。在 MATLAB 中变量的命名有自己的规则，可以归纳为以下几条。

（1）变量名必须以字母开头，且只能由字母、数字或下画线 3 类符号组成，不能含有空格和标点符号等。

（2）变量名区分字母的大小写。例如，a 和 A 是不同的变量。

（3）变量名不能超过 63 个字符，第 63 个字符后的字符将被忽略，对于 MATLAB 6.5 以前的版本，变量名不能超过 31 个字符。

（4）关键字（如 if、while 等）不能作为变量名。

（5）最好不要用表 2-4 中的特殊常量符号作变量名。

常见的错误命名举例：f(x)、y'、y''、A2 等。

2.1.5 标量、向量、矩阵与数组

标量、向量、矩阵和数组是 MATLAB 运算中涉及的一组基本运算量。它们各自的特点及相互间的关系可以描述如下。

（1）数组不是一个数学量，而是一个用于高级语言程序设计的概念。如果数组元素按一维线性方式组织在一起，那么称其为一维数组，一维数组的数学原型是向量。

如果数组元素分行、列排成一个二维平面表格，那么称其为二维数组，二维数组的数学原型是矩阵。如果元素在排成二维数组的基础上，再将多个行、列数分别相同的二维数组叠成一个立体表格，便形成三维数组。依此类推，便有了多维数组的概念。

在 MATLAB 中，数组的用法与一般高级语言不同，它不借助循环，而是直接采用运算符，有自己独立的运算符和运算法则。

（2）矩阵是一个数学概念，一般高级语言并未引入将其作为基本的运算量，但 MATLAB 是个例外。一般高级语言是不认可将两个矩阵视为两个简单变量而直接进行加减乘除的，要完成矩阵的四则运算，必须借助循环结构。

当 MATLAB 将矩阵引入作为基本运算量后，上述局面改变了。MATLAB 不仅实现了矩阵的简单加减乘除运算，而且许多与矩阵相关的其他运算也因此大大简化了。

（3）向量是一个数学量，一般高级语言中也未引入，它可视为矩阵的特例。从 MATLAB 的工作区窗口可以查看到：一个 n 维行向量是一个 $1\times n$ 阶矩阵，而列向量则当作 $n\times 1$ 阶矩阵。

（4）标量的提法也是一个数学概念，但在 MATLAB 中，一方面可将其视为一般高级语言的简单变量来处理；另一方面又可把它当作 1×1 阶矩阵。这一看法与矩阵作为 MATLAB 的基本运算量是一致的。

（5）在 MATLAB 中，二维数组和矩阵其实是数据结构形式相同的两种运算量。二维数组和矩阵的表示、建立、存储没有根本区别，区别只在它们的运算符和运算法则不同。

例如，在命令行窗口中输入 a=[1 2;3 4]，实际上它有两种可能的角色：矩阵 a 或二维数组 a。这就是说，单从形式上是不能完全区分矩阵和数组的，必须再看它使用什么运算符与其他量之间进行运算。

MATLAB 中矩阵以数组的形式存在，矩阵与数组的区别如表 2–5 所示。

表 2-5 矩阵与数组的区别

比较项目	矩　阵	数　组
概念	数学元素	程序中数据的存储和管理方式
所属领域	线性代数、高等数学	信息科学、计算机技术
形式	二维	一维、二维、多维
包含元素类型	数字	数字、字符等多种数据类型

（6）数组的维和向量的维是两个完全不同的概念。数组的维是从数组元素排列后所形成的空间结构去定义的：线性结构是一维，平面结构是二维，立体结构是三维，当然还有四维以至多维。向量的维相当于一维数组中的元素个数。

2.1.6 字符型数据

类似于其他高级语言，MATLAB 的字符和字符串运算也相当强大。在 MATLAB 中，字符串可以用单引号进行赋值，字符串的每个字符（含空格）都是字符数组的一个元素。MATLAB 还包含很多字符串相关操作函数，具体如表 2–6 所示。

表 2-6 字符串操作函数

函 数 名	说　明	函 数 名	说　明
char	生成字符数组	strsplit	在指定的分隔符处拆分字符串
strcat	水平连接字符串	strtok	查找字符串中记号
strvcat	垂直连接字符串	upper	转换字符串为大写
strcmp	比较字符串	lower	转换字符串为小写
strncmp	比较字符串的前n个字符	blanks	生成空字符串
strfind	在其他字符串中查找此字符串	deblank	移去字符串内空格
strrep	以其他字符串代替此字符串		

【例 2-6】字符串应用。

解 在命令行窗口中依次输入以下代码，同时会显示相关输出结果。

```
>> clear, clc
>> syms a b
>> y=2*a+1
y =
   2*a + 1
>> y1=a+2;
>> y2=y-y1                                   %字符串的相减运算操作
y2 =
   a - 1
>> y3=y+y1                                   %字符串的相加运算操作
y3 =
   3*a + 3
>> y4=y*y1                                   %字符串的相乘运算操作
y4 =
   (2*a + 1)*(a + 2)
y5=y/y1                                      %字符串的相除运算操作
>> y5 =
   (2*a + 1)/(a + 2)
```

2.1.7 运算符

MATLAB 运算符可分为三大类：算术运算符、关系运算符和逻辑运算符。下面分类介绍它们的运算符和运算法则。

1. 算术运算符

算术运算因所处理的对象不同，分为矩阵算术运算和数组算术运算两类。表 2–7 所示为矩阵算术运算符及其名称、示例和使用说明；表 2–8 所示为数组算术运算符及其名称、示例和使用说明。

表 2-7 矩阵算术运算符

运 算 符	名 称	示 例	法则或使用说明
+	加	C=A+B	矩阵加法法则，即C(i,j)=A(i,j)+B(i,j)
–	减	C=A–B	矩阵减法法则，即C(i,j)=A(i,j) –B(i,j)
*	乘	C=A*B	矩阵乘法法则
/	右除	C=A/B	定义为线性方程组X*B=A的解，即C=A/B=A*B^{-1}
\	左除	C=A\B	定义为线性方程组A*X=B的解，即C=A\B=A^{-1}*B
^	乘幂	C=A^B	A和B其中一个为标量时有定义
'	共轭转置	B=A'	B是A的共轭转置矩阵

表 2-8 数组算术运算符

运 算 符	名 称	示 例	法则或使用说明
.*	数组乘	C=A.*B	C(i,j)=A(i,j)*B(i,j)
./	数组右除	C=A./B	C(i,j)=A(i,j)/B(i,j)

续表

运算符	名　称	示　例	法则或使用说明
.\	数组左除	C=A.\B	C(i,j)=B(i,j)/A(i,j)
.^	数组乘幂	C=A.^B	C(i,j)=A(i,j)^B(i,j)
.'	转置	A.'	将数组的行摆放成列，复数元素不做共轭

针对表 2-7 和表 2-8 需要说明以下几点。

（1）矩阵的加、减、乘运算是严格按矩阵运算法则定义的，而矩阵的除法虽和矩阵求逆有关系，却分为左除和右除，因此不是完全等价的。乘幂运算更是将标量幂扩展到矩阵可作为幂指数。总的来说，MATLAB 接受了线性代数已有的矩阵运算规则，但又不止于此。

（2）表 2-8 中并未定义数组的加减法，是因为矩阵的加减法与数组的加减法相同，所以未做重复定义。

（3）无论加减乘除，还是乘幂，数组的运算都是元素间的运算，即对应下标元素一对一的运算。

（4）多维数组的运算法则，可依元素按下标一一对应参与运算的原则将表 2-8 推广。

2. 关系运算符

MATLAB 关系运算符如表 2-9 所示。

表 2-9　关系运算符

运算符	名　称	示　例	法则或使用说明
<	小于	A<B	（1）A和B都是标量，结果为1（真）或0（假）的标量 （2）A和B中若一个是标量，另一个是数组，标量将与数组各元素逐一比较，结果为与运算数组行列相同的数组，其中各元素取值为1或0 （3）A和B都是数组时，必须行、列数分别相同，A和B各对应元素相比较，结果为与A或B行列相同的数组，其中各元素取值为1或0 （4）==和 ~ =运算对参与比较的量同时比较实部和虚部，其他运算只比较实部
<=	小于或等于	A<=B	
>	大于	A>B	
>=	大于或等于	A>=B	
==	恒等于	A==B	
~ =	不等于	A ~ =B	

需要明确指出的是，MATLAB 的关系运算虽可看作矩阵的关系运算，但严格地讲，把关系运算定义在数组基础之上更为合理。因为从表 2-9 所列法则不难发现，关系运算是元素一对一的运算结果。数组的关系运算向下可兼容一般高级语言中所定义的标量关系运算。

3. 逻辑运算符

逻辑运算在 MATLAB 中同样需要，为此，MATLAB 定义了自己的逻辑运算符，并设定了相应的逻辑运算法则，如表 2-10 所示。

表 2-10　逻辑运算符

<table>
<tr><th>运算符</th><th>名　称</th><th>示　例</th><th>法则或使用说明</th></tr>
<tr><td>&</td><td>与</td><td>A&B</td><td rowspan="5">（1）A和B都是标量，结果为1（真）或0（假）的标量
（2）A和B中若一个是标量，另一个是数组，标量将与数组各元素逐一作逻辑运算，结果为与运算数组行列相同的数组，其中各元素取值为1或0
（3）A和B都是数组时，必须行、列数分别相同，A和B各对应元素作逻辑运算，结果为与A或B行列相同的数组，其中各元素取值为1或0
（4）先决与、先决或是只针对标量的运算</td></tr>
<tr><td>|</td><td>或</td><td>A|B</td></tr>
<tr><td>~</td><td>非</td><td>~ A</td></tr>
<tr><td>&&</td><td>先决与</td><td>A&&B</td></tr>
<tr><td>||</td><td>先决或</td><td>A||B</td></tr>
</table>

同样地，MATLAB 的逻辑运算也是定义在数组的基础之上，向下可兼容一般高级语言中所定义的标量逻辑运算。为提高运算速度，MATLAB 还定义了针对标量的先决与和先决或运算。

先决与运算是当该运算符的左边为 1（真）时，才继续与该符号右边的量作逻辑运算。先决或运算是当运算符的左边为 1（真）时，就不需要继续与该符号右边的量作逻辑运算，而立即得出该逻辑运算结果为 1（真）；否则，就要继续与该符号右边的量作运算。

4. 运算符的优先级

和其他高级语言一样，当用多个运算符和运算量写出一个 MATLAB 表达式时，运算符的优先次序是一个必须明确的问题。表 2-11 列出了运算符的优先次序。

表 2-11　运算符的优先次序

优先次序	运　算　符
最高	'(转置共轭)、^(矩阵乘幂)、.'(转置)、.^(数组乘幂)
↓	~(逻辑非)
	、/(右除)、\(左除)、.(数组乘)、./(数组右除)、.\(数组左除)
	+、−、:（冒号运算）
	<、<=、>、>=、==(恒等于)、~=(不等于)
	&(逻辑与)
	|(逻辑或)
	&&(先决与)
最低	||(先决或)

MATLAB 运算符的优先次序，在表 2-11 中从上到下分别由高到低；而表中同一行的各运算符具有相同的优先级，在同一级别中又遵循“有括号先括号运算”的原则。

2.1.8 复数

复数是对实数的扩展，每个复数包括实部和虚部两部分。MATLAB 中默认用字符 i 或 j 表示虚部。可以直接输入或利用 complex()函数创建复数。

MATLAB 中还有多种对复数操作的函数，如表 2-12 所示。

表 2-12　复数相关运算函数

函　数	说　明	函　数	说　明
real(z)	返回复数z的实部	imag(z)	返回复数z的虚部
abs(z)	返回复数z的幅度	angle(z)	返回复数z的幅角
conj(z)	返回复数z的共轭复数	complex(a,b)	以a为实部，b为虚部创建复数

【例 2-7】复数的创建和运算。

解　在命令行窗口中依次输入以下代码，同时会显示相关输出结果。

```
>> clear, clc
>> a=2+3i
a =
```

```
   2.0000 + 3.0000i
>> x=rand(3)*5;
>> y=rand(3)*-8;
>> z=complex(x,y)                    %用 complex()函数创建以 x 为实部，y 为虚部的复数
z =
   4.0736 - 7.7191i   4.5669 - 7.6573i   1.3925 - 1.1351i
   4.5290 - 1.2609i   3.1618 - 3.8830i   2.7344 - 3.3741i
   0.6349 - 7.7647i   0.4877 - 6.4022i   4.7875 - 7.3259i
>> whos
  Name      Size            Bytes  Class     Attributes
  a         1x1                16  double    complex
  x         3x3                72  double
  y         3x3                72  double
  z         3x3               144  double    complex
```

2.1.9　无穷量和非数值量

MATLAB 中用 Inf 和-Inf 分别代表正无穷和负无穷，用 NaN 表示非数值的值。正、负无穷的产生一般是由于分母为 0 或运算溢出，产生了超出双精度浮点数数值范围的结果；非数值量的产生则是由于 0/0 或 Inf/Inf 型的非正常运算。需要注意的是，两个 NaN 彼此是不相等的。

除了运算造成这些异常结果外，MATLAB 还提供了专门函数可以创建这两种特别的量，可以用 Inf()函数和 NaN()函数创建指定数值类型的无穷量和非数值量，默认为双精度浮点类型。

【例 2-8】无穷量和非数值量。

解　在命令行窗口中依次输入以下代码，同时会显示相关输出结果。

```
>> x=1/0
x =
   Inf
>> y=log(0)
y =
  -Inf
>> z=0.0/0.0
z =
   NaN
```

2.2　向量

向量是高等数学、线性代数中讨论过的概念。虽是一个数学的概念，但它同时又在力学、电磁学等许多领域中被广泛应用。电子信息学科的电磁场理论课程就以向量分析和场论作为其数学基础。

向量是一个有方向的量。在平面解析几何中，它用坐标表示成从原点出发到平面上的一点（a,b），数据对（a,b）称为一个二维向量。立体解析几何中，则用坐标表示成（a,b,c），数据组（a,b,c）称为三维向量。线性代数推广了这一概念，提出了 n 维向量，在线性代数中，n 维向量用 n 个元素的数据组表示。

MATLAB 讨论的向量以线性代数的向量为起点，多可达 n 维抽象空间，少可应用到解决平面和空间的向量运算问题。下面首先讨论在 MATLAB 中如何生成向量的问题。

2.2.1 向量的生成

在 MATLAB 中生成向量主要有直接输入法、冒号表达式法和函数法 3 种方法。

1. 直接输入法

在命令提示符后直接输入一个向量，其格式为

```
向量名=[a1,a2,a3,…]
```

【例 2-9】直接输入法生成向量。

解 在命令行窗口中依次输入以下代码，同时会显示相关输出结果。

```
>> A=[2,3,4,5,6],B=[1;2;3;4;5],C=[4 5 6 7 8 9]
A =
    2    3    4    5    6
B =
    1
    2
    3
    4
    5
C =
    4    5    6    7    8    9
```

2. 冒号表达式法

利用冒号表达式 a1:step:an 也能生成向量。其中，a1 为向量的第 1 个元素；an 为向量最后一个元素的限定值；step 为变化步长，省略步长时系统默认为 1。

【例 2-10】用冒号表达式法生成向量。

解 在命令行窗口中依次输入以下代码，同时会显示相关输出结果。

```
>> A=1:2:10;B=1:10, C=10:-1:1, D=10:2:4, E=2:-1:10
B =
    1    2    3    4    5    6    7    8    9    10
C =
   10    9    8    7    6    5    4    3    2    1
D =
  空的 1×0 double 行向量
E =
  空的 1×0 double 行向量
```

3. 函数法

MATLAB 中有两个函数可以用来直接生成向量：线性等分函数 linspace()和对数等分函数 logspace()。

线性等分函数的通用格式为

```
A=linspace(a1,an,n)          %a1 为向量的首元素，an 为向量的尾元素，n 为向量的维数。省略 n 则
                             %默认生成 100 个元素的向量
```

对数等分函数的通用格式为

```
A=logspace(a1,an,n)          %a1 为向量首元素的幂，即 A(1)=10^a1；an 为向量尾元素的幂，即 A(n)
                             %为 10^an；n 为向量的维数。省略 n 则默认生成 50 个元素的对数等分向量
```

【例 2-11】观察用线性等分函数、对数等分函数生成向量的结果。

解 在命令行窗口中依次输入以下代码，同时会显示相关输出结果。

```
>> A1=linspace(1,50),B1=linspace(1,30,10)
A1 =
  列 1 至 10
    1.0000  1.4949  1.9899  2.4848  2.9798  3.4747  3.9697  4.4646  4.9596  5.4545
  列 11 至 20
  %省略中间数据
  列 91 至 100
   45.5455  46.0404  46.5354  47.0303  47.5253  48.0202  48.5152  49.0101  49.5051
50.0000
B1 =
  1.0000  4.2222  7.4444   10.6667  13.8889  17.1111  20.3333  23.5556  26.7778
30.0000
>> A2=logspace(0,49),B2=logspace(0,4,5)
A2 =
   1.0e+49 *
  列 1 至 10
    0.0000  0.0000  0.0000  0.0000  0.0000  0.0000  0.0000  0.0000  0.0000  0.0000
  列 11 至 20
    0.0000  0.0000  0.0000  0.0000  0.0000  0.0000  0.0000  0.0000  0.0000  0.0000
  列 21 至 30
    0.0000  0.0000  0.0000  0.0000  0.0000  0.0000  0.0000  0.0000  0.0000  0.0000
  列 31 至 40
    0.0000  0.0000  0.0000  0.0000  0.0000  0.0000  0.0000  0.0000  0.0000  0.0000
  列 41 至 50
    0.0000  0.0000  0.0000  0.0000  0.0000  0.0001  0.0010  0.0100  0.1000  1.0000
B2 =
      1      10      100      1000      10000
```

尽管用冒号表达式和线性等分函数都能生成线性等分向量，但在使用时有几点区别值得注意。

（1）an 在冒号表达式中，它不一定恰好是向量的最后一个元素，只有当向量的倒数第 2 个元素加步长等于 an 时，an 才正好构成尾元素。如果一定要构成一个以 an 为末尾元素的向量，那么最可靠的生成方法是用线性等分函数。

（2）在使用线性等分函数前，必须先确定生成向量的元素个数，但使用冒号表达式将按步长和 an 的限制生成向量，不需要考虑元素个数的多少。

实际应用时，同时限定尾元素和步长生成向量，有时可能会出现矛盾，此时必须做出取舍。要么坚持步长优先，调整尾元素限制；要么坚持尾元素限制，修改等分步长。

2.2.2 向量的加减和数乘运算

在 MATLAB 中，维数相同的行向量之间可以加减，维数相同的列向量也可加减，标量数值可以与向量直接乘除。

【例 2-12】向量的加减和数乘运算。

解 在命令行窗口中依次输入以下代码，同时会显示相关输出结果。

```
>> A=[1 2 3 4 5];
>> B=3:7;
>> C=linspace(2,4,3);
>> AT=A';
>> BT=B';
>> E1=A+B,
E1 =
     4     6     8    10    12
>> E2=A-B,
E2 =
    -2    -2    -2    -2    -2
>> F=AT-BT,
F =
    -2
    -2
    -2
    -2
    -2
>> G1=3*A,
G1 =
     3     6     9    12    15
>> G2=B/3,
G2 =
    1.0000    1.3333    1.6667    2.0000    2.3333
>> H=A+C
错误使用  -
矩阵维度必须一致。
```

代码执行后，H=A+C 显示了出错信息，表明维数不同的向量之间的加减运算是非法的。

2.2.3 向量的点积和叉积运算

向量的点积即数量积，叉积又称为向量积或矢量积。点积、叉积甚至两者的混合积在场论中是基本的运算。MATLAB 是用函数实现向量点积和叉积运算的。下面举例说明向量的点积、叉积和混合积运算。

1. 点积运算

点积运算($\boldsymbol{A}\cdot\boldsymbol{B}$)的定义是参与运算的两向量各对应位置上元素相乘后，再将各乘积相加。所以，向量点积的结果是一个标量，而非向量。

点积运算函数是 dot(A,B)，A 和 B 是维数相同的两个向量。

【例 2-13】 向量点积运算。

解 在命令行窗口中依次输入以下代码，同时会显示相关输出结果。

```
>> A=1:10;
>> B=linspace(1,10,10);
>> AT=A';BT=B';
>> e=dot(A,B),
e =
   385
```

```
>> f=dot(AT,BT)
f =
   385
```

2. 叉积运算

在数学描述中，向量 ***A*** 和 ***B*** 的叉积是一个新向量 ***C***，***C*** 的方向垂直于 ***A*** 与 ***B*** 所决定的平面。用三维坐标表示时，有

$$\boldsymbol{A} = A_x\mathbf{i} + A_y\mathbf{j} + A_z\mathbf{k}$$
$$\boldsymbol{B} = B_x\mathbf{i} + B_y\mathbf{j} + B_z\mathbf{k}$$
$$\boldsymbol{C} = \boldsymbol{A}\times\boldsymbol{B} = (A_yB_z - A_zB_y)\mathbf{i} + (A_zB_x - A_xB_z)\mathbf{j} + (A_xB_y - A_yB_x)\mathbf{k}$$

叉积运算的函数是 cross(A,B)，该函数计算的是 A 和 B 叉积后各分量的元素值，且 A 和 B 只能是三维向量。

【例 2-14】合法向量叉积运算。

解　在命令行窗口中依次输入以下代码，同时会显示相关输出结果。

```
>> A=1:3,
A =
     1     2     3
>> B=3:5
B =
     3     4     5
>> E=cross(A,B)
E =
    -2     4    -2
```

【例 2-15】非法向量叉积运算（不等于三维的向量作叉积运算）。

解　在命令行窗口中依次输入以下代码，同时会显示相关输出结果。

```
>> A=1:4,
A =
     1     2     3     4
>> B=3:6,
B =
     3     4     5     6
>> C=[1 2],
C =
     1     2
>> D=[3 4]
D =
     3     4
>> E=cross(A,B),
错误使用 cross
在获取交叉乘积的维度中，A 和 B 的长度必须为 3。
>> F=cross(C,D)
错误使用 cross
在获取交叉乘积的维度中，A 和 B 的长度必须为 3。
```

3. 混合积运算

综合运用上述两个函数就可实现点积和叉积的混合运算，该运算也只能发生在三维向量之间，示例如下。

【例 2-16】向量混合积示例。

解 在命令行窗口中依次输入以下代码，同时会显示相关输出结果。

```
>> A=[1 2 3]
A =
     1     2     3
>> B=[3 3 4],
B =
     3     3     4
>> C=[3 2 1]
C =
     3     2     1
>> D=dot(C,cross(A,B))
D =
     4
```

2.3 数组

数组运算是 MATLAB 计算的基础。由于 MATLAB 面向对象的特性，这种数值数组成为 MATLAB 最重要的一种内置数据类型，而数组运算就是定义这种数据结构的方法。本节将系统地列出具备数组运算能力的函数名称，为兼顾一般性，以二维数组的运算为例，读者可推广至多维数组和多维矩阵的运算。

下面将介绍在 MATLAB 中如何建立数组，以及数组的常用操作等，包括数组的算术运算、关系运算和逻辑运算。

2.3.1 数组的创建和操作

在 MATLAB 中一般使用方括号、逗号、空格和分号创建数组，数组中同一行的元素使用逗号或空格进行分隔，不同行之间用分号进行分隔。

【例 2-17】创建空数组、行向量、列向量。

解 在命令行窗口中依次输入以下代码，同时会显示相关输出结果。

```
>> clear,clc
>> A=[]
A =
     []
>> B=[4 3 2 1]
B =
     4     3     2     1
>> C=[4,3,2,1]
C =
     4     3     2     1
>> D=[4;3;2;1]
D =
```

```
     4
     3
     2
     1
>> E=B'                                           %转置
E =
     4
     3
     2
     1
```

【例 2-18】访问数组。

解 在命令行窗口中依次输入以下代码，同时会显示相关输出结果。

```
>> clear,clc
>> A=[6 5 4 3 2 1]
A =
     6     5     4     3     2     1
>> a1=A(1)                                        %访问数组第 1 个元素
a1 =
     6
>> a2=A(1:3)                                      %访问数组第 1 ~ 3 个元素
a2 =
     6     5     4
>> a3=A(3:end)                                    %访问数组第 3 个到最后一个元素
a3 =
     4     3     2     1
>> a4=A(end:-1:1)                                 %数组元素倒序输出
a4 =
     1     2     3     4     5     6
>> a5=A([1 6])                                    %访问数组第 1 个和第 6 个元素
a5 =
     6     1
```

【例 2-19】子数组的赋值。

解 在命令行窗口中依次输入以下代码，同时会显示相关输出结果。

```
>> clear,clc
>> A=[6 5 4 3 2 1]
A =
     6     5     4     3     2     1
>> A(3) = 0
A =
     6     5     0     3     2     1
>> A([1 4])=[1 1]
A =
     1     5     0     1     2     1
```

在 MATLAB 中还可以通过其他各种方式创建数组，具体如下。

1. 通过冒号创建一维数组

在 MATLAB 中，通过冒号创建一维数组的代码如下。

```
X=A:step:B                %A 为创建一维数组的第 1 个元素；step 为每次递增或递减的数值，直到最后一
                          %个元素和 B 的差的绝对值小于或等于 step 的绝对值为止
```

【例 2-20】通过冒号创建一维数组示例。

解 在命令行窗口中依次输入以下代码，同时会显示相关输出结果。

```
>> clear,clc
>> A=2:6
A =
     2     3     4     5     6
>> B=2.1:1.5:6
B =
   2.1000    3.6000    5.1000
>> C=2.1:-1.5:-6
C =
   2.1000    0.6000   -0.9000   -2.4000   -3.9000   -5.4000
>> D=2.1:-1.5:6
D =
  空的 1×0 double 行向量
```

2. 通过logspace()函数创建一维数组

MATLAB 常用 logspace()函数创建一维数组，该函数的调用方式如下。

```
y=logspace(a,b)           %创建第 1 个元素为 10^a，最后一个元素为 10^b，共有 50 个元素的等
                          %比数列
y=logspace(a,b,n)         %创建第 1 个元素为 10^a，最后一个元素为 10^b，共有 n 个元素的等
                          %比数列
```

【例 2-21】通过 logspace()函数创建一维数组。

解 在命令行窗口中依次输入以下代码，同时会显示相关输出结果。

```
>> clear,clc
>> A=logspace(1,2,20)
A =
  1 至 10 列
   10.0000   11.2884   12.7427   14.3845   16.2378   18.3298   20.6914   23.3572
26.3665   29.7635
  11 至 20 列
   33.5982   37.9269   42.8133   48.3293   54.5559   61.5848   69.5193   78.4760
88.5867  100.0000
>> B=logspace(1,2,10)
B =
   10.0000   12.9155   16.6810   21.5443   27.8256   35.9381   46.4159   59.9484
77.4264  100.0000
```

3. 通过linspace()函数创建一维数组

MATLAB 常用 linspace()函数创建一维数组，该函数的调用方式如下。

```
y=linspace(a,b)              %创建第 1 个元素为 a，最后一个元素为 b，共有 100 个元素的等比数列
y=linspace(a,b,n)            %创建第 1 个元素为 a，最后一个元素为 b，共有 n 个元素的等比数列
```

【例 2-22】通过 linspace()函数创建一维数组。

解　在命令行窗口中依次输入以下代码，同时会显示相关输出结果。

```
>> clear,clc
>> A=linspace(1,100)
A =
  列 1 至 15
     1    2    3    4    5    6    7    8    9   10   11   12   13   14   15
  列 16 至 30
    16   17   18   19   20   21   22   23   24   25   26   27   28   29   30
  列 31 至 45
    31   32   33   34   35   36   37   38   39   40   41   42   43   44   45
  列 46 至 60
    46   47   48   49   50   51   52   53   54   55   56   57   58   59   60
  列 61 至 75
    61   62   63   64   65   66   67   68   69   70   71   72   73   74   75
  列 76 至 90
    76   77   78   79   80   81   82   83   84   85   86   87   88   89   90
  列 91 至 100
    91   92   93   94   95   96   97   98   99  100
>> B=linspace(1,36,12)
B =
   1.0000   4.1818   7.3636   10.5455   13.7273   16.9091   20.0909   23.2727
26.4545   29.6364   32.8182   36.0000
>> C=linspace(1,36,1)
C =
   36
```

2.3.2　数组的常见运算

1. 数组的算术运算

数组的运算是从数组的单个元素出发，针对每个元素进行的运算。在 MATLAB 中，一维数组的基本运算包括加、减、乘、左除、右除和乘方。

数组的加减运算：通过 A+B 或 A−B 格式可实现数组的加减运算，但运算规则要求数组 A 和 B 的维数相同。

提示：如果两个数组的维数不相同，则将给出错误的信息。

【例 2-23】数组的加减运算。

解　在命令行窗口中依次输入以下代码，同时会显示相关输出结果。

```
>> clear,clc
>> A=[1 5 6 8 9 6]
A =
```

```
    1    5    6    8    9    6
>> B=[9 85 6 2 4 0]
B =
    9    85    6    2    4    0
>> C=[1 1 1 1 1]
C =
    1    1    1    1    1
>> D=A+B                                    %加法
D =
    10    90    12    10    13    6
>> E=A-B                                    %减法
E =
    -8   -80    0    6    5    6
>> F=A*2
F =
    2    10    12    16    18    12
>> G=A+3                                    %数组与常数的加法
G =
    4    8    9    11    12    9
>> H=A-C
错误使用  -
矩阵维度必须一致。
```

数组的乘除运算：通过 A.*B 或 A./B 格式可实现数组的乘除运算，但运算规则要求数组 A 和 B 的维数相同。

乘法：数组 A 和 B 的维数相同，运算为数组对应元素相乘，计算结果为与 A 和 B 相同维数的数组。

除法：数组 A 和 B 的维数相同，运算为数组对应元素相除，计算结果为与 A 和 B 相同维数的数组。

右除和左除的关系：A./B=B.\A，其中 A 是被除数，B 是除数。

提示：如果两个数组的维数不同，则将给出错误的信息。

【例 2-24】数组的乘除运算。

解 在命令行窗口中依次输入以下代码，同时会显示相关输出结果。

```
>> clear,clc
>> A=[1 5 6 8 9 6]
>> B=[9 5 6 2 4 0]
>> C=A.* B                                                  %数组的点乘
C =
     9    25    36    16    36     0
>> D=A * 3                                                  %数组与常数的乘法
D =
     3    15    18    24    27    18
>> E=A.\B                                                   %数组与数组的左除
E =
    9.0000    1.0000    1.0000    0.2500    0.4444         0
>> F=A./B                                                   %数组与数组的右除
F =
```

```
    0.1111    1.0000    1.0000    4.0000    2.2500       Inf
>> G=A./3                                                   %数组与常数的除法
G =
    0.3333    1.6667    2.0000    2.6667    3.0000    2.0000
>> H=A/3
H =
    0.3333    1.6667    2.0000    2.6667    3.0000    2.0000
```

通过.^实现数组的乘方运算。数组的乘方运算包括数组间的乘方运算、数组与某个具体数值的乘方运算，以及常数与数组的乘方运算。

【例 2-25】数组的乘方。

解　在命令行窗口中依次输入以下代码，同时会显示相关输出结果。

```
>> clear,clc
>> A=[1 5 6 8 9 6];
>> B=[9 5 6 2 4 0];
>> C=A.^B                                                   %数组的乘方
C =
          1        3125       46656          64        6561           1
>> D=A.^3                                                   %数组与某个具体数值的乘方
D =
     1   125   216   512   729   216
>> E=3.^A                                                   %常数与数组的乘方
E =
          3         243         729        6561       19683         729
```

通过 dot()函数可实现数组的点积运算，但运算规则要求数组 A 和 B 的维数相同，其调用格式为

```
C=dot(A,B)
C=dot(A,B,dim)
```

【例 2-26】数组的点积。

解　在命令行窗口中依次输入以下代码，同时会显示相关输出结果。

```
>> clear,clc
>> A=[1 5 6 8 9 6];
>> B=[9 5 6 2 4 0];
>> C=dot(A,B)                                               %数组的点积
C =
   122
>> D=sum(A.*B)                                              %数组元素的乘积之和
D =
   122
```

2. 数组的关系运算

MATLAB 提供了 6 种数组关系运算符，即<（小于）、<=（小于或等于）、>（大于）、>=（大于或等于）、==（恒等于）、~=（不等于）。

关系运算的运算法则如下。

（1）当两个比较量是标量时，直接比较两个数的大小。若关系成立，则返回的结果为 1，否则为 0。

（2）当两个比较量是维数相等的数组时，逐一比较两个数组相同位置的元素，并给出比较结果。最终

的关系运算结果是一个与参与比较的数组维数相同的数组，其组成元素为 0 或 1。

【例 2-27】数组的关系运算。

解 在命令行窗口中依次输入以下代码，同时会显示相关输出结果。

```
>> clear,clc
>> A=[1 5 6 8 9 6];
>> B=[9 5 6 2 4 0];
>> C=A<6                                          %数组与常数比较，小于
C =
  1×6 logical 数组
   1   1   0   0   0   0
>> D=A>=6                                         %数组与常数比较，大于或等于
D =
  1×6 logical 数组
   0   0   1   1   1   1
>> E=A<B                                          %数组与数组比较，小于
E =
  1×6 logical 数组
   1   0   0   0   0   0
>> F=A==B                                         %数组与数组比较，恒等于
F =
  1×6 logical 数组
   0   1   1   0   0   0
```

3. 数组的逻辑运算

MATLAB 提供了 3 种数组逻辑运算符，即&（与）、|（或）和~（非）。逻辑运算的运算法则如下。

（1）非零元素为真，用 1 表示；反之，零元素为假，用 0 表示。

（2）当两个比较量是维数相等的数组时，逐一比较两个数组相同位置的元素，并给出比较结果。最终的关系运算结果是一个与参与比较的数组维数相同的数组，其组成元素为 0 或 1。

（3）与运算（a&b）时，a、b 全为非零，则为真，运算结果为 1；或运算（a|b）时，只要 a、b 有一个为非零，则运算结果为 1；非运算（~a）时，若 a 为 0，运算结果为 1，非零则运算结果为 0。

【例 2-28】数组的逻辑运算。

解 在命令行窗口中依次输入以下代码，同时会显示相关输出结果。

```
>> clear,clc
>> A=[1 5 6 8 9 6];
>> B=[9 5 6 2 4 0];
>> C=A&B                                          %与
C =
  1×6 logical 数组
   1   1   1   1   1   0
>> D=A|B                                          %或
D =
  1×6 logical 数组
   1   1   1   1   1   1
>> E=~B                                           %非
E =
```

```
  1×6 logical 数组
   0   0   0   0   0   1
```

2.4　矩阵

MATLAB 简称矩阵实验室，对于矩阵的运算，MATLAB 软件有着得天独厚的优势。

生成矩阵的方法有很多种：①直接输入矩阵元素；②对已知矩阵进行矩阵组合、矩阵转向、矩阵移位操作；③读取数据文件；④使用函数直接生成特殊矩阵。表 2–13 列出了常用的特殊矩阵生成函数。

表 2-13　常用的特殊矩阵生成函数

函 数 名	说　明	函 数 名	说　明
zeros	全0矩阵	eye	单位矩阵
ones	全1矩阵	company	伴随矩阵
rand	均匀分布随机矩阵	hilb	Hilbert矩阵
randn	正态分布随机矩阵	invhilb	Hilbert逆矩阵
magic	魔方矩阵	vander	Vander矩阵
diag	对角矩阵	pascal	Pascal矩阵
triu	上三角矩阵	hadamard	Hadamard矩阵
tril	下三角矩阵	hankel	Hankel矩阵

2.4.1　矩阵的生成

【例 2-29】随机矩阵输入、矩阵中数据的读取。

解　在命令行窗口中依次输入以下代码，同时会显示相关输出结果。

```
>> A=rand(5)
A =
    0.0512    0.4141    0.0594    0.0557    0.5681
    0.8698    0.1400    0.3752    0.6590    0.0432
    0.0422    0.2867    0.8687    0.9065    0.4148
    0.0897    0.0919    0.5760    0.1293    0.3793
    0.0541    0.1763    0.8402    0.7751    0.7090
>> A(:,1)                                              %A 中第 1 列
ans =
    0.0512
    0.8698
    0.0422
    0.0897
    0.0541
>> A(:,2)                                              %A 中第 2 列
ans =
    0.4141
    0.1400
    0.2867
    0.0919
```

```
   0.1763
>> A(:,3:5)                                         %A 中第 3~5 列
ans =
    0.0594    0.0557    0.5681
    0.3752    0.6590    0.0432
    0.8687    0.9065    0.4148
    0.5760    0.1293    0.3793
    0.8402    0.7751    0.7090
>> A(1,:)                                           %A 中第 1 行
ans =
    0.0512    0.4141    0.0594    0.0557    0.5681
>> A(2,:)                                           %A 中第 2 行
ans =
    0.8698    0.1400    0.3752    0.6590    0.0432
>> A(3:5,:)                                         %A 中第 3~5 行
ans =
    0.0422    0.2867    0.8687    0.9065    0.4148
    0.0897    0.0919    0.5760    0.1293    0.3793
    0.0541    0.1763    0.8402    0.7751    0.7090
```

【例 2-30】矩阵的运算。

解 在命令行窗口中依次输入以下代码，同时会显示相关输出结果。

```
>> A^2                                              %矩阵的乘法运算
ans =
    0.4011    0.2015    0.7194    0.7772    0.4955
    0.2436    0.5555    0.8460    0.5994    0.9364
    0.3919    0.4631    1.7354    1.4175    1.0347
    0.1410    0.2939    0.9334    0.8985    0.6118
    0.2995    0.4842    1.8414    1.5305    1.1836
>> A.^2                                             %矩阵的点乘运算
ans =
    0.0026    0.1715    0.0035    0.0031    0.3227
    0.7565    0.0196    0.1408    0.4343    0.0019
    0.0018    0.0822    0.7547    0.8217    0.1721
    0.0080    0.0085    0.3318    0.0167    0.1439
    0.0029    0.0311    0.7059    0.6008    0.5026
>> A^2\A.^2                                         %矩阵的除法运算
ans =
    0.2088    0.5308   -0.4762    0.8505   -0.0382
    1.3631   -0.1769    1.1661    0.8143   -4.2741
   -0.3247   -0.0898    1.5800    2.7892   -1.0326
   -0.5223    0.0537   -0.5715   -2.4802    0.4729
    0.5725    0.0345   -1.4792   -1.1727    3.1778
>> A^2-A.^2                                         %矩阵的减法运算
ans =
    0.3984    0.0300    0.7159    0.7741    0.1728
   -0.5129    0.5359    0.7052    0.1652    0.9345
    0.3901    0.3810    0.9807    0.5958    0.8626
```

```
    0.1330    0.2854    0.6016    0.8818    0.4679
    0.2965    0.4531    1.1355    0.9297    0.6809
>> A^2+A.^2                                          %矩阵的加法运算
ans =
    0.4037    0.3730    0.7229    0.7803    0.8182
    1.0001    0.5751    0.9868    1.0337    0.9383
    0.3937    0.5453    2.4901    2.2392    1.2068
    0.1491    0.3023    1.2652    0.9152    0.7558
    0.3024    0.5153    2.5473    2.1314    1.6862
```

【例 2-31】Hankel 矩阵求解。

解 在命令行窗口中依次输入以下代码，同时会显示相关输出结果。

```
>> clear,clc
>> c=[1:3],r=[3:9]
c =
     1     2     3
r =
     3     4     5     6     7     8     9
>> H=hankel(c,r)
H =
     1     2     3     4     5     6     7
     2     3     4     5     6     7     8
     3     4     5     6     7     8     9
```

【例 2-32】Hilbert 矩阵生成。

解 在命令行窗口中依次输入以下代码，同时会显示相关输出结果。

```
>> A=hilb(5)
A =
    1.0000    0.5000    0.3333    0.2500    0.2000
    0.5000    0.3333    0.2500    0.2000    0.1667
    0.3333    0.2500    0.2000    0.1667    0.1429
    0.2500    0.2000    0.1667    0.1429    0.1250
    0.2000    0.1667    0.1429    0.1250    0.1111
>> format rat                                            %更改输出格式
>> A
A =
     1            1/2          1/3          1/4          1/5
     1/2          1/3          1/4          1/5          1/6
     1/3          1/4          1/5          1/6          1/7
     1/4          1/5          1/6          1/7          1/8
     1/5          1/6          1/7          1/8          1/9
>> format short                                          %还原输出格式
```

【例 2-33】Hilbert 逆矩阵求解。

解 在命令行窗口中依次输入以下代码，同时会显示相关输出结果。

```
>> A=invhilb(5)
A =
      25        -300        1050       -1400         630
```

```
   -300        4800      -18900       26880      -12600
   1050      -18900       79380     -117600       56700
  -1400       26880     -117600      179200      -88200
    630      -12600       56700      -88200       44100
```

2.4.2 向量的生成

向量是指单行或单列的矩阵，是组成矩阵的基本元素之一。在求某些函数值或曲线时，常常要设定自变量的一系列值。因此，除了直接使用[]生成向量，MATLAB 还提供了两种为等间隔向量赋值的简单方法。

1. 使用冒号表达式生成向量

冒号表达式的格式为

```
x=[初值 x0:增量:终值 xn]
```

注意：

（1）生成的向量尾元素并不一定是终值 xn，当 xn−x0 恰好为增量的整数倍时，xn 才为尾元素。

（2）当 xn＞x0 时，增量必须为正值；当 xn＜x0 时，增量必须为负值；当 xn=x0 时，向量只有一个元素。

（3）当增量为 1 时，增量值可以省略，直接写成 x=[初值 x0:终值 xn]。

（4）方括号可以省略。

2. 使用linspace()函数生成向量

linspace()函数的调用格式为

```
x=linspace(初值 x1,终值 xn,点数 n)             %点数 n 可省略，此时默认 n=100
```

【例 2-34】等间隔向量赋值。

解 在命令行窗口中依次输入以下代码，同时会显示相关输出结果。

```
>>  t1=1:3:20
t1 =
     1     4     7    10    13    16    19
>> t2=10:-3:-20
t2 =
    10     7     4     1    -2    -5    -8   -11   -14   -17   -20
>> t3=1:2:1
T3 =
     1
>> t4=1:5
t4 =
     1     2     3     4     5
>> t5=linspace(1,10,5)
t5 =
    1.0000    3.2500    5.5000    7.7500   10.0000
```

如果要生成对数等比向量，可以使用 logspace()函数，其调用格式为

```
x=logspace(初值 x1,终值 xn,点数 n)             %表示从 10^x1 到 10^xn 等比生成 n 个点
```

【例 2-35】生成对数等比向量。

解 在命令行窗口中依次输入以下代码，同时会显示相关输出结果。

```
>> t=logspace(0,1,15)
t =
  列 1 至 8
    1.0000    1.1788    1.3895    1.6379    1.9307    2.2758    2.6827    3.1623
  列 9 至 15
    3.7276    4.3940    5.1795    6.1054    7.1969    8.4834   10.0000
```

矩阵的加、减、乘、除、比较运算和逻辑运算等代数运算是 MATLAB 数值计算最基础的部分。本节将重点介绍这些运算。

2.4.3　矩阵的加减运算

进行矩阵加减运算的前提是参与运算的两个矩阵或多个矩阵必须具有相同的行数和列数，即 $\boldsymbol{A}$、$\boldsymbol{B}$、$\boldsymbol{C}$ 等多个矩阵均为 $m \times n$ 矩阵；或者其中有一个或多个项为标量。

在上述前提下，对于同型的两个矩阵，其加减法定义为

$$\boldsymbol{C}=\boldsymbol{A} \pm \boldsymbol{B}$$

矩阵 $\boldsymbol{C}$ 的各元素 $C_{mn}=A_{mn}+B_{mn}$。

在 MATLAB 中，当其中含有标量 x 时，$\boldsymbol{C}=\boldsymbol{A} \pm x$，矩阵 $\boldsymbol{C}$ 的各元素 $C_{mn}=A_{mn}+x$。

由于矩阵的加法运算归结为其元素的加法运算，容易验证，因此矩阵的加法运算满足下列运算律。

（1）交换律：$\boldsymbol{A}+\boldsymbol{B}=\boldsymbol{B}+\boldsymbol{A}$。

（2）结合律：$\boldsymbol{A}+(\boldsymbol{B}+\boldsymbol{C})=(\boldsymbol{A}+\boldsymbol{B})+\boldsymbol{C}$。

（3）存在零元：$\boldsymbol{A}+\boldsymbol{0}=\boldsymbol{0}+\boldsymbol{A}=\boldsymbol{A}$。

（4）存在负元：$\boldsymbol{A}+(-\boldsymbol{A})=(-\boldsymbol{A})+\boldsymbol{A}$。

【例 2-36】 矩阵加减运算。已知矩阵 $\boldsymbol{A}$= [10 5 79 4 2;1 0 66 8 2;4 6 1 1 1]，矩阵 $\boldsymbol{B}$= [9 5 3 4 2;1 0 4 –23 2;4 6 –1 1 0]，行向量 $\boldsymbol{C}$= [2 1]，标量 x=20，试求 $\boldsymbol{A}+\boldsymbol{B}$、$\boldsymbol{A}-\boldsymbol{B}$、$\boldsymbol{A}+\boldsymbol{B}+x$、$\boldsymbol{A}-x$、$\boldsymbol{A}-\boldsymbol{C}$。

解　在命令行窗口中依次输入以下代码，同时会显示相关输出结果。

```
>> clear,clc
>> A=[10 5 79 4 2;1 0 66 8 2;4 6 1 1 1];
>> B=[9 5 3 4 2;1 0 4 -23 2;4 6 -1 1 0];
>> x=20;
>> C=[2 1];
>> ApB=A+B
ApB =
    19    10    82     8     4
     2     0    70   -15     4
     8    12     0     2     1
>> AmB=A-B
AmB =
     1     0    76     0     0
     0     0    62    31     0
     0     0     2     0     1
>> ApBpX=A+B+x
ApBpX =
    39    30   102    28    24
    22    20    90     5    24
```

```
    28    32    20    22    21
>> AmX=A-x
AmX =
   -10   -15    59   -16   -18
   -19   -20    46   -12   -18
   -16   -14   -19   -19   -19
>> AmC=A-C
错误使用  -
矩阵维度必须一致。
```

在 $\boldsymbol{A}-\boldsymbol{C}$ 运算中，MATLAB 返回错误信息，并提示矩阵的维数必须相等。这也证明了矩阵进行加减运算必须满足一定的前提条件。

2.4.4 矩阵的乘法运算

MATLAB 中矩阵的乘法运算包括两种：数与矩阵的乘法，以及矩阵与矩阵的乘法。

1. 数与矩阵的乘法

由于单个数在 MATLAB 中是以标量存储的，因此数与矩阵的乘法也可以称为标量与矩阵的乘法。

设 x 为一个数，$\boldsymbol{A}$ 为矩阵，则定义 x 与 $\boldsymbol{A}$ 的乘积 $\boldsymbol{C}=x\boldsymbol{A}$ 仍为一个矩阵，$\boldsymbol{C}$ 的元素就是用数 x 乘以矩阵 $\boldsymbol{A}$ 中对应的元素而得到，即 $C_{mn}x=xA_{mn}$。数与矩阵的乘法满足以下运算律。

$$1\boldsymbol{A}=\boldsymbol{A}$$
$$x(\boldsymbol{A}+\boldsymbol{B})=x\boldsymbol{A}+x\boldsymbol{B}$$
$$(x+y)\boldsymbol{A}=x\boldsymbol{A}+y\boldsymbol{A}$$
$$(xy)\boldsymbol{A}=x(y\boldsymbol{A})=y(x\boldsymbol{A})$$

【例 2-37】矩阵数乘。已知矩阵 $\boldsymbol{A}$= [0 3 3;1 1 0;–1 2 3]，$\boldsymbol{E}$ 为 3 阶单位矩阵，即 $\boldsymbol{E}$= [1 0 0;0 1 0;0 0 1]，试求 $2\boldsymbol{A}+3\boldsymbol{E}$。

解　在命令行窗口中依次输入以下代码，同时会显示相关输出结果。

```
>> A=[0 3 3;1 1 0;-1 2 3];
>> E=eye(3);
>> R=2*A+3*E                                %矩阵的数乘
R =
     3     6     6
     2     5     0
    -2     4     9
```

2. 矩阵与矩阵的乘法

两个矩阵的乘法必须满足被乘矩阵的列数与乘矩阵的行数相等。设矩阵 $\boldsymbol{A}$ 为 $m\times h$ 矩阵，$\boldsymbol{B}$ 为 $h\times n$ 矩阵，则两矩阵的乘积 $\boldsymbol{C}=\boldsymbol{A}\times\boldsymbol{B}$ 为一个矩阵，且 $C_{mn}=\sum_{i=1}^{h}A_{mi}\times B_{in}$。

矩阵之间的乘法不遵循交换律，即 $\boldsymbol{A}\times\boldsymbol{B}\neq\boldsymbol{B}\times\boldsymbol{A}$，但矩阵乘法遵循以下运算律。

结合律：$(\boldsymbol{A}\times\boldsymbol{B})\times\boldsymbol{C}=\boldsymbol{A}\times(\boldsymbol{B}\times\boldsymbol{C})$

左分配律：$\boldsymbol{A}\times(\boldsymbol{B}+\boldsymbol{C})=\boldsymbol{A}\times\boldsymbol{B}+\boldsymbol{A}\times\boldsymbol{C}$

右分配律：$(\boldsymbol{B}+\boldsymbol{C})\times\boldsymbol{A}=\boldsymbol{B}\times\boldsymbol{A}+\boldsymbol{C}\times\boldsymbol{A}$

单位矩阵的存在性：$\boldsymbol{E}\times\boldsymbol{A}=\boldsymbol{A}$，$\boldsymbol{A}\times\boldsymbol{E}=\boldsymbol{A}$

【例 2-38】矩阵乘法。已知矩阵 ***A***=[2 1 4 0;1 −1 3 4]，矩阵 ***B***= [1 3 1;0−1 2;1 −3 1;4 0 −2]，试求矩阵乘积 ***AB*** 和 ***BA***。

解　在命令行窗口中依次输入以下代码，同时会显示相关输出结果。

```
>> A=[2 1 4 0;1 -1 3 4];
>> B=[1 3 1;0 -1 2;1 -3 1;4 0 -2];
>> R1=A*B
R1 =
     6    -7     8
    20    -5    -6
>> R2=B*A                  % 由于不满足矩阵的乘法条件，故 B*A 无法计算
错误使用  *
用于矩阵乘法的维度不正确。请检查并确保第一个矩阵中的列数与第二个矩阵中的行数匹配。要执行按元素相乘，
请使用 '.*'。
```

2.4.5　矩阵的除法运算

矩阵的除法是乘法的逆运算，分为左除和右除两种，分别用运算符号\和/表示。如果矩阵 ***A*** 和矩阵 ***B*** 是标量，那么 ***A/B*** 和 ***A\B*** 是等价的。对于一般的二维矩阵 ***A*** 和 ***B***，当进行 ***A\B*** 运算时，要求 ***A*** 的行数与 ***B*** 的行数相等；当进行 ***A/B*** 运算时，要求 ***A*** 的列数与 ***B*** 的列数相等。

【例 2-39】矩阵除法。设矩阵 ***A***= [1 2;1 3]，矩阵 ***B***= [1 0;1 2]，试求 ***A\B*** 和 ***A/B***。

解　在命令行窗口中依次输入以下代码，同时会显示相关输出结果。

```
>> A=[1 2;1 3];
>> B=[1 0;1 2];
>> R1=A\B
R1 =
     1    -4
     0     2
>> R2=A/B
R2 =
         0    1.0000
   -0.5000    1.5000
```

2.4.6　矩阵的分解运算

矩阵的分解常用于求解线性方程组，常用的矩阵分解函数如表 2-14 所示。

表 2-14　矩阵分解函数

函 数 名	说　明	函 数 名	说　明
eig	特征值分解	chol	Cholesky分解
svd	奇异值分解	qr	QR分解
lu	LU分解	schur	Schur分解

【例 2-40】矩阵分解运算。

解　在命令行窗口中依次输入以下代码，同时会显示相关输出结果。

```
>> A=[8,1,6;3,5,7;4,9,2];
>> [U,S,V]=svd(A)                                  %矩阵的奇异值分解，A=U*S*V'
```

```
U =
   -0.5774    0.7071    0.4082
   -0.5774    0.0000   -0.8165
   -0.5774   -0.7071    0.4082
S =
   15.0000         0         0
         0    6.9282         0
         0         0    3.4641
V =
   -0.5774    0.4082    0.7071
   -0.5774   -0.8165   -0.0000
   -0.5774    0.4082   -0.7071
```

2.5 字符串

MATLAB 虽有字符串的概念，但和 C 语言一样，仍将其视为一个一维字符数组对待。因此，本节针对字符串的运算或操作对字符数组也有效。

2.5.1 字符串变量与一维字符数组

当把某个字符串赋值给一个变量后，这个变量便因取得这一字符串而被 MATLAB 作为字符串变量。

当观察 MATLAB 的工作区窗口时，字符串变量的类型是字符数组类型（即 char array）。而从工作区窗口观察一个一维字符数组时，也发现它具有与字符串变量相同的数据类型。由此推知，字符串与一维字符数组在运算处理和操作过程中是等价的。

1. 给字符串变量赋值

用一个赋值语句即可完成字符串变量的赋值操作，现举例如下。

【例 2-41】将 3 个字符串分别赋值给 S1、S2、S3 这 3 个变量。

解 在命令行窗口中依次输入以下代码，同时会显示相关输出结果。

```
>> S1='go home',S2='朝闻道，夕死可矣',S3='go home. 朝闻道，夕死可矣'
S1 =
    'go home'
S2 =
    '朝闻道，夕死可矣'
S3 =
    'go home. 朝闻道，夕死可矣'
```

2. 一维字符数组的生成

因为向量的生成方法就是一维数组的生成方法，而一维字符数组也是数组，与数值数组的不同是字符数组中的元素是一个个字符而非数值。因此，原则上用生成向量的方法就能生成字符数组。当然，最常用的还是直接输入法。

【例 2-42】用 3 种方法生成字符数组。

解 在命令行窗口中依次输入以下代码，同时会显示相关输出结果。

```
>> Sa=['I love my teacher,   ' 'I' ' love truths '   'more profoundly.']
Sa =
```

```
    'I love my teacher,    I love truths more profoundly.'
>> Sb=char('a':2:'r')
Sb =
    'acegikmoq'
>> Sc=char(linspace('e','t',10))
Sc =
    'efhjkmoprt'
```

char()是一个将数值转换为字符串的函数。另外，请注意观察 Sa 在工作区窗口中的各项数据，尤其是 size 的大小，不要以为它只有 4 个元素，从中体会 Sa 作为一个字符数组的真正含义。

2.5.2　对字符串的多项操作

对字符串的操作主要由一组函数实现，有求字符串长度和矩阵阶数的 length()和 size()函数，有字符串和数值相互转换的 double()和 char()函数等。下面举例说明用法。

1. 求字符串长度

length()和 size()函数虽然都能测字符串、数组或矩阵的大小，但用法上有区别。length()函数只从它们各维中挑出最大维的数值大小，而 size()函数则以一个向量的形式给出所有各维的数值大小。两者的关系是 length( )=max(size( ))。请仔细体会下面的示例。

【例 2-43】 length()和 size()函数的用法。

解　在命令行窗口中依次输入以下代码，同时会显示相关输出结果。

```
>> Sa=['I love my teacher, ' 'I' ' love truths ' 'more profoundly.'];
>> length(Sa)
ans =
     50
>> size(Sa)
ans =
    1    50
```

2. 字符串与一维数值数组互换

字符串是由若干字符组成的，在 ASCII 码中，每个字符又可对应一个数值编码，如字符 A 对应 65。如此一来，字符串又可在一个一维数值数组之间找到某种对应关系。这就构成了字符串与数值数组之间可以相互转换的基础。

【例 2-44】 用 abs()、double()和 char()、setstr()函数实现字符串与数值数组的相互转换。

解　在命令行窗口中依次输入以下代码，同时会显示相关输出结果。

```
>> S1=' I am a boy.';
>> As1=abs(S1)
As1 =
    73    32    97   109    32   110   111    98   111   100   121
>> As2=double(S1)
As2 =
    73    32    97   109    32   110   111    98   111   100   121
>> char(As2)
ans =
    'I am nobody'
```

```
>> setstr(As2)
ans =
   'I am nobody'
```

3. 比较字符串

strcmp(S1,S2)是 MATLAB 的字符串比较函数，当 S1 与 S2 完全相同时，返回值为 1；否则，返回值为 0。

【例 2-45】strcmp()函数的用法。

解 在命令行窗口中依次输入以下代码，同时会显示相关输出结果。

```
>> S1='I am a boy';
>> S2='I am a boy.';
>> strcmp(S1,S2)
ans =
  logical
   0
>> strcmp(S1,S1)
ans =
  logical
   1
```

4. 查找字符串

findstr(S,s)是从某个长字符串 S 中查找子字符串 s 的函数，返回的结果是子串在长串中的起始位置。

【例 2-46】findstr()函数的用法。

解 在命令行窗口中依次输入以下代码，同时会显示相关输出结果。

```
>> S='I believe that love is the greatest thing in the world.';
>> findstr(S,'love')
ans =
    16
```

5. 显示字符串

disp()是一个原样输出其中内容的函数，它经常在程序中作提示说明用。

【例 2-47】disp()函数的用法。

解 在命令行窗口中依次输入以下代码，同时会显示相关输出结果。

```
>> disp('两串比较的结果是：'),Result=strcmp(S1,S1),disp('若为 1 则说明两串完全相同，为 0 则
不同。')
两串比较的结果是：
Result =
  logical
   1
若为 1 则说明两串完全相同，为 0 则不同。
```

除了上面介绍的这些字符串操作函数外，相关的函数还有很多，限于篇幅，不再逐一介绍，读者有需要时可通过 MATLAB 帮助获得相关主题的信息。

2.5.3 二维字符数组

二维字符数组其实就是由字符串纵向排列构成的数组。借用构造数值数组的方法，可以用直接输入法

生成或连接函数法获得。下面用两个实例加以说明。

【例 2-48】将 S1、S2、S3、S4 分别视为数组的 4 行，用直接输入法沿纵向构造二维字符数组。

解 在命令行窗口中依次输入以下代码，同时会显示相关输出结果。

```
>> S1='路修远以多艰兮，';
>> S2='腾众车使径侍。';
>> S3='路不周以左转兮，';
>> S4='指西海以为期！';
>> S=[S1;S2,' ';S3;S4,' ']                    %此法要求每行字符数相同，不够时要补齐空格
S =
  4×8 char 数组
    '路修远以多艰兮，'
    '腾众车使径侍。 '
    '路不周以左转兮，'
    '指西海以为期！ '
>> S=[S1;S2,' ';S3;S4]                        %每行字符数不同时，系统提示出错
错误使用 vertcat
要串联的数组的维度不一致。
```

可以将字符串连接生成二维数组的函数有多个，下面主要介绍 char()、strvcat()和 str2mat()这 3 个函数。strcat()和 strvcat()函数的区别在于前者是将字符串沿横向连接成更长的字符串，而后者是将字符串沿纵向连接成二维字符数组。

【例 2-49】用 char()、strvcat()和 str2mat()函数生成二维字符数组。

解 在命令行窗口中依次输入以下代码，同时会显示相关输出结果。

```
>> S1a='I''m boy,';S1b=' who are you?';          %注意串中有单引号时的处理方法
>> S2='Are you boy too?';
>> S3='Then there''s a pair of us.';            %注意串中有单引号时的处理方法
>> SS1=char([S1a,S1b],S2,S3)
SS1 =
  3×26 char 数组
    'I'm boy, who are you?     '
    'Are you boy too?          '
    'Then there's a pair of us.'
>> SS2=strvcat(strcat(S1a,S1b),S2,S3)
SS2 =
  3×26 char 数组
    'I'm boy, who are you?     '
    'Are you boy too?          '
    'Then there's a pair of us.'
>> SS3=str2mat(strcat(S1a,S1b),S2,S3)
SS3 =
  3×26 char 数组
    'I'm boy, who are you?     '
    'Are you boy too?          '
    'Then there's a pair of us.'
```

2.6 符号

MATALB 不仅在数值计算功能方面相当出色，在符号运算方面也提供了专门的符号数学工具箱(Symbolic Math Toolbox)——MuPAD Notebook。

符号数学工具箱是操作和解决符号表达式的符号函数的集合，其功能主要包括符号表达式与符号矩阵的基本操作、符号微积分运算以及求解代数方程和微分方程。

符号运算与数值运算的主要区别在于：数值运算必须先对变量赋值，才能进行运算；符号运算无须事先对变量进行赋值，运算结果直接以符号形式输出。

2.6.1 符号表达式的生成

在符号运算中，数字、函数、算子和变量都是以字符的形式保存并进行运算的。符号表达式包括符号函数和符号方程，两者的区别在于前者不包括等号，后者必须带等号，但它们的创建方式是相同的。

MATLAB 创建符号表达式的方法有两种：①直接使用字符串变量的生成方法对其进行赋值；②根据 MATLAB 提供的符号变量定义函数 sym()和 syms。

sym()函数用来定义单个符号变量，其调用格式为

```
符号量名=sym('符号变量')                 %只能是常量、变量
符号量名=sym(num)
```

syms 函数用来定义多个符号变量，调用格式为

```
syms 符号量名1 符号量名2 … 符号量名n      %变量名不需要加字符串分界符('')，变量间用空格分隔
```

【例 2-50】符号表达式的生成。

解 在命令行窗口中依次输入以下代码，同时会显示相关输出结果。

```
>> clear,clc
>> y1='exp(x)'                          %直接创建符号函数
y1 =
    'exp(x)'
>> equ='a*x^2+b*x+c=0'                  %直接创建符号方程
equ =
    'a*x^2+b*x+c=0'
>> syms x y                             %定义符号变量 x、y
>> y2=x^2+y^2                           %生成符号表达式
y2 =
    x^2 + y^2
```

2.6.2 符号矩阵

符号矩阵也是一种特殊的符号表达式。MATLAB 中的符号矩阵也可以通过 sym()函数建立，矩阵的元素可以是任何不带等号的符号表达式，其调用格式为

```
符号矩阵名=sym(符号字符串矩阵)            %符号字符串矩阵的各元素之间可用空格或逗号隔开
```

与数值矩阵输出形式不同，符号矩阵的每行两端都有方括号。在 MATLAB 中，数值矩阵不能直接参与符号运算，必须先转换为符号矩阵，同样也是通过 sym()函数转换。

符号矩阵也是一种矩阵，因此之前介绍的矩阵的相关运算也适用于符号矩阵。很多应用于数值矩阵运算的函数，如 det()、inv()、rank()、eig()、diag()、triu()、tril()等，也能应用于符号矩阵。

【例 2-51】符号矩阵的生成。

解 在命令行窗口中依次输入以下代码，同时会显示相关输出结果。

```
>> syms aa bb a b
>> A=sym([aa,bb;1,a+2*b])
A =
    [ aa,      bb]
    [  1, a + 2*b]
>> B=sym([a,b,0,0;1,a+2*b,1,2;4,5,0,0])
B =
    [ a,      b, 0, 0]
    [ 1, a + 2*b, 1, 2]
    [ 4,      5, 0, 0]
>> inv(A)                                                    %符号矩阵的逆
ans =
[ (a + 2*b)/(a*aa - bb + 2*aa*b), -bb/(a*aa - bb + 2*aa*b)]
[        -1/(a*aa - bb + 2*aa*b),  aa/(a*aa - bb + 2*aa*b)]
>> rank(A)                                                   %符号矩阵的秩
ans =
   2
>> triu(A)                                                   %符号矩阵的上三角
ans =
    [ aa,      bb]
    [  0, a + 2*b]
>> tril(A)                                                   %符号矩阵的下三角
ans =
    [ aa,       0]
    [  1, a + 2*b]
```

2.6.3 常用符号运算

符号数学工具箱中提供了符号矩阵因式分解、展开、合并、简化和通分等符号操作函数，如表 2-15 所示。

表 2-15 常用符号运算函数

函 数 名	说 明	函 数 名	说 明
factor	符号矩阵因式分解	expand	符号矩阵展开
collect	符号矩阵合并同类项	simplify	应用函数规则对符号矩阵进行化简
compose	复合函数运算	numden	分式通分
limit	计算符号表达式极限	finverse	反函数运算
diff	微分和差分函数	int	符号积分(定积分或不定积分)
jacobian	计算多元函数的雅可比矩阵	gradient	近似梯度函数

由于微积分是大学教学、科研及工程应用中最重要的基础内容之一，这里只对符号微积分运算进行举

例说明，其余的符号函数运算，读者可以通过查阅 MATLAB 的帮助文档进行学习。

【例 2-52】符号微积分运算。

解 在命令行窗口中依次输入以下代码，同时会显示相关输出结果。

```
>> syms t x y                                    %定义符号变量
>> f1=sin(2*x);
>> df1=diff(f1)                                  %对函数 f1 中变量 x 求导
df1 =
   2*cos(2*x)
>> f2=x^2+y^2;
>> df2=diff(f2,x)                                %对函数 f2 中变量 x 求偏导
df2 =
   2*x
>> f3=x*sin(x*t);
>> int1=int(f3,x)                                %求函数 f3 的不定积分
int1 =
    (sin(t*x) - t*x*cos(t*x))/t^2
>> int2=int(f3,x,0,pi/2)                         %求 f3 在[0,pi/2]区间上的定积分
int2 =
    (sin((pi*t)/2) - (pi*t*cos((pi*t)/2))/2)/t^2
```

2.7 关系运算和逻辑运算

MATLAB 中运算包括算术运算、关系运算和逻辑运算。而在程序设计中应用十分广泛的是关系运算和逻辑运算。关系运算是用于比较两个操作数，而逻辑运算则是对简单逻辑表达式进行复合运算。关系运算和逻辑运算的返回结果都是逻辑类型（1 代表逻辑真，0 代表逻辑假）。

2.7.1 关系运算

在程序中经常需要比较两个量的大小关系，以决定程序下一步的工作。比较两个量的运算符称为关系运算符。MATLAB 中的关系运算符如表 2-16 所示。

表 2-16 关系运算符

关系运算符	说　明	关系运算符	说　明
<	小于	>=	大于或等于
<=	小于或等于	==	等于
>	大于	~=	不等于

当操作数是数组形式时，关系运算符总是对被比较的两个数组的各个对应元素进行比较，因此要求被比较的数组必须具有相同的尺寸。

【例 2-53】MATLAB 中的关系运算。

解 在命令行窗口中依次输入以下代码，同时会显示相关输出结果。

```
>> 5>=4
ans =
```

```
  logical
    1
>> x=rand(1,4)
x =
   0.8147    0.9058    0.1270    0.9134
>> y=rand(1,4)
y =
   0.6324    0.0975    0.2785    0.5469
>> x>y
ans =
  1×4 logical 数组
    1    1    0    1
```

注意：

（1）比较两个数是否相等的关系运算符是两个等号"= ="，而单个等号"="在 MATLAB 中是变量赋值的符号；

（2）比较两个浮点数是否相等时需要注意，由于浮点数的存储形式决定的相对误差的存在，在程序设计中最好不要直接比较两个浮点数是否相等，而是采用大于、小于的比较运算将待确定值限制在一个满足需要的区间之内。

2.7.2　逻辑运算

关系运算返回的结果是逻辑类型（逻辑真或逻辑假），这些简单的逻辑数据可以通过逻辑运算符组成复杂的逻辑表达式，这在程序设计中经常用于进行分支选择或确定循环终止条件。

MATLAB 中的逻辑运算有逐个元素的逻辑运算、捷径逻辑运算、逐位逻辑运算 3 类。只有前两种逻辑运算返回逻辑类型的结果。

1. 逐个元素的逻辑运算

逐个元素的逻辑运算符有 3 种：逻辑与（&）、逻辑或（|）和逻辑非（~）。前两个是双目运算符，必须有两个操作数参与运算；逻辑非是单目运算符，只对单个元素进行运算，如表 2-17 所示。

表 2-17　逐个元素的逻辑运算符

运 算 符	说　明	举　例
&	逻辑与：双目逻辑运算符 参与运算的两个元素值为逻辑真或非零时，返回逻辑真，否则返回逻辑假	1&0返回0 1&false返回0 1&1返回1
|	逻辑或：双目逻辑运算符 参与运算的两个元素都为逻辑假或零时，返回逻辑假，否则返回逻辑真	1|0返回1 1|false返回1 0|0返回0
~	逻辑非：单目逻辑运算符 参与运算的元素为逻辑真或非零时，返回逻辑假，否则返回逻辑真	~1返回0 ~0返回1

注意：逻辑与和逻辑非运算都是逐个元素进行双目运算，因此如果参与运算的是数组，就要求两个数组具有相同的尺寸。

【例 2-54】逐个元素的逻辑运算。

解 在命令行窗口中依次输入以下代码，同时会显示相关输出结果。

```
>> x=rand(1,3)
x =
   0.9575    0.9649    0.1576
>> y=x>0.5
y =
  1×3 logical 数组
    1    1    0
>> m=x<0.96
m =
  1×3 logical 数组
    1    0    1
>> y&m
ans =
  1×3 logical 数组
    1    0    0
>> y|m
ans =
  1×3 logical 数组
    1    1    1
>> ~y
ans =
  1×3 logical 数组
    0    0    1
```

2. 捷径逻辑运算

MATLAB 中捷径逻辑运算符有两个：逻辑与（&&）和逻辑或（||）。实际上它们的运算功能和前面讲过的逐个元素的逻辑运算符相似，只不过在一些特殊情况下，捷径逻辑运算符会少一些逻辑判断的操作。

当参与逻辑与运算的两个数据同为逻辑真（非零）时，逻辑与运算才返回逻辑真（1），否则都返回逻辑假（0）。

（1）&&运算符就是利用这一特点，当参与运算的第 1 个操作数为逻辑假时，直接返回假，而不再去计算第 2 个操作数。

（2）&运算符在任何情况下都要计算两个操作数的结果，然后进行逻辑与。

（3）||的情况类似，当第 1 个操作数为逻辑真时，直接返回逻辑真，而不再去计算第 2 个操作数。

（4）|运算符在任何情况下都要计算两个操作数的结果，然后进行逻辑或。

捷径逻辑运算符如表 2-18 所示。

表 2-18 捷径逻辑运算符

运 算 符	说 明
&&	逻辑与：当第1个操作数为假时，直接返回假，否则同&
||	逻辑或：当第1个操作数为真时，直接返回真，否则同|

因此，捷径逻辑运算符比相应的逐个元素的逻辑运算符的运算效率更高，在实际编程中，一般都是用捷径逻辑运算符。

【例 2-55】捷径逻辑运算。

解　在命令行窗口中依次输入以下代码，同时会显示相关输出结果。

```
>> x=0
x =
    0
>> x~=0&&(1/x>2)
ans =
  logical
    0
>> x~=0&(1/x>2)
ans =
  logical
    0
```

3. 逐位逻辑运算

逐位逻辑运算能够对非负整数二进制形式进行逐位逻辑运算，并将逐位运算后的二进制数值转换为十进制数值输出。MATLAB 中逐位逻辑运算函数如表 2-19 所示。

表 2-19　逐位逻辑运算函数

函　数	名　称	说　明
bitand(a,b)	逐位逻辑与	a和b的二进制数位上都为1则返回1，否则返回0，并将逐位逻辑运算后的二进制数字转换为十进制数值输出
bitor(a,b)	逐位逻辑或	a和b的二进制数位上都为0则返回0，否则返回1，并将逐位逻辑运算后的二进制数字转换为十进制数值输出
bitcmp(a)	逐位逻辑非	将数字a扩展成二进制形式，扩展后的二进制数位都为1则返回0，否则返回1，并将逐位逻辑运算后的二进制数字转换为十进制数值输出
bitxor(a,b)	逐位逻辑异或	a和b的二进制数位上相同则返回0，否则返回1，并将逐位逻辑运算后的二进制数字转换为十进制数值输出

【例 2-56】逐位逻辑运算函数。

解　在命令行窗口中依次输入以下代码，同时会显示相关输出结果。

```
>> m=8;n=2;
>> mm=bitxor(m,n);
>> dec2bin(m)
ans =
    '1000'
>> dec2bin(n)
ans =
    '10'
>> dec2bin(mm)
ans =
    '1010'
```

2.7.3　常用函数

除上面的关系运算与逻辑运算操作符之外，MATLAB 还提供了大量的其他关系与逻辑函数，具体如

表 2–20 所示。

表 2-20　其他关系与逻辑函数

函　数	说　明
xor(x,y)	异或运算。x或y非零(真)则返回1，x和y都为零(假)或都为非零(真)则返回0
any(x)	如果在一个向量x中任何元素非零，则返回1；如果矩阵x中的每列有非零元素，则返回1
all(x)	如果在一个向量x中所有元素非零，则返回1；如果矩阵x中的每列所有元素非零，则返回1

【例 2-57】关系运算与逻辑运算函数的应用。

解　在命令行窗口中依次输入以下代码，同时会显示相关输出结果。

```
>> A=[0 0 3;0 3 3];
>> B=[0 -2 0;1 -2 0];
>> C=xor(A,B)
C =
  2×3 logical 数组
    0    1    1
    1    0    1
>> D=any(A)
D =
  1×3 logical 数组
    0    1    1
>> E=all(A)
E =
  1×3 logical 数组
    0    0    1
```

除了这些函数，MATLAB 还提供了大量的函数，测试特殊值或条件的存在，返回逻辑值，如表 2–21 所示。

表 2-21　测试函数

函 数 名	说　明	函 数 名	说　明
finite	元素有限，返回真值	isnan	元素为不定值，返回真值
isempty	参量为空，返回真值	isreal	参量无虚部，返回真值
isglobal	参量是一个全局变量，返回真值	isspace	元素为空格字符，返回真值
ishold	当前绘图保持状态是'ON'，返回真值	isstr	参量为一个字符串，返回真值
isieee	计算机执行IEEE算术运算，返回真值	isstudent	MATLAB为学生版，返回真值
isinf	元素无穷大，返回真值	isunix	计算机为UNIX系统，返回真值
isletter	元素为字母，返回真值	isvms	计算机为VMS系统，返回真值

2.8　复数

复数运算从根本上讲是对实数运算的拓展，在自动控制、电路学科等自然科学与工程技术中，复数的应用非常广泛。

2.8.1 复数和复矩阵的生成

复数有两种表示方式：一般形式和复指数形式。

一般形式为 $x = a + bi$，其中 a 为实部，b 为虚部，i 为虚数单位。在 MATLAB 中，使用如下赋值语句生成复数。

```
>> syms a b
>> x=a+b*i
x =
    a + b*i
```

其中，a 和 b 为任意实数。

复指数形式为 $x = r \cdot e^{i\theta}$，其中 r 为复数的模，θ 为复数的幅角，i 为虚数单位。在 MATLAB 中，使用如下赋值语句生成复数。

```
>> syms r theta
>> x=r*exp(theta*i)
x =
    r*exp(theta*i)
```

其中，r 和 theta 为任意实数。

选取合适的表示方式能够便于复数运算，一般形式适合处理复数的代数运算，复指数形式适合处理复数旋转等涉及幅角改变的问题。

复数的生成有两种方法：一种是直接赋值，如上所述；另一种是通过 syms 符号函数构造，将复数的实部和虚部看作自变量，用 subs()函数对实部和虚部进行赋值。

【例 2-58】复数的生成。

解 在命令行窗口中依次输入以下代码，同时会显示相关输出结果。

```
>> clear,clc
>> x1=-1+2i                                        %直接赋值
x1 =
  -1.0000 + 2.0000i
>> x2=sqrt(2)*exp(i*pi/4)
x2 =
   1.0000 + 1.0000i
>> syms a b real
>> x3=a+b*i                                        %构造符号函数
x3 =
    a + b*i
>> subs(x3,{a,b},{-1,2})                           %使用 subs()函数对实部和虚部赋值
ans =
    - 1 + 2*i
>> syms r theta real
>> x4=r*exp(theta*i);
>> subs(x4,{r,theta},{sqrt(20),pi/8})
ans =
    2*5^(1/2)*((2^(1/2) + 2)^(1/2)/2 + ((2 - 2^(1/2))^(1/2)*i)/2)
```

复矩阵的生成也有两种方法：一种是直接输入复数元素生成；另一种是将实部和虚部矩阵分开建立，再写成和的形式，此时实部矩阵和虚部矩阵的维度必须相同。

【例 2-59】复矩阵的生成。

解 在命令行窗口中依次输入以下代码，同时会显示相关输出结果。

```
>> clear,clc
>> A=[-1+20i,-3+40i;1-20i,30-4i]                          %复数元素
A =
  -1.0000 +20.0000i  -3.0000 +40.0000i
   1.0000 -20.0000i  30.0000 - 4.0000i
>> real(A)                                                %矩阵 A 的实部
ans =
    -1    -3
     1    30
>> imag(A)                                                %矩阵 A 的虚部
ans =
    20    40
   -20    -4
>> B=real(A);
>> C=imag(A);
>> D=B+C*i                                                %由矩阵 A 的实部和虚部构造复矩阵
D =
  -1.0000 +20.0000i  -3.0000 +40.0000i
   1.0000 -20.0000i  30.0000 - 4.0000i
```

2.8.2 复数的运算

复数的基本运算与实数相同，都是使用相同的运算符或函数。此外，MATLAB 还提供了一些专门用于复数运算的函数，如表 2-22 所示。

表 2-22 复数运算函数

函 数 名	说 明	函 数 名	说 明
abs	求复数或复矩阵的模	angle	求复数或复矩阵的幅角，单位为弧度
real	求复数或复矩阵的实部	imag	求复数或复矩阵的虚部
conj	求复数或复矩阵的共轭	isreal	判断是否为实数
unwrap	去掉幅角突变	cplxpair	按复数共轭对排序元素群

2.9 数据类型间的转换

MATLAB 支持不同数据类型间的转换，这给数据处理带来极大的方便，常用的数据类型转换函数如表 2-23 所示。

表 2-23　数据类型转换函数

函 数 名	说　明	函 数 名	说　明
int2str	整数转换为字符串	dec2hex	十进制数转换为十六进制数
mat2str	矩阵转换为字符串	hex2dec	十六进制数转换为十进制数
num2str	数字转换为字符串	hex2num	十六进制数转换为双精度浮点数
str2num	字符串转换为数字	num2hex	浮点数转换为十六进制数
base2dec	B底字符串转换为十进制数	cell2mat	元胞数组转换为数值数组
bin2dec	二进制数转换为十进制数	cell2struct	元胞数组转换为结构体数组
dec2base	十进制数转换为B底字符串	mat2cell	数值数组转换为元胞数组
dec2bin	十进制数转换为二进制数	struct2cell	结构体数组转换为元胞数组

【例 2-60】数据类型之间的切换。特别对于图像本身，较多的应用中图像读入的多为 uint8 型数据，需要转换为 double 型数据进行处理，下面举例说明。

解　在命令行窗口中依次输入以下代码，同时会显示相关输出结果，如图 2-2 所示。

```
clear,clc
im=imread('cameraman.tif');
imshow(im)
im1=im2double(im);
imshow(im)
```

图 2-2　数据类型转换

【例 2-61】字符型变量转换。

解　在命令行窗口中依次输入以下代码，同时会显示相关输出结果。

```
>> clear,clc
>> a='2'
a =
   '2'
>> b=double(a)
b =
   50
```

```
>> b1=str2num(a)
b1 =
    2
>> c=2*a
c =
   100
>> d=2*b
d =
   100
>> d=2*b1
d =
    4
```

2.10 本章小结

MATLAB 的功能非常庞大，涉及涵盖面极广。学习 MATLAB 图像处理前需要先掌握 MATLAB 的基本操作。本章主要围绕向量、矩阵、字符串、符号、关系运算和逻辑运算、复数等内容进行介绍，通过本章的基础知识学习，用户可以根据自身需求，进行简单的程序编写。

第 3 章 程序设计

CHAPTER 3

类似于其他高级语言编程，MATLAB 提供了非常方便易懂的程序设计方法，利用 MATLAB 编写的程序简洁，可读性强，而且调试十分容易。本章重点讲解 MATLAB 中最基础的程序设计，包括编程原则、分支结构、循环结构、其他控制程序命令及程序调试等内容。

学习目标

（1）了解 MATLAB 编程基础知识；

（2）掌握 MATLAB 编程原则；

（3）掌握 MATLAB 各种控制指令；

（4）熟悉 MATLAB 程序的调试。

3.1 MATLAB 编程概述

MATLAB 拥有强大的数据处理能力，能够很好地解决几乎所有工程问题，作为一款科学计算软件，MATLAB 提供了可供用户任意编写函数、调用和修改脚本文件的功能，可根据自己的需要修改 MATLAB 工具箱函数等。

3.1.1 编辑器窗口

单击 MATLAB 主界面“编辑器”选项卡下的“新建”按钮或单击“新建”按钮下的“脚本”选项，此时会出现编辑器窗口，如图 3-1 所示。

在编辑器窗口中，可以进行注释的书写，字体默认为绿色，新建文件系统默认为 Untitled 文件，依次为 Untitled 1，Untitled 2，Untitled 3…，单击“保存”按钮可以另存为需要的文件名称。在编写代码时，要及时保存阶段性成果，单击“保存”按钮保存当前的 M 文件。

进行程序书写时或进行注释文字或字符书写时，光标是随字符移动的，可以更加轻松地定位书写程序所在位置。完成代码书写之后，要试运行代码，看看有没有运行错误，然后根据针对性的错误提示对程序进行修改。

MATLAB 运行程序代码，如果程序有误，会像 C 语言编译器一样报错，并给出相应的错误信息；用户单击错误信息，MATLAB 工具能够自动定位到脚本文件（M 文件），供用户修改。此外，用户还可以进行断点设置，进行逐行或逐段运行，查找相应的错误，查看相应的运行结果，整体上使编程更简易。

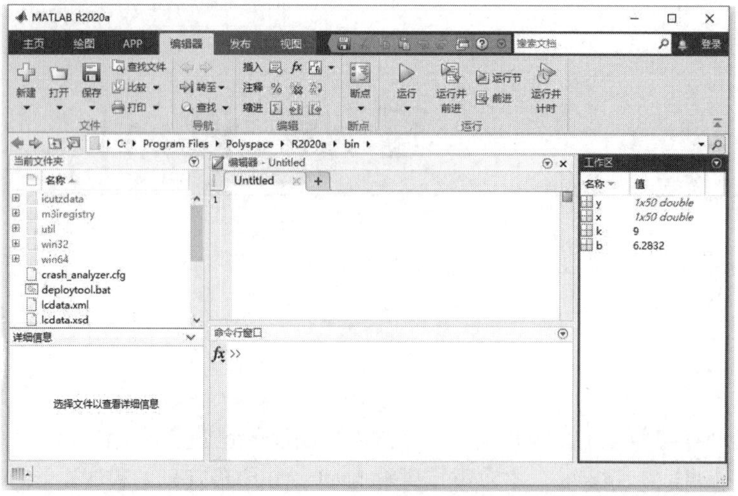

图 3-1　M 文件编辑

MATLAB 程序编辑在编辑器中进行，程序运行结果或错误信息显示在命令行窗口，程序运行过程产生的参数信息显示在工作区。如图 3-2 所示，因为程序有问题，命令行窗口中出现了程序错误提示。

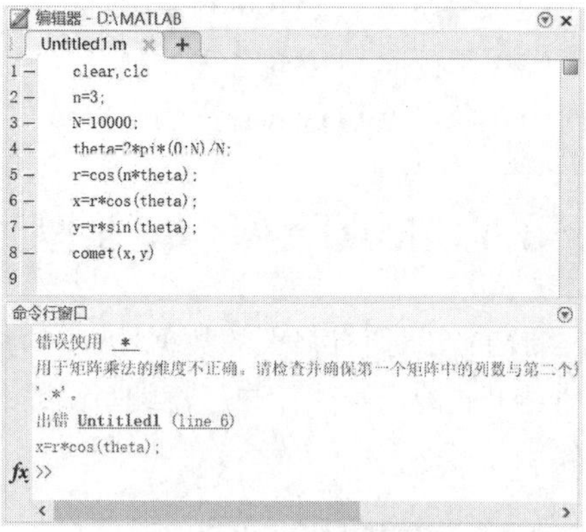

图 3-2　MATLAB 编辑器错误提示

【例 3-1】修改图 3-2 中的程序代码，使命令行窗口无错误提示，并给出正确结果。

解　由图 3-2 中代码可知，第 6 行和第 7 行中乘号运用有问题，修改如下。

```
clear,clc
n=3;
N=10000;
theta=2*pi*(0:N)/N;
r=cos(n*theta);
x=r.*cos(theta);
y=r.*sin(theta);
comet(x,y)
```

运行程序后，优化后的程序运行界面如图 3-3 所示，正确结果如图 3-4 所示。

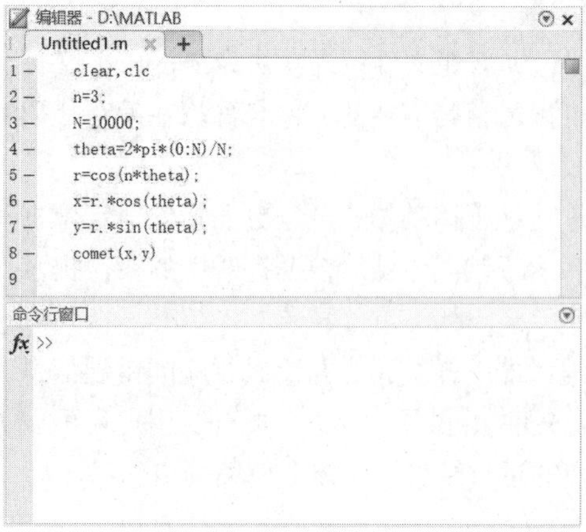

图 3-3　优化后的程序运行界面

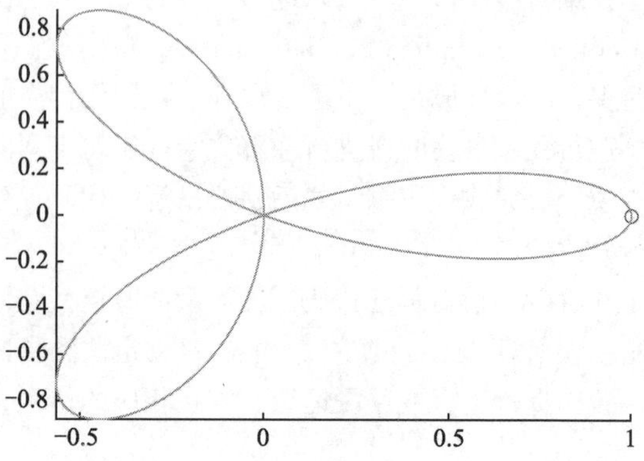

图 3-4　程序输出的正确结果

3.1.2　编程原则

MATLAB 软件提供了一个供用户自己书写代码的文本文件，用户可以通过文本文件轻松地对程序代码进行注释以及程序框架进行封装，真正地给用户提供一个人机交互的平台。MATLAB 具体的一个编程程序脚本文件如图 3–5 所示。

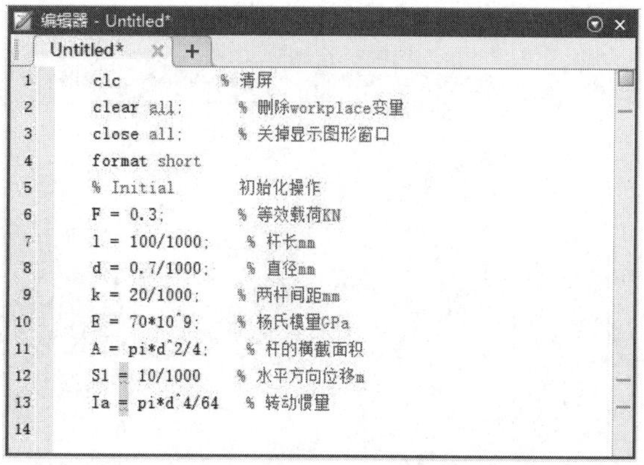

图 3–5　编程程序脚本文件

前面已经用到了%、clc、clear、close、all 等符号及命令，下面详细说明。

（1）%为注释符号，在注释符号后面可以写相应的文字或字母，表示该程序语句的作用，使程序更加具有可读性。

（2）clc 表示清屏操作，程序运行界面常常暂存运行过的程序代码，使屏幕不适合用户进行编写程序，采用 clc 命令把前面的程序全部从命令行窗口中清除，方便后续程序书写。

（3）clear 表示清除工作区中的所有数据，使后续程序的运行变量之间不相互冲突，编程时应该注意清除某些变量的值，以免造成程序运行错误，此类错误在复杂的程序中较难查找。

（4）close all 表示关闭所有图形窗口，便于下一程序运行时更加直观地观察图形的显示，为用户提供较好的图形显示界面。特别在图像和视频处理中，能够较好地实现图形参数化设计，以提高执行速度。

程序应该尽量清晰可见，多设计可调用的执行程序，达到编程的逻辑化操作以及提升编程效率的目的，设计好程序后可进行程序的运行调试，

MATLAB 代码的建议通常强调的是效率，如“尽量不要用循环”等建议。除此之外，还要考虑代码（格式）的正确性、清晰性和通用性。

（1）正确：程序能准确地实现原有仿真目的。

（2）高效：循环向量化，少用或不用循环，尽量调用 MATLAB 自带函数。

（3）清晰：养成良好的编程习惯，程序具有良好的可读性。

（4）通用：程序具有高度的可移植性和可扩展性，便于后续开发调用。

在 MATLAB 编程中，还需要遵循以下几条规则。

（1）定义变量，以英文单词小写缩写开头表示类别名，再接具体变量的英文名称。例如，定义变量存储临时数组 TempArray 的最大值为 maxTempArray。根据工程大小确定变量名长短，小范围应用的变量应该用短的变量名。定义要清晰，避免混淆。

（2）循环变量使用常用变量 i、j、k。程序中使用复数时，采用 i、j 以外的循环变量以避免和虚数单位冲突，同时要在注释部分说明变量的意义。

（3）编写的程序应该高内聚，低耦合，模块函数化，便于移植和重复使用。

（4）使用 if 语句判断变量是否等于某一常数时，将变量写在等号之前，常数写在等号之后。例如，判断变量 i 是否等于 10，写为 if a==10。

（5）用常数代替数字，少用或不用数字。例如，如果要定义期望常量，写为 if a==10 则不标准。应该先定义 meanConst=10，同时在注释中说明，然后在程序部分写为 if a==const。如果后续要修改期望常量，

则在程序定义部分修改。

【例 3-2】在编辑器中编写程序代码示例。

解 在编辑器中输入以下代码。

```
clc,clear,close                    %clc 清屏，clear 删除工作区中的变量，close 关闭显示图形窗口
format short
%初始化操作
F=0.3;                             %等效载荷 kN
l=100/1000;                        %杆长 mm
d=0.7/1000;                        %直径 mm
k=20/1000;                         %两杆间距 mm
E=70*10^9;                         %杨氏模量 GPa
A=pi*d^2/4;                        %杆的横截面积 mm^2
S1=10/1000                         %水平方向位移 m
Ia=pi*d^4/64                       %转动惯量
```

运行程序，结果如下。

```
S1 =
    0.0100
Ia =
   1.1786e-14
```

由上述程序可知，程序采用清晰化编程，可以很清晰地知道每句程序代码是什么意思，通过一系列的求解，最终得到相应的结果输出，然后将所有子程序合并在一起执行全部的操作。

调试过程中应特别注意错误提示，通过断点设置、单步执行等操作对程序进行修改，以便程序运行。当然，更复杂的程序还需要调用子程序，或与其他应用程序相结合。

3.2 M 文件和函数

M 文件和函数是 MATLAB 中非常重要的内容，下面分别进行讲解。

3.2.1 M 文件

M 文件通常就是使用的脚本文件，即供用户编写程序代码的文件，通过代码调试进而可以得到优化的 MATLAB 可执行代码。

1. M文件的类型

MATLAB 程序文件分为函数调用文件和主函数文件，主函数文件通常可单独写成简单的 M 文件，运行得到相应的结果。

1）脚本文件

脚本文件通常即所谓的.m 文件，脚本文件也是主函数文件，用户可以将脚本文件写为主函数文件。在脚本文件中可以进行主要程序的书写，需要调用函数求解某个问题时，则要调用该函数文件，输入该函数文件相应的参数值，即可得到相应的结果。

2）函数文件

函数文件即可供用户调用的程序文件，能够避免变量之间的冲突，函数文件一方面可以节约代码行数；

另一方面也可以通过调用函数文件使整体程序显得清晰明了。

函数文件和脚本文件有差别，函数文件通过输入变量得到相应的输出变量，它也是为了实现一个单独功能的代码块，返回后的变量显示在命令行窗口中或供主函数继续使用。

函数文件中的变量将作为函数文件独立变量，与主函数文件不冲突，因此极大地扩展了函数文件的通用性，通过封装代码的函数文件，在主函数中可以多次调用，达到精简优化程序的目的。

2. M文件的结构

脚本文件和函数文件均属于 M 文件，函数名称一般包括文件头、躯干、结尾。文件头首先是清屏及清除工作区变量，代码如下。

```
clc                                            %清屏
clear all;                                     %删除工作区变量
clf;                                           %清空图形窗口
close all;                                     %关闭显示图形窗口
```

躯干部分书写脚本文件中各变量的赋值，以及进行公式的运算，代码如下。

```
l=100/1000;                                    %杆长 mm
d=0.7/1000;                                    %直径 mm
x=linspace(0,l,200);
y=linspace(-d/2,d/2,200);
```

躯干部分一般为程序主要部分，注释部分是必要的，读者可以清晰地看出程序要解决的问题以及解决问题的思路。

结尾常常用于主函数文件中，一般的脚本文件不需要加，end 常和 function 搭配，代码如下。

```
function ysw
…
end
```

end 语句表示该函数已经结束。在一个函数文件中可以同时嵌入多个函数文件，具体如下。

```
function djb1
…
end
function djb2
…
end
…
function djb3
…
end
```

函数文件实现了代码的精简操作，用户可以多次调用，阶跃代码行数。MATLAB 编程中，函数名称也不用刻意去声明，因此使整个程序可操作性极大。

3. M文件的创建

脚本文件的创建较容易，可以直接在编辑器窗口中编写代码。MATLAB 能够快捷地实现矩阵的基本运算。通过编写函数文件，方便用户直接调用。

【例 3-3】编写函数文件。

解　在编辑器中输入以下代码。

```
function main
clc,clear,close
x=[1:4]
mean(x)
end

function y = mean(x,dim)
if nargin==1
   dim=find(size(x)~=1, 1 );
   if isempty(dim), dim=1;end
   y=sum(x)/size(x,dim);
else
   y=sum(x,dim)/size(x,dim);
end
end
```

运行程序，结果如下。

```
x =
    1    2    3    4
ans =
   2.5000
```

可以看出，该程序包括主函数 function main 和被调用函数 function y = mean(x,dim)，该函数主要用于求解数组的平均值，可以调用多次，达到精简程序的目的。

3.2.2 匿名函数

匿名函数没有函数名，也不是函数 M 文件，只包含一个表达式和输入/输出参数。用户可以在命令行窗口中输入代码，创建匿名函数。匿名函数的创建方法为

```
f = @(input1,input2,…) expression
```

f 为创建的函数句柄。函数句柄是一种间接访问函数的途径，可以使用户调用函数过程变得简单，简化程序设计，而且可以在执行函数调用过程中保存相关信息。

【例 3-4】 当给定实数 x 和 y 的具体数值后，计算表达式 x^y+3xy 的结果。请用创建匿名函数的方式求解。

解 在命令行窗口中依次输入以下代码，同时会显示相关输出结果。

```
>> clear,clc
>> Fxy=@(x,y) x.^y + 3*x*y                    %创建一个名为 Fxy 的函数句柄
Fxy =
  包含以下值的 function_handle:
    @(x,y)x.^y+3*x*y
>> whos Fxy                                   %调用 whos 函数查看变量 Fxy 的信息
  Name      Size            Bytes  Class              Attributes
  Fxy       1x1             32                        function_handle
>> Fxy(2,5)                                   %求 x=2, y=5 时表达式的值
ans =
    62
```

```
>> Fxy(1,9)                                  % 求 x=1, y=9 时表达式的值
ans =
    28
```

3.2.3　主函数与子函数

1. 主函数

主函数可以写为脚本文件，也可以写为主函数文件，主要是格式上的差异。当写为脚本文件时，直接将程序代码保存为 M 文件即可。如果写为主函数文件，代码主体需要采用函数格式，如下所示。

```
function main
…
end
```

主函数是 MATLAB 编程中的关键环节，几乎所有程序都在主函数文件中操作完成。

2. 子函数

在 MATLAB 中，多个函数的代码可以同时写到一个 M 函数文件中。其中，出现的第 1 个函数称为主函数（Primary Function），该文件中的其他函数称为子函数（Sub Function）。保存时所用的函数文件名应当与主函数名相同，外部程序只能对主函数进行调用。

子函数的书写规范有以下几条。

（1）每个子函数的第 1 行是其函数声明行。

（2）在 M 函数文件中，主函数的位置不能改变，但是多个子函数的排列顺序可以任意改变。

（3）子函数只能被处于同一 M 文件中的主函数或其他子函数调用。

（4）在 M 函数文件中，任何指令通过“名称”对函数进行调用时，子函数的优先级仅次于内置函数。

（5）同一 M 文件的主函数、子函数的工作区都是彼此独立的。各个函数间的信息传递可以通过输入/输出变量、全局变量或跨空间指令实现。

（6）help、lookfor 等帮助指令都不能显示一个 M 文件中的子函数的任何相关信息。

【例 3-5】M 文件中的子函数示例。

解　在编辑器中输入以下代码。

```
function F=mainfun(n)
A=1;w=2;phi=pi/2;
signal=createsig(A,w,phi);
F=signal.^n;
end
% ---------子函数---------
function signal=createsig(A,w,phi)
x=0: pi/3 : pi*2;
signal=A * sin(w*x+phi);
end
```

在命令行中输入以下代码。

```
>> mainfun (1)
ans =
    1.0000   -0.5000   -0.5000    1.0000   -0.5000   -0.5000    1.0000
```

3. 私有函数与私有目录

所谓私有函数，是指位于私有目录 private 下的 M 函数文件，它的主要性质如下。

（1）私有函数的构造与普通 M 函数完全相同。

（2）关于私有函数的调用：私有函数只能被直接父目录下的 M 文件所调用，而不能被其他目录下的任何 M 文件或 MATLAB 指令窗中的命令所调用。

（3）在 M 文件中，任何指令通过“名称”对函数进行调用时，私有函数的优先级仅次于 MATLAB 内置函数和子函数。

（4）help、lookfor 等帮助指令都不能显示一个私有函数文件的任何相关信息。

3.2.4 重载函数

重载是计算机编程中非常重要的概念，经常用于处理功能类似但变量属性不同的函数。例如，实现两个相同的计算功能，输入的变量数量相同，不同的是其中一个输入变量类型为双精度浮点型，另一个输入变量类型为整型，这时就可以编写两个同名函数，分别处理这两种不同情况。当实际调用函数时，MATLAB 就会根据实际传递的变量类型选择执行哪个函数。

MATLAB 的内置函数中就有许多重载函数，放置在不同的文件路径下，文件夹通常命名为“@+代表 MATLAB 数据类型的字符”。例如，@int16 路径下的重载函数的输入变量应为 16 位整型变量，而@double 路径下的重载函数的输入变量应为双精度浮点型。

3.2.5 eval()和 feval()函数

1. eval()函数

eval()函数可以与文本变量一起使用，实现有力的文本宏工具。函数调用格式为

```
eval(s)                   %使用 MATLAB 的注释器求表达式的值或执行包含文本字符串 s 的语句
```

【例 3-6】eval()函数的简单运用。

解 在编辑器中输入以下代码。

```
clear,clc
Array=1:5;
String='[Array*2;Array/2;2.^Array]';
Output1=eval(String)                            %“表达式”字符串

theta=pi;
eval('Output2 = exp(sin(theta))');              %“指令语句”字符串
who

Matrix=magic(3)
Array=eval('Matrix(5,:)','Matrix(3,:)')         %“备选指令语句”字符串
% errmessage=lasterr

Expression={'zeros','ones','rand','magic'};
Num=2;
Output3=[];
for i=1:length(Expression)
```

```
    Output3=[Output3 eval([Expression{i},'(',num2str(Num),')'])];   %“组合”字符串
end
Output3
```

运行 M 文件，结果如下。

```
Output1 =
    2.0000    4.0000    6.0000    8.0000   10.0000
    0.5000    1.0000    1.5000    2.0000    2.5000
    2.0000    4.0000    8.0000   16.0000   32.0000
Output2 =
    1.0000
您的变量为:
Array    Output1  Output2  String   theta
Matrix =
     8     1     6
     3     5     7
     4     9     2
Array =
     4     9     2
Output3 =
         0         0    1.0000    1.0000    0.8491    0.6787    1.0000    3.0000
         0         0    1.0000    1.0000    0.9340    0.7577    4.0000    2.0000
```

2. feval()函数

feval()函数的具体调用格式如下。

```
[y1, y2, …] = feval('FN', arg1, arg2, …)    % 用变量 arg1,arg2,…执行函数 FN 指定的计算
```

说明：①在 eval()函数与 feval()函数通用的情况下（使用这两个函数均可以解决问题），feval()函数的运行效率比 eval()函数高；②feval()函数主要用于构造“泛函”型 M 函数文件。

【例 3-7】 feval()函数的简单运用。

解 （1）在编辑器中输入以下代码。

```
Array=1:5;
String='[Array*2;Array/2;2.^Array]';
Outpute=eval(String)                          %使用 eval()函数运行表达式
Outputf=feval(String)                         %使用 feval()函数运行表达式，FN 不可以是表达式
```

运行 M 文件，结果如下。

```
Outpute =
    2.0000    4.0000    6.0000    8.0000   10.0000
    0.5000    1.0000    1.5000    2.0000    2.5000
    2.0000    4.0000    8.0000   16.0000   32.0000
错误使用 feval
函数名称 '[Array*2;Array/2;2.^Array]' 无效。
```

（2）继续在编辑器中输入以下代码。

```
j=sqrt(-1);
Z=exp(j*(-pi:pi/100:pi));
eval('plot(Z)');
```

```
set(gcf,'units','normalized','position',[0.2,0.3,0.2,
0.2])
title('运行结果');axis('square')
figure
set(gcf,'units','normalized','position',[0.2,0.3,0.2,
0.2])
feval('plot',Z);            %feval()函数中的 FN 只接受函数名，不
                            %接受表达式
title('运行结果');axis('square')
```

运行 M 文件，结果如图 3-6 所示。

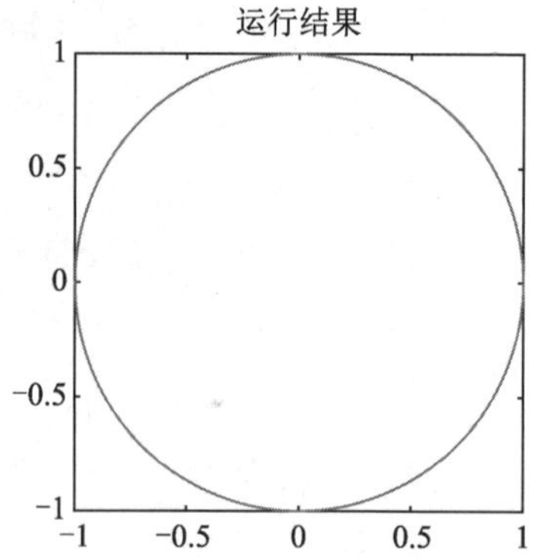

图 3-6　例 3-7 运行结果

3.2.6　内联函数

内联函数（Inline Function）的属性和编写方式与普通函数文件相同，但相对而言，内联函数的创建简单得多，调用格式如下。

```
inline('CE')            %将字符串表达式 CE 转换为输入变量自动生成的内联函数。本语句自动将由字母和
                        %数字组成的连续字符识别为变量，预定义变量名（如圆周率 pi）、常用函数名（如
                        % sin、rand）等不会被识别，连续字符后紧接左括号的也不会被识别（如 array(1)）
inline('CE', arg1, arg2, …)    %把字符串表达式 CE 转换为 arg1、arg2 等指定的输入变量的内联
                               %函数。本语句创建的内联函数最可靠，输入变量的字符串可以随意
                               %改变，但是由于输入变量已经规定，因此生成的内联函数不会出现
                               %识别失误
inline('CE', n)         %把字符串表达式 CE 转换为 n 个指定的输入变量的内联函数。本语句对输入变量的
                        %字符是有限制的，其字符只能是 x,P1,…,Pn 等，其中 P 一定为大写字母
```

说明：

（1）字符串 CE 中不能包含赋值符号“=”；

（2）内联函数是沟通 eval()和 feval()两个函数的桥梁，只要是 eval()函数可以操作的表达式，都可以通过 inline 指令转换为内联函数，这样，内联函数总是可以被 feval()函数调用。MATLAB 中的许多内置函数就是通过被转换为内联函数从而具备了根据被处理的方式不同而变换不同函数形式的能力。

MATLAB 中关于内联函数的属性的相关指令如表 3-1 所示，读者可以根据需要使用。

表 3-1　内联函数属性指令集

指令句法	功　能
class(inline_fun)	提供内联函数的类型
char(inline_fun)	提供内联函数的计算公式
argnames(inline_fun)	提供内联函数的输入变量
vectorize(inline_fun)	使内联函数适用于数组运算的规则

【例 3-8】内联函数的简单运用示例。

解　（1）示例说明：内联函数的第 1 种创建格式是使内联函数适用于“数组运算”。

在命令行窗口中依次输入以下代码，同时会显示相关输出结果。

```
>> Fun1=inline('mod(12,5)')
Fun1 =
```

```
    内联函数:
    Fun1(x) = mod(12,5)
>> Fun2=vectorize(Fun1)
Fun2 =
    内联函数:
    Fun2(x) = mod(12,5)
>> Fun3=char(Fun2)
Fun3 =
    'mod(12,5)'
```

（2）示例说明：第 1 种内联函数创建格式的缺陷在于不能使用多标量构成的向量进行赋值，此时可以使用第 2 种内联函数创建格式。

继续在命令行窗口中依次输入以下代码，同时会显示相关输出结果。

```
>> Fun4=inline('m*exp(n(1))*cos(n(2))'), Fun4(1,[-1,pi/2])
Fun4 =
     内联函数:
     Fun4(m) = m*exp(n(1))*cos(n(2))
错误使用 inline/subsref (line 14)
内联函数的输入数目太多。
>> Fun5=inline('m*exp(n(1))*cos(n(2))','m','n'), Fun5(1,[-1,pi/2])
Fun5 =
    内联函数:
    Fun5(m,n) = m*exp(n(1))*cos(n(2))
ans =
    2.2526e-017
```

（3）示例说明：产生向量输入、向量输出的内联函数。

继续在命令行窗口中依次输入以下代码，同时会显示相关输出结果。

```
>> y=inline('[3*x(1)*x(2)^3;sin(x(2))]')
y =
     内联函数:
     y(x) = [3*x(1)*x(2)^3;sin(x(2))]
>> Y=inline('[3*x(1)*x(2)^3;sin(x(2))]')
Y =
     内联函数:
     Y(x) = [3*x(1)*x(2)^3;sin(x(2))]
>> argnames(Y)
ans =
  1×1 cell 数组
    {'x'}
>> x=[10,pi*5/6];y=Y(x)
y =
  538.3034
    0.50000
```

（4）示例说明：用最简练的格式创建内联函数；内联函数可被 feval()函数调用。

继续在命令行窗口中依次输入以下代码，同时会显示相关输出结果。

```
>> Z=inline('floor(x)*sin(P1)*exp(P2^2)',2)
Z =
   内联函数:
    Z(x,P1,P2) = floor(x)*sin(P1)*exp(P2^2)
>> z=Z(2.3,pi/8,1.2), fz=feval(Z,2.3,pi/8,1.2)
z =
    3.2304
fz =
    3.2304
```

3.2.7 向量化和预分配

1. 向量化

要想让 MATLAB 最高速地工作，重要的是在 M 文件中把算法向量化。其他程序语言可能用 for 或 do 循环，MATLAB 则可用向量或矩阵运算。以下代码用于创立一个算法表。

```
x=0.01;
for k=1:1001
   y(k)=log10(x);
   x=x+0.01;
end
```

代码的向量化实现如下。

```
x=0.01:0.01:10;
y=log10(x);
```

对于更复杂的代码，矩阵化选项不总是那么明显。当速度重要时，应该想办法把算法向量化。

2. 预分配

若一条代码不能向量化，则可以通过预分配任何输出结果已保存其中的向量或数组，以加快 for 循环。下面的代码用 zeros()函数把 for 循环产生的向量预分配，这使 for 循环的执行速度显著加快。

```
r=zeros(32,1);
for n=1:32
    r(n)=rank(magic(n));
end
```

上述代码中若没有使用预分配，MATLAB 的注释器利用每次循环扩大向量 r。向量预分配排除了该步骤，使执行加快。

一种以标量为变量的非线性函数称为“函数的函数”，即以函数名为自变量的函数。这类函数包括求零点、最优化、求积分和常微分方程等。

【例 3-9】 简化的 humps()函数的简单运用（humps()函数可在 MATLAB\demos 路径下获得）。

解 在编辑器中输入以下代码。

```
clear,clc
a=0:0.002:1;
b=humps(a);
plot(a,b)                                    %作图
function b=humps(x)
```

```
b=1./((x-.3).^2 +.01) + 1./((x-.9).^2 +.04)-6;       % 在区间[0,1]求此函数的值
end
```

运行程序，输出如图 3-7 所示的图形。

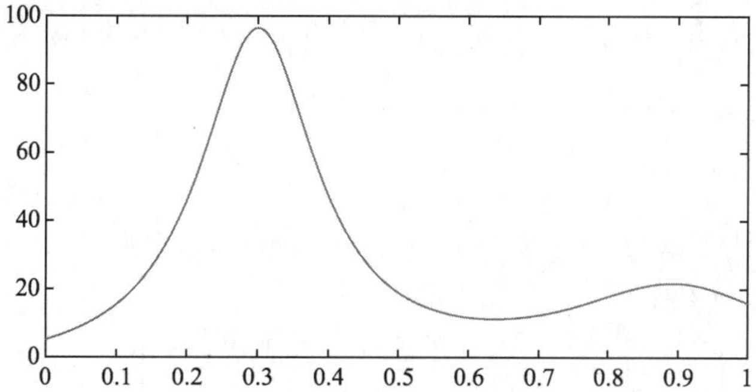

图 3-7 例 3-9 运行结果

可以看出，函数在 x=0.6 附近有局部最小值。接下来用 fminsearch()函数可以求出局部最小值以及此时 x 的值。fminsearch()函数第 1 个参数是函数句柄，第 2 个参数是此时 x 的近似值。

在命令行窗口中依次输入以下代码，同时会显示相关输出结果。

```
>> p=fminsearch(@humps,.5)
p =
   0.6370
>> humps(p)                                              %求局部最小值
ans =
   11.2528
```

3.2.8 函数参数传递

MATLAB 编写函数时，在函数文件头需要写明输入和输出变量，才能构成一个完整的可调用函数。在主函数中调用时，通过满足输入关系，选择输出的变量，也就是相应的函数参数传递，MATLAB 将这些实际值传回给相应的形式参数变量，每个函数调用时变量之间互不冲突，均有自己独立的函数空间。

1. 函数的直接调用

例如，对于求解变量的均值程序，编写函数

```
function y=mean(x,dim)
```

其中，x 为输入变量；dim 为数据维数，默认为 1。直接调用该函数即可得到相应的均值解。MATLAB 在输入变量和输出变量的对应上，优选第 1 变量值作为输出变量。当然，也可以不指定输出变量，MATLAB 默认用 ans 表示输出变量对应的值。

MATLAB 中可以通过 nargin()和 nargout()函数确定输入和输出变量的个数，有些参数可以避免输入，从而提高程序的可执行性。

【例 3-10】函数的直接调用示例。

解 （1）在编辑器中编写 mean()函数，代码如下。

```
function y=mean(x,dim)
   if nargin==1
```

```
      dim=find(size(x)~=1, 1 );
      if isempty(dim)
        dim=1;
      end
       y=sum(x)/size(x,dim);
    else
      y=sum(x,dim)/size(x,dim);
    end
end
```

nargin=1 时，系统默认 dim=1，则根据 y = sum(x)/size(x,dim)进行求解；若 dim 为指定的一个值，则根据 y = sum(x,dim)/size(x,dim)进行求解。

（2）在命令行窗口中依次输入以下代码，同时会显示相关输出结果。

```
>> clear,clc
>> format short
>> x=1:4;
>> mean(x)
ans =
    2.5000
>> mean(x,1)
ans =
     1     2     3     4
>> mean(x,2)
ans =
    2.5000
>> mean(x,3)
ans =
     1     2     3     4
>> mean(x,4)
ans =
     1     2     3     4
>> a=mean(x)
a =
    2.5000
```

由上述分析可知，对于该均值函数，dim 的赋值需要匹配矩阵的维数，dim=1 时求解的为列平均，dim=2 时求解的为行平均。如果没有指定输出变量，MATLAB 系统默认以 ans 变量替代；如果指定了输出变量，则显示输出变量对应的值。

2. 全局变量

通过全局变量可以实现 MATLAB 工作区变量空间和多个函数的函数空间共享，这样，多个使用全局变量的函数和 MATLAB 工作区共同维护这一全局变量，任何一处对全局变量的修改，都会直接改变此全局变量的取值。

全局变量在大型的编程中经常用到，特别是在 App 设计中，对于每个按钮功能模块下的运行程序，需要调用前面对应的输出和输入变量，这时需要对应的全局变量。全局变量在 MATLAB 中用 global 表示，指定全局变量后，该变量能够分别在私有函数、子函数、主函数中使用，全局变量在整个程序设计阶段基本保持一致。

在应用全局变量时，通常在各个函数内部通过 global 声明，在命令行窗口或脚本 M 文件中也要先通过 global 声明，然后进行赋值。

【例 3-11】全局变量的应用。

解　在编辑器中输入以下代码。

```
clear,clc
global a
a=2;
x=3;
y=djb(x)

function y=djb(x)
   global a
   y=a*(x^2);
end
```

运行程序，结果如下。

```
y =
   18
```

从程序运行结果可知，全局变量只需要在主函数中进行声明，然后使用 global 在主函数和子函数中分别进行定义即可，调用对应的函数，即可完成函数的计算求解。

3.3　程序控制

与 C、C++等语言相似，MATLAB 具有很多函数程序编写句柄，采用这些语句可以轻松地进行程序书写。具体的程序控制语句包括分支控制语句（if 结构和 switch 结构）、循环控制语句（for 循环、while 循环、continue 语句和 break 语句）和程序终止语句（return 语句）。

3.3.1　分支控制语句

MATLAB 程序结构一般可分为顺序结构、循环结构、分支结构。顺序结构是指按顺序逐条执行，循环结构与分支结构都有其特定的语句，这样可以增强程序的可读性。在 MATLAB 中常用的分支控制结构包括 if 分支结构和 switch 分支结构。

1. if分支结构

如果在程序中需要根据一定条件执行不同的操作，可以使用条件语句，在 MATLAB 中提供 if 分支结构，或者称为 if-else-end 语句。

if 语法结构如下所示。

```
if  表达式 1
   语句 1
   else if 表达式 2 （可选）
      语句 2
else （可选）
```

```
        语句 3
    end
end
```

根据不同的条件情况，if 分支结构有多种形式，其中最简单的用法是如果条件表达式为真，则执行语句 1，否则跳过该组命令。

if 结构是一个条件分支语句，若满足表达式的条件，则继续执行；若不满足，则跳出 if 结构。else if 表达式 2 与 else 为可选项，这两条语句可依据具体情况取舍。

注意：

（1）每个 if 都对应一个 end，即有几个 if，就应有几个 end；

（2）if 分支结构是所有程序结构中最灵活的结构之一，可以使用任意多个 else if 语句，但是只能有一个 if 语句和一个 end 语句；

（3）if 语句可以相互嵌套，可以根据实际需要将各个 if 语句进行嵌套，从而解决比较复杂的实际问题。

【例 3-12】思考下列程序及其运行结果，说明原因。

解 在编辑器中输入以下代码。

```
clear,clc
a=100;
b=20;
if a<b
   fprintf ('b>a')            %在 Word 中输入'b>a'，单引号不可用，要在 Editor 中输入
else
   fprintf ('a>b')            %在 Word 中输入'b>a'，单引号不可用，要在 Editor 中输入
end
```

运行程序，结果如下。

```
a>b
```

在程序中，用到了 if...else...end 结构，如果 a<b，则输出 b>a；反之，输出 a>b。由于 a=100，b=20，比较可得结果 a>b。

在分支结构中，多条语句可以放在同一行，但语句间要用分号隔开。

2. switch分支结构

和 C 语言类似，MATLAB 中的 switch 分支结构适用于条件多且比较单一的情况，类似于一个数控的多个开关。一般的语法调用方式如下。

```
switch  表达式
case 常量表达式 1
    语句组 1
case 常量表达式 2
    语句组 2
    …
otherwise
    语句组 n
end
```

其中，switch 后面的表达式可以是任何类型，如数字、字符串等。

当表达式的值与 case 后常量表达式的值相等时，就执行这个 case 后面的语句组；如果所有的常量表达式的值都与这个表达式的值不相等，则执行 otherwise 后的语句组。

表达式的值可以重复，在语法上并不错误，但是在执行时，后面符合条件的 case 语句将被忽略。各个 case 和 otherwise 语句的顺序可以互换。

【例 3-13】输入一个数，判断它能否被 5 整除。

解 在编辑器中输入以下代码。

```
clear,clc
n=input('输入 n=');                %输入 n 值
switch mod(n,5)                    %mod()是求余函数，余数为 0 时返回 0，余数不为 0 时返回 1
case 0
   fprintf('%d 是 5 的倍数',n)
otherwise
   fprintf('%d 不是 5 的倍数',n)
end
```

运行程序，结果如下。

```
输入 n=12
12 不是 5 的倍数>>
```

在 switch 分支结构中，case 后的检测不仅可以为一个标量或字符串，还可以为一个元胞数组。如果检测值是一个元胞数组，MATLAB 将把表达式的值和该元胞数组中的所有元素进行比较；如果元胞数组中某个元素和表达式的值相等，MATLAB 认为比较结构为真。

3.3.2 循环控制语句

在 MATLAB 程序中，循环结构主要包括 while 循环结构和 for 循环结构两种。下面对两种循环结构进行详细介绍。

1. while循环结构

除了分支结构之外，MATLAB 还提供多个循环结构。与其他编程语言类似，循环语句一般用于有规律地重复计算。被重复执行的语句称为循环体，控制循环语句流程的语句称为循环条件。

在 MATLAB 中，while 循环结构的语法形式如下。

```
while 逻辑表达式
    循环语句
end
```

while 循环结构依据逻辑表达式的值判断是否执行循环体语句。若表达式的值为真，则执行循环体语句一次，反复执行时，每次都要进行判断；若表达式的值为假，则执行 end 之后的语句。

为了避免因逻辑上的失误而陷入死循环，建议在循环体语句的适当位置加 break 语句，以便程序能正常执行。

while 循环也可以嵌套，其结构如下。

```
while 逻辑表达式 1
    循环体语句 1
    while 逻辑表达式 2
        循环体语句 2
```

```
    end
    循环体语句 3
end
```

【例 3-14】设计一段程序，求 1 ~ 100 的偶数和。

解 在编辑器中输入以下代码。

```
clear,clc
x=0;                                    %初始化变量 x
sum=0;                                  %初始化 sum 变量
   while x<101                          %当 x<101 时执行循环体语句
     sum=sum+x;                         %进行累加
     x=x+2;
   end                                  %while 结构的终点
sum                                     %显示 sum
```

运行程序，结果如下。

```
sum =
        2550
```

【例 3-15】设计一段程序，求 1 ~ 100 的奇数和。

解 在编辑器中输入以下程序。

```
clear,clc
x=1;                                    %初始化变量 x
sum=0;                                  %初始化 sum 变量
   while x<101                          %当 x<101 时执行循环体语句
     sum=sum+x;                         %进行累加
     x=x+2;
   end                                  %while 结构的终点
sum                                     %显示 sum
```

运行程序，结果如下。

```
sum =
        2500
```

2. for循环结构

在 MATLAB 中，另外一种常见的循环结构是 for 循环，常用于已知循环次数的情况，语法规则如下。

```
for ii=初值:增量:终值
    语句 1
    …
    语句 n
end
```

若写为 ii=初值：终值，则默认增量为 1。初值、增量、终值可正可负，可以是整数，也可以是小数，符合数学逻辑即可。

【例 3-16】设计一段程序，求 1+2+…+100。

解 程序设计如下。

```
clear,clc
sum=0;                                  %设置初值(必须要有)
```

```
for ii=1:100;                                    %for 循环,增量为 1
    sum=sum+ii;
end
sum
```

运行程序，结果如下。

```
sum =
      5050
```

【例 3-17】比较以下两个程序的区别。

解　程序 1 设计如下。

```
for ii=1:100;                                    %for 循环,增量为 1
    sum=sum+ii;
end
sum
```

运行程序，结果如下。

```
sum =
     10100
```

程序 2 设计如下。

```
clear,clc
for ii=1:100;                                    %for 循环,增量为 1
    sum=sum+ii;
end
sum
```

运行程序，结果如下。

```
错误使用 sum
输入参数的数目不足。
```

一般的高级语言中，变量若没有设置初值，程序会以 0 作为其初始值，然而这在 MATLAB 中是不允许的。所以，在 MATLAB 中，应给出变量的初值。

程序 1 没有 clear 语句，则程序可能会调用到内存中已经存在的 sum 值，结果就成了 sum =10100。程序 2 与例 3-16 的区别是少了 sum=0，由于程序中有 clear 语句，因此会出现错误信息。

注意：while 循环和 for 循环都是比较常见的循环结构，但是两个循环结构还是有区别的。其中最明显的区别在于 while 循环的执行次数是不确定的，而 for 循环的执行次数是确定的。

3.3.3　其他控制语句

在使用 MATLAB 设计程序时，经常遇到提前终止循环、跳出子程序、显示错误等情况，因此需要其他控制语句实现上面的功能。在 MATLAB 中，对应的控制语句有 continue、break、return 等。

1. continue

continue 语句通常用于 for 或 while 循环体中，其作用就是终止一轮的执行，也就是说，它可以跳过本轮循环中未被执行的语句，去执行下一轮循环。下面使用一个简单的实例说明 continue 命令的使用方法。

【例 3-18】请思考下列程序及其运行结果，说明原因。

解 在编辑器中输入以下代码。

```
clear,clc
a=3;
b=6;
for ii=1:3
   b=b+1
   if ii<2
     continue
   end                                                      %if 语句结束
   a=a+2
end                                                         %for 循环结束
```

运行程序，结果如下。

```
b =
     7
b =
     8
a =
     5
b =
     9
a =
     7
```

当 if 条件满足时，程序将不再执行 continue 后面的语句，而是开始下一轮循环。continue 语句常用于循环体中，与 if 一同使用。

2. break

break 语句也通常用于 for 或 while 循环体中，与 if 一同使用。当 if 后的表达式为真时就调用 break 语句，跳出当前循环。它只终止最内层的循环。

【例 3-19】请思考下列程序及其运行结果，说明原因。

解 在编辑器中输入以下代码。

```
clear,clc
a=3;
b=6;
for ii=1:3
   b=b+1
   if ii>2
        break
   end
   a=a+2
end
```

运行程序，结果如下。

```
b =
     7
```

```
a =
    5
b =
    8
a =
    7
b =
    9
```

从以上程序可以看出，当 if 表达式的值为假时，程序执行 a=a+2；当 if 表达式的值为真时，程序执行 break 语句，跳出循环。

3. return

在通常情况下，当被调用函数执行完毕后，MATLAB 会自动地把控制转至主调函数或指定窗口。如果在被调函数中插入 return 命令，可以强制 MATLAB 结束执行该函数并把控制转出。

return 命令是终止当前命令的执行，并且立即返回到上一级调用函数或等待键盘输入命令，可以用来提前结束程序的运行。

在 MATLAB 的内置函数中，很多函数的程序代码中引入了 return 命令。下面引用一个简单的 det()函数，代码如下。

```
function d=det(A)
if isempty(A)
    a=1;
    return
else
    ...
end
```

在上述代码中，首先通过函数语句判断 A 的类型，当 A 是空数组时，直接返回 a=1，然后结束程序。

4. input

在 MATLAB 中，input 命令的功能是将 MATLAB 的控制权暂时借给用户，用户通过键盘输入数值、字符串或表达式，通过按 Enter 键将内容输入工作空间，同时将控制权交还给 MATLAB，其常用的调用格式如下。

```
user_entry=input('prompt')              %将用户输入的内容赋给变量 user_entry
user_entry=input('prompt','s')          %将用户输入的内容作为字符串赋给变量 user_entry
```

【例 3-20】在 MATLAB 中演示如何使用 input()函数。

解　在命令行窗口中依次输入以下代码，同时会显示相关输出结果。

```
>> clear,clc
>> a=input('input a number: ')           %输入数值赋值给 a
input a number: 45
a =
    45
>>  b=input('input a number: ','s')      %输入字符串赋值给 b
input a number: 45
b =
    '45'
```

```
>> input('input a number: ')                    %将输入值进行运算
input a number: 2+3
ans =
    5
```

5. keyboard

在 MATLAB 中，将 keyboard 命令放置到 M 文件中，将使程序暂停运行，等待键盘命令。通过提示符 k 显示一种特殊状态，只有当用户使用 return 命令结束输入后，控制权才交还给程序。在 M 文件中使用该命令，对程序的调试和在程序运行中修改变量都会十分便利。

【例 3-21】在 MATLAB 中演示如何使用 keyboard 命令。

解 keyboard 命令使用过程如下。

```
>> keyboard
k>> for i=1:9
    if i==3
       continue
     end
     fprintf('i=%d\n',i)
     if i==5
        break
     end
end
i=1
i=2
i=4
i=5
k>> return
>>
```

从上述代码中可以看出，当输入 keyboard 命令后，在提示符>>的前面会显示 k 提示符，而当用户输入 return 后，提示符恢复正常的提示效果。

在 MATLAB 中，keyboard 命令和 input 命令的不同在于，keyboard 命令可以运行用户输入的任意多个 MATLAB 命令，而 input 命令则只能输入赋值给变量的数值。

6. error和warning

在 MATLAB 中编写 M 文件时，经常需要提示一些警告信息。因此，MATLAB 提供了以下几个常见的命令。

```
error('message')                      %显示出错信息 message，终止程序
errordlg('errorstring','dlgname')     %显示出错信息的对话框，对话框的标题为 dlgname
warning('message')                    %显示出错信息 message，程序继续进行
```

【例 3-22】查看 MATLAB 的不同错误提示模式。

解 在编辑器中输入以下代码，并将其保存为 Error 文件。

```
n=input('Enter: ');
if n<2
    error('message');
```

```
else
    n=2;
end
```

返回命令行窗口，输入 Error，然后分别输入数值 1 和 2，得到如下结果。

```
>> Error
Enter: 1
尝试将 SCRIPT error 作为函数执行:
D:\MATLAB code\error.m
出错 error (line 3)
    error('message');
 >> Error
Enter: 2
```

将编辑器中的程序修改为

```
n=input('Enter: ');
if n<2
%     errordlg('Not enough input data','Data Error');
    warning('message');
else
    n=2;
end
```

返回命令行窗口，输入 Error，然后分别输入数值 1 和 2，得到如下结果。

```
>> Error
Enter: 1
警告: message
> In Error (line 4)
>> Error
Enter: 2
```

上述代码演示了 MATLAB 中不同的错误信息方式。其中，error 和 warning 的主要区别在于 warning 命令指示警告信息后会继续运行程序。

3.4　程序调试和优化

程序调试的目的是检查程序是否正确，即程序能否顺利运行并得到预期结果。在运行程序之前，应先设想到程序运行的各种情况，测试在各种情况下程序能否正常运行。

MATLAB 程序调试工具只能对 M 文件中的语法错误和运行错误进行定位，但是无法评价该程序的性能。MATLAB 提供了一个性能剖析指令——profile，使用它可以评价程序的性能指标，获得程序各个环节的耗时分析报告。根据该分析报告可以寻找程序运行效率低下的原因，以便修改程序。

3.4.1　程序调试命令

MATLAB 提供了一系列程序调试命令，利用这些命令，可以在调试过程中设置、清除和列出断点，逐行运行 M 文件，在不同的工作区检查变量，跟踪和控制程序的运行，帮助寻找和发现错误。所有程序调试命令都是以字母 db 开头的，如表 3-2 所示。

表 3-2 程序调试命令

命 令	功 能
dbstop in fname	在M文件fname的第一可执行程序上设置断点
dbstop at r in fname	在M文件fname的第r行程序上设置断点
dbstop if v	当遇到条件v时，停止运行程序；当发生错误时，条件v可以是error；当发生NaN或inf时，也可以是naninf/infnan
dstop if warning	如果有警告，则停止运行程序
dbclear at r in fname	清除文件fname的第r行处断点
dbclear all in fname	清除文件fname中的所有断点
dbclear all	清除所有M文件中的所有断点
dbclear in fname	清除文件fname第一可执行程序上的所有断点
dbclear if v	清除第v行由dbstop if v设置的断点
dbstatus fname	在文件fname中列出所有断点
dbstatus	显示存放在dbstatus中用分号隔开的行数信息
dbstep	运行M文件的下一行程序
dbstep n	执行下n行程序，然后停止
dbstep in	在下一个调用函数的第一可执行程序处停止运行
dbcont	执行所有行程序直至遇到下一个断点或到达文件尾
dbquit	退出调试模式

进行程序调试，要调用带有一个断点的函数。当 MATLAB 进入调试模式时，提示符为 k>>。最重要的区别在于现在能访问函数的局部变量，但不能访问 MATLAB 工作区中的变量。

3.4.2 常见错误类型

常见错误类型有以下几种。

1. 输入错误

常见的输入错误，除了在写程序时疏忽所导致的手误外，一般还有：

（1）在输入某些标点时没有切换为英文状态；

（2）循环或判断语句的关键词 for、while、if 的个数与 end 的个数不对应（尤其是在多层循环嵌套语句中）；

（3）左右括号不对应。

2. 语法错误

不符合 MATLAB 语言规定即为语法错误。例如，在表示数学式 $k_1 \leqslant x \leqslant k_2$ 时，不能直接写成 k1<=x<=k2，而应写成 k1<=x&x<=k2。此外，输入错误也可能导致语法错误。

3. 逻辑错误

在程序设计中，逻辑错误也是比较常见的一类错误，这类错误往往隐蔽性较强，不易查找。产生逻辑错误的原因通常是算法设计有误，这时需要对算法进行修改。

4. 运行错误

程序的运行错误通常包括不能正常运行和运行结果不正确，出错的原因一般有：

（1）数据不对，即输入的数据不符合算法要求；

（2）输入的矩阵大小不对，尤其是当输入的矩阵为一维数组时，应注意行向量与列向量在使用上的区别；

（3）程序不完善，只能对某些数据运行正确，而对另一些数据则运行错误，或是根本无法正常运行，这有可能是算法考虑不周所致。

对于简单的语法错误，可以采用直接调试法，即直接运行该 M 文件，MATLAB 将直接找出语法错误的类型和出现的地方，根据 MATLAB 的反馈信息对语法错误进行修改。

当 M 文件很大或 M 文件中含有复杂的嵌套时，则需要使用 MATLAB 调试器对程序进行调试，即使用 MATLAB 提供的大量调试函数以及与之相对应的图形化工具。

【例 3-23】编写一个判断 2000—2010 年的闰年年份的程序，并对其进行调试。

解　（1）在编辑器中输入以下代码，并保存为 leapyear.m 文件。

```
% 本程序为判断 2000—2010 年的闰年年份
% 本程序没有输入/输出变量
% 函数的调用格式为 leapyear，输出结果为 2000—2010 年的闰年年份
function  leapyear                          %定义函数 leapyear
for year=2000：2010                          %定义循环区
    sign=1;
    a = rem(year,100);                      %求 year 除以 100 后的余数
    b = rem(year,4);                        %求 year 除以 4 后的余数
    c = rem(year,400);                      %求 year 除以 400 后的余数
    if a =0                                 %以下根据 a、b、c 是否为 0 对标志变量 sign 进行处理
        signsign=sign-1;
    end
    if b=0
        signsign=sign+1;
    end
    if c=0
        signsign=sign+1;
    end
    if sign=1
        fprintf('%4d \n',year)
    end
end
```

（2）运行程序，此时 MATLAB 命令行窗口中会给出如下错误提示。

```
>> leapyear
错误: 文件: leapyear.m 行: 5 列: 14
文本字符无效。请检查不受支持的符号、不可见的字符或非 ASCII 字符的粘贴。
```

由错误提示可知，在程序的第 5 行存在语法错误，检测可知“：”应修改为“:”，修改后继续运行提示如下错误。

```
>> leapyear
错误: 文件: leapyear.m 行: 10 列: 10
'=' 运算符的使用不正确。要为变量赋值，请使用 '='。要比较值是否相等，请使用 '=='。
```

检测可知，if 选择判断语句中，用户将“==”写成了“=”。因此，将“=”修改为“==”，同时也将第 13、16、19 行中的“=”修改为“==”。

（3）程序修改并保存完成后，直接运行修正后的程序，结果如下。

```
>> leapyear
2000
2001
2002
2003
2004
2005
2006
2007
2008
2009
2010
```

显然，2001—2010 年间不可能每年都是闰年，由此判断程序存在运行错误。

（4）分析原因。可能由于在处理 year 是否为 100 的倍数时，变量 sign 存在逻辑错误。

（5）断点设置。断点为 MATLAB 程序执行时人为设置的中断点，程序运行至断点时便自动停止运行，等待下一步操作。设置断点，只需要单击程序行左侧的“–”使其变为红色的圆点（当存在语法错误时圆点颜色为灰色），如图 3-8 所示。

在可能存在逻辑错误或需要显示相关代码执行数据的附近设置断点，如本例中的第 12、15 和 18 行。再次单击红色圆点可以去除断点。

（6）运行程序。按 F5 快捷键或单击工具栏中的 ▷ 按钮执行程序，此时其他调试按钮将被激活。程序运行至第 1 个断点暂停，在断点右侧则出现向右指向的绿色箭头，如图 3-9 所示。

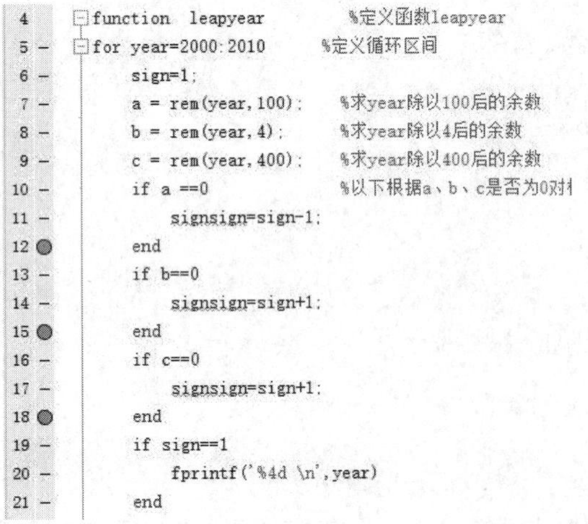
4 function leapyear %定义函数leapyear
5 – for year=2000:2010 %定义循环区间
6 – sign=1;
7 – a = rem(year,100); %求year除以100后的余数
8 – b = rem(year,4); %求year除以4后的余数
9 – c = rem(year,400); %求year除以400后的余数
10 – if a ==0 %以下根据a、b、c是否为0对
11 – signsign=sign-1;
12 end
13 – if b==0
14 – signsign=sign+1;
15 end
16 – if c==0
17 – signsign=sign+1;
18 end
19 – if sign==1
20 – fprintf('%4d \n',year)
21 – end

图 3-8 断点标记

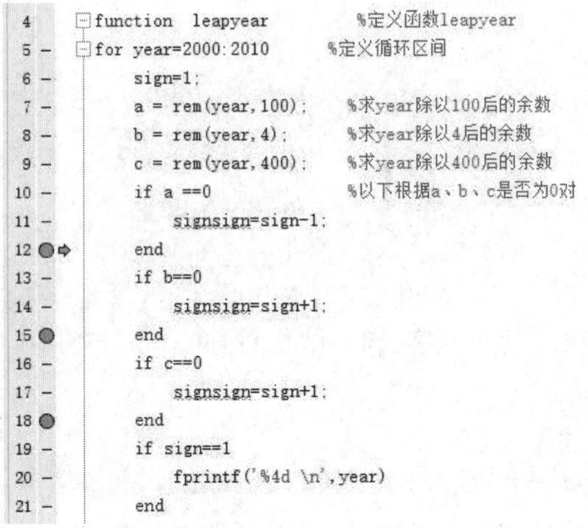
4 function leapyear %定义函数leapyear
5 – for year=2000:2010 %定义循环区间
6 – sign=1;
7 – a = rem(year,100); %求year除以100后的余数
8 – b = rem(year,4); %求year除以4后的余数
9 – c = rem(year,400); %求year除以400后的余数
10 – if a ==0 %以下根据a、b、c是否为0对
11 – signsign=sign-1;
12 end
13 – if b==0
14 – signsign=sign+1;
15 end
16 – if c==0
17 – signsign=sign+1;
18 end
19 – if sign==1
20 – fprintf('%4d \n',year)
21 – end

图 3-9 程序运行至断点处暂停

程序调试运行时，在 MATLAB 的命令行窗口中将显示如下内容。

```
>> leapyear
k>>
```

此时可以输入一些调试指令，更加方便对程序调试的相关中间变量进行查看。

（7）单步调试。可以按 F10 键或单击工具栏中的步进按钮，此时程序将一步一步按照用户需求向下执行。如图 3-10 所示，在按 F10 键后，程序从第 12 行运行到第 13 行。

（8）查看中间变量。将鼠标停留在某个变量上，MATLAB 会自动显示该变量的当前值，如图 3-11 所示。也可以在 MATLAB 的工作区中直接查看所有中间变量的当前值，如图 3-12 所示。

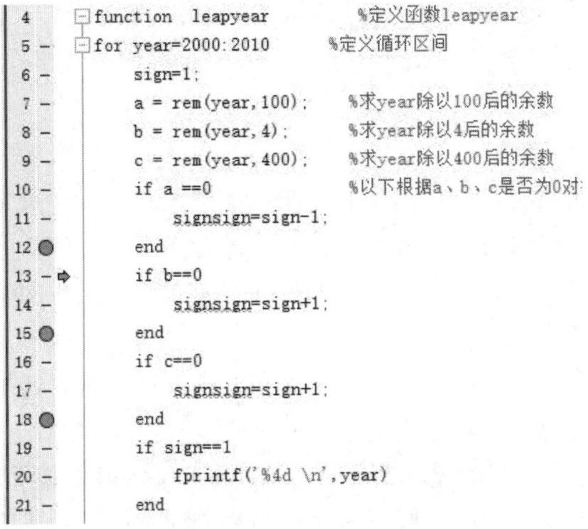
4 function leapyear %定义函数leapyear
5 for year=2000:2010 %定义循环区间
6 sign=1;
7 a = rem(year,100); %求year除以100后的余数
8 b = rem(year,4); %求year除以4后的余数
9 c = rem(year,400); %求year除以400后的余数
10 if a ==0 %以下根据a、b、c是否为0对
11 signsign=sign-1;
12 end
13 if b==0
14 signsign=sign+1;
15 end
16 if c==0
17 signsign=sign+1;
18 end
19 if sign==1
20 fprintf('%4d \n',year)
21 end

图 3-10　程序单步执行

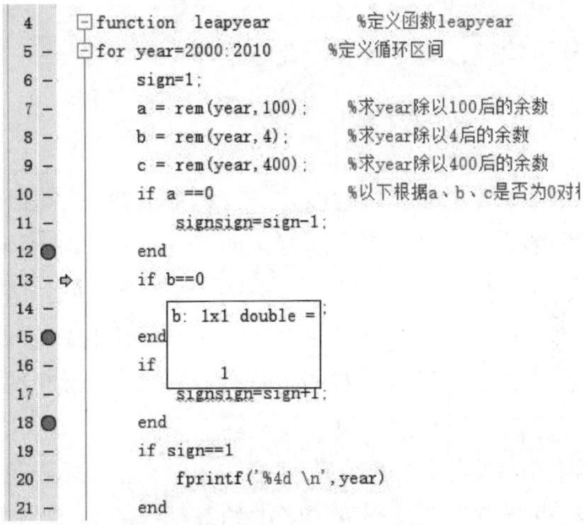
4 function leapyear %定义函数leapyear
5 for year=2000:2010 %定义循环区间
6 sign=1;
7 a = rem(year,100); %求year除以100后的余数
8 b = rem(year,4); %求year除以4后的余数
9 c = rem(year,400); %求year除以400后的余数
10 if a ==0 %以下根据a、b、c是否为0对
11 signsign=sign-1;
12 end
13 if b==0
b: 1x1 double =
1
18 end
19 if sign==1
20 fprintf('%4d \n',year)
21 end

图 3-11　用鼠标停留方法查看中间变量

（9）修正代码。通过查看中间变量可知，在任何情况下 sign 的值都是 1，此时调整修改程序代码如下。

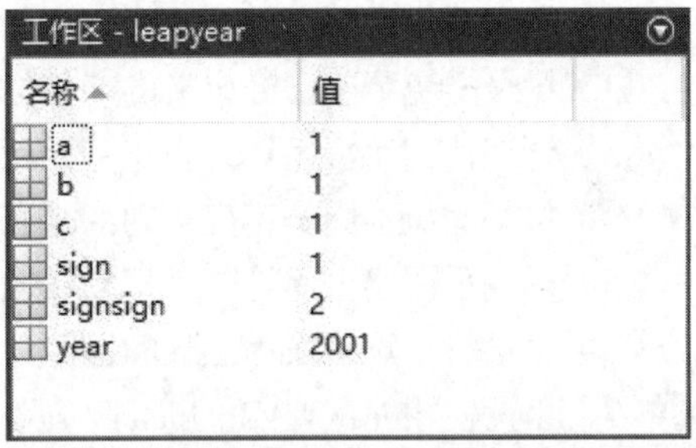
工作区 - leapyear
名称
值
a 1
b 1
c 1
sign 1
signsign 2
year 2001

图 3-12　查看工作区中所有中间变量的当前值

```
% 本程序为判断 2000—2010 年的闰年年份
% 本程序没有输入/输出变量
% 函数的调用格式为 leapyear,输出结果为 2000 年至 2010
% 年的闰年年份
function leapyear
for year=2000:2010
    sign=0;                              %修改为 0
    a = rem(year,400);                   %修改为 400
    b = rem(year,4);
    c = rem(year,100);                   %修改为 100
    if a ==0
        sign=sign+1;                     %signsign 修改为 sign, -修改为+
    end
    if b==0
        sign=sign+1;
    end
    if c==0
        sign=sign-1;                     %signsign 修改为 sign, +修改为-
    end
```

```
    if sign==1
        fprintf('%4d \n',year)
    end
end
```

按 F5 键再次执行程序，运行结果如下。

```
>> leapyear
2000
2004
2008
```

分析发现，结果正确，此时程序调试结束。

3.4.3 效率优化

在程序编写的起始阶段，往往将精力集中在程序的功能实现、程序的结构、准确性和可读性等方面，很少考虑程序的执行效率问题，而是在程序不能够满足需求或效率太低的情况下才考虑对程序的性能进行优化。由于程序所解决的问题不同，程序的效率优化存在差异，这对编程人员的经验以及对函数的编写和调用有一定的要求，一些通用的程序效率优化建议如下。

程序编写时依据所处理问题的需要，尽量预分配足够大的数组空间，避免在出现循环结构时增加数组空间，但是也要注意数组空间不能太大，太多的大数组会影响内存的使用效率。

例如，声明一个 8 位整型数组 A 时，A＝repmat(int8(0),5000,5000)要比 A=int8zeros(5000,5000)快 25 倍左右，且更节省内存。因为前者中的双精度 0 仅需一次转换，然后直接申请 8 位整型内存；而后者不但需要为 zeros(5000,5000)申请 double 型内存空间，而且还需要对每个元素都执行一次类型转换。需要注意的是：

（1）尽量采用函数文件而不是脚本文件，通常运行函数文件都比脚本文件效率更高；

（2）尽量避免更改已经定义的变量的数据类型和维数；

（3）合理使用逻辑运算，防止陷入死循环；

（4）尽量避免不同类型变量间的相互赋值，必要时可以使用中间变量解决；

（5）尽量采用实数运算，对于复数运算可以转换为多个实数进行运算；

（6）尽量将运算转换为矩阵的运算；

（7）尽量使用 MATLAB 的 load、save 指令而避免使用文件的 I/O 操作函数进行文件操作。

以上建议仅供参考，针对不同的应用场合，用户可以有所取舍。程序的效率优化通常要结合 MATLAB 的优越性，由于 MATLAB 的优势是矩阵运算，所以尽量将其他数值运算转换为矩阵运算，在 MATLAB 中处理矩阵运算的效率要比简单四则运算更加高效。

3.4.4 内存优化

内存优化对于普通用户而言可以不用顾及，当前计算机内存容量已能满足大多数数学运算的需求，而且 MATLAB 本身对计算机内存优化提供的操作支持较少，只有遇到超大规模运算时，内存优化才能起到作用。下面给出几个比较常见的内存操作函数，可以在需要时使用。

（1）whos：查看当前内存使用状况函数。

（2）clear：删除变量及其内存空间，可以减少程序的中间变量。

（3）save：将某个变量以 mat 数据文件的形式存储到磁盘中。

（4）load：载入 mat 数据到内存空间。

由于内存操作函数在函数运行时使用较少，合理地优化内存操作往往由用户编写程序时养成的习惯和经验决定，一些好的做法如下。

（1）尽量保证创建变量的集中性，最好在函数开始时创建。

（2）对于含零元素多的大型矩阵，尽量转换为稀疏矩阵。

（3）及时清除占用内存很大的临时中间变量。

（4）尽量少开辟新的内存，而是重用内存。

程序的优化本质上也是算法的优化，如果一个算法描述得比较详细，几乎也就指定了程序的每步。如果算法本身描述不够详细，在编程时会给某些步骤的实现方式留有较大空间，这样就需要找到尽量好的实现方式以达到程序优化的目的。如果一个算法设计得足够“优”的话，就等于从源头上控制了程序避免走向“劣质”。

算法优化的一般要求：不仅在形式上尽量做到步骤简化，简单易懂，更重要的是用最低的时间复杂度和空间复杂度完成所需计算，包括巧妙地设计程序流程、灵活地控制循环过程（如及时跳出循环或结束本次循环）、较好的搜索方式和正确的搜索对象等，以避免不必要的计算过程。

例如，在判断一个整数 m 是否为素数时，可以看它能否被 $m/2$ 以前的整数整除，而更快的方法是只需看它能否被 $\sqrt{m}$ 以前的整数整除就可以了。再如，在求 1 ~ 100 的所有素数时跳过偶数直接对奇数进行判断，这都体现了算法优化的思想。

【例 3-24】编写冒泡排序算法程序。

解　冒泡排序是一种简单的交换排序，其基本思想是两两比较待排序记录，如果是逆序则进行交换，直到这个记录中没有逆序的元素。

该算法的基本操作是逐轮进行比较和交换。第 1 轮比较将最大记录放在 $x[n]$的位置。一般地，第 i 轮从 $x[1]$到 $x[n-i+1]$依次比较相邻的两个记录，将这 $n-i+1$ 个记录中的最大者放在第 $n-i+1$ 的位置上。算法程序如下。

```
function s=BubbleSort(x)
% 冒泡排序,x 为待排序数组
n=length(x);
for i=1:n-1                            %最多做 n-1 轮排序
    flag=0;                            %flag 为交换标志,本轮排序开始前,交换标志应为假(0)
    for j=1:n-i                        %每次从前向后扫描,j 从 1 到 n-i
        if x(j)>x(j+1)                 %如果前项大于后项,则进行交换
            t=x(j+1);
            x(j+1)=x(j);
            x(j)=t;
            flag=1;                    %当发生了交换,将交换标志置为真(1)
        end
    end
    if (~flag)                         %若本轮排序未发生交换, 则提前终止程序
        break;
    end
end
s=x;
```

本程序通过使用变量 flag 标志在每轮排序中是否发生了交换，若某轮排序中一次交换都没有发生，则说明此时数组已经为有序（正序），应提前终止算法（跳出循环）。若不使用这样的标志变量控制循环，往往会增加不必要的计算量。

3.5 本章小结

本章首先简单介绍了 MATLAB 编程概述和编程原则；其次详细讲述了分支结构、循环结构以及其他控制程序指令；并通过案例说明如何用 MATLAB 进行程序设计，以及如何编写清楚、高效的程序；最后对 MATLAB 程序调试做了简单介绍，并指出了一些使用技巧和编程者常犯的错误。

第 4 章 图形绘制

CHAPTER 4

强大的绘图功能是 MATLAB 的鲜明特点之一，它提供了一系列绘图函数，读者不需要过多地考虑绘图的细节，只需要给出一些基本参数就能得到所需图形。此外，MATLAB 还对绘出的图形提供了各种修饰方法，使图形更加美观、精确。而输出的信号图形又是信号处理的重要表现形式，因此，本章将详细介绍如何使用 MATLAB 进行图形绘制。

学习目标

（1）了解 MATLAB 数据绘图；

（2）熟练掌握 MATLAB 二维绘图；

（3）熟练掌握 MATLAB 三维绘图；

（4）了解 MATLAB 多种特殊图形的绘制。

4.1 数据图形绘制简介

数据可视化的目的在于通过图形从一堆杂乱的离散数据中观察数据间的内在关系，感受由图形所传递的内在本质。

MATLAB 一向注重数据的图形表示，并不断地采用新技术改进和完备其可视化功能。

4.1.1 离散数据可视化

任何二元实数标量对 (x_a, y_a) 可以在平面上表示一个点；任何二元实数向量对 $(\boldsymbol{X},\boldsymbol{Y})$ 可以在平面上表示一组点。

对于离散实函数 $y_n = f(x_n)$，当 $\boldsymbol{X} = [x_1, x_2, \cdots, x_n]$ 以递增或递减的次序取值时，有 $\boldsymbol{Y} = [y_1, y_2, \cdots, y_n]$，这样，该向量对用直角坐标序列点图示时，实现了离散数据的可视化。

在科学研究中，当处理离散量时，可以用离散序列图表示离散量的变化情况。

stem()函数用于实现离散图形的绘制，其调用格式为

```
stem(y)                %以 x=1,2,3,…作为各个数据点的 X 坐标，以向量 y 的值为 Y 坐标，在（x,y）坐标
                       %点画一个空心小圆圈，并连接一条线段到 X 轴
stem(x,y,'option')     %以 x 向量的各个元素为 X 坐标，以 y 向量的各个对应元素为 Y 坐标，在（x,y）坐
                       %标点画一个空心小圆圈，并连接一条线段到 X 轴。option 表示绘图时的线型、颜色
                       %等选项设置
```

```
stem(x,y,'filled')  %以 x 向量的各个元素为 X 坐标，以 y 向量的各个对应元素为 Y 坐标，在（x,y）坐
                    %标点画一个空心小圆圈，并连接一条线段到 X 轴
```

【例 4-1】用 stem()函数绘制一个离散序列图。

解 在编辑器中输入以下代码。

```
clear,clc
X=linspace(0,2*pi,25)';
Y=(cos(2*X));
stem(X,Y,'LineStyle','-.','MarkerFaceColor','red','MarkerEdgeColor','green')
```

运行程序，输出如图 4-1 所示的图形。

【例 4-2】用 stem()函数绘制一个线型为圆圈的离散序列图。

解 在编辑器中输入以下代码。

```
clear,clc
x=0:25;
y=[exp(-.04*x).*cos(x);exp(.04*x).*cos(x)]';
h=stem(x,y);
set(h(1),'MarkerFaceColor','blue')
set(h(2),'MarkerFaceColor','red','Marker','square')
```

运行程序，输出如图 4-2 所示的图形。

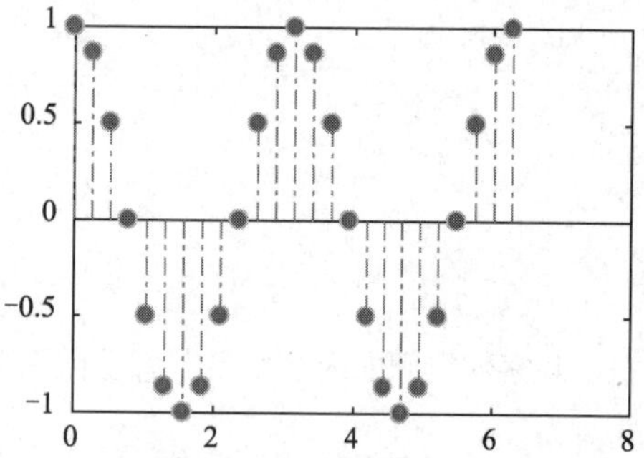

图 4-1 例 4-1 离散序列图

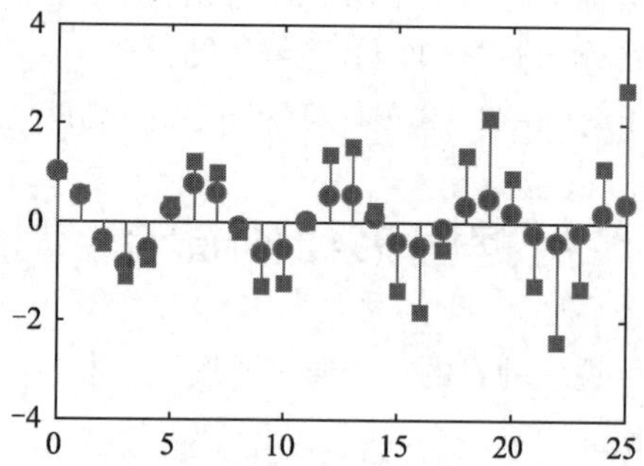

图 4-2 例 4-2 离散序列图

除了可以使用 stem()函数之外，使用离散数据也可以绘制离散图形。

【例 4-3】用图形表示离散函数。

解 在编辑器中输入以下代码。

```
clear,clc
n=0:10;                              % 产生 10 个自变量
y=1./abs(n-6);                       % 计算相应点的函数值
plot(n,y,'r*','MarkerSize',15)       % 用尺寸为 15 的红色星
                                     % 号标出函数点
grid on                              % 画出坐标网格
```

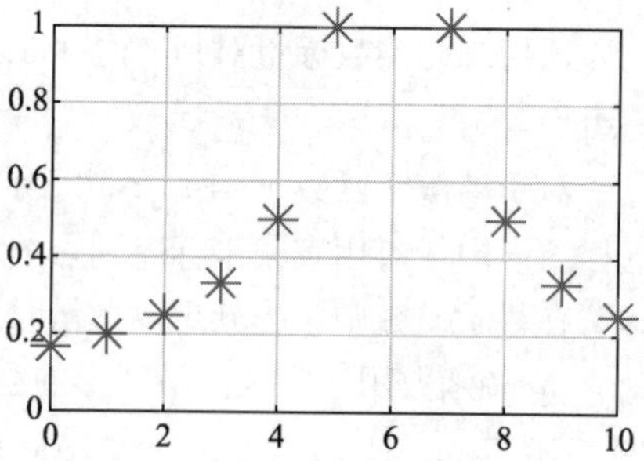

图 4-3 例 4-3 离散函数图形

运行程序，输出如图 4-3 所示的图形。

【例 4-4】画出函数 $y = e^{-\alpha t}\sin\beta t$ 的茎图。

解 在编辑器中输入以下代码。

```
clear,clc
a=0.03;b=0.8;
```

```
t=0:1:60;
y=exp(-a*t).*sin(b*t) ;
plot(t,y)                               %利用 plot(t,y) 函数绘制
title('茎图')

figure, stem(t,y)                       %利用二维茎图函数 stem(t,y)绘制
xlabel('time'),ylabel('stem'),title('茎图')
```

运行程序，plot()函数绘制的连续图形如图 4-4 所示，stem()函数绘制的二维茎图如图 4-5 所示。

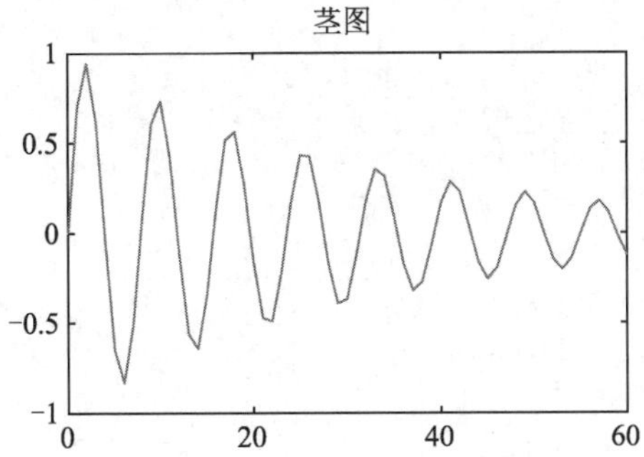

图 4-4　plot()函数绘制的连续图形

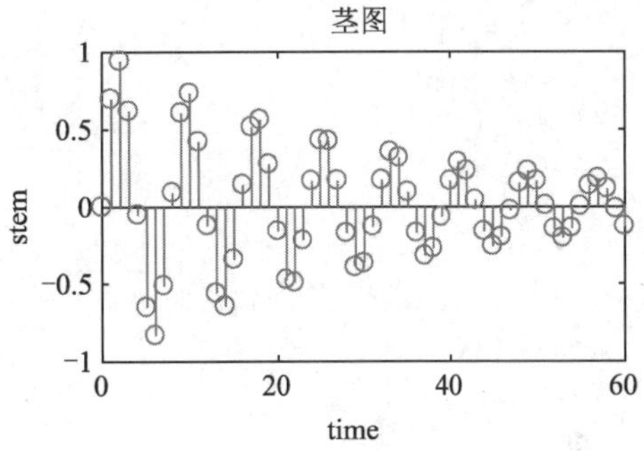

图 4-5　stem()函数绘制的二维茎图

4.1.2　连续函数可视化

对于连续函数，可以取一组离散自变量，然后计算函数值，与离散数据一样显示。一般画函数或方程式图形，都是先标记几个图形上的点，再将点连接即为函数图形，点越多，图形越平滑。

在 MATLAB 中利用 plot()函数进行二维绘图，绘图时先给出 x 和 y 坐标（离散数据），再将这些点连接，其调用格式为

```
plot(x,y)                               %x 为图形上 x 坐标向量，y 为其对应的 y 坐标向量
```

【例 4-5】用图形表示连续调制波形 $y=\sin t\sin 7t$ 。

解　在编辑器中输入以下代码。

```
clear,clc
t1=(0:13)/13*pi;                        %自变量取 14 个点
y1=sin(t1).*sin(7*t1);                  %计算函数值
t2=(0:40)/40*pi;                        %自变量取 41 个点
y2=sin(t2).*sin(7*t2);
subplot(2,2,1)                          %在子图 1 上画图
plot(t1,y1,'r.')                        %用红色的点显示
axis([0,pi,-1,1]);title('子图 1');      %定义坐标大小，显示子图标题
subplot(2,2,2)                          %子图 2 用红色的点显示
plot(t2,y2,'r.')
axis([0,pi,-1,1]);title('子图 2')
subplot(2,2,3)                          %子图 3 用直线连接数据点和红色的点显示
plot(t1,y1,t1,y1,'r.')
axis([0,pi,-1,1]);title('子图 3')
subplot(2,2,4)                          %子图 4 用直线连接数据点
plot(t2,y2)
axis([0,pi,-1,1]);title('子图 4')
```

运行程序，输出图形如图 4-6 所示。

【例 4-6】分别取 8、40、80 个点，绘制 $y = 2\sin x, x \in [0, 2\pi]$ 图形。

解 在编辑器中输入以下代码。

```
clear,clc
x8=linspace(0,2*pi,8);                  %在 0 ~ 2π 等分取 8 个点
y8=2* sin(x8);                          %计算 x 的正弦函数值
plot(x8,y8)                             %进行二维平面描点作图
title('8 个点绘图')

x40=linspace(0,2*pi,40);                %在 0 ~ 2π 等分取 40 个点
y40=2* sin(x40);                        %计算 x 的正弦函数值
plot(x40,y40)                           %进行二维平面描点作图
title('40 个点绘图')

x80=linspace(0,2*pi,80);                %在 0 ~ 2π 等分取 80 个点
y80=2*sin(x80);                         %计算 x 的正弦函数值
plot(x80,y80)                           %进行二维平面描点作图
title('80 个点绘图')
```

运行程序，输出 8 个点绘图，如图 4-7 所示；输出 40 个点绘图，如图 4-8 所示；输出 80 个点绘图，如图 4-9 所示。

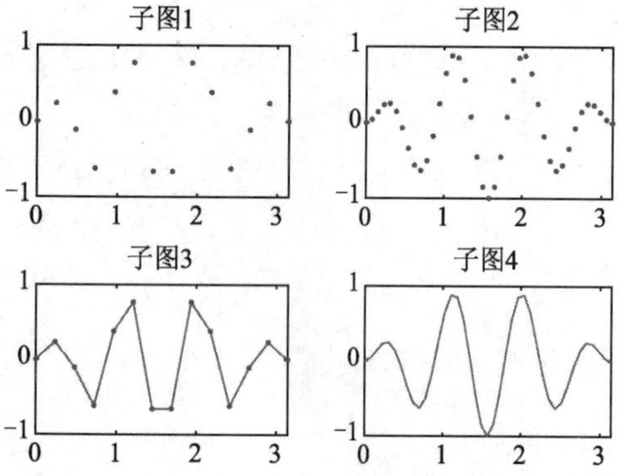

图 4-6 例 4-5 输出图形

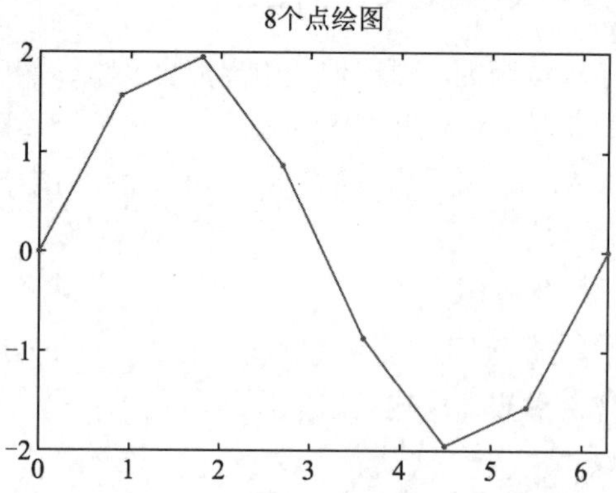

图 4-7 绘制 8 个点函数波形

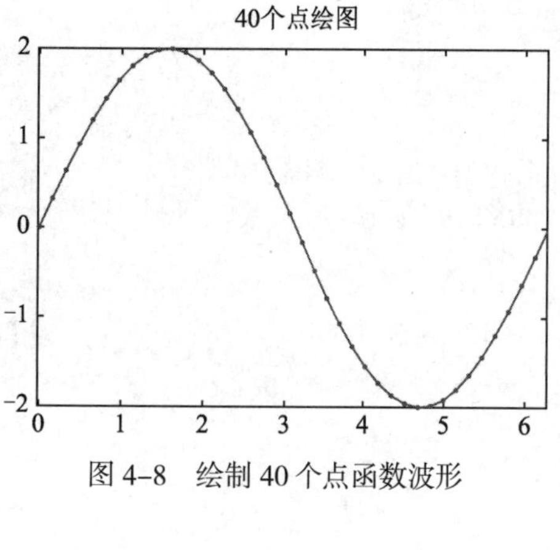

图 4-8 绘制 40 个点函数波形

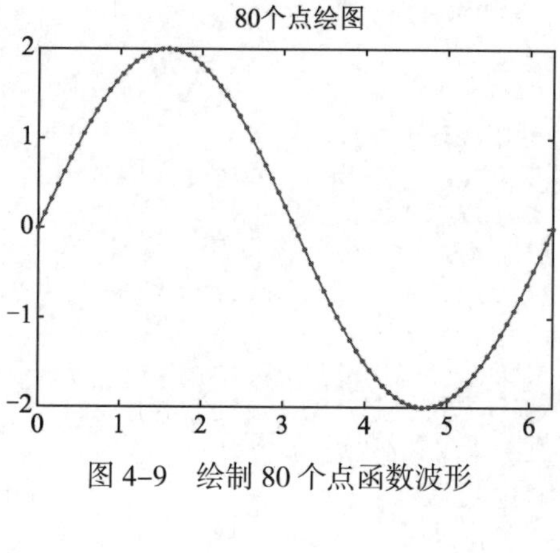

图 4-9 绘制 80 个点函数波形

4.2　二维绘图

MATLAB 不但擅长与矩阵相关的数值运算，而且还提供了许多在二维和三维空间内显示可视信息的函数，利用这些函数可以绘制出所需的图形。本节重点介绍二维绘图的基础内容。

4.2.1　二维图形绘制

plot()函数也用于二维图形绘制，其调用格式为

```
plot(X,'s')              %X 为实向量时，以向量元素的下标为横坐标，元素值为纵坐标画一条连续曲线；X 为
                         %实矩阵时，按列绘制每列元素值对应其下标的曲线，曲线数目等于 X 矩阵的列数；
                         %X 为复矩阵时，按列分别以元素实部和虚部为横纵坐标绘制多条曲线
plot(X,Y,'s')            %X、Y 为同维向量时，则绘制以 X、Y 元素为横纵坐标的曲线；X 为向量，Y 为有一
                         %维与 X 等维的矩阵时，则绘出多条不同彩色的曲线，曲线数等于 Y 的另一维数，X
                         %作为这些曲线的共同坐标；X 为矩阵，Y 为向量时，情况与上述相同，Y 作为共同坐
                         %标；X、Y 为同维实矩阵时，则以 X、Y 对应的元素为横纵坐标分别绘制曲线，曲线
                         %数目等于矩阵的列数
plot(X1,Y1,'s1',X2,Y2,'s2',...)          %s1、s2 为用来指定线型、色彩、数据点样式的字符串
```

【例 4-7】绘制一组幅值不同的正弦函数。

解　在编辑器中输入以下代码。

```
clear,clc
t=(0:pi/8:2*pi)';                        %横坐标列向量
k=0.2:0.1:1;                             %9 个幅值
Y=sin(t)*k;                              %9 条函数值矩阵
plot(t,Y)
title('函数值曲线')
```

运行程序，输出如图 4-10 所示的图形。

【例 4-8】用图形表示连续调制波形及其包络线。

解　在编辑器中输入以下代码。

```
clear,clc
t=(0:pi/100:3*pi)';
y1=sin(t)*[1,-1];
y2=sin(t).*sin(7*t);
t3=pi*(0:7)/7;
y3=sin(t3).*sin(7*t3);
plot(t,y1,'r:',t,y2,'b',t3,y3,'b*')
axis([0,2*pi,-1,1])
title('连续调制波形及其包络线')
```

运行程序，输出如图 4-11 所示的图形。

【例 4-9】用复矩阵形式绘制图形。

解　在编辑器中输入以下代码。

```
clear,clc
t=linspace(0,2*pi,100)';
X=[cos(t),cos(2*t),cos(3*t)]+i*sin(t)*[1,1,1];
```

```
plot(X),axis square
legend('1','2','3')
title('复矩阵形式图形')
```

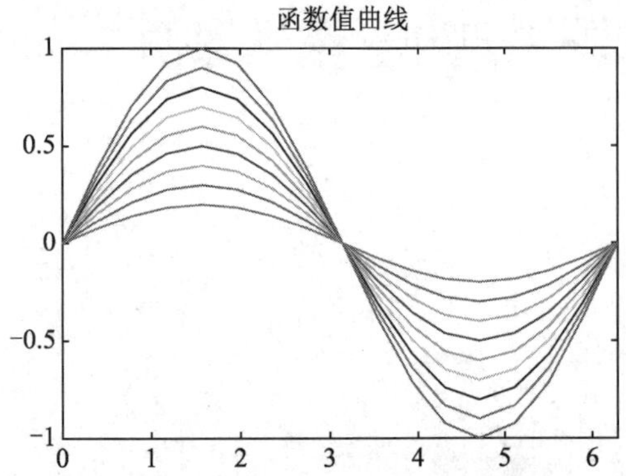

图 4-10　幅值不同的余弦函数

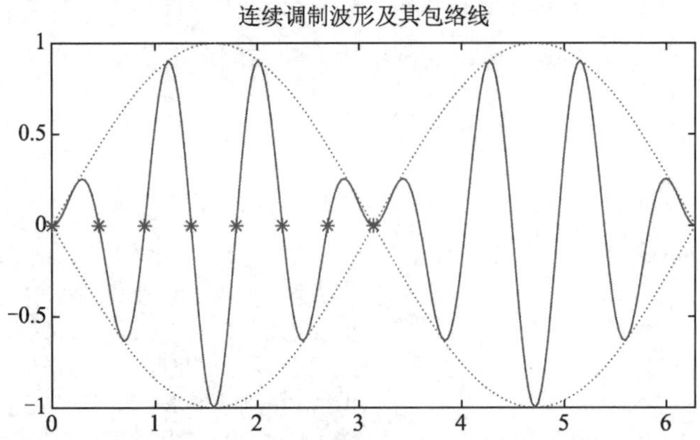

图 4-11　连续调制波形及其包络线

运行程序，输出如图 4-12 所示的图形。

【例 4-10】采用模型 $\frac{x^2}{a^2}+\frac{y^2}{23-a^2}=1$，绘制一组椭圆。

解　在编辑器中输入以下代码。

```
clear,clc
th=[0:pi/50:2*pi]';
a=[0.5:.5:4.5];
X=cos(th)*a;
Y=sin(th)*sqrt(23-a.^2);
plot(X,Y);title('椭圆图形')
axis('equal');xlabel('x');ylabel('y')
```

运行程序，输出如图 4-13 所示的椭圆图形。

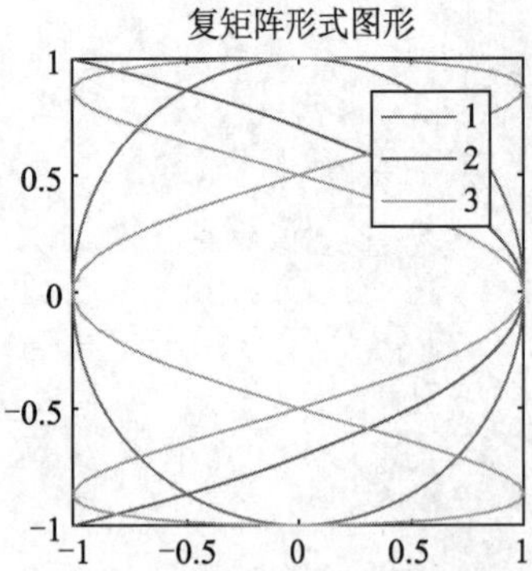

图 4-12　用复矩阵形式绘制图形

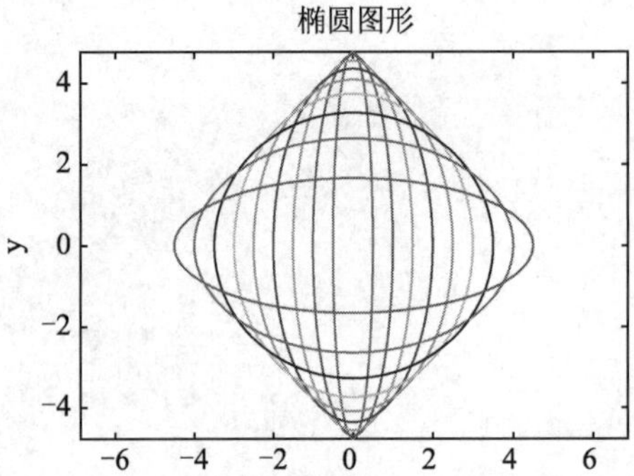

图 4-13　椭圆图形

4.2.2　二维图形的修饰

MATLAB 在绘制二维图形时，还提供了多种修饰图形的方法，包括色彩、线型、点型、坐标轴等方面。

本节详细介绍 MATLAB 中常见的二维图形修饰方法。

1. 坐标轴的调整

一般情况下不必选择坐标系，MATLAB 可以自动根据曲线数据的范围选择合适的坐标系，从而使曲线尽可能清晰地显示出来。但是，如果对 MATLAB 自动产生的坐标轴不满意，可以利用 axis()函数对坐标轴进行调整，调用格式为

```
axis(xmin xmax ymin ymax)          %将所画图形的 X 轴的范围限定在 xmin ~ xmax，Y 轴的范围
                                   %限定在 ymin ~ ymax
```

在 MATLAB 中，坐标轴控制方法如表 4-1 所示。

表 4-1　坐标轴控制方法

控制方法	说　明	控制方法	说　明
axis auto	使用默认设置	axis equal	横、纵轴采用等长刻度
axis manual	使用当前坐标范围不变	axis fill	manual方式起作用，坐标充满整个绘图区
axis off	取消轴背景	axis image	同equal且坐标紧贴数据范围
axis on	使用轴背景	axis normal	默认矩形坐标系
axis ij	矩阵式坐标，原点在左上方	axis square	产生正方形坐标系
axis xy	直角坐标，原点在左下方	axis tight	数据范围设为坐标范围
axis(V); V = [x1,　x2, y1, y2, z1, z2]	人工设定坐标范围	axis vis3d	保持宽高比不变，用于三维旋转时避免图形大小变化

【例 4-11】尝试使用不同的 MATLAB 坐标轴控制方法，观察各种坐标轴控制指令的影响。

解　在编辑器中输入以下代码。

```
clear,clc
t=0:2*pi/97:2*pi;
x=1.13*cos(t);
y=3.23*sin(t);                                          %椭圆
subplot(2,3,1),plot(x,y),grid on                        %子图 3
axis normal,title('normal')
subplot(2,3,2),plot(x,y),grid on                        %子图 2
axis equal,title('equal')
subplot(2,3,3),plot(x,y),grid on                        %子图 3
axis square,title('Square')
subplot(2,3,4),plot(x,y),grid on                        %子图 4
axis image,box off,title('Image and Box off')
subplot(2,3,5),plot(x,y),grid on                        %子图 5
axis image fill,box off,title('Image Fill')
subplot(2,3,6),plot(x,y),grid on                        %子图 3
axis tight,box off,title('Tight')
```

运行程序，输出如图 4-14 所示的图形。

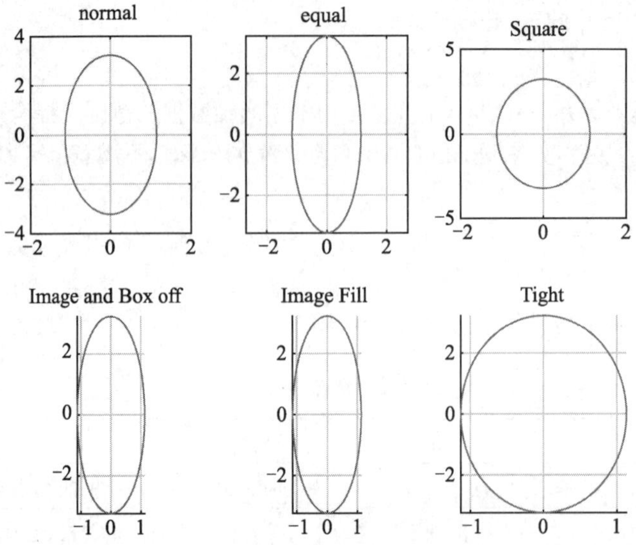

图 4-14　坐标轴控制指令对比

【例 4-12】将一个正弦函数的坐标轴由默认值修改为指定值。

解　在编辑器中输入以下代码。

```
clear,clc
x=0:0.03:3*pi;
y=sin(x);
plot(x,y)
axis([0 3*pi -2 2]);title('正弦波图形')
```

运行程序，输出如图 4-15 所示的图形。

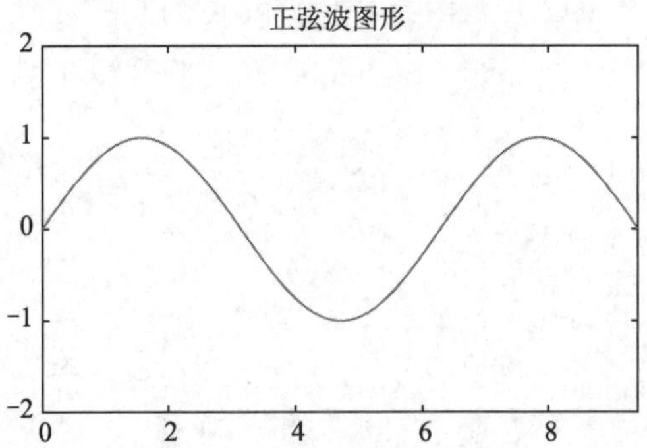

图 4-15　坐标轴调整

2. 设置坐标框

使用 box()函数，可以开启或封闭二维图形的坐标框，其使用方法如下。

```
box                         %坐标形式在封闭和开启间切换
box on                      %开启
box off                     %封闭
```

在实际使用过程中，系统默认坐标框处于开启状态。

【例 4-13】使用 box()函数，演示坐标框开启和封闭之间的区别。

解　在编辑器中输入以下代码。

```
clear,clc;
x=linspace(-3*pi,3*pi);
y1=sin(x);
y2=cos(x);
figure
h=plot(x,y1,x,y2);
box on
```

运行程序，输出如图 4-16 所示的有坐标框的图形。

在上述代码后面增加如下语句。

```
box off
```

再次运行程序，即可以看到如图 4-17 所示的无坐标框的图形。

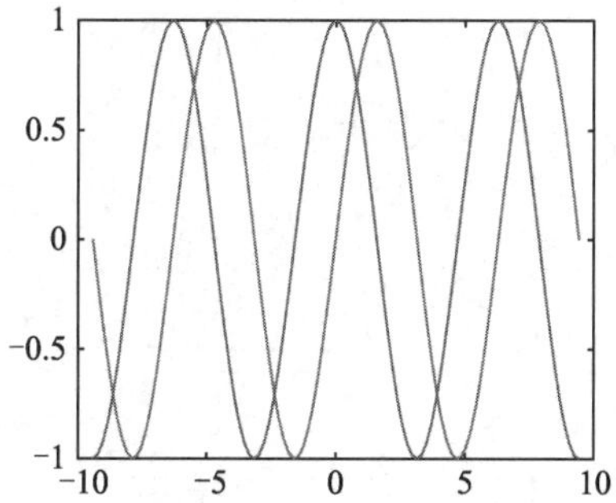

图 4-16　有坐标框的图形

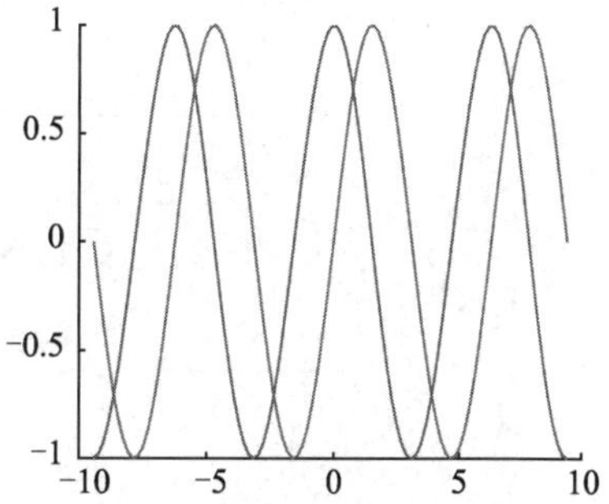

图 4-17　无坐标框的图形

3. 图形标识

在 MATLAB 中增加标识，可以使用 title()和 text()函数。其中，title()函数是将标识添加在固定位置，text()函数是将标识添加到用户指定位置。

```
title('string')                                    %给绘制的图形加上固定位置的标题
xlabel('string'),ylabel('string')                  %给坐标轴加上标注
```

在 MATLAB 中，用户可以在图形的任意位置加注一串文本作为注释。在任意位置加注文本，可以使用确定坐标轴文字位置的 text()函数，其调用格式为

```
text(x,y,'string','option')
```

在图形的指定坐标位置(x,y)处，写出由 string 所给出的字符串。其中 x、y 坐标的单位是由后面的 option 选项决定的。如果不加选项，则 x、y 的坐标单位和图中一致；如果选项为'sc'，表示坐标单位是取左下角为(0,0)，右上角为(1,1)的相对坐标。

【例 4-14】图形标识示例。

解　在编辑器中输入以下代码。

```
clear,clc
x=0:0.02:3*pi;
y1=2*sin(x);
y2=cos(x);
plot(x,y1,x,y2, '--'),grid on
xlabel ('弧度值');ylabel ('函数值')
title('不同幅度的正弦与余弦曲线')
```

运行程序，输出如图 4-18 所示的图形。

继续输入以下代码。

```
text(0.4,0.8, '正弦曲线', 'sc')
text(0.7,0.8, '余弦曲线', 'sc')
```

运行程序，输出如图 4-19 所示的图形。

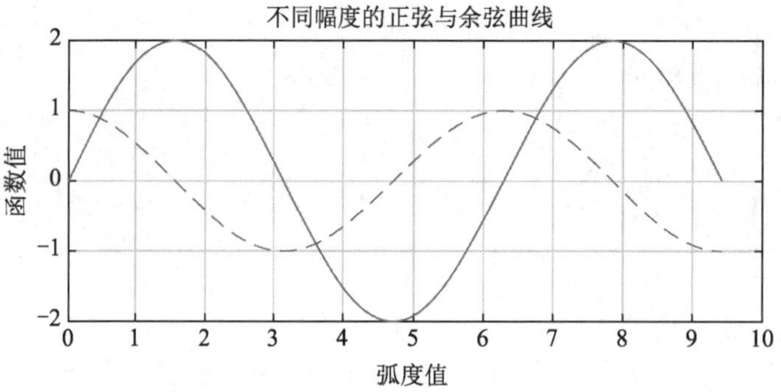

图 4-18　标识坐标轴名称

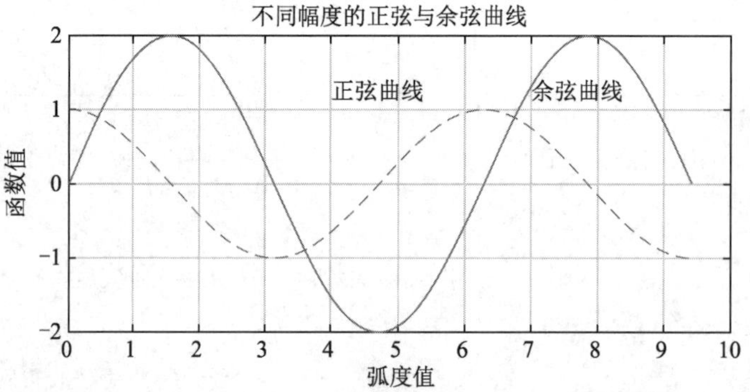

图 4-19　曲线加注名称

【例 4-15】使用 text()函数，计算标注文字的位置。

解　在编辑器中输入以下代码。

```
clear,clc
t=0:700;
hold on;
plot(t,0.35*exp(-0.005*t));
text(300,0.35*exp(-0.005*300),'\bullet \leftarrow \fontname {times} 0.078 at t =
300','FontSize',14)
hold off
```

运行程序，输出如图 4-20 所示的图形。

【例 4-16】使用 text()函数，绘制连续和离散数据图形，并对图形进行标识。

解　在编辑器中输入以下代码。

```
clear,clc
x=linspace(0,2*pi,60);
a=sin(x);
b=cos(x);
hold on
stem_handles=stem(x,a+b);
plot_handles=plot(x,a,'-r',x,b,'-g');
xlabel('时间');ylabel('量级');title('两函数的线性组合')
legend_handles=[stem_handles;plot_handles];
legend(legend_handles,'a+b','a=sin(x)','b=cos(x)')
```

运行程序，输出如图 4-21 所示的详细文字标识图形。

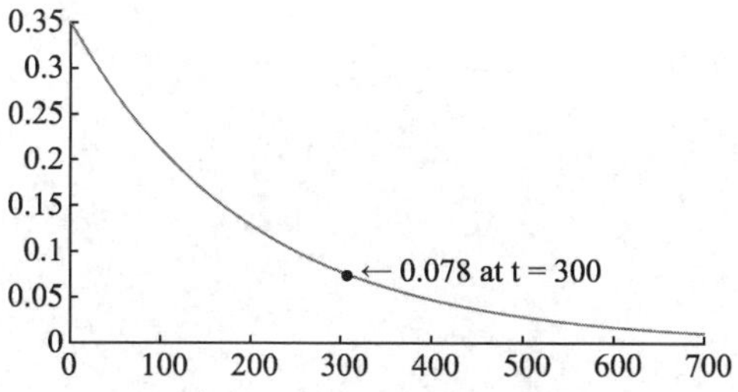

图 4-20　计算标注文字位置

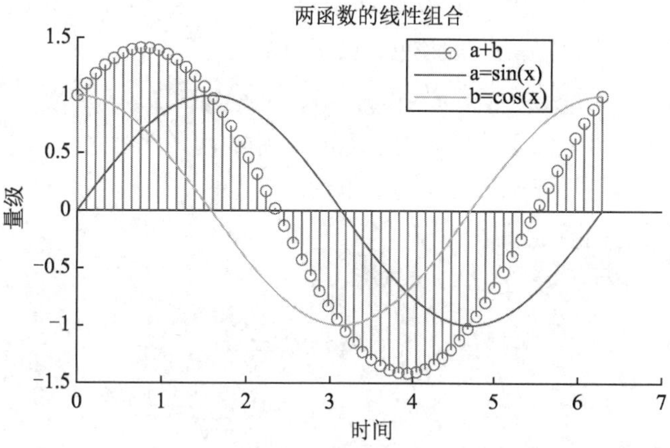

图 4-21　详细文字标识图形

【例 4-17】使用 text()函数，绘制包括不同统计量的标注说明。

解　在编辑器中输入以下代码。

```
clear,clc
x=0:0.3:15;
b=bar(rand(10,5),'stacked');colormap(summer);hold on
x=plot(1:10,5*rand(10,1),'marker','square','markersize',12,'markeredgecolor','y',...
   'markerfacecolor',[.6 0 .6], 'linestyle', '-','color','r', 'linewidth',2);
hold off
legend([b,x],'Carrots','Peas','Peppers','Green Beans', 'Cucumbers','Eggplant')

b=bar(rand(10,5),'stacked');
colormap(summer);
hold on
x=plot(1:10,5*rand(10,1),'marker','square','markersize',12, 'markeredgecolor','y',...
   'markerfacecolor',[.6 0 .6], 'linestyle','-', 'color','r','linewidth',2);
hold off
legend([b,x],'Carrots','Peas','Peppers','Green Beans','Cucumbers','Eggplant')
```

运行程序，输出如图 4-22 所示的包括不同统计量的标注说明图形。

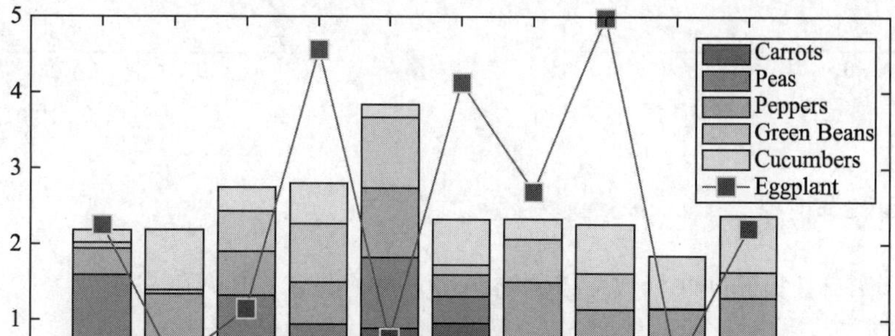

图 4-22　包括不同统计量的标注说明图形

4. 图案填充

MATLAB 除了可以直接画出单色二维图之外，还可以使用 patch()函数在指定的两条曲线和水平轴所包围的区域填充指定的颜色，其调用格式为

```
patch(x, y, [r g b])%[r g b]中的 r 表示红色，g 表示绿色，b 表示蓝色
```

【例 4-18】使用函数在图 4-23 中的两条实线之间填充红色，并在两条虚线之间填充黑色。

解 在编辑器中输入以下代码。

```
clear,clc
x=-1:0.01:1;
y=-1.*x.*x;
plot(x,y,'-','LineWidth',1)
XX=x;YY=y;
hold on
y=-2.*x.*x;
plot(x,y,'r-','LineWidth',1)
hold on
XX=[XX x(end:-1:1)];YY=[YY y(end:-1:1)];
patch(XX,YY,'r')
y=-4.*x.*x;
plot(x,y,'g--','LineWidth',1)
XX=x;YY=y;
hold on
y=-8.*x.*x;
plot(x,y,'k--','LineWidth',1)
XX=[XX x(end:-1:1)];YY=[YY y(end:-1:1)];
patch(XX,YY,'b')
```

运行程序，输出如图 4-24 所示的图形[①]。

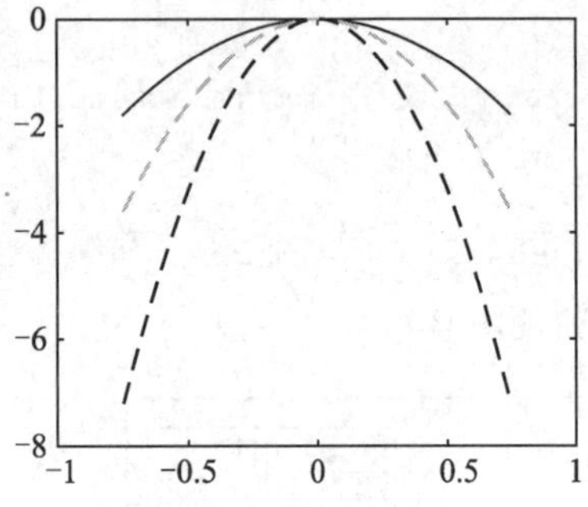

图 4-23 原始图形

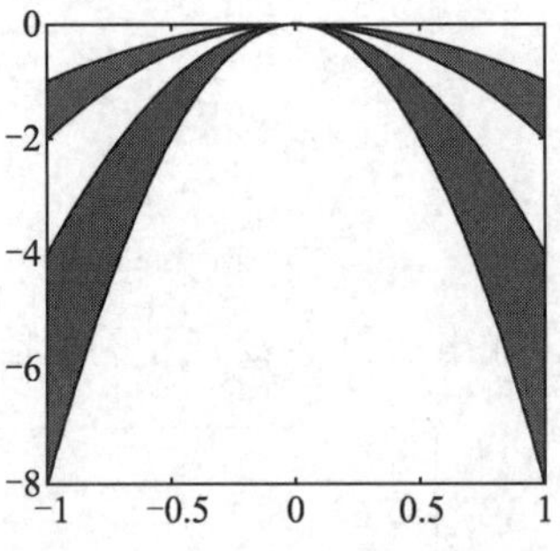

图 4-24 颜色填充后的图形

4.2.3 子图绘制法

在一个图形窗口中利用 subplot()函数可以同时画出多个子图形，其调用格式为

① 由于印刷原因，本书给出的图片只显示灰度信息，这里仅供读者参考。具体包含完整彩色信息的图片请见实际代码运行结果或书附电子资源。

```
subplot(m,n,p)              %将当前图形窗口分成 m×n 个子窗口，并在第 x 个子窗口建立当前坐标平面。子
                            %窗口按从左到右，从上到下的顺序编号，如图 4-25 所示。如果 p 为向量，则
                            %以向量表示的位置建立当前子窗口的坐标平面
subplot(m,n,p,'replace')    %按图 4-25 建立当前子窗口的坐标平面时，若指定位置已经建立了坐标平
                            %面，则以新建的坐标平面代替
subplot(h)       %指定当前子图坐标平面的句柄 h，h 为按 mnp 排列的整数。例如，在图 4-25 的子图中，
                 %h=232，表示第 2 个子图坐标平面的句柄
subplot('Position',[left bottom width height])   %在指定的位置建立当前子图坐标平面，它
                                                 %把当前图形窗口看作 1.0×1.0 的平面，
                                                 %所以 left、bottom、width、height 分
                                                 %别在（0, 1）的范围内取值，分别表示所
                                                 %创建当前子图坐标平面距离图形窗口左
                                                 %边、底边的长度，以及所建子图坐标平面
                                                 %的宽度和高度
h = subplot(___)            %创建当前子图坐标平面时，同时返回其句柄
```

注意： subplot()函数只是创建子图坐标平面，在该坐标平面内绘制子图，仍然需要使用 plot()函数或其他绘图函数。

【例 4-19】 用 subplot()函数画一个图形，要求包含两行两列共 4 个子窗口，且分别画出正弦、余弦、正切、余切函数曲线。

解　在编辑器中输入以下代码。

```
clear,clc
x=-4:0.01:4;
subplot(2,2,1);plot(x,sin(x));                    %正弦曲线
xlabel('x');ylabel('y');title('sin(x)')
subplot(2,2,2)
plot(x,cos(x))                                    %余弦曲线
xlabel('x');ylabel('y');title('cos(x)')
x=(-pi/2)+0.01:0.01:(pi/2)-0.01;
subplot(2,2,3)
plot(x,tan(x))                                    %正切曲线
xlabel('x');ylabel('y');title('tan(x)')
x=0.01:0.01:pi-0.01;
subplot(2,2,4);
plot(x,cot(x))                                    %余切曲线
xlabel('x');ylabel('y');title('cot(x)')
```

运行程序，输出如图 4-26 所示的图形。

【例 4-20】 用 subplot()函数画一个图形，要求包含两行两列共 4 个子窗口，且分别显示 4 种不同的曲线图像。

解　在编辑器中输入以下代码。

```
clear,clc
t=0:pi/10:3*pi;
[x,y]=meshgrid(t);
subplot(2,2,1)
plot(sin(t),cos(t)),axis equal
```

```
z=sin(x)+2*cos(y);
subplot(2,2,2)
plot(t,z),axis([0 2*pi -2 2])
z=2*sin(x).*cos(y);
subplot(2,2,3)
plot(t,z),axis([0 2*pi -1 1])
z=(sin(x).^2)-(cos(y).^2);
subplot(2,2,4)
plot(t,z),axis([0 2*pi -1 1])
```

运行程序，输出如图 4-27 所示的图形。

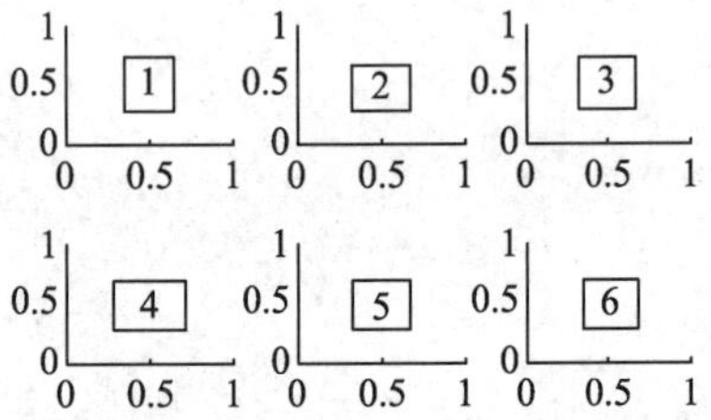

图 4-25　子图位置示意图

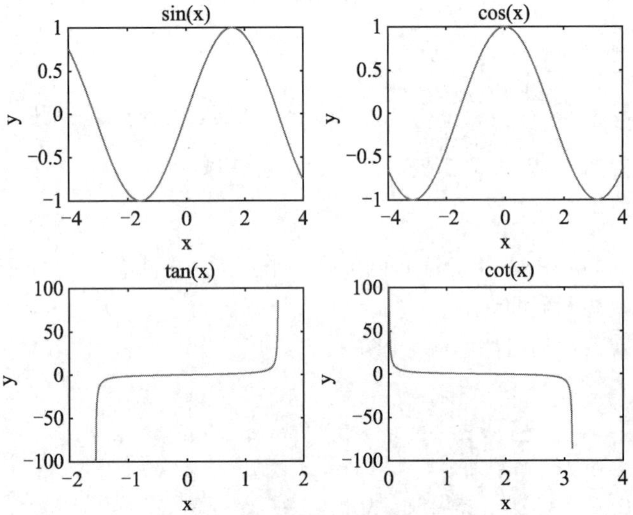

图 4-26　例 4-19 输出结果

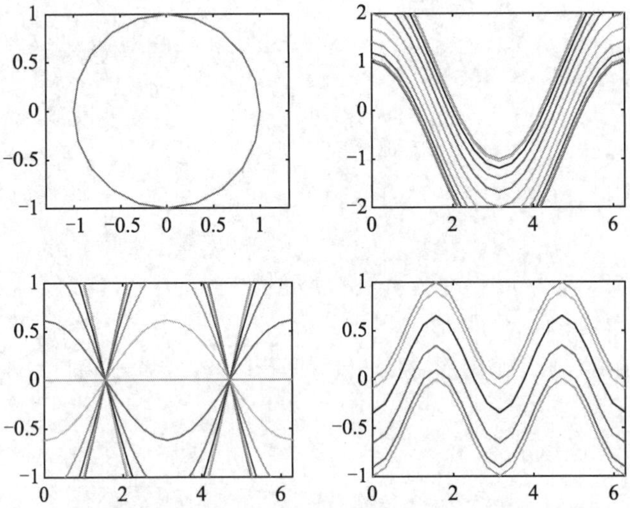

图 4-27　例 4-20 输出结果

4.2.4　二维绘图的经典应用

【例 4-21】利用 MATLAB 绘图函数绘制模拟电路演示过程，要求电路中有蓄电池、开关和灯，开关默认处于断开状态。当开关闭合后，灯变亮。

解　在编辑器中输入以下代码。

```
clear,clc
figure('name','模拟电路图');
axis([-4,14,0,10]);                              %建立坐标系
hold on                                          %保持当前图形的所有特性
axis('off');                                     %关闭所有轴标注和控制
%绘制蓄电池
fill([-1.5,-1.5,1.5,1.5],[1,5,5,1],[0.5,1,1]);
fill([-0.5,-0.5,0.5,0.5],[5,5.5,5.5,5],[0,0,0]);
text(-0.5,1.5,'—');
text(-0.5,3,'电池');
text(-0.5,4.5,'+');
%绘制导电线路
plot([0;0],[5.5;6.7],'color','r','linestyle','-','linewidth',4)       %绘制竖实心导线
plot([0;4],[6.7;6.7],'color','r','linestyle','-','linewidth',4)       %绘制横实心导线
a=line([4;5],[6.7;7.7],'color','b','linestyle','-','linewidth',4)     %绘制开关
plot([5.2;9.2],[6.7;6.7],'color','r','linestyle','-','linewidth',4)   %绘制横实心导线
plot([9.2;9.2],[6.7;3.7],'color','r','linestyle','-','linewidth',4)   %绘制竖实心导线
plot([9.2;9.7],[3.7;3.7],'color','r','linestyle','-','linewidth',4)   %绘制横实心导线
plot([0;0],[1;0],'color','r','linestyle','-','linewidth',4)           %绘制竖实心导线
plot([0;10],[0;0],'color','r','linestyle','-','linewidth',4)          %绘制横实心导线
plot([10;10],[0;3],'color','r','linestyle','-','linewidth',4)         %绘制竖实心导线
%绘制灯泡
fill([9.8,10.2,9.7,10.3],[3,3,3.3,3.3],[0 0 0]);                      %确定填充范围
plot([9.7,9.7],[3.3,4.3],'color','b','linestyle','-','linewidth',0.5) %绘制灯泡外形
plot([10.3,10.3],[3.3,4.45],'color','b','linestyle','-','linewidth',0.5)
%绘制圆
x=9.7:pi/50:10.3;
plot(x,4.3+0.1*sin(40*pi*(x-9.7)),'color','b','linestyle','-','linewidth',0.5)
t=0:pi/60:2*pi;
plot(10+0.7*cos(t),4.3+0.6*sin(t),'color','b')
%以下是箭头及注释的显示
text(4.5,10,'电流方向');
line([4.5;6.6],[9.4;9.4],'color','r','linestyle','-','linewidth',4)   %绘制箭头横线
line(6.7,9.4,'color','b','linestyle','-','markersize',10)            % 绘制箭头三角形
pause(1);
%绘制开关闭合的过程
t=0;
y=7.6;
while y>6.6                                              %电路总循环控制开关动作条件
   x=4+sqrt(2)*cos(pi/4*(1-t));
   y=6.7+sqrt(2)*sin(pi/4*(1-t));
   set(a,'xdata',[4;x],'ydata',[6.7;y]);
```

```
    drawnow;
    t=t+0.1;
end
%绘制开关闭合后模拟大致电流流向的过程
pause(1);
light=line(10,4.3,'color','y','marker','.','markersize',40);   %画灯丝发出的光：黄色
%绘制电流的各部分
h=line([1;1],[5.2;5.6],'color','r','linestyle','-','linewidth',4);
g=line(1,5.7,'color','b','linestyle','-','markersize',10);
%循环赋初值
t=0;
m2=5.6;
n=5.6;
while n<6.5;                                          %确定电流竖向循环范围
    m=1;
    n=0.05*t+5.6;
    set(h,'xdata',[m;m],'ydata',[n-0.5;n-0.1]);
    set(g,'xdata',m,'ydata',n);
    t=t+0.01;
    drawnow;
end
t=0;
while t<1;                                            %在转角处的停顿时间
    m=1.2-0.2*cos((pi/4)*t);
    n=6.3+0.2*sin((pi/4)*t);
    set(h,'xdata',[m-0.5;m-0.1],'ydata',[n;n]);
    set(g,'xdata',m,'ydata',n);
    t=t+0.05;
    drawnow;
end
t=0;
while t<0.4                                           %在转角后的停顿时间
    t=t+0.5;
    g=line(1.2,6.5,'color','b','linestyle','-','markersize',10);
    g=line(1.2,6.5,'color','b','linestyle','--','markersize',10);
    set(g,'xdata',1.2,'ydata',6.5);
    drawnow;
end
pause(0.5);
t=0;
while m<7                                             %确定第 2 个箭头的循环范围
    m=1.1+0.05*t;
    n=6.5;
    set(g,'xdata',m+0.1,'ydata',6.5);
    set(h,'xdata',[m-0.4;m],'ydata',[6.5;6.5]);
    t=t+0.05;
    drawnow;
end
```

```
t=0;
while t<1                                              %在转角后的停顿时间
    m=8.1+0.2*cos(pi/2-pi/4*t);
    n=6.3+0.2*sin(pi/2-pi/4*t);
    set(g,'xdata',m,'ydata',n);
    set(h,'xdata',[m;m],'ydata',[n+0.1;n+0.5]);
    t=t+0.05;
    drawnow;
end
t=0;
while t<0.4                                            %在转角后的停顿时间
    t=t+0.5;
    %绘制第 3 个箭头
    g=line(8.3,6.3,'color','b','linestyle','--','markersize',10);
    g=line(8.3,6.3,'color','b','linestyle','-','markersize',10);
    set(g,'xdata',8.3,'ydata',6.3);
    drawnow;
end

pause(0.5);
t=0;
while n>1                                              %确定箭头的运动范围
    m=8.3;
    n=6.3-0.05*t;
    set(g,'xdata',m,'ydata',n);
    set(h,'xdata',[m;m],'ydata',[n+0.1;n+0.5]);
    t=t+0.04;
    drawnow;
end
t=0;
while t<1                                              %箭头的起始时间
    m=8.1+0.2*cos(pi/4*t);
    n=1-0.2*sin(pi/4*t);
    set(g,'xdata',m,'ydata',n);
    set(h,'xdata',[m+0.1;m+0.5],'ydata',[n;n]);
    t=t+0.05;
    drawnow;
end
t=0;
while t<0.5
    t=t+0.5;
    %绘制第 4 个箭头
    g=line(8.1,0.8,'color','b','linestyle','--','markersize',10);
    g=line(8.1,0.8,'color','b','linestyle','-','markersize',10);
    set(g,'xdata',8.1,'ydata',0.8);
    drawnow;
end
pause(0.5);
```

```
t=0;
while m>1.1                                                    %箭头的运动范围
   m=8.1-0.05*t;
   n=0.8;
   set(g,'xdata',m,'ydata',n);
   set(h,'xdata',[m+0.1;m+0.5],'ydata',[n;n]);
   t=t+0.04;
   drawnow;
end
t=0;
while t<1                                                      %停顿时间
   m=1.2-0.2*sin(pi/4*t);
   n=1+0.2*cos(pi/4*t);
   set(g,'xdata',m,'ydata',n);
   set(h,'xdata',[m;m+0.5],'ydata',[n-0.1;n-0.5]);
   t=t+0.05;
   drawnow;
end
t=0;
while t<0.5
   t=t+0.5;
   %绘制第 5 个箭头
   g=line(1,1,'color','b','linestyle','-','markersize',10);
   g=line(1,1,'color','b','linestyle','--','markersize',10);
   set(g,'xdata',1,'ydata',1);
   drawnow;
end
t=0;
while n<6.2
   m=1;
   n=1+0.05*t;
   set(g,'xdata',m,'ydata',n);
   set(h,'xdata',[m;m],'ydata',[n-0.5;n-0.1]);
   t=t+0.04;
   drawnow;
end
%绘制开关断开后的情况
t=0;
y=6.6;
while y<7.6                                    %开关的断开
   x=4+sqrt(2)*cos(pi/4*t);
   y=6.7+sqrt(2)*sin(pi/4*t);
   set(a,'xdata',[4;x],'ydata',[6.7;y]);
   drawnow;
   t=t+0.1;
end
pause(0.2);                                    %开关延时作用
nolight=line(10,4.3,'color','y','marker','.','markersize',40);
```

运行程序，输出如图 4-28 所示的模拟电路图形。

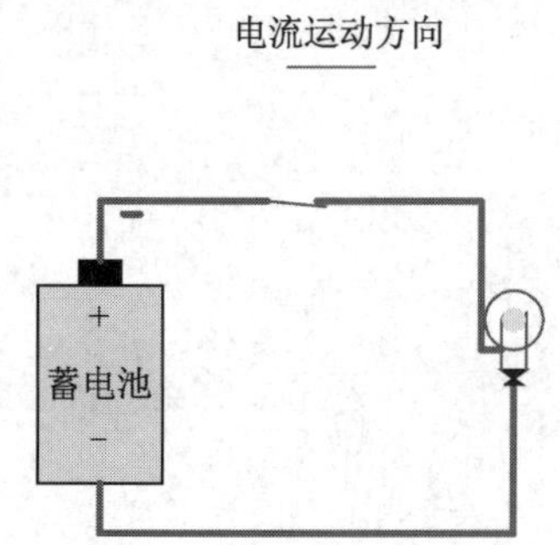

图 4-28　模拟电路演示图

4.3 三维绘图

MATLAB 中的三维图形包括三维折线及曲线图、三维曲面图等。创建三维图形和创建二维图形的过程类似，都包括数据准备、绘图区选择、绘图、设置和标注，以及图形的打印或输出。不过，三维图形能够设置和标注的元素更多，如颜色过渡、光照和视角等。

4.3.1 三维绘图函数

绘制二维折线或曲线时，可以使用 plot()函数。与该函数类似，MATLAB 也提供了一个绘制三维折线或曲线的基本函数 plot3()，其调用格式为

```
plot3(x1,y1,z1,option1,x2,y2,z2,option2,…)
```

plot3()函数以 x1、y1、z1 所给出的数据分别为 x、y、z 坐标值，以 option1 为选项参数，以逐点连折线的方式绘制一个三维折线图形；同时，以 x2、y2、z2 所给出的数据分别为 x、y、z 坐标值，以 option2 为选项参数，以逐点折线的方式绘制另一个三维折线图形。

plot3()函数的功能及使用方法与 plot()函数类似，它们的区别在于前者绘制的是三维图形。

plot3()函数参数的含义与 plot()函数类似，它们的区别在于前者多了一个 z 方向上的参数。同样，各个参数的取值情况及其操作效果也与 plot()函数相同。

plot3()函数使用的是以逐点连线的方法绘制三维折线，当各个数据点的间距较小时，也可利用它绘制三维曲线。

【例 4-22】绘制三维曲线。

解　在编辑器中输入以下代码。

```
clear,clc
t=0:0.4:40;
figure(1)
subplot(2,2,1);plot3(sin(t),cos(t),t);            %绘制三维曲线
grid
text(0,0,0,'0')                                   %在 x=0,y=0,z=0 处标记 0
title('三维空间')
xlabel('sin(t)'),ylabel('cos(t)'),zlabel('t');
subplot(2,2,2);plot(sin(t),t)
grid
title('x-z 平面')                                 %三维曲线在 x-z 平面的投影
xlabel('sin(t)'),ylabel('t');
subplot(2,2,3);plot(cos(t),t)
grid
title('y-z 平面')                                 %三维曲线在 y-z 平面的投影
xlabel('cos(t)'),ylabel('t')
subplot(2,2,4);plot(sin(t),cos(t))
title('x-y 平面')                                 %三维曲线在 x-y 平面的投影
xlabel('sin(t)'),ylabel('cos(t)')
grid
```

运行程序，输出如图 4–29 所示的图形。

【例 4-23】绘制函数 $z=\sqrt{x^2+y^2}$ 的图形，其中 $(x, y)\in[-5, 5]$。

解 在编辑器中输入以下代码。

```
clear,clc
x=-5:0.1:5;
y=-5:0.1:5;
[X,Y]=meshgrid(x,y);                    %将向量 x,y 指定的区域转换为矩阵 X,Y
Z=sqrt(X.^2+Y.^2);                      %产生函数值 Z
mesh(X,Y,Z)
```

运行程序，输出如图 4–30 所示的图形。

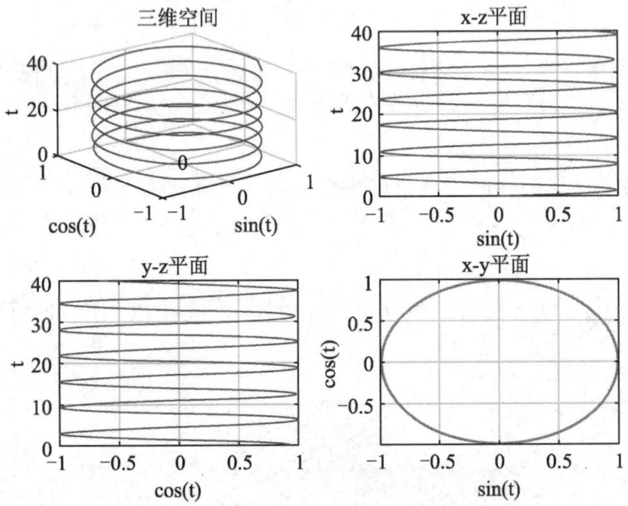

图 4–29 三维曲线及 3 个平面上的投影

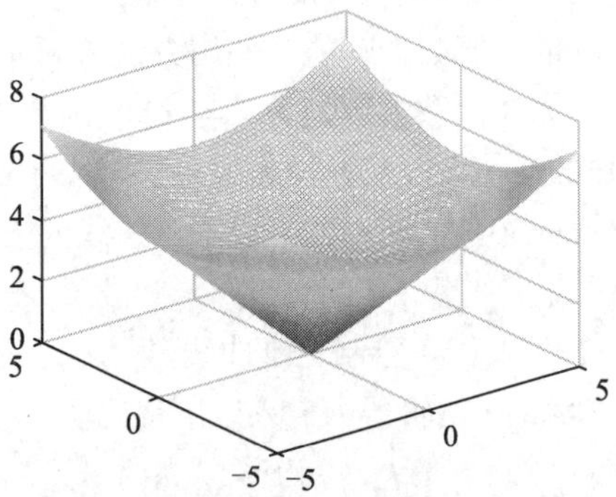

图 4–30 例 4–23 运行结果

【例 4-24】利用 plot3()函数绘制 $x=2\sin t$，$y=3\cos t$ 三维螺旋线。

解 在编辑器中输入以下代码。

```
clear,clc
t=0:pi/100:7*pi;
x=2*sin(t);
y=3*cos(t);
z=t;
plot3(x,y,z)
```

运行程序，输出如图 4–31 所示的图形。

【例 4-25】利用 plot3()函数绘制 $z=3x(-x^3-2y^2)$ 三维线条图形。

解 在编辑器中输入以下代码。

```
clear,clc
[X,Y]=meshgrid([-4:0.1:4]);
Z=3*X.*(-X.^3-2*Y.^2);
plot3(X,Y,Z,'b')
```

运行程序，输出如图 4–32 所示的图形。

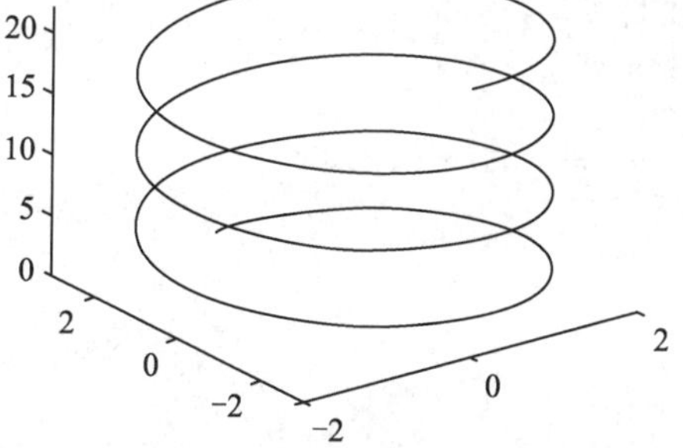

图 4-31　三维螺旋线图形

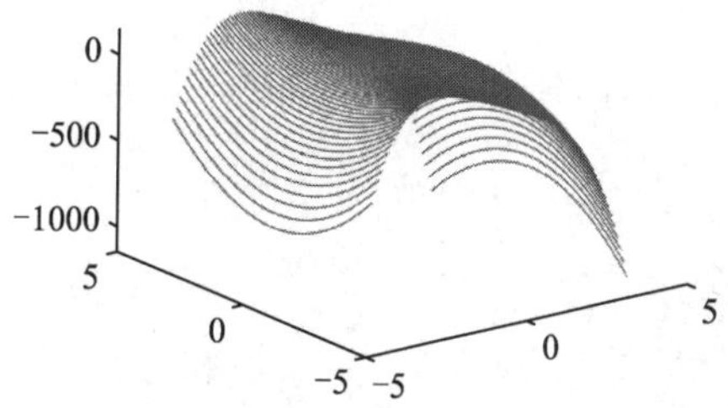

图 4-32　三维线条图形

在 MATLAB 中，可用 surf()、surfc()函数绘制三维曲面图，其调用格式为

```
surf(Z)          %以矩阵 Z 指定的参数创建一个渐变的三维曲面,坐标 x = 1:n,y = 1:m,其中[m,n] = size(Z)
surf(X,Y,Z)         %以 Z 确定的曲面高度和颜色，按照 X 和 Y 形成的格点矩阵，创建一个渐变的三维曲面。X、
                    %Y 可以为向量或矩阵，若 X、Y 为向量，则必须满足 m= size(X), n =size(Y), [m,n]=
                    %size(Z)
surf(X,Y,Z,C)       %以 Z 确定的曲面高度，C 确定的曲面颜色，按照 X 和 Y 形成的格点矩阵，创建一个渐变的
                    %三维曲面
surf(___,'PropertyName',PropertyValue)          %设置曲面的属性
surfc(___)          %格式同 surf()函数，同时在曲面下绘制曲面的等高线
```

【例 4-26】绘制球体的三维图形。

解　在编辑器中输入以下代码。

```
clear,clc
[X,Y,Z]=sphere(40); %计算球体的三维坐标
surf(X,Y,Z);         %绘制球体的三维图形
xlabel('x'),ylabel('y'),zlabel('z')
```

运行程序，输出如图 4-33 所示的球体图形。

注意：在图形窗口，需要将图形的 Renderer 属性设置为 Painters，才能显示出坐标名称和图形标题。

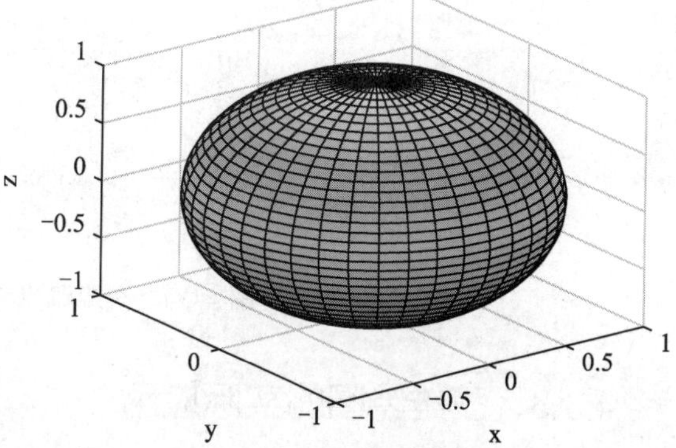

图 4-33　球体图形

从图 4-33 中可以看到球面被网格线分割成小块，每个小块可看作一块补片，嵌在线条之间。这些线条和渐变颜色可以由 shading 命令指定，其调用格式为

```
shading faceted          %在绘制曲面时采用分层网格线，为默认值
shading flat             %表示平滑式颜色分布方式；去掉黑色线条，补片保持单一颜色
shading interp           %表示插补式颜色分布方式；同样去掉线条，但补片以插值加色。这种方式需要
                         %比分块和平滑更多的计算量
```

4.3.2　隐藏线的显示和关闭

显示或不显示的网格曲面的隐藏线将对图形的显示效果有一定的影响。MATLAB 提供了相关的控制命令 hidden，其调用格式为

```
hidden on                                %去掉网格曲面的隐藏线
hidden off                               %显示网格曲面的隐藏线
```

【例 4-27】绘制有隐藏线和无隐藏线的函数 $f(x,y)=\dfrac{\cos\sqrt{x^2+y^2}}{\sqrt{x^2+y^2}}$ 的网格曲面。

解 在编辑器中输入以下代码。

```
clear,clc
x=-7:0.4:7;
y=x;
[X,Y]=meshgrid(x,y);
R=sqrt(X.^2+Y.^2)+eps;
Z=cos(R)./R;
subplot(1,2,1),mesh(X,Y,Z)
hidden on,grid on
title('hidden on')
axis([-10 10 -10 10 -1 1])
subplot(1,2,2),mesh(X,Y,Z)
hidden off,grid on
title('hidden off')
axis([-10 10 -10 10 -1 1])
```

运行程序，输出如图 4-34 所示的图形。

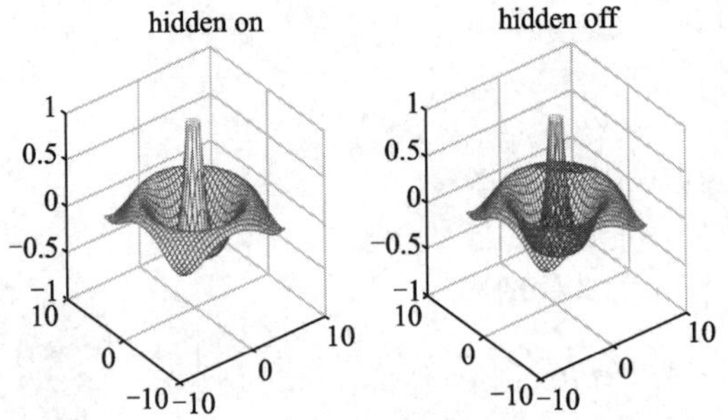

图 4-34　有隐藏线和无隐藏线的函数网格曲面图

4.3.3　三维绘图的实际应用

【例 4-28】在一丘陵地带测量高度，x 和 y 方向每隔 100m 测一个点，高度数据如表 4-2 所示，试拟合一个曲面，确定合适的模型，并由此找出最高点和该点的高度。

表 4-2　高度数据

y/m	高度/m			
	x=100m	x=200m	x=300m	x=400m
100	536	597	524	278
200	598	612	530	378
300	580	574	498	312
400	562	526	452	234

解　在编辑器中输入以下代码。

```
clear,clc
x=[100 100 100 100 200 200 200 200 300 300 300 300 400 400 400 400];
y=[100 200 300 400 100 200 300 400 100 200 300 400 100 200 300 400];
z=[536 597 524 378 598 612 530 378 580 574 498 312 562 526 452 234];
xi=100:10:400;
yi=100:10:400;
[X,Y]=meshgrid(xi,yi);
H=griddata(x,y,z,X,Y,'cubic');
surf(X,Y,H);
view(-112,26);
hold on
maxh=vpa(max(max(H)),6)
[r,c]=find(H>=single(maxh));
stem3(X(r,c),Y(r,c),maxh,'fill')
title('高度曲面')
```

运行程序，输出如图 4-35 所示的高度曲面图像，同时得到最高点为

```
maxh =
    616.113
```

即该丘陵地带高度最高点为 616.113m。

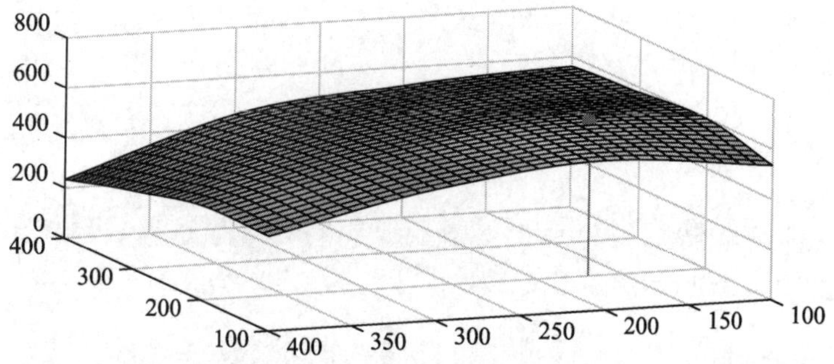

图 4-35　拟合的高度曲面

4.4　特殊图形绘制

在 MATLAB 中，针对二维、三维绘图，除前面介绍的绘图函数外，还有其他一些特殊图形的绘制函数，下面分别进行介绍。

4.4.1　绘制特殊二维图形

在 MATLAB 中，还有其他绘图函数，可以绘制不同类型的二维图形，以满足不同的要求，表 4-3 列出了这些绘图函数。

表 4-3　其他绘图函数

函　　数	二维图的形状	备　　注
bar(x,y)	条形图	x为横坐标，y为纵坐标
fplot(y,[a b])	精确绘图	y代表某个函数，[a b]表示需要精确绘图的范围
polar(theta,r)	极坐标图	theta为角度，r代表以theta为变量的函数
stairs(x,y)	阶梯图	x为横坐标，y为纵坐标
line([x1,y1],[x2,y2],…)	折线图	[x1,y1],[x2,y2],…表示折线上的点
fill(x,y,'b')	实心图	x为横坐标，y为纵坐标,'b'代表颜色
scatter(x,y,s,c)	散点图	s为圆圈标记点的面积，c为标记点颜色
pie(x)	饼图	x为向量
contour(x)	等高线	x为向量
…	…	…

【例 4-29】用函数画一个条形图。

解　在编辑器中输入以下代码。

```
clear,clc
x=-4:0.4:4;
bar(x,exp(-x.*x));title('条形图')
```

运行程序，输出如图 4-36 所示的图形。

【例 4-30】用函数画一个针状图。

解　在编辑器中输入以下代码。

```
clear,clc
x=0:0.05:4;
y=2*(x.^0.3).*exp(-x);
stem(x,y),title('针状图')
```

运行程序，输出如图 4-37 所示的图形。

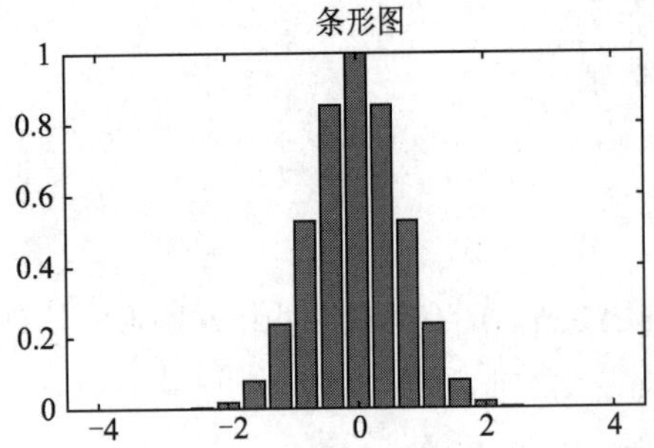

图 4-36　条形图

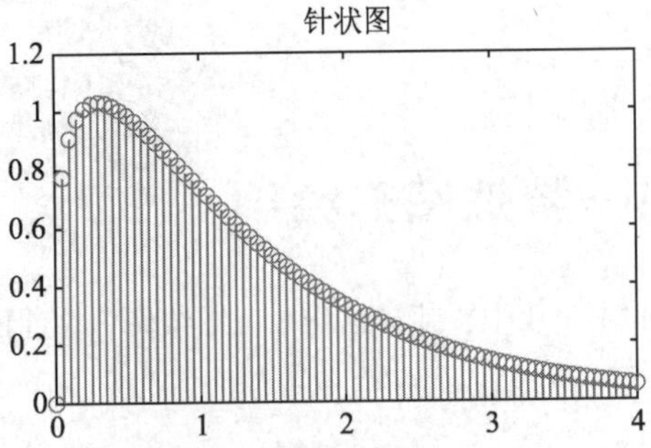

图 4-37　针状图

4.4.2　绘制特殊三维图形

在科学研究中，有时也需要绘制一些特殊的三维图形，如统计学中的三维直方图、圆柱体图、饼状图等。

1. **螺旋线**

在三维绘图中，螺旋线分为静态螺旋线、动态螺旋线和圆柱螺旋线。

【例 4-31】绘制静态螺旋线图及动态螺旋线图。

解　在编辑器中输入以下代码。

```
% 产生静态螺旋线
clear,clc
a=0:0.2:10*pi;
figure(1)
h=plot3(a.*cos(a),a.*sin(a),2.*a,'b','linewidth',2);
axis([-50,50,-50,50,0,150]);grid on
set(h,'markersize',22);title('静态螺旋线');

%产生动态螺旋线
t=0:0.2:8*pi;
i=1;
figure(2)
h=plot3(sin(t(i)),cos(t(i)),t(i),'*');
grid on
axis([-1 1 -1 1 0 30])
for i=2:length(t)
    set(h,'xdata',sin(t(i)),'ydata',cos(t(i)),'zdata',t(i));
    drawnow
    pause(0.01)
end
title('动态螺旋线');
```

运行程序，静态螺旋线图形如图 4–38 所示，动态螺旋线图形如图 4–39 所示（动态显示一个点）。

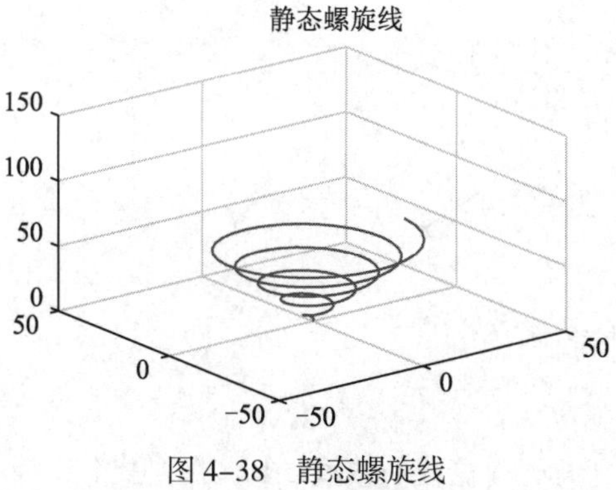

图 4–38　静态螺旋线

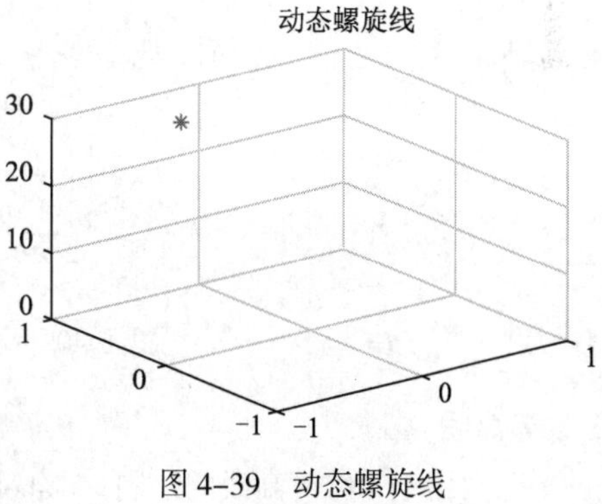

图 4–39　动态螺旋线

2. **三维直方图**

与二维情况相类似，MATLAB 提供了两类画三维直方图的函数，一类是用于画垂直放置的三维直方图；另一类是用于画水平放置的三维直方图。

1）垂直放置的三维直方图

bar3()函数用于绘制垂直放置的三维直方图，其调用格式为

```
bar3(Z)            %以 x=1,2,…,m 为各个数据点的 x 坐标，y=1,2,…,n 为各个数据点的 y 坐标，以 Z 矩
                   %阵的各个对应元素为 z 坐标（Z 矩阵的维数为 m×n）
bar3(Y,Z)          %以 x=1,2,3,…,m 为各个数据点的 x 坐标，以 Y 向量的各个元素为各个数据点的 y 坐标，
                   %以 Z 矩阵的各个对应元素为 z 坐标（Z 矩阵的维数为 m×n）
bar3(Z,option)     %以 x=1,2,….,m 为各个数据点的 x 坐标，以 y=1,2,…,n 为各个数据点的 y 坐标，以 Z
                   %矩阵的各个对应元素为 z 坐标（Z 矩阵的维数为 m×n），且各个方块的放置位置由字符串
                   %参数 option 指定（detached 为分离式三维直方图，grouped 为分组式三维直方图，
                   %stacked 为叠加式三维直方图）
```

2）水平放置的三维直方图

MATLAB 中绘制水平放置的三维直方图的函数包括 bar3h(Z)、bar3h(Y,Z)、bar3h(Z,option)，它们的功能及使用方法与前述 3 个 bar3()函数相同。

【例 4-32】利用函数绘制不同类型的直方图。

解 在编辑器中输入以下代码。

```
clear,clc
Z=[15,35,10;20,10,30]
subplot(2,2,1);h1=bar3(Z,'detached')
set(h1,'FaceColor','W');title('分离式直方图')
subplot(2,2,2);h2=bar3(Z,'grouped')
set(h2,'FaceColor','W');title('分组式直方图')
subplot(2,2,3);h3=bar3(Z,'stacked')
set(h3,'FaceColor','W');title('叠加式直方图')
subplot(2,2,4);h4=bar3h(Z)
set(h4,'FaceColor','W');title('水平放置直方图')
```

运行程序，输出如图 4-40 所示的图形。

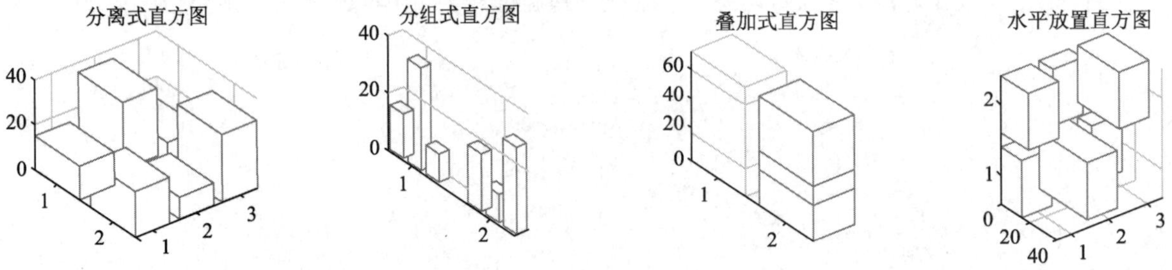

图 4-40 不同类型的三维直方图

3. 三维等高线

contour3()函数用于三维等高线的绘制，clabel()函数用于标记等高线的数值，其调用格式分别为

```
contour3(X,Y,Z,n,option)     %参数 n 指定要绘制出 n 条等高线。若省略参数 n，则系统自动确定绘制等
                             %高线的条数；参数 option 指定等高线的线型和颜色
clabel(c,h)                  %标记等高线的数值，参数(c,h)必须是 contour()函数的返回值
```

【例 4-33】绘制以下函数的曲面及其对应的三维等高线。

$$f(x,y)=2(1-x)^2\mathrm{e}^{-x^2-(y+1)^2}-8\left(\frac{x}{6}-x^3-y^5\right)\mathrm{e}^{-(x^2-y^2)}-\frac{1}{4}\mathrm{e}^{-(x+1)^2-y^2}$$

解 在编辑器中输入以下代码。

```
clear,clc
x=-4:0.3:4;
y=x;
[X,Y]=meshgrid(x,y);
Z=2*(1-X).^2.*exp(-(X.^2)-(Y+1).^2)-8*(X/6-X.^3-Y.^5).*exp(-X.^2-Y.^2)-1/4*exp
(-(X+1).^2-Y.^2);
subplot(1,2,1)
mesh(X,Y,Z)
xlabel('x'),ylabel('y'),zlabel('Z')
title('Peaks 函数图形')
subplot(1,2,2)
[c,h]=contour3(x,y,Z);
clabel(c,h)
xlabel('x'),ylabel('y'),zlabel('z')
title('Peaks 函数的三维等高线')
```

运行程序，输出如图 4-41 所示的图形。

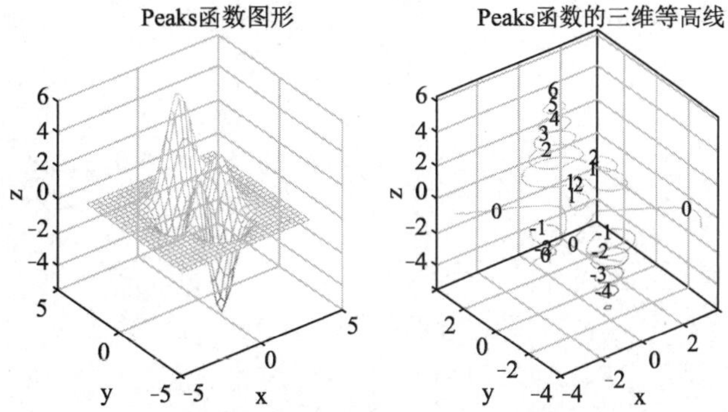

图 4-41　函数曲面及其对应的三维等高线

4.5　本章小结

本章首先介绍了数据图像的绘制，然后重点介绍了在 MATLAB 中如何使用绘图函数绘制二维和三维图形，针对在 MATLAB 中一些特殊图形的绘制，本章也做了简单介绍。通过本章的学习，能让读者掌握 MATLAB 的各种基础绘图方法，为后续学习奠定基础。

第二部分 基于 MATLAB 的常见图像处理技术

第 5 章 图像处理基础

CHAPTER 5

图像是对人类感知外界信息能力的一种增强形式，是自然界事物的客观反映，是各种观测系统以不同形式和手段观测客观世界而获得的可以直接或间接作用于人眼的实体。本章将介绍图像的文件格式、常用的图像类型、基本的图像处理函数、图像类型转换等内容。

学习目标

（1）理解图像的文件格式、常用的图像类型；

（2）掌握基本的图像处理函数；

（3）了解图像的数字化；

（4）掌握图像类型的转换函数。

5.1 图像文件与色度系统

图像是其所表示物体的信息的直接描述和概括。一般而言，一幅图像所包含的信息应比原物体所包含的信息要少，因此一幅图像并非该物体的完全表示，却是一种直观的表示。

数字图像处理是随着计算机硬件的发展而兴起的一门技术，伴随着数字图像处理各种算法的出现，其处理速度越来越快，可以更好地服务于人类。

5.1.1 数字图像

以数学方法描述图像时，图像可以认为是空间各个坐标点上光照强度的集合。也就是说，从物理光学和数学的角度来看，一幅图像可以看作物体辐射能量的空间分布，这个分布是空间坐标、时间和波长的函数，即

$$I = f(x, y, z, \lambda, t)$$

其中，对于静止图像，I 与时间 t 无关；对于单色图像，I 与波长 λ 无关；对于二维图像，I 与空间坐标变量 z 无关。

因此，一幅二维静态单色图像可以用二维强度函数（亮度函数）表示，即

$$I = f(x, y)$$

如果说图像是与之对应的物体的表示，那么数字图像可以定义为一个物体的数字表示，或者说是对一个二维矩阵施加一系列的操作，以得到所期望的结果。

数字图像处理可以定义为对一个物体的数字表示施加一系列的操作，以得到所期望的结果。其过程表

现为一幅图像变为另一幅经过修改或改进的图像，是一个由图像到图像的过程。其中，“数字”与采用数字方法或离散像素单元进行的计算有关，像素就是离散的单元，量化的（整数）灰度就是数字量值；“处理”是指让某个事物经过某一过程的作用，过程即指为实现期望目标而进行的一系列操作。而数字图像分析则是指将一幅图像转换为一种非图像的表示。

通常情况下，数字图像是指一个被采样和量化后的二维强度函数（该二维函数可由光学方法产生），采用等距离矩形网格采样，对幅度进行等间隔量化。也即一幅数字图像是一个被均匀采样和均匀量化（即离散处理）的二维数值矩阵。

数字图像在计算机中采用二维矩阵表示和存储，一幅数字图像到该图像所对应的二维矩阵过程中，原始图像被等间隔的网格分割成大小相同的小方格，其中的每个方格称为像素点，简称像元或像素。

像素是构成图像的最小基本单位，图像的每个像素都具有独立的属性，其中最基本的属性包括像素位置和灰度值。位置由像元所在的行和列坐标值决定，通常以像素的位置坐标 (x, y) 表示，像素的灰度值即为该像素对应的光学亮度值。

对一幅图像按照二维矩形网格进行扫描的结果是生成一个与原图像相对应的二维矩阵，且矩阵中的每个元素都为整数，矩阵元素（像素）的位置则由扫描的顺序决定，每个像素的灰度值通过采样获取，然后经过量化得到每个像素亮度（灰度）值的整数表示。因此，一幅图像经数字化后得到的数字图像，实际上就是一个二维整数矩阵，矩阵的大小由图像像素的多少决定。

5.1.2 图像文件格式

随着计算机技术的迅速发展，还可以人为地创造出色彩斑斓、千姿百态的各种图像。根据不同的需要，图像文件的保存格式也会有所不同。MATLAB 支持以下几种图像文件格式。

（1）PCX（Windows Paintbrush）格式。可处理 1、4、8、16、24 位等图像数据。文件内容包括文件头（128B）、图像数据、扩展颜色映射表数据。

（2）BMP（Windows Bitmap）格式。有 1、4、8、24 位非压缩图像，以及 8 位 RLE（Run-Length Encoded）图像。文件内容包括文件头（一个 BITMAP FILEHEADER 数据结构）、位图信息数据块（位图信息头 BITMAP INFOHEADER 和一个颜色表）和图像数据。

（3）HDF（Hierarchical Data Format）格式。有 8 位、24 位光栅数据集。

（4）JPEG（Joint Photographic Experts Group）格式。

（5）TIFF（Tagged Image File Format）格式。处理 1、4、8、24 位非压缩图像，以及 1、4、8、24 位 packbit 压缩图像、1 位 CCITT 压缩图像等。文件内容包括文件头、参数指针表与参数域、参数数据表和图像数据 4 部分。

（6）XWD（X Windows Dump）格式。

5.1.3 图像数据类型

图像数值在 MATLAB 中可以用多种数据类型表示，最常用的为 double、uint8 和 logical 型，图像中大部分采用 8 位二进制（uint8）表示亮度分量，而 double 型用于确保运算过程中的中间值数据的精度，logical 型用于形态学、图像分割和识别等领域。

1. double型

在 MATLAB 图像数据中，默认的数据类型为 double 型，其取值范围通常为 0~1，其中 0 表示分量最低的值（灰度图像中为黑色），1 表示分量最高的值（灰度图像中为白色）。在图像显示时，超出[0,1]范围的值显示效果与 0 或 1 效果相同。

在 MATLAB 中，常用 double 型保存图像的中间处理结果，利用该类型进行操作不会损失数据精度。使用过程中要注意数据值可能超出[0,1]范围，即超界问题。

2. uint8型

通常从存储设备上读取到的图像数据均为 uint8 型，生活中最常用的图像都是以 8b 数据存储的。

在 MATLAB 中使用 uint8 型，无须担心结果数据超界的影响，但由于数据类型的限制，很多处理的中间结果的精度都会丢失，因此，在复杂的运算中，通常先将 uint8 型转换为 double 型，再进行后续运算。

3. logical型

在 MATLAB 中，logical 型通常在二值图像中使用，这里不做过多介绍。

5.1.4　图像文件类型

MATLAB 中，一幅图像可能包含一个数据矩阵，也可能包含一个颜色映射表矩阵。MATLAB 中有 4 种基本图像类型，这 4 种类型基本上涵盖了所有图像。

1. 二值图像

二值图像中，每个点为两个离散值中的一个，这两个值代表开或关。二值图像保存在一个二维的由 0（关）和 1（开）组成的矩阵中。从另一个角度讲，二值图像可以看作一个仅包括黑与白的灰度图像，也可以看作只有两种颜色的索引图像。

二值图像可以保存为双精度或 uint8 型的双精度数组，显然，使用 uint8 型更节省空间。在图像处理工具箱中，任何一个返回二值图像的函数都是以 uint8 型逻辑数组返回的。

【例 5-1】显示一幅二值图像。

解　在命令行窗口中输入以下代码。

```
>> bw=zeros(90,90);
>> bw(2:2:88,2:2:88)=1;
>> imshow(bw)                        %显示灰度图像，并优化窗口、坐标区和图像对象属性
```

运行结果如图 5-1 所示。

2. 索引图像

索引图像包括图像矩阵与颜色图数组，其中，颜色图是按图像中颜色值进行排序后的数组。对于每个像素，图像矩阵包含一个值，这个值就是颜色图中的索引。颜色图为 m 行 3 列的双精度值矩阵，各行分别指定红绿蓝（RGB）单色值。

图像矩阵与颜色图的关系取决于图像矩阵是双精度型还是 uint8 型（无符号 8 位整型）。

（1）如果图像矩阵为双精度型，第 1 个点的值对应于颜色图的第 1 行，第 2 个点的值对应于颜色图的第 2 行，依此类推。

（2）如果图像矩阵为 uint8 型，此时会有一个偏移量，第 0 个点的值对应于颜色图的第 1 行，第 1 个点的值对应于第 2 行，依此类推。uint8 型常用于图形文件格式，支持 256 色。

【例 5-2】利用 image()函数显示一幅索引图像。

解　在命令行窗口中输入以下代码。

```
>> [X,MAP]=imread('autumn.tif');                %读入图像
>> image(X);
>> colormap(MAP)                                %查看并设置当前颜色图
```

运行结果如图 5-2 所示。

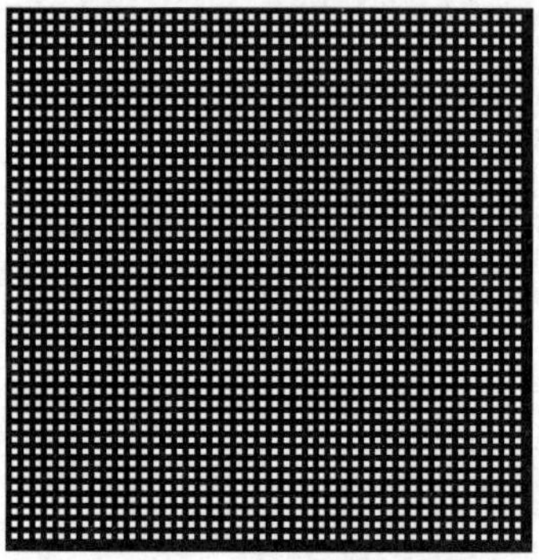

图 5-1　二值图像

图 5-2　索引图像

3. **灰度图像**

在 MATLAB 中，灰度图像保存在一个矩阵中，矩阵中的每个元素代表一个像素点的亮度或灰度级。

矩阵可以是 double 型（双精度型，数据范围为[0,1]）、uint8 型（8 位无符号整型，数据范围为[0,255]），也可以是 uint16 型（16 位无符号整型，数据范围为[0,65535]）。

【例 5-3】 利用 imshow()函数显示一幅灰度图像。

解　在命令行窗口中输入以下代码。

```
>> I=imread('cell.tif');
>> imshow(I);
```

运行结果如图 5-3 所示。

4. **RGB图像**

与索引图像一样，RGB 图像以红、绿、蓝 3 个亮度值为一组，代表每个像素的颜色。与索引图像不同的是，这些亮度值直接存储在图像数组中，而不是存储在颜色图中。图像数组尺寸为 $M \times N \times 3$，M 和 N 分别表示图像的行数和列数。

【例 5-4】 利用 image()函数显示一幅 RGB 图像。

解　在命令行窗口中输入以下代码，同时会显示相关输出结果。

```
>> RGB=imread('tissue.png');
>> image(RGB)
>> RGB(12,9,:)                        %要确定像素（12, 9）的颜色
  1×1×3 uint8 数组
ans(:,:,1) =
   227
ans(:,:,2) =
   253
ans(:,:,3) =
   240
```

运行结果如图 5-4 所示。

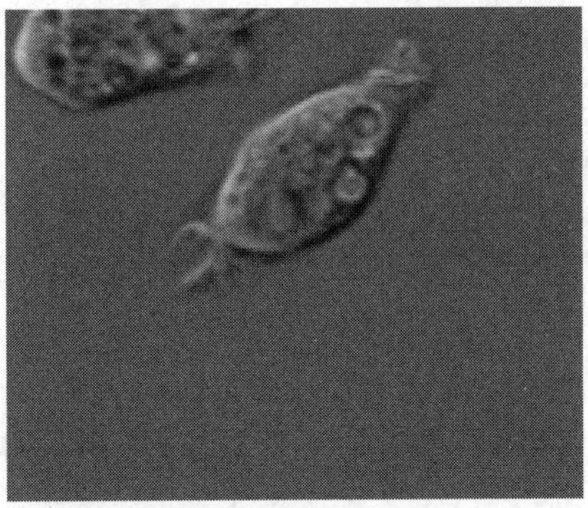

图 5-3　灰度图像

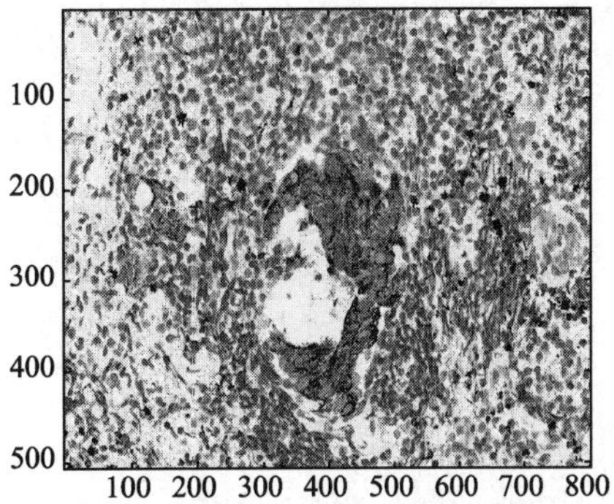

图 5-4　RGB 图像

5.1.5　色度系统

将颜色转换为数字量，首先需要解决它的定量度量问题。如何进行颜色的测量和定量描述是色度学的研究对象，学习图像处理，首先要了解颜色的相关知识。下面介绍色度系统。

1. CIE1931-RGB色度系统

颜色匹配方程和计算任意颜色的三刺激值都需要测得人眼的光谱三刺激值，并将辐射光谱与人眼颜色特性关联。国际照明委员会（法语简称 CIE）根据颜色匹配实验结果，选择波长为 700nm（红）、546.1nm（绿）、435.8nm（蓝）的 3 种单色光作为三原色，以相等数量的三原色刺激值匹配出等能白光（E 光源），确定三刺激值单位。

CIE 规定匹配等能光谱色的 RGB 三刺激值，分别用 $\bar{r}$ 、$\bar{g}$ 、$\bar{b}$ 表示，代表人眼 2°视场的平均颜色视觉特性，这一系统称为 CIE1931-RGB 色度系统，色品图如图 5-5 所示。色品图中的偏马蹄形曲线是所有光谱色色品点连接起来的轨迹，称为光谱轨迹。

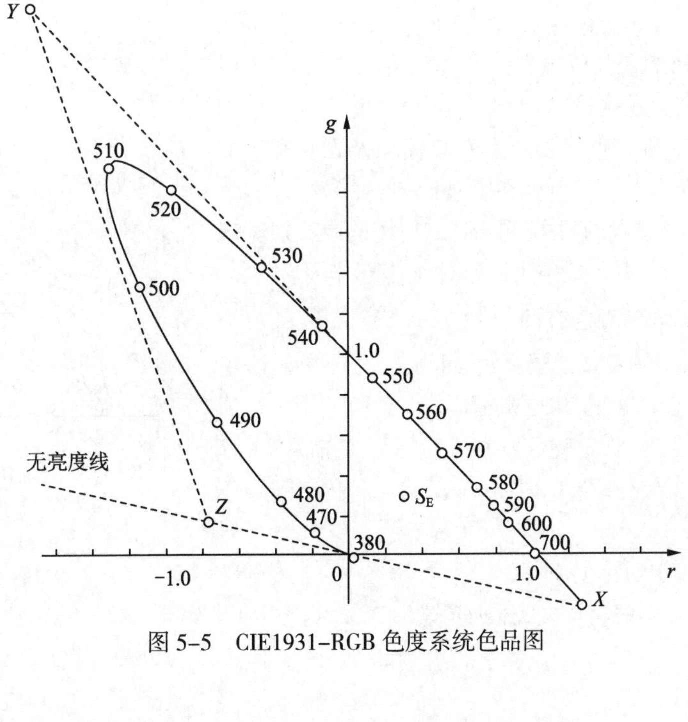

图 5-5　CIE1931-RGB 色度系统色品图

光谱三刺激值与光谱色色品坐标的关系为

$$r=\frac{\bar{r}}{\bar{r}+\bar{g}+\bar{b}},\quad g=\frac{\bar{g}}{\bar{r}+\bar{g}+\bar{b}}$$

由图 5–5 可知，光谱三刺激值和光谱轨迹的色品坐标有很大一部分出现负值。当投射到半视场的某些光谱色用另一半视场的三原色匹配时，不管三原色如何调节，都不能使两视场颜色达到匹配，只有在光谱色半视场内加入适量的原色之一才能达到匹配，加在光谱色半视场的原色用负值表示，于是出现负色品坐标值。

色品图的三角形顶点表示红（R）、绿（G）、蓝（B）三原色；负值的色品坐标落在原色三角形之外；在原色三角形以内的各色品点的坐标为正值。

2. CIE1931-XYZ色度系统

CIE1931–RGB 系统可用于色度学计算，由于计算过程会出现负值，用起来并不方便。此时可以采用另一个国际通用色度系统——CIE1931–XYZ 系统，该系统由 CIE1931–RGB 系统推导而来。

CIE1931–XYZ 系统采用 3 个假想原色（X、Y、Z）建立色度系统，系统中光谱三刺激值均为正值。因此，选择三原色时，必须使三原色所形成的颜色三角形能包括整个光谱轨迹，即整个光谱轨迹完全落在 X、Y、Z 所形成的虚线三角形内。

通过两个色度系统的坐标转换可以得到任意一种颜色新旧三刺激值之间的关系为

$$X=2.7689R+1.7517G+1.1302B$$
$$Y=1.0000R+4.5907G+0.0601B$$
$$Z=0+0.0565G+5.5942B$$

颜色的色品坐标为

$$x=X/(X+Y+Z)$$
$$y=Y/(X+Y+Z)$$
$$z=Z/(X+Y+Z)$$

色品图中心为白点（非彩色点），光谱轨迹上的点代表不同波长的光谱色，是饱和度最高的颜色，越接近色品图中心（白点），颜色的饱和度越低。围绕色品图中心不同角度的颜色色调不同。图 5–6 中的 C 点和 E 点代表的是 CIE 标准光源 C 和等能白光 E。越靠近 C 点或 E 点的颜色饱和度越低。

CIE1931 标准色度观察者的数据适用于 2°视场的中央视觉观察条件（视场在 1°～4°），主要是中央凹锥体细胞起作用。

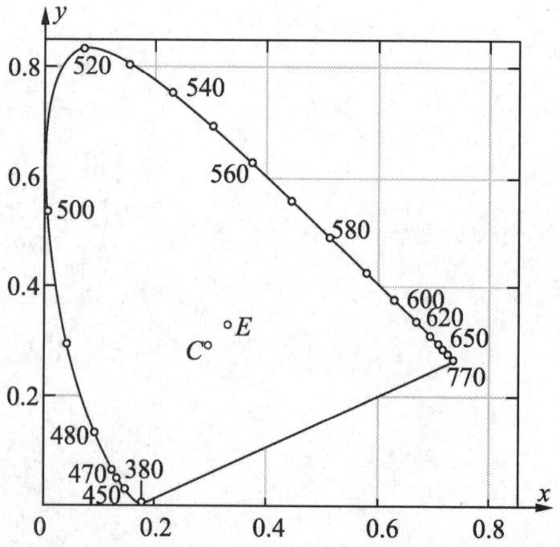

图 5–6　CIE1931–XYZ 系统色品图

3. CIE1976$L^*a^*b^*$ 均匀颜色空间

标准色度系统解决了用数量描述颜色的问题，但不能解决色差判别的问题。因此，CIE 采用 CIE1976$L^*u^*v^*$ 颜色空间（简写为 CIELUV）和 CIE1976$L^*a^*b^*$ 均匀颜色空间（简写为 CIELAB）解决色差判别问题。下面主要介绍 CIE1976$L^*a^*b^*$ 均匀颜色空间及色差公式。

1）CIE1976$L^*a^*b^*$ 均匀颜色空间

CIE1976 $L^*a^*b^*$ 均匀颜色空间示意图如图 5–7 所示，三维坐标为

$$L^* = 116 f(Y/Y_n) - 16$$
$$a^* = 500\left[f(X/X_n) - f(Y/Y_n)\right]$$
$$b^* = 200\left[f(Y/Y_n) - f(Z/Z_n)\right]$$

其中，X 、Y 、Z 为颜色的三刺激值；X_n 、Y_n 、Z_n 为指定的白色刺激的三刺激值；$f(\cdot)$ 计算式为

$$f(\alpha) = \begin{cases} \alpha^{1/3}, & \alpha > (24/116)^3 \\ \alpha \cdot 841/108 + 16/116, & \alpha \leqslant (24/116)^3 \end{cases}$$

CIE1976 $L^*a^*b^*$ 均匀颜色空间的三维坐标公式的逆运算为

$$f(Y/Y_n) = (L^* + 16)/116$$
$$f(X/X_n) = a^*/500 + f(Y/Y_n)$$
$$f(Z/Z_n) = f(Y/Y_n) - b^*/200$$

其中

$$\beta = \begin{cases} \beta_n\left[f(\beta/\beta_n)\right]^3, & f(\beta/\beta_n) > 24/116 \\ \beta_n\left[f(\beta/\beta_n) - 16/116\right] \cdot 108/841, & f(\beta/\beta_n) \leqslant 24/116 \end{cases}, \quad \beta = X, Z$$

$$Y = \begin{cases} Y_n\left[f(Y/Y_n)\right]^3, & f(Y/Y_n) > 24/116 \text{或} L^* > 8 \\ Y_n\left[f(Y/Y_n) - 16/116\right] \cdot 108/841, & f(Y/Y_n) \leqslant 24/116 \text{或} L^* \leqslant 8 \end{cases}$$

2）CIE1976$L^*a^*b^*$ 色差公式

CIE1976 $L^*a^*b^*$ 颜色色差示意图如图 5-8 所示，色差公式为

$$\Delta E^*_{ab} = \left[(L^*_1 - L^*_2)^2 + (a^*_1 - a^*_2)^2 + (b^*_1 - b^*_2)^2\right]^{\frac{1}{2}}$$
$$= \left[(\Delta L^*)^2 + (\Delta a^*)^2 + (\Delta b^*)^2\right]^{\frac{1}{2}}$$

其中，ΔE^*_{ab} 为两种颜色的色差；ΔL^* 为明度差；Δa^* 为红绿色品差（ a^* 轴为红绿轴）；Δb^* 为黄蓝色品差（ b^* 轴为黄蓝轴）。

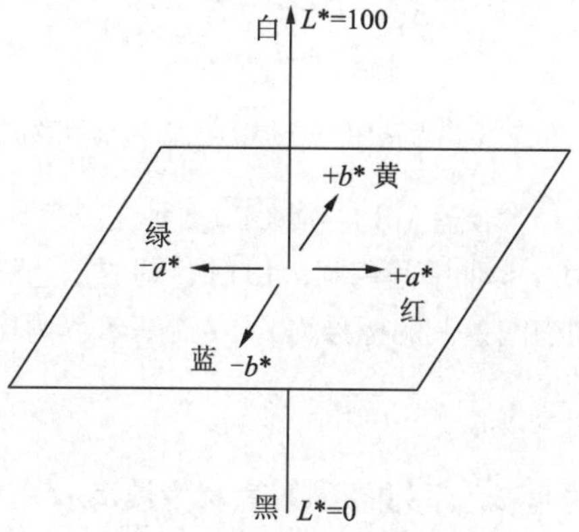

图 5-7　CIE1976 $L^*a^*b^*$ 均匀颜色空间示意图

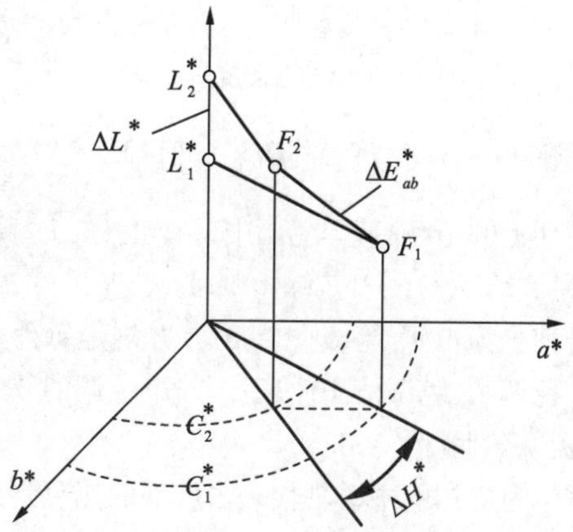

图 5-8　CIE1976 $L^*a^*b^*$ 颜色色差示意图

CIE 又提出了心理彩度 C^* 和心理色相角 H^*，它们与心理明度 L^* 共同构成了与孟塞尔圆柱坐标相对应的心理明度 (L^*) 、彩度 (C^*) 和色相角 (H^*) 圆柱坐标体系。计算式为

$$L^* = 116(Y / Y_n)^{1/3} - 16$$
$$C_{ab}^* = \left[(a^*)^2 + (b^*)^2 \right]^{1/2}$$
$$H_{ab}^* = \arctan(b^* / a^*)$$

色调差为

$$\Delta H_{ab}^* = [(\Delta E_{ab}^*)^2 - (\Delta L^*)^2 - (\Delta C_{ab}^*)^2]^{1/2}$$

4. 孟塞尔表色系统

孟塞尔表色系统用一个三维空间模型将各种表面色的三种视觉特性（明度、色调、饱和度）全部表示出来。在立体模型中，每个点代表一种特定的颜色，其中颜色饱和度用孟塞尔彩度表示，并按色调、明度、彩度的次序给出一个特定的颜色标号。各标号的颜色都用一种着色物体（如纸片）制成颜色卡片，按标号次序排列起来，汇编成颜色图册。

1）孟塞尔色调（Hue）

孟塞尔色调是以围绕色立体中央轴的角位置表示的，用字母 H 表示。孟塞尔色立体水平剖面上以中央轴为中心，将圆周等分为 10 部分，排列着 10 种基本色调，组成色调环。孟塞尔色立体的某一色调面如图 5-9 所示，孟塞尔色立体的色调分布示意图如图 5-10 所示。

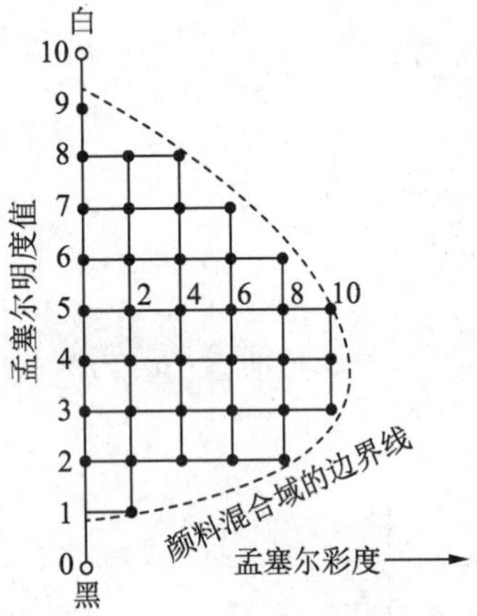

图 5-9　孟塞尔色立体的某一色调面

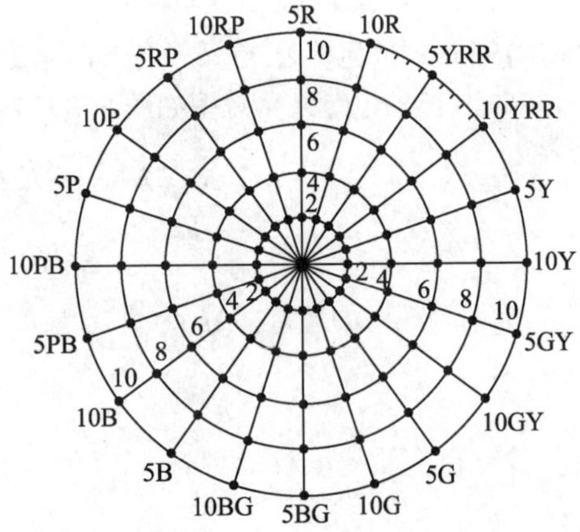

图 5-10　孟塞尔色立体的色调分布示意图

色调环上的 10 种基本色调中，有红（R）、黄（Y）、绿（G）、蓝（B）、紫（P）5 种主要色调，以及黄红（YR）、绿黄（GY）、蓝绿（BG）、紫蓝（PB）、红紫（RP）5 种中间色调，10 种色调的正色赋值 5。每种色调再细分为 10 个等级（1 ~ 10），并规定每种主要色调和中间色调的标号均为 5，孟塞尔色调环共有 100 个刻度（色调），色调值 10 等于下一个色调的 0。

2）孟塞尔明度（Value）

孟塞尔色立体的中心轴代表由底部的黑色到顶部白色的非彩色系列的明度值，称为孟塞尔明度，以 V 表示。孟塞尔明度值有 0 ~ 10 共 11 个在视觉上等距（等明度差）的等级。

理想黑色 $V = 0$，理想白色 $V = 10$，实际应用中理想的白色、黑色并不存在，只用到 1 ~ 9 级。

3）孟塞尔彩度（Chroma）

在孟塞尔色立体中，颜色的饱和度用离开中央轴的距离表示，称为孟塞尔彩度，表示这一颜色与相同明度值的非彩色之间的差别程度，以 C 表示。

5.2 图像处理的基本函数

MATLAB 图像处理工具箱集成了很多图像处理算法，为用户提供了很多便利，利用 MATLAB 图像处理工具箱可以实现很多功能。

5.2.1 图像文件的查询与读取

在 MATLAB 中，使用 imfinfo()函数查询一个图像文件的信息，该函数的调用格式为

```
info=imfinfo(filename)       %返回一个结构体 info，其字段包含图形文件 filename 中的图像信息
info=imfinfo(filename,fmt)   %fmt 对应所有支持的图像文件格式
```

由该函数获得的图像信息主要有 Filename（文件名）、FileModDate（最后修改日期）、FileSize（文件大小）、Format（文件格式）、FormatVersion（文件格式的版本号）、Width（图像宽度）、Height（图像高度）、BitDepth（每个像素的位数）、ColorType:'truecolor'（图像类型）等。

【例 5-5】 利用 imfinfo()函数查询图像文件信息。

解　在命令行窗口中输入以下代码，同时会显示相关输出结果。

```
>> info=imfinfo('autumn.tif')
info =
  包含以下字段的 struct:
         Filename: 'C:\Program Files\Polyspace\R2020a\toolbox\images\imdata\autumn.tif'
                 FileModDate: '13-4 月-2015 13:23:12'
                    FileSize: 214108
                      Format: 'tif'
               FormatVersion: []
                       Width: 345
                      Height: 206
                    BitDepth: 24
                   ColorType: 'truecolor'
             FormatSignature: [73 73 42 0]
                   ByteOrder: 'little-endian'
              NewSubFileType: 0
               BitsPerSample: [8 8 8]
                 Compression: 'Uncompressed'
   PhotometricInterpretation: 'RGB'
                StripOffsets: [1×30 double]
             SamplesPerPixel: 3
                RowsPerStrip: 7
             StripByteCounts: [1×30 double]
                 XResolution: 72
                 YResolution: 72
              ResolutionUnit: 'Inch'
                    Colormap: []
         PlanarConfiguration: 'Chunky'
                   TileWidth: []
                  TileLength: []
                 TileOffsets: []
              TileByteCounts: []
```

```
                 Orientation: 1
                   FillOrder: 1
            GrayResponseUnit: 0.0100
              MaxSampleValue: [255 255 255]
              MinSampleValue: [0 0 0]
                Thresholding: 1
                      Offset: 213642
            ImageDescription: 'Copyright The MathWorks, Inc.'
```

在 MATLAB 中，用于读取图像文件的指令 imread()函数，该函数的调用格式为

```
A=imread(filename)          %从 filename 指定的文件读取图像,并从文件内容推断其格式。如果 filename
                            %为多图像文件，则仅读取该文件中的第 1 幅图像
A=imread(filename,fmt)      %额外指定扩展名为 fmt 的图像文件中的数据，读到矩阵 A 中
A=imread(___,idx)           %从多图像文件中读取指定的图像（第 idx 个，默认为 1），仅适用于 GIF、PGM、
                            %PBM、PPM、CUR、ICO、TIF 和 HDF4 文件
A=imread(___,Name,Value)        %使用一个或多个名称-值对参数以及先前语法中的任何输入参数指定读入
                                %的方式
[A,map] = imread(___)       %将 filename 中的索引图像读入 A，并将其关联的颜色图读入 map。图像文件
                            %中的颜色图值会自动重新调整为 0～1
[A,map,transparency] = imread(___) %额外返回图像透明度。仅适用于 PNG、CUR 和 ICO 文件。对于
                                   %PNG 文件，若存在 alpha 通道，则返回该 alpha 通道。对于
                                   %CUR 和 ICO 文件，返回 AND（不透明度）掩码
```

说明：

（1）如果 filename 表示灰度级图像，则 A 为一个二维矩阵；如果 filename 表示 RGB 图像，则 A 为一个 $m \times n \times 3$ 三维矩阵。

（2）filename 表示的文件名必须在 MATLAB 的搜索路径范围内，否则需指出其完整路径。

【例 5-6】读取一幅图像。

解 在命令行窗口中输入以下代码。

```
>> I=imread ('trees.tif')                              %读取图像并将像素值阵列赋给矩阵 I
```

运行结果如图 5-11 所示。

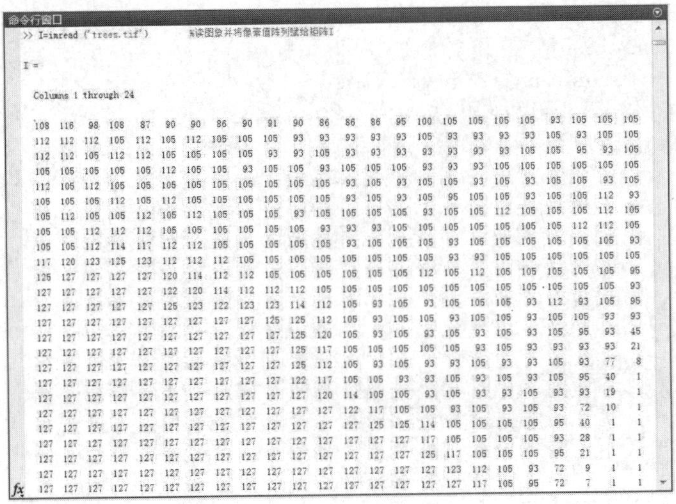

图 5-11　图像的读取

5.2.2　图像文件的存储与数据类型的转换

在 MATLAB 中，用 imwrite()函数存储图像文件，其常用调用格式为

```
imwrite(A,filename)          %将图像数据 A 写入 filename 指定的文件，并从扩展名推断出文件格式
imwrite(A,map,filename)      %将 A 中的索引图像及其关联的颜色图写入由 map、filename 指定的文件
imwrite(___,fmt)             %以 fmt 指定的格式写入图像
imwrite(___,Name,Value)      %用一个或多个名称-值对参数，以指定 GIF、HDF、JPEG、PBM、PGM、
                             %PNG、PPM 和 TIFF 文件输出其他参数
```

【例 5-7】将 TIF 图像保存为 JPG 图像。

解　在命令行窗口中依次输入以下代码。

```
>> [x,map]=imread('canoe.tif');
>> imwrite(x,map,'canoe.jpg','JPG','Quality',75)
```

在默认情况下，MATLAB 会将图像中的数据存储为 double 型，即 64 位浮点数。这种存储方法的优点在于使用中不需要数据类型的转换，因为几乎所有 MATLAB 及其工具箱函数都可以使用 double 作为参数类型。然而，对于图像存储，用 64b 表示图像数据会导致巨大的存储量。

MATLAB 还支持无符号整型（uint8 和 uint16），uint 型的优势在于节省空间，涉及运算时要转换为 double 型。具体的调用方法如下。

```
I2=im2double(I)              %将灰度、RGB 或二值图像 I 转换为 double 型
I2=im2double(I,'indexed')    %将索引图像 I 转换为双精度，在整数数据类型的输出中增加大小为 1
                             %的偏移量
J=im2uint8(I)    %将灰度、RGB 或二值图像 I 转换为 uint8 型，并根据需要对数据进行重新缩放或偏移
J=im2uint8(I,'indexed')      %将索引图像 I 转换为 uint8 型，并根据需要对数据进行偏移
J=im2uint16(I)               %将灰度、RGB 或二值图像 I 转换为 uint16 型
J=im2uint16(I,'indexed')     %将索引图像 I 转换为 uint16 型
```

5.2.3　图像显示

在 MATLAB 中，image()函数是显示图像的最基本方法。该函数还产生了图像对象的句柄，并允许对对象的属性进行设置。image()函数的调用格式为

```
image(C)                 %将数组 C 中的数据显示为图像，C 的每个元素指定图像的一个像素的颜色。生
                         %成的图像是一个 m×n 像素网格，其中 m 和 n 分别为 C 的行数和列数
image(x,y,C)             %指定图像位置，x 和 y 指定与 C(1,1)和 C(m,n)对应的边角的位置
image(___,Name,Value)    %使用一个或多个名称-值对参数指定图像属性
image(ax,___)            %在由 ax 指定的坐标区而不是当前坐标区(gca)中创建图像
im=image(___)        %返回创建的 image 对象。使用 im 在创建图像后设置图像的属性
```

imagesc()函数也具有 image()函数的功能，不同的是 imagesc()函数还自动将输入数据比例化，以全色图的方式显示，即 imagesc()函数具有对显示的数据进行自动缩放的功能。该函数的调用格式为

```
imagesc(C)               %将数组 C 中的数据显示为一幅图像，该图像使用颜色图中的全部颜色
imagesc(x,y,C)           %指定图像位置。使用 x 和 y 可指定与 C(1,1)和 C(m,n)对应的边角的位置
imagesc(___,Name,Value)  %使用一个或多个名称-值对参数指定图像属性
imagesc(___,clims)       %归一化 C 的值至 clims 所确定的范围内，并将 C 显示为图像。clims 是两元
                         %素的向量，用来限定 C 中的数据范围，这些值映射到当前色图的整个范围
```

```
imagesc(ax,___)              %在由 ax 指定的坐标区而不是当前坐标区(gca)中创建图像
im=imagesc(___)              %返回创建的 image 对象 im
```

【例 5-8】利用 image()函数对图像进行处理。

解 在命令行窗口中依次输入以下代码。

```
>> I=imread('tire.tif');
>> image(100,100,I);
>> colormap(gray(256));
```

运行结果如图 5-12 所示。

【例 5-9】利用 imagesc()函数对图像进行处理。

解 在命令行窗口中依次输入以下代码。

```
>> I=imread('cell.tif');
>> imagesc(100,100,I);
>> colormap(gray(256));
```

运行结果如图 5-13 所示。

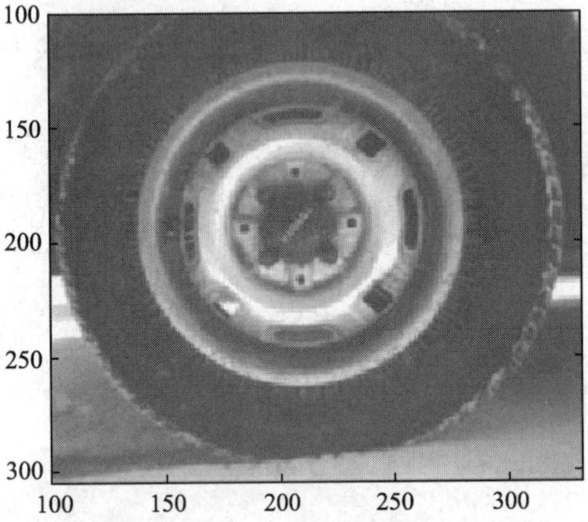

图 5-12 image()函数图像处理效果

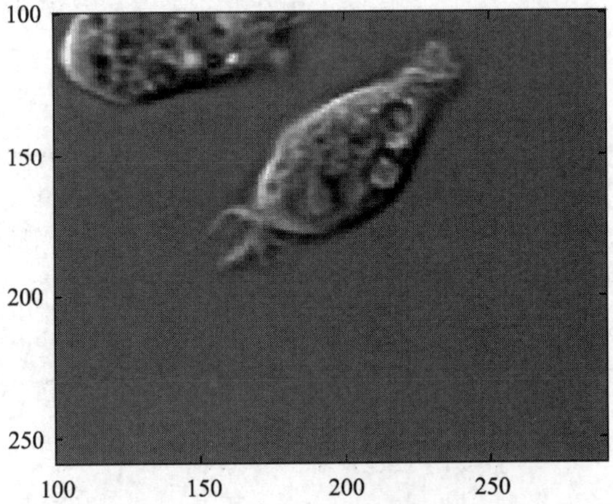

图 5-13 imagesc()函数图像处理效果

imshow()函数相比于 image()和 imagesc()函数更为常用，它能自动设置句柄图像的各种属性。imshow()函数可用于显示各类图像。对于每类图像，imshow()函数的调用方法略有不同，常用的调用方法如下。

```
imshow(I)                %在窗口中显示灰度图像 I。使用图像数据类型的默认显示范围，并优化窗口、
                         %坐标区和图像对象属性以便显示图像
imshow(I,[low high])     %显示灰度图像 I，以二元素向量[low high]的形式指定显示范围
imshow(I,[])             %显示灰度图像 I，根据 I 中的像素值范围对显示进行转换。显示范围为
                         %[min(I(:)) max(I(:))]，I 中的最小值显示为黑色，最大值显示为白色
imshow(RGB)              %在窗口中显示真彩色图像 RGB
imshow(BW)               %在窗口中显示二值图像 BW。对于二值图像，imshow()函数将值为 0 的像素显
                         %示为黑色，将值为 1 的像素显示为白色
imshow(X,map)            %显示带有颜色图 map 的索引图像 X。颜色图矩阵可以具有任意行数，但必须为
                         %3 列。每行被解释为一种颜色，其中第 1～3 个元素分别在[0, 1]指定为红色、
                         %绿色、蓝色的强度
imshow(filename)         %显示存储在 filename 指定的图形文件中的图像
```

```
imshow(___,Name,Value)  %使用名称-值对控制运算的各方面以显示图像
himage = imshow(___)    %返回创建的图像对象 himage
```

【例 5-10】直接显示图像。

解　在命令行窗口中依次输入以下代码。

```
>> imshow('tire.tif');
>> I=getimage;
```

运行结果如图 5-14 所示。

【例 5-11】显示双精度灰度图像。

解　在命令行窗口中依次输入以下代码，同时会显示相关输出结果。

```
>> bw=zeros(1000,1000);
>> bw (20:20:980,20:20:980)=1;
>> imshow(bw);
>> whos bw
  Name          Size                Bytes    Class     Attributes
  bw       1000x1000              8000000  double
```

运行结果如图 5-15 所示。

图 5-14　直接显示图像

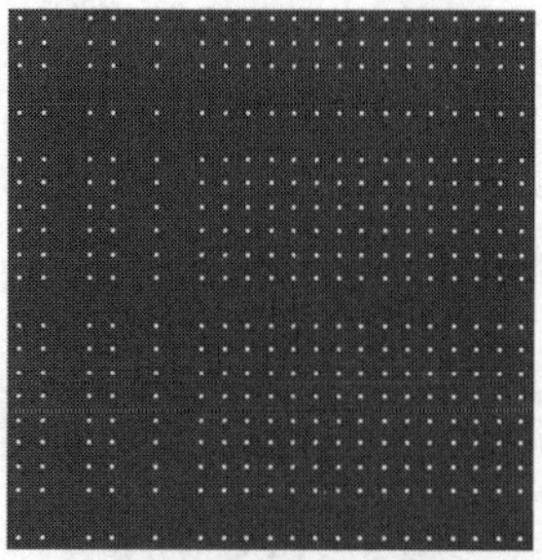

图 5-15　显示双精度灰度图像

【例 5-12】显示索引图像。

解　在命令行窗口中依次输入以下代码。

```
>> [X,MAP]=imread('trees.tif');
>> imshow(X,MAP);
```

运行结果如图 5-16 所示。

【例 5-13】按灰度级显示。

解　在命令行窗口中依次输入以下代码。

```
>> I=imread('cell.tif');
>> imshow(I)
```

运行结果如图 5-17 所示。

【例 5-14】按最大灰度范围显示图像。

解　在命令行窗口中依次输入以下代码。

```
>> I=imread('cell.tif');
>> imshow(I,[])
```

运行结果如图 5–18 所示。

图 5–16　显示索引图像

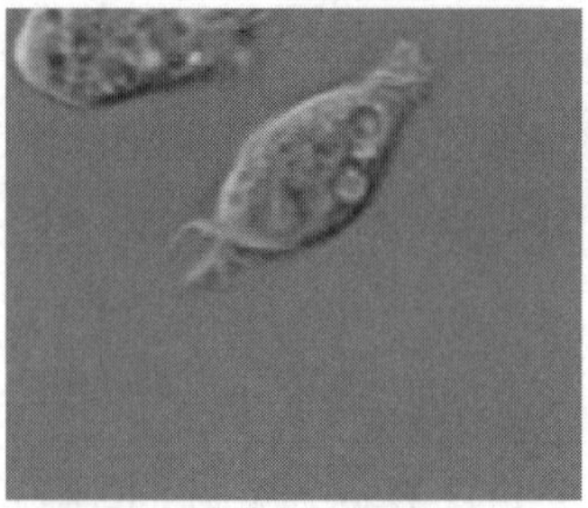

图 5–17　按灰度级显示

【例 5-15】显示真彩色图像。

解　在命令行窗口中输入以下代码。

```
>> RGB=imread('pears.png');
>> imshow(RGB);
```

运行结果如图 5–19 所示。

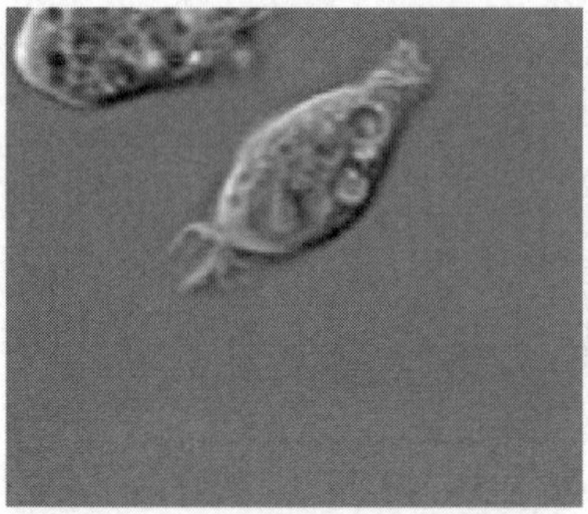

图 5–18　按最大灰度范围显示图像

图 5–19　显示真彩色图像

除上述图像显示及其辅助函数外，MATLAB 还提供了一些用于进行图像特殊显示的函数，下面将进行介绍。

在 MATLAB 中，可以用 colorbar()函数将颜色条添加到坐标轴对象中，如果该坐标轴包含一个图像对象，则添加的颜色条将指示出该图像中不同颜色的数值，这一用法对于了解被显示图像的灰度级别特别有用。该函数调用格式为

```
colorbar              %在当前坐标区或图的右侧显示一个垂直颜色条，显示数据值到颜色图的映射关系
colorbar(location)  %指定特定位置显示颜色栏
colorbar(___,Name,Value)     %使用一个或多个名称-值对参数修改颜色条外观
colorbar(target,___)         %在 target 指定的坐标区或图上添加一个颜色条
c = colorbar(___)            %返回 ColorBar 对象
colorbar('off')              %删除与当前坐标区或图关联的所有颜色条
colorbar(target,'off')       %删除与目标坐标区或图关联的所有颜色条
```

在 MATLAB 中，想要在一个图形区域内显示多幅图像，可以用 subimage()函数实现；想要在不同的

图形窗口显示不同的图像，可以用 figure 指令实现；想要在同一个图形窗口显示多图，可以用 subplot()函数实现。

【例 5-16】在灰度图像的显示中增加一个颜色条。

解　在命令行窗口中依次输入以下代码。

```
>> I=imread('tire.tif');
>> imshow(I,[])
>> colorbar
```

运行结果如图 5-20 所示。

图 5-20　增加颜色条

【例 5-17】在不同的图形窗口显示不同的图像。

解　在命令行窗口中依次输入以下代码。

```
>> [X1,map1]=imread('forest.tif');                    %读取图像
>> [X2,map2]=imread('trees.tif');
>> subplot(121),imshow(X1,map1),
>> subplot(122),imshow(X2,map2)
```

运行结果如图 5-21 所示。

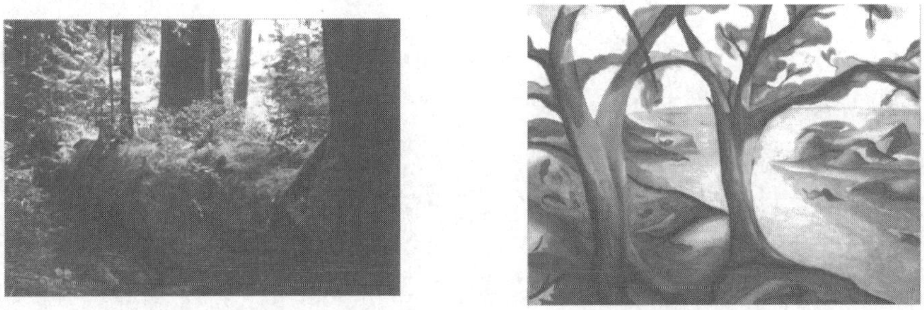

图 5-21　在不同的图形窗口显示不同的图像

【例 5-18】为多图显示多个颜色条的图像。

解　在命令行窗口中依次输入以下代码。

```
>> load trees;
>> [x2,map2]=imread('forest.tif');
>> subplot(121),subimage(X,map);                       %显示索引图像
>> colorbar
>> subplot(122),subimage(x2,map2);
>> colorbar
```

运行结果如图 5-22 所示。

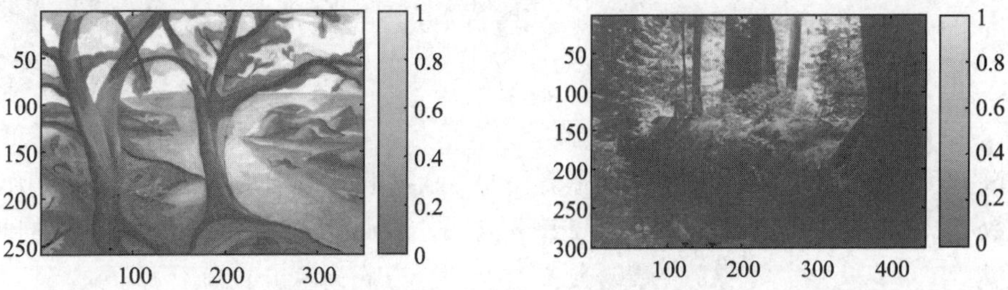

图 5-22　为多图显示多个颜色条的图像

【例 5-19】同一个图形窗口显示多图。

解 在命令行窗口中依次输入以下代码。

```
>> load trees;
>> [x2,map2]=imread('forest.tif');                        %读取图像
>> subplot(122),imshow(x2,map2);
>> colorbar
>> subplot(121),imshow(X,map);
>> colorbar
```

运行结果如图 5-23 所示。

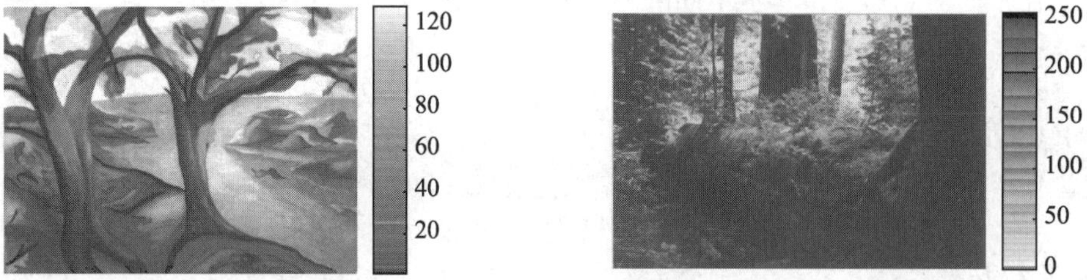

图 5-23　同一个图形窗口显示多图

montage()函数可以使多帧图像一次显示，也就是将每帧分别显示在一幅图像的不同区域，所有子区的图像都用同一个颜色条。其调用格式为

```
montage(I)         %显示灰度图像 I，共 k 帧，I 为 m×n×1×k 的数组
montage(BW)        %显示二值图像 BW，共 k 帧，BW 为 m×n×1×k 的数组
montage(X,map)     %显示索引图像 X，共 k 帧，色图由 map 指定为所有帧图像的色图，X 为 m×n×1×k 的
                   %数组
montage(RGB)       %显示真彩色图像 RGB，共 k 帧，RGB 为 m×n×3×k 的数组
```

对于包含多帧的图像，可以同时显示多帧，也可以用动画的形式显示图像的帧。immovie()函数可以将多帧图像转换为动画，其调用格式为

```
mov=immovie(X,map)        %X 为多帧索引图像阵列，map 为索引图像的对应色阶。对于其他类型图像，
                          %则需要首先将其转换为索引图像，这种功能只对索引图像有效
```

【例 5-20】利用 montage()函数显示图像。

解 在编辑器中输入以下代码。

```
clear,clf
mri=uint8(zeros(128,128,1,6));
for frame=1:6
    [mri(:,:,:,frame),map]=imread('mri.tif',
frame);                            %把每帧读入内存中
end
montage(mri,map);
```

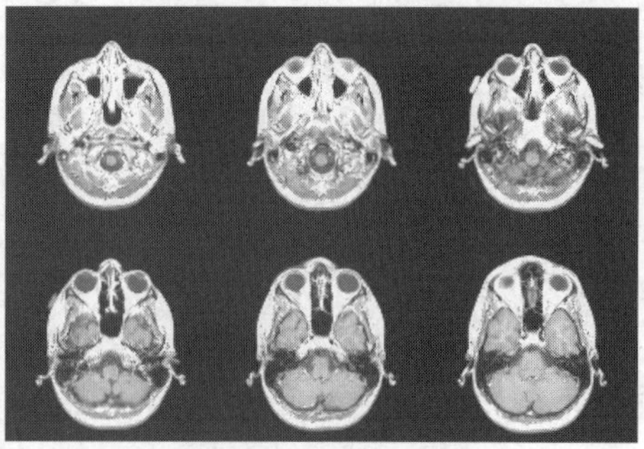

图 5-24　多帧图像的显示

运行程序，结果如图 5-24 所示。

纹理映射是一种将二维图像映射到三维图形表面的显示技术，MATLAB 提供了 warp()函数实现纹理映射；zoom()函数可以将图像或二维图形进行放大或缩小显示。zoom 本身是一个开关。函数的调用格式为

```
warp(X,map)                              %将索引图像显示在默认表面上
warp(I,n)                                %将灰度图像显示在默认表面上
```

```
warp(BW)                                    %将二值图像显示在默认表面上
warp(RGB)                                   %将真彩色图像显示在默认表面上
warp(z,___)                                 %将图像显示在 z 表面上
warp(x,y,z,___)                             %将图像显示在（x,y,z）表面上
h = warp(___)                               %返回图像的句柄
zoom on                                     %用于打开缩放模式
zoom off                                    %用于关闭缩放模式
zoom in                                     %用于放大局部图像
zoom out                                    %用于缩小局部图像
```

【例 5-21】 将图像纹理映射到圆柱面和球面。

解　在命令行窗口中依次输入以下代码。

```
>> [x,y,z]=cylinder;
>> I=imread('peppers.png');
>> subplot(121),warp(x,y,z,I);grid           %将图像纹理映射到圆柱面
>> [x,y,z]=sphere(50);
>> subplot(122),warp(x,y,z,I);grid           %将图像纹理映射到球面
```

运行结果如图 5-25 所示。

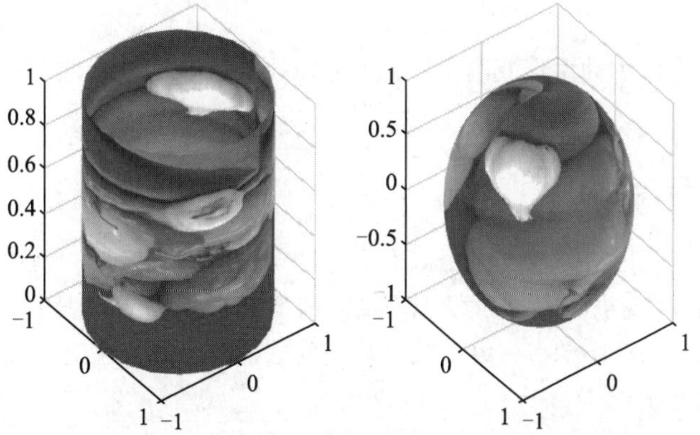

图 5-25　将图像纹理映射到圆柱面和球面

5.3　图像数字化

数字图像处理是将图像视为一个矩阵来处理的。对图像 $f(x,y)$ 采样，设取 $M \times N$ 个数据，将这些数据按采样点的相对位置排成一个数阵，然后对每个阵元进行量化，从而得到一个数字矩阵。

利用该矩阵代替图像 $f(x,y)$，即数字图像可以用一个矩阵表示，矩阵的元素称为数字图像的像素或像元，如图 5-26 所示。

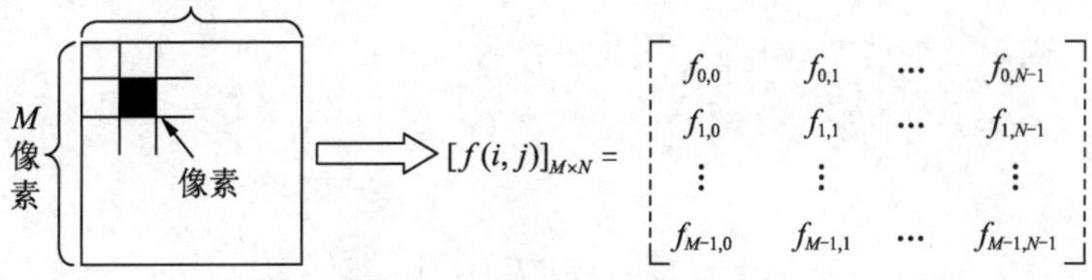

图 5-26　用矩阵表示图像

上述过程可表示为

$$f(x,y)\xrightarrow{\text{采样}}\begin{bmatrix} f(x_0,y_0) & f(x_0,y_1) & \cdots & f(x_0,y_{N-1}) \\ f(x_1,y_0) & f(x_1,y_1) & \cdots & f(x_1,y_{N-1}) \\ \vdots & \vdots & & \vdots \\ f(x_{M-1},y_0) & f(x_{M-1},y_1) & \cdots & f(x_{M-1},y_{N-1}) \end{bmatrix}$$

$$\longrightarrow [f(i,j)]_{M\times N}\xrightarrow{\text{量化}}[f_l(i,j)]_{M\times N}$$

其中，$f_l(i,j)$ 为经过量化后的像素值。

为了分析和处理方便，有时需要将表示数字图像矩阵的元素逐行或逐列串接成一个向量，这个向量是数字图像的另一种表示形式，即

$$[f(i,j)]_{M\times N}=\begin{bmatrix} f(0,0) & f(0,1) & \cdots & f(0,N-1) \\ f(1,0) & f(1,1) & \cdots & f(1,N-1) \\ \vdots & \vdots & & \vdots \\ f(M-1,0) & f(M-1,1) & \cdots & f(M-1,N-1) \end{bmatrix}\to\begin{bmatrix} f(0,0) \\ \vdots \\ f(1,0) \\ \vdots \\ f(1,N-1) \\ \vdots \\ f(M-1,N-1) \end{bmatrix}$$

在计算机中把数字图像表示为矩阵或向量后，就可以用矩阵理论和其他一些数字方法对数字图像进行分析和处理了。

5.3.1　图像的采样

图像信号通常是二维空间信号，它是一个以平面上的点作为独立变量的函数。

如果是二值或灰度图像，采用二维平面情况下的浓淡变化函数 $f(x,y)$ 表示一幅图像在水平和垂直两个方向上的光照强度的变化。当对图像在二维空域进行空间采样时，通常是对 $f(x,y)$ 进行均匀采样，取得各点的亮度值，构成一个离散函数 $f(i,j)$，如图 5-27 所示。

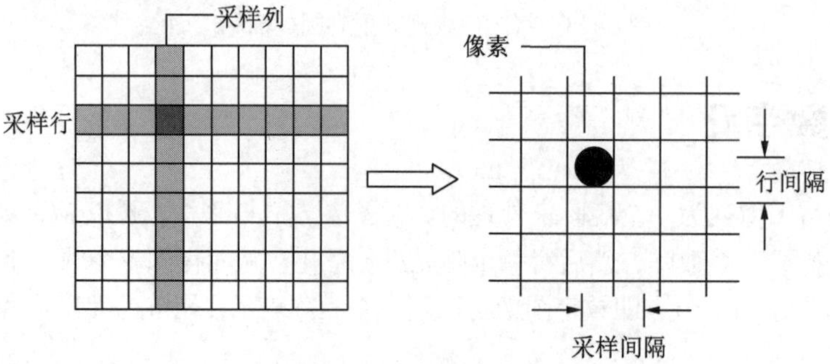

图 5-27　采样原理图

如果是彩色图像，则以三基色（RGB）的明亮度作为分量的二维向量函数表示，即

$$\boldsymbol{f}(x,y)=[f_{\mathrm{R}}(x,y)\quad f_{\mathrm{G}}(x,y)\quad f_{\mathrm{G}}(x,y)]^{\mathrm{T}}$$

相应的离散值为

$$\boldsymbol{f}(x,y)=[f_{\mathrm{R}}(i,j)\quad f_{\mathrm{G}}(i,j)\quad f_{\mathrm{G}}(i,j)]^{\mathrm{T}}$$

二维图像信号的采样需要遵循采样定理：对一个频谱有限($|u|<u_{max}$ 且 $|v|<v_{max}$)的图像信号 $f(t)$ 进行采样时，当采样频率满足条件 $|u_r|\geqslant 2u_{max}$，$|v_s|\geqslant 2v_{max}$ 时，采样函数 $f(i,j)$ 可无失真地恢复为连续信号 $f(x,y)$。u 和 v 分别为信号 $f(x,y)$ 在两个方向的频域上的有效频谱的最高角频率；u_r 和 v_s 分别为二维采样频率，$u_r=2\pi/T_u$，$v_s=2\pi/T_v$。通常，取 $T_u=T_v=T_0$。

5.3.2 图像的量化

模拟图像经过采样后，在时间和空间上离散化为像素。但采样所得的像素值，即灰度值，仍是连续量。把采样后所得的各像素的灰度值从模拟量到离散量的转换称为图像灰度的量化。图像灰度的量化过程如图 5-28 所示。

若连续灰度值用 z 表示，对于满足 $z_i\leqslant z\leqslant z_{i+1}$ 的 z 值，都量化为整数 q_i，q_i 称为像素的灰度值，z 与 q_i 的差称为量化误差。一般地，像素值量化后用一个字节（8b）来表示。

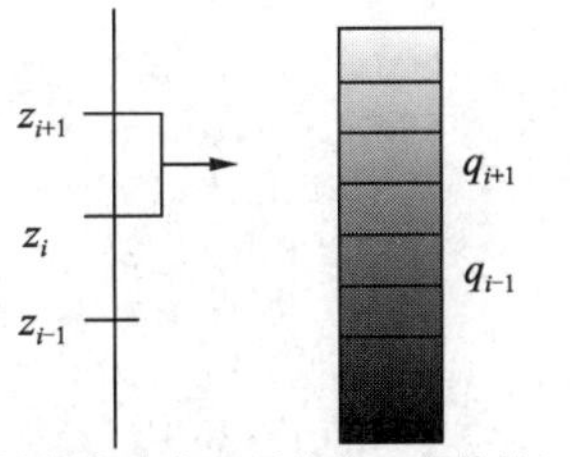

图 5-28 图像灰度的量化

图像在采样时，行、列的采样点与量化时每个像素量化的级数，既影响数字图像的质量，也影响数字图像数据量的大小。设图像取 $M\times N$ 个采样点，每个像素量化后的灰度二进制位数为 Q（通常取 $Q=2^k$），则存储数字图像所需的二进制位数 b 为

$$b=M\times N\times Q$$

字节数为

$$B=M\times N\times\frac{Q}{8}$$

连续灰度值量化为灰度级的方法有等间隔量化和非等间隔量化两种。实际应用中多采用等间隔量化。

（1）等间隔量化就是简单地把采样值的灰度范围等间隔地分割并进行量化。对于像素灰度值在黑-白范围较均匀分布的图像，这种量化方法可以得到较小的量化误差，该方法也可称为均匀量化或线性量化。

（2）非等间隔量化依据一幅图像具体的灰度值分布的概率密度函数，按总量化误差最小的原则进行量化，采用非等间隔量化方法可减小量化误差。通常对图像中像素灰度值频繁出现的灰度值范围，量化间隔取得小一些；而对那些像素灰度值极少出现的范围，则量化间隔取得大一些。

对于一幅图像，当量化级数 Q 一定时，采样点数 $M\times N$ 对图像质量有显著影响，即采样点数越多，图像质量越好；采样点数减少，块状效应就逐渐明显。同理，当图像的采样点数一定时，采用不同量化级数的图像质量也不同，即量化级数越多，图像质量越好；量化级数越少，图像质量越差；量化级数最小的极端情况就是二值图像，图像会出现假轮廓。

5.4 图像类型的转换

在对图像进行处理时，很多时候对图像的类型有特殊要求。例如，在对索引图像进行滤波时，必须把它转换为 RGB 图像，否则只对图像的下标进行滤波，得到的是毫无意义的结果。MATLAB 提供了许多图像类型转换的函数，从这些函数的名称就可以看出它们的功能。

5.4.1 图像抖动

颜色抖动即改变边缘像素的颜色，使像素周围的颜色近似于原始图像的颜色，从而以空间分辨率换取颜色分辨率。

在 MATLAB 中，利用 dither()函数实现对图像的抖动，通过颜色抖动增强输出图像的颜色分辨率。该函数可以把 RGB 图像转换为索引图像或把灰度图像转换为二值图像。其调用方法为

```
X=dither(RGB,map)                        %把 RGB 图像根据指定的颜色图 map 转换为索引图像 X
BW=dither(I)                             %把灰度图像 I 转换为二值图像 BW
```

【例 5-22】 将 RGB 图像抖动成索引图像。

解 在命令行窗口中依次输入以下代码。

```
>> clear all;
>> I=imread('peppers.png');
>> map=pink(512);
>> X=dither(I,map);                      %将 RGB 图像抖动成索引图像
>> subplot(121),imshow(I);title('原始图像');
>> subplot(122),imshow(X,map);title('抖动成索引图像');
>> clear all;
>> I=imread('peppers.png');
>> map=pink(512);
>> X=dither(I,map);                      %将 RGB 图像抖动成索引图像
>> subplot(121),imshow(I);title('原始图像');
>> subplot(122),imshow(X,map);title('抖动成索引图像');
```

运行结果如图 5-29 所示。

【例 5-23】 利用 dither()函数将灰度图像抖动成二值图像。

解 在命令行窗口中依次输入以下代码。

```
>> clear all;
>> I=imread('corn.tif',3);
>> BW=dither(I);                         %将灰度图像抖动成二值图像
>> subplot(121),imshow(I);title('原始图像');
>> subplot(122),imshow(BW);title('抖动成二值图像');
```

运行结果如图 5-30 所示。

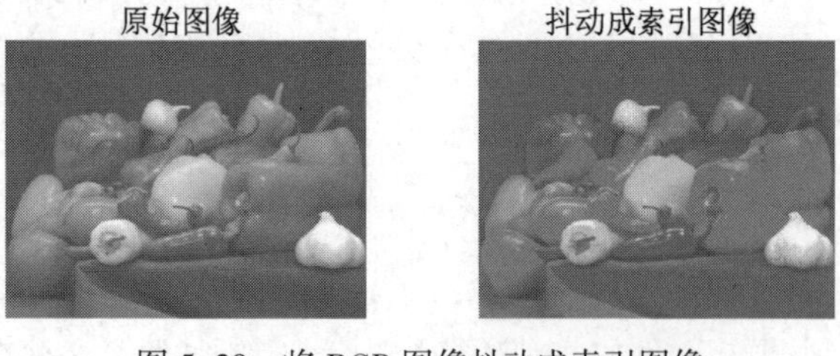

图 5-29 将 RGB 图像抖动成索引图像

图 5-30 将灰度图像抖动成二值图像

5.4.2 转换为二值图像

在 MATLAB 中，im2bw()函数用于设定阈值将灰度、索引、RGB 图像转换为二值图像。该函数的调用格式为

```
BW=im2bw(I, level)                       %level 是一个归一化阈值，取值为[0,1]
BW=im2bw(X, map, level)
```

```
BW=im2bw(RGB, level)
```

【例 5-24】将真彩色图像转换为二值图像。

解　在命令行窗口中依次输入以下代码。

```
>> I=imread('peppers.png');
>> X=im2bw(I,0.5);                          %将真彩色图像转换为二值图像
>> subplot(121),imshow(I);title('原始图像');
>> subplot(122),imshow(X);title('二值图像');
```

运行结果如图 5-31 所示。

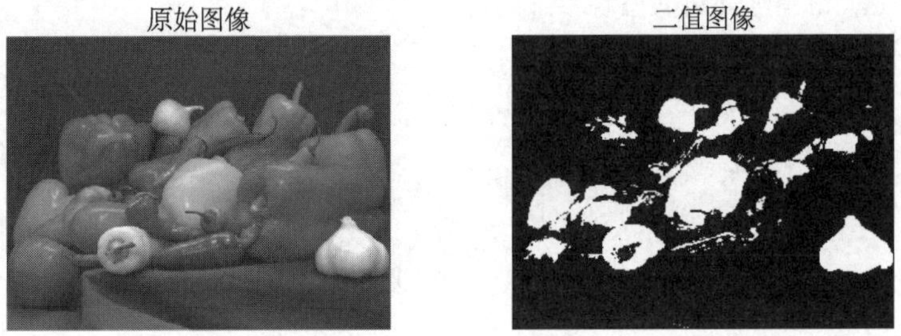

图 5-31　将真彩色图像转换为二值图像

5.4.3　转换为灰度图像

在 MATLAB 中，mat2gray()函数用于将数据矩阵转换为灰度图像。该函数的调用格式为

```
I=mat2gray(A,[max,min])       %按指定的取值区间[max,min]将数据矩阵 A 转换为灰度图像 I;若不指定
                              %区间，自动取最大区间。A 和 I 均为 double 型
```

【例 5-25】利用 mat2gray()函数将数据矩阵转换为灰度图像。

解　在命令行窗口中依次输入以下代码。

```
>> I=imread('tire.tif');
>> A=filter2(fspecial('sobel'),I);
>> J=mat2gray(A);                 %将数据矩阵转换为灰度图像
>> subplot(121);subimage(A);title('原始图像');
>> subplot(122);subimage(J);title('转换为灰度图像');
```

运行结果如图 5-32 所示。

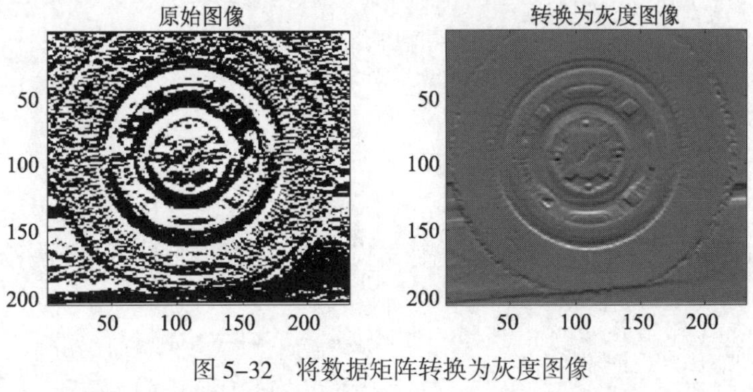

图 5-32　将数据矩阵转换为灰度图像

5.4.4 转换为索引图像

在 MATLAB 中，gray2ind()函数用于将灰度图像或二值图像转换为索引图像；grayslice()函数用于设定阈值将灰度图像转换为索引图像。函数的调用格式为

```
[X,map]=gray2ind(I,n)    %按灰度级 n（默认为 64）将灰度图像 I 转换为索引图像 X。map 为 gray(n)，
X=grayslice(I,n)         %表示将灰度图像 I 均匀量化为 n 个等级，然后转换为伪彩色图像 X
X=grayslice(I,v)         %表示按指定的阈值向量 v(其中每个元素为 0～1)对图像 I 进行阈值划分，然后
                         %转换为索引图像，I 可以是 double 型、uint8 或和 uint16 型
```

【例 5-26】利用 gray2ind()函数将灰度图像转换为索引图像。

解 在命令行窗口中依次输入以下代码。

```
>> clear all;
>> I=imread('tire.tif');
>> [X,map]=gray2ind(I,32);                     %将灰度图像转换为索引图像
>> subplot(121),imshow(I);title('原始图像');
>> subplot(122),imshow(X,map);title('索引图像');
```

运行结果如图 5-33 所示。

图 5-33 gray2ind()函数将灰度图像转换为索引图像

【例 5-27】利用 grayslice()函数将灰度图像转换为索引图像。

解 在命令行窗口中依次输入以下代码。

```
>> clc,clear
>> I=imread('cell.tif');
>> X2=grayslice(I,8);                              %将灰度图像转换为索引图像
>> subplot(121);subimage(I);title('原始图像');
>> subplot(122);subimage(X2,jet(8));title('索引图像');
```

运行结果如图 5-34 所示。

5.4.5 索引图像转换

在 MATLAB 中，ind2gray()函数用于将索引图像转换为灰度图像；ind2rgb()函数用于将索引图像转换为 RGB 图像。函数的调用格式为

```
I=ind2gray(X, map)                    %将索引图像转换为灰度图像
RGB=ind2rgb(X, map)                   %将索引图像转换为 RGB 图像
```

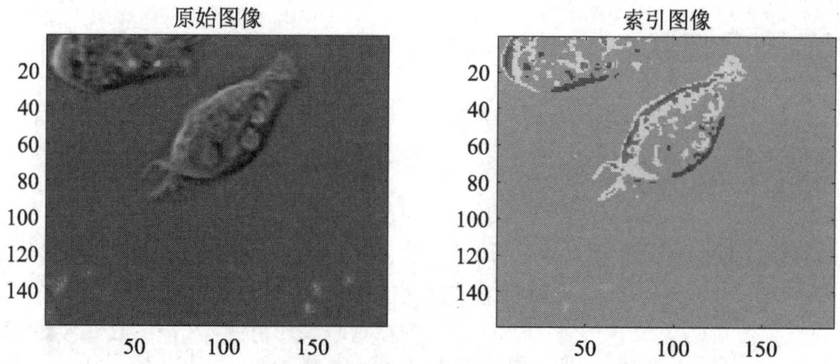

图 5-34　grayslice()函数将灰度图像转换为索引图像

【例 5-28】利用 ind2gray()函数将索引图像转换为灰度图像。

解　在命令行窗口中依次输入以下代码。

```
>> load trees
>> subplot(121);imshow(X,map);title('原始图像');
>> I=ind2gray(X,map);                        %将索引图像转换为灰度图像
>> subplot(122);imshow(I);title('灰度图像');
```

运行结果如图 5-35 所示。

图 5-35　将索引图像转换为灰度图像

【例 5-29】利用 ind2rgb()函数将索引图像转换为 RGB 图像。

解　在命令行窗口中依次输入以下代码。

```
>> [I,map]=imread('forest.tif');
>> X=ind2rgb(I,map);                              %将索引图像转换为 RGB 图像
>> subplot(121);imshow(I,map);title('原始图像');
>> subplot(122);imshow(X);title('RGB 图像');
```

运行结果如图 5-36 所示。

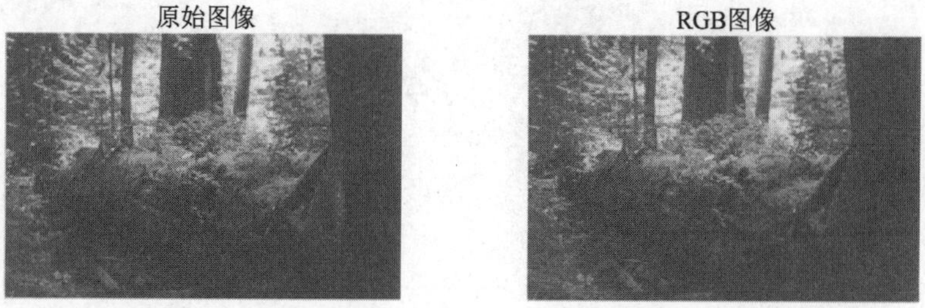

图 5-36　将索引图像转换为 RGB 图像

5.4.6 真彩色图像转换

在 MATLAB 中，rgb2gray()函数用于将真彩色图像转换为灰度图像；rgb2ind()函数用于将真彩色图像转换为索引色图像。函数的调用格式为

```
I=rgb2gray(RGB)                    %将真彩色图像转换为灰度图像
[X,map]=rgb2ind(RGB, n)            %使用最小量化算法将真彩色图像转换为索引图像。n 指定 map 中颜色
                                   %项数，最大值为 65536
X=rgb2ind(RGB, map)                %在颜色图中找到与真彩色图像颜色值最接近的颜色作为转换后索引
                                   %图像的像素值。map 中颜色项数不能超过 65536
[X,map]=rgb2ind(RGB, tol)          %使用均匀量化算法将真彩色图像转换为索引图像，map 中最多包含
                                   %(floor(1/tol)+1)^3 种颜色，tol 的取值为 0.0～1.0
[___]=rgb2ind(___, dither_option)      %dither_option 用于开启/关闭 dither，取值可以是
                                       %'dither'（默认值）或'nodither'
```

【例 5-30】将真彩色图像转换为灰度图像。

解 在命令行窗口中依次输入以下代码。

```
>> RGB=imread('onion.png');
>> X=rgb2gray(RGB);                          %将真彩色图像转换为灰度图像
>> subplot(121);imshow(RGB);title('原始图像');
>> subplot(122);imshow(X);title('灰度图像');
```

运行结果如图 5-37 所示。

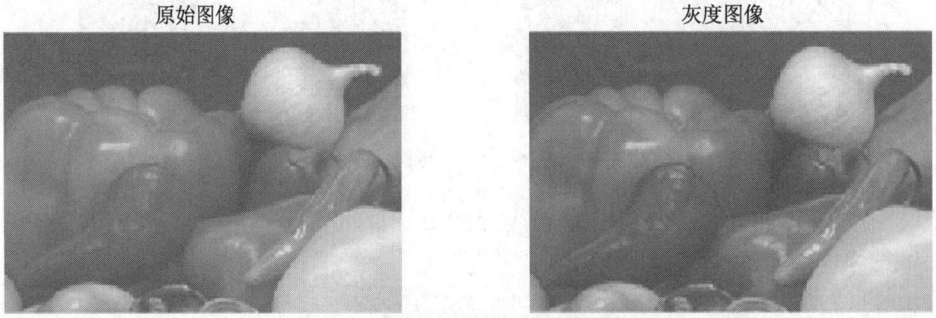

图 5-37 将真彩色图像转换为灰度图像

【例 5-31】将真彩色图像转换为索引图像。

解 在命令行窗口中依次输入以下代码。

```
>> RGB=imread('onion.png');
>> [X,MAP]=rgb2ind(RGB,0.7);              %将真彩色图像转换为索引图像
>> subplot(121);imshow(RGB);title('原始图像');
>> subplot(122);imshow(X,MAP);title('索引图像');
```

运行结果如图 5-38 所示。

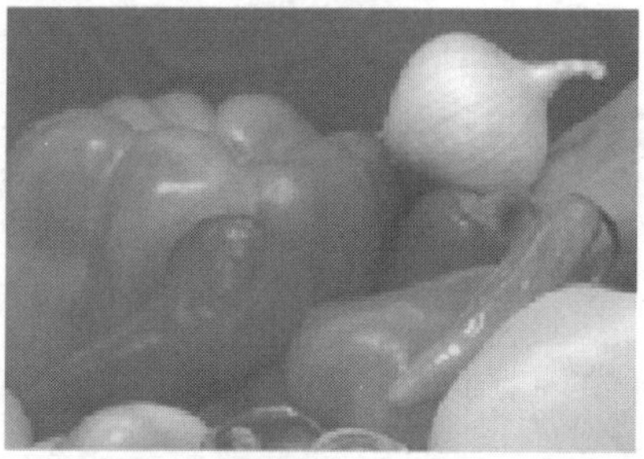

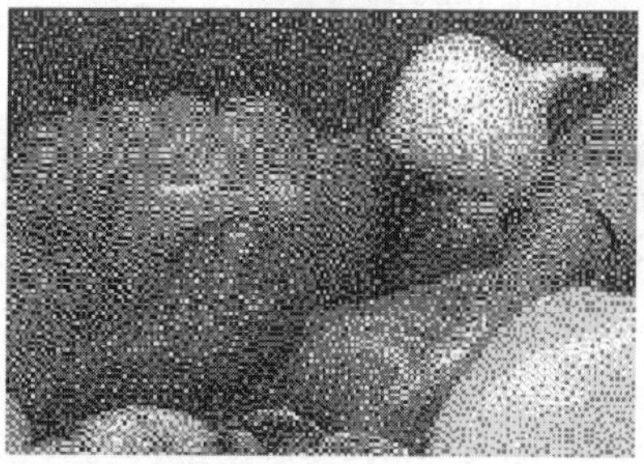

图 5-38　将真彩色图像转换为索引图像

5.5　小结

本章主要介绍利用 MATLAB 进行图像处理的基础，包括图像的文件格式、常用的图像类型、基本的图像处理函数、图像类型转换等内容，讲解过程中给出大量示例阐述其在 MATLAB 中的实现方法。希望读者通过学习能够熟悉和掌握其中的基本思想，为后面的图像处理学习打下基础。

第 6 章 颜色模型转换

CHAPTER 6

颜色模型是为了不同的研究目的确立了某种标准，并按这个标准用基色表示颜色。通常一种颜色模型用一个三维坐标系统和系统中的一个子空间表示，每种颜色是这个子空间中的一个单点。本章将介绍图像的图像颜色模型及其转换方法，并介绍 MATLAB 的颜色模型转换函数。

学习目标

（1）了解常用的颜色模型；

（2）掌握颜色模型的转换函数。

6.1 常用颜色模型

颜色模型也称为彩色空间。国际照明委员会（CIE）在进行大量的色彩测试实验的基础上提出了一系列的颜色模型对色彩进行描述，不同的颜色模型之间可以通过数学方法相互转换。

6.1.1 RGB 模型

CIE 规定以 700nm（红）、546.1nm（绿）、435.8nm（蓝）3 个色光为三基色，又称为物理三基色。颜色可以用这三基色按不同比例混合而成，RGB 模型正是基于 RGB 三基色的颜色模型。

RGB 模型是一个正立方体形状，如图 6-1 所示。其中任意点代表一种颜色，含有 R、G、B 3 个分量，每个分量均量化到 8 位，用 0 ~ 255 表示。

其中，坐标原点(0,0,0)为黑色；坐标轴上的 3 个顶点分别为红(255,0,0)、绿(0,255,0)、蓝(0,0,255)；另外，3 个坐标面上的顶点为紫(255,0,255)、青(0,255,255)、黄(255,255,0)；白色在原点的对角点上；从黑到白的连线上，$R=G=B$ 颜色的各点为不同明暗度的灰色，所以灰度图像也可以认为是各颜色 RGB 分量相等的彩色图像。

RGB 模型易于用硬件实现，通常应用于彩色监视器、摄像机等产品上。

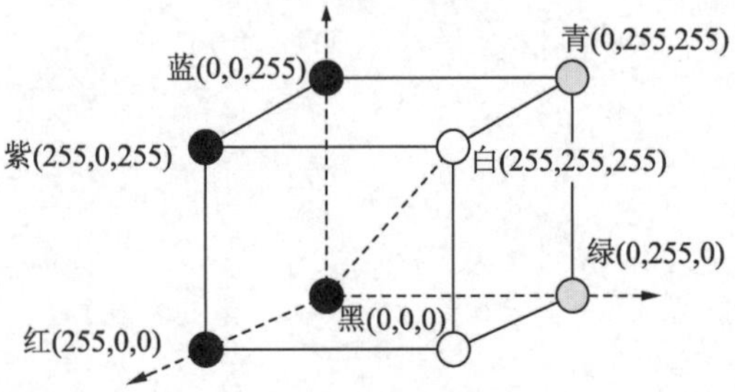

图 6-1 RGB 颜色模型

6.1.2 CMY/CMYK 模型

CMY/CMYK 模型基于相减混色原理，白光照射到物体上，物体吸收一部分光线，并将剩下的光线反射，反射光线的颜色即为物体的颜色。

CMY 为“青色（Cyan）、品红（Magenta）、黄色（Yellow）”的缩写，这 3 种颜色是 CMY 模型的三基色。CMY 三色混合，会吸收所有可见光，产生黑色，但实际产生的黑色不纯，因此，在 CMY 模型的基础上加入黑色，形成 CMYK 彩色模型。

在计算机中表示颜色，通常采用 RGB 数据，而彩色打印机要求输入 CMYK 数据，所以要进行一次 RGB 数据向 CMY 数据的转换，转换公式为

$$K = \min(1-R, 1-G, 1-B)$$

$$C = \frac{1-K-K}{1-K}$$

$$M = \frac{1-G-K}{1-K}$$

$$Y = \frac{1-B-K}{1-K}$$

6.1.3　HSI/HSV 模型

1. HSI模型

HSI 模型基于孟塞尔表色系统，它反映了人的视觉系统感知彩色的方式，以色调（Hue）、饱和度（Saturation）和亮度（Intensity 或 Brightness）3 种基本特征量表示颜色。

色调与光的波长有关，它表示人的感官对不同颜色的感受，如红色、绿色、蓝色等；它也可表示一定范围的颜色，如暖色、冷色等。饱和度表示颜色的纯度，纯光谱色是完全饱和的，加入白光会稀释饱和度。饱和度越大，颜色看起来就越鲜艳。强度对应成像亮度和图像灰度，是颜色的明亮程度。

将 RGB 颜色模型立方体沿着主对角线进行投影，得到如图 6–2 所示的六边形。在这个表示方法中，原来沿着颜色立方体对角线的灰色现在都投影到中心点，红色点则位于右边的角上，绿色点位于左上角，蓝色点则位于左下角。

图 6–3 所示的 HSI 模型称为双六棱锥三维颜色表示法。

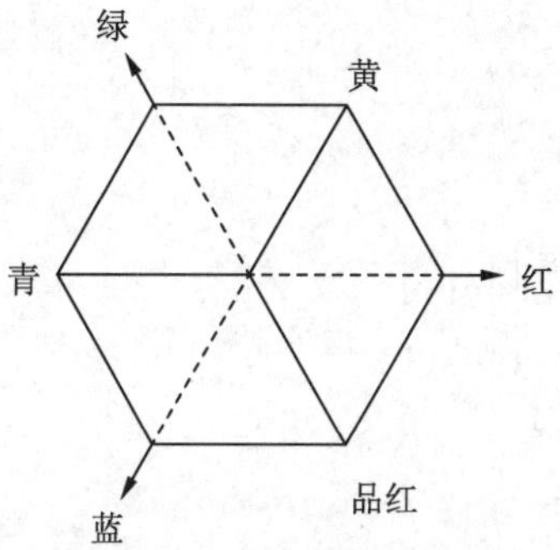

图 6–2　RGB 立方体投影

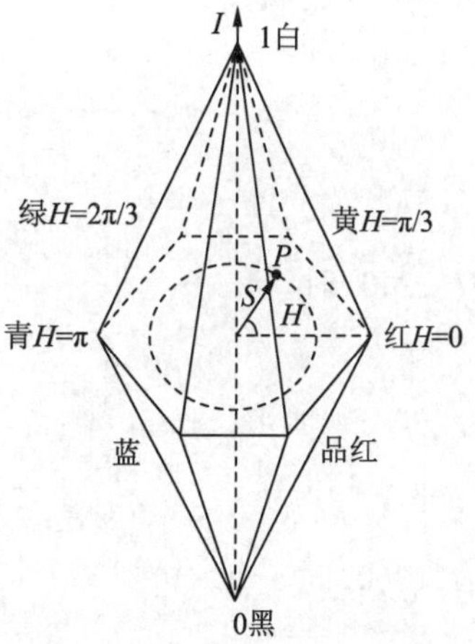

图 6–3　双六棱锥三维颜色表示法

图 6–3 中，将前述立方体（见图 6–1）的对角线看作一条竖直的强度轴 I，表示光照强度（或称为亮

度），用来确定像素的整体亮度，不管其颜色是什么。沿锥尖向上颜色为由黑到白。

色调（H）反映了该颜色最接近哪种光谱波长，在模型中，红、绿、蓝 3 条坐标轴平分 360°，即 0°为红色，120°为绿色，240°为蓝色。任意点 P 的 H 值是圆心到 P 的向量与红色轴的夹角。0° ~ 240°覆盖了所有可见光谱的颜色，240° ~ 300°是人眼可见的非光谱色（紫）。

饱和度（S）是指一种颜色被白色稀释的程度。饱和度与彩色点 P 到色环圆心的距离成正比，距圆心越远，饱和度越大。在环的外围圆周是纯的或饱和的颜色，其饱和度值为 1；在中心是中性（灰）影调，即饱和度为 0。

当强度 $I=0$ 时，色调 H、饱和度 S 无定义；当 $S=0$ 时，色调 H 无定义。

若用圆表示 RGB 模型的投影，则 HSI 色度空间可用三维双圆锥表示。HSI 模型也可用圆柱表示。

HSI 颜色模型的特点为 I 分量与图像的彩色信息无关，而 H 和 S 分量与人感受颜色的方式紧密相关。由于人的视觉对亮度的敏感程度远强于对颜色浓淡的敏感程度，在模型中将亮度与色调、饱和度分开，避免颜色受到光照明暗等条件的干扰，仅分析反映色彩本质的色调和饱和度，简化图像分析和处理工作，比 RGB 模型更便利。因此，HSI 颜色模型被广泛应用于计算机视觉、图像检索、视频检索等领域。

HSI 颜色模型和 RGB 颜色模型只是同一物理量的不同表示法，因而它们之间存在转换关系，采用几何推导法可以得到下列转换公式。

（1）RGB 转换为 HSI 的公式如下。

$$I=\frac{1}{3}(R+G+B)$$

$$S=\begin{cases}0, & I=0\\ 1-\dfrac{3}{R+G+B}[\min\{R,G,B\}], & I\neq 0\end{cases}$$

$$H=\begin{cases}\theta, & G\geqslant B\\ 2\pi-\theta, & G<B\end{cases},\quad \theta=\arccos\left[\frac{(R-G)+(R-B)}{2\sqrt{(R-G)^2+(R-B)(G-B)}}\right]$$

（2）HSI 转换为 RGB 的公式如下。

当 $0°\leqslant H<120°$ 时，有

$$R=I\left[1+\frac{S\cos(H)}{\cos(60°-H)}\right]$$
$$G=3I-R-B$$
$$B=I(1-S)$$

当 $120°\leqslant H<240°$ 时，有

$$R=I(1-S)$$
$$G=I\left[1+\frac{S\cos(H-120°)}{\cos(180°-H)}\right]$$
$$B=3I-R-G$$

当 $240°\leqslant H<360°$ 时，有

$$R=3I-G-B$$
$$G=I(1-S)$$
$$B=I\left[1+\frac{S\cos(H-240°)}{\cos(300°-H)}\right]$$

2. HSV模型

与 HSI 模型相似的颜色模型还有 HSV 和 HSL 模型，其中 HSV 模型应用较多。HSV 模型中的 H 和 S 的含义与 HSI 相同，V 是明度。与 HSI 不同，HSV 多采用下六棱锥、下圆锥或圆柱表示，其底部是黑色，$V=0$；顶部是纯色，$V=1$，如图 6-4 所示。

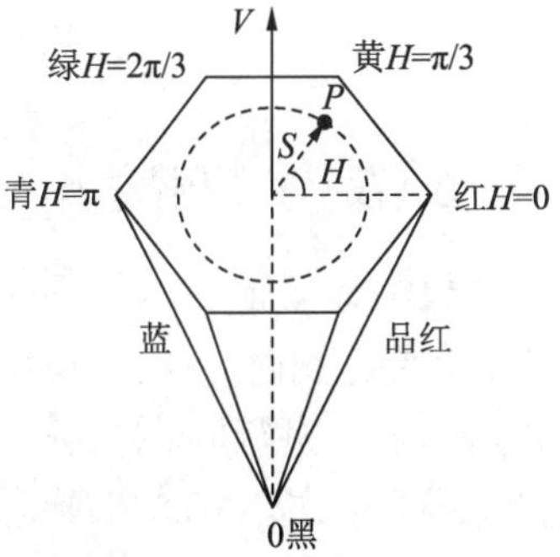

图 6-4 HSV 模型六棱锥表示

（1）RGB 转换为 HSV 的公式如下。

$$S=\begin{cases}0, & V=0\\ C/V, & \text{其他}\end{cases}$$

$$V=\max(R,G,B)$$

$$H=\begin{cases}\text{未定义}, & C=0\\ 60^\circ\times\left[\dfrac{(G-B)}{C}\bmod 6\right], & \max(R,G,B)=R\\ 60^\circ\times\left[\dfrac{(B-R)}{C}+2\right], & \max(R,G,B)=G\\ 60^\circ\times\left[\dfrac{(R-G)}{C}+4\right], & \max(R,G,B)=B\end{cases}$$

其中，$C=\max(R,G,B)-\min(R,G,B)$。

（2）HSV 转换为 RGB 的公式如下。

$$(R,G,B)=\begin{cases}(\alpha,\alpha,\alpha), & H\text{未定义}\\ (\beta,\gamma,\alpha), & 0\leqslant H'<1\\ (\gamma,\beta,\alpha), & 1\leqslant H'<2\\ (\alpha,\beta,\gamma), & 2\leqslant H'<3\\ (\alpha,\gamma,\beta), & 3\leqslant H'<4\\ (\gamma,\alpha,\beta), & 4\leqslant H'<5\\ (\beta,\alpha,\gamma), & 5\leqslant H'<6\end{cases}$$

其中，$H'=H/60^\circ$。令 $C'=V\times S$；$X=C'\times(1-|H'\bmod 2-1|)$，则 $\alpha=V-C'$，$\beta=C'+\alpha$，$\gamma=X+\alpha$。

6.1.4 YIQ 模型

YIQ 模型属于 NTSC(National Television Standards Committee)系统，Y 表示亮度信号，即亮度(Brightness)，也就是图像的灰度值；I（In-phase）与 Q（Quadrature-phase）均表示色调，描述色彩及饱和度，I 分量代表从橙色到青色的颜色变化，Q 分量则代表从紫色到黄绿色的颜色变化。

YIQ 颜色模型去掉了亮度信息与色度信息间的紧密联系，分别独立进行处理，在处理图像的亮度成分时不影响颜色成分。

YIQ 模型利用人的可视系统特点而设计，人眼对橙蓝之间颜色的变化（I）比对紫绿之间的颜色变化（Q）更敏感，传输 Q 分量可以用较窄的频宽。

RGB 颜色模型和 YIQ 模型之间的转换公式如下。

$$\begin{bmatrix}Y\\ I\\ Q\end{bmatrix}=\begin{bmatrix}0.299 & 0.587 & 0.114\\ 0.596 & -0.275 & -0.321\\ 0.212 & -0.523 & 0.311\end{bmatrix}\begin{bmatrix}R\\ G\\ B\end{bmatrix}$$

$$\begin{bmatrix} R \\ G \\ B \end{bmatrix} = \begin{bmatrix} 1 & 0.956 & 0.621 \\ 1 & -0.272 & -0.647 \\ 1 & -1.106 & 1.703 \end{bmatrix} \begin{bmatrix} Y \\ I \\ Q \end{bmatrix}$$

6.1.5 YUV 模型

YUV 模型属于 PAL（Phase Alteration Line）系统。U 和 V 表示色调，但与 YIQ 模型中的 I 和 Q 的表达方式不完全相同。YUV 模型也是利用人的可视系统对亮度变化比对色调和饱和度变化更敏感而设计的，可以对 U 和 V 进行下采样，降低数据量，同时不影响视觉效果。

采样格式有 4:2:2（2:1 的水平取样，没有垂直下采样）、4:1:1（4:1 的水平取样，没有垂直下采样）、4:2:0（2:1 的水平取样，2:1 的垂直下采样）等。

RGB 与 YUV 模型转换公式如下。

$$\begin{bmatrix} Y \\ U \\ V \end{bmatrix} = \begin{bmatrix} 0.299 & 0.587 & 0.114 \\ -0.148 & -0.289 & 0.437 \\ 0.615 & -0.515 & -0.100 \end{bmatrix} \begin{bmatrix} R \\ G \\ B \end{bmatrix}$$

$$\begin{bmatrix} R \\ G \\ B \end{bmatrix} = \begin{bmatrix} 1 & 0 & 1.140 \\ 1 & -0.395 & -0.581 \\ 1 & 2.032 & 0 \end{bmatrix} \begin{bmatrix} Y \\ U \\ V \end{bmatrix}$$

6.1.6 YCbCr 模型

YCbCr 是 YUV 模型经过缩放和偏移后获得的模型，两个模型中 Y 的含义相同，代表亮度分量，Cb 和 Cr 与 U 和 V 同样代表色彩。

通常模拟 RGB 信号先转换为模拟 YPbPr 信号，即

$$Y' = 0.299R' + 0.587G' + 0.114B'$$
$$P_b = (B' - Y') / k_b = -0.1687R' - 0.3313G' + 0.500B'$$
$$P_r = (R' - Y') / k_r = 0.500R' - 0.4187G' - 0.0813B'$$

然后再由模拟 YPbPr 信号转换为数字 YCbCr 信号，即

$$Y = 219Y' + 16$$
$$C_b = 224P_b + 128$$
$$C_r = 224P_r + 128$$

其中，$k_r = 2(1 - 0.299)$；$k_b = 2(1 - 0.114)$；R'、G'、B' 是经过伽马校正的色彩分量，归一化到[0,1]范围，则 $Y' \in [0,1]$；而 P_b，$P_r \in [-0.5, 0.5]$，可得 $Y \in [16, 235]$，C_b，$C_r \in [16, 240]$。

YCbCr 转换为 RGB 的公式如下。

$$R = \frac{255}{219}(Y - 16) + \frac{255}{224} \cdot k_r \cdot (C_r - 128)$$
$$G = \frac{255}{219}(Y - 16) - \frac{255}{224} \cdot k_b \cdot \frac{0.114}{0.587} \cdot (C_b - 128) - \frac{255}{224} \cdot k_r \cdot \frac{0.299}{0.587} \cdot (C_r - 128)$$
$$B = \frac{255}{219}(Y - 16) + \frac{255}{224} \cdot k_b \cdot (C_b - 128)$$

6.2 颜色模型转换函数

根据图像处理的要求，有时需要对图像的颜色模型进行转换，MATLAB 中提供的颜色模型转换函数如表 6-1 所示。

表 6-1 颜色模型转换函数

函数名	功能	函数名	功能
rgb2hsv	RGB与HSV模型相互转换	rgb2lab	RGB与CIE1976L*a*b*模型相互转换
hsv2rgb		lab2rgb	
rgb2ntsc	RGB与NTSC模型相互转换	rgb2xyz	RGB与CIE1931XYZ模型相互转换
ntsc2rgb		xyz2rgb	
rgb2ycb	RGB与YCbCr模型相互转换	xyz2lab	CIE1976L*a*b*与CIE1931XYZ模型相互转换
ycbcr2rgb		lab2xyz	

下面就来介绍在 MATLAB 中如何进行颜色模型的转换。

6.2.1 RGB 与 HSV 模型之间的转换

在 MATLAB 中，rgb2hsv()函数用于将 RGB 模型转换为 HSV 模型；hsv2rgb()函数用于将 HSV 模型转换为 RGB 模型。函数的调用格式为

```
HSVMAP=rgb2hsv(RGBMAP)                    %将 RGB 色表转换为 HSV 色表
HSV=rgb2hsv(RGB)                          %将 RGB 图像转换为 HSV 图像
RGBMAP=hsv2rgb(HSVMAP)                    %将 HSV 色表转换为 RGB 色表
RGB=hsv2rgb(HSV)                          %将 HSV 图像转换为 RGB 图像
```

【例 6-1】利用 rgb2ntsc()函数将 RGB 模型转换为 HSV 模型。

解 在编辑器中输入以下代码。

```
RGB=imread('greens.jpg');
HSV=rgb2hsv(RGB);                         %将 RGB 模型转换为 HSV 模型
subplot(121),imshow(RGB),title('RGB 图像');
subplot(122),imshow(HSV),title('HSV 图像');
```

运行程序，结果如图 6-5 所示。

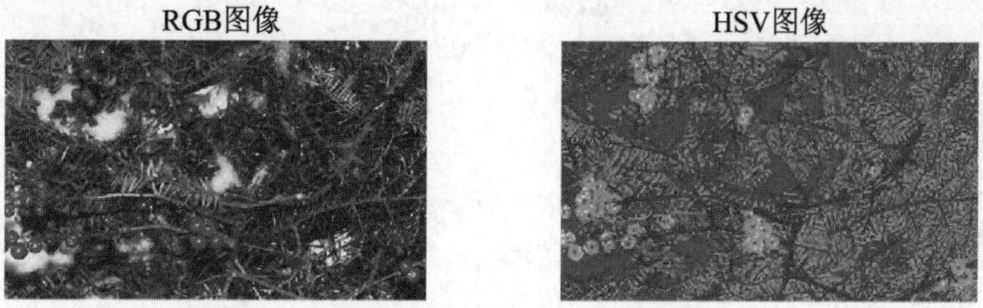

图 6-5 将 RGB 模型转换为 HSV 模型

【例 6-2】利用 hsv2rgb()函数将 HSV 模型转换为 RGB 模型。

解 在编辑器中输入以下代码。

```
RGB=imread('onion.png');
HSV=rgb2hsv(RGB);                         %将 HSV 模型转换为 RGB 模型
```

```
RGB1=hsv2rgb(HSV);
subplot(131),imshow(RGB),title('RGB 图像');
subplot(132),imshow(HSV),title('HSV 图像');
subplot(133),imshow(RGB1),title('还原的图像');
```

运行程序，结果如图 6-6 所示。

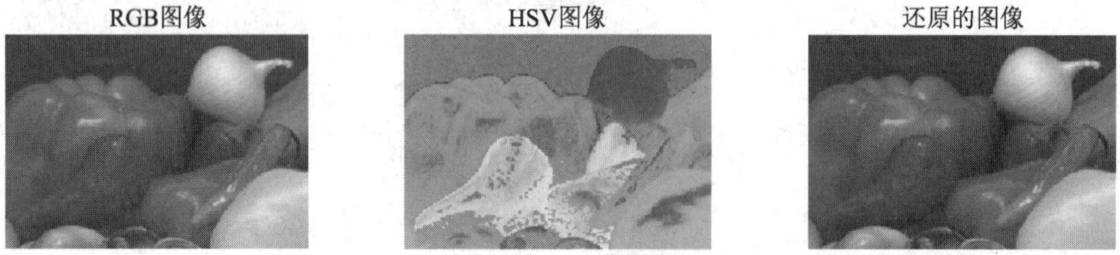

图 6-6　将 HSV 模型转换为 RGB 模型

6.2.2　RGB 与 NTSC 模型之间的转换

在 MATLAB 中，rgb2ntsc()函数用于将 RGB 模型转换为 NTSC 模型；ntsc2rgb()函数用于将 NTSC 模型转换为 RGB 模型。函数的调用格式为

```
YIQMAP=rgb2ntsc(RGBMAP)        %将 RGB 色表转换为 YIQ 色表。RGBMAP、YIQMAP 均为 double 型
YIQ=rgb2ntsc(RGB)              %将 RGB 图像转换为 NTSC 图像。RGB 为 double、uint8 或 uint16 型，
                               %YIQ 为 double 型
RGBMAP=ntsc2rgb(YIQMAP)        %将 YIQ 色表转换为 RGB 色表。YIQMAP、RGBMAP 均为 double 型
RGB=ntsc2rgb(YIQ)              %将 YIQ 图像转换为 RGB 图像。YIQ、RGB 均为 double 型
```

【例 6-3】利用 rgb2ntsc()函数将 RGB 模型转换为 NTSC 模型。

解　在编辑器中输入以下代码。

```
RGB=imread('pears.png');
YIQ=rgb2ntsc(RGB);                  %将 RGB 模型转换为 NTSC 模型
subplot(231);subimage(RGB);title('RGB 图像')
subplot(232);subimage(mat2gray(YIQ));title('NTSC 图像')
subplot(233);subimage(mat2gray(YIQ(:,:,1)));title('Y 分量')
subplot(234);subimage(mat2gray(YIQ(:,:,2)));title('I 分量')
subplot(235);subimage(mat2gray(YIQ(:,:,3)));title('Q 分量')
```

运行程序，结果如图 6-7 所示。

【例 6-4】利用 ntsc2rgb()函数将 NTSC 模型转换为 RGB 模型。

解　在编辑器中输入以下代码。

```
load spine;                         %读入图像
YIQMAP=rgb2ntsc(map);               %将 NTSC 模型转换为 RGB 模型
map1=ntsc2rgb(YIQMAP);
YIQMAP=mat2gray(YIQMAP);
Ymap=[YIQMAP(:,1),YIQMAP(:,1),YIQMAP(:,1)];
Imap=[YIQMAP(:,2),YIQMAP(:,2),YIQMAP(:,2)];
Qmap=[YIQMAP(:,3),YIQMAP(:,3),YIQMAP(:,3)];
subplot(231);subimage(X,map);title('原始图像')
subplot(232);subimage(X,YIQMAP);title('转换图像')
```

```
subplot(233);subimage(X,map1);title('还原图像')
subplot(234);subimage(X,Ymap);title('NTSC 的 Y 分量')
subplot(235);subimage(X,Imap);title('NTSC 的 I 分量')
subplot(236);subimage(X,Qmap);title('NTSC 的 Q 分量')
```

运行程序，结果如图 6-8 所示。

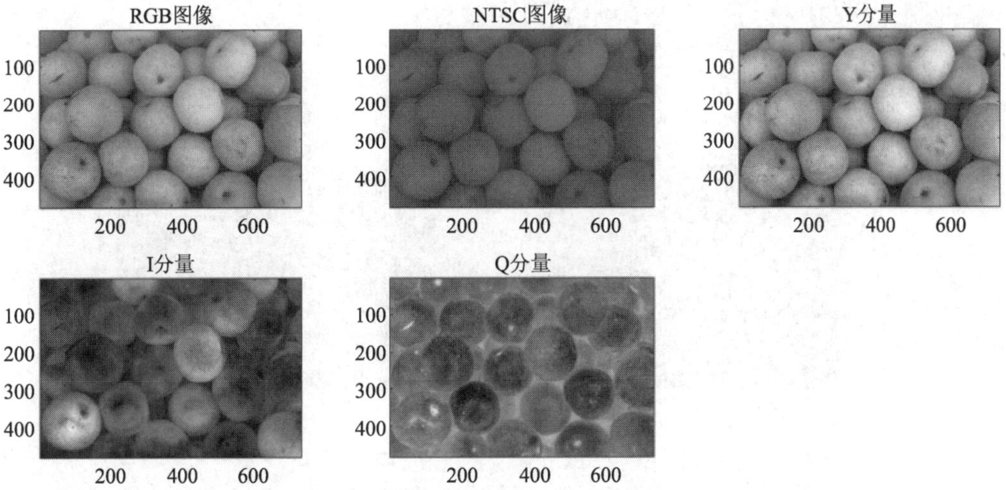

图 6-7　将 RGB 模型转换为 NTSC 模型

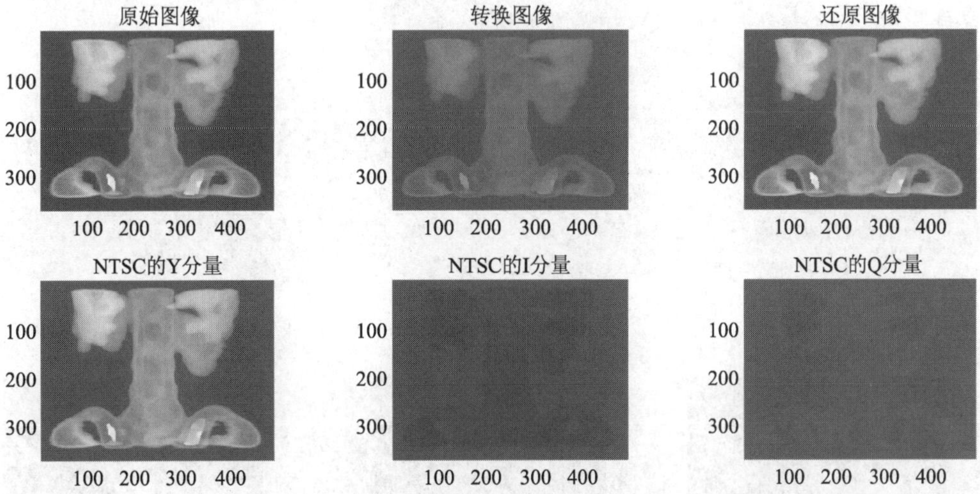

图 6-8　将 NTSC 模型转换为 RGB 模型

6.2.3　RGB 与 YCbCr 模型之间的转换

在 MATLAB 中，rgb2ycb()函数用于将 RGB 模型转换为 YCbCr 模型；ycbcr2rgb()函数用于将 YCbCr 模型转换为 RGB 模型。函数的调用格式为

```
YCbCrMAP=rgb2ycbcr(RGBMAP)          %将 RGB 色表转换为 YCbCr 色表
YCbCr=rgb2ycbcr (RGB)               %将 RGB 图像转换为 YCbCr 图像
RGBMAP=ycbcr2rgb(YCbCrMAP)          %将 YCbCr 色表转换为 RGB 色表
RGB=ycbcr2rgb(YCbCr)                %将 YCbCr 图像转换为 RGB 图像
```

【例 6-5】利用 rgb2ycbcr()函数将 RGB 模型转换为 YCbCr 模型。

解 在编辑器中输入以下代码。

```
clear
RGB=imread('onion.png');                    %读入图像
YCbCr=rgb2ycbcr(RGB);                       %将 RGB 模型转换为 YCbCr 模型
subplot(121);subimage(RGB);title('原图像');
subplot(122);subimage(YCbCr);title('变换后的图像');
```

运行程序，结果如图 6-9 所示。

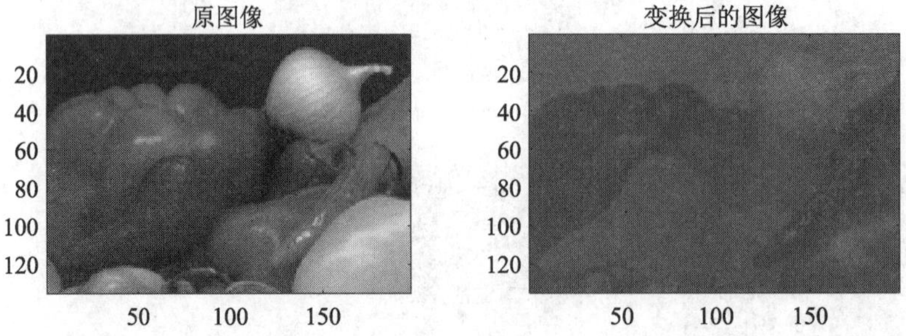

图 6-9 将 RGB 模型转换为 YCbCr 模型

【例 6-6】利用 ycbcr2rgb()函数将 YCbCr 模型转换为 RGB 模型。

解 在编辑器中输入以下代码。

```
clear
RGB=imread('peppers.png');
YCbCr=rgb2ycbcr(RGB);                       %将 YCbCr 模型转换为 RGB 模型
subplot(131);subimage(RGB);title('原图像');
subplot(132);subimage(YCbCr);title('变换后的图像');
RGB2=ycbcr2rgb(YCbCr);
subplot(133);subimage(RGB2);title('还原的图像');
```

运行程序，结果如图 6-10 所示。

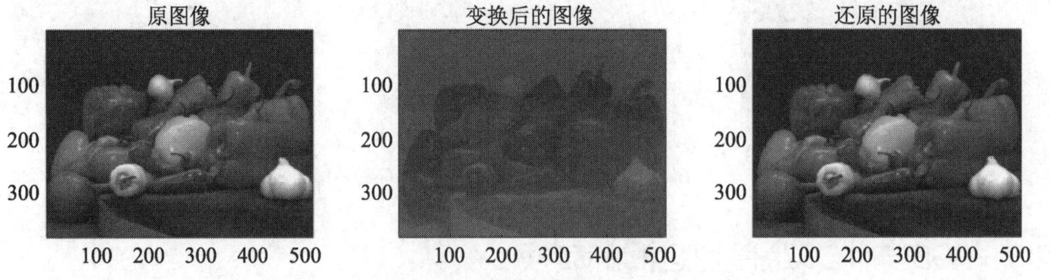

图 6-10 将 YCbCr 模型转换为 RGB 模型

6.3 小结

本章介绍了常用颜色模型的基础理论，并讲解了利用 MATLAB 进行颜色模型的转换方法，通过实例阐述 MATLAB 的实现方法。希望读者通过学习能够熟悉和掌握其中的基本思想，为后面的学习打下基础。

第 7 章 图像的基本运算

CHAPTER 7

在图像处理中，最简单的操作是图像的基本运算，它是图像高级处理的前期处理过程，主要包括点运算、算术运算、几何运算等。MATLAB 提供了使用简单方便的函数用于图像的基本运算。通过本章的学习，读者可以掌握在 MATLAB 中进行各种图像运算。

学习目标

（1）掌握图像的点运算；

（2）掌握图像的算术运算、几何运算；

（3）掌握图像的仿射变换；

（4）熟悉图像的逻辑运算。

7.1　图像的点运算

图像的点运算可以理解为像素点到像素点的运算，是图像处理中最基本的运算。通过对图像中的每个像素值进行计算，从而改善图像显示效果的操作叫作点运算。

对于一幅输入图像，它的输出图像是输入图像的映射，输出图像每个像素点的灰度值仅由对应的输入像素点的灰度值决定。

设输入图像为 $A(x,y)$，输出图像为 $B(x,y)$，映射函数为 f，则点运算可表示为

$$B(x,y)=f\left[A(x,y)\right]$$

7.1.1　点运算的种类

点运算完全由灰度映射函数 f 决定。根据映射函数的不同，可以将图像的点运算分为线性点运算和非线性点运算。点运算不会改变图像内像素点之间的空间关系。

1. 线性点运算

图像成像中曝光不足或过度曝光时可以采用点运算来补偿。例如，由于成像设备和图像记录设备的动态范围太窄等因素，会产生曝光度不足的弊病，这时可以通过点运算将灰度图像的线性范围进行拓展。

线性点运算是指灰度变换函数 $f(D)$ 为线性函数时的运算。用 D_{A} 表示输入点的灰度值，D_{B} 表示相应输出点的灰度值，则函数 f 的形式为

$$f(D_{\mathrm{A}})=aD_{\mathrm{A}}+b=D_{\mathrm{B}}$$

可以看出，当 $a=1$，$b=0$ 时，原图像不发生变化；当 $a=1$，$b\neq 0$ 时，图像灰度值增加或降低：当 $a>1$

时，输出图像对比度增大；当$0<a<1$时，输出图像对比度减小；当$a<0$时，图像亮区变暗，暗区域变亮，即对图像求补。

【例 7-1】对原始图像进行线性点运算。

解 在编辑器中输入以下代码。

```
clear,clc,clf
a=imread('rice.png');
subplot(151);imshow(a);title('原始图像')
b1=a+50;                                                %图像灰度值增加 50
subplot(152);imshow(b1);title ('灰度值增大')
b2=1.2*a;                                               %图像对比度增大
subplot(153);imshow(b2);title ('对比度增大')
b3=0.65*a;                                              %图像对比度减小
subplot(154);imshow(b3);title ('对比度减小')
b4=-double(a)+255;                                      %图像求补，a 需要转换为 double 型
subplot(155);imshow(uint8(b4));title ('图像求补运算')   %把 double 型转换为 unit8 型
```

运行程序，结果如图 7-1 所示。

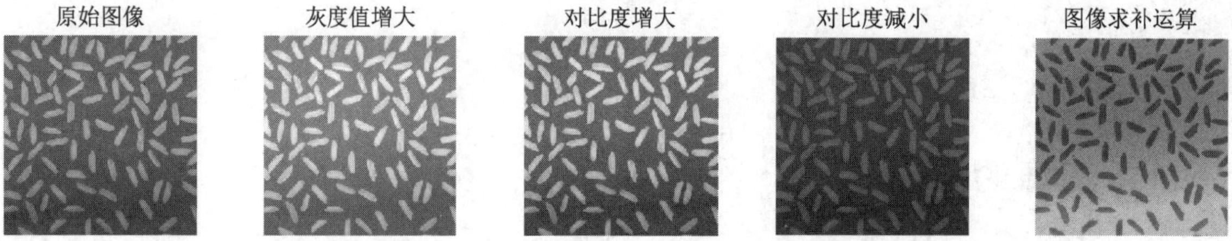

图 7-1　线性点运算

在 MATLAB 中，还提供了 imadjust()函数用于调整图像强度值或颜色图，函数调用格式为

```
J=imadjust(I)            %将灰度图像 I 中的强度值映射到 J，用于提高输出图像 J 的对比度。默认情况下，对
                         %所有像素值中最低的 1%和最高的 1%进行饱和处理
J=imadjust(I,[low_in high_in])                %将[low_in,high_in]值映射到[0,1]
J=imadjust(I,[low_in high_in],[low_out high_out])  %将[low_in,high_in]值映射到
                                                   %[low_out,high_out]
J=imadjust(I,[low_in high_in],[low_out high_out],gamma)    %gamma 描述 I 和 J 中的值之
                                                           %间的校正关系
J=imadjust(RGB,[low_in high_in],___)          %将真彩色图像 RGB 中的值映射到 J 中的新值，可以为每个
                                              %颜色通道应用相同的映射或互不相同的映射
newmap=imadjust(cmap,[low_in high_in],___)          %将颜色图 cmap 中的值映射到 newmap 中的新
                                                    %值，可以为每个颜色通道应用相同的映射或互
                                                    %不相同的映射
```

【例 7-2】利用 imadjust()函数对图像进行线性灰度变换。

解 在编辑器中输入以下代码。

```
clear,clc,clf
I=imread('pout.tif');
```

```
J=imadjust(I);                                    %分别对低强度和高强度部分 1% 的数据进行饱和处理
K=imadjust(I,[0.3 0.7],[]);                       %在指定对比度限制的情况下调整图像的对比度
n=2;
Idouble=im2double(I);
avg=mean2(Idouble);
sigma=std2(Idouble);
L=imadjust(I,[avg-n*sigma avg+n*sigma],[]);       %根据标准差调整对比度
subplot(141);imshow(I);title ('原始图像');axis off
subplot(142);imshow(J);title ('调整对比度');axis off
subplot(143);imshow(K);title ('指定对比度限制');axis off
subplot(144);imshow(L);title ('标准差调整对比度');axis off
```

运行程序，结果如图 7-2 所示。

图 7-2　线性灰度变换

2. 非线性点运算

非线性点运算是指输出灰度级与输入灰度级呈非线性函数关系。非线性点运算对应非线性的灰度映射函数，典型的映射包括平方函数、窗口函数、值域函数、多值量化函数等。

由于成像设备本身的非线性失衡，需要进行校正，或者强化部分灰度区域的信息，此时需要引入非线性点运算。常用的非线性变换公式为

$$B = A + aA \times [\max(A) - A],\ a > 0$$

执行上述变换后，图像中间灰度的对比度增大，两端（高亮和过暗区）变化很小。

【例 7-3】 对图像进行非线性点运算。

解　在编辑器中输入以下代码。

```
clear,clc,clf
a=imread('rice.png');                                       %读取原始图像
subplot(131);imshow(a);title ('原始图像');                   %显示原始图像
x=1:255;
y=x+x.*(255-x)/255;
subplot(132);plot(x,y);title ('函数的曲线图');               %绘制函数的曲线图
b1=double(a)+0.006*double(a) .*(255-double(a));
subplot(133);imshow(uint8(b1));title ('非线性处理效果');;    %显示非线性处理图像
```

运行程序，结果如图 7-3 所示。

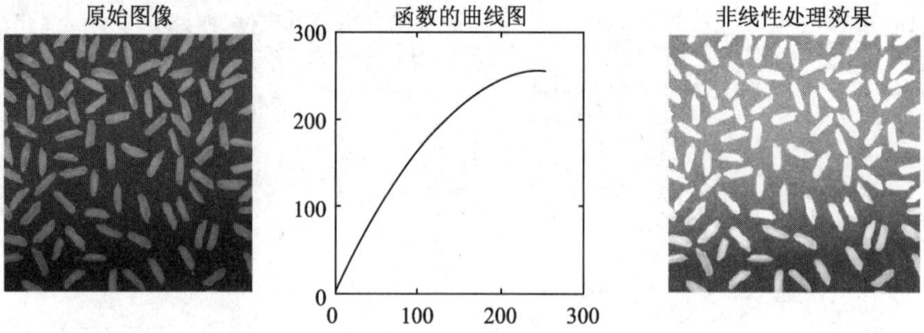

图 7-3　非线性点运算

7.1.2　直方图与点运算

直方图是多种空间域处理技术的基础。直方图操作能有效地用于图像增强，直方图固有的信息在其他图像处理应用中也是非常有用的，如图像压缩和分割。直方图在软件中易于计算，也适用于商用硬件设备，因此成为实时图像处理的一个流行工具。

在 MATLAB 中，imhist()函数可以显示一幅图像的直方图，其调用方法如下。

```
imhist(I)                    %绘制灰度图像 I 的直方图
imhist(I,n)                  %指定用于计算直方图的柱数 n
imhist(X,map)                %计算具有颜色图 map 的索引图像 X 的直方图。对于颜色图中的每个条目，直方图中
                             %都有一个对应的柱
[counts,binLocations] = imhist(___)  %返回直方图计数 counts 和柱位置 binLocations，如果为
                                     %索引图像 X，则 counts 的长度与颜色图 map 的长度相同
```

线性点运算只是把图像的直方图拉伸后进行平移，形状基本没有改变，超过灰度范围的部分将积累在边界上。对于非线性点运算，其直方图的形状将发生非线性变换。

【例 7-4】点运算对直方图的影响。

解　在编辑器中输入以下代码。

```
clear,clc,clf
a=imread('pout.tif');                          %读入图像
subplot(121);imhist(a);title('原始图像的直方图');
b=1.24*double(a)+44;
subplot(122);imhist(uint8(b));title ('变换后的直方图');
```

运行程序，结果如图 7-4 所示。

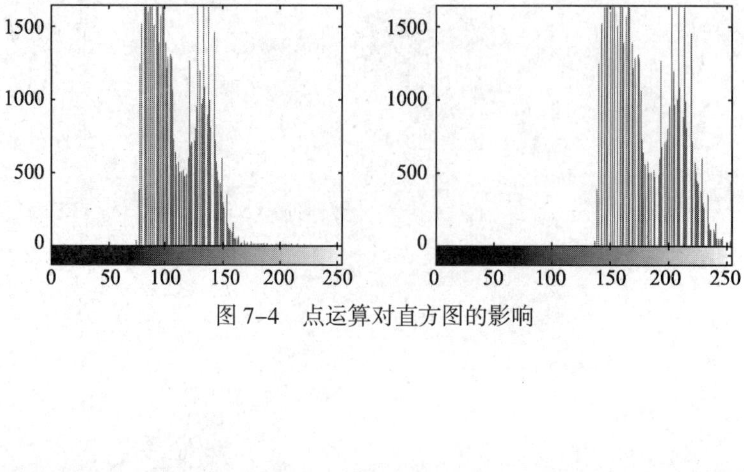

图 7-4　点运算对直方图的影响

7.1.3　直方图均衡化

直方图均衡化是指对图像进行非线性拉伸，重新分配图像像元值，使一定灰度范围内像元值的数量大致相等。通过直方图均衡化，原来直方图中间的峰顶部分对比度得到增强，而两侧的谷底部分对比度降低，输出图像的直方图是一个较平的分段直方图。如果输出数据分段值较小，会产生粗略分类的视觉效果。

设转化前图像的密度函数为 $p_r(r)$ ，$0 \leqslant r \leqslant 1$ ；转化后图像的密度函数为 $p_s(s)$ ，$0 \leqslant s \leqslant 1$ ；直方图均衡变换函数为 $s = T(r)$ 。由概率理论可得

$$p_s(s) = p_r(r)\frac{\mathrm{d}r}{\mathrm{d}s}$$

转化后图像灰度均匀分布，有 $p_s(s) = 1$ ，因此

$$\mathrm{d}s = p_r(r)\mathrm{d}r$$

两边取积分，得

$$s = T(r) = \int_0^r p_r(r)\mathrm{d}r$$

这就是图像的累积分布函数。对于图像，密度函数为

$$p(x) = \frac{n_x}{n}$$

其中，x 为灰度值；n_x 为灰度级为 x 的像素点的个数；n 为图像总像素点的个数。

以上公式都是在灰度值处于[0,1]的情况下得到的，对于[0,255]的情况，只要乘以最大灰度值 $D_{\max}$（对于灰度图像为 255）即可。此时直方图均衡化的公式为

$$D_{\mathrm{B}} = f(D_{\mathrm{A}}) = D_{\max}\int_0^{D_{\mathrm{A}}} p_{D_{\mathrm{A}}}(t)\mathrm{d}t$$

其中，D_{B} 为转化后的灰度值；D_{A} 为转化前的灰度值。离散型的直方图均衡化公式为

$$D_{\mathrm{B}} = f(D_{\mathrm{A}}) = \frac{D_{\max}}{A_0}\sum_{i=0}^{D_{\mathrm{A}}} H_i$$

其中，H_i 为第 i 级灰度的像素点的个数；A_0 为图像的面积，即像素点的总数。

在 MATLAB 中，histeq()函数用于直方图均衡化，调用格式为

```
J=histeq(I)                  %对灰度图像 I 进行直方图均衡化，输出图像 J（具有 64 个柱且大致均衡）
J=histeq(I,n)                %指定 J 具有 n 个柱的直方图，且大致均衡。当 n 远小于 I 中的离散灰度级数时，J
                             %的直方图更均衡
J=histeq(I,hgram)            %J 具有 length(hgram)个柱的直方图近似匹配目标直方图 hgram
newmap=histeq(X,map)         %变换颜色图 map 中的值，以使索引图像 X 的灰度分量的直方图大致均衡，
                             %输出变换后的颜色图 newmap
newmap=histeq(X,map,hgram)   %变换与索引图像 X 相关联的颜色图，以使索引图像(X, newmap)的灰度
                             %分量直方图近似匹配目标直方图 hgram
[___,T]=histeq(___)          %返回变换 T，将输入灰度图像或颜色图的灰度分量映射到输出灰度图像或
                             %颜色图的灰度分量
```

【例 7-5】对图像进行直方图均衡化。

解　在编辑器中输入以下代码。

```
clear,clc,clf
I=imread('peppers.png');
subplot(221);imshow(I);title('原始图像');
```

```
I=rgb2gray(I);
subplot(222);imhist(I);title('原始图像直方图');
I1=histeq(I);                                           %图像均衡化
subplot(223);imshow(I1);title('图像均衡化');
subplot(224);imhist(I1);title('直方图均衡化');
```

运行程序，结果如图 7-5 所示。

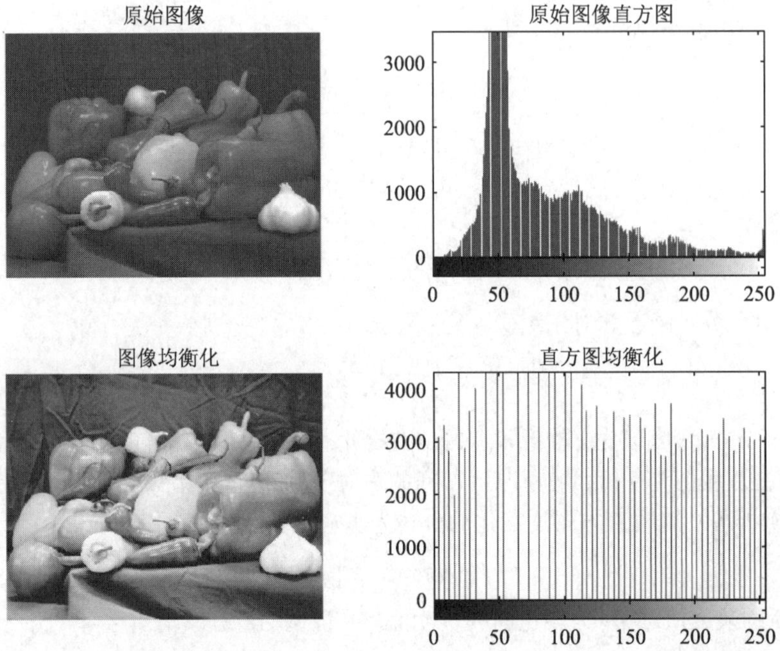

图 7-5　直方图均衡化

在 MATLAB 中，adapthisteq()函数用于限定对比度适应性直方图均衡化，先对图像的局部块进行直方图均衡化，然后利用双线性插值方法把各小块拼接起来，以消除局部块造成的边界。该函数的调用格式为

```
J=adapthisteq(I)                %使用限制对比度的自适应直方图均衡化，增强灰度图像 I 的对比度，
                                %J 为直方图均衡化后的图像
J=adapthisteq(I,Name,Value)     %使用名称-值对控制对比度增强的各方面
```

【例 7-6】使用 adapthisteq()函数对图像进行直方图均衡化。

解　在编辑器中输入以下代码。

```
clear,clc,clf
A=imread('cell.tif');
subplot(131);imshow(A) ;title('原始图像');
B=histeq(A);                            %利用 histeq()函数对图像进行直方图均衡化
subplot(132);imshow(B);title('histeq 函数作用效果');
C=adapthisteq(A);                       %利用 adapthisteq()函数对图像进行直方图均衡化
subplot(133);imshow(C) ;title('adapthisteq 函数作用效果');
```

运行程序，结果如图 7-6 所示。

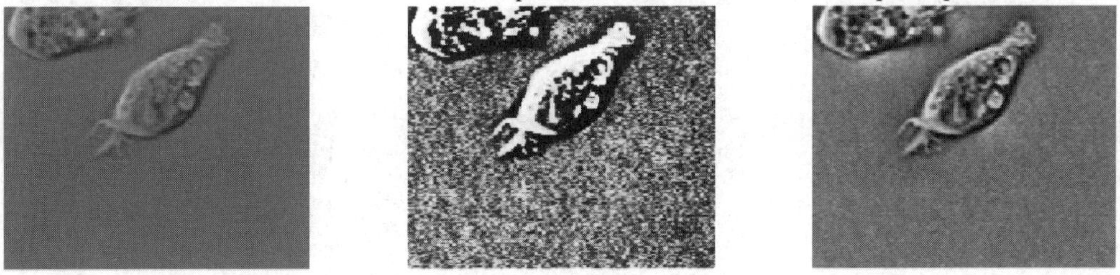

图 7-6　对图像进行直方图均衡化

7.1.4　直方图规定化

直方图规定化是用于产生处理后有特殊直方图的图像方法。所谓直方图规定化，就是通过一个灰度映像函数将原灰度直方图改造成所希望的直方图。直方图规定化的关键是灰度映像函数。

令 $P_r(V)$ 和 $P_z(Z)$ 分别表示原始图像和期望图像的灰度概率密度函数。对原始图像和期望图像均进行直方图均衡化处理，则有

$$S = T(r) = \int_0^r P_r(V)\mathrm{d}r$$

$$V = G(Z) = \int_0^z P_z(Z)\mathrm{d}z$$

$$Z = G^{-1}(V)$$

由于都是进行直方图均衡化处理，所以处理后的原图像的灰度概率密度函数 $P_S(S)$ 及理想图像的灰度概率密度函数 $P_V(V)$ 是相等的。因此，可以用变换后的原始图像灰度级 S 代替 V，即

$$Z = G^{-1}[T(r)]$$

利用此式可以从原始图像得到希望的图像灰度级。对离散图像，有

$$P_Z(Z_i) = \frac{n_i}{n}$$

$$Z_i = G^{-1}(S_i) = G^{-1}[T(r_i)]$$

综上，数字图像直方图规定化算法的实现步骤如下。

（1）将图像进行直方图均衡化处理，求出原图像中每个灰度级 r_i 所对应的变换函数 S_i。

（2）对给定直方图进行类似计算，得到理想图像中每个灰度级 Z_i 所对应的变换函数 V_i。

（3）找出 $V_i \approx S_i$ 的点对，并映射到 Z_i。

（4）求出 $P_i(Z_i)$。

在 MATLAB 中，histeq()函数不仅可以用于直方图均衡化，也可以用于直方图规定化。另外，MATLAB 还提供了 imhist()函数，用于计算和显示图像的直方图，其调用格式为

```
[counts,binLocations]=imhist(I)       %计算灰度图像 I 的直方图，返回直方图计数 counts、柱位置
                                      %binLocations，柱的数量由图像类型决定
[counts,binLocations]=imhist(I,n)         %指定用于计算直方图的柱的数量 n（默认为 256）
[counts,binLocations]=imhist(X,map)       %计算具有颜色图 map 的索引图像 X 的直方图，对于每个条
                                          %目，直方图中都有一个对应的柱
imhist(___) %显示绘制直方图，当输入索引图像时，则直方图在颜色图 map 的颜色条上方显示像素值分布
```

【例 7-7】利用直方图规定化对图像进行处理。

解 在编辑器中输入以下代码。

```
clear,clc,clf
I=imread('tire.tif');
subplot(221),imshow(I);title('原始图像')
hgram=50:2:250;                                    %规定化函数
J=histeq(I,hgram);
subplot(222),imshow(J);title('图像的规定化')
subplot(223),imhist(I,64);title('原始图像的直方图')
subplot(224),imhist(J,64);title('规定化后的直方图')
```

运行程序，结果如图 7-7 所示。

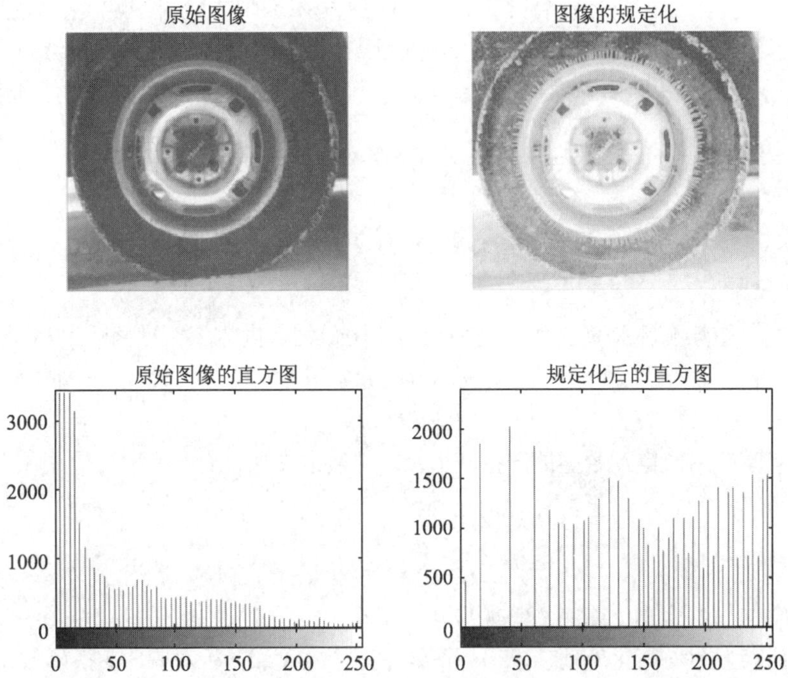

图 7-7 直方图规定化

7.2 图像的算术运算

图像的算术运算是图像之间进行点对点的加、减、乘、除运算后得到输出图像的过程。图像的算术运算可以简单地理解为数组的运算。

图像的算术运算在图像处理中有着广泛的应用，除了可以实现自身所需的算术操作，还能为许多复杂的图像处理提供准备。例如，图像减法就可以用来检测同一场景或物体生成的两幅或多幅图像的误差。

利用基本算术符（+、−、×、÷等）可以执行图像的算术操作，设 $A(x,y)$和 $B(x,y)$为输入图像，$C(x,y)$为输出图像，图像的算术运算主要有以下 4 种形式。

$$C(x,y)=A(x,y)+B(x,y)$$

$$C(x,y)=A(x,y)-B(x,y)$$
$$C(x,y)=A(x,y)\times B(x,y)$$
$$C(x,y)=A(x,y)\div B(x,y)$$

在利用运算符进行算术运算前要将图像转换为适合进行基本操作的双精度类型。而 MATLAB 中的图像算术运算函数则无须再进行数据类型间的转换，这些函数能够接受 uint8 和 uint16 型数据，并返回相同格式的图像结果。

为使运算结果符合数据范围的要求，图像的算术运算函数使用以下截取规则。

（1）超出数据范围的整型数据将被截取为数据范围的极值。

（2）分数结果四舍五入。

无论进行哪一种算术运算，都要保证两幅输入图像大小相等，且类型相同。

7.2.1　图像的加法运算

图像加法一般用于对同一场景的多重影像叠加求平均图像，以便有效地降低加性随机噪声。在 MATLAB 中，imadd()函数用于实现图像加法，该函数的调用格式为

```
Z=imadd(X,Y)                    %将矩阵 X 中的每个元素与矩阵 Y 中对应的元素相加，返回值为 Z
```

【例 7-8】使用加法运算将两幅图像相加。

解　在编辑器中输入以下代码。

```
clear,clc,clf
I=imread('rice.png');                              %读入图像 A
J=imread('cameraman.tif');                         %读入图像 B
K=imadd(I,J,'uint16');                             %图像相加，并把结果存为 16 位的形式
subplot(131);imshow(I);title('原始图像 A');
subplot(132);imshow(J);title('原始图像 B');
subplot(133);imshow(K,[]);title('相加图像');         %注意把结果压缩到 0～255 显示
```

运行程序，结果如图 7-8 所示。

图 7-8　图像的加法运算

【例 7-9】增加图像的亮度。

解　在编辑器中输入以下代码。

```
clear,clc,clf
R=imread('peppers.png');                %读入图像
R2=imadd(R,100);                        %增加图像的亮度
```

```
subplot(121),imshow(R);title('原始图像');
subplot(122),imshow(R2);title('增亮后的图像');
```

运行程序，结果如图 7-9 所示。

图 7-9　增加图像的亮度

7.2.2　图像的减法运算

图像的减法运算也称为差分运算，经常用于检测变化及运动的物体。差分法可以分为可控环境下的简单差分法和基于背景模型的差分法。在可控环境下（或者在很短的时间间隔内），认为背景是固定不变的，此时可直接使用差分运算检测变化或运动物体。

在 MATLAB 中可以用图像数组直接相减实现减法运算，也可以调用 imsubtract()函数实现。该函数的调用格式为

```
Z=imsubtract(X,Y)                    %将矩阵 X 中的每个元素与矩阵 Y 中对应的元素相减，返回值为 Z
```

【例 7-10】图像的减法运算。

解　在编辑器中输入以下代码。

```
clear,clc,clf
i=imread('rice.png');                    %读入图像
subplot(131);imshow(i);title('原始图像');
back=imopen(i,strel('disk',15));    %形态学开运算：先腐蚀后膨胀（估计背景）
i1=imsubtract(i,back);                   %从图像中减去背景
subplot(132);imshow(i1);title('减去背景后的图像');
i2=imsubtract(i,45);
subplot(133);imshow(i2);title('减去常量后的图像');
```

运行程序，结果如图 7-10 所示。

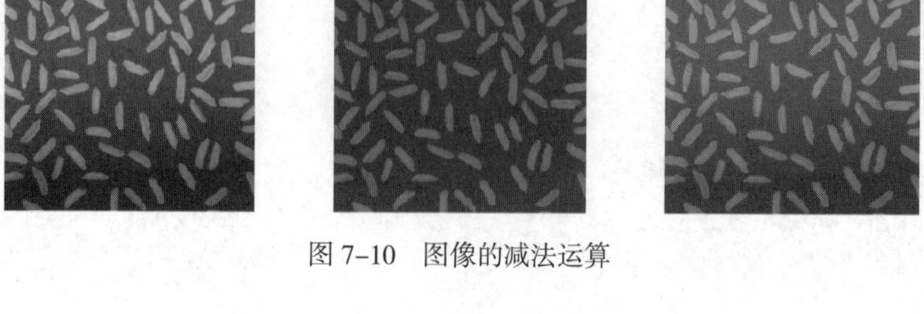

图 7-10　图像的减法运算

在 MATLAB 中，图像的减法也可以用 imabsdiff()函数（两幅图像的绝对差运算）实现。该函数的调用格式为

```
Z = imabsdiff(X,Y)              %从图像 X 的每个元素中减去图像 Y 中的对应元素，其绝对差返回到
                                %输出图像 Z 的对应元素
```

【例 7-11】图像的绝对差运算。

解 在编辑器中输入以下代码。

```
clear,clc,clf
I = imread('cameraman.tif');
J = uint8(filter2(fspecial('gaussian'),I));          %对图像进行滤波
K = imabsdiff(I,J);                                   %计算两幅图像的绝对差
subplot(131);imshow(I);title('原始图像');
subplot(132);imshow(J);title('滤波后的图像');
subplot(133);imshow(K,[]);title('绝对差运算后的图像');
```

运行程序，结果如图 7–11 所示。

图 7–11 图像的绝对差运算

【例 7-12】降低图像的亮度。

解 在编辑器中输入以下代码。

```
clear,clc,clf
R=imread('peppers.png');                  %读入图像
R2=imsubtract(R,100);                     %降低图像 R 的亮度
subplot(121),imshow(R);title('原始图像');
subplot(122),imshow(R2);title('降低亮度的图像');
```

运行程序，结果如图 7–12 所示。

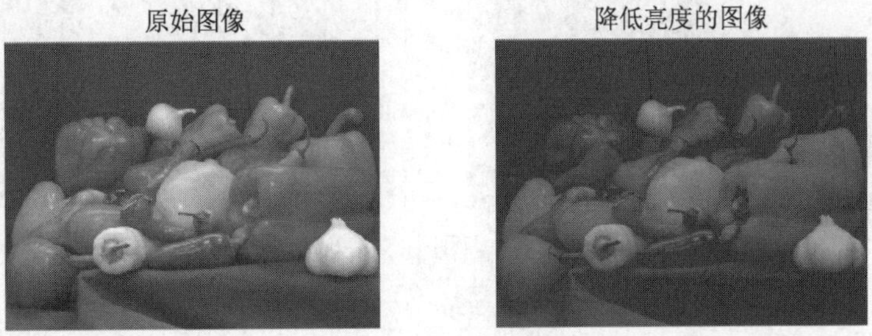

图 7–12 降低图像的亮度

7.2.3 图像的乘法运算

图像的乘法可以实现图像的缩放，即一幅图像乘以一个常数（缩放因数），若缩放因数大于 1，那么图像将变亮；若缩放因数小于 1，那么图像将变暗。

图像的乘法运算主要用于实现图像的掩膜处理，即屏蔽图像的某些部分。对于需要保留下来的区域，掩膜图像的值设为 1，在需要被抑制掉的区域，掩膜图像的值设为 0，原图像乘上掩膜图像，即可抹去图像的某些部分，即使该部分为 0。

利用图像处理软件生成掩膜图像的步骤如下。

（1）新建一个与原始图像大小相同的图层文件，并保存为二值图像文件。

（2）在新建图层文件上勾绘出所需要保留的区域。

（3）局部区域确定后，将整个图层保存为二值图像，设置选定区域内的像素点值为 1，非选定区域的像素点值为 0。

（4）将原始图像与二值图像进行乘法运算，即可将原始图像选定区域外的像素点的灰度值置 0，而选定区域内的像素点的灰度值保持不变，得到与原始图像分离的局部图像，即掩膜图像。

在 MATLAB 中，immultiply()函数用于实现两幅图像相乘。该函数的调用格式为

```
Z=immultiply(X,Y)              %将矩阵 X 中的每个元素与矩阵 Y 中对应的元素相乘，返回值为 Z
```

【例 7-13】图像的乘法运算。

解 在编辑器中输入以下代码。

```
clear,clc,clf
I=imread('rice.png');
I1=uint16(I);                          %转换为 uint16 型
I2=immultiply(I1,I1);                  %图像自乘
I3=immultiply(I,1.2);                  %图像扩大像素
I4=immultiply(I,0.6);                  %图像缩小像素
subplot(141),imshow(I);title ('原始图像');axis off
subplot(142),imshow(I2);title ('图像自乘') ;axis off
subplot(143),imshow(I3);title ('扩大像素') ;axis off
subplot(144),imshow(I4);title ('缩小像素') ;axis off
```

运行程序，结果如图 7-13 所示。

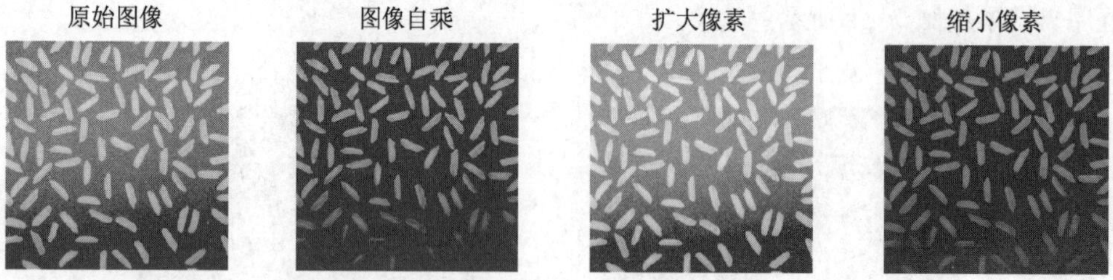

图 7-13 图像的乘法运算

7.2.4 图像的除法运算

图像的除法运算可用于校正照明或传感器的非线性影响。此外，图像的除法运算还被用于产生比例图

像，对于多光谱图像的分析十分有用。另外，利用不同时间段图像的除法得到的比例图像可以对图像进行变化检测。

在 MATLAB 中，利用 imdivide()函数可以实现两幅图像相除。该函数的调用格式为

```
Z=imdivide(X,Y)          %将矩阵 X 中的每个元素除以矩阵 Y 中对应的元素，返回值为 Z
```

【例 7-14】图像的除法运算。

解　在编辑器中输入以下代码。

```
clear,clc,clf
I=imread('tire.tif');
subplot(221);imshow(I);title ('原始图像')
background=imopen(I,strel('disk',15));
Ip=imdivide(I,background);
subplot(222);imshow(Ip,[]);title ('图像与背景相除')
J=imdivide(I,3);
subplot(223),imshow(J);title ('图像与 3 相除')
K=imdivide(I,0.6);
subplot(224), imshow(K);title ('图像与 0.6 相除')
```

运行程序，结果如图 7-14 所示。

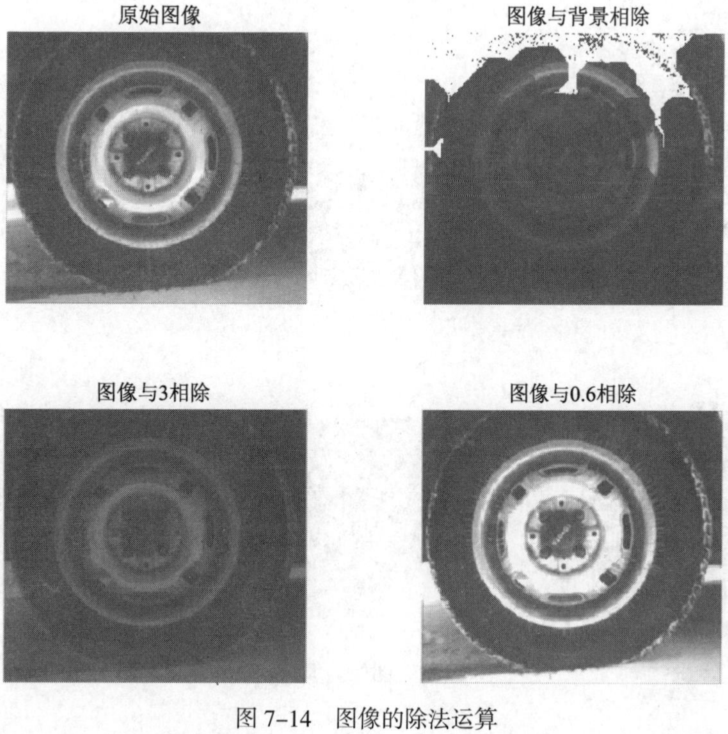

图 7-14　图像的除法运算

除上述 4 种基本运算外，MATLAB 还提供了图像的求补运算和线性拟合运算，下面继续介绍。

7.2.5　图像的求补运算

MATLAB 中，imcomplement()函数用于实现两幅图像的求补运算。该函数的调用格式为

```
J=imcomplement(I)          %对图像 I 求补，并返回给 J，I 可以为二值图像、灰度图像或 RGB 图像
```

如果是二值图像，imcomplement()函数将对图像的每位求补，求补后相应元素 0 变 1，1 变 0；如果是 RGB 图像，imcomplement()函数将会用像素的最大值减去图像的原始值，得到输出图像相应位置的值。

【例 7-15】利用求补函数对各类图像进行处理。

解 在编辑器中输入以下代码。

```
clear,clc,clf
bw=imread('circbw.tif');
bw2=imcomplement(bw);
subplot(231),imshow(bw);title('二值原始图像')
subplot(234),imshow(bw2);title('二值图像求补')
I=imread('cell.tif');
J=imcomplement(I);
subplot(232),imshow(I);title('灰度原始图像')
subplot(235),imshow(J);title('灰度图像求补')
RGB=imread('onion.png');
RGB1=imcomplement(RGB);
subplot(233),imshow(RGB);title('RGB 原始图像')
subplot(236),imshow(RGB1);title('RGB 图像求补')
```

运行程序，结果如图 7-15 所示。

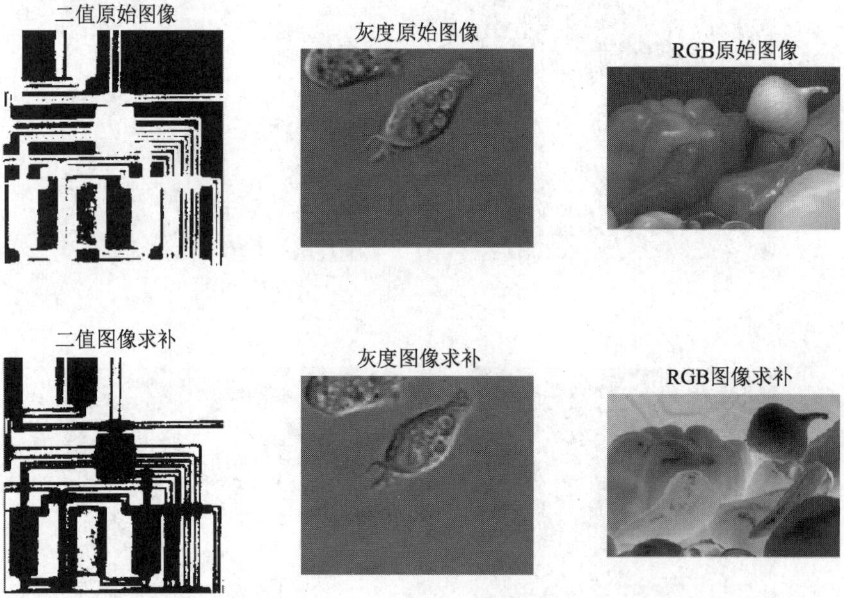

图 7-15 图像的求补运算

7.2.6 图像的线性拟合

MATLAB 中，imlincomb()函数用于实现两幅图像的线性拟合运算。该函数的调用格式为

```
Z=imlincomb(K1,A1,K2,A2,…,Kn,An)        %根据公式 Z=K1*A1+K2*A2+…+Kn*An 计算图像 A1,
                                        %A2，…，An 的线性组合，K1，K2，…，Kn 为权重
```

```
Z=imlincomb(K1,A1,K2,A2,…,Kn,An,K)        %公式中增加偏移量 K，即 Z=K1*A1+K2*A2+…+Kn*An+K
Z=imlincomb(___,outputClass)              %outputClass 指定 Z 的输出类型
```

【例 7-16】利用 imlincomb()函数将图像的灰度值放大 1.5 倍。

解 在编辑器中输入以下代码。

```
clear,clc,clf
I=imread('pout.tif');
J=imlincomb(1.5,I);
subplot(121);imshow(I);title('原始图像')
subplot(122);imshow(J);title('灰度值放大 1.5 倍的图像')
```

运行程序，结果如图 7-16 所示。

图 7-16 图像灰度值放大 1.5 倍

【例 7-17】利用 imlincomb()函数计算两幅图像的平均值。

解 在编辑器中输入以下代码。

```
clear all;
A1=imread('rice.png');
A2=imread('cameraman.tif');
K=imlincomb(0.3,A1,0.3,A2);
subplot(131),subimage(A1);title('原始图像 A')
subplot(132),subimage(A2);title('原始图像 B')
subplot(133),subimage(K);title('图像平均')
```

运行程序，结果如图 7-17 所示。

图 7-17 计算两幅图像的平均值

【例 7-18】利用 imnoise()函数对噪声进行拟合运算。

解 在编辑器中输入以下代码。

```
clear,clc,clf
a=imread('pout.tif');
a1=imnoise(a,'gaussian',0,0.007);                          %加入噪声
a2=imnoise(a,'gaussian',0,0.007);
a3=imnoise(a,'gaussian',0,0.007);
a4=imnoise(a,'gaussian',0,0.007);
k=imlincomb(0.25,a1,0.25,a2,0.25,a3,0.25,a4);             %噪声相加
subplot(131);imshow(a);title('原始图像')
subplot(132);imshow(a1);title('加入噪声后的图像')
subplot(133);imshow(k);title('噪声相加后的图像')
```

运行程序，结果如图 7-18 所示。

图 7-18　对图像进行噪声相加处理

7.3　图像的几何运算

图像的几何运算是指引起图像几何形状发生改变的变换。与点运算不同，几何运算可以看作像素在图像内的移动过程，该移动过程可以改变图像中物体对象之间的空间关系。

7.3.1　齐次坐标变换

数字图像是对一幅连续图像的坐标和色彩都离散化了的图像，采用二维数组 $f(x,y)$ 表示，其中 x 和 y 为像素点的坐标位置，$f(x,y)$ 为图像点 (x,y) 的灰度值（彩色图像通过 RGB 值表示）。

在图像几何变换中，无论是图像比例缩放、旋转、反射和剪切，还是图像的平移、透视变化和复合变换等，几何变换都可以表示为

$$\begin{bmatrix} x_1 \\ y_1 \end{bmatrix} = \boldsymbol{T} \begin{bmatrix} x_0 \\ y_0 \end{bmatrix} = \begin{bmatrix} a & b \\ c & d \end{bmatrix} \begin{bmatrix} x_0 \\ y_0 \end{bmatrix}$$

根据几何学知识，上述变换可以实现图像各像素点以及绕坐标原点的比例缩放、反射、剪切和旋转等各种变换，但是上述 2×2 变换矩阵 $\boldsymbol{T}$ 不能实现图像的平移以及绕任意点的比例统一缩放、反射、剪切和旋转等变换。

为了能够使用统一的矩阵线性变换形式，需要引入一种新的坐标，即齐次坐标，以实现各种几何变换的统一表示。

若将点 $A_0(x_0, y_0)$ 在水平方向（ x 方向）平移 Δx 距离，在垂直方向（ y 方向）平移 Δy 距离，得到新的位置 $A_1(x_1, y_1)$，则新位置 $A_1(x_1, y_1)$ 点的坐标为

$$x_1 = x_0 + \Delta x$$
$$y_1 = y_0 + \Delta y$$

也可以表示为

$$\begin{bmatrix} x_1 \\ y_1 \end{bmatrix} = \begin{bmatrix} 1 & 0 \\ 0 & 1 \end{bmatrix} \begin{bmatrix} x_0 \\ y_0 \end{bmatrix} + \begin{bmatrix} \Delta x \\ \Delta y \end{bmatrix}$$

为了实现平移变换，需要将新坐标表示为

$$\begin{bmatrix} x_1 \\ y_1 \end{bmatrix} = \begin{bmatrix} a & b \\ c & d \end{bmatrix} \begin{bmatrix} x_0 \\ y_0 \end{bmatrix}$$

根据矩阵运算规律，将矩阵 $\boldsymbol{T}$ 扩展为 2×3 变换矩阵，其形式为

$$\boldsymbol{T} = \begin{bmatrix} 1 & 0 & \Delta x \\ 0 & 1 & \Delta y \end{bmatrix}$$

若将矩阵 $\boldsymbol{T}$ 分块，该矩阵的第 1 列和第 2 列构成单位矩阵，第 3 列元素分别为 x 、 y 方向的平移量。扩展后变换矩阵为 2×3 矩阵，而矩阵相乘时要求前者的列数与后者的行数相等，因此，应在坐标列矩阵 $[x \quad y]^{\mathrm{T}}$ 中引入第 3 个元素，扩展为 3×1 列矩阵 $[x \quad y \quad 1]^{\mathrm{T}}$ 。

此时以 $(x, y, 1)$ 表示二维坐标点 (x, y)，就可以实现点的平移变换。变换形式为

$$\begin{bmatrix} x_1 \\ y_1 \end{bmatrix} = \begin{bmatrix} 1 & 0 & \Delta x \\ 0 & 1 & \Delta y \end{bmatrix} \begin{bmatrix} x_0 \\ y_0 \\ 1 \end{bmatrix}$$

通过上述变换，虽然可以实现图像各像素点的平移变换，但为使变换运算时更方便，一般将 2×3 变换矩阵 $\boldsymbol{T}$ 进一步扩充为 3×3 矩阵，即采用的变换矩阵为

$$\boldsymbol{T} = \begin{bmatrix} 1 & 0 & \Delta x \\ 0 & 1 & \Delta y \\ 0 & 0 & 1 \end{bmatrix}$$

于是，平移变换可表示为

$$\begin{bmatrix} x_1 \\ y_1 \\ 1 \end{bmatrix} = \begin{bmatrix} 1 & 0 & \Delta x \\ 0 & 1 & \Delta y \\ 0 & 0 & 1 \end{bmatrix} \begin{bmatrix} x_0 \\ y_0 \\ 1 \end{bmatrix}$$

由此可知，引入附加坐标后，将 2×2 矩阵扩展为 3×3 矩阵，就可以对各种几何变换进行统一表示。这种以 $n+1$ 维向量表示 n 维向量的方法称为齐次坐标表示法。齐次坐标的几何意义相当于点 (x, y) 投影在 xyz 三维立体空间的 $z=1$ 的平面上。

7.3.2　图像插值

图像插值是指利用已知邻近像素点的灰度值产生未知像素点的灰度值，以此由原始图像再生出具有更高分辨率的图像。

在图像放大过程中，像素点也相应增加，增加的过程就是“插值”发生作用的过程，“插值”程序自动选择信息较好的像素点作为增加、弥补空白像素点的空间，而并非只使用邻近的像素点。

使用插值方法，首先需要找到与输出图像像素点相对应的输入图像点，再通过计算该点附近某一像素点集合的加权平均值指定输出像素点的灰度值。像素点的权是根据像素点到图像点的距离而定的，不同插值方法的区别就在于所考虑的像素点集合不同。最常见的插值方法如下。

（1）向前映射法：通过输入图像像素点位置，计算输出图像对应像素点位置，将该位置像素点的灰度值按某种方式分配到输出图像相邻 4 个像素点。

（2）向后映射法：通过输出图像像素点位置，计算输入图像对应像素点位置，根据输入图像相邻 4 个像素点的灰度值计算该位置像素点的灰度值。

（3）最邻近插值（Nearest）：输出像素值将被指定为像素点所在位置处的像素值。

（4）双线性插值（Bilinear）：输出像素值是像素 2×2 邻域内的加权平均值。

（5）双三次插值（Bicubic）：输出像素值是像素 4×4 邻域内的加权平均值。

在 MATLAB 中，interp2()函数用于对图像进行插值处理，该函数的调用格式为

```
Vq=interp2(X,Y,V,Xq,Yq)          %使用线性插值返回插值后的图像，X 和 Y 为图像矩阵的行与列，V 为
                                 %要插值的原始图像，Xq 和 Yq 为图像的新行与新列
Vq=interp2(___,method)           %指定插值方法：'linear'（默认）、'nearest'、'cubic'、
                                 %'makima' 或 'spline'
```

【例 7-19】 对图像进行各种插值处理。

解 在编辑器中输入以下代码。

```
clear,clc,clf
I=imread('rice.png');
subplot(151);imshow(I);title('原始图像')
Z1=interp2(double(I),2,'nearest');                  %最邻近插值法
Z1=uint8(Z1);
subplot(152);imshow(Z1);title('最邻近插值')
Z2=interp2(double(I),2,'linear');                   %线性插值法
Z2=uint8(Z2);
subplot(153);imshow(Z2);title('线性插值')
Z3=interp2(double(I),2,'spline');                   %三次样条插值法
Z3=uint8(Z3);
subplot(154);imshow(Z3);title('三次样条插值')
Z4=interp2(double(I),2,'cubic');                    %立方插值法
Z4=uint8(Z4);
subplot(155);imshow(Z4);title('立方插值');
```

运行程序，结果如图 7-19 所示。

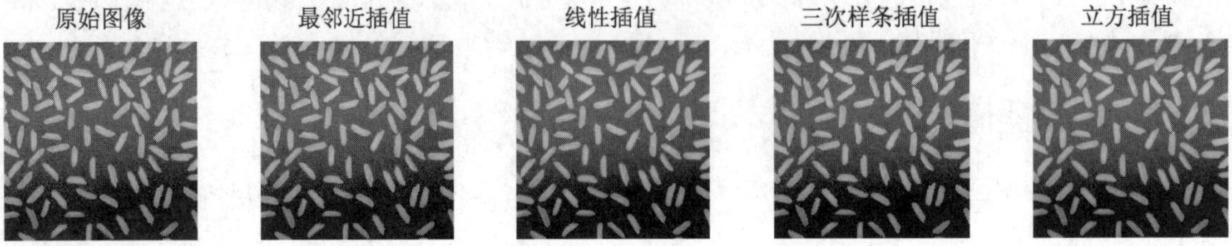

图 7-19　图像插值

7.3.3　旋转与平移变换

1. 图像旋转

设原始图像的任意点 $A_0(x_0, y_0)$ 旋转 β 角度后到新位置 $A'(x', y')$，为表示方便，采用极坐标形式表示，原始点的角度为 α 。

根据极坐标与直角坐标的关系，原始图像的点 $A_0(x_0, y_0)$ 的坐标为

$$\begin{cases} x_0 = r\cos\alpha \\ y_0 = r\sin\alpha \end{cases}$$

旋转到新位置后点 $A'(x', y')$ 的坐标为

$$\begin{cases} x' = r\cos(\alpha-\beta) = r\cos\alpha\cos\beta + r\sin\alpha\sin\beta \\ y' = r\sin(\alpha-\beta) = r\sin\alpha\cos\beta + r\cos\alpha\sin\beta \end{cases}$$

旋转变换需要以点 $A_0(x_0, y_0)$ 表示点 $A'(x', y')$，因此对上述新位置坐标进行简化，可得

$$\begin{cases} x' = x_0\cos\beta + y_0\sin\beta \\ y' = -x_0\sin\beta + y_0\cos\beta \end{cases}$$

根据齐次坐标变换方法，图像的旋转变换也可以用矩阵形式表示为

$$\begin{bmatrix} x' \\ y' \\ 1 \end{bmatrix} = \begin{bmatrix} \cos\beta & \sin\beta & 0 \\ -\sin\beta & \cos\beta & 0 \\ 0 & 0 & 1 \end{bmatrix} \begin{bmatrix} x_0 \\ y_0 \\ 1 \end{bmatrix}$$

图像旋转后，数字图像的坐标值必须是整数，可能引起图像部分像素点的局部改变，因此，这时图像的大小也会发生一定的改变。若 $\beta = 45°$，则变换关系为

$$\begin{cases} x' = 0.707x_0 + 0.707y_0 \\ y' = -0.707x_0 + 0.707y_0 \end{cases}$$

在 MATLAB 中，使用 imrotate()函数旋转一幅图像，调用格式为

```
J=imrotate(I,angle)                  %将图像 I 围绕其中心点逆时针方向旋转 angle 度。I 为需要
                                     %旋转的图像；angle 为旋转的角度，正值为逆时针
J=imrotate(I,angle,method)           %指定插值方法 method
J=imrotate(I,angle,method,bbox)      %使用 bbox 定义输出图像的大小
```

【例 7-20】对图像进行旋转变换。

解　在编辑器中输入以下代码。

```
clear,clc,clf
[A,map]=imread('autumn.tif');
J=imrotate(A,40,'bilinear');                              %对图像进行旋转
subplot(121),imshow(A,map);title('原始图像')
subplot(122),imshow(J,map);title('旋转后的图像')
```

运行程序，结果如图 7-20 所示。

图 7–20　图像旋转变换

【例 7-21】使用不同的插值方法对图像进行旋转。

解　在编辑器中输入以下代码。

```
clear,clc,clf
[I,map]=imread('trees.tif');
J=imrotate(I,35,'bilinear');
J1=imrotate(I,35,'bilinear','crop');         %采用双线性插值法，图像进行水平旋转
J2=imrotate(I,35,'nearest','crop');          %采用最邻近插值法，图像进行水平旋转
J3=imrotate(I,35,'bicubic','crop');          %采用双立方插值法，图像进行水平旋转
subplot(231),imshow(I,map);title('原始图像')
subplot(232),imshow(J,map);title('双线性插值')
subplot(233),imshow(J1,map);title('双线性插值')
subplot(234),imshow(J2,map);title('最邻近插值')
subplot(235),imshow(J3,map);title('双立方插值')
```

运行程序，结果如图 7–21 所示。

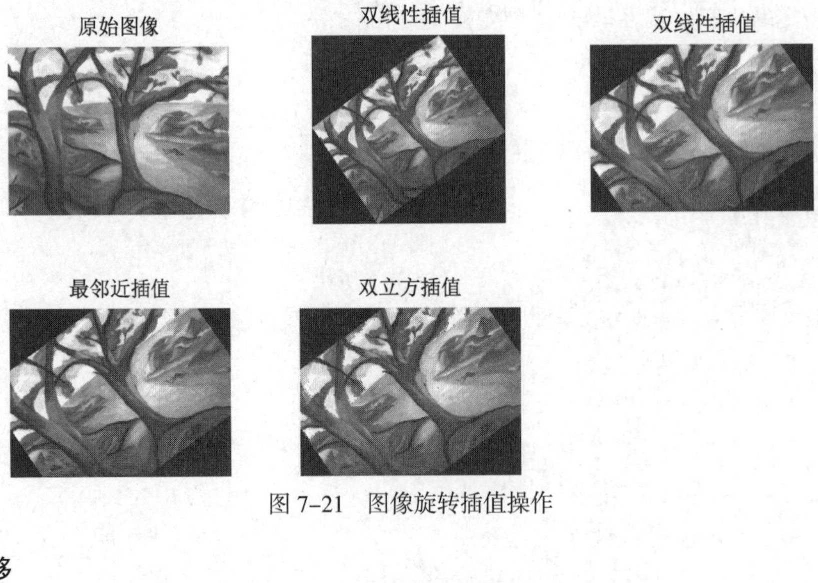

图 7–21　图像旋转插值操作

2. 图像平移

前面已经介绍过，图像的平移变换所用到的直角坐标系变换公式为

$$x_1 = x_0 + \Delta x$$
$$y_1 = y_0 + \Delta y$$

经齐次变换后，图像平移变换也可以用矩阵形式表示为

$$\begin{bmatrix} x_1 \\ y_1 \\ 1 \end{bmatrix} = \begin{bmatrix} 1 & 0 & \Delta x \\ 0 & 1 & \Delta y \\ 0 & 0 & 1 \end{bmatrix} \begin{bmatrix} x_0 \\ y_0 \\ 1 \end{bmatrix}$$

在 MATLAB 中，可以通过直接编写程序代码实现图像的平移，也可以利用 translate()函数实现图像的平移。函数的调用格式为

```
polyout=translate(polyin,v)      %返回将 polyin 平移 v 之后的 polyshape 对象。v 的第 1 个元素指
                                 %定 x 方向上的平移距离，第 2 个元素指定 y 方向上的平移距离
polyout=translate(polyin,x,y)    %将 x 和 y 平移量指定为单独的参数
```

【例 7-22】对图像进行平移。

解　在编辑器中输入以下代码。

```
clear,clc,clf
A=imread('office_4.jpg');
subplot(121);imshow(A);title('原始图像')
A=double(A);
A_move=zeros(size(A));
H=size(A);
A_x=50;A_y=50;
A_movesult(A_x+1:H(1),A_y+1:H(2),1:H(3))=A(1:H(1)-A_x,1:H(2)-A_y,1:H(3));
subplot(122);imshow(uint8(A_movesult));title('平移后的图像')
```

运行程序，结果如图 7-22 所示。

图 7-22　图像平移（直接编写程序）

【例 7-23】利用 translate()函数对图像进行平移。

解　在编辑器中输入以下代码。

```
clear,clc,clf
I=imread('tire.tif');
P=translate (strel(1),[25,25]);
J=imdilate(I,P);
subplot(121);imshow(I);title('原始图像');axis off
subplot(122);imshow(J);title('平移图像');axis off
```

运行程序，结果如图 7-23 所示。

图 7-23　图像平移（利用 translate()函数）

7.3.4　缩放与裁剪变换

1．图像缩放

图像的缩放是指在保持原有图像形状的基础上对图像的大小进行放大或缩小。

若图像在 x 方向缩放 c 倍，在 y 方向缩放 d 倍，从而获得一幅新的图像。如果 $c=d$ ，即在 x 方向和 y 方向缩放的比率相同，称这样的比例缩放为图像的全比例缩放。如果 $c \neq d$ ，图像的比例缩放会改变原始图像像素点间的相对位置，产生几何畸变。

设原图像中的点 $P_0(x_0,y_0)$ 比例缩放后，在新图像中的对应点为 $P(x,y)$ ，则 $P_0(x_0,y_0)$ 和 $P(x,y)$ 之间的对应关系为

$$x = cx_0$$
$$y = dy_0$$

比例缩放前后 $P_0(x_0,y_0)$ 和 $P(x,y)$ 之间的关系用齐次矩阵形式可以表示为

$$\begin{bmatrix} x \\ y \\ 1 \end{bmatrix} = \begin{bmatrix} c & 0 & 0 \\ 0 & d & 0 \\ 0 & 0 & 0 \end{bmatrix} \begin{bmatrix} x_0 \\ y_0 \\ 1 \end{bmatrix}$$

在 MATLAB 中，imresize()函数用于改变一幅图像的大小，该函数的调用格式为

```
B=imresize(A,scale)                 %返回将图像 A 的长宽缩放 scale 倍后的图像 B。A 为原图像，scale
                                    %为缩放系数，B 为缩放后的图像。默认采用双三次插值
B=imresize(A,[numrows numcols])     %返回图像 B 的行数和列数由二元素向量[numrows numcols]
                                    %指定
[Y,newmap]=imresize(X,map,___)      %调整索引图像 X 的大小，map 是与该图像关联的颜色图
___=imresize(___,method)            %指定插值方法 method，可取值为'nearest'，'bilinear'
                                    %和'bicubic'
___=imresize(___,Name,Value)        %利用 Name-Value 对控制调整操作的各方面
```

【例 7-24】利用 imresize()函数改变一幅图像的大小。

解　在编辑器中输入以下代码。

```
clear,clc,clf
I=imread('football.jpg');                      %I 为原始图像
subplot(131);imshow(I);title('原始图像')       %显示原始图像
I=double(I);
```

```
I_en=imresize(I,4,'nearest');                        %最邻近法扩大 4 倍
subplot(132);imshow(uint8(I_en));title('扩大 4 倍后的图像')   %显示扩大 4 倍后的图像
I_re=imresize(I,0.5,'nearest');                      %缩小 2 倍
subplot(133);imshow(uint8(I_re));title('缩小 2 倍后的图像')   %显示缩小 2 倍后的图像
```

运行程序，结果如图 7-24 所示。

图 7-24　图像比例变换

【例 7-25】利用不同的方法对图像进行缩放。

解　在编辑器中输入以下代码。

```
clear,clc,clf
i=imread('tire.tif');
j=imresize(i,0.5);
j1=imresize(i,2.5);
j2=imresize(i,0.15,'nearest');                  %利用不用的方法对图像进行缩放
j3=imresize(i,0.15,'bilinear');
j4=imresize(i,0.15,'bicubic');
subplot(231);imshow(i);title('原始图像')
subplot(232);imshow(j);title('压缩图像(缩放系数 0.5)')
subplot(233);imshow(j1);title('压缩图像(缩放系数 2.5)')
subplot(234);imshow(j2);title('压缩图像(最邻近插值)')
subplot(235);imshow(j3);title('压缩图像(双线性插值)')
subplot(236);imshow(j4);title('压缩图像(双三次插值)')
```

运行程序，结果如图 7-25 所示。

2. 图像裁剪

图像裁剪是指将图像不需要的部分切除，只保留感兴趣的部分。在 MATLAB 中，imcrop()函数用于从一幅图像中抽取一个矩形部分，该函数的调用格式为

```
J=imcrop(I)          %返回对灰度图像 I 进行剪切后的图像 J，允许用鼠标指定剪裁矩形
Xout=imcrop(X,map)   %返回对索引图像 X 进行剪切后的图像 Xout，允许用鼠标指定剪裁矩形
RGB2=imcrop(RGB)     %返回对真彩色图像 RGB 进行剪切后的图像 RGB2，允许用鼠标指定剪裁矩形
J=imcrop(I,rect)     %按指定的矩形框 rect 剪切灰度图像，rect 为 4 元素向量[xmin,ymin,width,
                     %height]，元素分别表示矩形的左下角坐标和长度及宽度，在空间坐标中指定
Xout=imcrop(X,map,rect)      %按指定的矩形框 rect 剪切索引图像
RGB2=imcrop(RGB,rect)        %按指定的矩形框 rect 剪切真彩色图像
```

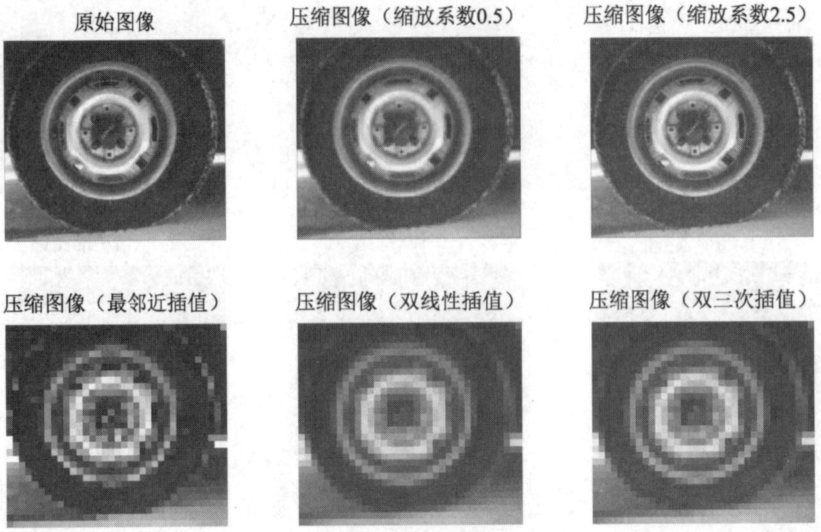

图 7-25　图像缩放

【例 7-26】手动裁剪图像。

解　在编辑器中输入以下代码。

```
clear,clc,clf
[I,map]=imread('trees.tif');
subplot(121);imshow(I);title('原始图像')
[I2,map]=imcrop(I, map);                                    %手动裁剪
subplot(122);imshow(I2);title('裁剪图像')
```

运行程序，结果如图 7-26 所示。

图 7-26　手动裁剪图像

【例 7-27】指定剪切区域大小和位置，对图像进行剪切。

解　在编辑器中输入以下代码。

```
clear,clc,clf
[I,map]=imread('trees.tif');
subplot(121);imshow(I,map);title('原始图像')
[x,y,I2,rect]=imcrop(I, map,[75 68 130 112]);               %指定剪切区域
subplot(122);imshow(I2);title('剪切图像')
x,y,rect
```

运行程序，结果如图 7-27 所示。同时得到运行结果为

```
x =
     1   350
y =
     1   258
rect =
    75    68   130   112
```

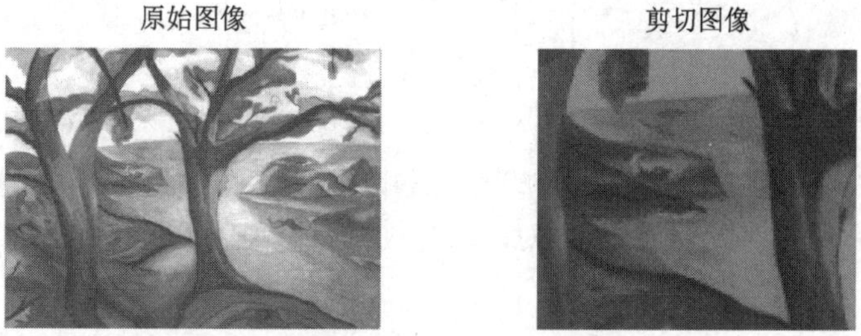

图 7–27　指定区域剪切图像

7.3.5　镜像变换

所谓镜像变换，就是左右颠倒或上下颠倒，图像的镜像变换不改变图像的形状，分为水平镜像、垂直镜像和对角镜像 3 种，如图 7–28 所示。

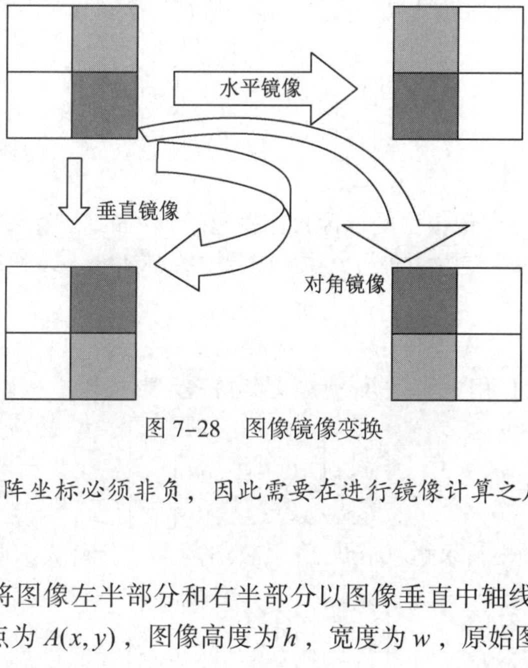

图 7–28　图像镜像变换

注意：由于表示图像的矩阵坐标必须非负，因此需要在进行镜像计算之后，再进行坐标的平移。

1. 水平镜像

图像的水平镜像变换是将图像左半部分和右半部分以图像垂直中轴线为中心进行镜像对称。设点 $A_0(x_0, y_0)$ 进行镜像后的对应点为 $A(x, y)$，图像高度为 h，宽度为 w，原始图像中的点 $A_0(x_0, y_0)$ 经过水平镜像后坐标将变为

$$x = w - x_0$$
$$y = y_0$$

图像的水平镜像变换用矩阵形式表示为

$$\begin{bmatrix} x \\ y \\ 1 \end{bmatrix} = \begin{bmatrix} -1 & 0 & w \\ 0 & 1 & 0 \\ 0 & 0 & 1 \end{bmatrix} \begin{bmatrix} x_0 \\ y_0 \\ 1 \end{bmatrix}$$

同样，也可以根据点 $A(x,y)$ 求解原始点 $A_0(x_0,y_0)$ 的坐标，矩阵表示形式为

$$\begin{bmatrix} x_0 \\ y_0 \\ 1 \end{bmatrix} = \begin{bmatrix} 1 & 0 & w \\ 0 & 1 & 0 \\ 0 & 0 & 1 \end{bmatrix} \begin{bmatrix} x \\ y \\ 1 \end{bmatrix}$$

2. 垂直镜像

图像的垂直镜像变换是将图像上半部分和下半部分以图像水平中轴线为中心进行镜像对称。对于垂直镜像变换，设点 $A_0(x_0,y_0)$ 经过垂直镜像后的对应点为 $A(x,y)$，原始图像中的点 $A_0(x_0,y_0)$ 经过垂直镜像后坐标将变为

$$x = x_0$$
$$y = h - y_0$$

图像的垂直镜像变换用矩阵形式表示为

$$\begin{bmatrix} x \\ y \\ 1 \end{bmatrix} = \begin{bmatrix} 1 & 0 & 0 \\ 0 & -1 & h \\ 0 & 0 & 1 \end{bmatrix} \begin{bmatrix} x_0 \\ y_0 \\ 1 \end{bmatrix}$$

同样，也可以根据点 $A(x,y)$ 求解原始点 $A_0(x_0,y_0)$ 的坐标，矩阵表示形式为

$$\begin{bmatrix} x_0 \\ y_0 \\ 1 \end{bmatrix} = \begin{bmatrix} 1 & 0 & 0 \\ 0 & -1 & h \\ 0 & 0 & 1 \end{bmatrix} \begin{bmatrix} x \\ y \\ 1 \end{bmatrix}$$

3. 对角镜像

图像的对角镜像变换是将图像作水平镜像再作垂直镜像后的变换结果。对于对角镜像变换，设点 $A_0(x_0,y_0)$ 经过对角镜像后的对应点为 $A(x,y)$，原始图像中的点 $A_0(x_0,y_0)$ 经过对角镜像后坐标将变为

$$x = w - x_0$$
$$y = h - y_0$$

图像的对角镜像变换也可以用矩阵变换表示，其矩阵表示形式为

$$\begin{bmatrix} x \\ y \\ 1 \end{bmatrix} = \begin{bmatrix} -1 & 0 & w \\ 0 & -1 & h \\ 0 & 0 & 1 \end{bmatrix} \begin{bmatrix} x_0 \\ y_0 \\ 1 \end{bmatrix}$$

垂直镜像也可以根据点 $A(x,y)$ 求解原始点 $A_0(x_0,y_0)$ 的坐标，矩阵表示形式为

$$\begin{bmatrix} x_0 \\ y_0 \\ 1 \end{bmatrix} = \begin{bmatrix} -1 & 0 & w \\ 0 & -1 & h \\ 0 & 0 & 1 \end{bmatrix} \begin{bmatrix} x \\ y \\ 1 \end{bmatrix}$$

在 MATLAB 中，flipud()函数用于实现对图像的上下翻转；fliplr()函数用于实现对图像的左右翻转，函数的调用格式为

```
B=flipud(A)                    %返回图像 A 围绕水平轴上下翻转得到的图像 B
B=fliplr(A)                    %返回图像 A 围绕垂直轴左右翻转得到的图像 B
```

【例 7-28】对图像的镜像变换。

解 在编辑器中输入以下代码。

```
clear,clc,clf
I=imread('office_4.jpg');
subplot(221);imshow(I);title('原始图像')
I=double(I);
h=size(I);
I_fliplr(1:h(1),1:h(2),1:h(3))=I(1:h(1),h(2):-1:1,1:h(3));          %水平镜像变换
I1=uint8(I_fliplr);
subplot(222);imshow(I1);title('水平镜像变换')
I_flipud(1:h(1),1:h(2),1:h(3))=I(h(1):-1:1,1:h(2),1:h(3));          %垂直镜像变换
I2=uint8(I_flipud);
subplot(223);imshow(I2);title('垂直镜像变换')
I_fliplr_flipud(1:h(1),1:h(2),1:h(3))=I(h(1):-1:1,h(2):-1:1,1:h(3));  %对角镜像变换
I3=uint8(I_fliplr_flipud);
subplot(224);imshow(I3);title('对角镜像变换')
```

运行程序，结果如图 7–29 所示。

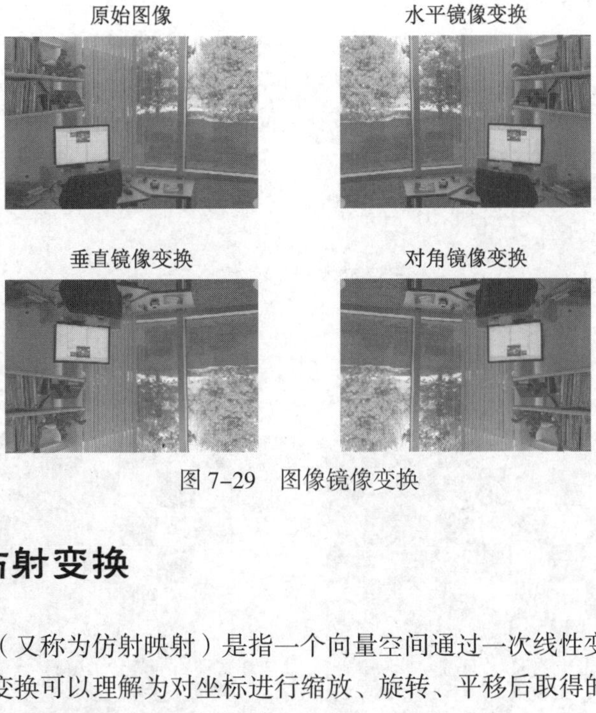

图 7–29 图像镜像变换

7.4 图像的仿射变换

在几何中，仿射变换（又称为仿射映射）是指一个向量空间通过一次线性变换并接上一个平移，变换为另一个向量空间。仿射变换可以理解为对坐标进行缩放、旋转、平移后取得的新坐标的值，或者是经过对坐标的缩放、旋转、平移后原坐标在新坐标领域中的值，可以描述为

$$f(x)=\boldsymbol{A}x+\boldsymbol{b}$$

其中，$\boldsymbol{A}$ 为变形矩阵；$\boldsymbol{b}$ 为平移矩阵。在二维空间里，$\boldsymbol{A}$ 可以按如下 4 步骤分解：尺寸、伸缩、扭曲、旋转。

在 MATLAB 中，imtransform()函数可以实现图像的仿射变换（将二维空间变换应用于图像），调用格式为

```
B=imtransform(A,tform)        %根据 tform 定义的二维空间变换来变换图像 A，并返回变换后的图像 B。
                              %若 A 为彩色图像，则对每个颜色通道应用相同的二维变换。类似地，如果
```

```
                           %A 为三维体或具有 3 个或更多维度的图像序列，则 imtransform()函数将相
                           %同的二维变换应用于更高维度的所有二维平面。对于任意维度的数组变换，请
                           %使用 tformarray
B=imtransform(A,tform,interp)              %interp 指定要使用的插值形式
B=imtransform(___,Name,Value)              %使用 Name-Value 对控制空间变换的各方面
[B,xdata,ydata]=imtransform(___)           %返回输出图像 B 在输出 XY 空间中的范围，默认情况下自
                                           %动计算 xdata 和 ydata，使 B 包含整个变换后的图像 A
```

7.4.1 尺寸与伸缩变换

尺寸变换的变换矩阵表达式为

$$\boldsymbol{A}_s=\begin{bmatrix} s & 0 \\ 0 & s \end{bmatrix},\ s\geqslant 0$$

伸缩变换的变换矩阵表达式为

$$\boldsymbol{A}_t=\begin{bmatrix} 1 & 0 \\ 0 & t \end{bmatrix},\ \boldsymbol{A}_t\boldsymbol{A}_s=\begin{bmatrix} s & 0 \\ 0 & st \end{bmatrix}$$

【例 7-29】创建图像并对其进行尺寸变换。

解 在编辑器中输入以下代码。

```
clear,clc,clf
I=checkerboard(40,4);
subplot(121);imshow(I);title('原始图像')                    %显示图像
axis on;
s=1.2;T=[s 0;0 s;0 0];
tf=maketform('affine',T);                                    %创建空间变换结构
I1=imtransform(I,tf,'bicubic','FillValues',0.7);            %对图像进行尺寸变换
subplot(122);imshow(I1);title('尺寸变换后的图像')
axis on;
```

运行程序，结果如图 7-30 所示。

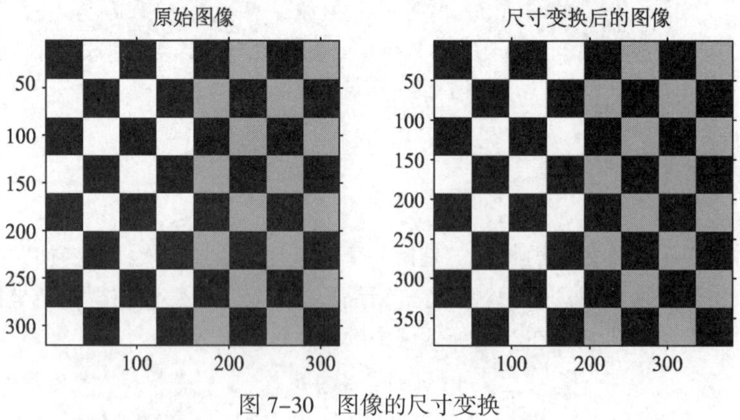

图 7-30 图像的尺寸变换

【例 7-30】对图像进行伸缩变换。

解 在编辑器中输入以下代码。

```
clear,clc,clf
I=checkerboard(40,4);
```

```
subplot(121);imshow(I);title('原始图像')
axis on;
t=2;T=[1 0;0 t;0 0];
tf=maketform('affine',T);
I1=imtransform(I,tf,'bicubic','FillValues',0.3);
subplot(122);imshow(I1);title('伸缩变换后的图像')
axis on;
```

运行程序，结果如图 7-31 所示。

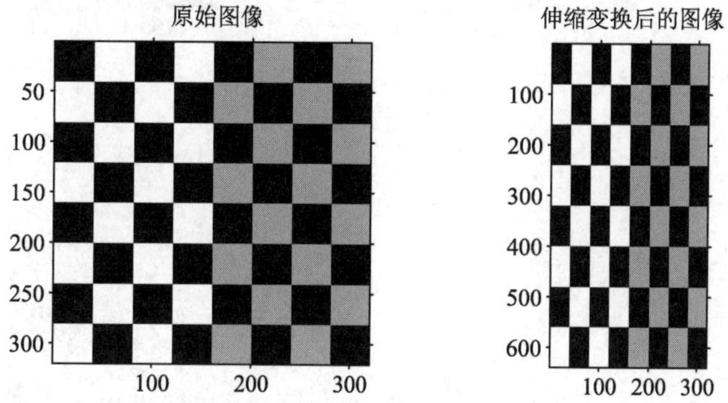

图 7-31　图像的伸缩变换

7.4.2　扭曲与旋转变换

扭曲变换的变换矩阵表达式为

$$\boldsymbol{A}_u=\begin{bmatrix}1 & u\\ 0 & 1\end{bmatrix},\quad \boldsymbol{A}_u\boldsymbol{A}_t\boldsymbol{A}_s=\begin{bmatrix}s & stu\\ 0 & st\end{bmatrix}$$

旋转变换的变换矩阵表达式为

$$\boldsymbol{A}_\theta=\begin{bmatrix}\cos\theta & -\sin\theta\\ \sin\theta & \cos\theta\end{bmatrix},0\leqslant\theta\leqslant 2\pi$$

$$\boldsymbol{A}_\theta\boldsymbol{A}_u\boldsymbol{A}_t\boldsymbol{A}_s=\begin{bmatrix}s\cos\theta & stu\cos\theta-st\sin\theta\\ s\sin\theta & stu\sin\theta+st\cos\theta\end{bmatrix}$$

【例 7-31】对创建的图像进行扭曲变换。

解　在编辑器中输入以下代码。

```
clear,clc,clf
I=checkerboard(40,4);
subplot(121);imshow(I);title('原始图像')
axis on;
u=0.5;T=[1 u;0 1;0 0];
tf=maketform('affine',T);
I1=imtransform(I,tf,'bicubic','FillValues',0.3);
subplot(122);imshow(I1);title('扭曲变换后的图像')
axis on;
```

运行程序，结果如图 7-32 所示。

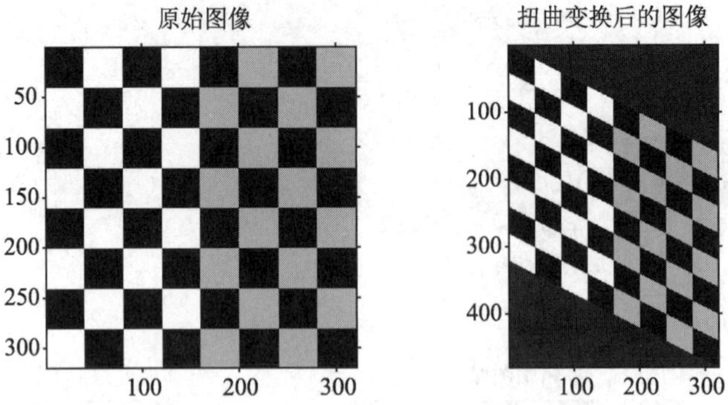

图 7-32　图像的扭曲变换

【例 7-32】对图像进行旋转变换。

解　在编辑器中输入以下代码。

```
clear,clc,clf
I=checkerboard(40,4);
subplot(121);imshow(I);title('原始图像')                    %显示图像
axis on;
angle=15*pi/180;
sc=cos(angle);
ss=sin(angle);
T=[sc -ss;ss  sc;0 0];
tf=maketform('affine',T);
I1=imtransform(I,tf,'bicubic','FillValues',0.3);           %对图像进行旋转变换
subplot(122);imshow(I1);title('旋转变换后的图像')
axis on;
```

运行程序，结果如图 7-33 所示。

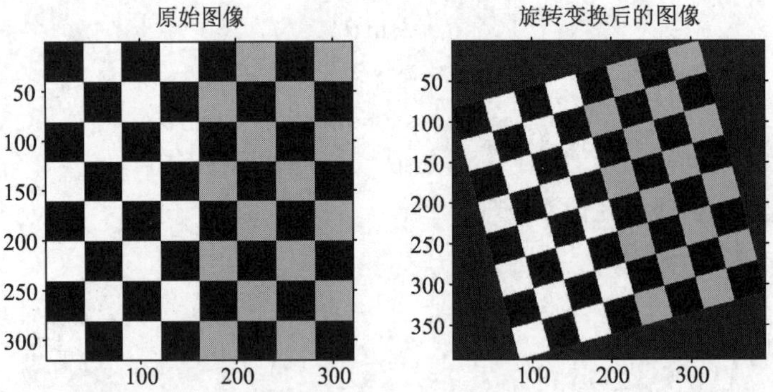

图 7-33　图像的旋转变换

【例 7-33】对所创建的图像进行综合仿射变换。

解　在编辑器中输入以下代码。

```
clear,clc,clf
I=checkerboard(40,4);
subplot(121);imshow(I);title('原始图像')
```

```
axis on;
Angle=60;
s=2;As=[s 0;0 s];                                          % 尺寸变换
t=2;At=[1 0;0 t];                                          % 伸缩变换
u=1.5;Au=[1 u;0 1];                                        % 扭曲变换
st=30*pi/180;sc=cos(Angle);ss=sin(Angle);
Ast=[sc -ss;ss  sc];                                       % 旋转变换
T=[As*At*Au*Ast;3 5];
tf=maketform('affine',T);
I1=imtransform(I,tf,'bicubic','FillValues',0.3,'XYScale',1);
subplot(122);imshow(I1);title('综合仿射变换后的图像')
axis on;
```

运行程序，结果如图 7-34 所示。

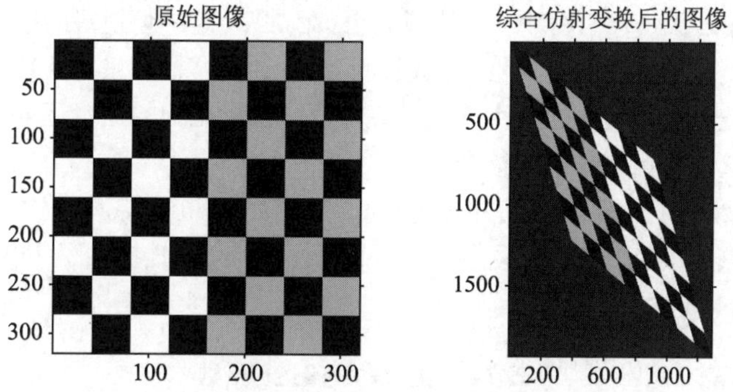

图 7-34 综合仿射变换

7.4.3 imwarp()函数

在 MATLAB 中，imwarp()函数可以实现图像的几何形变，调用格式为

```
B=imwarp(A,tform)          %根据几何形变 tform 变换数值、逻辑或分类图像 A，并返回变换后的图像 B
B=imwarp(A,D)              %根据位移场 D 变换图像 A
[B,RB]=imwarp(A,RA,tform)           %变换由图像数据A指定的空间参照图像及其关联的空间参照对象RA，
                                    %输出由图像数据 B 指定的空间参照图像及其关联的空间参照对象 RB
[___]=imwarp(___,interp)            %指定要使用的插值的类型
[___]=imwarp(___,Name,Value)        %指定 Name-Value 对参数控制几何形变的各方面
```

【例 7-34】对原始图像进行几何形变。

解 在编辑器中输入以下代码。

```
clear,clc,clf
I=imread('cameraman.tif');
subplot(121);imshow(I);title('原始图像')
tform=affine2d([1 0 0;.5 1 0;0 0 1]);
J=imwarp(I,tform);
subplot(122);imshow(J);title('几何形变后的图像')
```

运行程序，结果如图 7-35 所示。

图 7-35　几何形变

7.5　图像的逻辑运算

逻辑运算又称为布尔运算。布尔用数学方法研究逻辑问题，成功地建立了逻辑演算，用等式表示判断，把推理看作等式的变换。这种变换的有效性不依赖人们对符号的解释，只依赖符号的组合规律。人们常称这一逻辑理论为布尔代数。逻辑运算通常用来测试真假值，最常见到的逻辑运算就是循环的处理，用来判断是该离开循环，还是继续执行循环内的指令。

图像的逻辑运算主要应用于图像增强、图像识别、图像复原和区域分割等领域。与算术运算不同，逻辑运算既关注图像像素点的数值变化，又关注位变换的情况。MATLAB 提供了一些逻辑运算函数，如表 7-1 所示。

表 7-1　图像的逻辑运算函数

函　数　名	功能描述	函　数　名	功能描述
bitand	位与	bixor	位异或
bitcmp	位补	bitshift	位移位
bitor	位或		

【例 7-35】图像的逻辑运算。

解　在编辑器中输入以下代码。

```
clear,clc,clf
I=imread('trees.tif');
subplot(231);imshow(I);title('原始图像')
J=imdivide(I,2);
K1=bitand(I,J);
subplot(232);imshow(K1);title('位与运算')
K2=bitcmp(I);                                    %等价于 2^8-I
subplot(233);imshow(K2);title('位补运算')
K3=bitor(I,J);
subplot(234);imshow(K3);title('位或运算')
K4=bitxor(I,J);
subplot(235);imshow(K4);title('位异或运算')
K5=bitshift(I,2);
subplot(236);imshow(K5);title('位移位运算')
```

运行程序，结果如图 7–36 所示。

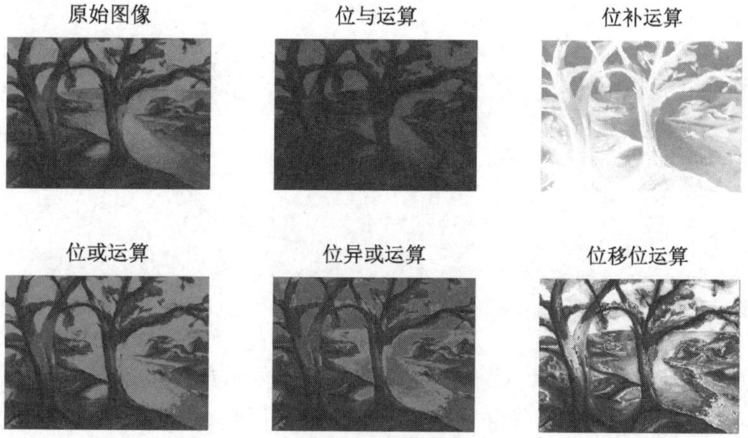

图 7–36　图像的逻辑运算

7.6　小结

本章主要介绍了几种常见的图像运算，包括点运算、算术运算、几何运算、逻辑运算等；并给出大量示例阐述它们在 MATLAB 中的实现方法。这几种运算涵盖了大部分数字图像处理的常用手段，希望读者可以熟悉掌握各方法的基本思想，为学习处理复杂图像打下基础。

第 8 章 图像变换

CHAPTER 8

图像变换是图像处理与分析的主要手段，是为了采用正交函数或正交矩阵表示图像而对原始图像所作的二维线性可逆变换。经过变换后的图像往往更有利于增强、压缩和图像编码等复杂的处理。本章将介绍图像变换的基础知识及在 MATLAB 中的实现方法。

学习目标

（1）了解傅里叶变换的相关知识；

（2）掌握傅里叶变换的基本原理和实现方法；

（3）掌握离散余弦变换的基本原理和实现方法；

（4）掌握 Radon 变换的基本原理和实现方法；

（5）掌握小波变换的基本原理和实现方法。

8.1 傅里叶变换

傅里叶变换（Fourier Transform，FT）是信号处理中最重要、应用最广泛的变换。它是以时间为自变量的“信号”与以频率为自变量的“频谱”函数之间的某种变换关系。当自变量“时间”或“频率”取连续时间形式和离散时间形式的不同组合，就可以形成各种不同的傅里叶变换对。

傅里叶变换理论及其物理解释两者结合，为图像处理领域诸多问题的解决提供了思路，即在分析某一问题时，可以从时域和频域两个角度考虑并来回切换，利用频域中特有的性质，可以使图像处理过程简单、有效。因此，傅里叶变换被广泛应用于图像处理中。

在图像进行数字化过程中，图像信号通常被截为有限连续且有界的信号（函数），因此，常见的图像信号和函数均存在傅里叶变换。

8.1.1 连续傅里叶变换

在数学中，连续傅里叶变换（Continuous Fourier Transform, CFT）是一种把一组函数映射为另一组函数的线性算子。非严格地讲，连续傅里叶变换就是把一个函数分解为组成该函数的连续频率谱。

在数学分析中，信号 $f(x)$ 的傅里叶变换被认为是处于频域的信号，类似于其他傅里叶变换，如周期函数的傅里叶级数。函数 $f(x)$ 的连续傅里叶变换存在的充分条件是满足狄利克雷条件，即具有有限个间断点、有限个极值点，并且绝对可积。

1. 一维连续傅里叶变换及逆变换

若 $f(x)$ 是一个连续函数，在 $(-\infty,+\infty)$ 上绝对可积，则其傅里叶变换为

$$F(u)=\int_{-\infty}^{+\infty} f(x)\mathrm{e}^{-\mathrm{j}2\pi ux}\,\mathrm{d}x$$

其逆变换为

$$f(x)=\int_{-\infty}^{+\infty} F(u)\mathrm{e}^{\mathrm{j}2\pi ux}\,\mathrm{d}u$$

如果函数 $f(x)$ 的傅里叶变换 $F(u)$ 用复数及指数表示，即

$$F(u)=R(u)+\mathrm{j}I(u)=\left|F(u)\right|\mathrm{e}^{\mathrm{j}\phi(u)}$$

其中

$$\left|F(u)\right|=\sqrt{R^2(u)+I^2(u)}$$

$$\phi(u)=\arctan\left[\frac{I(u)}{R(u)}\right]$$

则称 $\left|F(u)\right|$ 为 $F(u)$ 的模，$F(u)$ 为函数 $f(x)$ 的频谱（也称为傅里叶谱），$\phi(u)$ 为 $F(u)$ 的相位谱。

因此，函数 $f(x)$ 的能量谱（或功率谱）为

$$E(u)=\left|F(u)\right|^2$$

2. 二维连续傅里叶变换及逆变换

若 $f(x,y)$ 是一个二维连续函数，且可积，则其傅里叶变换为

$$F(u,v)=\int_{-\infty}^{\infty}\int_{-\infty}^{\infty} f(x,y)\mathrm{e}^{-\mathrm{j}2\pi(ux+vy)}\mathrm{d}x\mathrm{d}y$$

当 $F(u,v)$ 满足可积条件时，其逆变换为

$$f(x,y)=\int_{-\infty}^{\infty}\int_{-\infty}^{\infty} F(u,v)\mathrm{e}^{\mathrm{j}2\pi(ux+vy)}\mathrm{d}u\mathrm{d}v$$

其中，u 和 v 分别对应 x 轴和 y 轴的空间频率。通常，图像可以用二维函数 $f(x,y)$ 表示，因此 $F(u,v)$ 即为二维图像 $f(x,y)$ 的傅里叶变换或傅里叶频谱。

如果函数 $f(x,y)$ 的傅里叶变换 $F(u,v)$ 用复数表示，即

$$F(u,v)=R(u,v)+\mathrm{j}I(u,v)=\left|F(u,v)\right|\mathrm{e}^{\mathrm{j}\phi(u,v)}$$

其中

$$\left|F(u,v)\right|=\sqrt{R^2(u,v)+I^2(u,v)}$$

$$\phi(u,v)=\arctan\left[\frac{I(u,v)}{R(u,v)}\right]$$

则称 $\left|F(u,v)\right|$ 为 $F(u,v)$ 的模，$F(u,v)$ 为函数 $f(x,y)$ 的频谱（也称为傅里叶谱），$\phi(u,v)$ 为 $F(u,v)$ 的相位谱。

因此，函数 $f(x,y)$ 的能量谱（或功率谱）为

$$E(u,v)=\left|F(u,v)\right|^2=R^2(u,v)+I^2(u,v)$$

频谱表征各分量出现的大小，相位谱表征各分量出现的位置（方位）。

8.1.2 离散傅里叶变换

离散傅里叶变换（Discrete Fourier Transform, DFT）是连续傅里叶变换在时域和频域上的离散形式。图像信号处理时，通常将时域信号的采样变换为在离散时间傅里叶变换（Discrete Time Fourier Transform,

DTFT）频域的采样。

在形式上，变换两端（时域和频域）的序列是有限长的，而实际上这两组序列都应当被认为是离散周期信号的主值序列。即使对有限长的离散信号作 DFT，也应当将其看作经过周期延拓成为周期信号再作变换。在实际应用中，通常采用快速傅里叶变换（Fast Fourier Transform，FFT）以高效计算 DFT。

1. 一维离散傅里叶变换

一维离散序列 $f(x)$ 的傅里叶变换为

$$F(u)=\sum_{x=0}^{N-1} f(x)\mathrm{e}^{-\mathrm{j}\frac{2\pi ux}{N}}, \quad u=0,1,2,\cdots,N-1$$

其中，$F(u)=F(u_0+\Delta u)$。

其逆变换为

$$f(x)=\frac{1}{N}\sum_{u=0}^{N-1} F(u)\mathrm{e}^{-\mathrm{j}\frac{2\pi ux}{N}}, \quad x=0,1,2,\cdots,N-1$$

设时间域和频率域采样间隔分别为 Δx 和 Δu，则它们满足

$$\Delta u=\frac{1}{N\Delta x}$$

如果函数 $f(x)$ 的傅里叶变换 $F(u)$ 用复数及指数表示，即

$$F(u)=R(u)+\mathrm{j}I(u)=|F(u)|\mathrm{e}^{\mathrm{j}\phi(u)}$$

其中

$$|F(u)|=\left[R^2(u)+I^2(u)\right]^{1/2}$$

$$\phi(u)=\arctan\left[\frac{I(u)}{R(u)}\right]$$

则 $|F(u)|$ 称为 $F(u)$ 的模，也称为序列 $f(x)$ 的频谱或傅里叶幅度谱；$\phi(u)$ 称为 $F(u)$ 的相位谱或序列 $f(x)$ 的相位谱。

因此，一维离散序列 $f(x)$ 的能量谱（或功率谱）为

$$E(u)=|F(u)|^2$$

如果令

$$W_N=\mathrm{e}^{-\mathrm{j}\frac{2\pi}{N}}, \quad W_N^{-1}=\mathrm{e}^{\mathrm{j}\frac{2\pi}{N}}$$

则傅里叶变换及其逆变换可表示为

$$F(u)=\sum_{x=0}^{N-1} f(x)W_N^{ux}, \quad u=0,1,2,\cdots,N-1$$

$$f(x)=\frac{1}{N}\sum_{u=0}^{N-1} F(u)W_N^{-ux}, \quad x=0,1,2,\cdots,N-1$$

由欧拉公式，傅里叶变换还可以表示为

$$F(u)=\sum_{x=0}^{N-1} f(x)\left(\cos\frac{2\pi ux}{N}-\mathrm{j}\sin\frac{2\pi ux}{N}\right), \quad u=0,1,2,\cdots,N-1$$

2. 二维离散傅里叶变换

对于具有 $M\times N$ 个样本值的二维离散序列 $f(x,y)$，其傅里叶变换为

$$F(u,v)=\sum_{x=0}^{M-1}\sum_{y=0}^{N-1}f(x,y)\mathrm{e}^{-\mathrm{j}2\pi\left(\frac{ux}{M}+\frac{vy}{N}\right)},\ u=0,1,2,\cdots,M-1,\ v=0,1,2,\cdots,N-1$$

其逆变换为

$$f(x,y)=\frac{1}{MN}\sum_{u=0}^{M-1}\sum_{v=0}^{N-1}F(u,v)\mathrm{e}^{\mathrm{j}2\pi\left(\frac{ux}{M}+\frac{vy}{N}\right)},\ x=0,1,2,\cdots,M-1,\ y=0,1,2,\cdots,N-1$$

其中，u 和 v 分别对应 x 轴和 y 轴的频域分量。

对二维连续傅里叶变换在二维坐标上进行采样，时域的取样间隔分别为 Δx 和 Δy，对频域的取样间隔分别为 Δu 和 Δv，它们的关系为

$$\Delta u=\frac{1}{M\Delta x},\ \Delta v=\frac{1}{N\Delta y}$$

其中，M 和 N 分别为在图像两个维度上的采样数。

如果二维序列 $f(x,y)$ 的傅里叶变换 $F(u,v)$ 用复数表示，即

$$F(u,v)=R(u,v)+\mathrm{j}I(u,v)=|F(u,v)|\mathrm{e}^{\mathrm{j}\phi(u,v)}$$

同样可得 $f(x,y)$ 的频谱（傅里叶幅度谱）、相位谱、能量谱（功率谱）分别为

$$|F(u,v)|=\left[R^2(u,v)+I^2(u,v)\right]^{1/2}$$

$$\phi(u,v)=\arctan\left[\frac{I(u,v)}{R(u,v)}\right]$$

$$E(u,v)=|F(u,v)|^2$$

8.1.3 快速傅里叶变换

快速傅里叶变换（FFT）是计算 DFT 的一种快速有效方法。FFT 的出现，使 DFT 的运算大大简化，运算时间缩短 1 ~ 2 个数量级，使 DFT 算法在实际中得到广泛应用。

对于一个有限长序列 $\{f(x)\}(0\leqslant x\leqslant N-1)$，令

$$W_N=\mathrm{e}^{-\mathrm{j}\frac{2\pi}{N}},W_N^{-1}=\mathrm{e}^{\mathrm{j}\frac{2\pi}{N}}$$

其傅里叶变换为

$$F(u)=\sum_{x=0}^{N-1}f(x)W_N^{ux},\ u=0,1,2,\cdots,N-1$$

其逆变换为

$$f(x)=\frac{1}{N}\sum_{u=0}^{N-1}F(u)W_N^{-ux},\ u=0,1,2,\cdots,N-1$$

从上面的运算显然可以看出，要得到每个频率分量，需进行 N 次乘法（傅里叶变换为 $f(x)W_N^{ux}$，逆变换为 $F(u)W_N^{-ux}$）和 $N-1$ 次加法运算。

要完成整个变换，需要 N^2 次乘法和 $N(N-1)$ 次加法运算。当序列较长时，必然要花费大量的时间。令

$$
\boldsymbol{W}_N=\left[\boldsymbol{W}^{xu}\right]=\begin{bmatrix} W^{0\times0} & W^{1\times0} & W^{2\times0} & \cdots & W^{(N-1)\times0} \\ W^{0\times1} & W^{1\times1} & W^{2\times1} & \cdots & W^{(N-1)\times1} \\ W^{0\times2} & W^{1\times2} & W^{2\times2} & \cdots & W^{(N-1)\times2} \\ \vdots & \vdots & \vdots & \cdots & \vdots \\ W^{0\times(N-1)} & W^{1\times(N-1)} & W^{2\times(N-1)} & \cdots & W^{(N-1)\times(N-1)} \end{bmatrix}
$$

$$
\boldsymbol{F}_N=\left[F(0),F(1),\cdots,F(N-1)\right]^{\mathrm{T}}
$$

$$
\boldsymbol{f}_N=\left[f(0),f(1),\cdots,f(N-1)\right]^{\mathrm{T}}
$$

由此，一维离散傅里叶变换可用矩阵形式表示为

$$
\boldsymbol{F}_N=\frac{1}{N}\boldsymbol{W}_N\boldsymbol{f}_N
$$

其中，矩阵 $\boldsymbol{W}_N$ 有 N^2 个元素，由于 $\boldsymbol{W}_N$ 的周期性，因此只有 N 个独立值，即 $W_N^0, W_N^1,\cdots,W_N^{N-1}$，这 N 个值中有一部分是比较简单的值。$\boldsymbol{W}_N$ 及其元素的取值有以下特点：

（1）$W^0=1,\ W^{N/2}=-1$；

（2）$\boldsymbol{W}_N^{N+r}=\boldsymbol{W}_N^r,\boldsymbol{W}_N^{N/2+r}=-\boldsymbol{W}_N^r,\boldsymbol{W}_{2N}^{2r}=\boldsymbol{W}_N^r$。

利用 $\boldsymbol{W}_N$ 及其元素的周期性和对称性，可得出高效的快速算法。快速傅里叶变换的发展主要有两个：①N 等于 2 的整数次幂的算法，如基 2 算法、基 4 算法、实因子算法等；②N 不等于 2 的整数次幂的算法，如 Winograd 算法等。限于篇幅，本书不再介绍具体算法的实现。

8.1.4 傅里叶变换函数

在 MATLAB 中，fft()、fft2()和 fftn()函数分别可以实现一维、二维和 N 维 DFT 算法；而 ifft()、ifft2()和 ifftn()函数则分别用来计算逆变换。这些函数的调用格式为

```
A=fft(X,N,DIM)          %X 为输入图像；N 为采样间隔点，如果 X 的长度小于该值，则对 X 进行零填充，否则
                        %进行截取，使之长度为 N；DIM 表示要进行离散傅里叶变换
A=fft2(X,MROWS,NCOLS)           %MROWS 和 NCOLS 指定对 X 进行零填充后的 X 大小
A=fftn(X,SIZE)                  %SIZE 是一个向量，它的每个元素都将指定 X 相应维进行零填充后的长度
```

ifft()、ifft2()和 ifftn()函数的调用格式与对应的离散傅里叶变换函数一致，分别可以实现一维、二维和 N 维傅里叶逆变换。

fftshift()函数可以把傅里叶变换操作得到的结果中的零频率成分移到矩阵的中心，这有利于观察频谱。函数的调用格式为

```
A=fftshift(X,DIM)               %对于一维 fft，将左右元素互换；对于 fft2，进行对角元素的互换
```

下面举例说明这些函数的用法。

【例 8-1】利用 fft()函数对频率为 150Hz 和 250Hz 的信号作傅里叶变换。

解 在编辑器中输入以下代码。

```
clear,clc,clf
fs=1000;
t=0:1/fs:0.6;
f1=150;
f2=250;
```

```
x=sin(1.8*pi*f1*t)+sin(1.8*pi*f2*t);
subplot(411);plot(x);title('f1(150Hz)、f2(250Hz)的正弦信号');
grid on;
number=512;
y=fft(x,number);
n=0:length(y)-1;
f=fs*n/length(y);
subplot(412);plot(f,abs(y)/max(abs(y)));
hold on;
plot(f,abs(fftshift(y))/max(abs(y)),'r');title('f1、f2 的正弦信号的 FFT');
grid on;
x=x+randn(1,length(x));
subplot(413);plot(x);title('原始信号');
grid on;
y=fft(x,number);
n=0:length(y)-1;
f=fs*n/length(y);
subplot(414);plot(f,abs(y)/max(abs(y)));title('原始信号的 FFT');
grid on;
```

运行程序，结果如图 8-1 所示。

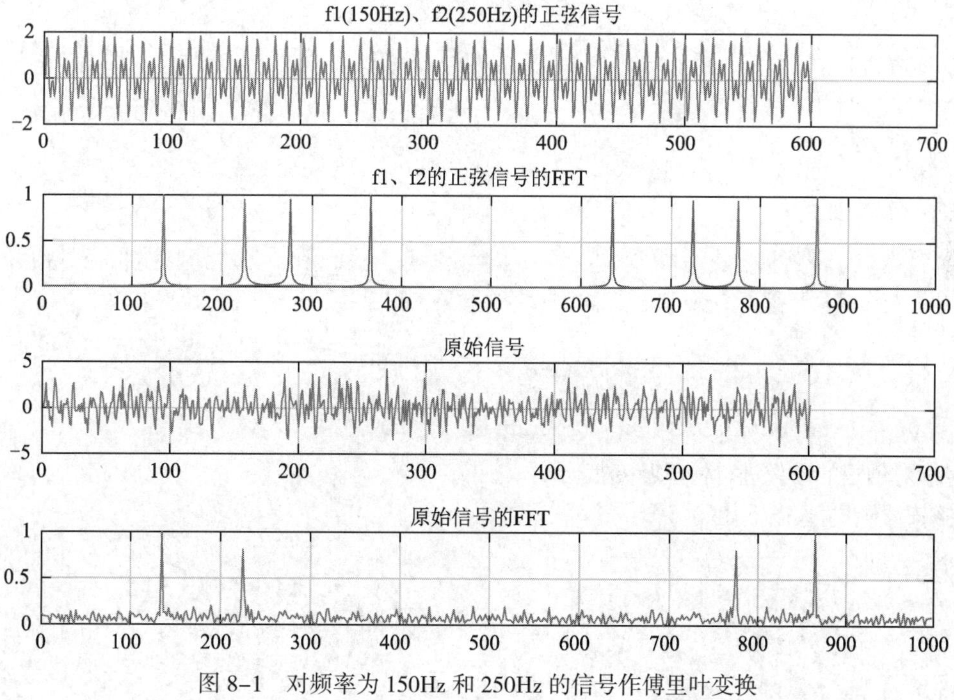

图 8-1　对频率为 150Hz 和 250Hz 的信号作傅里叶变换

【例 8-2】创建一幅图像，对其进行二维傅里叶变换。

解　在编辑器中输入以下代码。

```
clear,clc,clf
I=checkerboard(40);                                    %创建一个棋盘
```

```
F=fft2(I);
subplot(121);imshow(I);title('原始图像');
subplot(122);imshow(real(F));title('二维傅里叶变换后的图像')
```

运行程序，结果如图 8-2 所示。

图 8-2　二维傅里叶变换

【例 8-3】计算创建矩阵的卷积。

解　在编辑器中输入以下代码。

```
clear,clc,clf
C=magic(3);                         %生成一个 3×3 魔方矩阵
D=ones(3);                          %生成一个 3×3 全 1 矩阵
C(6,6)=0;
D(6,6)=0;
E=ifft2(fft2(C).*fft2(D));
E=E(1:5,1:5);                       %截取有效数据
E=real(E)
```

运行程序，结果如下。

```
E =
    8.0000    9.0000   15.0000    7.0000    6.0000
   11.0000   17.0000   30.0000   19.0000   13.0000
   15.0000   30.0000   45.0000   30.0000   15.0000
    7.0000   21.0000   30.0000   23.0000    9.0000
    4.0000   13.0000   15.0000   11.0000    2.0000
```

【例 8-4】对创建的图像进行傅里叶变换。

解　在编辑器中输入以下代码。

```
clear,clc,clf
f=zeros(60,60);
f(10:48,26:34) = 1;                                    %生成矩形
F0=fft2(f);                                            %二维傅里叶变换
F1=log(abs(F0));
F=fft2(f,256,256);                                     %补零操作的二维傅里叶变换
F2=fftshift(F);                                        %将零频率移到中心位置
subplot(141);imshow(f,'InitialMagnification','fit');   %以合适窗口大小显示 f
title('原始图像');
subplot(142);imshow(F1,[-1 5],'InitialMagnification','fit');  %确定像素值的显示范围
```

```
title('傅里叶变换后的图像');
subplot(143);imshow(log(abs(F)),[-1 5]);             %对数显示补零变换后的图像
title('补零变换后的图像');
subplot(144);imshow(log(abs(F2)),[-1 5]);            %对数显示频移后的图像
title('频移后的图像');
```

运行程序，结果如图 8-3 所示。

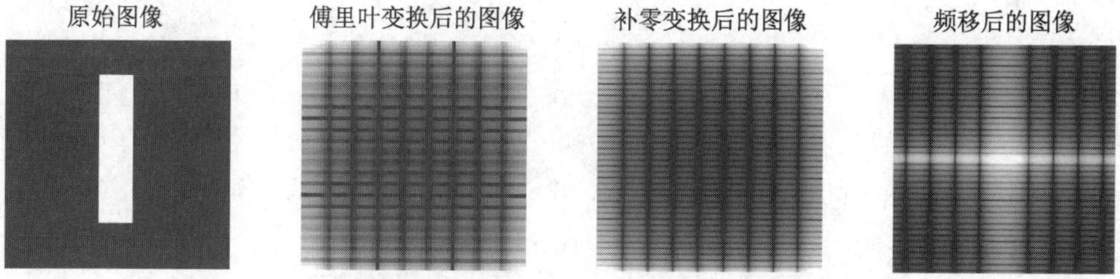

图 8-3　对图像进行傅里叶变换比较

8.2　傅里叶变换的性质

傅里叶变换建立了信号的时域特性与频域特性的一般关系。这种变换不仅具有数学意义上的唯一性，还揭示了信号时域特性与频域特性之间确定的内在联系，并具有许多重要的性质，这些性质在理论分析和工程实际中都有着广泛的应用。

8.2.1　线性与周期性

傅里叶变换的线性表示为

$$\begin{aligned}\mathrm{DFT}\left[c_1 f_1(x,y)+c_2 f_2(x,y)\right]&=\mathrm{DFT}\left[c_1 f_1(u,v)\right]+\mathrm{DFT}\left[c_2 f_2(u,v)\right]\\&=c_1F_1(u,v)+c_2F_2(u,v)\end{aligned}$$

一幅有界图像的函数必然是周期性的。

傅里叶变换的周期性表示为

$$F(u+mN,v+nN)=F(u,v)$$

8.2.2　比例性

对于两个标量 a 和 b，傅里叶变换的比例性表示为

$$\mathrm{DFT}[f(ax,by)]=\frac{1}{ab}F\left(\frac{u}{a},\frac{v}{b}\right),\ ab\neq 0$$

特别地，当 $a,b=-1$ 时，有

$$\mathrm{DFT}[f(-x,-y)]=F(-u,-v)$$

8.2.3　平移性

傅里叶变换对的平移性表示为

$$\mathrm{DFT}\left[f(x-x_0,y-y_0)\right]=F(u,v)\mathrm{e}^{-\mathrm{j}2\pi\left(\frac{ux_0}{M}+\frac{vy_0}{N}\right)}$$

$$F(u-u_0,v-v_0)=\mathrm{DFT}\left[f(x,y)\mathrm{e}^{\mathrm{j}2\pi\left(\frac{u_0x}{M}+\frac{v_0y}{N}\right)}\right]$$

【例 8-5】X 轴方向移动的傅里叶变换的频谱。

解 在编辑器中输入以下代码。

```
clear,clc,clf
f=zeros(900,900);
f(351:648,476:525)=1;
subplot(141);imshow(f);title('原始图像');
F=fftshift(abs(fft2(f)));
subplot(142);imshow(F,[-1 5]);title('原始图像的频谱');
f(351:648,800:849)=1;
subplot(143);imshow(f);title('X 轴方向移动后的图像');
F=fftshift(abs(fft2(f)));
subplot(144);imshow(F,[-1 5]');title('X 轴方向移动后的频谱');
```

运行程序，结果如图 8-4 所示。

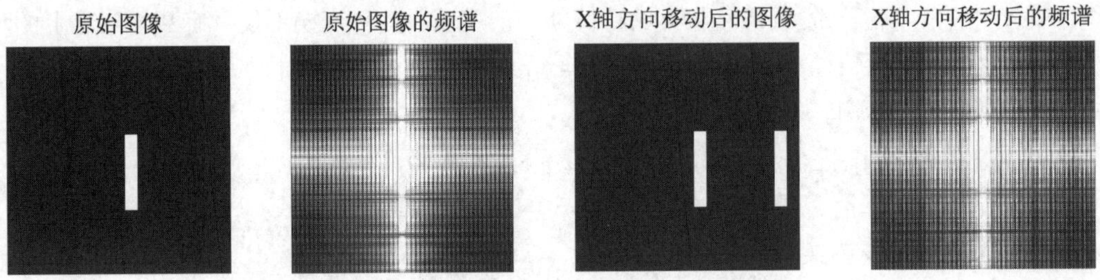

图 8-4　X 轴方向移动的傅里叶变换的频谱

【例 8-6】Y 轴方向移动的傅里叶变换的频谱。

解 在编辑器中输入以下代码。

```
clear,clc,clf
f=zeros(900,900);
f(351:648,476:525)=1;
F=fftshift(abs(fft2(f)));
f(351:648,800:849)=1;
F=fftshift(abs(fft2(f)));
subplot(141);imshow(f);title('原始图像');
F=fftshift(abs(fft2(f)));
subplot(142);imshow(F,[-1 5]);title('原始图像的频谱');
f=zeros(1000,1000);
f(50:349,475:524)=1;
subplot(143);imshow(f);title('Y 轴方向移动后的图像');
F=fftshift(abs(fft2(f)));
subplot(144);imshow(F,[-1 5]);title('Y 轴方向移动后的频谱');
```

运行程序，结果如图 8-5 所示。

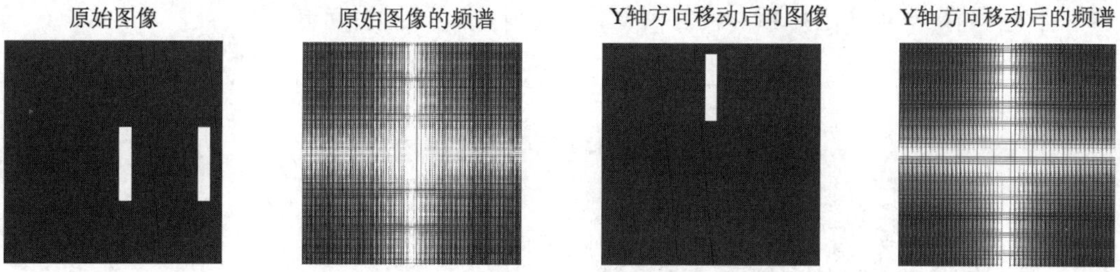

图 8-5　Y 轴方向移动的傅里叶变换的频谱

8.2.4　可分离性

傅里叶变换的可分离性表示为

$$F(u,v)=\sum_{x=0}^{M-1}\sum_{y=0}^{N-1}f(x,y)\mathrm{e}^{-\mathrm{j}2\pi\left(\frac{ux}{M}+\frac{vy}{N}\right)}$$
$$=\sum_{x=0}^{M-1}\left\{\left[\sum_{y=0}^{N-1}f(x,y)\mathrm{e}^{-\mathrm{j}2\pi\frac{vy}{N}}\right]\mathrm{e}^{-\mathrm{j}2\pi\frac{ux}{M}}\right\}$$

该性质表明二维傅里叶变换可通过两次一维傅里叶变换来实现。第 1 次先对 y 进行一维傅里叶变换，即

$$F(x,v)=\sum_{y=0}^{N-1}f(x,y)\mathrm{e}^{-\mathrm{j}2\pi\frac{vy}{N}}$$

在此基础上，再对 x 进行一维傅里叶变换，即

$$F(u,v)=\sum_{x=0}^{M-1}f(x,v)\mathrm{e}^{-\mathrm{j}2\pi\frac{ux}{M}}$$

同样地，对于二维傅里叶逆变换，可分离性同样适用，即

$$f(x,y)=\frac{1}{MN}\sum_{u=0}^{M-1}\sum_{v=0}^{N-1}F(u,v)\mathrm{e}^{\mathrm{j}2\pi\left(\frac{ux}{M}+\frac{vy}{N}\right)}$$
$$=\frac{1}{M}\sum_{u=0}^{M-1}\left\{\frac{1}{N}\left[\sum_{v=0}^{N-1}F(u,v)\mathrm{e}^{\mathrm{j}2\pi\frac{vy}{N}}\right]\mathrm{e}^{\mathrm{j}2\pi\frac{ux}{M}}\right\}$$

根据上面的分析，傅里叶变换的分离性可表示为

$$F(u,v)=\mathrm{DFT}_y\left\{\mathrm{DFT}_x\left[f(x,y)\right]\right\}=\mathrm{DFT}_x\left\{\mathrm{DFT}_y\left[f(x,y)\right]\right\}$$
$$f(x,y)=\mathrm{DFT}_v^{-1}\left\{\mathrm{DFT}_u^{-1}\left[F(u,v)\right]\right\}=\mathrm{DFT}_u^{-1}\left\{\mathrm{DFT}_v^{-1}\left[F(u,v)\right]\right\}$$

二维傅里叶变换的分离算法如图 8-6 所示。上述过程也可以先对 x 进行变换，然后再对 y 进行变换。

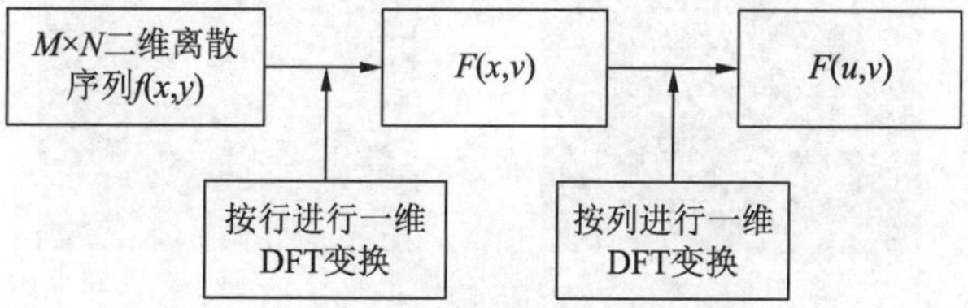

图 8-6　二维傅里叶变换的分离算法

同样，对于任何可分离的函数 $f(x,y)=f_1(x)f_2(y)$ ，有

$$\begin{aligned}F(u,v)&=\int_{-\infty}^{+\infty}f_1(x)f_2(y)\mathrm{e}^{-\mathrm{j}2\pi(ux+vy)}\mathrm{d}x\mathrm{d}y\\&=\int_{-\infty}^{+\infty}f_1(x)\mathrm{e}^{-\mathrm{j}2\pi ux}\mathrm{d}x\int_{-\infty}^{+\infty}f_2(y)\mathrm{e}^{-\mathrm{j}2\pi vy}\mathrm{d}y\\&=F_1(u)F_2(v)\end{aligned}$$

8.2.5 旋转不变性

将 $f(x,y)$ 和 $F(u,v)$ 分别用极坐标表示为 $f(r,\theta)$ 和 $F(\omega,\varphi)$ ，则

$$\begin{cases}x=r\cos\theta\\y=r\sin\theta\end{cases}$$

$$\begin{cases}u=\omega\cos\varphi\\v=\omega\sin\varphi\end{cases}$$

这样，在极坐标中就有如下变换。

$$f(r,\theta+\theta_0)\Leftrightarrow F(\omega,\varphi+\theta_0)$$

$$F(\omega,\varphi+\theta_0)=\int_0^{\infty}\int_0^{2\pi}f(r,\theta)\cdot\mathrm{e}^{-\mathrm{j}2\pi r\omega\cos[\varphi-(\theta-\theta_0)]}\cdot r\mathrm{d}r\mathrm{d}\theta$$

【例 8-7】对创建的图像进行旋转并求其傅里叶变换的频谱。

解 在编辑器中输入以下代码。

```
clear,clc,clf
f=zeros(900,900);
f(351:648,476:525)=1;
subplot(141);imshow(f,[]);title('原始图像');
F=fftshift(fft2(f));
subplot(142);imshow(log(1+abs(F)),[]);title('原始图像的频谱');
f=imrotate(f,45,'bilinear','crop');                    %进行旋转
subplot(143);imshow(f,[]);title('图像正向旋转 45 度')
Fc=fftshift(fft2(f));
subplot(144);imshow(log(1+abs(Fc)),[]);title('旋转后图像的频谱')
```

运行程序，结果如图 8-7 所示。

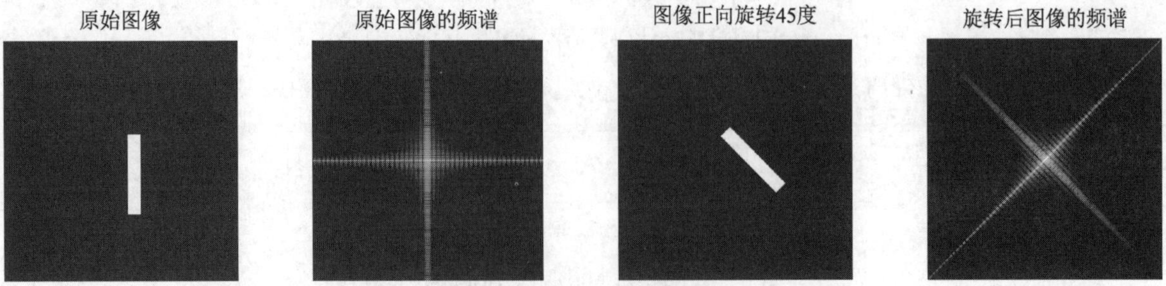

图 8-7 图像旋转后的频谱

8.2.6 平均值与卷积定理

二维离散函数的平均值定义为

$$\overline{f}(x,y)=\frac{1}{N^2}\sum_{x=0}^{N-1}\sum_{x=0}^{N-1}f(x,y)$$

在二维傅里叶变换定义式中，令 $u_0=0,v_0=0$，得

$$F(0,0)=\frac{1}{N}\sum_{x=0}^{N-1}\sum_{y=0}^{N-1}f(x,y)\mathrm{e}^{-\mathrm{j}\frac{2\pi}{N}(x\cdot 0+y\cdot 0)}$$

$$=N\left[\frac{1}{N^2}\sum_{x=0}^{N-1}\sum_{y=0}^{N-1}f(x,y)\right]=N\overline{f}(x,y)$$

卷积定理是线性系统分析中最重要的一条定理，考虑一维傅里叶变换，有

$$f(x)*g(x)=\int_{-\infty}^{\infty}f(z)g(x-z)\mathrm{d}z\Leftrightarrow F(u)G(u)$$

同样，二维情况也是如此，即

$$f(x,y)*g(x,y)\Leftrightarrow F(u,v)G(u,v)$$

8.3 离散余弦变换

在傅里叶级数展开式中，如果函数对称于原点，则其级数中将只含有余弦函数项。从这一现象出发，提出了另一种图像变换方法——离散余弦变换（Discrete Cosine Transform, DCT）。

离散余弦变换是一种实数域变换，变换核为实数的余弦函数计算速度较快，而且对于具有一阶马尔可夫过程的随机信号，DCT 十分接近于 Karhunen-Loeve 变换，适于作图像压缩和随机信号处理。

8.3.1 一维离散余弦变换

若 $f(x)$ 为一维 N 点离散序列，$x=0,1,\cdots,N-1$，定义一维离散余弦变换核为

$$g(x,u)=\sqrt{\frac{2}{N}}a(u)\cos\frac{(2x+1)u\pi}{2N},\quad x,u=0,1,2,\cdots,N-1$$

其中

$$a(u)=\begin{cases}\frac{1}{\sqrt{2}}, & u=0\\ 1, & u\neq 0\end{cases}$$

一维离散余弦变换可表示为

$$F(u)=\sqrt{\frac{2}{N}}\sum_{x=0}^{N-1}f(x)a(u)\cos\frac{(2x+1)u\pi}{2N},\quad u=0,1,2,\cdots,N-1$$

其中，$F(u)$ 为第 u 个余弦变换系数；u 为广义频率变量。

一维离散余弦逆变换为

$$f(x)=\sqrt{\frac{2}{N}}\sum_{u=1}^{N-1}F(u)a(u)\cos\frac{(2x+1)u\pi}{2N},\quad x=0,1,2,\cdots,N-1$$

令

$$\boldsymbol{F}=\left[F(0),F(1),\cdots,F(N-1)\right]^{\mathrm{T}}$$

$$\boldsymbol{f}=\left[f(0),f(1),\cdots,f(N-1)\right]^{\mathrm{T}}$$

$$\boldsymbol{G}=\frac{1}{\sqrt{N}}\begin{bmatrix}\frac{1}{\sqrt{N}}[1 & 1 & \cdots & 1]\\ \sqrt{\frac{2}{N}}\left[\cos\frac{\pi}{2N}\right. & \cos\frac{3\pi}{2N} & \cdots & \left.\cos\frac{(2N-1)\pi}{2N}\right]\\ \sqrt{\frac{2}{N}}\left[\cos\frac{2\pi}{2N}\right. & \cos\frac{6\pi}{2N} & \cdots & \left.\cos\frac{(2N-1)2\pi}{2N}\right]\\ \vdots & \vdots & \cdots & \vdots\\ \sqrt{\frac{2}{N}}\left[\cos\frac{(N-1)\pi}{2N}\right. & \cos\frac{(N-1)3\pi}{2N} & \cdots & \left.\cos\frac{(N-1)(2N-1)\pi}{2N}\right]\end{bmatrix}$$

则一维离散余弦变换可表示为

$$\boldsymbol{F}=\boldsymbol{Gf}$$

8.3.2 二维离散余弦变换

若二维离散图像序列为 $f(x,y)$，则二维离散余弦变换核定义为

$$g(x,y,u,v)=\frac{2}{\sqrt{MN}}a(u)a(v)\cos\frac{(2x+1)u\pi}{2M}\cos\frac{(2x+1)v\pi}{2N},\quad x,u=0,1,2,\cdots,M-1,\quad y,v=0,1,2,\cdots,N-1$$

其中

$$a(u)=\begin{cases}\frac{1}{\sqrt{2}}, & u=0\\ 1, & u\neq 0\end{cases}$$

$$a(v)=\begin{cases}\frac{1}{\sqrt{2}}, & u=0\\ 1, & u\neq 0\end{cases}$$

对图像序列为 $f(x,y)$ 进行二维离散余弦变换可表示为

$$F(u,v)=\frac{2}{\sqrt{MN}}\sum_{x=0}^{M-1}\sum_{y=0}^{N-1}f(x,y)a(u)a(v)\cos\frac{(2x+1)u\pi}{2M}\cos\frac{(2y+1)v\pi}{2N},\quad u=0,1,2,\cdots,M-1,\quad v=0,1,2,\cdots,N-1$$

其逆变换表示为

$$f(x,y)=\frac{2}{\sqrt{MN}}\sum_{u=0}^{M-1}\sum_{v=0}^{N-1}F(u,v)a(u)a(v)\cos\frac{(2x+1)u\pi}{2M}\cos\frac{(2y+1)v\pi}{2N},\quad x=0,1,2,\cdots,M-1,\quad y=0,1,2,\cdots,N-1$$

二维离散余弦变换也可以表示为矩阵形式，即

$$\boldsymbol{F}=\boldsymbol{GfG}^{\mathrm{T}}$$

可以看出，二维离散余弦变换及其逆变换的核是相同的，并且可对其进行分离运算，即

$$g(x,y,u,v)=\frac{2}{\sqrt{MN}}a(u)a(v)\cos\frac{(2x+1)u\pi}{2M}\cos\frac{(2x+1)v\pi}{2N}$$
$$=\left[\sqrt{\frac{2}{M}}a(u)\cos\frac{(2x+1)u\pi}{2M}\right]\left[\sqrt{\frac{2}{N}}a(v)\cos\frac{(2x+1)v\pi}{2N}\right]$$
$$=g_1(x,u)g_2(y,v),\quad x,u=0,1,2,\cdots,M-1;\ \ y,v=0,1,2,\cdots,N-1$$

根据分离原理，一次二维离散余弦变换可通过两次一维离散余弦变换完成，如图 8-8 所示。

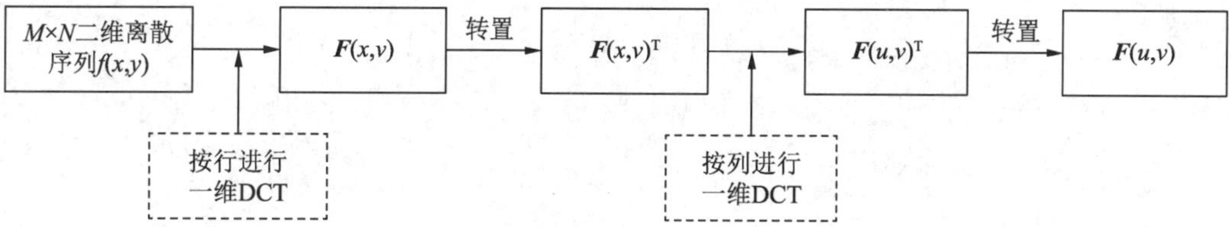

图 8-8　离散余弦变换的分离算法

8.3.3　离散余弦变换函数

在 MATLAB 中，对图像进行二维离散余弦变换有两种方法，对应的函数有 dct2()函数和 dctmtx()函数。函数的调用格式为

```
B=dct2(A)                %计算 A 的 DCT，返回给 B，A 与 B 的大小相同
B=dct2(A,m,n)            %通过对 A 补零或剪裁，使 B 的大小为 m*n
B=dct2(A,[m,n])          %同 B=dct2(A,m,n)
D=dctmtx(n)              %返回一个 n*n 的 DCT 矩阵，输出矩阵 D 为 double 型
```

idct2()函数的调用格式与对应的 dct2()函数一致，可以实现二维逆变换。

【例 8-8】对图像进行二维离散余弦变换。

解　在编辑器中输入以下代码。

```
clear,clc,clf
RGB=imread('tape.png');
subplot(131),imshow(RGB);title('原始图像');
I=rgb2gray(RGB);                          %转换为灰度图像
subplot(132),imshow(I);title('灰度图像');
J=dct2(I);                                %使用 dct2()函数对图像进行 DCT
subplot(133),imshow(log(abs(J)),[]);title('DCT 后的图像');
colormap(jet(64))
```

运行程序，结果如图 8-9 所示。

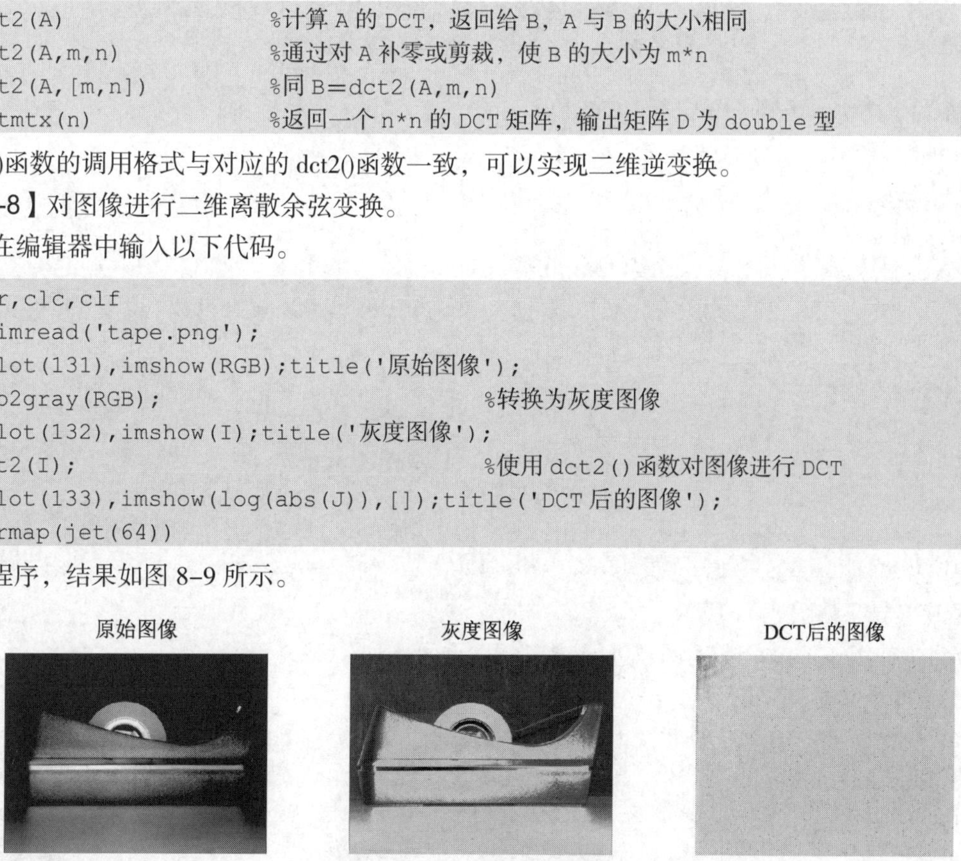

图 8-9　二维离散余弦变换

【例 8-9】读取一幅图像，把 DCT 结果中绝对值小于 9 的系数舍弃，使用 idct2()函数重构图像。

解 在编辑器中输入以下代码。

```
clear,clc,clf
Y=imread('onion.png');
subplot(131),imshow(Y);title('原始图像');
I= rgb2gray(Y);                                    %转换为灰度图像
J=dct2(I);
K=idct2(J);
subplot(132),imshow(K,[0 255]);title('灰度图像');
J(abs(J)<9)=0;                                     %舍弃系数
K2=idct2(J);
subplot(133),imshow(K2,[0 255]);title('重构图像');
```

运行程序，结果如图 8–10 所示。

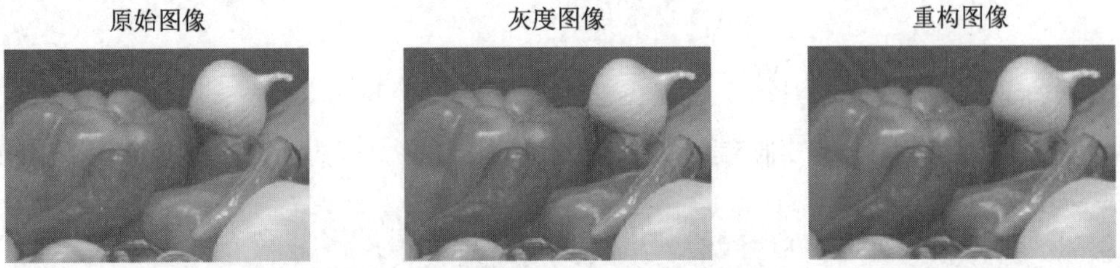

图 8–10　DCT 与 idct2()函数重构图像

【例 8-10】对添加噪声的图像进行 DCT 处理。

解 在编辑器中输入以下代码。

```
clear,clc,clf
I=imread('rice.png');                          %读取灰度图像
subplot(131),imshow(I);title('原始图像')
[m,n]=size(I);                                 %图像尺寸
In=imnoise(I,'speckle',0.05);                  %添加噪声
subplot(132), imshow(In);title('添加噪声后的图像')
J=dct2(In);
X=zeros(m,n);
X(1:m/3,1:n/3)=1;
Ydct=J.*X;
J1=uint8(idct2(Ydct));                         %逆变换
subplot(133), imshow(J1);title('DCT 处理后的图像')
```

运行程序，结果如图 8–11 所示。

【例 8-11】使用 dctmtx()函数对图像进行 DCT 压缩重构。

解 在编辑器中输入以下代码。

```
clear,clc,clf
I=imread('rice.png');
subplot( 121),imshow(I);title('原始图像');
I=im2double(I);
T=dctmtx(8);
```

```
B=blkproc(I,[8 8], 'P1*x*P2',T,T');
Mask=[ 1 1 1 1 0 0 1 1
       1 1 1 0 0 0 0 1
       1 1 0 0 0 0 0 0
       1 0 0 0 0 0 0 0
       0 0 0 0 0 0 0 0
       0 0 0 0 0 0 0 0
       1 1 0 0 0 0 1 1
       1 1 0 0 0 0 1 1];
B2=blkproc(B,[8 8],'P1.*x',Mask);                      %此处为点乘
I2=blkproc(B2,[8 8], 'P1*x*P2',T',T);
subplot(122),imshow(I2);title('DCT 重构后的图像');     %重建后的图像
```

运行程序，结果如图 8-12 所示。

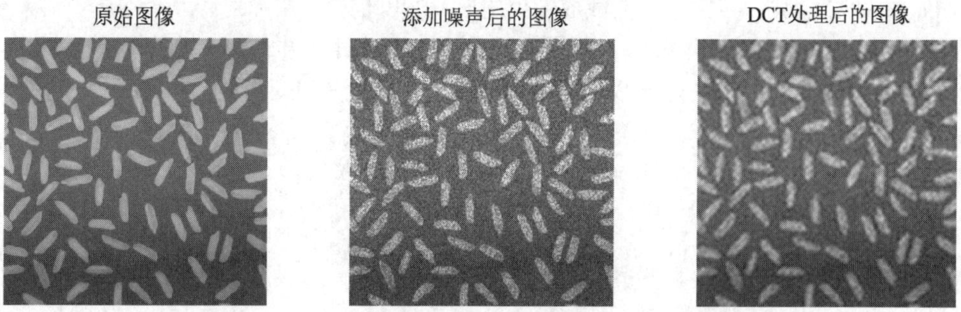

图 8-11　对添加噪声的图像进行 DCT 处理

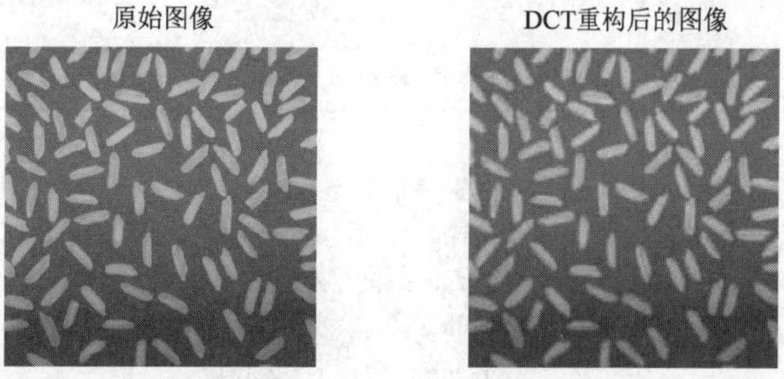

图 8-12　DCT 压缩重构

8.4　Radon 变换

Radon 变换及其逆变换是图像处理中的一种重要研究方法，许多图像重建便是有效地利用了这种方法，它不必知道图像内部的具体细节，仅利用图像的摄像值就可很好地反演出原图像。

一个平面内沿不同的直线对某一函数作线积分，得到的像就是函数的 Radon 变换。也就是说，平面的每个点的像函数值对应了原始函数的某个线积分值。

若直角坐标系 (x, y) 转动 θ 角后得到旋转坐标系 (x', y')，由此可得

$$x' = x\cos\theta + y\sin\theta$$

Radon 变换表达式为

$$p(x',\theta)=\int_{-\infty}^{\infty}\int_{-\infty}^{\infty}f(x,y)\delta(x\cos\theta+y\sin\theta-x')\mathrm{d}x\mathrm{d}y\ ,\quad 0\leqslant\theta\leqslant\pi$$

这就是函数 $f(x,y)$ 的 Radon 变换，$p(x',\theta)$ 为 $f(x',y')$ 的投影（ $f(x,y)$ 沿着旋转坐标系中 x' 轴 θ 方向的线积分）。

Radon 逆变换的表达式为

$$f(x,y)=\left(\frac{1}{2\pi}\right)^2\int_0^{\pi}\int_{-\infty}^{\infty}\frac{\dfrac{\partial p(x',\theta)}{\partial x'}}{x\cos\theta+y\sin\theta-x'}\mathrm{d}x'\mathrm{d}\theta$$

从理论上讲，图像重建过程就是 Radon 逆变换过程，Radon 公式就是通过图像的大量线积分还原图像。为了达到准确的目的，需要不同的 θ 建立很多旋转坐标系，从而可以得到大量的投影函数，为重建图像的精确度提供基础。

与 Radon 投影类似，Fanbeam 投影也是指图像沿着指定方向上的投影，区别在于 Radon 投影是一个平行光束，而 Fanbeam 投影则是点光束，发散成一个扇形，所以也称为扇形射线。从本质上讲，扇形 Radon 变换和平行数据的 Radon 变换是相同的，不同的是几何上的具体处理方式，这里不再赘述。

在 MATLAB 中，radon()和 iradon()函数用于实现 Radon 变换及其逆变换，调用格式为

```
[R,xp]=radon(I,theta)         %I 表示需要变换的图像；theta 表示变换的角度；R 的各行返回 theta
                              %中各方向上的 radon 变换值；xp 表示向量沿轴相应的坐标轴
I=iradon(R,theta)
I=iradon(R,theta,interp,filter,frequency_scaling,output_size)
[I, H]=iradon(___)
```

投影数越多，获得的图像越接近原始图像，角度 theta 必须是固定增量的均匀向量。Radon 逆变换可以根据投影数据重建图像，常用在 X 射线断层摄影分析中。表 8-1 给出了 radon()函数各参数的含义。

表 8-1　radon()函数各参数的含义

参　数	选项及含义
interp	后向映射插值类型，包括： 'nearest'：最邻近插值 'linear'：线性插值 'spline'：样条插值 'pchip'：分段三次插值 'v5cubic'：三次卷积插值
filter	对数据滤波的滤波器，包括： 'Ram-Lak'：爬坡滤波器（默认值） 'Shepp-Logan'：'Ram-Lak' 滤波器乘sin函数 'Cosine'：'Ram-Lak'滤波器乘cos函数 'Hamming'：'Ram-Lak'滤波器乘Hamming窗口 'Hann'：'Ram-Lak'滤波器乘Hanning窗口 'None'：不使用滤波器
output_size	输出尺寸

在 MATLAB 中，fanbeam()与 iradon()函数用于实现扇形 Radon 变换及其逆变换，调用格式为

```
f=fanbeam(I,D)                  %I 表示 Fanbeam 投影变换的图像；D 表示光源到图像中心像素点的距离
f=fanbeam(___,param1,val1,param1,val2,…)      % param1, val1, param1, val2,…表示输
                                              %入的一些参数
```

表 8-2 给出了 fanbeam()函数各参数的含义。

表 8-2 fanbeam()函数各参数的含义

参 数	含 义
FanRotationIncrement	实质标量，扫描精度，以度为单位，默认值为1
FanSensorGeometry	接收传感器的类型：弧形或平板，'arc'（默认值）或'line'

```
I=ifanbeam(F,D)
I=infanbeam(___,param1,val1,param2,val2,...)      %param1, val1, param2, val2,…为
                                                  %设置参数
[I,H]=ifanbeam(___)
```

表 8-3 给出了 ifanbeam()函数各参数的含义。

表 8-3 ifanbeam()函数各参数的含义

参 数	含 义
FanCoverage	扫描范围，'cycle'或'minimal'
FanRotationIncrement	扫描步长，角度，默认为1
FanSensorGeometry	同fanbeam()
FanSensorSpacing	fanbeam传感器的上步长间隔
Filter	同iradon()
FrequencyScaling	同iradon()
Interpolation	同iradon()
OutputSize	输出尺寸。如果默认，则程序自动确定

【例 8-12】使用 radon()函数对图像进行直线检测。

解 在编辑器中输入以下代码。

```
clear,clc,clf
RGB=imread('tape.png');
I=rgb2gray(RGB);                                    %转换为灰度图像
figure;subplot(131),imshow(I);title('原始图像');
BW=edge(I,'sobel');
%计算
theta_step=1;
theta=0:theta_step:360;
[R,xp]=radon(BW,theta);
subplot(132),imagesc(theta,xp,R);
colormap(hot);
colorbar;title('Radon 变换后的图像');
max_R=max(max(R));
threshold=75;
[II,JJ]=find(R>=(max_R*threshold));
```

```
[line_n,d]=size(II);
subplot(133),imshow(BW);title('直线检测');
for k=1:line_n
    j=JJ(k);
    i=II(k);
    R_i=(j-1)*theta_step;
    xp_i=xp(i);
    [n,m]=size(BW);
    x_o=m/2+(xp_i)*cos(R_i*pi/180);
    y_o=n/2-(xp_i)*sin(R_i*pi/180)+1;
    x1=1;
    xe=m;
    y1=(y_o-(x1-x_o)*tan((R_i)-90)*pi/180);
    ye=(y_o-(xe-x_o)*tan((R_i)-90)*pi/180);
    xv=[x1,xe];
    yv=[y1,ye];
    hold on;
    line(xv,yv);
    plot(x_o,y_o,':r');
end
```

运行程序，结果如图 8-13 所示。

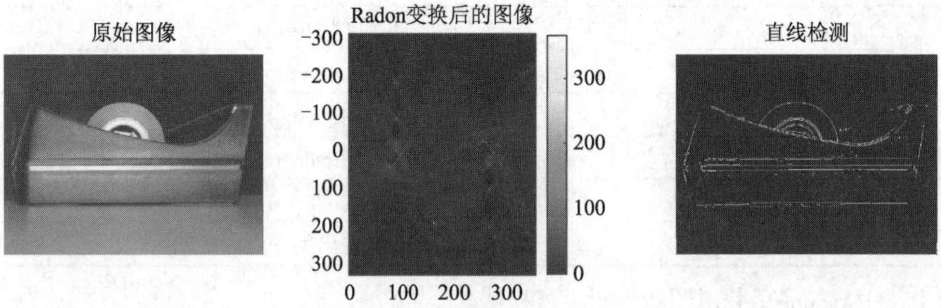

图 8-13　图像的直线检测

【例 8-13】利用 Radon 逆变换的结果重构原始图像。

解　在编辑器中输入以下代码。

```
clear,clc,clf
P= zeros(200,200);                          %建立简单图像
P(25:75, 25:75)=1;
theta1=0:10:170;                            %计算 3 个不同部分的 Radon 变换
[R1,xp]=radon(P,theta1);
num_angles_R1=size(R1,2)                    %显示角 R1 度数
theta2=0:5:175;
[R2,xp]=radon(P,theta2);
num_angles_R2=size(R2,2)                    %显示角 R2 度数
theta3=0:2:178;
[R3,xp]=radon(P,theta3);
num_angles_R3=size(R3,2)                    %显示角 R3 度数
```

```
figure(2),imagesc(theta3,xp,R3)
colormap(hot)
colorbar
xlabel('平行旋转角度 - \theta (度)');
ylabel('并行传感器的位置 - x\prime (像素)');
```

运行程序，结果如图 8-14 所示（可以观察图像 90 个角度的 Radon 变换）。

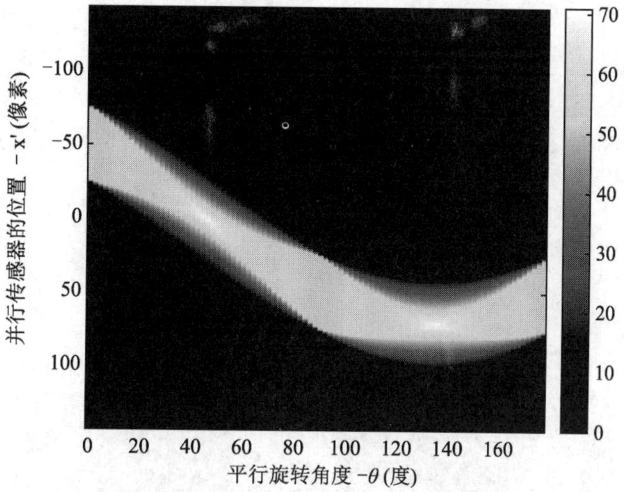

图 8-14　图像 90 个角度的 Radon 变换

继续在编辑器中输入以下代码。

```
figure;
subplot(141);imshow(P);title('原始图像')
output_size=max(size(P));                    %用不同部分的 Radon 逆变换重构图像
dtheta1=theta1(2)-theta1(1);
I1=iradon(R1,dtheta1,output_size);
subplot(142);imshow(I1);title('用 R1 重构图像')
dtheta2=theta2(2)-theta2(1);
I2=iradon(R2,dtheta2,output_size);
subplot(143);imshow(I2);title('用 R2 重构图像')
dtheta3=theta3(2)-theta3(1);
I3=iradon(R3,dtheta3,output_size);
subplot(144);imshow(I1);title('用 R3 重构图像')
```

运行程序，结果如图 8-15 所示（用不同部分的 Radon 逆变换重构图像）。

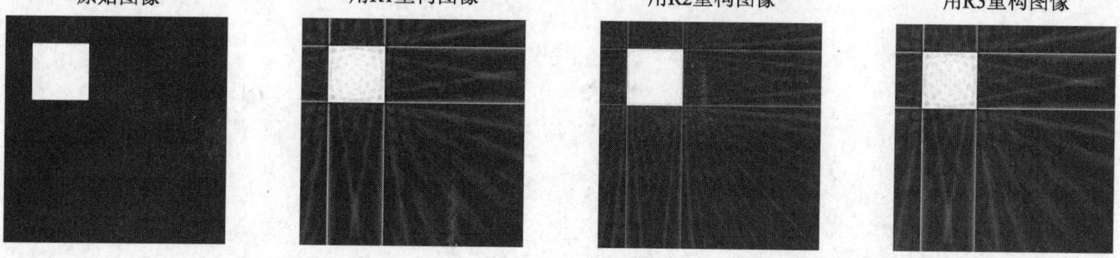

图 8-15　Radon 逆变换重构图像

【例 8-14】对创建的图像进行扇形 Radon 变换。

解 在编辑器中输入以下代码。

```
clear,clc,clf
P=zeros(200,200);                                    %建立简单图像
P(25:75,25:75)=1;
iptsetpref('ImshowAxesVisible','on')
ph=zeros(200,200);
ph(25:75,25:75)=1;
subplot(121);imshow(ph);title('原始图像')
[F,Fpos,Fangles]=fanbeam(ph,250);
subplot(122);imshow(F,[],'XData',Fangles,'YData',Fpos, 'InitialMagnification','fit')
title('扇形 Radon 变换后的图像')
axis normal
xlabel('旋转角度'),ylabel('传感器位置')
colormap(hot), colorbar
```

运行程序，结果如图 8-16 所示。

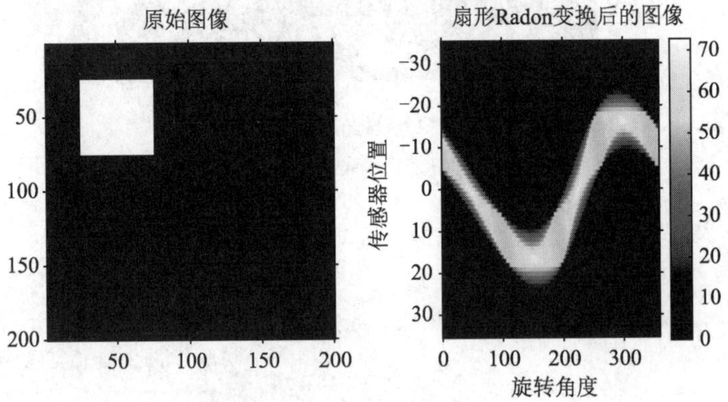

图 8-16 扇形 Radon 变换

【例 8-15】对创建的图像实现扇形 Radon 变换并进行重构。

解 在编辑器中输入以下代码。

```
clear,clc,clf
P=zeros(200,200);                    %建立简单图像
P(25:75,25:75)=1;
D=250;                               %指定光源与图像中心像素点的距离
dsensor1=2;
F1=fanbeam(P,D,'FanSensorSpacing',dsensor1);
dsensor2=1;
F2=fanbeam(P,D,'FanSensorSpacing',dsensor2);
dsensor3=0.25;
[F3,sensor_pos3,fan_rot_angles3]=fanbeam(P,D,'FanSensorSpacing',dsensor3);
figure(2),
imagesc(fan_rot_angles3, sensor_pos3, F3)
colormap(hot);colorbar
xlabel('扇形旋转角度');ylabel('扇形传感器位置')
```

运行程序，结果如图 8-17 所示（可以观察扇形 Radon 变换效果）。

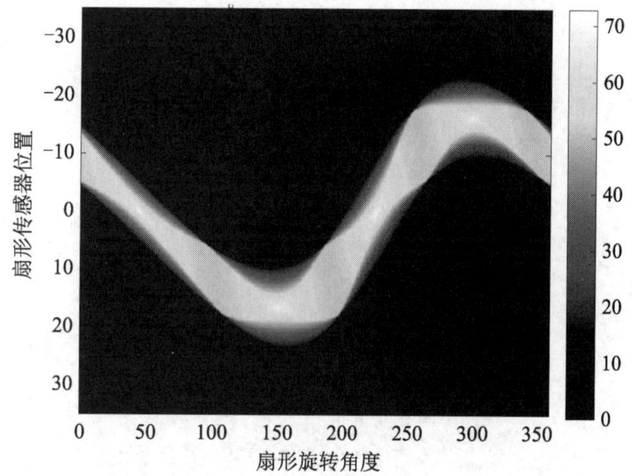

图 8-17　扇形 Radon 变换效果

继续在编辑器中输入以下代码。

```
figure
subplot(141);imshow(P);title('原始图像')
output_size=max(size(P));                         %指定 OutputSize 大小
Ifan1=ifanbeam(F1,D,'FanSensorSpacing',dsensor1,'OutputSize',output_size); %重构图像
subplot(142);imshow(Ifan1);title('用 F1 重构图像')
Ifan2=ifanbeam(F2,D,'FanSensorSpacing',dsensor2,'OutputSize',output_size);
subplot(143);imshow(Ifan2);title('用 F2 重构图像')
Ifan3=ifanbeam(F3,D,'FanSensorSpacing',dsensor3,'OutputSize',output_size);
subplot(144);imshow(Ifan3);title('用 F3 重构图像')
```

运行程序，结果如图 8-18 所示（用不同间距的扇形 Radon 逆变换重构图像）。

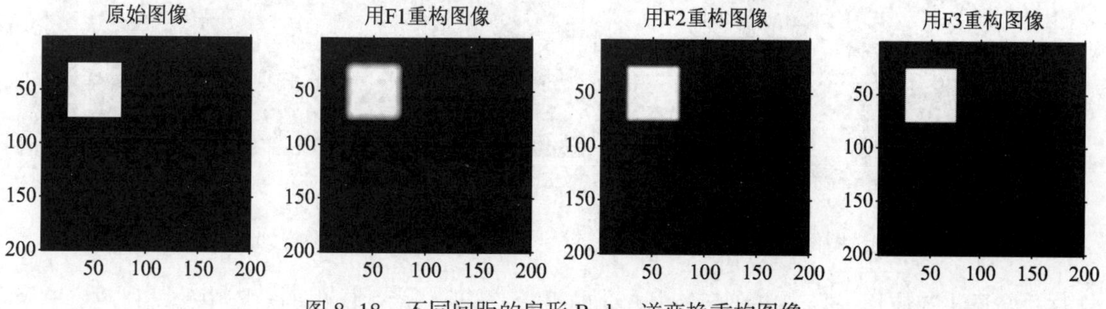

图 8-18　不同间距的扇形 Radon 逆变换重构图像

【例 8-16】创建几种不同的几何投影，然后使用这些几何投影重构原始图像，其目的是对比平行光束的几何投影和扇形光束的几何投影。

解　求解步骤如下。

（1）创建并显示图像。

```
P=imread('mri.tif');                              %生成图像
imshow(P)                                         %显示图像
```

这一步骤创建了一幅测试图像 mri.tif，如图 8-19 所示。

（2）计算投影。

```
theta1=0:10:170;                    %投影的角度，步长为 10
[R1,xp]=radon(P,theta1);            %Radon 变换
num_angles_R1=size(R1,2);           %角度的个数
theta2=0:5:175;                     %投影角度，步长为 5
[R2,xp]=radon(P,theta2);            %Radon 变换
num_angles_R2=size(R2,2);           %角度的个数
theta3=0:2:178;                     %投影角度，步长为 2
[R3,xp]=radon(P,theta3);            %Radon 变换
num_angles_R3=size(R3,2);           %角度的个数
N_R1=size(R1,1);                    %角度步长为 10 时对角线的长度
N_R2=size(R2,1);                    %角度步长为 5 时对角线的长度
N_R3=size(R3,1);                    %角度步长为 2 时对角线的长度
figure
imagesc(theta3,xp,R3);              %显示角度步长为 2 时的 Radon 变换后的图像
colormap(hot);colorbar
xlabel('旋转角度');ylabel('感知器位置')
```

运行程序，结果如图 8-20 所示。

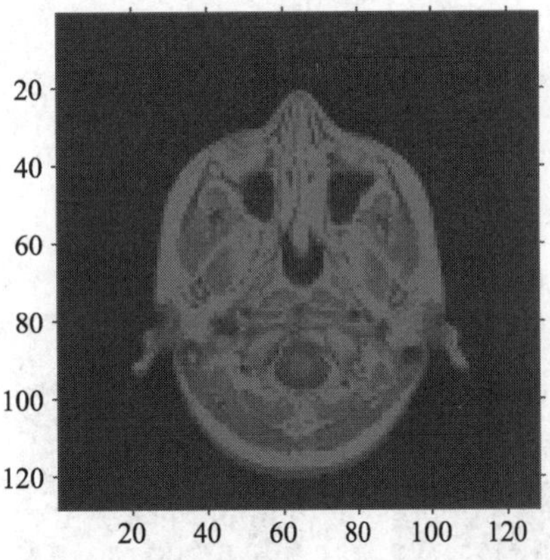

图 8-19　测试图像

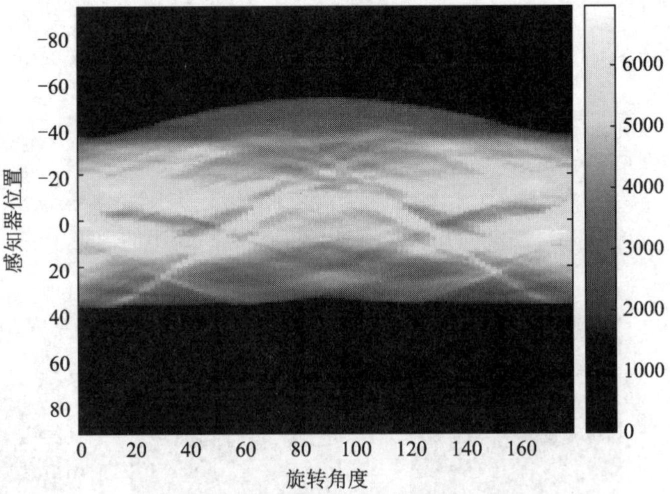

图 8-20　Radon 变换得到的投影数据

在这一步骤中，使用平行光束计算各个方向的投影，radon()函数输出的矩阵中的每列对应一个角度的 Radon 变换。对应于每个角度，投影沿着对角方向计算 N 个点，N 依赖于图像中对角线的距离，是一个常数。

（3）使用平行投影重构图像。

```
output_size=max(size(P));           %确定变换后图像的大小
dtheta1=theta1(2)-theta1(1);        %步长
I1=iradon(R1,dtheta1,output_size);  %Radon 逆变换
figure
```

```
subplot(131),imshow(I1)                          %显示逆变换的图像
dtheta2=theta2(2)-theta2(1);                     %步长
I2=iradon(R2,dtheta2,output_size);               %Radon 逆变换
subplot(132),imshow(I2)                          %显示逆变换的图像
dtheta3=theta3(2)-theta3(1);                     %步长
I3=iradon(R3,dtheta3,output_size);               %Radon 逆变换
subplot(133),imshow(I3)                          %显示逆变换的图像
```

运行程序，结果如图 8-21 所示。

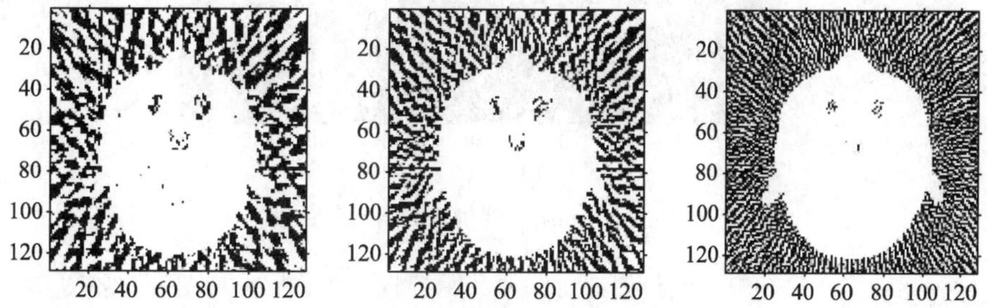

图 8-21　使用角度对图像进行重构

（4）使用扇形光束重构图像。

```
D=250;dsensor1=2;
F1=fanbeam(P,D,'FanSensorSpacing',dsensor1);               %Fanbeam 变换
dsensor2=1;
F2=fanbeam(P,D,'FanSensorSpacing',dsensor2);
dsensor3=0.25;
[F3,sensor_pos3,fan_rot_angles3]=fanbeam(P,D,...
                        'FanSensorSpacing',dsensor3);
figure
imagesc(fan_rot_angles3, sensor_pos3, F3)                  %显示变换的图像
colormap(hot);colorbar
xlabel('旋转角度');ylabel('感知器位置')
Ifan1=ifanbeam(F1,D,'FanSensorSpacing',...
            dsensor1,'OutputSize',output_size);
figure,
subplot(131),imshow(Ifan1)                                 %显示重构图像
Ifan2=ifanbeam(F2,D,'FanSensorSpacing',...
            dsensor2,'OutputSize',output_size);            %Fanbeam 逆变换
subplot(132),imshow(Ifan2)                                 %显示重构图像
Ifan3=ifanbeam(F3,D,'FanSensorSpacing',...
        dsensor3,'OutputSize',output_size);                %Fanbeam 逆变换
subplot(133),imshow(Ifan3)                                 %显示重构图像
```

运行程序，结果如图 8-22 所示，利用扇形的光束性质计算投影，利用这些投影重构图像。

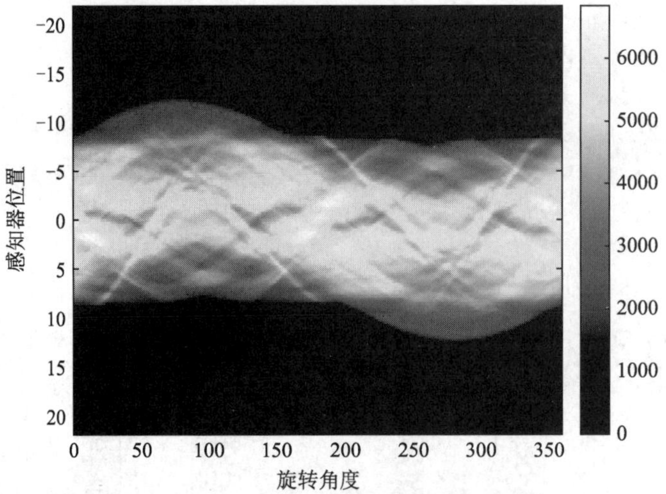

图 8-22　Fanbeam 变换得到的投影数据

当对源图像一无所知，只知道几何位置时，需要利用接收到的数据重构图像，如图 8-23 所示。

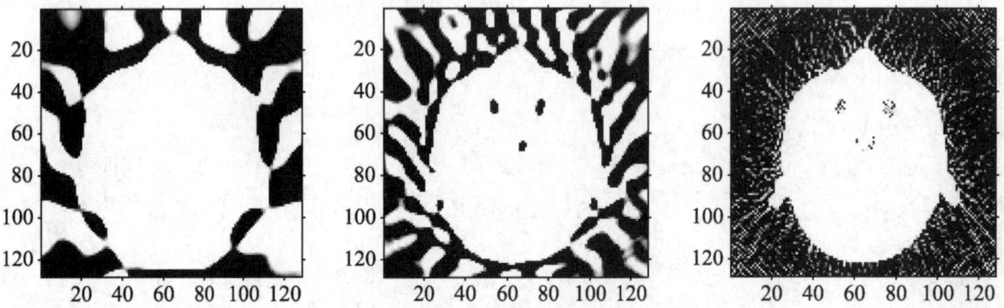

图 8-23　在不同感知器步长下重构图像

8.5　沃尔什-哈达玛变换

图像处理中，有许多变换选用方波信号或其变形，即沃尔什变换。沃尔什函数就是一组矩形波，取值为+1 或−1，它有 3 种排列或变换方式，以哈达玛排列最便于快速计算。采用哈达玛排列的沃尔什函数进行的变换称为沃尔什-哈达玛变换（Walsh-Hadamard Transform, WHT），有时也简称为哈达玛变换。

沃尔什-哈达玛变换是一种对应二维离散的数字变换，变换核是+1 或−1 的有序序列。这种变换只需要作加法或减法运算，不需要像傅里叶变换那样作复数乘法运算，所以可以提高运算速度，减少存储容量。

拉德梅克函数定义为

$$R(n,t) = \mathrm{sgn}(\sin 2^n \pi t)$$

$$\mathrm{sgn}(x) = \begin{cases} 1, & x > 0 \\ -1, & x < 0 \end{cases}$$

由此可知，$R(n,t)$ 为周期函数。

按哈达玛（Hadamard）排列的沃尔什函数的表达式为

$$\text{Walsh}(i,t)=\prod_{k=0}^{p-1}[R(k+1,t)]^{\langle i_k\rangle}$$

其中，$R(k+1,t)$ 为任意拉德梅克函数；$\langle i_k\rangle$ 为倒序的二进制码的第 k 位数，$\langle i_k\rangle\in\{0,1\}$；$p$ 为正整数。

$N=2^n$ 阶哈达玛矩阵有如下形式。

$$\boldsymbol{H}_1=[1]$$

$$\boldsymbol{H}_2=\begin{bmatrix}1 & 1\\ 1 & -1\end{bmatrix}$$

$$\boldsymbol{H}_4=\begin{bmatrix}\boldsymbol{H}_2 & \boldsymbol{H}_2\\ \boldsymbol{H}_2 & -\boldsymbol{H}_2\end{bmatrix}=\begin{bmatrix}1 & 1 & 1 & 1\\ 1 & -1 & 1 & -1\\ 1 & 1 & -1 & -1\\ 1 & -1 & -1 & 1\end{bmatrix}$$

$$\boldsymbol{H}_N=\boldsymbol{H}_{2^n}=\boldsymbol{H}_2\otimes\boldsymbol{H}_{2^{n-1}}=\begin{bmatrix}\boldsymbol{H}_{2^{n-1}} & \boldsymbol{H}_{2^{n-1}}\\ \boldsymbol{H}_{2^{n-1}} & -\boldsymbol{H}_{2^{n-1}}\end{bmatrix}=\begin{bmatrix}\boldsymbol{H}_{N/2} & \boldsymbol{H}_{N/2}\\ \boldsymbol{H}_{N/2} & -\boldsymbol{H}_{N/2}\end{bmatrix}$$

由此可知，哈达玛矩阵的最大优点在于它具有简单的递推关系，即高阶矩阵可用两个低阶矩阵的克罗内克积（Kronecker Product）求得。因此，常采用哈达玛排列定义的沃尔什变换。

一维离散沃尔什变换定义为

$$W(u)=\frac{1}{N}\sum_{x=0}^{N-1}f(x)\text{Walsh}(u,x)$$

其逆变换定义为

$$f(x)=\sum_{u=0}^{N-1}W(u)\text{Walsh}(u,x)$$

将 Walsh(u,x) 用哈达玛矩阵表示，并将变换表达式写成矩阵形式，如下所示。

$$\begin{bmatrix}W(0)\\ W(1)\\ \vdots\\ W(N-1)\end{bmatrix}=\frac{1}{N}[\boldsymbol{H}_N]\begin{bmatrix}f(0)\\ f(1)\\ \vdots\\ f(N-1)\end{bmatrix}$$

$$\begin{bmatrix}f(0)\\ f(1)\\ \vdots\\ f(N-1)\end{bmatrix}=[\boldsymbol{H}_N]\begin{bmatrix}W(0)\\ W(1)\\ \vdots\\ W(N-1)\end{bmatrix}$$

其中，[$\boldsymbol{H}_N$] 为 N 阶哈达玛矩阵。

由哈达玛矩阵的特点可知，沃尔什-哈达玛变换的本质是将离散序列 $f(x)$ 的各项值的符号按一定规律改变后进行加减运算，因此，它比采用复数运算的 DFT 和采用余弦运算的 DCT 要简单得多。

很容易将一维 WHT 的定义推广到二维 WHT。二维 WHT 的正变换核和逆变换核分别为

$$W(u,v)=\frac{1}{MN}\sum_{x=0}^{M-1}\sum_{y=0}^{N-1}f(x,y)\text{Walsh}(u,x)\text{Walsh}(v,y)$$

$$f(x,y)=\sum_{u=0}^{M-1}\sum_{v=0}^{N-1}W(u,v)\text{Walsh}(u,x)\text{Walsh}(v,y)$$

在 MATLAB 中，可以利用 hadamard()函数求取哈达玛矩阵，调用格式为

```
H=hadamard(n)          %n 为哈达玛矩阵的边长，必须为 2 的整数次幂；H 为返回的 double 型的哈达
                       %玛矩阵，矩阵中只含有 1 和−1 两种值
```

【例 8-17】利用离散沃尔什变换对图像进行处理。

解 在编辑器中输入以下代码。

```
clear,clc,clf
I1=imread('cameraman.tif');
subplot(131);imshow(I1);title('原始图像')
I=double(I1);
[m,n]=size(I);
mx=max(m,n);
wal=hadamard(mx);                           %生成哈达玛矩阵
[f,e]=log2(n);
I2=dec2bin(0:pow2(0.5,e)-1);
R=bin2dec(I2(:,e-1:-1:1))+1;                %将序列进行二进制的倒序排列
for i=1:m
   for j=1:n
      wal1(i,j)=wal(i,R(j));
   end
end
J=wal1/256*I*wal1'/256;                     %对图像进行二维沃尔什变换
subplot(132);imshow(J);title(沃尔什变换后的图像')
K=J(1:m/2,1:n/2);                           %截取图像的 1/4
K(m,n)=0;                                   %将图像补零至原图像大小
R=wal1'*K*wal1;                             %对图像进行二维沃尔什逆变换
subplot(133);imshow(R,[]);title('复原图像')
```

运行程序，结果如图 8-24 所示。

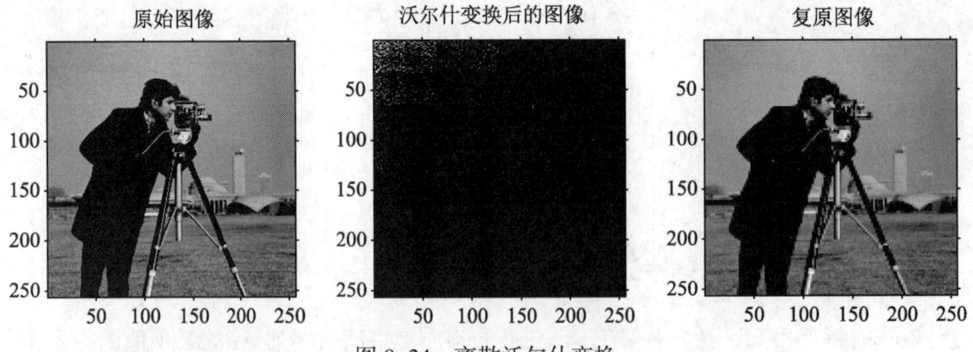

图 8-24　离散沃尔什变换

【例 8-18】利用二维离散哈达玛变换对图像进行处理，并与离散余弦变换进行对比。

解 在编辑器中输入以下代码。

```
clear,clc,clf
I=imread('rice.png');
subplot(131),imshow(I);title('原始图像')
H=hadamard(256);                                  %哈达玛矩阵
```

```
I=double(I)/255;                                        %数据类型转换
hI=H*I*H;                                               %哈达玛变换
hI=hI/256;
subplot(132);imshow(hI);title('二维离散哈达玛变换后的图像')
cI=dct2(I);                                             %离散余弦变换
subplot(133);imshow(cI);title('二维离散余弦变换后的图像')
```

运行程序，结果如图 8-25 所示。

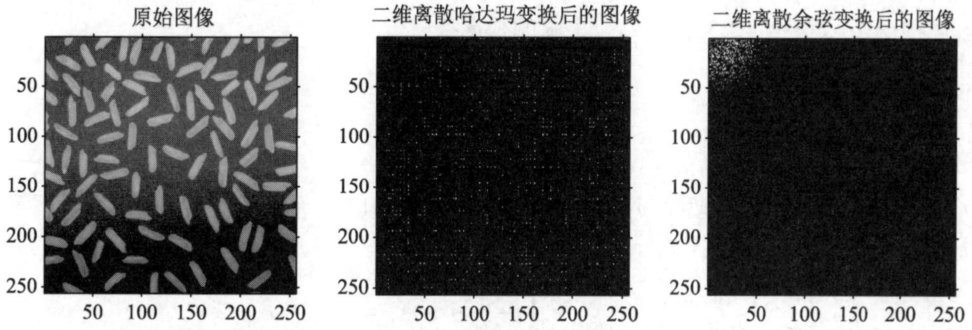

图 8-25　二维离散哈达玛变换与二维离散余弦变换

【例 8-19】对图像进行沃尔什–哈达玛变换。

解　在编辑器中输入以下代码。

```
clear,clc,clf
A=imread('rice.png');
subplot(121),imshow(A);title('原始图像')
A=double(A);
[m,n]=size(A);
for k=1:n                                    %对图像进行沃尔什-哈达玛变换
    wht(:,k)=hadamard(m)*A(:,k)/m;
end
for j=1:m
    wh(:,j)=hadamard(n)*wht(j,:)'/n;
end
wh=wh';
subplot(122),imshow(wh);title('沃尔什-哈达玛变换后的图像')
```

运行程序，结果如图 8-26 所示。

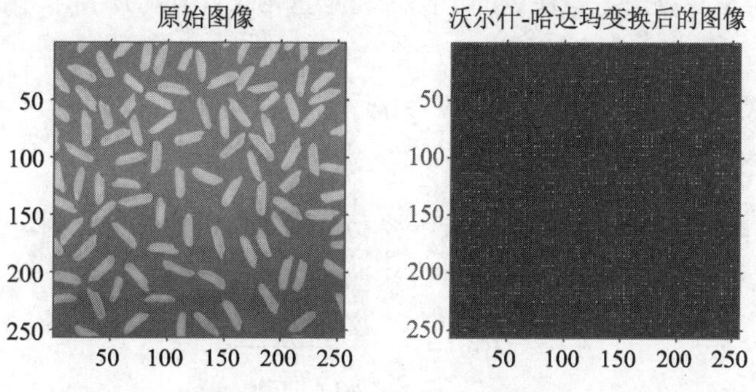

图 8-26　沃尔什–哈达玛变换

8.6 小波变换

小波变换是对人们熟悉的傅里叶变换的一个重大突破，小波分析具有优异的时频局部特性，能够对图像这类局部平稳信号进行有效分析。同时，它具有良好的能量集中特性，使我们能够在变换域内进行编码，得到较高的压缩效率。

利用小波变换对图像进行分解，分解后的图像具有多分辨率分解特性和倍频程频带分解特性，符合人眼在图像理解中的多尺度特性，又便于结合人眼的视觉特性。

8.6.1 连续小波变换

1. 一维连续小波变换

设 $\psi(t)\in L^2(\mathbb{R})$，其傅里叶变换为 $\hat{\psi}(\omega)$，当 $\hat{\psi}(\omega)$ 满足允许以下条件（完全重构条件或恒等分辨条件）时，称 $\psi(t)$ 为一个基本小波或母小波。

$$C_\psi=\int_{\mathbb{R}}\frac{\left|\hat{\psi}(\omega)\right|^2}{|\omega|}\mathrm{d}\omega<\infty$$

将母函数 $\psi(t)$ 经伸缩和平移后可得

$$\psi_{a,b}(t)=\frac{1}{\sqrt{|a|}}\psi\left(\frac{t-b}{a}\right)\quad a,b\in\mathbb{R};a\neq 0$$

称其为一个小波序列。其中，a 为伸缩因子；b 为平移因子。对于任意函数 $f(t)\in L^2(\mathbb{R})$ 的连续小波变换为

$$W_f(a,b)=<f,\psi_{a,b}>=|a|^{-1/2}\int_{\mathbb{R}}f(t)\overline{\psi\left(\frac{t-b}{a}\right)}\mathrm{d}t$$

其重构公式（逆变换）为

$$f(t)=\frac{1}{C_\psi}\int_{-\infty}^{\infty}\int_{-\infty}^{\infty}\frac{1}{a^2}W_f(a,b)\psi\left(\frac{t-b}{a}\right)\mathrm{d}a\mathrm{d}b$$

由于基小波 $\psi(t)$ 生成的小波 $\psi_{a,b}(t)$ 在小波变换中对被分析的信号起着观测窗的作用，所以 $\psi(t)$ 还应该满足一般函数的约束条件，即

$$\int_{-\infty}^{\infty}|\psi(t)|\,\mathrm{d}t<\infty$$

因此，$\hat{\psi}(\omega)$ 是一个连续函数。这意味着，为了满足完全重构条件，$\hat{\psi}(\omega)$ 在原点必须等于 0，即

$$\hat{\psi}(0)=\int_{-\infty}^{\infty}\psi(t)\mathrm{d}t=0$$

为了使信号重构的实现在数值上是稳定的，除了完全重构条件外，还要求小波 $\psi(t)$ 的傅里叶变化满足稳定性条件，即

$$A\leqslant\sum_{j=-\infty}^{\infty}\left|\hat{\psi}(2^{-j}\omega)\right|^2\leqslant B$$

其中，$0<A\leqslant B<\infty$。

从稳定性条件可以引出对偶小波的概念。若小波 $\psi(t)$ 满足稳定性条件，则定义一个对偶小波 $\tilde{\psi}(t)$，其傅里叶变换 $\hat{\tilde{\psi}}(\omega)$ 为

$$\hat{\tilde{\psi}}(\omega)=\frac{\hat{\psi}^*(\omega)}{\sum_{j=-\infty}^{\infty}\left|\hat{\psi}(2^{-j}\omega)\right|^2}$$

其中，*表示共轭。

2. 高维连续小波变换

对 $f(t)\in L^2(\mathbb{R}^n)(n>1)$，以下公式存在几种扩展的可能性。

$$f(t)=\frac{1}{C_\psi}\int_{-\infty}^{\infty}\int_{-\infty}^{\infty}\frac{1}{a^2}W_f(a,b)\psi\left(\frac{t-b}{a}\right)\mathrm{d}a\mathrm{d}b$$

一种可能性是选择小波 $f(t)\in L^2(\mathbb{R}^n)$ 使其为球对称，其傅里叶变换也同样球对称，即

$$\hat{\psi}(\omega)=\eta(|\omega|)$$

并且其相容性条件变为

$$C_\psi=(2\pi)^2\int_0^{\infty}|\eta(t)|^2\frac{\mathrm{d}t}{t}<\infty$$

对所有的 $f,g\in L^2(g^n)$，有

$$\int_0^{\infty}\frac{\mathrm{d}a}{a^{n+1}}\int_{-\infty}^{\infty}W_f(a,b)W_g(a,b)\mathrm{d}b=C_\psi<f$$

其中，$W_f(a,b)=<\psi^{a,b}>$，$\psi^{a,b}(t)=a^{-n/2}\psi\left(\frac{t-b}{a}\right)$，$a\in\mathbb{R}^+,a\neq 0$ 且 $b\in\mathbb{R}^n$。

如果选择的小波 ψ 不是球对称的，但可以用旋转进行同样的扩展与平移。

例如，在二维时，可定义

$$\psi^{a,b,\theta}(t)=a^{-1}\psi\left[\mathbb{R}_\theta^{-1}\left(\frac{t-b}{a}\right)\right]$$

其中，$a>0,b\in\mathbb{R}^2$，$\mathbb{R}_\theta=\begin{bmatrix}\cos\theta & -\sin\theta\\ \sin\theta & \cos\theta\end{bmatrix}$，相容条件变为

$$C_\psi=(2\pi)^2\int_0^{\infty}\frac{\mathrm{d}r}{r}\int_0^{2\pi}|\hat{\psi}(r\cos\theta,r\sin\theta)|^2\,\mathrm{d}\theta<\infty$$

该等式对应的重构公式为

$$f=C_\psi^{-1}\int_0^{\infty}\frac{\mathrm{d}a}{a^3}\int_{\mathbb{R}^2}\mathrm{d}b\int_0^{2\pi}W_f(a,b,\theta)\psi^{a,b,\theta}\mathrm{d}\theta$$

对于高于二维的情况，可以给出类似的结论。

8.6.2 离散小波变换

在实际运用中，尤其是在计算机上实现时，连续小波必须加以离散化。因此，有必要讨论连续小波 $\psi_{a,b}(t)$ 和连续小波变换 $W_f(a,b)$ 的离散化。需要强调指出的是，这一离散化都是针对连续的尺度参数 a 和连续平移参数 b 的，而不是针对时间变量 t 的，这一点与时间离散化不同。在连续小波中，考虑函数

$$\psi_{a,b}(t)=|a|^{-1/2}\psi\left(\frac{t-b}{a}\right)$$

其中，$b\in\mathbb{R}$，$a\in\mathbb{R}^+$，且 $a\neq 0$，ψ 是容许的，为方便起见，在离散化中，总限制 a 只取正值，这样相容性条件就变为

$$C_\psi=\int_0^{\infty}\frac{|\hat{\psi}(\omega)|}{|\omega|}\mathrm{d}\omega<\infty$$

通常，把连续小波变换中尺度参数 a 和平移参数 b 的离散公式分别取作 $a=a_0^j, b=ka_0^jb_0$，这里 $j\in\mathbb{Z}$，扩展步长 $a_0\neq1$ 是固定值，为方便起见，总是假定 $a_0>1$（由于 m 可取正也可取负，所以这个假定无关紧要）。所以，对应的离散小波函数 $\psi_{j,k}(t)$ 为

$$\psi_{j,k}(t)=a_0^{-j/2}\psi\left(\frac{t-ka_0^jb_0}{a_0^j}\right)=a_0^{-j/2}\psi(a_0^{-j}t-kb_0)$$

而离散化小波变换系数则可表示为

$$C_{j,k}=\int_{-\infty}^{\infty}f(t)\psi_{j,k}^{*}(t)\mathrm{d}t=<f,\psi_{j,k}>$$

其重构公式为

$$f(t)=C\sum_{-\infty}^{\infty}\sum_{-\infty}^{\infty}C_{j,k}\psi_{j,k}(t)$$

其中，C 是一个与信号无关的常数。为保证重构信号的精度，网格点应尽可能密集（即 a_0 和 b_0 尽可能小），因为网格点越稀疏，使用的小波函数 $\psi_{j,k}(t)$ 和离散小波系数 $C_{j,k}$ 就越少，信号重构的精确度也就越低。

实际计算中不可能对全部尺度因子和位移参数计算连续小波变换值，加之实际的观测信号都是离散的，所以信号处理中都是用离散小波变换（DWT）。

在 MATLAB 中，二维离散小波变化对于图像的处理是通过函数的形式进行的，主要的处理函数如表 8-4 所示。

表 8-4　常用的DWT函数

函 数 名	函 数 功 能
dwt2	二维离散小波变换
wavedec2	二维信号的多层小波分解
idwt2	二维离散小波逆变换
upcoef2	由多层小波分解重构近似分量或细节分量
wcodemat	对矩阵进行量化编码

这些函数的调用格式为

```
[cA,cH,cV,cD]=dwt2(X,'wname')      %使用指定的小波基函数 wname 对二维信号 X 进行二维离散小波变
                                   %换；cA，cH，cV，cD 分别为近似分量、水平细节分量、垂直细节分
                                   %量和对角细节分量
[C,S]=wavedec2(X,N,'wname')        %使用小波基函数 wname 对二维信号 X 进行 N 层分解
X=idwt2(cA,cH,cV,cD,'wname')       %由信号小波分解的近似信号 cA 和细节信号 cH、cV、cD 经小波逆变
                                   %换重构原信号 X
X=upcoef2(O,X,'wname',N,S)         %O 对应分解信号的类型，即'a'、'h'、'v'、'd'；X 为原图像的矩
                                   %阵信号；wname 为小波基函数；N 为整数，一般取 1
X=wcodemat(x,nb)                   %对矩阵 x 的量化编码；函数中 nb 作为 x 矩阵中绝对值最大的值，一
                                   %般取 192
```

【例 8-20】利用离散小波变换对图像进行处理。

解　在编辑器中输入以下代码。

```
clear,clc,clf
load spine;
```

```
subplot(121);image(X);title('原始图像')
colormap(map);axis square
whos('X')                                    %对图像用 bior3.7 小波进行二层小波分解
[c,s]=wavedec2(X,2,'bior3.7');               %提取小波分解结构中第 1 层低频系数和高频系数
ca1=appcoef2(c,s,'bior3.7',1);
ch1=detcoef2('h',c,s,1);
cv1=detcoef2('v',c,s,1);
cd1=detcoef2('d',c,s,1);                     %分别对各频率成分进行重构
a1=wrcoef2('a',c,s,'bior3.7',1);
h1=wrcoef2('h',c,s,'bior3.7',1);
v1=wrcoef2('v',c,s,'bior3.7',1);
d1=wrcoef2('d',c,s,'bior3.7',1);
c1=[a1,h1;v1,d1];                            %显示分解后各频率成分的信息
subplot(122);image(c1);title('分解后低频和高频信息')
axis square
```

运行程序，结果如图 8-27 所示。

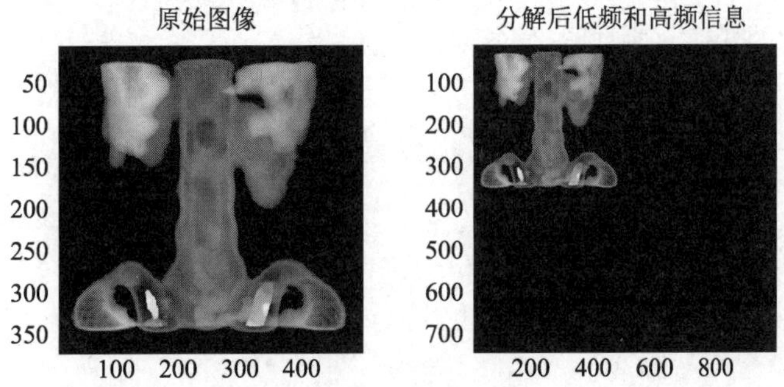

图 8-27　图像小波处理

【例 8-21】利用小波变换将两幅图像融合在一起。

解　在编辑器中输入以下代码。

```
clear,clc,clf
load woman;                                         %调入第 1 幅模糊图像
X1=X;                                               %复制
load wbarb;                                         %调入第 2 幅模糊图像
X2=X;                                               %复制
XFUS=wfusimg(X1,X2,'sym4',5,'max','max');           %基于小波分解的图像融合
subplot(131);image(X1);title('woman')
colormap(map);axis square
subplot(132);image(X2);title('wbarb')
colormap(map);axis square
subplot(133);image(XFUS);title('融合图像')
colormap(map);axis square
```

运行程序，结果如图 8-28 所示。

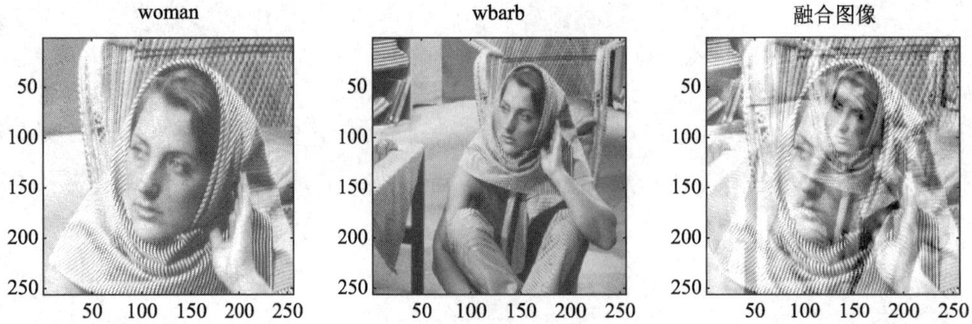

图 8-28　图像融合

8.7　小结

本章是数字图像处理的重要内容，主要介绍了图像处理中的傅里叶变换及其性质、离散余弦变换、Radon 变换、沃尔什-哈达玛变换、小波变换，并分别对这些变换的定义、函数的用法做了说明；最后简单地介绍了这些变换的应用实例，其中哈达玛变换和 Radon 变换在图像特征提取和检测中具有重要的作用。希望读者通过本章的学习对图像的变换有所理解。

第 9 章 图像压缩与编码

CHAPTER 9

通常原始图像数据是高度相关的，并含有大量的冗余信息，因此可以对图像数据进行压缩。图像压缩编码的目的就是消除各种冗余，并在给定的畸变下用尽量少的比特数表征和重建图像，使它符合预定应用场合要求的数据量。

学习目标

（1）了解图像压缩编码技术的基本知识；

（2）掌握图像压缩编码技术的评价标准；

（3）掌握图像编码技术的基本原理和实现方法；

（4）了解小波变换在图像压缩编码中的应用。

9.1 图像压缩编码技术基础

在生活中，无论是普通人还是科研领域的科技工作者，都会对数据信息进行传输与存储有所接触。随着数字时代的到来，影像的制作、处理和存储都脱离了传统的介质（纸、胶片等），数字图像有着传统方式无法比拟的优越性。

但是，每种技术出现的同时，都有制约其发展的一面。无论是利用哪种传输媒介进行传输的信息，都会遇到需要对大量图像数据进行传输与存储的问题。而对大量图像数据进行传输，要保证其传输的质量、速度等，对其进行存储也要考虑其容量等。

9.1.1 图像压缩基本原理

对数字图像进行压缩通常利用数字图像的相关性。在图像的同一行相邻像素之间，活动图像的相邻帧的对应像素之间往往存在很强的相关性，去除或减少这些相关性，也即去除或减少图像信息中的冗余度，也就实现了对数字图像的压缩。

图像数据的冗余使压缩成为可能。信息论的创始人香农提出把数据看作信息和冗余度的组合。所谓冗余度，是由于一幅图像的各像素点之间存在着很大的相关性，可利用一些编码方法去除它们，从而达到减少冗余、压缩数据的目的。为了去掉数据中的冗余，常常要考虑信号源的统计特性，或建立信号源的统计模型。

图像的冗余包括以下几种。

（1）编码冗余：对图像编码时要建立数据与编码的对应关系，图像的每个灰度值对应一个码字。

（2）像素间冗余：指像素灰度级间具有的相关性，包括以下 3 种形式。

- 空间冗余：在一幅图像内，物体和背景的表面物理特性各自具有很强的相关性。
- 时间冗余：序列图像间存在明显的相关性。
- 结构冗余：有的图像构成非常规则，如纹理结构在人造图像中经常出现，如果能找到纹理基元，就可以通过仿射变换生成图像的其他部分。

（3）知识冗余：人类拥有的知识也可以用于图像编码系统的设计，如人脸具有固定结构，只是不同的人在局部的表达不同而已。

（4）心理视觉冗余：人类的视觉系统具有非线性、非均匀性特点，对图像上呈现的信息具有不同的分辨率。也就是说，很多图像间的微小变化，人眼察觉不到，这部分可以认为是心理视觉冗余，删除此类信息不会明显降低图像的视觉质量。

9.1.2 无损编码与有损编码

图像编码是指按照一定的格式存储图像数据的过程，而编码技术则是研究如何在满足一定的图像保真条件下，压缩表示原始图像的编码方法。目前有很多流行的图像格式标准，如 BMP、PCX、TIFF、GIF、JPEG 等，采用不同的编码方法，一般可以将其分为无损编码和有损编码两类。

无损编码是指对图像数据进行无损压缩，解压后重新构造的图像与原始图像完全相同。行程编码就是无损编码的一个实例，其编码原理是在给定的数据中寻找连续重复的数值，然后用两个数值（重复数值的个数以及重复数值本身）取代这些连续的数值，以达到数据压缩的目的。运用此方法处理拥有大面积色调一致的图像时，可达到很好的数据压缩效果。常见的无损编码有：

（1）哈夫曼编码；

（2）算术编码；

（3）行程编码；

（4）Lempel-Zev 编码。

有损编码是指对图像进行有损压缩，导致解码后重新构造的图像与原图像之间存在一定的误差。有损编码是根据人类视觉对颜色不敏感，对丢失一些颜色信息所引起的细微误差不易被发现这一特点删除视觉冗余。

另外，由于图像信息之间存在着很大的相关性，存储图像数据时，并不是以像素为基本单位，而是存储图像中的一些数据块，以删除空间冗余。由于有损压缩一般情况下可获得较好的压缩比，因此在对图像的质量要求不苛刻的情况下是一种理想的编码选择。常见的有损编码有：

（1）预测编码，如差分脉冲编码调制、运动补偿编码；

（2）频率域方法编码，如正方变换编码、子带编码；

（3）空间域方法编码，如统计分块编码；

（4）模型方法编码，如分形编码、模型基编码；

（5）基于重要性的编码，如滤波、子采样、比特分配。

9.1.3 信息量与信息熵

图像的编码必须在保持信息源内容不变或损失不大的前提下才有意义。其中，涉及信息论中的两个概念：信息量和信息熵。

1. 信息量

设信息源 X 可发出的信息符号集合表示为 $A=\{a_i|\ i=1,2,\cdots,m\}$，$X$ 发出符号 a_i 的概率为 $p(a_i)$，则定义符号 a_i 出现的信息量为

$$I(a_i)=-\mathrm{lb}\, p(a_i)$$

信息量的单位为比特（b）。

2. 信息熵

对信息源 X 的各符号的自信息量取统计平均，可得每个符号的平均自信息量 $H(X)$，称为信息源 X 的熵，定义为

$$H(X)=-\sum_{i=1}^{m} p(a_i)\,\mathrm{lb}\, p(a_i)$$

信息源的熵的单位为比特/符号（b/symbol）。如果信息源为图像，图像的灰度级为 $[1,M]$，通过直方图获得各灰度级出现的概率为 $p_s(s_i)$，$i=1,2,\cdots,M$，可以得到图像的熵的定义，即

$$H=-\sum_{i=1}^{M} p(s_i)\,\mathrm{lb}\, p_s(s_i)$$

通用的图像压缩编码和解码模式包括信源编码器、信道编码器、用于存储和传输的信道、信道解码器和信源解码器。信源编码器用于消除或减少输入图像中的冗余信息；信道编码器用于提高信源编码器输出的抗干扰能力，如果信道是无噪的，则信道编码器和解码器可以忽略。在输出这一边，信道解码器和信源解码器执行相反功能，实现图像信息解码，最终输出原始图像的重构图像。图像编解码系统框图如图 9–1 所示，输入的图像数据 $f(x,y)$ 进入信源编码器，最终重构的输出图像 $\hat{f}(x,y)$ 由信源解码器实现。

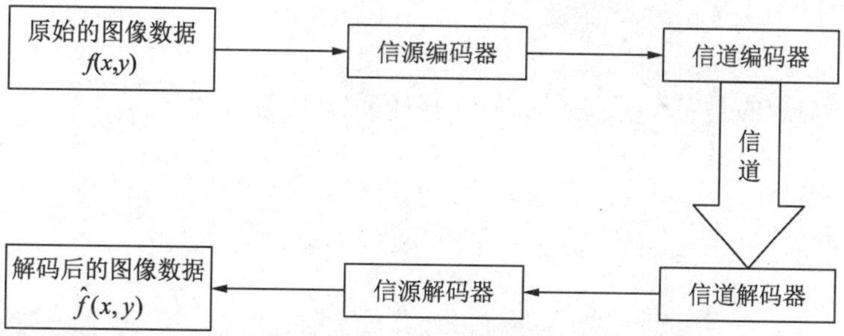

图 9–1　图像编解码系统框图

根据重建后的图像 $\hat{f}(x,y)$ 与原始图像 $f(x,y)$ 之间是否存在误差，图像压缩编码可以分为无损编码（无失真编码）和有损编码（有失真编码）。根据图像编码原理又可分为熵编码、预测编码、变换编码和混合编码等。图像编码的分类有很多种方法，根据实际需要选择不同的编码方法。

各种图像编码方法的优劣程度由编码质量衡量。对图像编码质量的评价主要通过编码参数、保真度、编码方法适用范围及编码方法复杂度来考查。

9.2　图像压缩编码评价标准

一个理想的图像压缩器应具备重构图像失真率低、压缩比高以及设计编码器和解码器的计算复杂度低等特性。但实际中这些要求是互相冲突的，一个好的压缩编码器设计是在这些要求中求得一个折中的方法。对图像进行压缩编码，不可避免地要引入失真。

在最终用户觉察不出或能够忍受图像信号失真的前提下，进一步提高压缩比，以换取更高的编码效率，此时需要引入一些失真的测度，评估重建图像的质量。

9.2.1 基于压缩编码参数的评价

1. 信息量、图像熵与平均码长

设图像像素灰度级集合为 $\{l_1,l_2,\cdots,l_m\}$，其对应的概率分别为 $p(l_1),p(l_2),\cdots,p(l_m)$，则根据香农信息论，定义其信息量为

$$I(l_i)=-\mathrm{lb}p(l_i)$$

如果将图像所有可能灰度级的信息量进行平均，就得到信息熵。所谓熵，就是平均信息量。

图像熵定义为

$$H=\sum_{i=1}^{m}p(l_i)I(l_i)=-\sum_{i=1}^{m}p(l_i)\mathrm{lb}p(l_i)$$

其中，H 的单位为比特/字符。图像熵表示图像灰度级集合的比特数的均值，或者说描述了图像信源的平均信息量。

当灰度级集合 $\{l_1,l_2,\cdots,l_m\}$ 中 l_i 出现的概率相等，都为 2^{-L} 时，H 最大，等于 L 比特/字符；只有当 l_i 出现的概率不相等时，H 才会小于 L 比特/字符。

香农信息论已经证明：信源熵是进行无失真编码的理论极限，低于此极限的无失真编码方法是不存在的。

平均码长定义为

$$R=\sum_{i=1}^{m}n_i p(l_i)$$

其中，n_i 为灰度级 l_i 所对应的码字长度，平均码长的单位也是比特/字符。

2. 编码效率

编码效率定义为

$$\eta=\frac{H}{R}$$

如果 $R=H$，编码效果最佳；如果 R 和 H 接近，编码效果佳；如果 $R>>H$，则编码效果差。

由于同一图像压缩编码算法对不同图像的编码效率往往不同，为了公平地衡量图像压缩编码算法的效率，常常需要定义一些所谓的“标准图像”，通过测量不同图像编码算法在同一组“标准图像”上的性能，评价各图像压缩算法的编码效率。

3. 压缩比与压缩率

压缩比是衡量数据压缩程度的指标之一。目前常用的压缩比 P_r 定义为

$$P_\mathrm{r}=\frac{L_\mathrm{s}-L_\mathrm{d}}{L_\mathrm{s}}\times100\%$$

其中，L_s 为原始代码长度；L_d 为压缩后的编码长度。

压缩比的物理意义是被压缩的数据占源数据的百分比。一般地，压缩比越大，则说明被压缩的数据量越多。当压缩比 P_r 接近100%时，压缩效率最理想。

压缩率 C_r 是评价图像压缩效果的另一个重要指标，它指的是原始图像每像素的比特数 n_1 与压缩后每像

素的比特数 n_2 的比值，也常用每像素比特值表示压缩效果。压缩率定义为

$$C_r = \frac{n_1}{n_2}$$

4．冗余度

如果编码效率 $\eta \neq 1$，就说明还有冗余度。冗余度 r 定义为

$$r = 1 - \eta$$

r 越小，说明可压缩的余地越小。

总之，一个编码系统要研究的问题是设法减小编码平均长度 R，使编码效率尽量趋于 1 而冗余度尽量趋于 0。

【例 9-1】 计算图像的压缩率。

解　在编辑器中输入以下代码。

```
f=imread('coins.png');
imwrite(f,'coins.png');
k=imfinfo('coins.png');
ib=k.Width*k.Height*k.BitDepth/8;
cb=k.FileSize;
cr=ib/cb
```

运行程序，结果如下。

```
cr =
    1.9495
```

说明图像的压缩率为 1.9495。

9.2.2　基于保真度（逼真度）准则的评价

在图像压缩编码中，解码图像与原始图像可能会有差异，因此，需要评价压缩后图像的质量。描述解码图像相对原始图像偏离程度的测度一般称为保真度（逼真度）准则。

常用的准则可分为两大类：客观保真度准则和主观保真度准则。

1．客观保真度准则

常用的客观保真度准则是原始图像与解码图像之间的均方根误差和均方根信噪比。

令 $f(x,y)$ 表示原始图像，$\hat{f}(x,y)$ 表示 $f(x,y)$ 先压缩又解压缩后得到的 $f(x,y)$ 的近似。对任意 x 和 y，$f(x,y)$ 与 $\hat{f}(x,y)$ 之间的误差定义为

$$e(x,y) = \hat{f}(x,y) - f(x,y)$$

若 $f(x,y)$ 和 $\hat{f}(x,y)$ 大小均为 $M \times N$，则它们之间的均方根误差 e_{rms} 为

$$e_{rms} = \{\mathrm{MSN}\}^{1/2}$$

其中，MSN 为均方误差，计算式为

$$\mathrm{MSN} = \frac{1}{MN}\sum_{x=0}^{M-1}\sum_{y=0}^{N-1}[\hat{f}(x,y) - f(x,y)]^2$$

如果将 $\hat{f}(x,y)$ 看作原始图像 $f(x,y)$ 和噪声信号 $e(x,y)$ 的和，则解压缩图像的均方信噪比（SNR_{ms}）为

$$\mathrm{SNR_{ms}}=\frac{\sum_{x=0}^{M-1}\sum_{y=0}^{N-1}\hat{f}(x,y)^2}{\sum_{x=0}^{M-1}\sum_{y=0}^{N-1}[\hat{f}(x,y)-f(x,y)]^2}$$

对均方信噪比求平方根，则得到均方根信噪比。

实际使用时，常将 $\mathrm{SNR_{ms}}$ 归一化并用分贝（dB）表示。令

$$\hat{f}=\frac{1}{MN}\sum_{x=0}^{M-1}\sum_{y=0}^{N-1}f(x,y)$$

则对数信噪比（SNR）为

$$\mathrm{SNR}=10\times\lg\left\{\frac{\sum_{x=0}^{M-1}\sum_{y=0}^{N-1}[f(x,y)-\hat{f}]^2}{\sum_{x=0}^{M-1}\sum_{y=0}^{N-1}[\hat{f}(x,y)-f(x,y)]^2}\right\}$$

若令 $f_{\max}=\max f(x,y)$，$x=0,1,\cdots,M-1$，$y=0,1,\cdots,N-1$。可得峰值信噪比（PSNR）为

$$\mathrm{PSNR}=10\times\lg\left[\frac{f_{\max}^2}{\sum_{x=0}^{M-1}\sum_{y=0}^{N-1}[\hat{f}(x,y)-f(x,y)]^2}\right]$$

2. 主观保真度准则

以人作为图像的观察者，对图像的优劣作出主观评价，叫作图像的主观质量。主观标准采用平均判分（Mean Opinion Score，MOS）或多维计分等方法进行测试，即组织一群足够多的观察者（一般 10 人以上），通过观察评定图像的质量，观察者通过判定图像的质量等级、比较损伤程度、与原始图像进行比较等方法，给图像进行打分，最后用求平均的办法得到图像的分数，这样的评分虽然很花时间，但比较符合实际。

表 9-1 列出了 5 级的图像质量主观评价尺度。

表 9-1 图像质量主观评价尺度

图像质量	评分	评价尺度
优秀	5	丝毫看不出图像质量变坏
良好	4	能看出质量变坏，但不妨碍观看
中等	3	清楚看出图像质量变坏，稍妨碍观看
较差	2	对观看较有影响
非常差	1	非常严重的质量变坏，基本不能观看

主观评价和客观评价之间有一定联系，但不能完全等同，由于客观评价比较方便，很有说服力，所以在一般的图像压缩研究中常被采用。主观评价很直观，符合人眼的视觉效果，比较实际，但是打分尺度很难把握，人为因素不可避免。

9.3 常用编码方法

要解决大量图像数据的传输与存储，在当前传输媒介中，存在传输带宽的限制，所以在一些限制条件下要传输尽可能多的活动图像，如何能对图像数据进行最大限度的压缩，并且保证压缩后的重建图像能够

被用户所接受，就成为研究图像压缩技术的问题之源。

9.3.1 哈夫曼编码

哈夫曼（Huffman）编码是一种利用信息符号概率分布特性的变字长编码方法。对于出现概率大的信息符号编以短字长的码，对于出现概率小的信息符号编以长字长的码。

哈夫曼编码是一种变长编码，也是一种无失真编码。哈夫曼编码步骤可概括为大到小排列、相加（到只有一个信源符号为止）、赋码字、获得哈夫曼编码，以上均是对于信源符号概率而言的。

设信源 X 的信源空间为

$$[X \cdot P]:\begin{cases} X: & x_1 & x_2 & \cdots & x_N \\ P(X): & P(x_1) & P(x_2) & \cdots & P(x_N) \end{cases}$$

其中，$\sum_{i=1}^{N} P(x_i)=1$，现用二进制对信源 X 中每个符号 $x_i(i=1,2,\cdots,N)$ 进行编码。

根据变长最佳编码定理，哈夫曼编码步骤如下。

（1）将信源符号 x_i 按其出现的概率由大到小排列。

（2）将两个较小概率的信源符号进行组合相加，并重复这一步骤，始终将较大的概率分支放在上部，直到只剩下一个信源符号且概率达到 1 为止。

（3）对每对组合，上边指定为 1，下边指定为 0；或相反地，上边指定为 0，下边指定为 1。

（4）画出由每个信源符号到概率 1 处的路径，记录沿路径的 1 和 0。

（5）对于每个信源符号都写出 1/0 序列，则从右到左得到了非等长的哈夫曼码。

【例 9-2】对读入图像进行哈夫曼编码。

解 在编辑器中输入以下代码。

```
clear,clc
I=imread('peppers.png');
imshow(I);title('哈夫曼编码的图像');
pix(256)=struct('huidu',0.0,...                    %huidu 为灰度值
    'number',0.0,'bianma','');                      %number 为像素的个数，bianma 为对应灰度的编码
[m n l]=size(I);
fid=fopen('huffman.txt','w');                       %huffman.txt 为灰度级及相应的编码表
fid1=fopen('huff_compara.txt','w');                 %huff_compara.txt 为编码表
huf_bac=cell(1,l);
for t=1:l
    %初始化结构数组
    for i=1:256
        pix(i).number=1;
        pix(i).huidu=i-1;                           %灰度级为 0~255，因此为 i-1
        pix(i).bianma='';
    end
    for i=1:m                                       %统计每种灰度像素的个数，并记录在 pix 数组中
        for j=1:n
            k=I(i,j,t)+1;                           %当前灰度级
            pix(k).number=1+pix(k).number;
        end
    end
    for i=1:255                                                %按灰度像素个数从大到小排序
```

```
    for j=i+1:256
        if  pix(i).number<pix(j).number
            temp=pix(j);
            pix(j)=pix(i);
            pix(i)=temp;
        end
    end
end
for i=256:-1:1
    if pix(i).number ~=0
        break;
    end
end
num=i;
count(t)=i;                                               %记录每层灰度级
clear huffman                                             %定义用于求解的矩阵
huffman(num,num)=struct('huidu',0.0,'number',0.0,'bianma','');
huffman(num,:)=pix(1:num);
for i=num-1:-1:1                                          %矩阵赋值
    p=1;
    sum=huffman(i+1,i+1).number+huffman(i+1,i).number;
    for j=1:i
        if huffman(i+1,p).number>sum
            huffman(i,j)=huffman(i+1,p);
            p=p+1;
        else
            huffman(i,j).huidu=-1;
            huffman(i,j).number=sum;
            sum=0;
            huffman(i,j+1:i)=huffman(i+1,j:i-1);
            break;
        end
    end
end
for i=1:num-1                                             %开始给每个灰度值编码
    obj=0;
    for j=1:i
        if huffman(i,j).huidu==-1
            obj=j;
            break;
        else
            huffman(i+1,j).bianma=huffman(i,j).bianma;
        end
    end
    if huffman(i+1,i+1).number>huffman(i+1,i).number
        huffman(i+1,i+1).bianma=[huffman(i,obj).bianma '0'];
        huffman(i+1,i).bianma=[huffman(i,obj).bianma '1'];
    else
        huffman(i+1,i+1).bianma=[huffman(i,obj).bianma '1'];
        huffman(i+1,i).bianma=[huffman(i,obj).bianma '0'];
```

```
        end
        for j=obj+1:i
            huffman(i+1,j-1).bianma=huffman(i,j).bianma;
        end
    end
    for k=1:count(t)
        huf_bac(t,k)={huffman(num,k)};                       %保存
    end
end
for t=1:l                                                    %写出灰度编码表
    for b=1:count(t)
        fprintf(fid,'%d',huf_bac{t,b}.huidu);
        fwrite(fid,' ');
        fprintf(fid,'%s',huf_bac{t,b}.bianma);
        fwrite(fid,' ');
    end
    fwrite(fid,'%');
end
for t=1:l
    for i=1:m
        for j=1:n
            for b=1:count(t)
                if I(i,j,t)==huf_bac{t,b}.huidu
                    M(i,j,t)=huf_bac{t,b}.huidu;             %将灰度级存入解码矩阵
                    fprintf(fid1,'%s',huf_bac{t,b}.bianma);
                    fwrite(fid1,' ');                        %用空格将每个灰度编码隔开
                    break;
                end
            end
        end
        fwrite(fid1,',');                                    %用空格将每行隔开
    end
    fwrite(fid1,'%');                                        %用%将每层灰度级代码隔开
end
fclose(fid);
fclose(fid1);
M=uint8(M);
save('M')                                 %存储解码矩阵
```

运行程序，结果如图 9-2 所示。

上述程序对图像进行了哈夫曼编码，并把编码写入了 TXT 文档中（其中 huffman.txt 是哈夫曼灰度级及相应的编码，如图 9-3 所示；huff_compara.txt 是原始图像的哈夫曼代码，如图 9-4 所示），这两个文档只是便于更直观地查看压缩编码，在实际应用中，这些二元的哈夫曼编码要进行存储传输，因此还需要做一些处理，在此不做讨论。

图 9-2　哈夫曼编码图像

```
254 110 66 011010 65 011101 68 100000 67 100001 69 100100 63 100101 64 101001 70 0000001 71
0001000 73 0001011 62 0001110 72 0011011 74 0100111 61 0101001 75 0101111 101 0111111 150
1000100 60 1000111 98 1001100 102 1001110 103 1001111 159 1010001 106 1010101 149 1010110
59 1011000 148 1011001 100 1011010 99 1011100 160 1011101 104 1011110 147 1011111 108
1110001 139 1110011 76 1110100 109 1110110 146 1110111 126 1111000 77 1111001 96 1111010
118 1111011 144 1111100 152 1111101 162 1111110 142 1111111 161 00000001 105 00000101 97
00000110 122 00000111 165 00001001 151 00001010 107 00001011 120 00001100 153 00001101 155
00001111 158 00010010 154 00010101 163 00011001 138 00011010 95 00011011 143 00011110 166
00011111 111 00100000 116 00100010 135 00100011 117 00100101 145 00100110 124 00100111 157
00101000 110 00101001 140 00101010 58 00101011 136 00101100 119 00101101 127 00101110 129
00110000 93 00110001 164 00110010 113 00110011 115 00110100 156 00110101 131 00111000 78
00111010 91 00111100 123 00111101 112 00111111 134 01000000 133 01000001 114 01000010 121
01000011 94 01000100 57 01000110 80 01000111 130 01001000 84 01001010 79 01001011 137
01001100 125 01001101 141 01010001 128 01010100 82 01011001 89 01011011 86 01011100 132
01100010 168 01100011 169 01100100 85 01100101 90 01101110 83 01101111 81 01110000 88
01110011 55 01111000 92 01111010 87 01111011 167 01111101 56 10001011 174 10001100 171
10001101 170 10100000 172 10101000 179 10110111 175 11100000 180 11100101 173 11101010 177
11101011 54 000000000 181 000001000 176 000001001 207 000010000 178 000010001 192 000011100
193 000011101 214 000100111 208 000101000 215 000101001 217 000110000 186 000110001 213
001000010 194 001001000 187 001001001 184 001011110 211 001011111 196 001110010 191
001110011 183 001110110 212 001110111 218 001111100 52 001111101 182 010001010 210
010010010 222 010010011 197 010100000 219 010100001 209 010101011 201 010101100 221
010101101 53 010101110 223 010101111 185 010110000 190 010110100 234 010110101 204
010111010 216 011000000 189 011000001 237 011000010 203 011000011 228 011001100 199
011001101 224 011001110 225 011001111 231 011011000 195 011011001 226 011011010 200
```

图 9-3　哈夫曼灰度级及相应的编码

```
100101 100001 011101 100000 011010 101001 100101 011010 100000 100000 101001
0101001 0101001 011101 0101111 01110000 01000111 01000111 00111010 0011011 011010
0101001 01111000 10001011 01000110 01111000 1011000 011010 011010 0001000 100100
100001 011010 011101 100101 101001 011010 0001110 101001 011010 100100 0101111
01001011 1110100 0011011 100100 101001 101001 100000 011101 100101 011101 100001
100000 100101 100000 0000001 100000 0000001 100001 011010 100000 100100 011101
100101 101001 100001 100001 101001 100001 100100 0000001 0000001 100001 100100
100100 0001000 0001000 0001000 100000 100001 100100 100100 100000 100100 0000001
0001000 100000 100001 101001 101001 100101 011010 0001000 0011011 100100 100001
100001 100001 0000001 0001000 0101111 0000001 011101 0001000 0101111 0011011
0001011 1110100 00111010 00111010 01000111 01101111 01011100 01001010 1111001
0001011 100100 0001000 100100 100000 100000 0001000 100100 100100 0100111 0100111
0011011 0001000 0011011 0100111 0101111 00111010 0101111 100000 0001011 0100111
0011011 0001000 0000001 0011011 0000001 0001011 0101111 1110100 0001011 0001000
0000001 0001011 0100111 0001011 100000 100001 100001 100001 100000 0000001 0001000
0000001 0101111 0101111 0001000 100100 0001000 0101111 0100111 0001011 1110100
0101111 0001011 0000001 0100111 1110100 1110100 0101111 0100111 0101111 1110100
1110100 0000001 0001000 0011011 0000001 100000 0000001 0001000 0000001 0100111
0100111 1111001 01001011 01000111 00111010 0101111 0001011 00111010 1111001 0001000
,0101001 0101001 101001 011010 100001 100001 011010 011010 101001 100101 1000111
1000111 0001110 0001110 100001 0001011 1111001 01001011 1111001 0001011 0000001
011010 00101011 000000000 10001011 001111101 00101011 100000 100100 100001 100001
100100 0001000 100001 011010 011101 100001 100101 0001110 0001110 101001 100100
0001011 00111010 00111010 0100111 100100 100001 011101 011010 011101 011010 011010
011010 100001 100001 0000001 0011011 011010 100001 100000 100100 100000 011010
```

图 9-4　原始图像哈夫曼代码

9.3.2 算术编码

算术编码是图像压缩的主要算法之一，也是一种无损数据压缩方法。与其他编码方法不同的是，其他方法通常把输入的消息分割为符号，然后对每个符号进行编码；而算术编码直接把整个输入的消息编码为一个满足 $0.0 \leqslant n < 1.0$ 的小数 n。

消息越长，编码表示它的间隔就越小，由于以小数表示间隔，因而表示的间隔越小，所需的二进制位数就越多，码字就越长；反之，间隔越大，所需的二进制位数就越少，码字就越短。

信源中连续符号根据某一模式所生成概率的大小缩小间隔，可能出现的符号要比不太可能出现的符号缩小范围小，只增加了较少的比特。算术编码的主要步骤如下。

（1）先将数据符号当前区间定义为[0, 1)。

（2）对输入流中的每个符号 s 重复执行两步操作，首先把当前区间分割为长度正比于符号概率的子区间；然后为 s 选择一个子区间，并将其定义为新的当前区间。

（3）当整个输入流处理完毕后，输出的即为能唯一确定当前区间的数值。

在给定符号集和符号概率的情况下，算术编码可以给出接近最优的编码结果。使用算术编码的压缩算法通常先要对输入符号的概率进行估计，然后再编码。这个估计越准，编码结果就越接近最优的结果。

算术编码的特点如下。

（1）算术编码是信息保持型编码，它不像哈夫曼编码，无须为一个符号设定一个码字。

（2）算术编码的自适应模式，无须先定义概率模型，适合无法进行概率统计的信源。

（3）在信源符号概率接近时，算术编码比哈夫曼编码效率高。

（4）实现算术编码的硬件比哈夫曼编码复杂。

（5）算术编码在 JPEG 的扩展系统中被推荐代替哈夫曼编码。

算术编码在图像数据压缩标准（如 JPEG）中扮演着重要的角色。在算术编码中，消息用 0 ~ 1 的实数进行编码，算术编码用到符号概率和它的编码间隔两个基本参数。算术编码系统如图 9-5 所示。

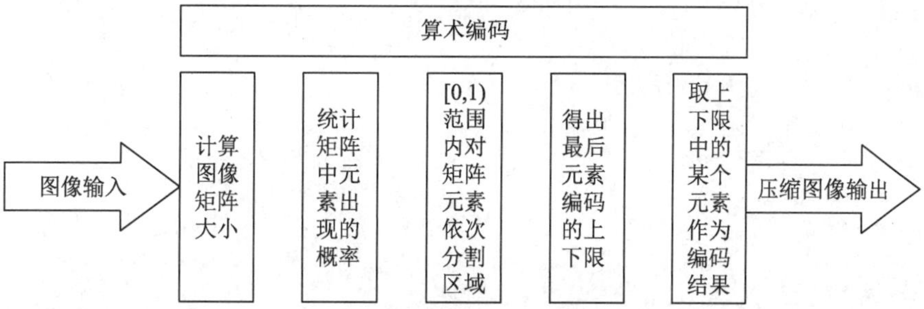

图 9-5　算术编码系统

【例 9-3】利用算术编码对矩阵进行编解码。

解　在编辑器中输入以下代码。

```
clear, clc;
I=[0 1 0 1 0 0 1 1;1 0 1 1 0 0 1 1;1 1 0 1 0 0 1 0];            %待编码矩阵
[m,n]=size(I);                                                     %计算矩阵大小
I=double(I);
p_table=tabulate(I(:));
%统计矩阵中元素出现的概率，第 1 列为矩阵元素，第 2 列为个数，第 3 列为概率百分数
color=p_table(:,1)';
p=p_table(:,3)'/100;                                               %转换为小数表示的概率
psum=cumsum(p_table(:,3)');                                        %计算各行的累加值
allLow=[0,psum(1:end-1)/100];                %由于矩阵中元素只有两种，将[0,1)区间划分为两个区域
                                             %allLow 和 allHigh
allHigh=psum/100;
numlow=0;                                    %定义算术编码的上下限 numlow 和 numhigh
numhigh=1;
%以下计算算术编码的上下限，即编码结果
for k=1:m
    for kk=1:n
        data=I(k,kk);
        low=allLow(data==color);
        high=allHigh(data==color);
        range=numhigh-numlow;
```

```
        tmp=numlow;
        numlow=tmp+range*low;
        numhigh=tmp+range*high;
    end
end
fprintf('算术编码范围下限为%16.15f\n\n',numlow);
fprintf('算术编码范围上限为%16.15f\n\n',numhigh);
Mat=zeros(m,n);                                          %解码
for k=1:m
    for kk=1:n
        temp=numlow<allLow;
        temp=[temp 1];
        indiff=diff(temp);
        indiff=logical(indiff);
        Mat(k,kk)=color(indiff);
        low=allLow(indiff);
        high=allHigh(indiff);
        range=high - low;
        numlow=numlow-low;
        numlow=numlow/range;
    end
end
fprintf('原始矩阵为:\n');disp(I);
fprintf('\n');
fprintf('解码矩阵为:\n');disp(Mat);
```

运行程序，结果如下。

```
算术编码范围下限为 0.273832706168621
算术编码范围上限为 0.273832770959417
原始矩阵为:
     0     1     0     1     0     0     1     1
     1     0     1     1     0     0     1     1
     1     1     0     1     0     0     1     0
解码矩阵为:
     0     1     0     1     0     0     1     1
     1     0     1     1     0     0     1     1
     1     1     0     1     0     0     1     0
```

由程序运行结果可知，算术编码范围的下限即矩阵的唯一编码结果，解码后的矩阵和原始矩阵相同，算术编码可以有效地对信息数据进行编解码。若将矩阵改为图像，也可以实现算术编码，在实践中根据处理对象的不同，需要适当对算术编码进行改进。

【例 9-4】简单短序列算术编码。

解 在编辑器中输入以下代码。

```
clear,clc
about={'实例说明：'
    '字符串不能过长；'
    '实例只限定少数字符串；'
```

```
    '实例只用于说明算术编码过程。'};
disp(about);str=input('请输入字符串');
l=0;r=1;d=1;
p=[0.2 0.3 0.1 0.15 0.25 0.35];                          %初始间隔
n=length(str);                                           %字符的概率分布，sum(p)=1
disp('_ a e r s t')
disp(num2str(p))
for i=1:n
    switch str(i)
    case '_'
        m=1;
    case 'a'
        m=2;
    case 'e'
        m=3;
    case 'r'
        m=4;
    case 's'
        m=5;
    case 't'
        m=6;
    otherwise
        error('请不要输入其他字符！');
    end
    pl=0;pr=0;                                           %判断字符
    for j=1:m-1
        pl=pl+p(j);
    end
    for j=1:m
        pr=pr+p(j);
    end
    l=l+d*pl;                                            %概率统计
    r=l+d*(pr-pl);
    strl=strcat('输入第',int2str(i),'个符号的间隔左右边界：');
    disp(strl);
    format long
    disp(l);disp(r);
    d=r-l;
end
```

运行程序，结果如下。

```
    {'实例说明：'             }
    {'字符串不能过长；'         }
    {'实例只限定少数字符串；'     }
    {'实例只用于说明算术编码过程。'}
请输入字符串'state_autumn'
_ a e r s t
0.2          0.3          0.1          0.15          0.25          0.35
```

```
输入第 1 个符号的间隔左右边界：
   0.750000000000000
      1
输入第 2 个符号的间隔左右边界：
      1
   1.087500000000000
输入第 3 个符号的间隔左右边界：
   1.017500000000000
   1.043750000000000
输入第 4 个符号的间隔左右边界：
   1.043750000000000
   1.052937500000000
输入第 5 个符号的间隔左右边界：
   1.048343750000000
   1.049262500000000
输入第 6 个符号的间隔左右边界：
   1.048343750000000
   1.048527500000000
输入第 7 个符号的间隔左右边界：
   1.048380500000000
   1.048435625000000
错误使用 Untitled (line 27)
请不要输入其他字符!
```

9.3.3 香农编码

香农编码也是一种常见的可变长编码，与哈夫曼编码相似，当信源符号出现的概率正好为 2 的负幂次方时，采用香农-范诺编码同样能够达到 100%的编码效率。

香农编码的理论基础是符号的码字长度 N_i 完全由该符号出现的概率 P_i 决定，即

$$-\log_D P_i \leqslant N_i \leqslant -\log_D P_i + 1$$

其中，D 为编码所用的数制。

香农编码的步骤如下。

（1）将信源符号按其出现概率从大到小排序。

（2）计算各概率对应的码字长度。

（3）计算累加概率 A_i，即

$$A_1 = 0$$
$$A_i = A_{i+1} + p_{i+1}, \quad i = 2,3,\cdots,N$$

（4）把各个累加概率 A_i 由十进制转换为二进制，取该二进制数的前 N_i 位作为对应信源符号的码字。

二分法香农-范诺编码步骤如下。

（1）将信源符号按照其出现概率从大到小排序。

（2）从这个概率集合中的某个位置将其分为两个子集合，并尽量使两个子集合的概率和近似相等，给前面一个子集合赋值为 0，后面一个子集合赋值为 1。

（3）重复步骤（2），直到各个子集合中只有一个元素为止。

（4）将每个元素所属的子集合的值依次串起来，即可得到各个元素的香农编码。

香农编码系统主要由概率统计、计算概率对应的码字长度、计算累加概率和压缩编码环节组成，如图 9-6 所示。

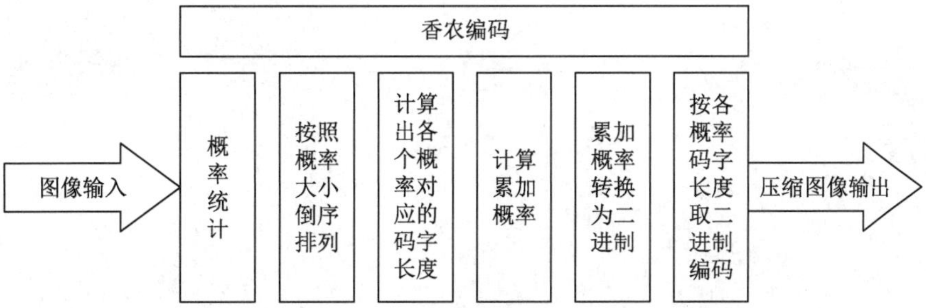

图 9-6　香农编码系统

【例 9-5】 设输入图像的灰度级 $\{l_1,l_2,l_3,l_4,l_5,l_6\}$ 出现的概率为{0.46,0.36,0.16,0.18,0.16,0.15}，试利用 MATLAB 进行香农编码。

解　在编辑器中输入以下代码。

```
clear,clc
X=[0.46,0.36,0.16,0.18,0.16,0.15];                    %信息符号对应概率
X=fliplr(sort(X));                                    %降序排列
[m,n]=size(X);
for i=1:n
    Y(i,1)=X(i);                                      %生成 Y 的第 1 列元素
end
%生成 Y 的第 2 列元素
a=sum(Y(:,1))/2;
for k=1:n-1
    if abs(sum(Y(1:k,1))-a)<=abs(sum(Y(1:k+1,1))-a)
        break;
    end
end
for i=1:n
    if i<=k
        Y(i,2)=0;
    else
        Y(i,2)=1;
    end
end
END=Y(:,2)';                                          %生成第 1 次编码的结果
END=sym(END);
j=3;                                                  %生成第 3 列及以后各列的元素
while(j~=0)
    p=1;
    while(p<=n)
        x=Y(p,j-1);
        for q=p:n
            if x==-1
                break;
```

```
            else
                if Y(q,j-1)==x
                    y=1;
                    continue;
                else
                    y=0;
                    break;
                end
            end
        end
        if y==1
            q=q+1;
        end
        if q==p|q-p==1
            Y(p,j)=-1;
        else
            if q-p==2
                Y(p,j)=0;
                END(p)=[char(END(p)),'0'];
                Y(q-1,j)=1;
                END(q-1)=[char(END(q-1)),'1'];
            else
                a=sum(Y(p:q-1,1))/2;
                for k=p:q-2
                    if abs(sum(Y(p:k,1))-a)<=abs(sum(Y(p:k+1,1))-a);
                        break;
                    end
                end
                for i=p:q-1
                    if i<=k
                        Y(i,j)=0;
                        END(i)=[char(END(i)),'0'];
                    else
                        Y(i,j)=1;
                        END(i)=[char(END(i)),'1'];
                    end
                end
            end
        end
        p=q;
    end
    C=Y(:,j);
    D=find(C==-1);
    [e,f]=size(D);
    if e==n
        j=0;
    else
        j=j+1;
```

```
    end
end
Y,X,END
for i=1:n
    [u,v]=size(char(END(i)));
    L(i)=v;
end
avlen=sum(L.*X)
```

运行程序，结果如下。

```
Y =
    0.4600         0         0   -1.0000   -1.0000
    0.3600         0    1.0000   -1.0000   -1.0000
    0.1800    1.0000         0         0   -1.0000
    0.1600    1.0000         0    1.0000   -1.0000
    0.1500    1.0000    1.0000         0   -1.0000
    0.1400    1.0000    1.0000    1.0000   -1.0000
X =
    0.4600    0.3600    0.1800    0.1600    0.1400    0.1300
END =
 [ 0, 1, 100, 101, 110, 111]
avlen =
    2.7700
```

9.3.4　行程编码

行程编码是仅存储一个像素值以及具有相同颜色的像素数目的图像数据编码方式，也称为游程编码。其基本思想是将一行中颜色值相同的相邻像素用一个计数值和颜色值代替。

如果一幅图像是由很多块颜色相同的大面积区域组成，那么采用行程编码的压缩效率是惊人的。然而，该算法有一个致命弱点，如果图像中每两个相邻点的颜色都不同，用这种算法不但不能压缩，反而数据量会增加一倍。

因此，对有大面积色块的图像（特别是对二值图像）采用行程编码效果比较好。行程编码技术相当直观和经济，运算也相当简单，因此解压缩速度很快，适用于计算机生成的图形图像，对减少存储容量很有效果。

行程编码方法：首先对图像进行行扫描，将行内各像素点的灰度级组成一个整数序列 $x_1, x_2, \cdots, x_N$，然后将该序列映射成整数对 (g_k, l_k)。其中，g_k 表示灰度级，l_k 表示行程长度，等于具有相同灰度级的相邻像素点的数目。

利用行程编码进行数据压缩，只有当重复的字节数大于 3 时才可以起到压缩作用，并且还需要一个特殊的字符用作标志位，因此在采用行程编码方法时，需要处理以下几个制约压缩比的问题。

（1）原始图像数据中，除部分背景图像的像素值相同外，没有更多连续相同的像素值。因此，如何提高图像中相同数据值的问题是提高数据压缩比的关键。

（2）寻找一个特殊的字符，使它在处理的图像中不用或很少使用。

（3）在有重复字节的情况下，如何提高重复字节数（最多为 255）。

行程编码与哈夫曼编码、算术编码等方法相比，算法实现相对简单。图 9-7 所示为行程编码系统。

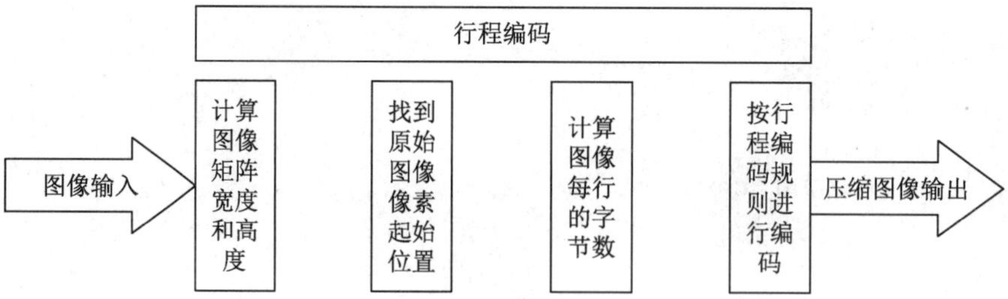

图 9–7　行程编码系统

【例 9-6】对给定的图像进行行程编码。

解　在编辑器中输入以下代码。

```
clear,clc
I=imread('tape.png');
imshow(I);title('行程编码的图像');
[m n l]=size(I);
fid=fopen('yc.txt','w');                    %yc.txt 为行程编码的灰度级及其相应的编码表
sum=0;                                      %行程编码算法
for k=1:l
    for i=1:m
        num=0;
        J=[];
        value=I(i,1,k);
        for j=2:n
            if I(i,j,k)==value
                num=num+1;                  %统计相邻像素灰度级相等的个数
                if j==n
                    J=[J,num,value];
                end
            else J=[J,num,value];           %J 的形式是灰度的个数+该灰度值
                value=I(i,j,k);
                num=1;
            end
        end
        col(i,k)=size(J,2);                 %记录 Y 中每行的行程编码数
        sum=sum+col(i,k);
        Y(i,1:col(i,k),k)=J;                %将 I 中每行的行程编码 J 存入 Y 的相应行中
    end
end

[m1,n1,l1]=size(Y);
disp('原始图像大小:');whos('I');
disp('压缩图像大小:');whos('Y');
disp('图像的压缩率:');disp(m*n*l/sum);

%将编码写入 yc.txt 中
for k=1:l1
    for i=1:m1
```

```
        for j=1:col(i,k)
            fprintf(fid,'%d',Y(i,j,k));
            fwrite(fid,' ');
        end
    end
    fwrite(fid,' ');
end
save('Y')
save('col')
fclose(fid);
```

运行程序，结果如下。

```
原始图像大小：
  Name        Size                 Bytes  Class    Attributes
  I         384x512x3             589824  uint8
压缩图像大小：
  Name        Size                  Bytes  Class    Attributes
  Y         384x982x3             1131264  uint8
图像的压缩率：
    0.6385
```

输出的行程编码效果和编码表分别如图 9-8 和图 9-9 所示。

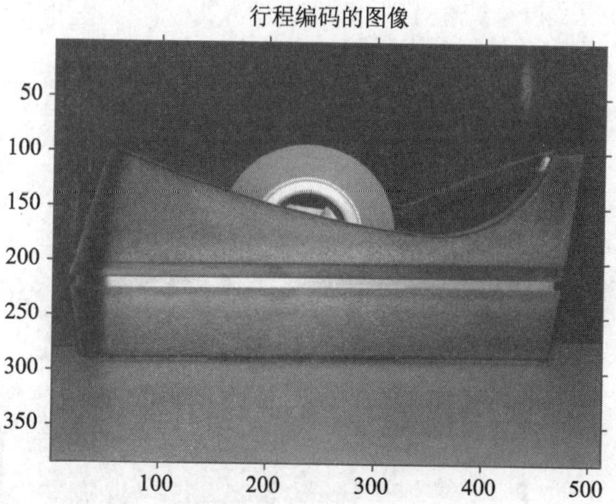

图 9-8　行程编码效果

```
0 63 1 67 1 65 1 68 1 66 1 64 1 63 1 66 2 68 1 64 2 61 1 65 1 75 1 81 2 80 1 78 1
72 1 66 1 61 1 55 1 56 1 57 1 55 1 59 2 66 1 71 1 69 1 67 1 66 1 65 1 63 1 64 1 66
1 62 1 64 1 66 1 69 1 75 1 79 1 76 1 72 1 69 2 64 1 68 1 65 1 63 1 65 1 67 1 68 1
63 1 68 1 70 1 68 1 70 1 67 1 66 1 68 1 69 1 65 1 63 1 64 2 67 1 64 1 67 1 69 2 70
1 67 2 69 3 71 1 68 1 67 2 69 1 68 1 69 1 70 1 71 1 68 1 67 2 64 1 63 1 66 1 71 1
72 1 69 3 67 1 70 1 71 1 75 1 70 1 65 1 71 1 75 1 72 1 73 1 76 2 78 1 80 1 83 1 86
1 84 1 77 1 73 1 69 1 71 1 69 2 68 1 71 2 69 2 74 1 72 1 71 1 72 1 74 1 75 1 78 1
75 1 68 1 73 1 74 1 72 1 71 1 70 1 72 1 70 1 73 1 75 1 76 1 73 1 71 1 70 1 73 1 74
1 73 1 68 3 67 1 68 1 70 1 71 1 70 2 75 1 71 1 69 1 71 1 75 1 74 1 73 1 76 1 75 1
73 1 70 1 74 2 76 1 75 1 74 1 75 2 76 1 70 1 71 1 72 1 70 1 68 1 70 1 71 1 70 2 74
1 77 1 79 1 80 1 78 1 75 1 73 1 78 1 77 1 61 1 64 1 66 2 67 2 66 1 64 1 63 2 60 2
62 1 67 1 73 1 77 1 79 1 77 1 73 1 70 1 66 1 58 1 54 1 56 1 52 1 58 1 68 1 69 2 67
1 69 1 71 1 67 1 66 1 65 1 67 1 63 2 62 1 64 1 69 1 73 2 78 1 74 1 69 1 67 1 65 1
66 1 65 3 66 2 67 1 70 1 72 1 66 1 67 1 68 1 69 1 68 1 66 2 64 1 65 1 68 1 69 1 67
1 69 1 67 1 64 1 67 1 69 1 66 1 68 1 71 1 67 1 64 1 66 1 69 1 68 3 67 1 68 1 66 3
65 1 64 1 66 1 70 1 68 1 67 1 65 1 63 1 65 1 70 1 67 1 72 1 68 1 67 1 69 1 73 1 74
1 72 1 71 1 75 1 83 1 85 1 82 1 77 1 72 1 69 2 67 1 69 2 67 1 71 1 76 1 75 1 74 1
75 1 74 2 77 2 72 1 73 1 74 1 73 2 69 1 75 1 76 1 74 1 73 1 75 1 73 1 74 1 75 1 73
2 72 1 70 1 71 1 72 1 71 1 69 1 72 1 70 1 69 1 66 1 71 1 76 2 72 1 70 1 69 1 72 1
75 1 76 1 72 1 74 1 76 1 72 1 69 1 71 1 74 2 77 1 78 2 75 1 77 1 78 1 73 1 72 1 74
2 73 1 72 1 70 1 71 2 70 1 73 1 78 1 82 1 83 1 81 1 79 1 78 1 79 1 61 1 64 1 65 1
66 2 65 1 67 1 65 1 62 1 60 1 59 1 58 1 56 1 59 1 70 2 75 1 74 1 70 1 73 1 72 1 63
2 50 1 51 1 55 1 64 1 67 1 66 1 64 1 69 1 70 1 68 1 66 1 63 1 65 1 61 1 59 1 55 1
52 1 54 1 59 1 68 1 75 1 73 1 69 1 65 2 63 1 66 1 65 1 63 1 68 1 71 3 68 1 65 2 67
2 66 1 67 1 66 1 65 1 63 1 69 1 70 1 65 1 63 1 66 1 65 1 67 1 66 1 64 1 66 1 68 2
```

图 9-9　行程编码表

9.3.5　预测编码

预测编码（Predictive Coding）是统计冗余数据压缩理论的 3 个重要分支之一，其理论基础是现代统计学和控制论。由于数字技术的飞速发展，数字信号处理技术不时渗透到这些领域，在这些理论与技术的基础上形成了一项专门用作压缩冗余数据的预测编码技术。

预测编码主要是降低了数据在时间和空间上的相关性，因而对于时间序列数据有着广泛的应用价值。预测编码是根据某一模型利用以往的样本值对于新样本值进行预测，然后将样本的实际值与其预测值相减得到一个误差值，对这一误差值进行编码。

如果模型足够好且样本序列在时间上相关性较强，那么误差信号的幅度将远小于原始信号，从而可以用较少的电平类对其差值量化，得到较好的数据压缩结果。

【例 9-7】对图像进行预测编码及解码。

解 在编辑器中输入以下代码。

```
clear,clc
X=imread('coins.png');
subplot(231);imshow(X);title('原始图像');
X=double(X);
Y=yucebianma(X);
XX=yucejiema(Y);
subplot(232);imshow(mat2gray(Y));title('预测误差图像');
e=double(X)-double(XX);
[m,n]=size(e);
erms=sqrt(sum(e(:).^2)/(m*n))
[h,x]=hist(X(:));
subplot(233);bar(x,h,'r');title('原图像直方图');
[h,x]=hist(Y(:));
subplot(234);bar(x,h,'m');title('预测误差直方图');
XX=uint8(XX);
subplot(235);imshow(XX);title('解码图像')
whos X XX Y
```

本例需要调用自定义预测编码函数及预测解码函数。自定义预测编码函数代码如下。

```
function Y=yucebianma(x,f)
error(nargchk(1,2,nargin))
if nargin<2
   f=1;
end
x=double(x);
[m,n]=size(x);
p=zeros(m,n);
xs=x;
zc=zeros(m,1);
for j=1:length(f)
   xs=[zc,xs(:,1:end-1)];
   p=p+f(j)*xs;
end
Y=x-round(p);
end
```

自定义预测解码函数代码如下。

```
function x=yucejiema(Y,f)
error(nargchk(1,2,nargin));
if nargin<2
   f=1;
end
f=f(end:-1:1);
```

```
[m,n]=size(Y);
odr=length(f);
f=repmat(f,m,1);
x=zeros(m,n+odr);
for j=1:n
    jj=j+odr;
    x(:,jj)=Y(:,j)+round(sum(f(:,odr:-1:1).*x(:,(jj-1):-1:(jj-odr)),2));
end
x=x(:,odr+1:end);
end
```

运行程序，结果如图 9-10 所示。

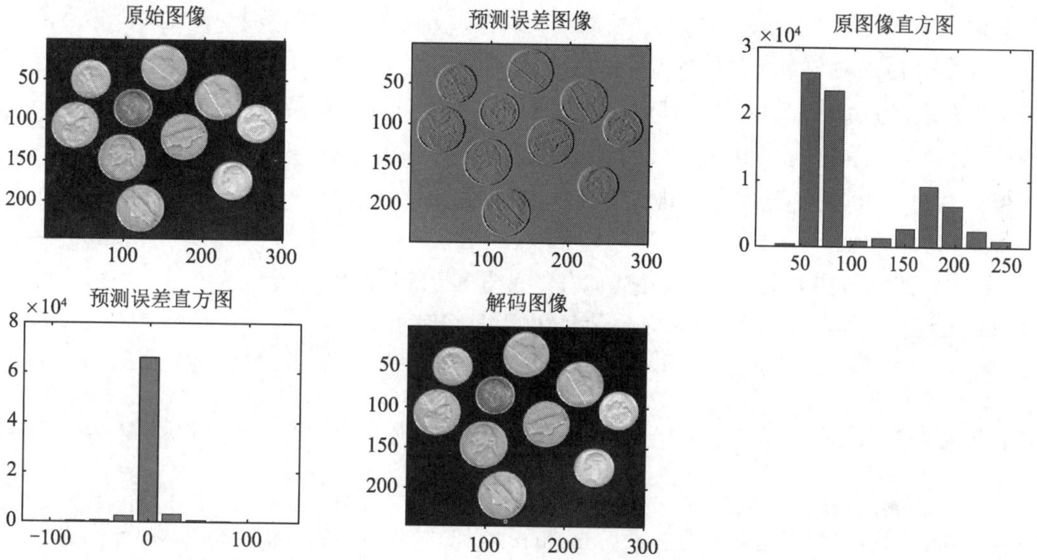

图 9-10　对图像进行预测编码及解码

预测编码建立在信号（语音、图像等）数据的相关性之上，根据某一模型利用以往的样本值对新样本进行预测，降低数据在时间和空间上的相关性，以达到压缩数据的目的。但实际利用预测器时，并不是利用数据源的某种确定数学模型，而是基于估计理论、现代统计学理论设计预测器。

预测方法有多种，其中差分脉冲编码调制（DPCM）是一种具有代表性的编码方法。

预测编码的基本思想是通过仅提取每个像素点中的新信息并对它们编码消除像素间的冗余。这里，一个像素点的新信息定义为该像素点的当前或现实值与预测值的差，即如果已知图像一个像素点离散幅度的真实值，利用其相邻像素点的相关性，预测它的下一个像素点（水平方向的或垂直方向）的可能数值，再求两者之差。或者说，利用这种具有预测性质的差值，再量化、编码、传输，其效果更佳，这一方法就称为 DPCM。因此，在预测法编码中，编码和传输的并不是像素取样值本身，而是这个取样值的预测值（也称为估计值）与其实际值之间的差值。DPCM 系统原理框图如图 9-11 所示。

DPCM 系统包括发送端、接收端和信道传输 3 部分。发送端由量化器、编码器、预测器和加减法器组成；接收端包括解码器和预测器等。令 $f(x,y)$ 为输入图像实际值， $f'(x,y)$ 为预测值，实际值和预测值之间的差值定义为预测误差，即

$$e(x,y)=f(x,y)-f'(x,y)$$

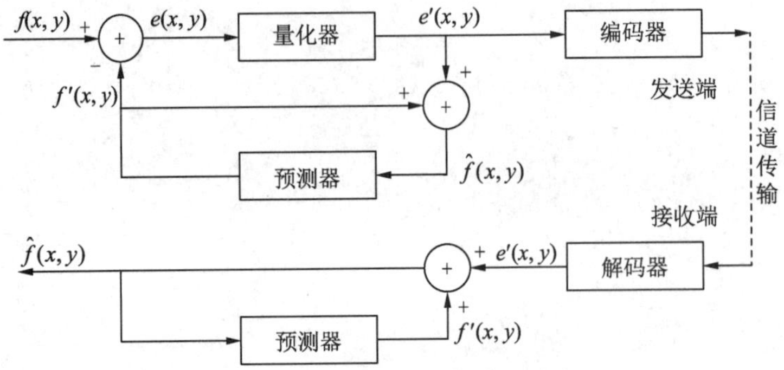

图 9-11　DPCM 系统原理框图

由于图像像素点之间有极强的相关性，所以预测误差 $e(x,y)$ 很小。编码时，不是对像素点的实际灰度 $f(x,y)$ 进行编码，而是对预测误差信号 $e(x,y)$ 进行量化、编码和发送，由此得名“差分脉冲编码调制”。接收端对从发送端传输过来的信号进行解码，恢复出图像 $\hat{f}(x,y)$。恢复误差定义为

$$f(x,y)-\hat{f}(x,y)=f(x,y)-[f'(x,y)+e'(x,y)]=e(x,y)-e'(x,y)$$

当差值为 0 时，DPCM 系统可以实现无失真恢复原始图像。而实际应用中，预测、量化等误差总是存在的。预测编码的步骤如下。

（1）$f(x,y)$ 与发送端预测器产生的预测值 $f'(x,y)$ 相减得到预测误差 $e(x,y)$。

（2）$e(x,y)$ 经量化器量化后变为 $e'(x,y)$，同时引起量化误差。

（3）$e'(x,y)$ 再经过编码器编成码字发送，同时又将 $e'(x,y)$ 加上 $f'(x,y)$ 恢复输入信号 $\hat{f}(x,y)$。

说明：因存在量化误差，所以 $f(x,y)\neq\hat{f}(x,y)$，但相当接近。发送端的预测器及其环路作为发送端本地解码器。

（4）发送端预测器带有存储器，把 $\hat{f}(x,y)$ 存储起来以便对后面的像素值进行预测。

（5）继续输入下一像素值，并重复上述过程。

【例 9-8】利用 DPCM 对图像进行编码。

解　在编辑器中输入以下代码。

```
clear,clc
I03=imread('onion.png');
I02=rgb2gray(I03);                          %将 RGB 图像转换为灰度图像
I=double(I02);
fid1=fopen('mydata1.dat','w');
fid2=fopen('mydata2.dat','w');
fid3=fopen('mydata3.dat','w');
fid4=fopen('mydata4.dat','w');
[m,n]=size(I);
A1=ones(m,n);                               %对预测信号进行边缘锁定
A1(1:m,1)=I(1:m,1);
A1(1,1:n)=I(1,1:n);
A1(1:m,n)=I(1:m,n);
A1(m,1:n)=I(m,1:n);
```

```
A2=ones(m,n);
A2(1:m,1)=I(1:m,1);A2(1,1:n)=I(1,1:n);
A2(1:m,n)=I(1:m,n);A2(m,1:n)=I(m,1:n);

A3=ones(m,n);
A3(1:m,1)=I(1:m,1);A3(1,1:n)=I(1,1:n);
A3(1:m,n)=I(1:m,n);A3(m,1:n)=I(m,1:n);

A4=ones(m,n);
A4(1:m,1)=I(1:m,1);A4(1,1:n)=I(1,1:n);
A4(1:m,n)=I(1:m,n);A4(m,1:n)=I(m,1:n);

for k=2:m-1                                          %一阶 DPCM 编码
    for l=2:n-1
        A1(k,l)=I(k,l)-I(k,l-1);
    end
end
A1=round(A1);
cont1=fwrite(fid1,A1,'int8');
cc1=fclose(fid1);

for k=2:m-1                                          %二阶 DPCM 编码
    for l=2:n-1
        A2(k,l)=I(k,l)-(I(k,l-1)/2+I(k-1,l)/2);
    end
end
A2=round(A2);
cont2=fwrite(fid2,A2,'int8');
cc2=fclose(fid2);

for k=2:m-1                                          %三阶 DPCM 编码
    for l=2:n-1
        A3(k,l)=I(k,l)-(I(k,l-1)*(4/7)+I(k-1,l)*(2/7)+I(k-1,l-1)*(1/7));
    end
end
A3=round(A3);
cont3=fwrite(fid3,A3,'int8');
cc3=fclose(fid3);

for k=2:m-1                                          %四阶 DPCM 编码
    for l=2:n-1
        A4(k,l)=I(k,l)-(I(k,l-1)/2+I(k-1,l)/4+I(k-1,l-1)/8+I(k-1,l+1)/8);
    end
end
A4=round(A4);
cont4=fwrite(fid4,A4,'int8');
```

```
cc4=fclose(fid4);
figure(1)
subplot(231);imshow(I03);title('原始图像');
axis off;box off                                          %隐藏坐标轴和边框
subplot(232);imshow(I02);title('灰度图像');
axis off;box off
subplot(233);imshow(A1);title('一阶 DPCM 编码后的图像');
axis off;box off
subplot(234);imshow(A2);title('二阶 DPCM 编码后的图像');
axis off;box off
subplot(235);imshow(A3);title('三阶 DPCM 编码后的图像');
axis off;box off
subplot(236);imshow(A4);title('四阶 DPCM 编码后的图像');
axis off;box off
```

运行程序，结果如图 9-12 所示。

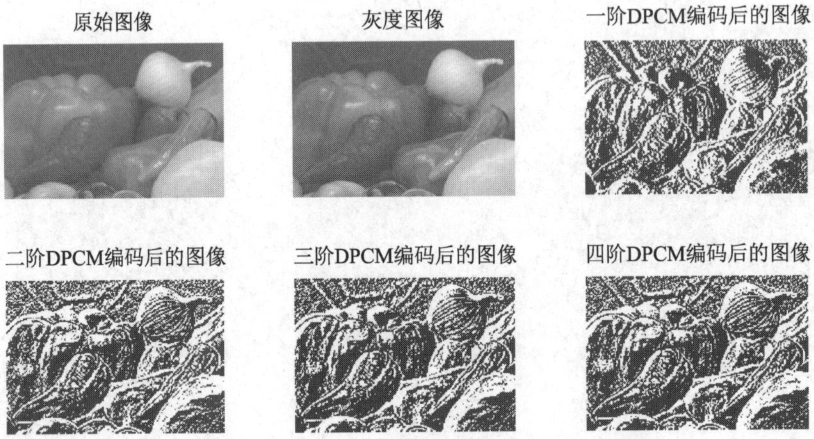

图 9-12　利用 DPCM 对图像进行编码

【例 9-9】对例 9-8 的结果进行 DPCM 解码。

解　在编辑器中输入以下代码。

```
clear,clc
fid1=fopen('mydata1.dat','r');fid2=fopen('mydata2.dat','r');
fid3=fopen('mydata3.dat','r');fid4=fopen('mydata4.dat','r');
I11=fread(fid1,cont1,'int8');I12=fread(fid2,cont2,'int8');
I13=fread(fid3,cont3,'int8');I14=fread(fid4,cont4,'int8');

tt=1;
for l=1:n
    for k=1:m
        I1(k,l)=I11(tt);
        tt=tt+1;
    end
end
```

```
tt=1;
for l=1:n
    for k=1:m
        I2(k,l)=I12(tt);
        tt=tt+1;
    end
end

tt=1;
for l=1:n
    for k=1:m
        I3(k,l)=I13(tt);
        tt=tt+1;
    end
end

tt=1;
for l=1:n
    for k=1:m
        I4(k,l)=I14(tt);
        tt=tt+1;
    end
end

I1=double(I1);I2=double(I2);
I3=double(I3);I4=double(I4);

A1=ones(m,n);
A1(1:m,1)=I1(1:m,1);A1(1,1:n)=I1(1,1:n);
A1(1:m,n)=I1(1:m,n);A1(m,1:n)=I1(m,1:n);

A2=ones(m,n);
A2(1:m,1)=I2(1:m,1);A2(1,1:n)=I2(1,1:n);
A2(1:m,n)=I2(1:m,n);A2(m,1:n)=I2(m,1:n);

A3=ones(m,n);
A3(1:m,1)=I3(1:m,1);A3(1,1:n)=I3(1,1:n);
A3(1:m,n)=I3(1:m,n);A3(m,1:n)=I3(m,1:n);

A4=ones(m,n);
A4(1:m,1)=I4(1:m,1);A4(1,1:n)=I4(1,1:n);
A4(1:m,n)=I4(1:m,n);A4(m,1:n)=I4(m,1:n);

for k=2:m-1                                      %一阶解码
    for l=2:n-1
```

```
        A1(k,l)=I1(k,l)+A1(k,l-1);
    end
end
cc1=fclose(fid1);
A1=uint8(A1);

for k=2:m-1                                                    %二阶解码
    for l=2:n-1
        A2(k,l)=I2(k,l)+(A2(k,l-1)/2+A2(k-1,l)/2);
    end
end
cc2=fclose(fid2);
A2=uint8(A2);

for k=2:m-1                                                    %三阶解码
    for l=2:n-1
        A3(k,l)=I3(k,l)+(A3(k,l-1)*(4/7)+A3(k-1,l)*(2/7)+A3(k-1,l-1)*(1/7));
    end
end
cc3=fclose(fid3);
A3=uint8(A3);

for k=2:m-1                                                    %四阶解码
    for l=2:n-1
        A4(k,l)=I4(k,l)+(A4(k,l-1)/2+A4(k-1,l)/4+A4(k-1,l-1)/8+A4(k-1,l+1)/8);
    end
end
cc4=fclose(fid4);
A4=uint8(A4);

figure(2)                                                      %分区画图
subplot(231);imshow(I03);title('原始图像')
axis off;box off
subplot(232);imshow(I02);title('灰度图像')
axis off;box off
subplot(233);imshow(A1);title('一阶解码后的图像')
axis off;box off
subplot(234);imshow(A2);title('二阶解码后的图像')
axis off;box off
subplot(235);imshow(A3);title('三阶解码后的图像')
axis off;box off
subplot(236);imshow(A4);title('四阶解码后的图像')
axis off;box off
```

运行程序，结果如图 9-13 所示。

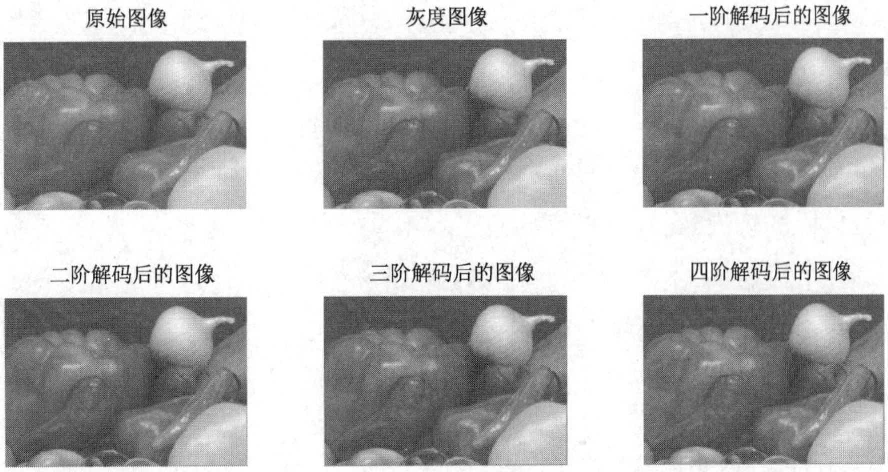

图 9-13　DPCM 解码

9.3.6　变换编码

变换编码的基本概念就是将原来在空间域上描述的图像等信号，通过一种数学变换（常用二维正交变换，如傅里叶变换、离散余弦变换、沃尔什-哈达玛变换、主成分变换等），变换到变换域中进行描述，达到改变能量分布的目的，即将图像能量在空间域的分散分布变为在变换域的相对集中分布，达到去除相关性的目的，再经过适当的方式量化编码，进一步压缩图像。

信息论的研究表明，正交变换不改变信源的熵，变换前后图像的信息量并无损失，完全可以通过逆变换得到原来的图像。统计分析表明，图像经过正交变换后，分散在原空间的图像数据在新的坐标空间中得到集中。对于大多数图像，大量的变换系数很小，只要删除接近 0 的系数，并且对较小的系数进行粗量化，而保留包含图像主要信息的系数，就能进行压缩编码。

【例 9-10】对图像进行 DCT 压缩。

解　在编辑器中输入以下代码。

```
clear,clc
A=imread('gantrycrane.png');
I=rgb2gray(A);
I=im2double(I);                                   %转换图像矩阵为双精度型
T=dctmtx(8);                                      %产生二维 DCT 矩阵
a1 = [ 16   11   10   16   24   40   51   61
       12   12   14   19   26   58   60   55
       14   13   16   24   40   57   69   56
       14   17   22   29   51   87   80   62
       18   22   37   56   68  109  103   77
       24   35   55   64   81  104  113   92
       49   64   78   87  103  121  120  101
       72   92   95   98  112  100  103   99];
for i=1:8:200
   for j=1:8:200
```

```
        P=I(i:i+7,j:j+7);
        K=T*P*T';
        I2(i:i+7,j:j+7)=K;
        K=K./a1;                                                %量化
        K(abs(K)<0.03)=0;
        I3(i:i+7,j:j+7)=K;
    end
end
subplot(222);imshow(I2);title('DCT 后的频域图像');             %显示 DCT 后的频域图像
for i=1:8:200
    for j=1:8:200
        P=I3(i:i+7,j:j+7).*a1;                                  %反量化
        K=T'*P*T;
        I4(i:i+7,j:j+7)=K;
    end
end
subplot(224);imshow(I4);title('复原图像');
B=blkproc(I,[8,8],'P1*x*P2',T,T');         %二值掩膜，压缩 DCT 系数，只保留左上角的 10 个系数
mask=[1 1 1 1 0 0 0 0
    1 1 1 0 0 0 0 0
    1 1 0 0 0 0 0 0
    1 0 0 0 0 0 0 0
    0 0 0 0 0 0 0 0
    0 0 0 0 0 0 0 0
    0 0 0 0 0 0 0 0
    0 0 0 0 0 0 0 0 ]
B2=blkproc(B,[8 8],'P1.*x',mask);                               %只保留 DCT 的 10 个系数
I2=blkproc(B2,[8 8],'P1*x*P2',T',T) ;                           %重构图像
subplot(221);imshow(I);title('灰度图像')
subplot(223);imshow(I2);title('压缩图像')
```

运行程序，结果如下。

```
mask =
     1     1     1     1     0     0     0     0
     1     1     1     0     0     0     0     0
     1     1     0     0     0     0     0     0
     1     0     0     0     0     0     0     0
     0     0     0     0     0     0     0     0
     0     0     0     0     0     0     0     0
     0     0     0     0     0     0     0     0
     0     0     0     0     0     0     0     0
```

压缩效果如图 9-14 所示。

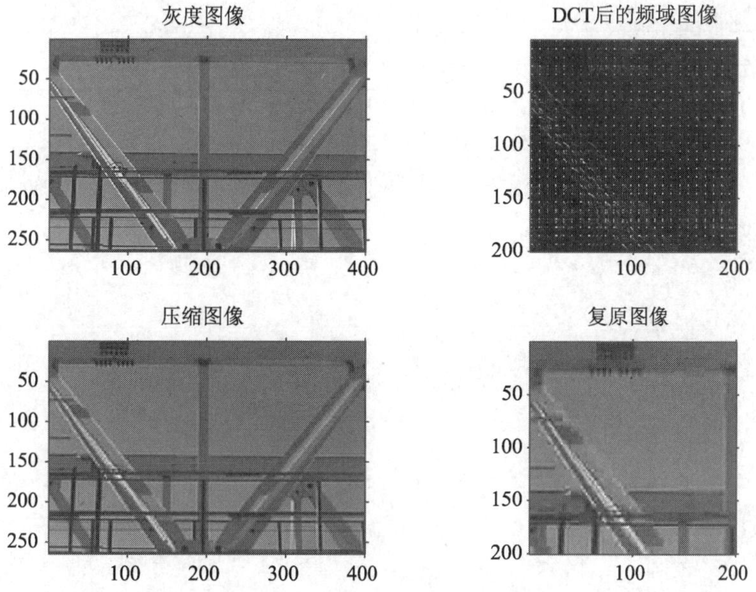

图 9-14　对图像进行 DCT 压缩

【例 9-11】对图像进行主成分变换。

解　在编辑器中输入以下代码。

```
clear,clc
f=imread('football.jpg');
subplot(221),imshow(f);title('原始图像')
X=row(f);
[Mx,Cx,L,A]=PCA(X);
dlmwrite('pcaL.txt',L,'precision','%.6f','newline','pc');
dlmwrite('pcaA.txt',A,'precision','%.6f','newline','pc');
B=inv(A);
r_m=double(f(:,:,1));
g_m=double(f(:,:,2));
b_m=double(f(:,:,3));
%得到第一主成分、第二主成分、第三主成分
KLTT1=A(1,1)*r_m+A(2,1)*g_m+A(3,1)*b_m;                    %第一主成分
KLTT1=uint8(KLTT1);
KLTT2=A(1,2)*r_m+A(2,2)*g_m+A(3,2)*b_m;                    %第二主成分
KLTT2=uint8(KLTT2);
KLTT3=A(1,3)*r_m+A(2,3)*g_m+A(3,3)*b_m;                    %第三主成分
KLTT3=uint8(KLTT3);
subplot(222);imshow(KLTT1,[]);title('第一主成分')
subplot(223);imshow(KLTT2,[]);title('第二主成分')
subplot(224);imshow(KLTT3,[]);title('第三主成分')
```

本例用到的子程序如下。

```
%对多波段进行预处理
function X=row(varargin);
ori=varargin{1};
```

```
[m,n]=size(ori(:,:,1));
iii=size(varargin{1});
band=iii(3);
if band==1
    error('Open file wrong!');
else
    X=zeros(band,m*n);
    for i=1:band
        a=ori(:,:,i);
        a=a';
        a=a(:)';
        for j=1:m*n
            X(i,j)=a(1,j);
        end
    end
end
X;
end

%计算均值等
function [Mx,Cx,L,A]=PCA(a)
[m,n]=size(a);
Mx=zeros(m,1);
Nx=zeros(m,1);
Cx=zeros(m,m);
Cx=0;
for i=1:m
    for j=1:n
        Mx(i,1)=Mx(i,1)+a(i,j);
    end
end
Mx=Mx/n;
for j=1:n
    for i=1:m
        Nx(i,1)=a(i,j);
    end
    Cx=Cx+(Nx-Mx)*((Nx-Mx)');
end
Cx=Cx/n;
[A,L]=eig(Cx);
[A,L]=taxis(A,L);
end
%进行排序
function [A,L]=taxis(A,L)
[m,n]=size(L);
for i=1:m-1
    for j=i+1:m
```

```
        if L(i,i)<L(j,j)
            temp=L(i,i);
            L(i,i)=L(j,j);
            L(j,j)=temp;
            for j0=1:m
                temp0=A(j0,i);
                A(j0,i)=A(j0,j);
                A(j0,j)=temp0;
            end
        end
    end
end
L=L;
A=A;
end
```

运行程序，结果如图 9-15 所示。

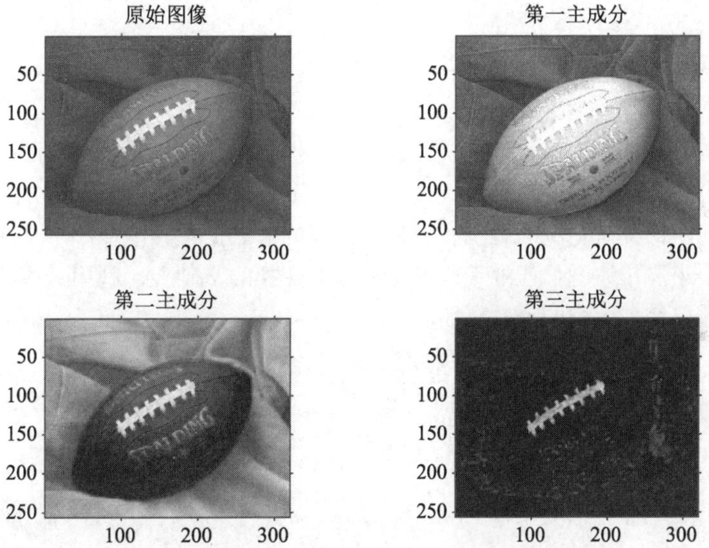

图 9-15　对图像进行主成分变换

【例 9-12】对图像进行沃尔什-哈达玛变换。

解　在编辑器中输入以下代码。

```
clear,clc
f=imread('rice.png');
subplot(121),imshow(f);title('原始图像')
Ha=[1 1 1 1
    1 -1 1 -1
    1 1 -1 -1
    1 -1 -1 1];
fd=double(f);
g=conv2(fd,Ha);
```

```
g=uint8(g);
subplot(122),imshow(g);title('沃尔什-哈达玛变换后的图像')
```

运行程序，结果如图 9-16 所示。

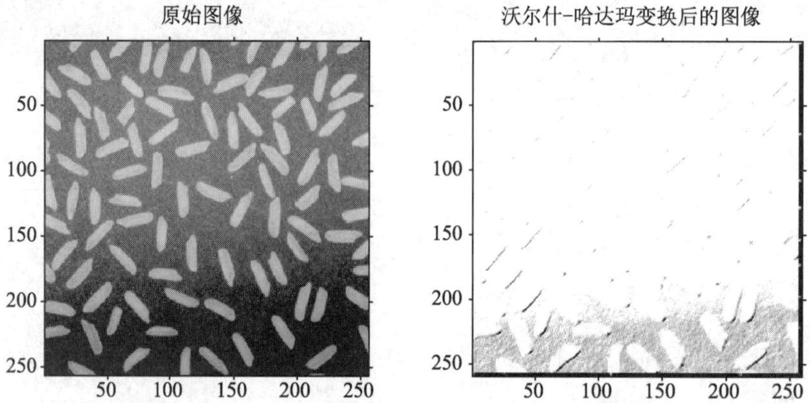

图 9-16　对图像进行沃尔什-哈达玛变换

9.4　小波图像压缩编码

小波变换的图像压缩技术采用多尺度分析，因此可根据各自的重要程度对不同层次的系数进行不同的处理，图像经小波变换后，并没有实现压缩，只是对整幅图像的能量进行了重新分配。

事实上，变换后的图像具有更宽的范围，但是宽范围的大数据被集中在一个小区域内，而在很大的区域中数据的动态范围很小。小波图像压缩编码就是在小波变换的基础上，利用这些特性，采用适当的方法组织变换后的小波系数，实现图像的高效压缩。

【例 9-13】利用小波变换的时频局部化特性对图像进行压缩。

解　在编辑器中输入以下代码。

```
clear,clc
load tire
[ca1,ch1,cv1,cd1]=dwt2(X,'sym4');                %使用 sym4 小波对信号进行一层小波分解
codca1=wcodemat(ca1,192);
codch1=wcodemat(ch1,192);
codcv1=wcodemat(cv1,192);
codcd1=wcodemat(cd1,192);
codx=[codca1,codch1,codcv1,codcd1]               %将 4 个系数图像组合为一幅图像
rca1=ca1;                                        %复制原图像的小波系数
rch1=ch1;
rcv1=cv1;
rcd1=cd1;
rch1(33:97,33:97)=zeros(65,65);                  %将 3 个细节系数的中部置零
rcv1(33:97,33:97)=zeros(65,65);
rcd1(33:97,33:97)=zeros(65,65);
codrca1=wcodemat(rca1,192);
codrch1=wcodemat(rch1,192);
codrcv1=wcodemat(rcv1,192);
```

```
codrcd1=wcodemat(rcd1,192);
codrx=[codrca1,codrch1,codrcv1,codrcd1]          %将处理后的系数图像组合为一幅图像
rx=idwt2(rca1,rch1,rcv1,rcd1,'sym4');            %重建处理后的系数
subplot(221);image(wcodemat(X,192)), title('原始图像');
colormap(map);
subplot(222);image(codx), title('一层分解后各层系数图像');
colormap(map);
subplot(223);image(wcodemat(rx,192)), title('压缩图像');
colormap(map);
subplot(224);image(codrx), title('处理后各层系数图像');
colormap(map);
per=norm(rx)/norm(X)                             %求压缩信号的能量成分
per =1.0000
err=norm(rx-X)                                   %求压缩信号与原信号的标准差
```

运行程序，结果如图 9-17 所示。

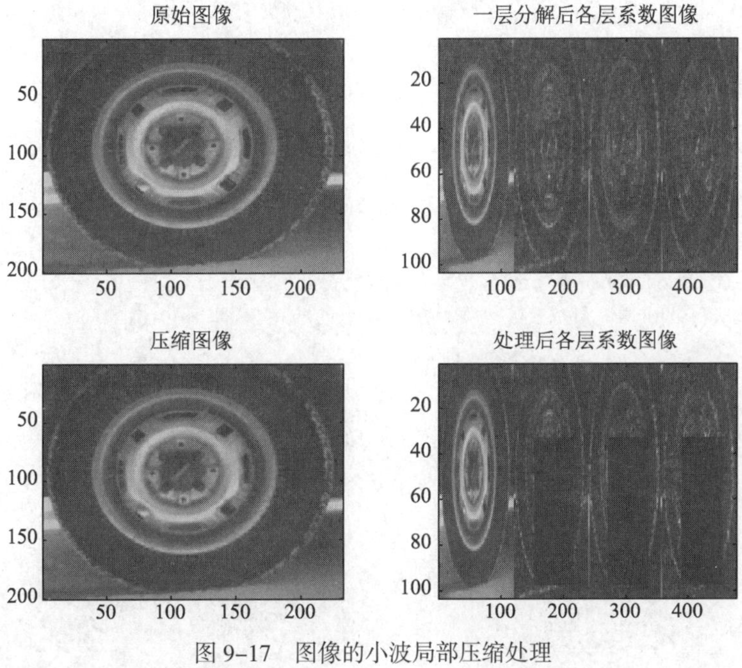

图 9-17　图像的小波局部压缩处理

【例 9-14】对给定的图像进行小波图像压缩。

解　在编辑器中输入以下代码。

```
clear,clc
load bust;
subplot(3,3,1);image(X);title('原始图像');
colormap(map);
disp('原始图像 X 的大小：');whos('X');
[c,s]=wavedec2(X,2,'bior3.7');                  %对图像用 bior3.7 小波进行二层小波分解
ca1=appcoef2(c,s,'bior3.7',1);
ch1=detcoef2('h',c,s,1);                        %提取小波分解结构中第 1 层的低频系数和高频系数
```

```
cv1=detcoef2('v',c,s,1);
cd1=detcoef2('d',c,s,1);
a1=wrcoef2('a',c,s,'bior3.7',1);
h1=wrcoef2('h',c,s,'bior3.7',1);
v1=wrcoef2('v',c,s,'bior3.7',1);
d1=wrcoef2('d',c,s,'bior3.7',1);
c1=[a1,h1;v1,d1];
ca1=appcoef2(c,s,'bior3.7',1);
ca1=wcodemat(ca1,440,'mat',0);
ca1=0.8*ca1;
subplot(3,3,2);image(ca1);title('第 1 次压缩*0.8');
colormap(map);axis square;
disp('第 1 次压缩大小');whos('ca1');
ca2=appcoef2(c,s,'bior3.7',2);
ca2=wcodemat(ca2,440,'mat',0);
ca2=0.7*ca2;
subplot(3,3,3);image(ca2);title('第 2 次压缩*0.7');
colormap(map);axis square;
disp('第 2 次压缩大小');whos('ca2');
ca3=appcoef2(c,s,'bior3.7',2);
ca3=wcodemat(ca3,440,'mat',0);
ca3=0.5*ca3;
subplot(3,3,4);image(ca3);title('第 3 次压缩*0.5')
colormap(map);axis square;
disp('第 3 次压缩大小');whos('ca3');
ca3=appcoef2(c,s,'bior3.7',2);
ca3=wcodemat(ca3,440,'mat',0);
ca4=appcoef2(c,s,'bior3.7',2);
ca4=wcodemat(ca4,440,'mat',0);
ca4=0.3*ca4;
subplot(3,3,5);image(ca4);title('第 4 次压缩*0.3')
colormap(map);axis square;
disp('第 4 次压缩大小');whos('ca4');
ca4=appcoef2(c,s,'bior3.7',2);
ca4=wcodemat(ca4,440,'mat',0);
ca5=appcoef2(c,s,'bior3.7',2);
ca5=wcodemat(ca5,440,'mat',0);
ca5=0.1*ca5;
subplot(3,3,6);image(ca5);title('第 5 次压缩*0.1')
colormap(map);axis square;
disp('第 5 次压缩大小');whos('ca5');
ca5=appcoef2(c,s,'bior3.7',2);
ca5=wcodemat(ca5,440,'mat',0);
ca6=appcoef2(c,s,'bior3.7',2);
ca6=wcodemat(ca6,440,'mat',0);
ca6=0.07*ca6;
subplot(3,3,7);image(ca6);title('第 6 次压缩*0.07')
colormap(map);axis square;
```

```
disp('第 6 次压缩大小');whos('ca6');
ca6=appcoef2(c,s,'bior3.7',2);
ca6=wcodemat(ca6,440,'mat',0);
ca7=appcoef2(c,s,'bior3.7',2);
ca7=wcodemat(ca7,440,'mat',0);
ca7=0.03*ca7;
subplot(3,3,8);image(ca7);title('第 7 次压缩*0.03')
colormap(map);axis square;
disp('第 7 次压缩大小');whos('ca7');
ca2=appcoef2(c,s,'bior3.7',2);
ca7=wcodemat(ca2,440,'mat',0);
ca8=appcoef2(c,s,'bior3.7',2);
ca8=wcodemat(ca8,440,'mat',0);
ca8=0.01*ca8;
subplot(3,3,9);image(ca8);title('第 8 次压缩*0.01')
colormap(map);axis square;
disp('第 8 次压缩大小');whos('ca8');
ca8=appcoef2(c,s,'bior3.7',2);
ca8=wcodemat(ca8,440,'mat',0);
```

运行程序，会得到如图 9-18 所示的图像压缩效果，同时输出以下内容。

```
原始图像 X 的大小:
  Name        Size            Bytes  Class    Attributes
  X         256x256           524288  double
第 1 次压缩大小
  Name        Size            Bytes  Class    Attributes
  ca1       135x135           145800  double
第 2 次压缩大小
  Name       Size             Bytes  Class    Attributes
  ca2       75x75             45000  double
第 3 次压缩大小
  Name       Size             Bytes  Class    Attributes
  ca3       75x75             45000  double
第 4 次压缩大小
  Name       Size             Bytes  Class    Attributes
  ca4       75x75             45000  double
第 5 次压缩大小
  Name       Size             Bytes  Class    Attributes
  ca5       75x75             45000  double
第 6 次压缩大小
  Name       Size             Bytes  Class    Attributes
  ca6       75x75             45000  double
第 7 次压缩大小
  Name       Size             Bytes  Class    Attributes
  ca7       75x75             45000  double
第 8 次压缩大小
  Name       Size             Bytes  Class    Attributes
  ca8       75x75             45000  double
```

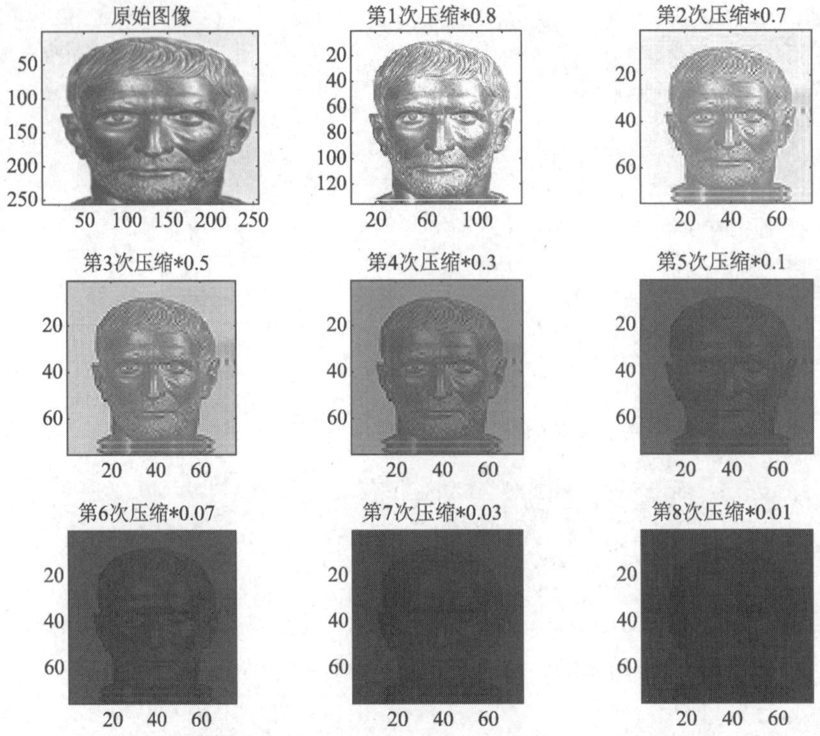

图 9–18　图像的小波压缩处理

9.5　图像压缩在数字水印方面的应用

数字水印技术是将一些标识信息直接嵌入数字载体（包括多媒体、文档、软件等），但不影响原载体的使用价值，也不容易被人类的知觉系统（如视觉或听觉系统）觉察或注意到。通过这些隐藏在载体中的信息，可以达到确认内容创建者、购买者、传送隐秘信息或判断载体是否被篡改等目的。

数字水印是信息隐藏技术的一个重要研究方向。数字水印技术基本具有以下几方面的特点。

（1）安全性：数字水印的信息应是安全的，难以篡改或伪造，当然，数字水印同样对重复添加有很强的抵抗性。

（2）隐蔽性：数字水印应是不可知觉的，而且应不影响被保护数据的正常使用，不会降质。

（3）鲁棒性：经历多种无意或有意的信号处理过程后，数字水印仍能保持部分完整性并能被准确鉴别。

（4）水印容量：载体在不发生形变的前提下可嵌入的水印信息量。

目前，数字水印算法主要是基于空域和变换域的，其中基于变换域的技术可以嵌入大量数据而不会导致察觉的缺陷，成为数字水印技术的主要研究技术，它通过改变频域的一些系数值，采用类似扩频图像的技术隐藏数字水印信息。小波变换因其优良的多分辨率分析特性广泛应用于图像处理，小波域数字水印的研究非常有意义。

【例 9-15】用数字水印技术对图像进行处理。

解　在编辑器中输入以下代码。

```
clear,clc
size=256;                                          %定义常量
```

```
block=8;
blockno=size/block;
length=size*size/64;
alpha1=0.02;
alpha2=0.1;
T1=3;
I=zeros(size,size);
D=zeros(size,size);
BW=zeros(size,size);
block_dct1=zeros(block,block);
randn('seed',10);                                          %产生高斯水印
mark=randn(1,length);
subplot(222);plot(mark);title('加入噪声')
I=imread('rice.png');
subplot(221);imshow(I);title('原始图像')
BW=edge(I,'sobel');
subplot(223);imshow(BW);title('边缘检测')
%嵌入水印
k=1;
%逐块处理
for m=1:blockno
    for n=1:blockno
        %得到当前块的数据
        x=(m-1)*block+1;
        y=(n-1)*block+1;
        block_dct1=I(x:x+block-1,y:y+block-1);
        block_dct1=dct2(block_dct1);                       %DCT
        BW2=BW(x:x+block-1,y:y+block-1);
        if m<=1|n<=1
            T=0;
        else
            T=sum(BW2);
            T=sum(T);
        end
        %嵌入强度选择
        if T>T1
            alpha=alpha2;
        else
            alpha=alpha1;
        end
        block_dct1(1,1)=block_dct1(1,1)*(1+alpha*mark(k));
        block_dct1=idct2(block_dct1);
        D(x:x+block-1,y:y+block-1)=block_dct1;
        k=k+1;
    end
end
subplot(224);imshow(D,[]);title('嵌入水印')                %显示图像
```

运行程序，结果如图 9-19 所示。

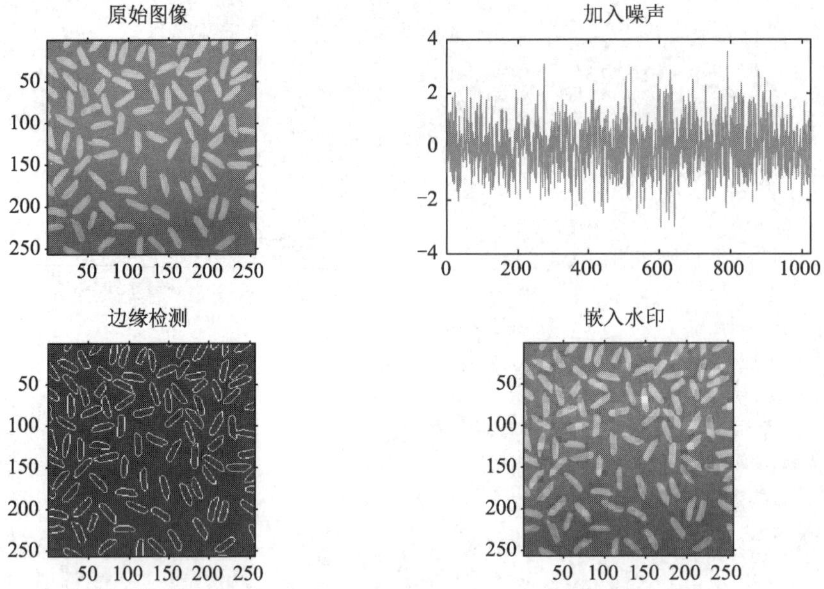

图 9-19 用数字水印技术对图像进行处理

【例 9-16】小波域数字水印示例。

解 在编辑器中输入以下代码。

```
clear,clc
load cathe_1
I=X;
type='db1';                                         %小波函数
[CA1,CH1,CV1,CD1] = dwt2(I,type);                   %二维离散 Daubechies 小波变换
C1=[CH1 CV1 CD1];
%系数矩阵大小
[length1,width1] = size(CA1);
[M1, N1]=size(C1);
T1=50;                                              %定义阈值 T1

alpha=0.2;
%在图像中加入水印
for counter2=1:1:N1
    for counter1=1:1:M1
        if(C1(counter1,counter2)>T1)
            marked1(counter1,counter2)=randn(1,1);
            NEWC1(counter1,counter2)=double(C1(counter1,counter2))+...
                alpha*abs(double(C1(counter1,counter2)))*marked1(counter1,
counter2) ;
        else
            marked1(counter1, counter2)=0;
            NEWC1(counter1, counter2)=double(C1(counter1, counter2));
        end
```

```
    end
end
%重构图像
NEWCH1=NEWC1(1:length1, 1:width1);
NEWCV1=NEWC1(1:length1, width1+1:2*width1);
NEWCD1=NEWC1(1:length1, 2*width1+1:3*width1);
R1=double(idwt2(CA1, NEWCH1, NEWCV1, NEWCD1, type));
watermark1=double(R1)-double(I);
subplot(221);image(I);title('原始图像');
axis('square');
subplot(222);imshow(R1/250);title('小波变换后的图像')
axis('square');
subplot(223);imshow(watermark1*10^16);title('水印图像')
axis('square');
% 水印检测
newmarked1=reshape(marked1, M1*N1, 1);
% 检测阈值
T2=60;
for counter2 = 1: 1: N1
    for counter1 = 1: 1: M1
        if(NEWC1(counter1, counter2)>T2)
            NEWC1X(counter1, counter2)=NEWC1(counter1, counter2);
        else
            NEWC1X(counter1, counter2)=0;
        end
    end
end
NEWC1X=reshape(NEWC1X, M1*N1, 1);
correlation1=zeros(1000,1);
for corrcounter=1: 1: 1000
    if(corrcounter==500)
        correlation1(corrcounter,1) = NEWC1X'*newmarked1/(M1*N1);
    else
        rnmark=randn(M1*N1,1);
        correlation1(corrcounter,1)=NEWC1X'*rnmark/(M1*N1);
    end
end
% 计算阈值
originalthreshold=0;
for counter2=1: 1: N1
    for counter1=1: 1: M1
        if(NEWC1(counter1, counter2)>T2)
            originalthreshold=originalthreshold + abs(NEWC1(counter1, counter2));
        end
    end
end
originalthreshold=originalthreshold*alpha/(2*M1*N1);
corrcounter=1000;
```

```
originalthresholdvector=ones(corrcounter,1)*originalthreshold;
subplot(224);plot(correlation1, '-');
hold on;                                                          % 继续绘图
plot(originalthresholdvector, '--');title('原始的加水印图像');
xlabel('水印');ylabel('检测响应');
```

运行程序，结果如图 9-20 所示。

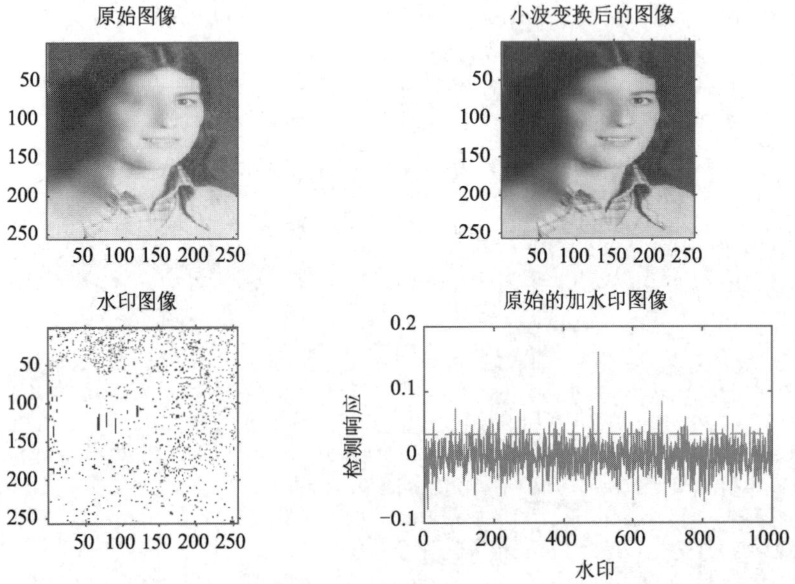

图 9-20　小波变换的水印效果

9.6　小结

本章重点介绍了几种经典图像压缩编码的主要原理，并通过示例阐述其在 MATLAB 中的实现方法。读者在研究图像的 DCT 和小波变换等内容时，应与前面章节进行对比，这样可以更好地理解。通过本章的学习，相信读者对图像压缩编码技术应该有一个较深的认识，能够掌握一些基本的图像压缩编码方法。

第 10 章 CHAPTER 10

图像增强

图像增强是图像处理领域中一项很重要的技术。对图像适当增强，能使图像在去噪的同时，特征得到较好保护，令图像更加清晰，从而提供给我们准确的信息。

学习目标

（1）掌握灰度变换增强的基本原理和实现步骤；

（2）掌握空间域滤波、频域增强的基本原理和实现步骤；

（3）理解色彩增强的实现步骤；

（4）理解小波变换在图像增强中的实现方法。

10.1 灰度变换增强

灰度变换增强是把图像的对比度从弱变强的过程，所以通常也称为对比度增强。由于各种因素的限制，导致图像的对比度比较差，图像的直方图分布不够均衡，主要的元素集中在几个像素值附近，通过对比度增强，使图像中各个像素值尽可能均匀分布或服从一定形式的分布，从而提高图像的质量。

灰度变换可使图像动态范围增大，对比度得到扩展，使图像清晰、特征明显，是图像增强的重要手段之一。它主要利用点运算修正像素灰度，由输入像素点的灰度值确定相应输出点的灰度值，是一种基于图像变换的操作。

灰度变换不改变图像内的空间关系，除了灰度级的改变是根据某种特定的灰度变换函数进行之外，可以看作“从像素到像素”的复制操作。

10.1.1 线性与非线性变换

设原始图像为 f ，其灰度范围为 $[a,b]$ ；变换后的图像为 g ，其灰度范围线性扩展至 $[c,d]$ ；则对于图像中的任意点的灰度值 $f(x,y)$ ，灰度变换后为 $g(x,y)$ ，变换的数学表达式为

$$g(x,y)=\frac{d-c}{b-a}[f(x,y)-a]+c$$

若图像中大部分像素的灰度级分布在区间 $[a,b]$ 内， $\max(f)$ 为原图的最大灰度级，只有很小一部分的灰度级超过了此区间，则为了改善增强效果，可以令

$$g(x,y)=\begin{cases}c, & 0\leqslant f(x,y)\leqslant a\\ \dfrac{d-c}{b-a}[f(x,y)-a]+c, & a<f(x,y)\leqslant b\\ d & b\leqslant f(x,y)\leqslant \max(f)\end{cases}$$

采用线性变换对图像中每个像素灰度作线性拉伸，将有效改善图像视觉效果。在曝光不足或过度的情况下，图像的灰度可能会局限在一个很小的范围内，这时得到的图像可能是一幅模糊不清、似乎没有灰度层次的图像。

非线性变换就是利用非线性变换函数对图像进行灰度变换，主要有指数变换、对数变换等。输出图像的像素点的灰度值与对应的输入图像的像素点的灰度值之间满足指数关系，称为指数变换，一般变换公式为

$$g(x,y)=b^{f(x,y)}$$

其中，b 为底数。为了扩大变换的动态范围，在上述一般变换公式中可以加入一些调制参数，以改变变换曲线的初始位置和曲线的变化速率。这时的变换公式为

$$g(x,y)=b^{c[f(x,y)-a]}-1$$

其中，a、b、c 都是可选参数。当 $f(x,y)=a$ 时，$g(x,y)=0$，此时指数曲线交于 X 轴，由此可见，参数 a 决定了指数变换曲线的初始位置，参数 c 决定了变换曲线的陡度，即决定曲线的变化速率。指数变换用于扩展高灰度区，一般适用于过亮的图像。

对数变换是指输出图像的像素点的灰度值与对应的输入图像的像素点的灰度值之间为对数关系，一般变换公式为

$$g(x,y)=\lg[f(x,y)]$$

也可以选用自然对数 ln 。为了扩大变换的动态范围，在上述一般变换公式中可以加入一些调制参数，这时的变换公式为

$$g(x,y)=a+\frac{\ln[f(x,y)+1]}{b\ln c}$$

其中，a、b、c 都是可选参数。$f(x,y)+1$ 是为了避免对 0 求对数，确保 $\ln[f(x,y)+1]\geqslant 0$。当 $f(x,y)=0$ 时，$\ln[f(x,y)+1]=0$，则 $y=a$，a 为 Y 轴上的截距，决定了变换曲线的初始位置的变换关系，b 和 c 两个参数决定了变换曲线的变化速率。对数变换用于扩展低灰度区，一般适用于过暗的图像。

【例 10-1】对图像进行非线性灰度变换，并显示函数的曲线图。

解 在编辑器中输入以下代码。

```
clear,clc
a=imread('tire.tif');                                     %读取原始图像
subplot(131),imshow(a);title('原始图像');                 %显示函数的曲线图
x=1:255;
y=x+x.*(255-x)/255;
subplot(132),plot(x,y);title('函数的曲线图');
b1=double(a)+0.006*double(a) .*(255-double(a));
subplot(133),imshow(uint8(b1));title('非线性灰度变换效果');
```

运行程序，结果如图 10-1 所示。

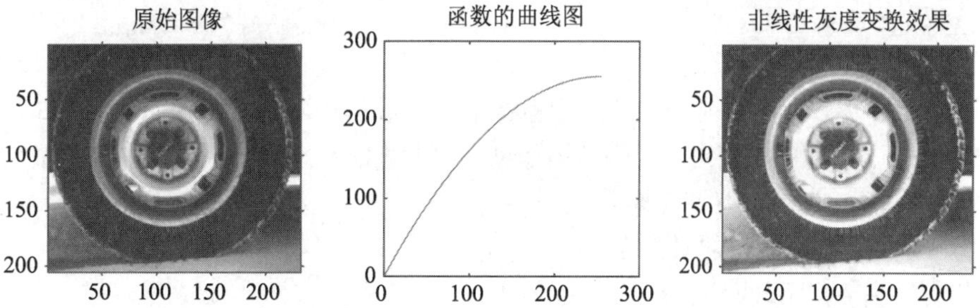

图 10-1　非线性灰度变换

【例 10-2】对图像进行对数非线性灰度变换。

解　在编辑器中输入以下代码。

```
clear,clc
I=imread('office_4.jpg');
I1=rgb2gray(I);
subplot(121),imshow(I1);title('灰度图像')
axis([50,250,50,200]);
grid on;axis on;                                    %显示网格线与坐标系
J=double(I1);
J=40*(log(J+1));
H=uint8(J);
subplot(122),imshow(H);title('对数非线性灰度变换图像')
axis([50,250,50,200]);
grid on;axis on;
```

运行程序，结果如图 10-2 所示。

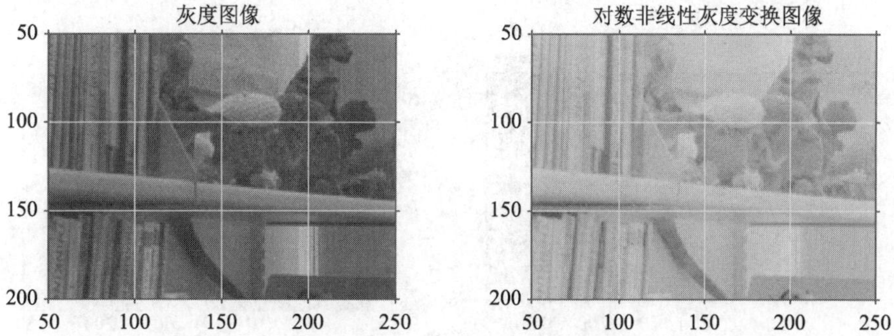

图 10-2　对数非线性灰度变换

10.1.2　灰度变换函数

在 MATLAB 中，imadjust()函数用于调整图像灰度值，规定输出图像的像素值范围，其调用格式为

```
J=imadjust(I)                          % I 为输入图像，J 为返回的调整后的图像
J=imadjust(I,[low_in;high_in],[low_out;high_out])  %将[low_in;high_in]的像素值调整到
                                                   %[low_out;high_out])，低于 low_in
                                                   %的像素值映射为 low_out，高于 high_
                                                   %in 的像素值映射为 high_out
```

```
J=imadjust(I,[low_in;high_in],[low_out;high_out],gamma)     %gamma用于描述输入图像和输
                                                            %出图像之间映射曲线的形状
```

伽马校正也是数字图像处理中常用的图像增强技术。imadjust()函数中的 gamma 参数即是这里所说的伽马校正的参数。gamma 参数的取值决定了输入图像到输出图像的灰度映射方式，即决定了增强低灰度还是增强高灰度。当 gamma=1 时，为线性变换。

【例 10-3】调整灰度提高图像的对比度。

解 在编辑器中输入以下代码。

```
clear,clc
I=imread('glass.png');
subplot(221);imshow(I);title('原始图像')
subplot(222);imhist(I);title('原始图像直方图')
J=imadjust(I,[],[0.4 0.6]);                                 %调整图像的灰度到指定范围
subplot(223);imshow(J);title('调整灰度后的图像')
subplot(224);imhist(J);title('调整灰度后的直方图')
```

运行程序，结果如图 10-3 所示。

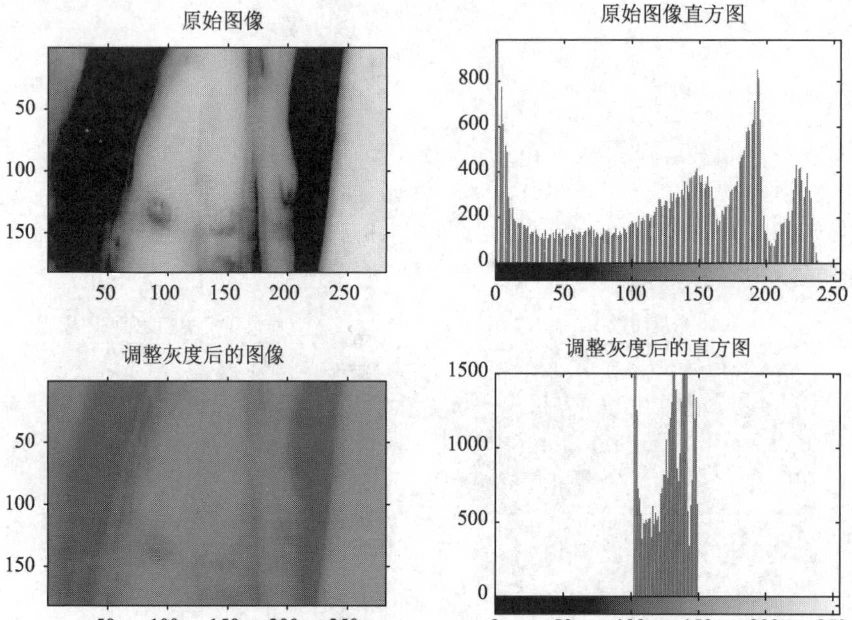

图 10-3 原始图像和调整灰度后的图像及直方图

【例 10-4】利用伽马校正处理图像。

解 在编辑器中输入以下代码。

```
clear,clc
img=imread('onion.png');                                    %读入图像
img0=rgb2ycbcr(img);
R=img(:,:,1);
G=img(:,:,2);
B=img(:,:,3);
```

```
Y=img0(:,:,1);
Yu=img0(:,:,1);
[x y]=size(Y);
for i=0:255;
    f=power((i+0.5)/256,1/2.2);
    LUT(i+1)=uint8(f*256-0.5);
end
for row=1:x
    for width=1:y
        for i=0:255
            if (Y(row,width)==i)
                Y(row,width)=LUT(i+1);
                break;
            end
        end
    end
end
img0(:,:,1)=Y;
img1=ycbcr2rgb(img0);
R1=img1(:,:,1);
G1=img1(:,:,2);
B1=img1(:,:,3);
subplot(121);imshow(img);title('原始图像')
subplot(122);imshow(img1);title('校正后图像')
```

运行程序，结果如图 10-4 所示。

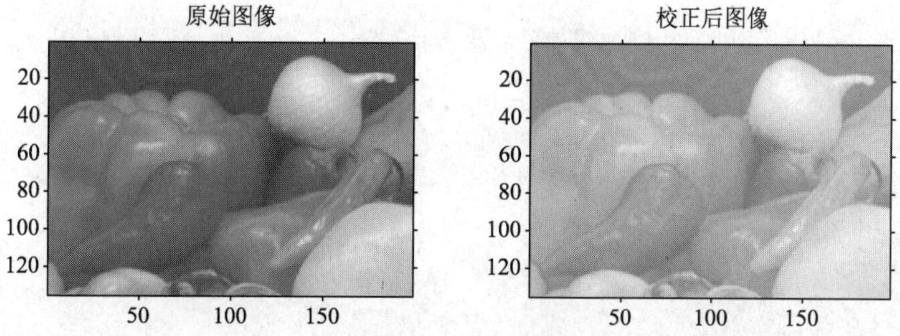

图 10-4　伽马校正

10.1.3　最大熵法进行图像增强

直方图的拉伸和均衡化都能突出图像中所隐藏的信息。为了使图像的对比度得到改善，用最大熵法对图像进行处理，突出图像的特征。最大熵法基本思想如下。

（1）求满足某些约束的信源事件概率分布时，应使信源的熵最大。

（2）可以依靠有限的数据达到尽可能客观的效果。

（3）克服可能引入的偏差。

利用最大熵原理主要有主观依据和客观依据两个依据。

（1）主观依据：又叫作“不充分理由原理”或“中性原理”。如果对所求的概率分布无任何先验信息，没有任何依据证明某种事件可能比任何其他事件更优先，只能假定所有可能是等概率的。

（2）客观依据：Jaynes 提出的熵集中定理满足给定约束的概率分布绝大多数集中在使熵最大的区域。具有较大熵的分布具有较高的多样性，所以实现的方法也更多，这样越有可能被观察到。MaxPlank 指出大自然对较大熵的情况更偏爱，即在满足给定约束的条件下，事物总是力图达到最大熵。

在信息科学中，熵表示的是信息的不确定性的量度，其数学表达式为

$$H(X)=\sum_{i=1}^{k}p(x=x_i)\log\frac{1}{p(x=x_i)}$$

X 的具体内容与信息量无关，我们只关心概率分布，于是 $H(X)$ 可以写成

$$H(x)=-\sum p(x)\log\left[\frac{1}{p(x)}\right]$$

熵的性质为

$$0\leqslant H(X)\leqslant \log|X|$$

其中，第 1 个等号在 X 为确定值时成立（没有变化的可能）；第 2 个等号在 X 均匀分布时成立。

当每个事件发生的概率相等时，熵取最大值，即不确定性越大，随机程度越大，其熵越大。最大熵原理就是在给定约束条件下，求得一个概率分布，使其信息熵取得最大值。

增强对比度的步骤如下。

（1）读取图像。

（2）对灰度图像进行增强。

（3）对彩色图像进行增强。

（4）利用自定义函数 maxhisteq()对灰度图像和彩色图像进行增强。

编写利用最大熵原理使图像的对比度增强的 maxhisteq()函数，代码如下。

```
% maxhisteq()函数的作用是利用最大熵原理对图像进行增强
function[wnew1,h1]=maxhisteq(w)
% w 为输入的灰度图像，wnew1 为输出的增强后的图像，h1 为变换后的直方图
[m,n]=size(w);                                   %图像的大小
s=m*n;
a=zeros(1,256);
for j=1:m                                        %计算像素值为 0,1,2,…,255 的个数
    for k=1:n
        l=w(j,k)+1;
        a(l)=a(l)+1;
    end
end
h=zeros(1,256);
h=a/s;                                           %计算像素值为 0,1,2,…,255 的比例
hcum=zeros(1,256);
for i=1:m                                        %计算变换后像素值的累积比例
    for j=1:n
        hc=0;
        for k=0:w(i,j)
            hc=hc+h(k+1);
        end
        hcum(w(i,j)+1)=hc;
```

```
        wnew(i,j)=255*hc;
    end
end
wnew1=uint8(wnew);
count1=zeros(1,256);
for j=1:m
    for k=1:n
        l=wnew1(j,k)+1;
        count1(l)=count1(l)+1;
    end
end
h1=zeros(1,256);
h1=count1/s;                                        %计算变换后图像的直方图
end
```

【例 10-5】利用最大熵原理增强图像的对比度。

解 在编辑器中输入以下代码。

```
clear,clc
cell=imread('cell.tif');                            %读取 cell 灰度图像
pout=imread('pout.tif');                            %读取 pout 灰度图像
[X map]=imread('trees.tif');                        %读取索引图像
trees=ind2rgb(X,map);                               %转换为真彩色图像
width=210;                                          %转换为统一宽度，以便进行对比
images={cell, pout, trees};
for k=1:3
   dim=size(images{k});
   images{k}=imresize(images{k},[width*dim(1)/dim(2) width],'bicubic');
end
cell=images{1};
pout=images{2};
trees=images{3};
%使用不同的方法对图像进行增强
cell_imadjust=imadjust(cell);                       %使用 imadjust()函数对图像进行增强
cell_histeq=histeq(cell);                           %使用 histeq()函数对图像进行增强
cell_adapthisteq=adapthisteq(cell);                 %使用 adapthisteq()函数对图像进行增强
figure(1);
subplot(141);imshow(cell);title('原始图像');
subplot(142);imshow(cell_imadjust);title('增强图像(Imadjust)');
subplot(143);imshow(cell_histeq);title('增强图像(Histeq)');
subplot(144);imshow(cell_adapthisteq);title('增强图像(Adapthisteq)');
pout_imadjust=imadjust(pout);                       %使用 imadjust()函数对图像进行增强
pout_histeq=histeq(pout);                           %使用 histeq()函数对图像进行增强
pout_adapthisteq=adapthisteq(pout);                 %使用 adapthisteq()函数对图像进行增强
figure(2),
subplot(141);imshow(pout);title('原始图像')
subplot(142);imshow(pout_imadjust);title('增强图像(Imadjust)')
subplot(143);imshow(pout_histeq);title('增强图像(Histeq)')
subplot(144);imshow(pout_adapthisteq);title('增强图像(Adapthisteq)')
```

运行程序，结果如图 10-5 和图 10-6 所示。

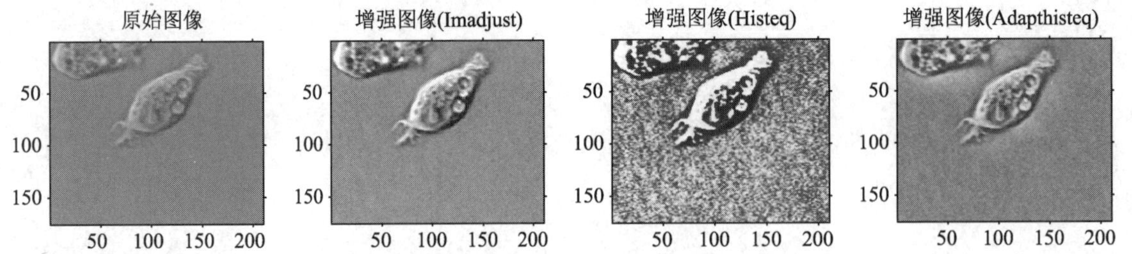

图 10-5 cell 图像与增强图像对比

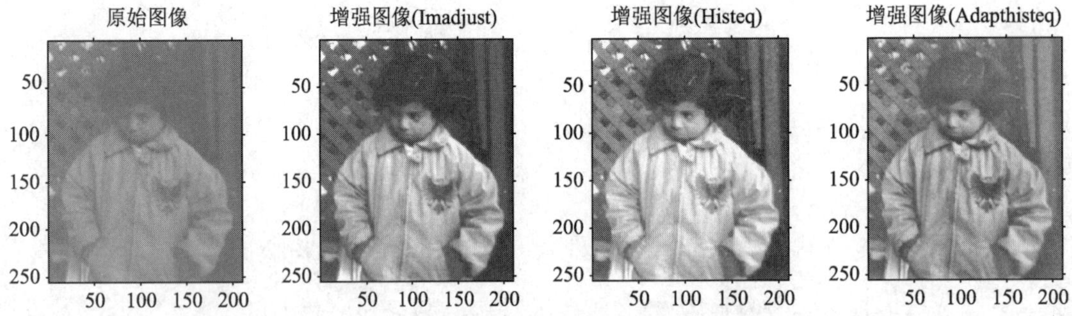

图 10-6 pout 图像与增强图像对比

```
%% 显示两幅图像的直方图
figure(3);
subplot(121);imhist(cell), title('cell')                %显示 cell 图像的直方图
subplot(122);imhist(pout), title('pout')                %显示 pout 图像的直方图
```

运行程序，结果如图 10-7 所示。

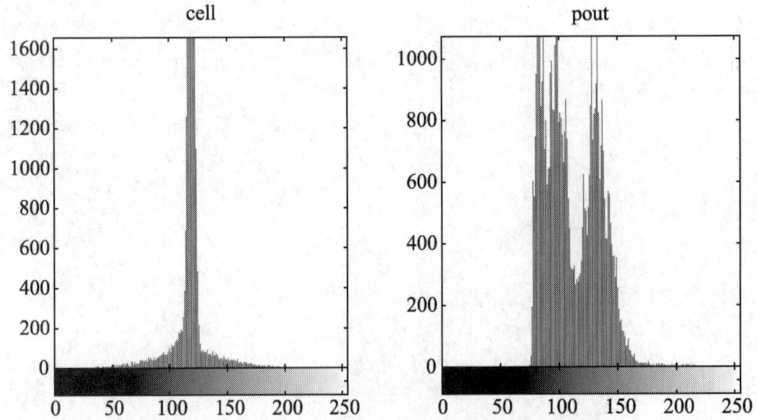

图 10-7 两幅图像的直方图

```
%% 对彩色图像进行增强
srgb2lab=makecform('srgb2lab');                 %RGB 彩色空间转换为 L*a*b*彩色空间
lab2srgb=makecform('lab2srgb');                 %L*a*b*彩色空间转换为 RGB 彩色空间
trees_lab=applycform(trees, srgb2lab);          %图像变换到 L*a*b*彩色空间
max_luminosity=100;                             %规定最大的光照值
```

```
L=trees_lab(:,:,1)/max_luminosity;                       %归一化
trees_imadjust=trees_lab;
trees_imadjust(:,:,1)=imadjust(L)*max_luminosity;        %使用 imadjust()函数进行增强
trees_imadjust=applycform(trees_imadjust, lab2srgb);     %变换到 RGB 彩色空间
trees_histeq=trees_lab;
trees_histeq(:,:,1)=histeq(L)*max_luminosity;            %使用 histeq()函数进行增强
trees_histeq=applycform(trees_histeq,lab2srgb);          %变换到 RGB 彩色空间
trees_adapthisteq=trees_lab;
trees_adapthisteq(:,:,1)=adapthisteq(L)*max_luminosity;          %使用 adapthisteq()函
                                                                 %数进行增强
trees_adapthisteq=applycform(trees_adapthisteq,lab2srgb);        %变换到 RGB 彩色空间
figure(4);
subplot(221);imshow(trees);title('原始图像')
subplot(222);imshow(trees_imadjust);title('增强图像(Imadjust)')
subplot(223);imshow(trees_histeq);title('增强图像(Histeq)')
subplot(224),imshow(trees_adapthisteq);title('增强图像(Adapthisteq)')
```

运行程序，结果如图 10-8 所示。

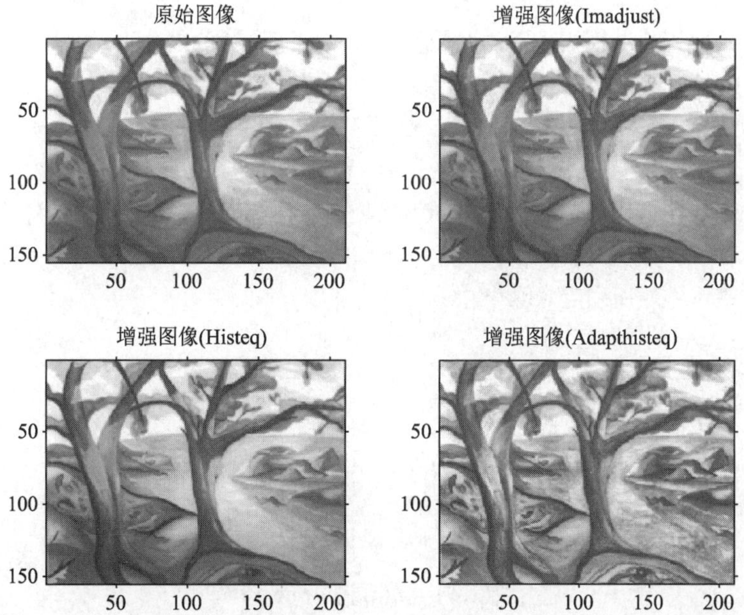

图 10-8　彩色图像与增强后的图像进行对比

```
%% 使用 maxhisteq()函数对两幅图像进行增强
mycell=maxhisteq (cell);                        %使用 maxhisteq()函数对 cell 图像进行增强
mypout=maxhisteq (pout);                        %使用 maxhisteq()函数对 pout 图像进行增强
figure(5)
subplot(121);imshow(mycell.tif);title('增强图像(mycell)')
subplot(122);imshow(mypout.tif);title('增强图像(mypout)')
```

运行程序，结果如图 10-9 所示。

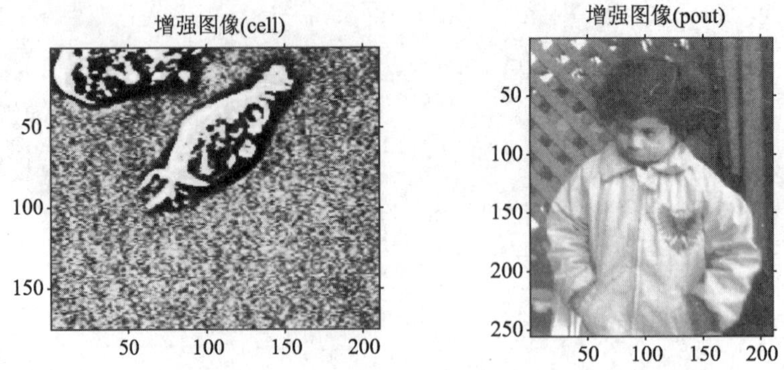

图 10-9　使用 maxhisteq()函数对两幅图像进行增强

10.2　空域滤波增强

使用空域模板进行的图像处理称为空域滤波，模板本身称为空域滤波器。空域滤波的原理就是在待处理的图像中逐点地移动模板，滤波器在该点的响应通过事先定义的滤波器系数与滤波模板扫过区域的相应像素值的关系来计算。

空域滤波增强就是使用空域模板进行的图像处理。空域滤波器可以分为平滑滤波器、中值滤波器、自适应滤波器和锐化滤波器，下面将分别进行介绍。

10.2.1　图像噪声

图像噪声按照其干扰源可以分为外部噪声和内部噪声。外部噪声指系统外部干扰以电磁波或经电源串入系统内部而引起的噪声，如电气设备、天休放电现象等引起的噪声。内部噪声一般又可分为以下 4 种：

（1）由光和电的基本性质所引起的噪声；

（2）电器的机械运动产生的噪声；

（3）器材材料本身引起的噪声；

（4）系统内部设备电路所引起的噪声。

按噪声与信号的关系分类，可以将噪声分为加性噪声模型和乘性噪声模型两大类。设 $f(x,y)$ 为信号，$n(x,y)$ 为噪声，影响信号后的输出为 $g(x,y)$ 。

表示加性噪声的公式为

$$g(x,y)=f(x,y)+n(x,y)$$

加性噪声和图像信号强度是不相关的，如运算放大器，又如图像在传输过程中引入的“信道噪声”、电视摄像机扫描图像的噪声等，这类带有噪声的图像 $g(x,y)$ 可看作理想无噪声图像 $f(x,y)$ 与噪声 $n(x,y)$ 之和。形成的波形是噪声和信号的叠加，其特点是 $n(x,y)$ 与信号无关，如一般的电子线性放大器，不论输入信号的大小，其输出总是与噪声相叠加的。

表示乘性噪声的公式为

$$g(x,y)=f(x,y)[1+n(x,y)]=f(x,y)+f(x,y)n(x,y)$$

乘性噪声和图像信号是相关的，往往随图像信号的变化而变化，如飞点扫描图像中的噪声、电视扫描光栅、胶片颗粒噪声等，由载送每个像素信息的载体的变化而产生的噪声受信息本身调制。在某些情况下，如信号变化很小，噪声也不大。为了分析处理方便，常常将乘性噪声近似认为是加性噪声，而且总是假定信号和噪声相互统计独立。

按概率密度函数分类的噪声主要如下。

（1）白噪声（White Noise）：具有常量的功率谱。

（2）椒盐噪声（Salt and Pepper Noise）：由图像传感器、传输信道、解码处理等产生的黑白相间的亮暗点噪声，往往由图像切割引起。椒盐噪声是指两种噪声，一种是盐噪声（Salt Noise，白色），另一种是胡椒噪声（Pepper Noise，黑色）。前者属于高灰度噪声，后者属于低灰度噪声。一般两种噪声同时出现，呈现在图像上就是黑白杂点。

（3）冲激噪声（Impulsive Noise）：指一幅图像被个别噪声像素破坏，而且这些噪声像素的亮度与其邻域的亮度明显不同。冲激噪声呈突发状，常由外界因素引起，其噪声幅度可能相当大，无法靠提高信噪比避免，是传输中的主要差错。

（4）量化噪声（Quantization Noise）：指在量化级别不同时出现的噪声。

为了模拟不同方法的去噪效果，MATLAB 图像处理工具箱中使用 imnoise()函数对一幅图像加入不同类型的噪声。其常用调用格式为

```
J=imnoise(I,type)                 % I 为要加入噪声的图像，type 为不同类型的噪声，J 为返回的
                                  % 含有噪声的图像
J=imnoise(I,type,parameters)      %parameters 为不同类型噪声的参数
```

type 参数的取值及意义如表 10-1 所示。

表 10-1　type参数的取值及意义

参　数　值	描　　述
'gaussian'	表示高斯噪声
'localva'	表示零均值的高斯白噪声
' salt & pepper '	表示椒盐噪声
'speckle'	表示乘法噪声
'poission'	表示泊松噪声

【例 10-6】对图像添加高斯噪声，然后进行线性组合。

解　在编辑器中输入以下代码。

```
clear,clc
a=imread('saturn.png');
a1=imnoise(a,'gaussian',0,0.005);                    %添加高斯噪声，共得到 4 幅图像
a2=imnoise(a,'gaussian',0,0.005);
a3=imnoise(a,'gaussian',0,0.005);
a4=imnoise(a,'gaussian',0,0.005);
k=imlincomb(0.25,a1,0.25,a2,0.25,a3,0.25,a4);       %线性组合
subplot(131);imshow(a);title('原始图像')
subplot(132);imshow(a1);title('高斯噪声图像')
subplot(133);imshow(k,[]);title('线性组合')
```

运行程序，结果如图 10-10 所示。

图 10-10　对图像添加高斯噪声并进行线性组合

【例 10-7】对图像添加高斯噪声、椒盐噪声和乘法噪声。

解　在编辑器中输入以下代码。

```
clear,clc
I=imread('circuit.tif');
subplot(141),imshow(I);title('原始图像')
J1=imnoise(I,'gaussian',0,0.02);                    %添加均值为 0，方差为 0.02 的高斯噪声
subplot(142),imshow(J1);title('高斯噪声图像')
J2=imnoise(I,'salt & pepper',0.04);                 %添加密度为 0.04 的椒盐噪声
subplot(143),imshow(J2);title('椒盐噪声图像')
J3=imnoise(I,'speckle',0.04);                       %添加密度为 0.04 的乘法噪声
subplot(144),imshow(J2);title('乘法噪声图像')
```

运行程序，结果如图 10-11 所示。

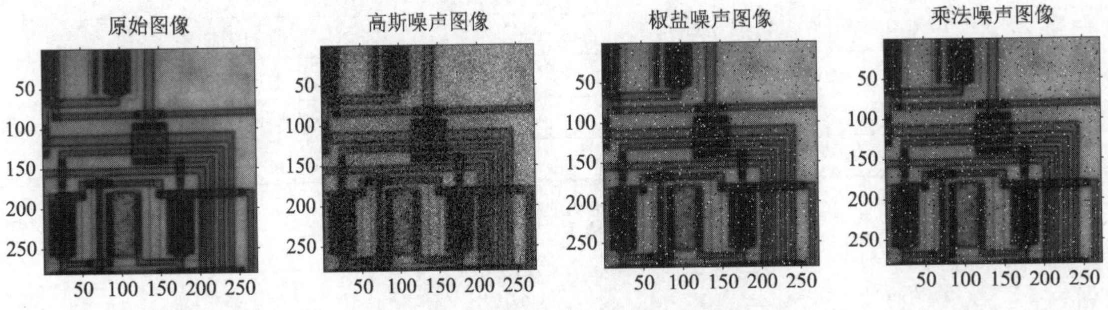

图 10-11　分别添加不同噪声后的图像

10.2.2　平滑滤波器

平滑滤波器的输出响应是包含在滤波模板邻域内像素的简单平均值。因此，这些滤波器也称为均值滤波器。均值滤波用邻域的均值代替像素值，减小了图像灰度的尖锐变化。由于典型的随机噪声就是由这种尖锐变化组成，因此均值滤波的主要应用就是降噪，即去除图像中不相干的细节，其中“不相干”是指与滤波模板尺寸相比较小的像素区域。

但是，图像边缘也是由图像灰度尖锐变化带来的特性，因而均值滤波总是存在不希望的边缘模糊的负面效应。均值滤波器可以衍生出另一种特殊的加权均值滤波器，用不同的系数乘以像素，从权值上看，一些像素比另一些更重要。

若 S 为像素 (x_0,y_0) 的邻域集合，包含 (x_0,y_0)，(x,y) 表示 S 中的元素，$f(x,y)$ 表示点 (x,y) 的灰度值，$a(x,y)$ 表示各点的权重，则对 (x_0,y_0) 进行平滑可表示为

$$f'(x_0,y_0)=\frac{1}{\sum\limits_{(x,y)\in S}a(x,y)}\left[\sum_{(x,y)\in S}a(x,y)f(x,y)\right]$$

一般而言，权重相对中心都是对称的。对于如下 3×3 的模板，其权重都是相等的。

$$\boldsymbol{T}=\frac{1}{5}\begin{bmatrix}0 & 1 & 0\\ 1 & 1 & 1\\ 0 & 1 & 0\end{bmatrix}$$

该模板对应的函数表达式为

$$f'(x,y)=\frac{1}{5}[f(x,y-1)+f(x-1,y)+f(x,y)+f(x+1,y)+f(x,y+1)]$$

它可表示为

$$f'(x,y)=\frac{1}{5}[1\times f(x,y-1)+1\times f(x-1,y)+\cdots+1\times f(x,y+1)]=\frac{1}{5}\boldsymbol{T}*\boldsymbol{f}$$

也就是说，邻域运算可以用邻域与模板的卷积得到，极大地方便了计算。

在 MATLAB 中，fspecial()函数用来创建预定义的滤波器模板，调用格式为

```
h=fspecial(type,para)            %参数 type 指定算子类型；para 为指定相应的参数，默认为 3
```

在 MATLAB 中，filter2()函数用指定的滤波器模板对图像进行平滑滤波（均值滤波），调用格式为

```
B=filter2(h,A)                   %A 为输入图像；h 为滤波算子；B 为输出图像
```

【例 10-8】对图像添加不同的噪声，再用 5×5 的滤波模板对其进行平滑滤波。

解　在编辑器中输入以下代码。

```
clear,clc
I= imread('peppers.png');                         %读入图像
I1=rgb2gray(I);
J=imnoise(I1,'salt & pepper',0.03);               %添加均值为 0，方差为 0.03 的椒盐噪声
subplot(231),imshow(I);title('原始图像')           %显示原始图像
subplot(232),imshow(J);title('椒盐噪声')           %显示处理后的图像
K=filter2(fspecial('average',5),J)/255;
J2=imnoise(I1,'gaussian',0.03);                   %添加均值为 0，方差为 0.03 的高斯噪声
K2=medfilt2(J2);                                  %图像滤波处理
subplot(233),imshow(K,[]);title('椒盐噪声被滤波后的图像')
subplot(234),imshow(J2);title('高斯噪声')
subplot(235),imshow(K2,[]);title('高斯噪声被滤波后的图像')
```

运行程序，结果如图 10-12 所示。

【例 10-9】对图像实现平滑滤波处理。

解　在编辑器中输入以下代码。

```
clear,clc
I=imread('peppers.png');
subplot(231);imshow(I);title('原始图像')
I=rgb2gray(I);
```

```
I1=imnoise(I,'salt & pepper',0.02);
subplot(232);imshow(I1);title('添加椒盐噪声的图像')
k1=filter2(fspecial('average',3),I1)/255;              %进行 3×3 模板平滑滤波
k2=filter2(fspecial('average',5),I1)/255;              %进行 5×5 模板平滑滤波
k4=filter2(fspecial('average',9),I1)/255;              %进行 9×9 模板平滑滤波
k3=filter2(fspecial('average',7),I1)/255;              %进行 7×7 模板平滑滤波
subplot(233),imshow(k1);title('3×3 模板平滑滤波')
subplot(234),imshow(k2);title('5×5 模板平滑滤波')
subplot(235),imshow(k3);title('7×7 模板平滑滤波')
subplot(236),imshow(k4);title('9×9 模板平滑滤波')
```

运行程序，结果如图 10-13 所示。

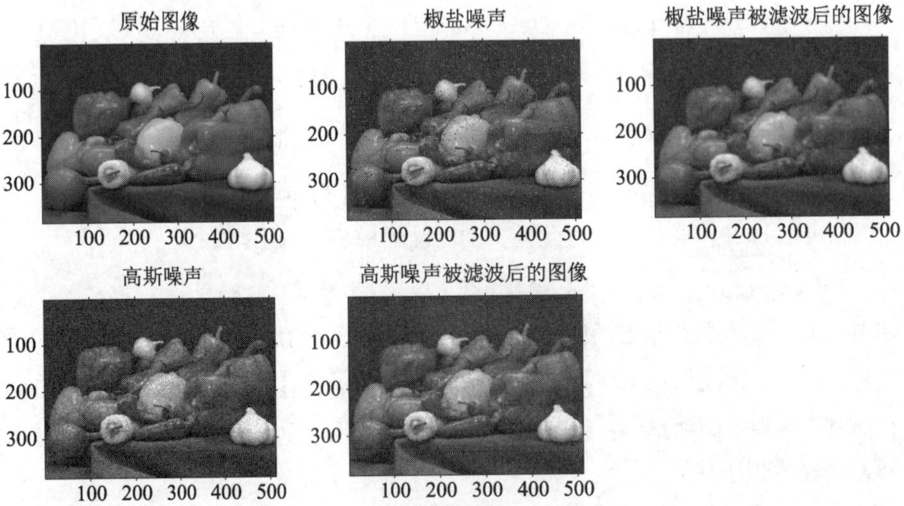

图 10-12　用 5×5 滤波模板进行平滑滤波效果

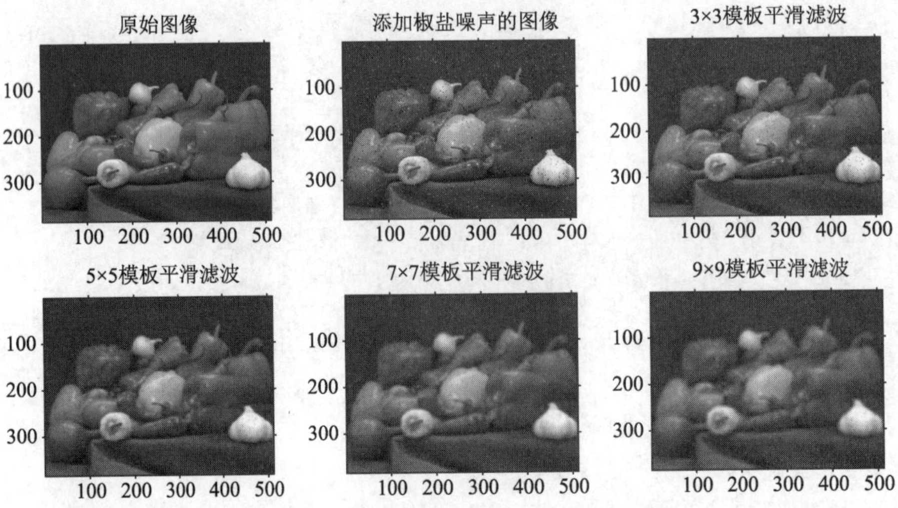

图 10-13　图像在不同模板下的平滑滤波

10.2.3 中值滤波器

中值滤波是基于排序统计理论的一种能有效抑制噪声的非线性信号处理技术。中值滤波的基本原理是把数字图像或数字序列中一点的值用该点的一个邻域中各点的中值代替，让周围的像素值接近真实值，从而消除孤立的噪声点。

中值滤波方法是用某种结构的二维滑动模板，将模板内像素按照像素值的大小进行排序，生成单调上升（或下降）的二维数据序列。

若 S 为像素 (x_0, y_0) 的邻域集合，包含 (x_0, y_0)，(x, y) 表示 S 中的元素，$f(x, y)$ 表示点 (x, y) 的灰度值，$|S|$ 表示集合 S 中元素的个数，$\mathrm{Sort}(\cdot)$ 表示排序，则对 (x_0, y_0) 进行平滑可表示为

$$f'(x_0, y_0) = \left[\underset{(x,y)\in S}{\mathrm{Sort}}\, f(x, y)\right]_{\frac{|S|+1}{2}}$$

在 MATLAB 中，medfilt2()函数用于实现中值滤波，调用格式为

```
J=medfilt2(I)                 %对图像 I 进行中值滤波，每个输出像素包含输入图像中对应像素周围 3×
                              %3 邻域的中位数值
J=medfilt2(I,[m n])           %进行中值滤波，每个输出像素包含输入图像中对应像素周围的 m×n 邻域
                              %中的中位数值
J=medfilt2(___,padopt)        % padopt 控制填充图像边界的方法
```

【例 10-10】对图像添加不同的噪声，再用 5×5 的滤波模板对其进行中值滤波。

解 在编辑器窗口中编写如下代码。

```
clear,clc
I=imread('eight.tif');                          %读入图像
J=imnoise(I,'salt & pepper',0.03);              %添加均值为 0，方差为 0.03 的椒盐噪声
subplot(231),imshow(I);title('原始图像');
subplot(232),imshow(J);title('椒盐噪声');
K=medfilt2(J,[5,5]);
J2=imnoise(I,'gaussian',0.03);                  %添加均值为 0，方差为 0.03 的高斯噪声
K2=medfilt2(J2,[5,5]);                          %图像滤波处理
subplot(233),imshow(K,[]);title('椒盐噪声被滤波后的图像')
subplot(234),imshow(J2);title('高斯噪声')
subplot(235),imshow(K2,[]);title('高斯噪声被滤波后的图像')
```

运行程序，结果如图 10-14 所示。

【例 10-11】中值滤波器对椒盐噪声的滤除效果。

解 在编辑器中输入以下代码。

```
clear,clc
I=imread('eight.tif');
J=imnoise(I,'salt & pepper',0.03);
subplot(231),imshow(I);title('原始图像');
subplot(232),imshow(J);title('添加椒盐噪声图像');
k1=medfilt2(J);                                 %进行 3×3 模板中值滤波
k2=medfilt2(J,[5,5]);                           %进行 5×5 模板中值滤波
k3=medfilt2(J,[7,7]);                           %进行 7×7 模板中值滤波
k4=medfilt2(J,[9,9]);                           %进行 9×9 模板中值滤波
```

```
subplot(233),imshow(k1);title('3×3 模板中值滤波')
subplot(234),imshow(k2);title('5×5 模板中值滤波')
subplot(235),imshow(k3);title('7×7 模板中值滤波')
subplot(236),imshow(k4);title('9×9 模板中值滤波')
```

运行程序，结果如图 10-15 所示。

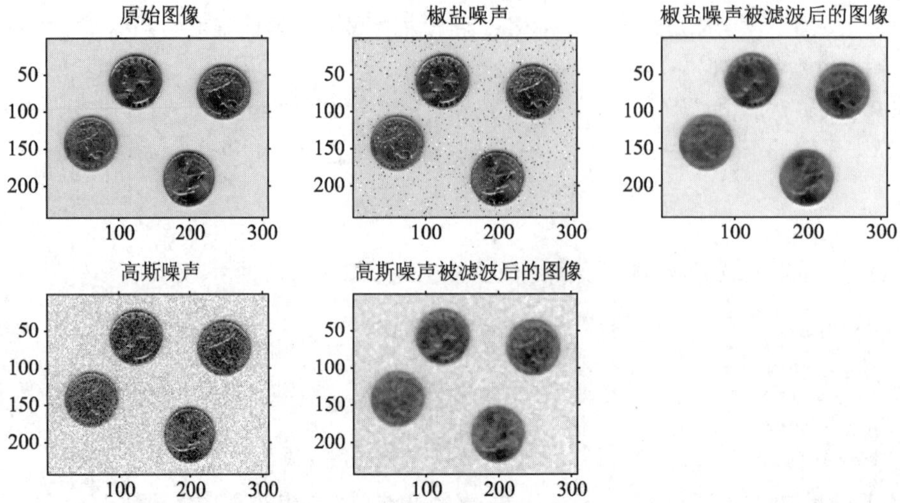

图 10-14　用 5×5 滤波模板进行中值滤波

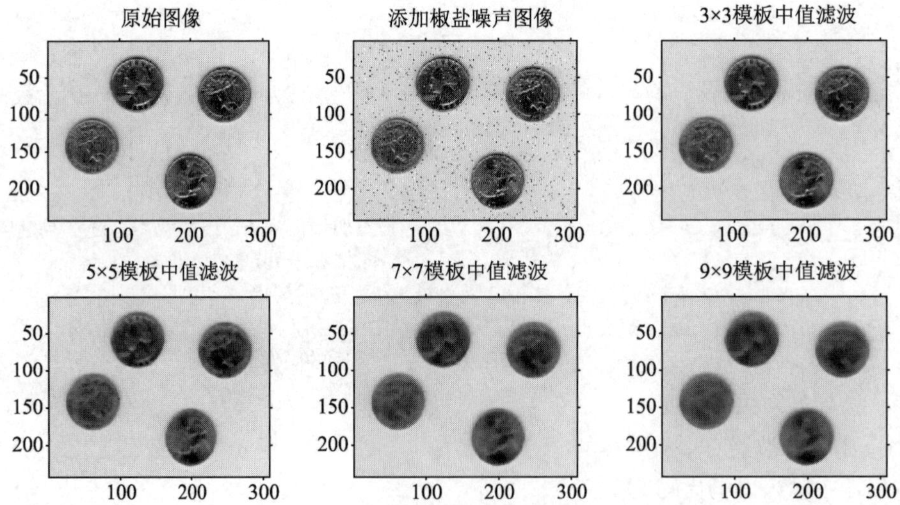

图 10-15　图像在不同模板下的中值滤波

10.2.4　自适应滤波器

自适应滤波器是指根据环境的改变，通过使用自适应算法改变滤波器的参数和结构。

在 MATLAB 中，wiener2()函数用于对图像进行自适应除噪滤波，该函数可以估计每个像素的局部均值和方差，调用格式为

```
J=wiener2(I,[M N],noise)          %使用 M×N 大小邻域局部图像均值和偏差(默认为 3×3)，采用
                                  %像素式自适应滤波器对图像 I 进行滤波
```

wiener2()函数采用的算法是首先估计出像素的局部矩阵和方差，即

$$\mu = \frac{1}{MN}\sum_{n_1,n_2\in\eta} a(n_1,n_2)$$

$$\sigma^2 = \frac{1}{MN}\sum_{n_1,n_2\in\eta} a^2(n_1,n_2) - \mu^2$$

其中，η 为图像中每个像素的 $M\times N$ 邻域。然后对每个像素利用 wiener2 滤波器估计出其灰度值，即

$$b(n_1,n_2) = \mu + \frac{\sigma^2 - v^2}{\sigma^2}\left[a(n_1,n_2) - \mu\right]$$

其中，v^2 为图像中噪声的方差。

【例 10-12】对图像添加不同的噪声，再用 5×5 滤波模板对其进行自适应滤波。

解　在编辑器中输入以下代码。

```
clear,clc
I= imread('tape.png');                       %读入图像
subplot(231),imshow(I);title('原始图像');
I=rgb2gray(I);
J=imnoise(I,'salt & pepper',0.03);           %添加均值为 0，方差为 0.03 的椒盐噪声
K=wiener2 (J,[5,5]);
J2=imnoise(I,'gaussian',0.03);               %添加均值为 0，方差为 0.03 的高斯噪声
K2=wiener2 (J2, [5,5]);                      %图像滤波处理
subplot(232),imshow(J);title('椒盐噪声')
subplot(233),imshow(K,[]);title('椒盐噪声被滤波后的图像')
subplot(234),imshow(J2);title('高斯噪声')
subplot(235),imshow(K2,[]);title('高斯噪声被滤波后的图像')
```

运行程序，结果如图 10-16 所示。

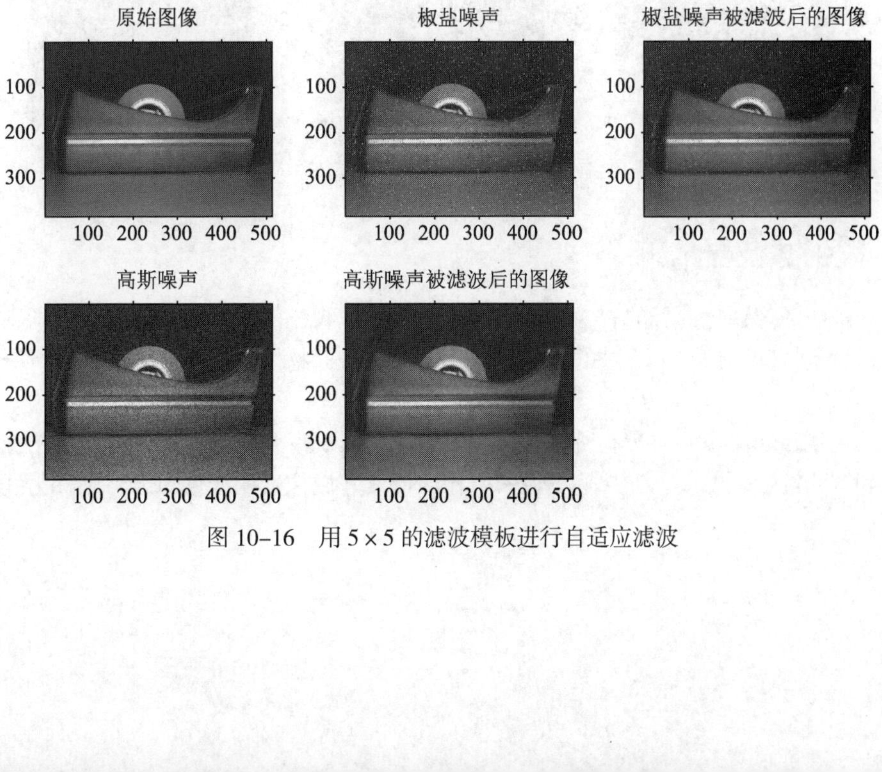

图 10-16　用 5×5 的滤波模板进行自适应滤波

【例 10-13】自适应滤波器对椒盐噪声的滤除效果。

解 在编辑器中输入以下代码。

```
clear,clc
I=imread('tape.png');
subplot(231),imshow(I);title('原图像');
I=rgb2gray(I);
J=imnoise(I,'salt & pepper',0.04);
subplot(232),imshow(J);title('添加椒盐噪声图像');
k1=wiener2(J);                                  %进行 3×3 模板自适应滤波
k2=wiener2(J,[5,5]);                            %进行 5×5 模板自适应滤波
k3=wiener2(J,[7,7]);                            %进行 7×7 模板自适应滤波
k4=wiener2(J,[9,9]);                            %进行 9×9 模板自适应滤波
subplot(233),imshow(k1);title('3×3 模板自适应滤波')
subplot(234),imshow(k2);title('5×5 模板自适应滤波')
subplot(235),imshow(k3);title('7×7 模板自适应滤波')
subplot(236),imshow(k4);title('9×9 模板自适应滤波')
```

运行程序，结果如图 10-17 所示。

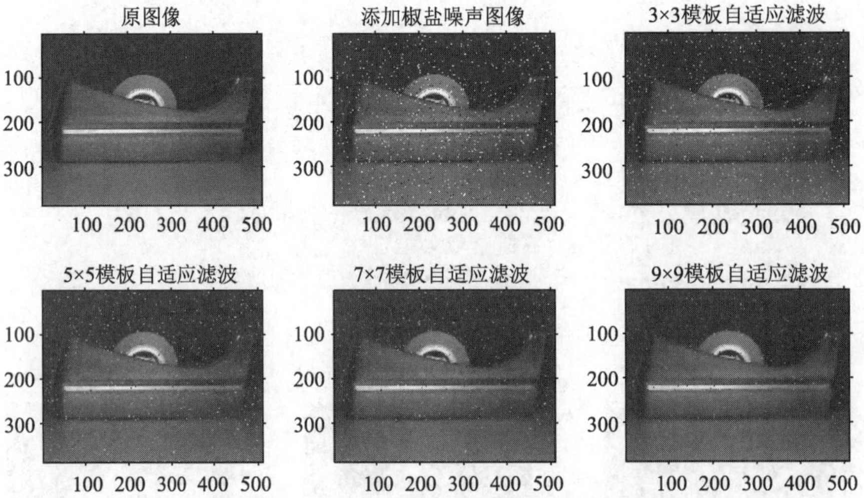

图 10-17 图像在不同模板下的自适应滤波

10.2.5 锐化滤波器

数字图像处理中图像锐化的目的有两个：①增强图像的边缘，使模糊的图像变得清晰，这种模糊不是由于错误操作，就是特殊图像获取方法的固有影响；②提取目标物体的边界，对图像进行分割，便于目标区域的识别。

通过图像的锐化，使图像的质量有所改变，产生更适合人观察和识别的图像。数字图像的锐化可分为线性锐化滤波和非线性锐化滤波。如果输出像素是输入像素邻域像素的线性组合，则称为线性滤波，否则称为非线性滤波。

1. 线性锐化滤波

线性高通滤波器是最常用的线性锐化滤波器。这种滤波器必须满足滤波器的中心系数为正数，其他系数为负数。

对于 3×3 的模板，典型的系数取值为

$$\begin{bmatrix} 0 & -1 & 0 \\ -1 & 4 & -1 \\ 0 & -1 & 0 \end{bmatrix}$$

实际上，上述模板即为拉普拉斯算子。拉普拉斯算子是实线性导数运算，对被运算的图像满足各向同性的要求，这对于图像增强是非常有利的。拉普拉斯算子的表达式为

$$\nabla^2 = \frac{\partial^2 f}{\partial x^2} + \frac{\partial^2 f}{\partial y^2}$$

对于离散函数 $f(i,j)$，其差分形式为

$$\nabla^2 f(i,j) = \Delta_x{}^2 f(i,j) + \Delta_y{}^2 f(i,j)$$

其中，$\Delta_x{}^2 f(i,j)$ 和 $\Delta_y{}^2 f(i,j)$ 分别为 $f(i,j)$ 在 x 方向和 y 方向的二阶差分。所以，离散函数的拉普拉斯算子的表达式为

$$\nabla^2 f(i,j) = f(i+1,j) + f(i-1,j) + f(i,j+1) + f(i,j-1) - 4f(i,j)$$

2. 非线性锐化滤波

非线性锐化滤波就是使用微分对图像进行处理，以此锐化由于邻域平均导致的模糊图像。图像应用中最常用的微分就是利用图像沿某个方向上的灰度变化率，即原图像函数的梯度。对于图像 $f(x,y)$，在点 (x,y) 上的梯度是一个二维列向量，可定义为

$$\boldsymbol{G}[f(x,y)] = \begin{bmatrix} \dfrac{\partial f}{\partial x} & \dfrac{\partial f}{\partial y} \end{bmatrix}^{\mathrm{T}} = \begin{bmatrix} G_x & G_y \end{bmatrix}^{\mathrm{T}}$$

梯度是一个向量，需要用两个模板分别沿 x 方向和 y 方向进行计算。梯度的幅度（模）为

$$|\nabla \boldsymbol{f}| = |\boldsymbol{G}[f(x,y)]| = \left(G_x^2 + G_y^2\right)^{1/2} = \left[\left(\frac{\partial f}{\partial x}\right)^2 + \left(\frac{\partial f}{\partial y}\right)^2\right]^{1/2}$$

梯度的幅度 $|\boldsymbol{G}[f(x,y)]|$ 是一个各向同性的算子，并且是 $f(x,y)$ 沿 $\boldsymbol{G}$ 向量方向上的最大变化率。梯度的幅度是一个标量，它用到了平方和开方运算，具有非线性，并且总是正的。为了方便起见，以后把梯度的幅度简称为梯度。

在实际计算中，为了降低图像的运算量，常用绝对值或最大值代替平方和开方运算，近似求梯度模值（幅度），即

$$|\boldsymbol{G}[f(x,y)]| = \left(G_x^2 + G_y^2\right)^{1/2} \approx |G_x| + |G_y| = \left|\frac{\partial f}{\partial x}\right| + \left|\frac{\partial f}{\partial y}\right|$$

或

$$|\boldsymbol{G}[f(x,y)]| = \left(G_x^2 + G_y^2\right)^{1/2} \approx \max\left\{|G_x|, |G_y|\right\}$$

对于数字图像处理，有两种二维离散梯度的计算方法。

（1）典型梯度算法，它把微分 $\dfrac{\partial f}{\partial y}$ 和 $\dfrac{\partial f}{\partial x}$ 近似用差分 $\Delta_x f(i,j)$ 和 $\Delta_y f(i,j)$ 代替，沿 x 方向和 y 方向的一

阶差分可分别表示为

$$G_x = \Delta_x f(i,j) = f(i+1,j) - f(i,j)$$
$$G_y = \Delta_y f(i,j) = f(i,j+1) - f(i,j)$$

由此得到典型梯度算法为

$$|\boldsymbol{G}[f(i,j)]| \approx |G_x| + |G_y| = |f(i+1,j) - f(i,j)| + |f(i,j+1) - f(i,j)|$$

或

$$|\boldsymbol{G}[f(i,j)]| \approx \max\{|G_x|,|G_y|\} = \max\{|f(i+1,j) - f(i,j)|,|f(i,j+1) - f(i,j)|\}$$

（2）Roberts 梯度的差分算法，采用交叉差分表示为

$$G_x = f(i+1,j+1) - f(i,j)$$
$$G_y = f(i,j+1) - f(i+1,j)$$

可得 Roberts 梯度为

$$|\boldsymbol{G}[f(i,j)]| = \nabla f(i,j) \approx |f(i+1,j+1) - f(i,j)| + |f(i,j+1) - f(i+1,j)|$$

或

$$|\boldsymbol{G}[f(i,j)]| = \nabla f(i,j) \approx \max\{f(i+1,j+1) - f(i,j)|,|f(i,j+1) - f(i+1,j)|\}$$

注意： 对于 $M \times N$ 的图像，最后一行及最后一列的像素是无法直接求梯度的，对于这个区域的像素，通常的处理方法是用前一行或前一列的各点梯度值代替。

可以看出，梯度值是与相邻像素的灰度差值成正比的。在图像轮廓上，像素的灰度有陡然变化，梯度值很大；在图像灰度变化相对平缓的区域，梯度值较小；而在等灰度区域，梯度值为 0。

由此可见，图像经过梯度运算后，留下灰度值急剧变化的边沿处的点，这就是图像经过梯度运算后可使其细节清晰从而达到锐化目的的实质。

在实际应用中，常利用卷积运算近似梯度，这时 G_x 和 G_y 是各自使用的一个模板（算子）。对模板的基本要求是模板中心的系数为正，其余相邻系数为负，且所有的系数之和为 0。例如，上述 Roberts 算子模板为

$$\boldsymbol{G}_x = \begin{bmatrix} 1 & 0 \\ 0 & -1 \end{bmatrix},\quad \boldsymbol{G}_y = \begin{bmatrix} 0 & 1 \\ -1 & 0 \end{bmatrix}$$

3. 常用的锐化算子

下面给出常用的锐化算子。以待增强图像的任意像素 (i,j) 为中心，取 3×3 像素窗口，计算中心像素的梯度。

1）Sobel 算子

窗口中心像素在 x 方向和 y 方向的梯度为

$$S_x = [f(i-1,j-1) + 2f(i,j-1) + f(i+1,j-1)] - [f(i-1,j+1) + 2f(i,j+1) + f(i+1,j+1)]$$
$$S_y = [f(i+1,j-1) + 2f(i+1,j) + f(i+1,j+1)] - [f(i-1,j-1) + 2f(i-1,j) + f(i-1,j+1)]$$

模板表示为

$$\boldsymbol{S}_x = \begin{bmatrix} 1 & 0 & -1 \\ 2 & 0 & -2 \\ 1 & 0 & -1 \end{bmatrix},\quad \boldsymbol{S}_y = \begin{bmatrix} -1 & -2 & -1 \\ 0 & 0 & 0 \\ 1 & 2 & 1 \end{bmatrix}$$

2）Prewitt 算子

窗口中心像素在 x 方向和 y 方向的梯度为

$$S_x = [f(i-1,j-1)+f(i,j-1)+f(i+1,j-1)]-[f(i-1,j+1)+f(i,j+1)+f(i+1,j+1)]$$
$$S_y = [f(i+1,j-1)+f(i+1,j)+f(i+1,j+1)]-[f(i-1,j-1)+f(i-1,j)+f(i-1,j+1)]$$

模板表示为

$$\boldsymbol{S}_x = \begin{bmatrix} 1 & 0 & -1 \\ 1 & 0 & -1 \\ 1 & 0 & -1 \end{bmatrix}, \boldsymbol{S}_y = \begin{bmatrix} -1 & -1 & -1 \\ 0 & 0 & 0 \\ 1 & 1 & 1 \end{bmatrix}$$

3）Isotropic 算子

窗口中心像素在 x 方向和 y 方向的梯度为

$$S_x = [f(i-1,j-1)+\sqrt{2}f(i,j-1)+f(i+1,j-1)]-[f(i-1,j+1)+\sqrt{2}f(i,j+1)+f(i+1,j+1)]$$
$$S_y = [f(i+1,j-1)+\sqrt{2}f(i+1,j)+f(i+1,j+1)]-[f(i-1,j-1)+\sqrt{2}f(i-1,j)+f(i-1,j+1)]$$

模板表示为

$$\boldsymbol{S}_x = \begin{bmatrix} 1 & 0 & -1 \\ \sqrt{2} & 0 & -\sqrt{2} \\ 1 & 0 & -1 \end{bmatrix}, \boldsymbol{S}_y = \begin{bmatrix} -1 & -\sqrt{2} & -1 \\ 0 & 0 & 0 \\ 1 & \sqrt{2} & 1 \end{bmatrix}$$

4）拉普拉斯算子

拉普拉斯算子比较适用于改善因光线的漫反射造成的图像模糊。前面提到，拉普拉斯算子模板可表示为

$$\boldsymbol{H} = \begin{bmatrix} 0 & 1 & 0 \\ 1 & -4 & 1 \\ 0 & 1 & 0 \end{bmatrix}$$

对于空间域锐化滤波，可用卷积形式表示为

$$g(i,j) = \nabla^2 f(x,y) = \sum_{r=-k}^{k}\sum_{s=-l}^{l} f(i-r,j-s)H(r,s)$$

其中，$H(r,s)$ 除了可取拉普拉斯算子模板外，只要适当地选择滤波因子（权函数）$H(r,s)$，就可以组成不同性能的高通滤波器，从而使边缘锐化突出细节。常用的归一化模板有

$$\boldsymbol{H}_1 = \begin{bmatrix} 0 & -1 & 0 \\ -1 & 5 & -1 \\ 0 & -1 & 0 \end{bmatrix}, \boldsymbol{H}_2 = \begin{bmatrix} -1 & -1 & -1 \\ -1 & 9 & -1 \\ -1 & -1 & -1 \end{bmatrix}, \boldsymbol{H}_3 = \begin{bmatrix} 1 & -2 & 1 \\ -2 & 5 & -2 \\ 1 & -2 & 1 \end{bmatrix}$$

其中，$\boldsymbol{H}_1$ 等效于用拉普拉斯算子增强图像。

【例 10-14】 利用拉普拉斯算子对图像进行增强。

解　在编辑器中输入以下代码。

```
%利用拉普拉斯算子对模糊图像进行增强
clear,clc
I=imread('rice.png');
subplot(121);imshow(I);title('原始图像')
I=double(I);
H=[0 1 0,1 -4 1,0 1 0];                         %拉普拉斯算子
J=conv2(I,H,'same');                            %用拉普拉斯算子对图像进行二维卷积运算
K=I-J;
subplot(122),imshow(K,[]);title('锐化滤波处理')
```

运行程序，结果如图 10-18 所示。

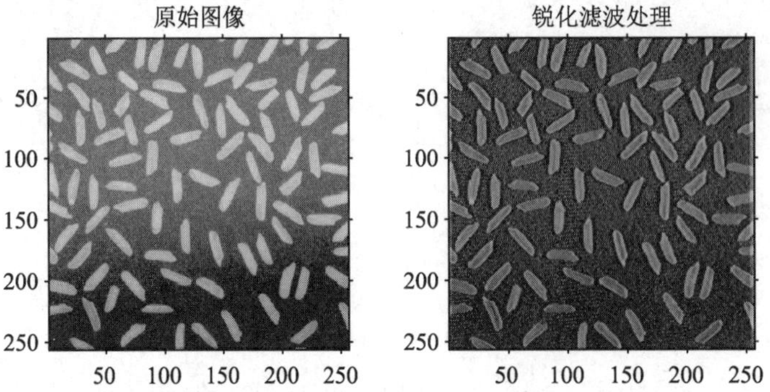

图 10-18　利用拉普拉斯算子对图像进行增强

【例 10-15】对图像进行梯度法锐化。

解　在编辑器中输入以下代码。

```
clear,clc
[I,map]=imread('trees.tif');
subplot(221);imshow(I);title('原始图像')
I=double(I);
[IX,IY]=gradient(I);                               %梯度
gm=sqrt(IX.*IX+IY.*IY);
out1=gm;
subplot(222);imshow(out1,map);title('梯度值')
out2=I;
J=find(gm>=15);                                    %阈值处理
out2(J)=gm(J);
subplot(223);imshow(out2,map);title('对梯度值加阈值')
out3=I;
J=find(gm>=20);                                    %阈值黑白化
out3(J)=255;                                       %设置为白色
K=find(gm<20);                                     %阈值黑白化
out3(K)=0;                                         %设置为黑色
subplot(224);imshow(out3,map);title('二值化处理')
```

运行程序，结果如图 10-19 所示。

【例 10-16】利用 Sobel 算子、Prewitt 算子和 LOG 算子对图像进行锐化处理。

解　在编辑器中输入以下代码。

```
clear,clc
I=imread('coins.png');
subplot(141),imshow(I);title('原始图像')
H=fspecial('sobel');                               %应用 Sobel 算子锐化图像
I2=filter2(H,I);                                   %Sobel 算子滤波锐化
subplot(142);imshow(I2);title('Sobel 算子锐化图像')
H1=fspecial('prewitt');                            %应用 Prewitt 算子锐化图像
I3=filter2(H1,I);                                  %Prewitt 算子滤波锐化
subplot(143);imshow(I3);title('Prewitt 算子锐化图像')
```

```
H2=fspecial('log');                             %应用 LOG 算子锐化图像
I4=filter2(H2,I);                               %LOG 算子滤波锐化
subplot(144);imshow(I4);title('LOG 算子锐化图像')
```

运行程序，结果如图 10-20 所示。

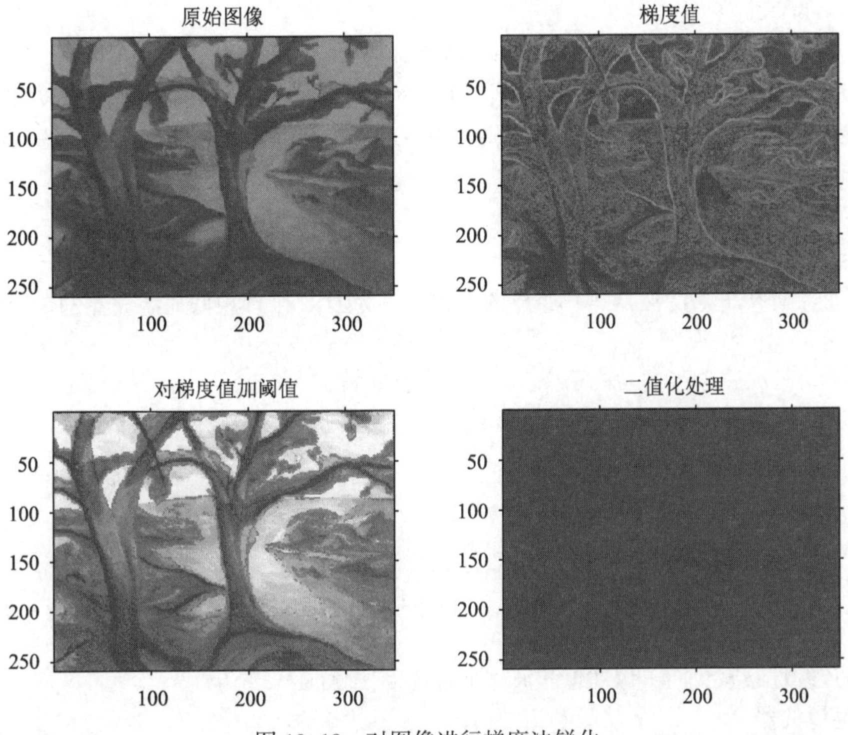

图 10-19　对图像进行梯度法锐化

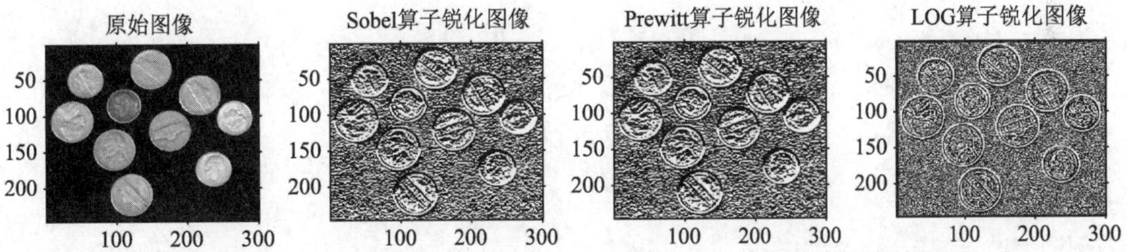

图 10-20　利用 Sobel、Prewitt 和 LOG 算子对图像进行锐化处理

10.3　频域滤波增强

频域增强是利用图像变换方法将原来的图像空间中的图像以某种形式变换到其他空间中，然后利用该空间的特有性质方便地进行图像处理，最后再变换回原来的图像空间中，从而得到处理后的图像。

频域增强的主要步骤如下。

（1）选择变换方法，将输入图像变换到频域空间。

（2）在频域空间中，根据处理目的设计一个转移函数并进行处理。

（3）将所得结果通过逆变换得到图像增强。

10.3.1 低通滤波器

图像在传输过程中，由于噪声主要集中在高频部分，为去除噪声改善图像质量，采用低通滤波器抑制高频成分，通过低频成分，再进行傅里叶逆变换获得滤波图像，就可达到平滑图像的目的。由卷积定理，低通滤波器可表示为

$$G(u,v)=F(u,v)H(u,v)$$

其中，$F(u,v)$为含有噪声的原图像的傅里叶变换；$H(u,v)$为传递函数；$G(u,v)$为经低通滤波后输出图像的傅里叶变换。假定噪声和信号成分在频率上可分离，且噪声表现为高频成分，低通滤波器滤除了高频成分，而低频信息基本无损失地通过。

常用的低通滤波器如下。

1）理想低通滤波器

设傅里叶平面上理想低通滤波器离开原点的截止频率为 D_0，则理想低通滤波器的传递函数为

$$H(u,v)=\begin{cases}1, & D(u,v)\leqslant D_0\\ 0, & D(u,v)>D_0\end{cases}$$

其中，$D(u,v)=(u^2+v^2)^{1/2}$ 表示点(u,v)到原点的距离；D_0 表示截止频率点到原点的距离。

2）巴特沃斯低通滤波器

n 阶巴特沃斯滤波器的传递函数为

$$H(u,v)=\frac{1}{1+\left[\dfrac{D(u,v)}{D_0}\right]^{2n}}$$

它的特性是连续性衰减，而不像理想滤波器那样陡峭变化。

3）梯形低通滤波器

梯形低通滤波器的传递函数为

$$H(u,v)=\begin{cases}0, & D(u,v)\leqslant D'\\ \dfrac{D(u,v)-D_0}{D'-D_0}, & D'<D(u,v)\leqslant D_0\\ 1, & D(u,v)>D_0\end{cases}$$

4）指数低通滤波器

指数低通滤波器的传递函数为

$$H(u,v)=\mathrm{e}^{-[D(u,v)/D_0]^n}$$

【例 10-17】对图像实现理想低通滤波。

解 在编辑器中输入以下代码。

```
clear,clc
I=imread('tire.tif');
[f1,f2]=freqspace(size(I),'meshgrid');                    %生成频率序列矩阵
Hd=ones(size(I));
r=sqrt(f1.^2+f2.^2);
Hd(r>0.1)=0;                                               %构造滤波器
Y=fft2(double(I));
```

```
Y=fftshift(Y);
Ya=Y.*Hd;                                                    %滤波
Ya=ifftshift(Ya);
Ia01=ifft2(Ya);
Hd(r>0.2) = 0;                                               %构造滤波器
Y=fft2(double(I));
Y=fftshift(Y);
Ya=Y.*Hd;
Ya=ifftshift(Ya);
Ia02=ifft2(Ya);
Hd(r>0.5) = 0;                                               %构造滤波器
Y=fft2(double(I));
Y=fftshift(Y);
Ya=Y.*Hd;
Ya=ifftshift(Ya);
Ia05=ifft2(Ya);
subplot(141),imshow(I),title('原始图像')
subplot(142),imshow(uint8(Ia01)),title('r=0.1')
subplot(143),imshow(uint8(Ia02)),title('r=0.2')
subplot(144),imshow(uint8(Ia05)),title('r=0.5')
```

运行程序，结果如图 10-21 所示。

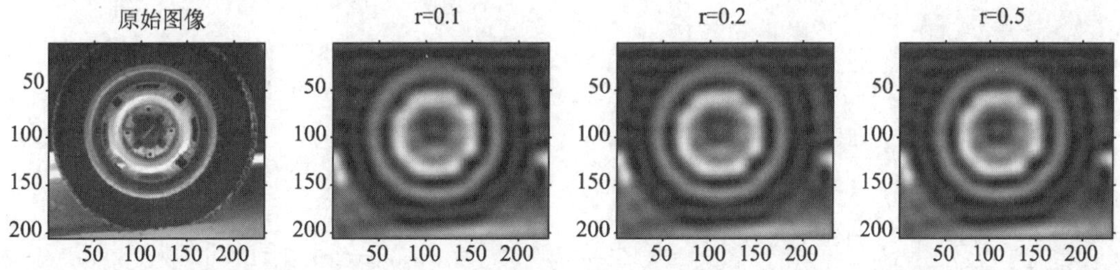

图 10-21 理想低通滤波

【例 10-18】对图像进行巴特沃斯低通滤波。

解 在编辑器中输入以下代码。

```
clear,clc
I=imread('cell.tif');
[f1,f2]=freqspace(size(I),'meshgrid');
D=0.4;                                               %截止频率
n=1;
Hd=ones(size(I));
r=sqrt(f1.^2 + f2.^2);
for i=1:size(I,1)
   for j=1:size(I,2)
      t=r(i,j)/(D*D);
      Hd(i,j)=1/(t^n+1);                             %构造滤波函数
   end
end
B=fft2(double(I));
```

```
B=fftshift(B);
Ba=B.*Hd;
Ba=ifftshift(Ba);
Ia1=ifft2(Ba);
n=2;
Hd=ones(size(I));
r=sqrt(f1.^2+f2.^2);
for i=1:size(I,1)
    for j=1:size(I,2)
        t=r(i,j)/(D*D);
        Hd(i,j)=1/(t^n+1);                                       %构造滤波函数
    end
end
B=fft2(double(I));
B=fftshift(B);  %
Ba=B.*Hd;  %
Ba=ifftshift(Ba);  %
Ia2=ifft2(Ba);  %
n=6;
Hd=ones(size(I));
r=sqrt(f1.^2+f2.^2);
for i=1:size(I,1)
    for j=1:size(I,2)
        t=r(i,j)/(D*D);
        Hd(i,j)=1/(t^n+1);                                       %构造滤波函数
    end
end
B=fft2(double(I));
B=fftshift(B);
Ba=B.*Hd;
Ba=ifftshift(Ba);
Ia6=ifft2(Ba);
subplot(141),imshow(I),title('原始图像')
subplot(142),imshow(uint8(Ia1)),title('n=10')
subplot(143),imshow(uint8(Ia2)),title('n=13')
subplot(144),imshow(uint8(Ia6)),title('n=18')
```

运行程序，结果如图 10–22 所示。

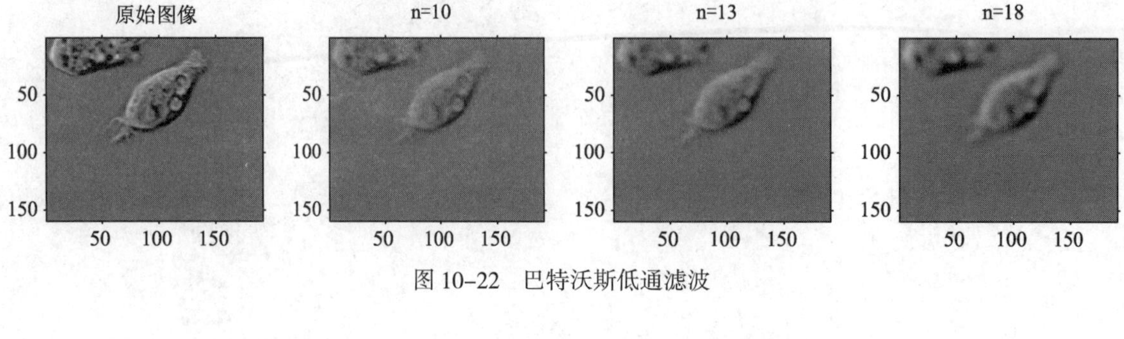

图 10–22　巴特沃斯低通滤波

【例 10-19】对图像进行指数低通滤波。

解　在编辑器中输入以下代码。

```
clear,clc
I=imread('gantrycrane.png');
[f1,f2]=freqspace(size(I),'meshgrid');
D=10/size(I,1);                                    %D 为 10 时
Hd=ones(size(I));
r=f1.^2+f2.^2;
for i=1:size(I,1)
    for j=1:size(I,2)
        t=r(i,j)/(D*D);
        Hd(i,j) = exp(-t);
    end
end
E=fft2(double(I));
E=fftshift(E);
Ea=E.*Hd;
Ea=ifftshift(Ea);
Ia10=ifft2(Ea);
D=40/size(I,1);                                    %D 为 40 时
Hd=ones(size(I));
r=f1.^2+f2.^2;
for i=1:size(I,1)
    for j=1:size(I,2)
        t=r(i,j)/(D*D);
        Hd(i,j)=exp(-t);
    end
end
E=fft2(double(I));
E=fftshift(E);
Ea=E.*Hd;
Ea=ifftshift(Ea);
Ia40=ifft2(Ea);
D=100/size(I,1);                                   %D 为 100 时
Hd=ones(size(I));
r=f1.^2+f2.^2;
for i=1:size(I,1)
    for j=1:size(I,2)
        t=r(i,j)/(D*D);
        Hd(i,j)=exp(-t);
    end
end
E=fft2(double(I));
E=fftshift(E);
Ea=E.*Hd;
Ea=ifftshift(Ea);
Ia100=ifft2(Ea);
```

```
subplot(221),imshow(I),title('原始图像')
subplot(222),imshow(uint8(Ia10)),title('D=10')
subplot(223),imshow(uint8(Ia40)),title('D=40')
subplot(224),imshow(uint8(Ia100)),title('D=100')
```

运行程序，结果如图 10-23 所示。

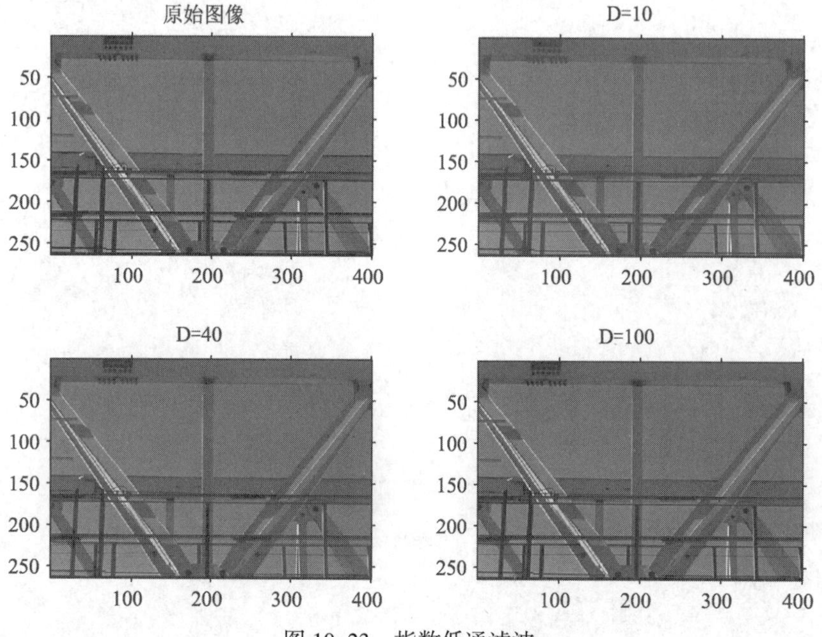

图 10-23　指数低通滤波

【例 10-20】利用各种低通滤波器对图像进行滤波。

解　在编辑器中输入以下代码。

```
clear,clc
[I,map]=imread('canoe.tif');
noisy=imnoise(I,'gaussian',0.02);
[M,N]=size(I);
F=fft2(noisy);
fftshift(F);
Dcut=100;
D0=150;
D1=250;
for u=1:M
    for v=1:N
        D(u,v)=sqrt(u^2+v^2);
        BUTTERH(u,v)=1/(1+(sqrt(2)-1)*(D(u,v)/Dcut)^2);
        EXPOTH(u,v)=exp(log(1/sqrt(2))*(D(u,v)/Dcut)^2);
        if D(u,v)<D0
           THPFH(u,v)=1;
        elseif D(u,v)<=D1
           THPEH(u,v)=(D(u,v)-D1)/(D0-D1);
        else
```

```
            THPFH(u,v)=0;
         end
      end
   end
   BUTTERG=BUTTERH.*F;
   B=ifft2(BUTTERG);
   EXPOTG=EXPOTH.*F;
   E=ifft2(EXPOTG);
   THPFG=THPFH.*F;
   T=ifft2(THPFG);
   subplot(221);imshow(noisy);title('加噪声图像')
   subplot(222);imshow(real(B),map);title('巴特沃斯低通滤波')
   subplot(223);imshow(real(E),map) ;title('指数低通滤波')
   subplot(224);imshow(real(T),map);title('梯形低通滤波')
```

运行程序，结果如图 10-24 所示。

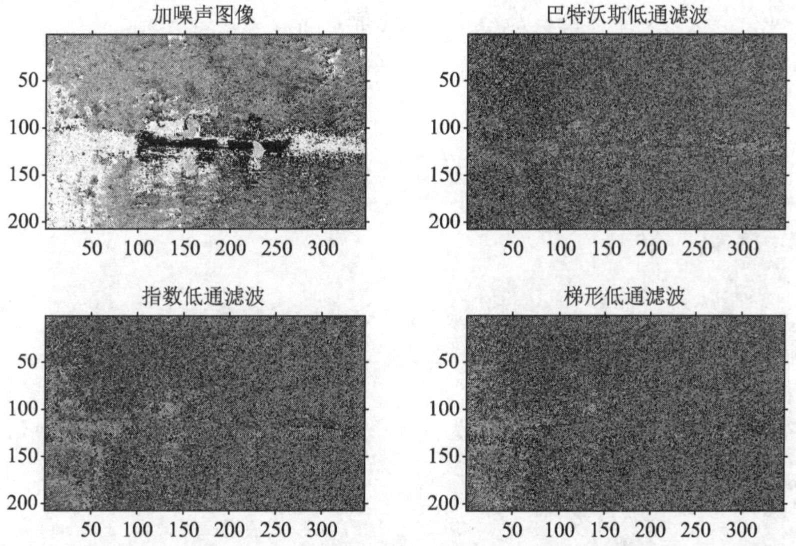

图 10-24 利用各种低通滤波器对图像进行滤波

10.3.2 高通滤波器

图像中的细节部分与其频率的高频分量相对应，所以高通滤波可以对图像进行锐化处理。高通滤波器与低通滤波器的作用相反，它使高频分量顺利通过，而削弱低频。

图像的边缘和细节主要位于高频部分，图像的模糊是由于高频成分比较弱而产生的。采用高通滤波器可以对图像进行锐化处理，是为了消除模糊，突出边缘。

因此，采用高通滤波器让高频成分通过，使低频成分削弱，再经傅里叶逆变换得到边缘锐化的图像。

常用的高通滤波器如下。

1）理想高通滤波器

二维理想高通滤波器的传递函数为

$$H(u,v)=\begin{cases}0, & D(u,v)\leqslant D_0\\ 1, & D(u,v)>D_0\end{cases}$$

2）巴特沃斯高通滤波器

n 阶巴特沃斯高通滤波器的传递函数定义为

$$H(u,v)=\frac{1}{1+\left[\dfrac{D_0}{D(u,v)}\right]^{2n}}$$

3）梯形高通滤波器

梯形高通滤波器的传递函数为

$$H(u,v)=\begin{cases}0, & D(u,v)\leqslant D_0\\ \dfrac{D(u,v)-D_0}{D'-D_0}, & D_0<D(u,v)\leqslant D'\\ 1, & D(u,v)>D'\end{cases}$$

梯形高通滤波器过渡不够光滑，振铃现象比巴特沃斯高通滤波器的传递函数所产生的要强一些。

4）指数高通滤波器

指数高通滤波器的传递函数为

$$H(u,v)=1-\mathrm{e}^{-[D(u,v)/D_0]^n}$$

【例 10-21】用理想高通滤波器实现图像高频增强。

解 在编辑器中输入以下代码。

```
clear,clc
I=imread('eight.tif');
subplot(221);imshow(I);title('原始图像');
s=fftshift(fft2(I));                                        %采用傅里叶变换并移位
subplot(222);imshow(log(abs(s)),[]);title('傅里叶变换取对数所得频谱');
[a,b]=size(s);
a0=round(a/2);
b0=round(b/2);
d=10;
p=0.2;q=0.5;
for i=1:a
    for j=1:b
        distance=sqrt((i-a0)^2+(j-b0)^2);
        if distance<=d
            h=0;
        else
            h=1;
        end
        s(i,j)=(p+q*h)*s(i,j);
    end
end
s=uint8(real(ifft2(ifftshift(s))));
subplot(223);imshow(s);title('高通滤波所得图像')
subplot(224);imshow(s+I);title('高频增强图像')
```

运行程序，结果如图 10–25 所示。

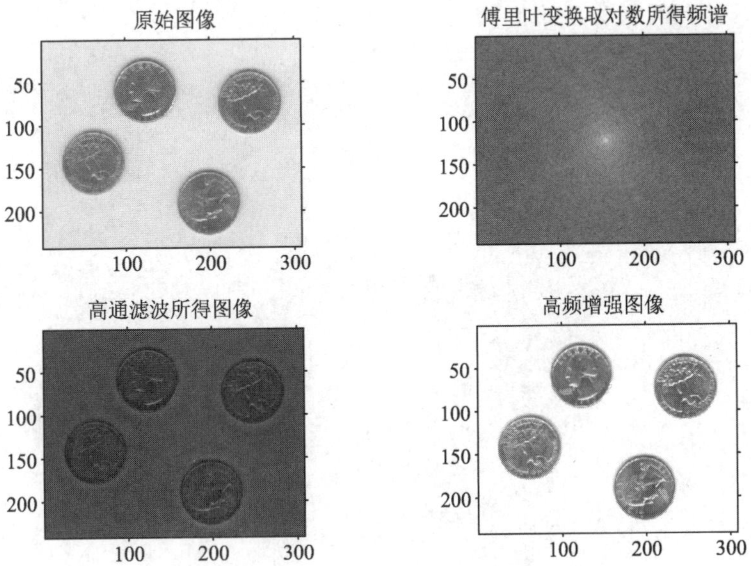

图 10–25　用理想高通滤波器实现图像高频增强

【例 10-22】用巴特沃斯高通滤波对图像进行增强。

解　在编辑器中输入以下代码。

```
clear,clc
I=imread('onion.png');
[f1,f2]=freqspace(size(I),'meshgrid');
D=0.4;                                          %截止频率
n=1;
Hd=ones(size(I));
r=sqrt(f1.^2+f2.^2);
for i=1:size(I,1)
    for j=1:size(I,2)
        t=r(i,j)/(D*D);
        Hd(i,j)=t^n/(t^n+1);                    %构造滤波函数
    end
end
B=fft2(double(I));
B=fftshift(B);
Ba=B.*Hd;
Ba=ifftshift(Ba);
Ia1=ifft2(Ba);
n=5;
Hd=ones(size(I));
r=sqrt(f1.^2+f2.^2);
for i=1:size(I,1)
    for j=1:size(I,2)
        t=r(i,j)/(D*D);
        Hd(i,j)=t^n/(t^n+1);                    %构造滤波函数
```

```
    end
end
B=fft2(double(I));
B=fftshift(B);
Ba=B.*Hd;
Ba=ifftshift(Ba);
Ia2=ifft2(Ba);
n=15;
Hd=ones(size(I));
r=sqrt(f1.^2+f2.^2);
for i=1:size(I,1)
    for j=1:size(I,2)
        t=r(i,j)/(D*D);
        Hd(i,j)=t^n/(t^n+1);                                    %构造滤波函数
    end
end
B=fft2(double(I));
B=fftshift(B);
Ba=B.*Hd;
Ba=ifftshift(Ba);
Ia6=ifft2(Ba);
%显示图像
subplot(221),imshow(I),title('原始图像')
subplot(222),imshow(uint8(Ia1)),title('n=1 时')
subplot(223),imshow(uint8(Ia2)),title('n=5 时')
subplot(224),imshow(uint8(Ia6)),title('n=15 时')
```

运行程序，结果如图 10-26 所示。

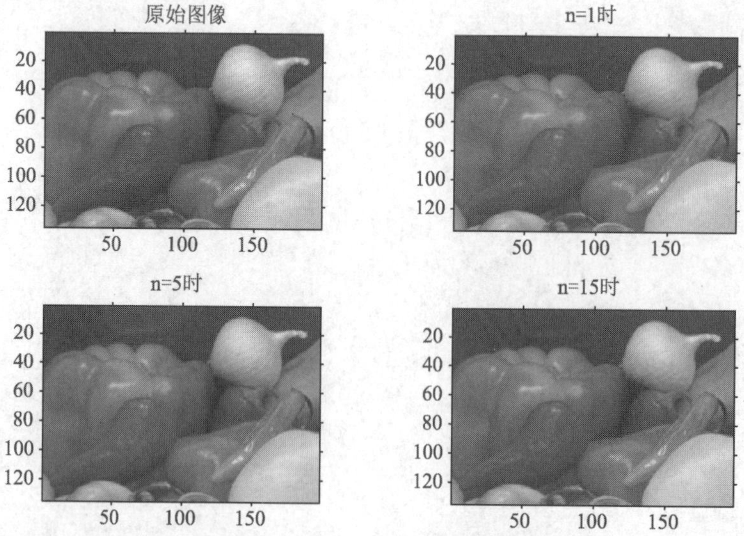

图 10-26　巴特沃斯高通滤波

【例 10-23】利用指数高通滤波器和梯形高通滤波器对图像进行增强。

解　在编辑器中输入以下代码。

```
clear,clc
I=imread('canoe.tif');
subplot(221),imshow(I);title('原始图像');
noisy=imnoise(I,'gaussian',0.01);                          %添加高斯噪声
[M N]=size(I);
F=fft2(noisy);
fftshift(F);
Dcut=100;
D0=250;
D1=150;
for u=1:M
   for v=1:N
      D(u,v)=sqrt(u^2+v^2);
      EXPOTH(u,v)=exp(log(1/sqrt(2))*(Dcut/D(u,v))^2);     %指数高通滤波器传递函数
      if D(u,v)<D1                                         %梯形高通滤波器传递函数
         THFH(u,v)=0;
      elseif D(u,v)<=D0
         THPFH(u,v)=(D(u,v)-D1)/(D0-D1);
      else
         THPFH(u,v)=1;
      end
   end
end
EXPOTG=EXPOTH.*F;
EXPOTfiltered=real(ifft2(EXPOTG));
THPFG=THPFH.*F;
THPFfiltered=real(ifft2(THPFG));
subplot(222),imshow(noisy);title('加入高斯噪声的图像')
subplot(223), imshow(EXPOTfiltered) ;title('指数高通滤波器')
subplot(224),imshow(THPFfiltered);title('梯形高通滤波器')
```

运行程序，结果如图 10-27 所示。

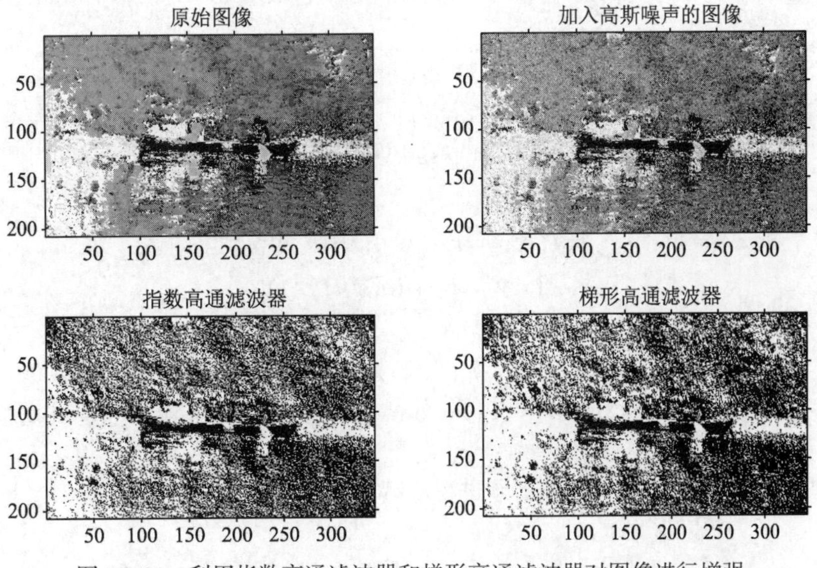

图 10-27　利用指数高通滤波器和梯形高通滤波器对图像进行增强

10.3.3 同态滤波器

一般来说，图像的边缘和噪声都对应于傅里叶变换的高频分量；而低频分量主要决定图像在平滑区域中总体灰度级的显示。所以，被低通滤波的图像比原图像少一些尖锐的细节部分；同样，被高通滤波的图像在图像的平滑区域中将减少一些灰度级的变化并突出细节部分。

为了在增强图像细节的同时尽量保留图像的低频分量，使用同态滤波方法可以在保留图像原貌的同时对图像细节增强。在同态滤波去噪中，先利用非线性的对数变换将乘性的噪声转化为加性的噪声。用线性滤波器消除噪声后再进行非线性的指数逆变换以获得原始的无噪声图像。增强后的图像是由分别对应照度分量与反射分量的两部分叠加而成。

图像的同态滤波基于以入射光和反射光为基础的图像模型，如果把图像函数 $f(x,y)$ 表示为光照函数，即照射分量 $i(x,y)$ 与反射分量 $r(x,y)$ 两个分量的乘积，图像模型可以表示为

$$f(x,y)=i(x,y)r(x,y)$$

其中，$0<r(x,y)<\infty$，$0<i(x,y)<\infty$，$r(x,y)$ 的性质取决于成像物体的表面特性。

通过对照射分量和反射分量的研究可知，照射分量一般反映灰度的恒定分量，相当于频域中的低频信息，减弱入射光就可以起到缩小图像灰度范围的作用；而反射光与物体的边界特性是密切相关的，相当于频域中的高频信息，增强反射光就可以起到提高图像对比度的作用。因此，同态滤波器的传递函数一般在低频部分小于 1，在高频部分大于 1。

进行同态滤波，首先要对原始图像 $f(x,y)$ 取对数，使图像模型中的乘法运算转化为简单的加法运，即

$$z(x,y)=\ln f(x,y)=\ln i(x,y)+\ln r(x,y)$$

再对对数函数作傅里叶变换，将图像变换到频域，即

$$F(z(x,y))=F[\ln i(x,y)]+F[\ln r(x,y)]$$

可得

$$Z(u,v)=I(u,v)+R(u,v)$$

其中，$I(u,v)$ 和 $R(u,v)$ 分别为 $\ln[i(x,y)]$ 和 $\ln[r(x,y)]$ 的傅里叶变换。如果选用一个滤波函数 $H(u,v)$ 处理 $Z(u,v)$，则有

$$S(u,v)=Z(u,v)H(u,v)=I(u,v)H(u,v)+R(u,v)H(u,v)$$

其中，$S(u,v)$ 为滤波后的傅里叶变换。它的逆变换为

$$s(x,y)=F^{-1}[S(u,v)]=F^{-1}[I(u,v)H(u,v)]+F^{-1}[R(u,v)H(u,v)]$$

令

$$i'(x,y)=F^{-1}[I(u,v)H(u,v)]$$

$$r'(x,y)=F^{-1}[R(u,v)H(u,v)]$$

$s(x,y)$ 可表示为

$$s(x,y)=i'(x,y)+r'(x,y)$$

其中，$i'(x,y)$ 和 $r'(x,y)$ 分别为对入射光和反射光取对数，又用 $H(u,v)$ 滤波后的傅里叶逆变换值；$Z(x,y)$ 是原始图像 $f(x,y)$ 取对数形成的。

为了得到所要求的增强图像 $g(x,y)$，必须进行反运算，即

$$
\begin{aligned}
g(x,y) &= \mathrm{e}^{s(x,y)} = \mathrm{e}^{i'(x,y)r'(x,y)} \\
&= \mathrm{e}^{i'(x,y)} \cdot \mathrm{e}^{r'(x,y)} \\
&= i_0(x,y) \cdot r_0(x,y)
\end{aligned}
$$

其中，$i_0(x,y)$ 和 $r_0(x,y)$ 分别为输出图像的照射分量和反射分量。

同态滤波图像增强方法如图 10-28 所示。

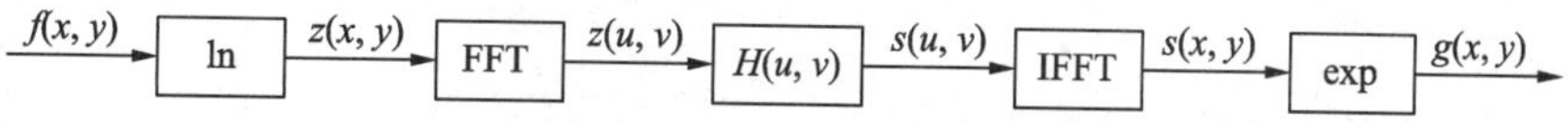

图 10-28　同态滤波图像增强方法

要用同一个滤波器实现对照射分量和反射分量的理想控制，关键在于选择合适的 $H(u,v)$。由于 $H(u,v)$ 要对图像中的低频和高频分量有不同的影响，因此称为同态滤波。

【例 10-24】 利用同态滤波对图像进行增强。

解　在编辑器中输入以下代码。

```
clear,clc
[image_0,map]=imread('canoe.tif');
image_1=log(double(image_0)+1);
image_2=fft2(image_1);
n=3;
D0=0.05*pi;                          %通过变换参数可以对滤波效果进行调整
rh=0.9;
rl=0.3;
[row,col]=size(image_2);
for k=1:1:row
    for l=1:1:col
        D1(k,l)=sqrt((k^2+l^2));
        H(k,l)=rl+(rh/(1+(D0/D1(k,l)^(2*n))));
    end
end
image_3=(image_2.*H);
image_4=ifft2(image_3);
image_5=(exp(image_4)-1);
subplot(121),imshow(image_0,map);title('原始图像')
subplot(122),imshow(real(image_5),map);title('同态滤波')
```

运行程序，结果如图 10-29 所示。

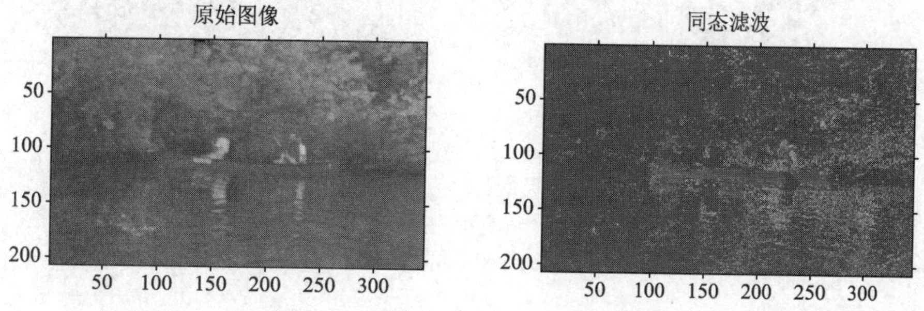

图 10-29　利用同态滤波对图像进行增强

10.4 彩色增强

彩色增强一般是指用多波段的黑白遥感图像，通过各种方法和手段进行彩色合成或彩色显示，以突出不同地物之间的差别，提高解译效果的技术。彩色增强技术是利用人眼的视觉特性，将灰度图像转换为彩色图像或改变彩色图像已有的彩色分布，改善图像的可分辨性。彩色增强方法可分为真彩色增强、伪彩色增强和假彩色增强 3 类。

10.4.1 真彩色增强

真彩色增强的对象是一幅自然的彩色图像。在彩色图像处理中，选择合适的颜色模型是很重要的。通常采用的颜色模型有 RGB、HIS 等。

【例 10-25】对真彩色图像进行分解。

解 在编辑器中输入以下代码。

```
clear,clc
RGB=imread('peppers.png');
subplot(221),imshow(RGB);title('原始真彩色图像')
%开始对真彩色图像进行分解
subplot(222),imshow(RGB(:,:,1));title('真彩色图像的红色分量')
subplot(223),imshow(RGB(:,:,2));title('真彩色图像的绿色分量')
subplot(224),imshow(RGB(:,:,3));title('真彩色图像的蓝色分量')
```

运行程序，结果如图 10-30 所示。

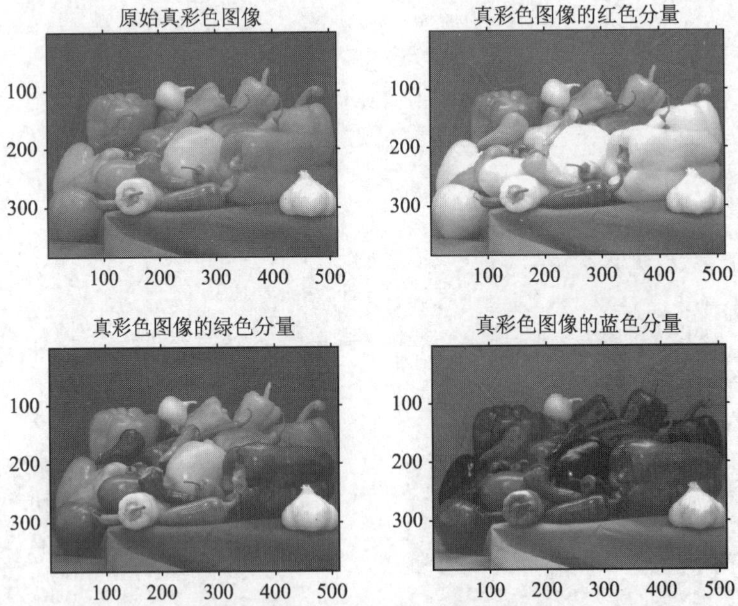

图 10-30 对真彩色图像进行分解

10.4.2　伪彩色增强

伪彩色增强是对原来灰度图像中的不同灰度值区域赋予不同的颜色，从而把灰度图像变成彩色图像，提高图像的可视分辨率。因为原图并没有颜色，所以人工赋予的颜色常称为伪彩色，这个赋色过程实际是一种重新着色的过程。

一般来说，伪彩色处理就是对图像中的灰度级进行分层着色，分的层次越多，彩色种类就越多，人眼所能识别的信息也越多，从而达到图像增强的效果。

伪彩色增强可以是线性的，也可以是非线性的。伪彩色图像处理可以在空间域内实现，也可以在频率域内实现。得到的伪彩色图像可以是离散彩色图像，也可以是连续彩色图像。伪彩色增强主要有密度分割法和空间域灰度级–彩色变换法。

密度分割法是把灰度图像的灰度级从黑到白分为 N 个区间，给每个区间指定一种颜色，这样便可以把一幅灰度图像变成一幅伪彩色图像。该方法比较简单、直观。缺点是变换出的颜色数目有限。

与密度分割法不同，空间域灰度级–彩色变换法是一种更常用、更有效的伪彩色增强方法。根据色学原理，将原始图像 $f(x,y)$的灰度范围分段，经过红、绿、蓝 3 种不同变换，变成三基色分量 $R(x,y)$、$G(x,y)$、$B(x,y)$，然后用它们分别控制彩色显示器的红、绿、蓝电子枪，便可以在彩色显示器屏幕上合成一幅彩色图像。3 个变换是独立的，彩色的含量由变换函数的形式决定。

【例 10-26】利用密度分割法实现图像的伪彩色增强。

解　在编辑器中输入以下代码。

```
clear,clc
I=imread('pout.tif');
subplot(121);imshow(I);title('原始图像')
I=double(I);                                          %利用密度分割法处理图像
c=zeros(size(I));
d=ones(size(I))*255;
pos=find(((I>=32)&(I<63))|((I>=96)&(I<127))|((I>=154)&(I<191))|((I>=234)&(I<=255)));
c(pos)=d(pos);
f(:,:,3)=c;
c=zeros(size(I));
d=ones(size(I))*255;
pos=find(((I>=64)&(I<95))|((I>=96)&(I<127))|((I>=192)&(I<233))|((I>=234)&(I<=255)));
c(pos)=d(pos);
f(:,:,2)=c;
c=zeros(size(I));
d=ones(size(I))*255;
pos=find(((I>=128)&(I<154))|((I>=154)&(I<191))|((I>=192)&(I<233))|((I>=234)&(I<=255)));
c(pos)=d(pos);
f(:,:,1)=c;
f=uint8(f);
subplot(122);imshow(f);title('密度分割法伪彩色增强')
```

运行程序，结果如图 10–31 所示。

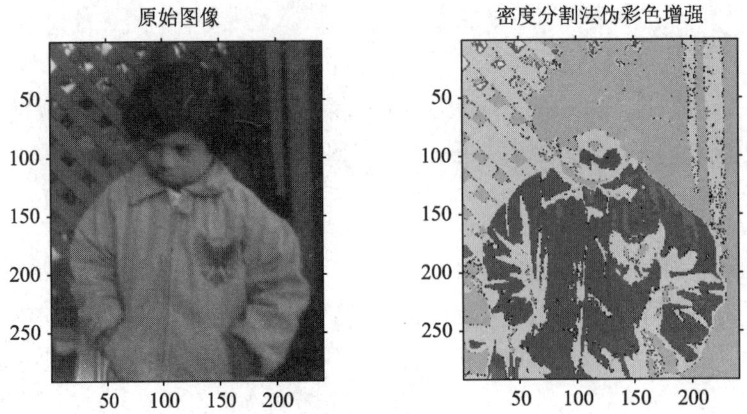

图 10–31　密度分割法伪彩色增强

【例 10-27】利用空间域灰度级–彩色变换法对图像进行伪彩色增强。

解　在编辑器中输入以下代码。

```
clear,clc
I=imread('coins.png');
subplot(121);imshow(I);title('原始图像')
I=double(I);                                %利用空间域灰度级-彩色变换法处理图像
[M,N]=size(I);
L=256;
for i=1:M
   for j=1:N
      if I(i,j)<=L/4;
         R(i,j)=0;
         G(i,j)=4*I(i,j);
         B(i,j)=L;
      else
         if I(i,j)<=L/2;
            R(i,j)=0;
            G(i,j)=L;
            B(i,j)=-4*I(i,j)+2*L;
         else
            if I(i,j)<=3*L/4
               R(i,j)=4*I(i,j)-2*L;
               G(i,j)=L;
               B(i,j)=0;
            else
               R(i,j)=L;
               G(i,j)=-4*I(i,j)+4*L;
               B(i,j)=0;
            end
         end
      end
   end
end
```

```
for i=1:M
    for j=1:N
        C(i,j,1)=R(i,j);
        C(i,j,2)=G(i,j);
        C(i,j,3)=B(i,j);
    end
end
C=uint8(C);
subplot(122);imshow(C);title('伪彩色增强图像')
```

运行程序，结果如图 10-32 所示。

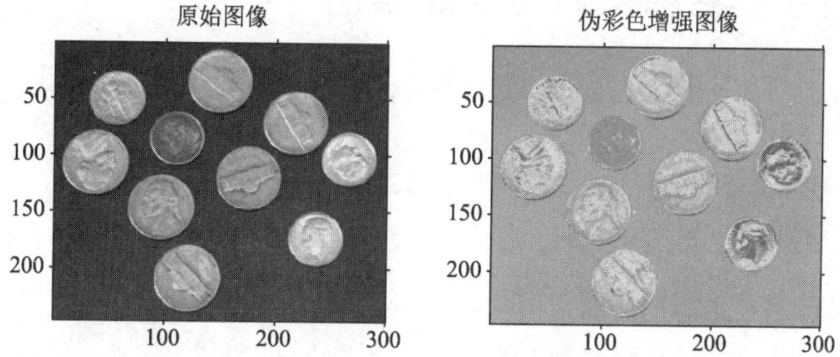

图 10-32　空间域灰度级-彩色变换法伪彩色增强

10.4.3　假彩色增强

图像的假彩色增强是指把真实的自然彩色图像或遥感多光谱图像处理成假彩色图像的过程。图像的假彩色增强的主要用途如下。

（1）将景物映射成奇异彩色，比本色更引人注目。

（2）适应人眼对颜色的灵敏度，提高鉴别能力。例如，人眼对绿色亮度响应最灵敏，可把细小物体映射成绿色；人眼对蓝色强弱对比灵敏度最大，可把细节丰富的物体映射成深浅与亮度不一的蓝色。

（3）将遥感多光谱图像处理成假彩色，以获得更多信息。

【例 10-28】对图像进行假彩色增强处理。

解　在编辑器中输入以下代码。

```
clear,clc
[RGB]=imread('pears.png');
imshow(RGB);
RGBnew(:,:,1)=RGB(:,:,3);                         %假彩色增强
RGBnew(:,:,2)=RGB(:,:,1);
RGBnew(:,:,3)=RGB(:,:,2);
subplot(121);imshow(RGB);title('原始图像')
subplot(122);imshow(RGBnew);title('假彩色增强')
```

运行程序，结果如图 10-33 所示。

图 10–33　对图像进行假彩色增强

10.5　小波变换在图像增强中的应用

图像增强问题主要通过时域和频域两种方法来解决。这两种方法具有很明显的优势和劣势，时域方法方便、快速，但会丢失很多点之间的相关信息；频域方法可以很详细地分离出点之间的相关，计算量大得多。小波变换是多尺度多分辨率的分解方式，可以将噪声和信号在不同尺度上分开。根据噪声分布的规律可以达到图像增强的目的。

10.5.1　小波图像去噪处理

二维小波变换去噪步骤如下。

（1）二维信号的小波分解。

（2）对高频系数进行阈值量化。

（3）二维小波的重构。

以上 3 个步骤，重点是如何选取阈值并进行阈值的量化。

【例 10-29】对图像进行小波图像去噪处理。

解　在编辑器中输入以下代码。

```
clear,clc
load tire
init=3718025452;                                   %产生噪声
rand('seed',init);
Xnoise=X+18*(rand(size(X)));
colormap(map);                                     %显示原始图像和含噪声的图像
subplot(131);image(wcodemat(X,192));title('原始图像')
axis square
subplot(132);image(wcodemat(X,192));title('含噪声的图像')
axis square
[c,s]=wavedec2(X,2,'sym5');                        %用 sym5 小波对图像信号进行二层小波分解
[thr,sorh,keepapp]=ddencmp('den','wv',Xnoise); %计算去噪的默认阈值和熵标准
[Xdenoise,cxc,lxc,perf0,perfl2]=wdencmp('gbl',c,s,'sym5',2,thr,sorh,keepapp);
subplot(133);image(Xdenoise);title('去噪后的图像')
axis square
```

运行程序，结果如图 10–34 所示。

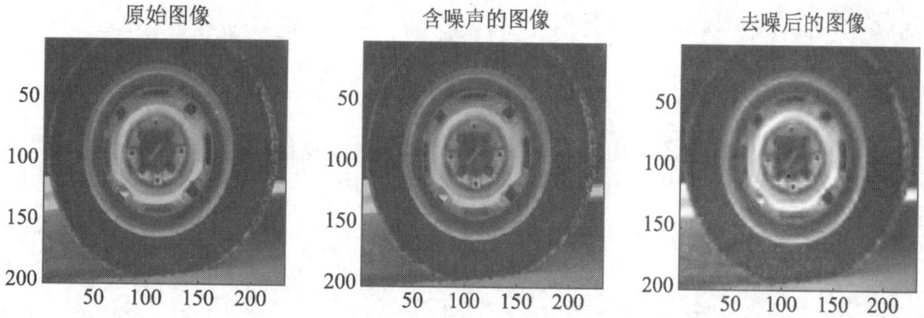

图 10–34　小波图像去噪处理（1）

【例 10-30】对图像进行小波图像去噪处理，其中图像所含的噪声主要是白噪声。

解　在编辑器中输入以下代码。

```
clear,clc
load woman;
subplot(141);image(X);title('原始图像')
colormap(map);axis square
init=2055615866;randn('seed',init)                    %产生含噪图像
x=X+38*randn(size(X));
subplot(142);image(x);title('含白噪声图像')
colormap(map);axis square;
[c,s]=wavedec2(x,2,'sym4');                           %用 sym4 小波对 x 进行二层小波分解
a1=wrcoef2('a',c,s,'sym4');                           %提取小波分解中第 1 层的低频图像
subplot(143);image(a1);title('第 1 次去噪')
axis square;
a2=wrcoef2('a',c,s,'sym4',2);                         %提取小波分解中第 2 层的低频图像
subplot(144);image(a2);title('第 2 次去噪')
axis square;
```

运行程序，结果如图 10–35 所示。

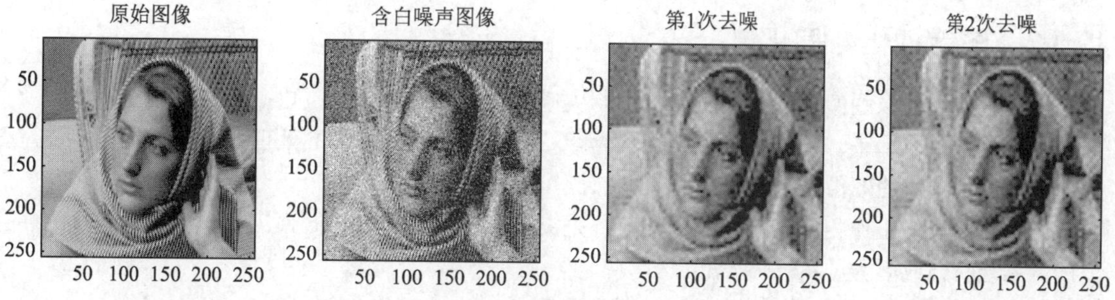

图 10–35　小波图像去噪处理（2）

可以看出，第 1 次去噪已经滤去了大部分的高频噪声，但第 1 次去噪后的图像中还是含有很多的高频噪声；第 2 次去噪是在第 1 次去噪的基础上，再次滤去其中的高频噪声。从去噪结果可以看出，具有较好的去噪效果。

【例 10-31】利用小波分解系数阈值量化方法进行去噪处理。

解　在编辑器中输入以下代码。

```
clear,clc
load clown;
subplot(131);image(X);title('原始图像')
colormap(map);axis square
init=2055615866;                                    %产生含噪声图像
randn('seed',init)
x=X+10*randn(size(X));
subplot(132);image(X);title('含噪声图像')
colormap(map);axis square
[c,s]=wavedec2(x,2,'coif3');                        %用 coif3 小波对 x 进行二层小波分解
n=[1,2] ;                                           %设置尺度向量 n
p=[10.12,23.28];                                    %设置阈值向量 p
nc=wthcoef2('h',c,s,n,p,'s');
nc=wthcoef2('v',c,s,n,p,'s');
nc=wthcoef2('d',c,s,n,p,'s');
xx=waverec2(nc,s,'coif3');                          %对新的小波分解结构[nc, s]进行重构
subplot(133);image(X);title('去噪后的图像')
colormap(map);axis square
```

运行程序，结果如图 10-36 所示。

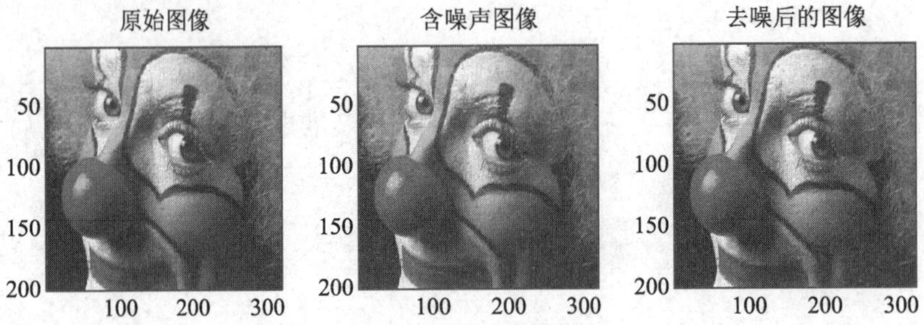

图 10-36　小波图像去噪处理效果（3）

10.5.2　图像钝化与锐化

钝化操作主要是提取图像中的低频成分，抑制尖锐的快速变化成分；锐化操作正好相反，将图像中尖锐的部分尽可能地提取出来，用于检测和识别等领域。图像钝化在时域中的处理相对简单，只需要对图像作用一个平滑滤波器，使图像中的每个点与其相邻点作平滑即可。

与图像钝化所做的工作相反，锐化操作的任务是突出高频信息，抑制低频信息，从快速变化的成分中分离出标识系统特性或区分子系统边界的成分。

【例 10-32】利用小波变换对一幅图像进行增强处理。

解　在编辑器中输入以下代码。

```
clear,clc
load spine
subplot(121);image(X);title('原始图像')
colormap(map);axis square
[c,s]=wavedec2(X,2,'sym4');                         %用 sym4 小波对 X 进行二层小波分解
sizec=size(c);
```

```
for i=1:sizec(2)                            %处理分解系数，突出轮廓部分，弱化细节部分
    if(c(i)>350)
        c(i)=2*c(i);
    else
        c(i)=0.5*c(i);
    end
end
xx=waverec2(c,s,'sym4');                    %重构处理后的系数
subplot(122);image(xx);title('小波增强重构')
colormap(map);axis square
```

运行程序，结果如图 10-37 所示。

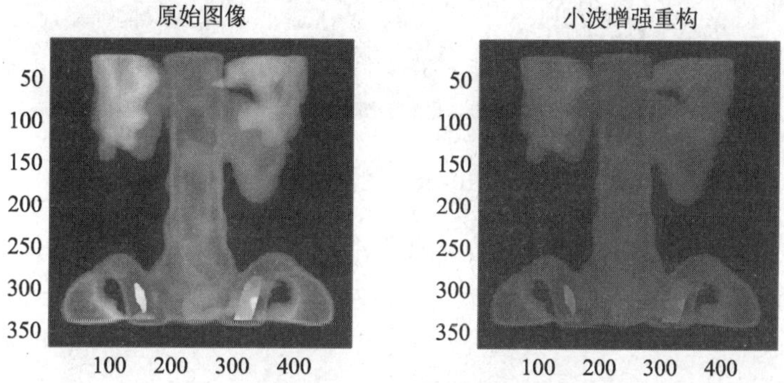

图 10-37　小波变换图像增强

【例 10-33】利用小波变换和 DCT 两种方法对图像进行钝化处理。

解　在编辑器中输入以下代码。

```
clear,clc
load bust
blur1=X;
blur2=X;
ff1=dct2(X);                                %对原图像作二维离散余弦变换
for i=1:256                                 %对变换结果在频域作巴特沃斯滤波
    for j=1:256
        ff1(i,j)=ff1(i,j)/(1+((i*j+j*j)/8192)^2);
    end
end
blur1=idct2(ff1);                           %重建变换后的图像
[c,l]=wavedec2(X,2,'db3');                  %对图像作二层二维小波分解
csize=size(c);
for i=1:csize(2);                           %对低频系数进行放大处理，并抑制高频系数
    if(c(i)>300)
        c(i)=c(i)*2;
    else
        c(i)=c(i)/2;
    end
end
blur2=waverec2(c,l,'db3');                  %通过处理后的小波系数重建图像
subplot(131);image(wcodemat(X,192));title('原始图像')
```

```
colormap(gray(256));
subplot(132);image(wcodemat(blur1,192));title('DCT 钝化')
colormap(gray(256));
subplot(133);image(wcodemat(blur2,192));title('小波钝化')
colormap(gray(256));
```

运行程序，结果如图 10-38 所示。

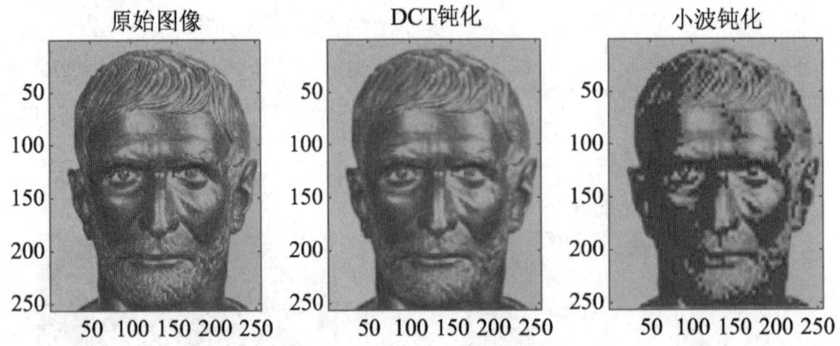

图 10-38　图像钝化

【例 10-34】利用小波变换和 DCT 两种方法对图像进行锐化处理。

解　在编辑器中输入以下代码。

```
clear,clc
load cathe_1;
blur1=X;                                  %分别保存 DCT 方法和小波方法的变换系数
blur2=X;
ff1=dct2(X);                              %对原图像作二维离散余弦变换
for i=1:256                               %对变换结果在频域作巴特沃斯滤波
    for j=1:256
        ff1(i,j)=ff1(i,j)/(1+(32768/(i*i+j*j))^2);
    end
end
blur1=idct2(ff1);                         %重建变换后的图像
[c,l]=wavedec2(X,2,'db3');                %对图像作二层二维小波分解
csize=size(c);
for i=1:csize(2);                         %对高频系数进行放大处理，并抑制低频系数
    if(abs(c(i))<300)
        c(i)=c(i)*2;
    else
        c(i)=c(i)/2;
    end
end
blur2=waverec2(c,l,'db3');                %通过处理后的小波系数重建图像
subplot(131);image(wcodemat(X,192));title('原始图像')
colormap(gray(256));
subplot(132);image(wcodemat(blur1,192));title('DCT 锐化图像')
colormap(gray(256));
subplot(133);image(wcodemat(blur2,192));title('小波锐化图像')
colormap(gray(256));
```

运行程序，结果如图 10-39 所示。

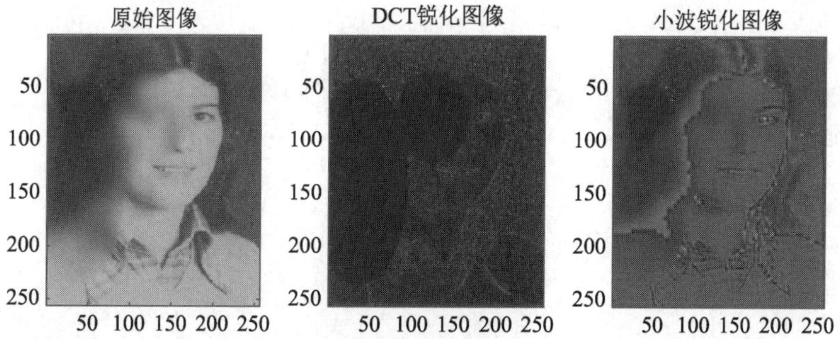

图 10-39　图像锐化

10.6　小结

本章介绍了图像的灰度变换增强、空域滤波增强、频域滤波增强、色彩增强以及小波在图像增强方面的应用等内容，并给出了大量示例，阐述其在 MATLAB 中的实现方法。除了本章介绍的内容以外，还有很多图像增强的方法，希望读者通过学习，在实际应用中既可以采用单一的图像处理方法进行图像增强，也可以采用多种方法达到预期的效果。

第 11 章 图像退化与复原

CHAPTER 11

成像过程中可能会出现模糊、失真或混入噪声等现象，从而导致图像质量下降，称为图像退化。因此，需要采取技术手段尽量减少甚至消除图像质量的下降，还原图像的本来面目，即图像复原。图像复原的目的是在预定义的意义上改善给定的图像。复原是通过使用退化现象的先验知识试图重建或恢复一幅退化的图像。图像复原的方法通常是将优势准则公式化，产生一个结果的最优估计。

学习目标

（1）了解图像退化模型；

（2）了解图像复原的基本原理；

（3）掌握图像复原方法。

11.1 退化模型与估计函数

要进行图像复原，必须掌握退化现象有关知识，并用相反的过程将其去除，这就要了解、分析图像退化的机理，建立起图像退化的数学模型。

在一个图像系统中存在着许多退化源，机理比较复杂，因此要提供一个完善的数学模型是比较复杂和困难的。通常将退化原因作为线性系统退化的一个因素来对待，从而建立系统退化模型，近似描述图像退化。

如图 11-1 所示，原始图像为 $f(x,y)$，通过系统 H 加入外来加性噪声 $n(x,y)$ 后退化为图像 $g(x,y)$ 。

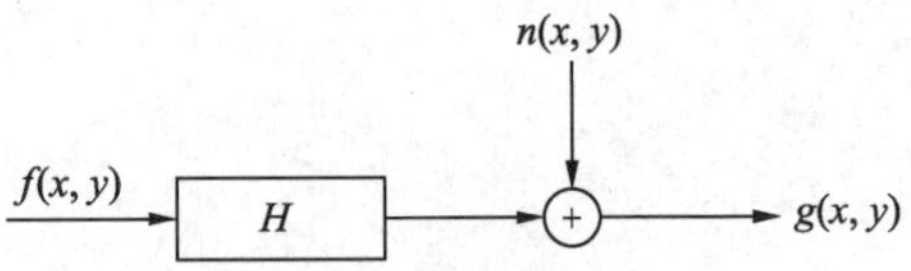

图 11-1 图像退化模型

对于线性系统，模型可以表示为

$$g(x,y)=H[f(x,y)]+n(x,y)$$

令 $n(x,y)=0$ ，则

$$g(x,y)=H[f(x,y)]$$

设 k、k_1、k_2 为常数， $g_1(x,y)=H\{f_1(x,y)\}$，$g_2(x,y)=H\{f_2(x,y)\}$ ，则退化系统 H 具有如下性质。

（1）齐次性：系统对常数与任意图像乘积的响应等于常数与该图像的响应的乘积，即

$$H[kf(x,y)]=kH[f(x,y)]=kg(x,y)$$

（2）叠加性：系统对两幅图像之和的响应等于它分别对两幅输入图像的响应之和，即

$$\begin{aligned}H[f_1(x,y)+f_2(x,y)]&=H[f_1(x,y)]+H[f_2(x,y)]\\&=g_1(x,y)+g_2(x,y)\end{aligned}$$

（3）线性：同时具有齐次性与叠加性的系统称为线性系统，即

$$H\left[k_1 f_1(x,y)+k_2 f_2(x,y)\right]=k_1 H\left[f_1(x,y)\right]+k_2 H\left[f_2(x,y)\right]$$
$$=k_1 g_1(x,y)+k_2 g_2(x,y)$$

不满足齐次性或叠加性的系统就是非线性系统。线性系统为求解多个激励下的响应带来很大方便。

（4）位置不变性：图像上任意一点通过该系统的响应只取决于在该点的灰度值，而与该点的坐标位置无关，即

$$g(x-a,y-b)=H\left[f(x-a,y-b)\right]$$

11.1.1 连续退化模型

连续图像是指空间坐标位置和景物明暗程度均为连续变化的图像。事实上，一幅图像可以看作由无穷多极小的像素组成，每个像素都可以作为一个点源。

数学上，点源可以用狄拉克实函数（σ 函数）表示，二维 σ 函数可定义为

$$\begin{cases}\int_{-\infty}^{\infty}\int_{-\infty}^{\infty}\sigma(x,y)\mathrm{d}x\mathrm{d}y=1, & x=0,y=0\\ \sigma(x,y)=0, & \text{其他}\end{cases}$$

如果二维单位冲激信号沿 x 轴和 y 轴分别有位移 x_0 和 y_0，则

$$\begin{cases}\int_{-\infty}^{\infty}\int_{-\infty}^{\infty}\sigma(x-x_0,y-y_0)\mathrm{d}x\mathrm{d}y=1, & x=x_0,y=x_0\\ \sigma(x,y)=0, & \text{其他}\end{cases}$$

$\sigma(x,y)$ 具有取样特性，可得

$$\int_{-\infty}^{\infty}\int_{-\infty}^{\infty}f(x,y)\sigma(x-x_0,y-y_0)\mathrm{d}x\mathrm{d}y=f(x_0,y_0)$$

此外，任意二维信号 $f(x,y)$ 与 $\sigma(x,y)$ 卷积的结果就是该二维信号本身，即

$$f(x,y)*\sigma(x,y)=f(x,y)$$

而任意二维信号 $f(x,y)$ 与 $\sigma(x-x_0,y-y_0)$ 卷积的结果就是该二维信号产生相应位移后的结果，即

$$f(x,y)*\sigma(x-x_0,y-y_0)=f(x-x_0,y-y_0)$$

由二维卷积定义，有

$$f(x,y)=f(x,y)*\sigma(x,y)$$
$$=\int_{-\infty}^{\infty}\int_{-\infty}^{\infty}f(\alpha,\beta)\delta(x-\alpha,y-\beta)\mathrm{d}\alpha\mathrm{d}\beta$$

考虑退化模型中的 H 是线性空间不变系统，因此，根据线性系统理论，系统 H 的性能可以由其单位冲激响应 $h(x,y)$ 表征，即

$$h(x,y)=H\left[\sigma(x,y)\right]$$

而线性空间不变系统 H 对任意输入信号 $f(x,y)$ 的响应则为该信号与系统的单位冲激响应的卷积，即

$$H\left[f(x,y)\right]=f(x,y)*h(x,y)$$
$$=\int_{-\infty}^{\infty}\int_{-\infty}^{\infty}f(\alpha,\beta)h(x-\alpha,y-\beta)\mathrm{d}\alpha\mathrm{d}\beta$$

在不考虑加性噪声的情况下，上述退化模型的响应为

$$g(x,y)=H[f(x,y)]$$
$$=\int_{-\infty}^{\infty}\int_{-\infty}^{\infty}f(\alpha,\beta)h(x-\alpha,y-\beta)\mathrm{d}\alpha\mathrm{d}\beta$$

由于系统 H 是空间不变的，则它对位移信号 $f(x-x_0,y-y_0)$ 的响应为

$$f(x-x_0,y-y_0)*h(x,y)=g(x-x_0,y-y_0)$$

在有加性噪声的情况下，上述线性退化模型可以表示为

$$\begin{aligned}g(x,y)&=H\left[f(x,y)\right]+n(x,y)\\&=\int_{-\infty}^{\infty}\int_{-\infty}^{\infty}f(\alpha,\beta)h(x-\alpha,y-\beta)\mathrm{d}\alpha\mathrm{d}\beta+n(x,y)\end{aligned}$$

简记为

$$g(x,y)=f(x,y)*h(x,y)+n(x,y)$$

在上述情况下，均假设噪声与图像中的位置无关。

由此可见，如果把降质过程看作一个线性空间不变系统，不考虑噪声影响时，系统输出的退化图像 $g(x,y)$ 应为输入的原始图像 $f(x,y)$ 与引起系统退化图像的点扩散函数 $h(x,y)$ 的卷积。因此，系统输出（或影像）被其输入（景物）和点扩散函数唯一确定。显然，系统的点扩散函数是描述图像系统特性的重要函数。

11.1.2 离散退化模型

为了用计算机对图像进行处理，首先必须对连续图像函数 $f(x,y)$ 进行空间和幅值的离散化处理，空间连续坐标 (x,y) 的离散化称为图像的采样，幅值 $f(x,y)$ 的离散化称为灰度级的整数量化（也称为像素值）。将这两种离散化合在一起，称为图像的数字化。

对于一幅连续图像 $f(x,y)$，若 x、y 方向的相等采样间隔分别为 ∇x、∇y（通常 $\nabla x=\nabla y$），并均取 N 点，则数字图像 $f(i,j)$ 可用如下矩阵表示。

$$[f(i,j)]=\begin{bmatrix}f(0,0)&f(0,1)&\cdots&f(0,N-1)\\f(1,0)&f(1,1)&\cdots&f(1,N-1)\\\vdots&\vdots&\cdots&\vdots\\f(N-1,0)&f(N-1,1)&\cdots&f(N-1,N-1)\end{bmatrix},\quad i=0,1,\cdots,N-1,\quad j=0,1,\cdots,N-1$$

假设对两个函数 $f(x)$ 和 $h(x)$ 进行均匀采样，其结果放到尺寸为 A 和 B 的两个数组中，对 $f(x)$ 和 $h(x)$ 中 x 的取值范围分别为 $0,1,2,\cdots,A-1$ 和 $0,1,2,\cdots,B-1$。

利用离散卷积可以计算 $g(x)$。为了避免卷积的各个周期重叠（设每个采样函数的周期为 M），可取 $M\geqslant A+B-1$，并将函数用零扩展补齐。

用 $f_e(x)$ 和 $h_e(x)$ 表示扩展后的函数，则有

$$f_e(x)=\begin{cases}f(x), & 0\leqslant x\leqslant A-1\\0, & A\leqslant x\leqslant M-1\end{cases}$$

$$h_e(x)=\begin{cases}h(x), & 0\leqslant x\leqslant B-1\\0, & B\leqslant x\leqslant M-1\end{cases}$$

则它们的卷积为

$$g_e(x)=\sum_{m=0}^{M-1}f_e(m)h_e(x-m)$$

因为 $f_e(x)$ 和 $h_e(x)$ 的周期为 M，$g_e(x)$ 的周期也为 M。引入矩阵表示法，则可写为

$$\boldsymbol{g}=\boldsymbol{Hf}$$

其中

$$\boldsymbol{g}=\begin{bmatrix} g_e(0) \\ g_e(1) \\ \vdots \\ g_e(M-1) \end{bmatrix},\ \boldsymbol{f}=\begin{bmatrix} f_e(0) \\ f_e(1) \\ \vdots \\ f_e(M-1) \end{bmatrix}$$

$$\boldsymbol{H}=\begin{bmatrix} h_e(0) & h_e(-1) & \cdots & h_e(-M+1) \\ h_e(1) & h_e(0) & \cdots & h_e(-M+2) \\ \vdots & \vdots & & \vdots \\ h_e(M-1) & h_e(M-2) & \cdots & h_e(0) \end{bmatrix}$$

根据 $h_e(x)$ 的周期性可知，$h_e(x)=h_e(x+M)$，所以 $\boldsymbol{H}$ 又可以写为

$$\boldsymbol{H}=\begin{bmatrix} h_e(0) & h_e(M-1) & \cdots & h_e(1) \\ h_e(1) & h_e(0) & \cdots & h_e(2) \\ \vdots & \vdots & & \vdots \\ h_e(M-1) & h_e(M-2) & \cdots & h_e(0) \end{bmatrix}$$

这里，$\boldsymbol{H}$ 是一个循环矩阵，即每行的最后一项等于下一行的第 1 项，最后一行的最后一项等于第 1 行的第 1 项。

将一维结果推广到二维，y 的取值范围分别为 $0,1,2,\cdots,C-1$ 和 $0,1,2,\cdots,D-1$，可首先做成大小 $M\times N$ 的周期延拓图像，即

$$f_e(x,y)=\begin{cases} f(x,y), & 0\leqslant x\leqslant A-1,\ 0\leqslant y\leqslant B-1 \\ 0, & A\leqslant x\leqslant M-1,\ B\leqslant y\leqslant N-1 \end{cases}$$

$$h_e(x,y)=\begin{cases} h(x,y), & 0\leqslant x\leqslant C-1,\ 0\leqslant y\leqslant D-1 \\ 0, & C\leqslant x\leqslant M-1,\ D\leqslant y\leqslant N-1 \end{cases}$$

延拓后，$f_e(x,y)$ 和 $h_e(x,y)$ 分别成为二维周期函数。它们在 x 和 y 方向上的周期分别为 M 和 N。于是，得到二维退化模型为一个二维卷积形式，即

$$g_e(x,y)=\sum_{m=0}^{M-1}\sum_{n=0}^{N-1} f_e(m,n)h_e(x-m,y-n)$$

如果考虑噪声，将 $M\times N$ 的噪声项加上，退化模式可写为

$$g_e(x,y)=\sum_{m=0}^{M-1}\sum_{n=0}^{N-1} f_e(m,n)h_e(x-m,y-n)+n_e(x,y)$$

同样，用矩阵表示为

$$\boldsymbol{g}=\boldsymbol{Hf}+\boldsymbol{n}=\begin{bmatrix} \boldsymbol{H}_0 & \boldsymbol{H}_{M-1} & \cdots & \boldsymbol{H}_1 \\ \boldsymbol{H}_1 & \boldsymbol{H}_0 & \cdots & \boldsymbol{H}_2 \\ \vdots & \vdots & & \vdots \\ \boldsymbol{H}_{M-1} & \boldsymbol{H}_{M-2} & \cdots & \boldsymbol{H}_0 \end{bmatrix}\begin{bmatrix} f_e(0) \\ f_e(1) \\ \vdots \\ f_e(MN-1) \end{bmatrix}+\begin{bmatrix} n_e(0) \\ n_e(1) \\ \vdots \\ n_e(MN-1) \end{bmatrix}$$

其中，每个 $\boldsymbol{H}_i$ 是由扩展函数 $h_e(x,y)$ 的第 i 行而来，即

$$\boldsymbol{H}_i=\begin{bmatrix} h_e(i,0) & h_e(i,N-1) & \cdots & h_e(i,1) \\ h_e(i,1) & h_e(i,0) & \cdots & h_e(i,2) \\ \vdots & \vdots & & \vdots \\ h_e(i,N-1) & h_e(i,N-2) & \cdots & h_e(i,0) \end{bmatrix}$$

这里，$\boldsymbol{f}$ 是一个循环矩阵。因为 $\boldsymbol{H}$ 中的每块是循环标注的，所以 $\boldsymbol{H}$ 是块循环矩阵。

11.1.3 退化估计方法

图像复原的目的是使用以某种方式估计的退化函数复原一幅图像，由于真正的退化函数很少能完全知晓，因此必须在进行图像复原前对退化函数进行估计，主要有图像观察估计法、试验估计法和模型估计法 3 种。

1. 图像观察估计法

如果一幅退化图像没有退化函数 H 的信息，那么可以通过收集图像自身的信息估计该函数。用 $g_s(x,y)$ 定义观察的子图像。

$$H_s(u,v)=\frac{G_s(u,v)}{\hat{F}_s(u,v)}$$

其中，$G_s(u,v)$ 为 $g_s(x,y)$ 的傅里叶变换；$\hat{F}_s(u,v)$ 为构建的子图像 $\hat{f}_s(x,y)$ 的傅里叶变换。

假设位置不变，从这一函数特性可以推出完全 $H(u,v)$ 函数。

2. 试验估计法

使用与获取退化图像的设备相似的装置，可以得到准确的退化估计。通过各种系统设置可以得到与退化图像类似的图像，退化这些图像使其尽可能接近希望复原的图像。

利用相同的系统设置，由成像一个脉冲得到退化的冲激响应。线性的空间不变系统完全由它的冲激响应描述。一个冲激可由明亮的点模拟，并使它尽可能亮，以减少噪声的干扰。冲激的傅里叶变换是一个常量，即

$$H(u,v)=\frac{G(u,v)}{A}$$

3. 模型估计法

用退化模型可以解决图像复原问题，在某些情况下，模型要把引起退化的环境因素考虑在内。运用先验知识，如大气湍流、光学系统散焦、照相机与景物相对运动等，根据导致模糊的物理过程（先验知识）确定 $h(x,y)$ 或 $H(u,v)$。

（1）长期曝光下大气湍流造成的传递函数为

$$H(u,v)=\mathrm{e}^{-k(u^2+v^2)^{5/6}}$$

其中，k 为常数，它与湍流的性质有关。

通过对退化图像的退化函数精确取反，所用的退化函数为

$$H(u,v)=\mathrm{e}^{-k[(u-M/2)^2+(v-N/2)^2]^{5/6}}$$

（2）光学散焦传递函数为

$$H(u,v)=J_1(\pi d\rho)/\pi d\rho$$
$$\rho=(u^2+v^2)^{1/2}$$

（3）照相机与景物相对运动。

假设快门的开启和关闭时间间隔极短，那么光学成像过程不会受到图像运动的干扰。设 T 为曝光时间(快门时间)，$x_0(t)$ 和 $y_0(t)$ 是位移的 x 分量和 y 分量，结果如下。

$$g(x,y)=\int_0^T f[x-x_0(t),y-y_0(t)]\mathrm{d}t$$

其中，$g(x,y)$ 为模糊的图像。

$f[x-x_0(t),y-y_0(t)]$ 的傅里叶变换为

$$G(u,v)=\int_{-\infty}^{\infty}\int_{-\infty}^{\infty}g(x,y)\mathrm{e}^{-\mathrm{j}2\pi(ux+uy)}\mathrm{d}x\mathrm{d}y$$

$$=\int_{-\infty}^{\infty}\int_{-\infty}^{\infty}\left[\int_0^T f[x-x_0(t),y-y_0(t)]\mathrm{d}t\right]\mathrm{e}^{-\mathrm{j}2\pi(ux+vy)}\mathrm{d}x\mathrm{d}y$$

改变积分顺序，上式可表示为

$$G(u,v)=\int_0^T\left[\int_{-\infty}^{\infty}\int_{-\infty}^{\infty}f[x-x_0(t),y-y_0(t)]\mathrm{d}t\right]\mathrm{e}^{-\mathrm{j}2\pi(ux+vy)}\mathrm{d}x\mathrm{d}y$$

外层括号内的积分项是置换函数 $f[x-x_0(t),y-y_0(t)]$ 的傅里叶变换，即

$$G(u,v)=\int_0^T F(u,v)\mathrm{e}^{-\mathrm{j}2\pi[ux_0(t)+vy_0(t)]}\mathrm{d}t$$

$$=F(u,v)\int_0^T\mathrm{e}^{-\mathrm{j}2\pi[ux_0(t)+vy_0(t)]}\mathrm{d}t$$

令 $H(u,v)=\int_0^T\mathrm{e}^{-\mathrm{j}2\pi[ux_0(t)+vy_0(t)]}\mathrm{d}t$，则上式可表示为

$$G(u,v)=H(u,v)F(u,v)$$

假设当前图像只在 x 方向以给定的速度 $x_0(t)=at/T$ 作均匀直线运动，当 $t=T$ 时，图像由总距离 a 取代。令 $y_0(t)=0$，则

$$H(u,v)=\int_0^T\mathrm{e}^{-\mathrm{j}2\pi ux_0(t)}\mathrm{d}t=\int_0^T\mathrm{e}^{-\mathrm{j}2\pi uat/T}\mathrm{d}t=\frac{T}{\pi ua}\sin(\pi ua)\mathrm{e}^{-\mathrm{j}\pi ua}$$

若允许 y 方向按 $y_0(t)=bt/T$ 运动，则退化函数为

$$H(u,v)=\frac{T}{\pi(ua+vb)}\sin[\pi(ua+vb)]\mathrm{e}^{-\mathrm{j}\pi(ua+vb)}$$

11.1.4　图像退化函数

图像复原就是使用可以精确描述失真的点扩散函数（Point Spread Function，PSF）对模糊图像进行反卷积计算。典型的图像复原方法往往是在假设系统的点扩散函数为已知，并且常需假设噪声分布也是已知的情况下进行推导求解的，采用各种反卷积处理方法（如逆滤波等），对图像进行复原。

然而，随着研究的进一步深入，在对实际图像进行处理过程时，许多先验知识（包括图像和成像系统的先验知识）往往并不具备，于是就需要在系统点扩散函数未知的情况下，从退化图像自身提取退化信息，仅根据退化图像数据还原真实图像，这就是盲图像复原（Blind Image Restoration）所要解决的问题。

在 MATLAB 中，fspecial()函数用于创建滤波算子（产生一个退化系统点扩展函数），调用格式为

```
h=fspecial('type')  %设置滤波算子类型 type，包括 average（均值滤波）、gaussian（高斯滤波）、
                    %laplacian（拉普拉斯滤波）、log（拉普拉斯高斯滤波）等常用滤波算子的构建
h=fspecial('type',parameters)                  %指定滤波算子相应的参数 parameters
```

在 MATLAB 中，imfilter()函数用于实现图像线性滤波，调用格式为

```
B = imfilter(A,h)    %返回滤波后的图像 B，参数 A 为待滤波图像的数据矩阵，h 为线性滤波算子
```

【例 11-1】 利用 fspecial()函数对图像进行退化处理。

解　在编辑器中输入以下代码。

```
clear,clc
I=imread('pout.tif');
subplot(121);imshow(I);title('原始图像')
```

```
LEN=31;
THETA=11;
PSF=fspecial('motion',LEN,THETA);                          %对图像进行退化处理
Blurred=imfilter(I,PSF,'circular','conv');
subplot(122);imshow(Blurred);title('模糊图像')
```

运行程序，结果如图 11-2 所示。

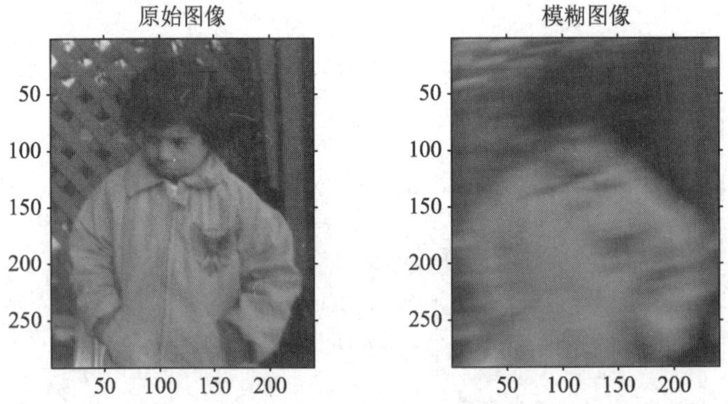

图 11-2　图像退化处理

【例 11-2】利用多种方法对图形进行模糊处理。

解　在编辑器中输入以下代码。

```
clear,clc
I=imread('football.jpg');
subplot(221);imshow(I);title('原始图像')
H=fspecial('motion',30,45);                              %运动模糊 PSF
MotionBlur=imfilter(I,H);                                %卷积
subplot(222);imshow(MotionBlur);title('运动模糊图像')
H=fspecial('disk',10);                                   %圆盘状模糊 PSF
bulrred=imfilter(I,H);
subplot(223);imshow(bulrred);title('圆盘状模糊图像')
H=fspecial('unsharp');                                   %钝化模糊 PSF
Sharpened=imfilter(I,H);
subplot(224);imshow(Sharpened);title('钝化模糊图像')
```

运行程序，结果如图 11-3 所示。

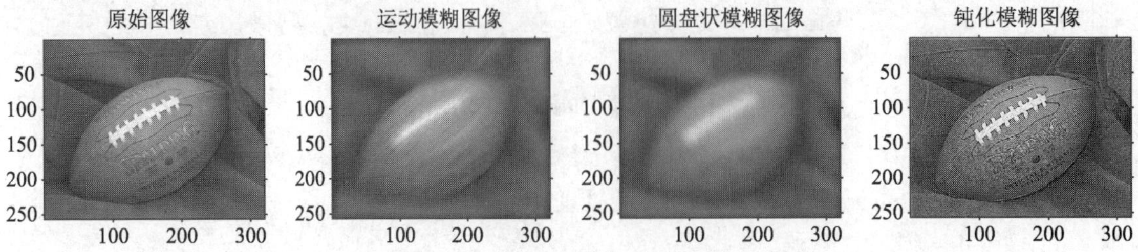

图 11-3　多种方法对图形进行模糊处理

11.2　图像复原方法

因摄像机与物体相对运动、系统误差、畸变、噪声等因素的影响，图像往往不是真实景物的完善映像。在图像恢复中，需建立造成图像质量下降的退化模型，然后运用相反过程恢复图像，并运用一定准则判定是否得到图像的最佳恢复。

图像复原方法主要有逆滤波复原、维纳滤波复原、约束最小二乘滤波复原、Lucy-Richardson 滤波复原和盲去卷积滤波复原。

11.2.1　逆滤波复原

如果退化图像为 $g(x,y)$，原始图像为 $f(x,y)$，在不考虑噪声的情况下，其退化模型可表示为

$$g(x,y)=\int_{-\infty}^{+\infty}\int_{-\infty}^{+\infty}f(\alpha,\beta)\delta(x-\alpha,y-\beta)\mathrm{d}\alpha\mathrm{d}\beta$$

由傅里叶变换的卷积定理可知

$$G(u,v)=H(u,v)F(u,v)$$

其中，$G(u,v)$、$H(u,v)$、$F(u,v)$ 分别为退化图像 $g(x,y)$、点扩散函数 $h(x,y)$、原始图像 $f(x,y)$ 的傅里叶变换，所以有

$$f(x,y)=F^{-1}\left[F(u,v)\right]=F^{-1}\left[\frac{G(u,v)}{H(u,v)}\right]$$

由此可见，如果已知退化图像的傅里叶变换和系统冲激响应函数(“滤波”传递函数)，则可以求得原始图像的傅里叶变换，经傅里叶逆变换就可以求得原始图像 $f(x,y)$，其中 $G(u,v)$ 除以 $H(u,v)$ 起到了反向滤波的作用。这就是逆滤波复原的基本原理。

在有噪声的情况下，逆滤波原理可写为

$$F(u,v)=\frac{G(u,v)}{H(u,v)}-\frac{N(u,v)}{H(u,v)}$$

其中，$N(u,v)$ 为噪声 $n(x,y)$ 的傅里叶变换。

【例 11-3】对图像进行逆滤波复原。

解　在编辑器中输入以下代码。

```
clear,clc
I=imread('coins.png');
subplot(141);imshow(I);title('原始图像')
[m,n]=size(I);
F=fftshift(fft2(I));
k=0.0025;
H=[];
for u=1:m
   for  v=1:n
      q=((u-m/2)^2+(v-n/2)^2)^(5/6);
      H(u,v)=exp((-k)*q);
   end
end
```

```
G=F.*H;
I0=abs(ifft2(fftshift(G)));
subplot(142);imshow(uint8(I0));title('退化图像')
I1=imnoise(uint8(I0),'gaussian',0,0.01);                %退化并添加高斯噪声
subplot(143);imshow(uint8(I1));title('退化并添加高斯噪声')
F0=real(fftshift(fft2(I1)));
F1=F0./H;
I2=real(ifft2(fftshift(F1)));                           %逆滤波复原
subplot(144);imshow(uint8(I2));title('逆滤波复原')
```

运行程序，结果如图 11-4 所示。

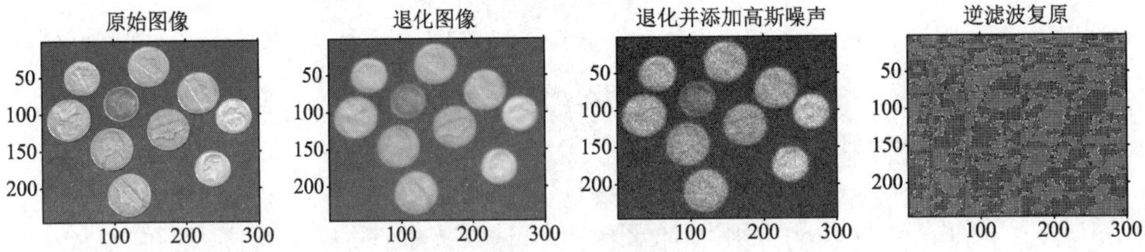

图 11-4　逆滤波复原

11.2.2　维纳滤波复原

维纳滤波就是最小二乘滤波，它是使原始图像 $f(x,y)$ 与其恢复图像 $\hat{f}(x,y)$ 之间的均方误差最小的复原方法。对图像进行维纳滤波主要是为了消除图像中存在的噪声，对于线性空间不变系统，获得的信号为

$$g(x,y)=\int_{-\infty}^{+\infty}\int_{-\infty}^{+\infty} f(\alpha,\beta)h(x-\alpha,y-\beta)\mathrm{d}\alpha\mathrm{d}\beta+n(x,y)$$

为了去掉 $g(x,y)$ 中的噪声，设计一个滤波器 $m(x,y)$，其滤波器输出为 $\hat{f}(x,y)$，即

$$\hat{f}(x,y)=\int_{-\infty}^{+\infty}\int_{-\infty}^{+\infty} g(\alpha,\beta)m(x-\alpha,y-\beta)\mathrm{d}\alpha\mathrm{d}\beta$$

使均方误差式

$$e^2=\min\left\{E\left\{\left[f(x,y)-\hat{f}(x,y)\right]^2\right\}\right\}$$

成立，其中 $\hat{f}(x,y)$ 为给定 $g(x,y)$ 时 $f(x,y)$ 的最小二乘估计值。

设 $S_f(u,v)$ 为 $f(x,y)$ 的相关函数 $R_f(x,y)$ 的傅里叶变换，$S_n(u,v)$ 为 $n(x,y)$ 的相关函数 $R_n(x,y)$ 的傅里叶变换，$H(u,v)$ 为冲激响应函数 $h(x,y)$ 的傅里叶变换，有时也把 $S_f(u,v)$ 和 $S_n(u,v)$ 分别称为 $f(x,y)$ 和 $n(x,y)$ 的功率谱密度，则滤波器 $m(x,y)$ 的频域表达式为

$$M(u,v)=\frac{1}{H(u,v)}\cdot\frac{|H(u,v)|^2}{|H(u,v)|^2+\dfrac{S_n(u,v)}{S_f(u,v)}}$$

于是，维纳滤波复原的原理可表示为

$$\hat{F}(u,v)=\left[\frac{1}{H(u,v)}\cdot\frac{\left|H(u,v)\right|^2}{\left|H(u,v)\right|^2+\dfrac{S_n(u,v)}{S_f(u,v)}}\right]G(u,v)$$

可知对于维纳滤波，当 $H(u,v)=0$ 时，由于存在 $\dfrac{S_n(u,v)}{S_f(u,v)}$ 项，所以 $H(u,v)$ 不会出现被 0 除的情形，同时分子中含有 $H(u,v)$ 项，在 $H(u,v)=0$ 处，$H(u,v)\equiv 0$。

当 $S_n(u,v)\ll S_f(u,v)$ 时，$H(u,v)\to\dfrac{1}{H(u,v)}$，此时维纳滤波就变成了逆滤波；当 $\dfrac{S_n(u,v)}{S_f(u,v)}\geqslant H(u,v)$ 时，$H(u,v)=0$，表明维纳滤波避免了逆滤波中出现的对噪声过多的放大作用；当 $S_n(u,v)$ 和 $S_f(u,v)$ 未知时，经常用 K 代替 $\dfrac{S_n(u,v)}{S_f(u,v)}$，于是有

$$\hat{F}(u,v)=\left[\frac{1}{H(u,v)}\cdot\frac{\left|H(u,v)\right|^2}{\left|H(u,v)\right|^2+K}\right]G(u,v)$$

其中，K 为噪声对信号的功率谱密度比，近似为一个适当的常数。这是实际中应用的公式。

在 MATLAB 中，deconvwnr()函数用于进行维纳滤波图像复原，调用格式为

```
J=deconvwnr(I,psf)                  %使用维纳滤波算法对图像 I 进行反卷积，返回去模糊后的图像 J，
                                    % psf 是对 I 进行卷积的点扩散函数(PSF)
J=deconvwnr(I,psf,nsr)              %nsr 为加性噪声的噪信比，在估计图像与真实图像之间的最小均
                                    %方误差意义上，该算法最优
J=deconvwnr(I,psf,ncorr,icorr)         % ncorr 与 icorr 为噪声与原始图像的自相关函数
```

若复原图像呈现出由算法中使用的离散傅里叶变换所引入的振铃，在调用 deconvwnr()函数之前，先调用 edgetaper()函数，可以减少振铃，该函数的调用格式为

```
J=edgetaper(I,psf)                  %利用点扩散函数 psf 模糊输入图像 I 的边缘，以减少振铃
```

【例 11-4】利用维纳滤波器对图像进行复原处理。

解　在编辑器中输入以下代码。

```
clear,clc
I=zeros(900,800);
I(200:800,300:500)=1;
noise=0.1*randn(size(I));
psf=fspecial('motion',21,11);                        %点扩展函数
Blurred=imfilter(I,psf,'circular');
J=im2uint8(Blurred + noise);
nsr=sum(noise(:).^2)/sum(I(:).^2);                   %信噪比倒数
NP=abs(fftn(noise)).^2;
npow=sum(NP(:))/numel(noise);
ncorr=fftshift(real(ifftn(NP)));                     %噪声自相关函数
IP=abs(fftn(I)).^2;
IPOW=sum(IP(:))/numel(I);
icorr=fftshift(real(ifftn(IP)));                     %图像自相关函数
```

```
icorr1=icorr(:,ceil(size(I,1)/2));
nsr=npow/IPOW;                                    %信噪比倒数
J1=deconvwnr(J,psf,nsr);
J2=deconvwnr(J,psf,ncorr,icorr);
J3=deconvwnr(J,psf,npow,icorr1);
subplot(141);imshow(J,[]);title('模糊图像')
subplot(142);imshow(J1,[]);title('deconvwnr(I,psf,nsr)')
subplot(143);imshow(J2,[]);title('deconvwnr(I,psf,ncorr,icorr)')
subplot(144);imshow(J3,[]);title('deconvwnr(I,psf,ncorr,icorr1)')
```

运行程序，结果如图 11-5 所示。

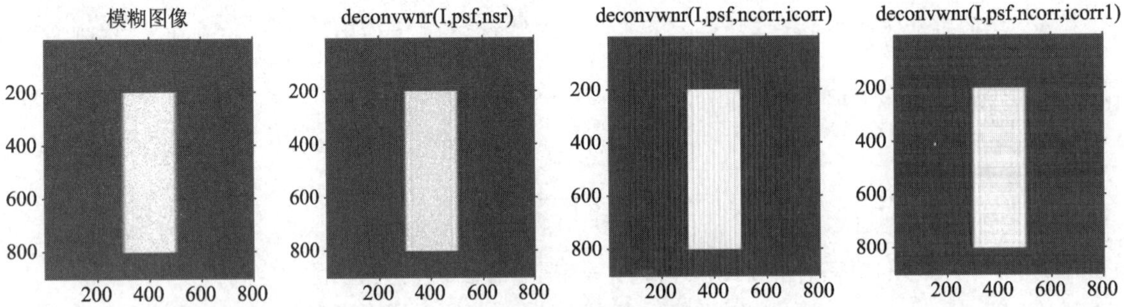

图 11-5　维纳滤波图像复原

11.2.3　约束最小二乘滤波复原

约束最小二乘滤波复原是一种易实现的线性复原方法，约束复原除了要求了解关于退化系统的传递函数之外，还需要知道某些噪声的统计特性或噪声与图像的某些相关情况。

在约束最小二乘滤波复原中，要设法寻找一个最优估计 $\hat{\boldsymbol{f}}$，使形式为 $\left\|\boldsymbol{Q}\hat{\boldsymbol{f}}\right\|^2$ 的函数最小化。在此准则下，可把图像的复原问题看作对 $\hat{\boldsymbol{f}}$ 的目标泛函的最小值，即

$$J(\hat{\boldsymbol{f}})=\left\|\boldsymbol{Q}\hat{\boldsymbol{f}}\right\|^2+\lambda\left(\left\|\boldsymbol{g}-\boldsymbol{H}\hat{\boldsymbol{f}}\right\|^2-\left\|\boldsymbol{n}\right\|^2\right) \tag{11-1}$$

其中，$\boldsymbol{Q}$ 为 $\hat{\boldsymbol{f}}$ 的线性算子，表示对 $\hat{\boldsymbol{f}}$ 作某些线性操作的矩阵，通常选择拉普拉斯算子，且 $Q(u,v)=P(u,v)=4\pi^2(u^2+v^2)$；$\lambda$ 为拉格朗日乘子。

对式（11-1）求导，并令其导数为 0 就可以得到最小二乘解 $\hat{\boldsymbol{f}}$，即

$$\hat{\boldsymbol{f}}=\left(\boldsymbol{H}^{\mathrm{T}}\boldsymbol{H}+\gamma\boldsymbol{Q}^{\mathrm{T}}\boldsymbol{Q}\right)^{-1}\boldsymbol{H}^{\mathrm{T}}\boldsymbol{g}$$

其中，$\gamma=\dfrac{1}{\lambda}$。

对应的频域表示为

$$\hat{F}(u,v)=\frac{H^*(u,v)}{\left|H(u,v)\right|^2+\gamma\left|Q(u,v)\right|^2}\cdot G(u,v)$$

在 MATLAB 中，deconvreg()函数用于图像的约束最小二乘滤波复原，调用格式为

```
J=deconvreg(I,psf)            %I 为输入图像，psf 为点扩散函数，返回去模糊图像 J
J=deconvreg(I,psf,np)         %np 为图像的噪声强度
```

```
J=deconvreg(I,psf,np,lrange)                %lrange 为拉普拉斯算子的搜索范围
J=deconvreg(I,psf,np,lrange,regop)          %regop 为约束算子
[J,lagra]=deconvreg(___)          %返回图像 J 的同时,还返回指定范围内搜索得到的最优拉普拉斯算子
```

【例 11-5】对图像进行约束最小二乘滤波复原。

解　在编辑器中输入以下代码。

```
clear,clc
I=imread('cell.tif');
PSF=fspecial('gaussian',10,4);
Blurred=imfilter(I,PSF,'conv');
V=.03;
BN=imnoise(Blurred,'gaussian',0,V);
NP=V*prod(size(I));
[reg LAGRA]=deconvreg(BN,PSF,NP);
Edged=edgetaper(BN,PSF);
reg2=deconvreg(Edged,PSF,NP/1.2);                    %振铃抑制
reg3=deconvreg(Edged,PSF,[],LAGRA);                  %拉格朗日算子
figure
subplot(231);imshow (I);title('原始图像')
subplot(232);imshow (BN);title('图像加入高斯噪声')
subplot(233);imshow (reg);title('复原图像')
subplot(234);imshow(reg2);title('振铃抑制图像')
subplot(235);imshow(reg3);title('拉格朗日算子复原图像')
```

运行程序，结果如图 11-6 所示。

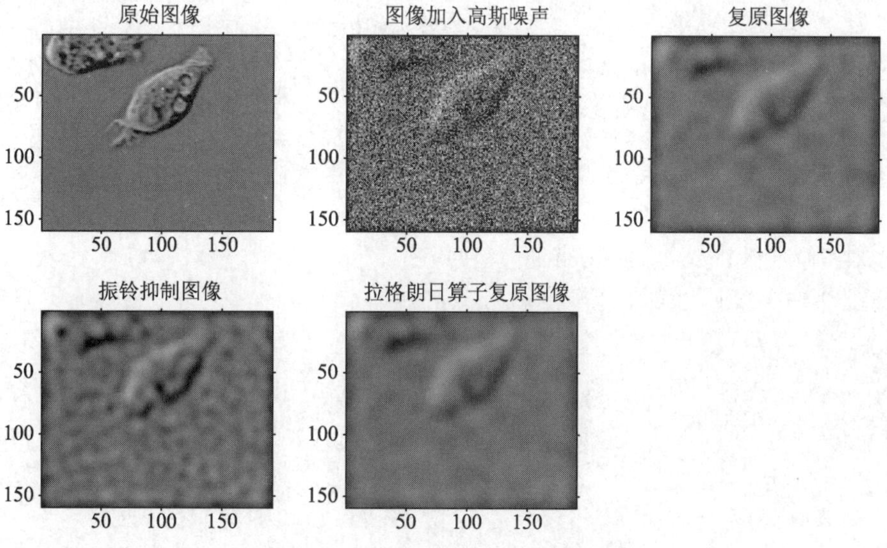

图 11-6　约束最小二乘滤波复原

11.2.4　Lucy-Richardson 滤波复原

Lucy-Richardson(LR)算法是一种基于贝叶斯分析的迭代算法。假设图像服从泊松分布，采用最大似然法进行估计，其最优估计以最大似然准则作为标准，即要使概率密度函数 $p(g/\hat{f})$ 最大，推导出的迭代式为

$$f^{(k+1)} = f^{(k)}\left[\left(\frac{g}{f^{(k)} \otimes h}\right) \oplus h\right]$$

其中，$\otimes$ 和 $\oplus$ 分别为卷积运算和相关运算；k 为迭代次数，可以令 $f^{(0)} = g$ 进行迭代。可以证明，当噪声可以忽略，k 不断增大时，$f^{(k+1)}$ 会依概率收敛于 f，从而恢复出图像。

当噪声不可忽略时，可得

$$f^{(k+1)} = f^{(k)}\left[\left(\frac{f \otimes h+\eta}{f^{(k)} \otimes h}\right) \oplus h\right]$$

可以看出，若噪声 η 不可忽略，则以上过程的收敛性将难以保证，即 LR 算法存在放大噪声的缺陷。因此，处理噪声项是 LR 算法应用于低信噪比图像复原的关键。

deconvlucy()函数用于对图像进行 Lucy-Richardson 滤波复原，调用格式为

```
J=deconvlucy(I,psf)                  %对输入的退化图像 I 采用 Lucy-Richardson 算法进行复原，并返
                                     %回复原后的图像 J，psf 为点扩散函数
J=deconvlucy(I,psf,iter)             %指定迭代次数 iter（默认为 10 次）
J=deconvlucy(I,psf,iter,dampar)            %dampar 为一个标量，它指定了结果图像与原始图像之间
                                           %的偏离阈值，当像素偏离原值的范围在 dampar 内时，不
                                           %再迭代，这既抑制了这些像素上的噪声，又保留了必要的
                                           %图像细节，默认值为 0（无衰减）
J=deconvlucy(I,psf,iter,dampar,weight)         %weight 为像素的加权值，默认为原始图像的数值，
                                               %是一个与 I 同样大小的数组。当用一个指定的 psf
                                               %参数模拟模糊时，weight 可以从计算像素中剔除那
                                               %些来自图像边界的像素点，因此，psf 造成的模糊是
                                               %不同的，若 psf 的大小为 n×n，则在 weight 中用
                                               %到的零边界的宽度为 ceil（n/2）
J=deconvlucy(I,psf,iter,dampar,weight,readout) % readout 为噪声矩阵，指定加性噪声（如
                                               %背景和前景噪声）和读出的相机噪声的方差
J=deconvlucy(I,psf,iter,dampar,weight,readout,subsample)  % subsample 为子采样，正标量
```

若复原图像呈现出由算法中所用的离散傅里叶变换所引入的振铃，则在调用 deconvlucy()函数之前，要调用 edgetaper()函数。

【例 11-6】对图像进行 Lucy-Richardson 滤波复原。

解 在编辑器中输入以下代码。

```
clear,clc
I=imread ('football.jpg');
PSF=fspecial('gaussian',5,5) ;
Blurred=imfilter(I,PSF,'symmetric','conv');
V=.003;
BN=imnoise(Blurred,'gaussian',0,V);
luc=deconvlucy(BN,PSF,5);                          %进行 Lucy-Richardson 滤波复原
subplot(141);imshow(I);title('原始图像')
subplot(142);imshow (Blurred);title('图像模糊')
subplot(143);imshow (BN);title('图像加噪')
subplot(144);imshow (luc);title('图像复原')
```

运行程序，结果如图 11-7 所示。

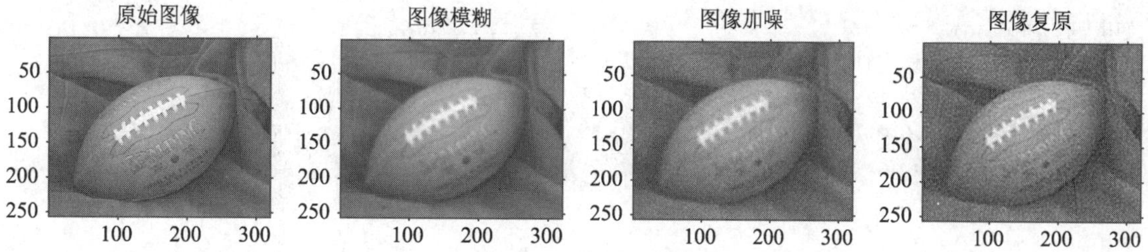

图 11-7 对图像进行 Lucy-Richardson 滤波复原

11.2.5 盲去卷积滤波复原

通常图像恢复方法均在成像系统的点扩展函数（PSF）已知的情况下进行，实际上它通常是未知的。在 PSF 未知的情况下，盲去卷积是实现图像恢复的有效方法。因此，把那些不以 PSF 知识为基础的图像复原方法统称为盲去卷积方法。

在过去的 20 年中，以最大似然估计（Maximum Likelihood Estimation，MLE）为基础的盲去卷积方法受到了人们的极大重视，即用被随机噪声所干扰的量进行估计的最优化策略。简要地说，图像处理中，MLE 方法就是将图像数据看作随机量，它们与另外一组可能的随机量之间有着某种似然性。

似然函数用 $g(x,y)$ 、$f(x,y)$ 和 $h(x,y)$ 表示，此时问题就变成寻找最大似然函数。在盲去卷积中，最优化问题规定的约束条件并假定收敛时通过迭代来求解，得到的最大 $f(x,y)$ 和 $h(x,y)$ 就是复原的图像和 PSF。

在 MATLAB 中，deconvblind()函数用于对图像进行执行盲去卷积滤波复原，调用格式为

```
[J,psfr]=deconvblind(I,psfi)       %使用最大似然算法和点扩散函数 psfi 的初始估计值对图像 I 进行
                                   %反卷积，返回去模糊后的图像 J 和还原后的点扩散函数 psfr
[J,psfr]=deconvblind(I,psfi,iter)               %指定迭代次数 iter
[J,psfr]=deconvblind(I,psfi,iter,dampar)        %通过抑制偏差较小（与噪声相比）的像素的迭代控制
                                                %噪声放大，偏离量由阻尼阈值 dampar 指定，默认不
                                                %发生阻尼
[J,psfr]=deconvblind(I,psfi,iter,dampar,weight)         % weight 为像素的加权值，根据平场校正
                                                        %量调整分配给每个像素的权重值，weight
                                                        %数组中元素的值指定在处理图像时输入图
                                                        %像中某位置处像素的参与度
[J,psfr]=deconvblind(I,psfi,iter,dampar,weight,readout)       %readout 为噪声矩阵，指定
                                                              %加性噪声（如背景和前景噪声）
                                                              %和读出的相机噪声的方差
[J,psfr]=deconvblind(___,fun)          %fun 为描述 PSF 上附加约束的函数的句柄，每次迭代结束时都
                                       %会调用 fun
```

若复原图像呈现出由算法中使用的离散傅里叶变换所引入的振铃，则在调用 deconvblind()函数之前，通常要先调用 edgetaper()函数。

【例 11-7】对图像进行盲去卷积滤波复原。

解 在编辑器中输入以下代码。

```
clear,clc
I=imread('peppers.png');                                  %读入图像
PSF=fspecial('motion',10,30);
Blurred=imfilter(I,PSF,'circ','conv') ;
```

```
INITPSF=ones(size(PSF));
[J P]=deconvblind (Blurred,INITPSF,20);          %对图像进行盲去卷积滤波复原
subplot(131);imshow (I);title('原始图像')
subplot(132);imshow (Blurred);title('图像模糊')
subplot(133);imshow (J);title('图像复原')
```

运行程序，结果如图 11-8 所示。

图 11-8　盲去卷积滤波复原

【例 11-8】对图像用 4 种方法进行复原。

解　在编辑器中输入以下代码。

```
clear,clc
I=imread('office_4.jpg');
Len=30;
Theta=45;
PSF=fspecial('motion',Len,Theta);                %图像的退化
BlurredA=imfilter(I,PSF,'circular','conv');
Wnrl=deconvwnr(BlurredA,PSF);
BlurredD=imfilter(I,PSF,'circ','conv');
INITPSF=ones(size(PSF));
[K,DePSF]=deconvblind(BlurredD,INITPSF,30);      %盲去卷积复原
BlurredB=imfilter(I,PSF,'conv');
V=0.02;
Blurred_I_Noisy=imnoise(BlurredB,'gaussian',0,V);
% NP=V*prod(size(I));
NP=V*numel(I);
J=deconvreg(Blurred_I_Noisy,PSF,NP);
BlurredC=imfilter(I,PSF,'symmetric','conv');
V=0.002;
BlurredNoisy=imnoise(BlurredC,'gaussian',0,V);
Luc=deconvlucy(BlurredNoisy,PSF,5);
subplot(231);imshow(I);title('原始图像')
subplot(232);imshow(PSF);title('运动模糊后图像')
subplot(233);imshow(Wnrl);title('维纳滤波复原图像')
subplot(234);imshow(J);title('最小二乘复原图像')
subplot(235);imshow(Luc);title('Lucy-Richardson 复原图像')
subplot(236);imshow(K);title('盲去卷积复原图像')
```

运行程序，结果如图 11-9 所示。

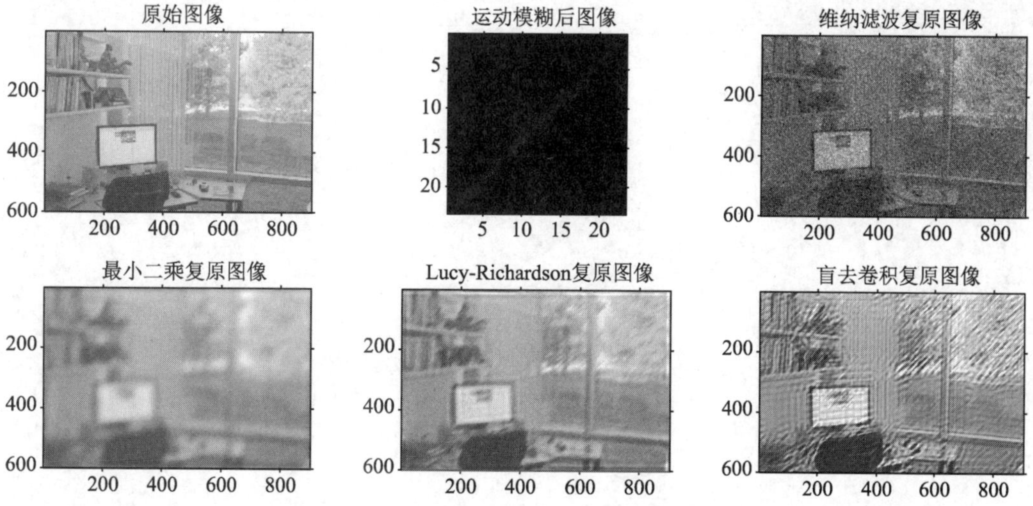

图 11-9　对图像用 4 种方法进行复原

11.3　小结

图像复原在图像处理中占有十分重要的地位。本章介绍了图像退化模型与估计函数、维纳滤波、约束最小二乘滤波算法、Lucy-Richardson 算法和盲去卷积算法的原理和实现方法，并列举了大量的示例阐述它们在 MATLAB 中的实现方法。这些方法分别适用于不同的情况，希望读者通过学习，根据图像退化的原因选用不同的复原方法，从而得到更加逼真的图像。

第三部分
基于 MATLAB 的高级图像处理技术及应用

第 12 章 图像分割与区域处理

CHAPTER 12

对于一幅图像，我们肯定有感兴趣和不感兴趣的地方，图像分割就能够把我们感兴趣的那一部分分割出来，正因为这一功能，图像分割在很多领域都有着非常广泛的应用。

学习目标

（1）掌握经典边缘检测算子的基本原理和实现步骤；

（2）理解阈值分割、区域分割等的基本原理和实现步骤；

（3）理解邻域操作、区域运算的基本原理和实现步骤。

12.1 图像分割概述

图像分割算法的研究已有几十年的历史，一直以来都受到人们的高度重视。关于图像分割的原理和方法，国内外已有不少的论文发表，但一直以来没有一种分割方法适用于所有图像分割处理。传统的图像分割方法存在着不足，不能满足人们的要求，为进一步的图像分析和理解带来了困难。

随着计算机技术的迅猛发展，以及相关技术的发展和成熟，结合图像增强等技术，能够在计算机上实现图像分割处理。其中最主要的技术是图像分割技术，从图像中将某个特定区域与其他部分进行分离并提取出来。图像分割的方法有许多种，有阈值分割方法、边界分割方法、区域提取方法、结合特定理论工具的分割方法等。

早在 1965 年，就有人提出边缘检测算子，边缘检测方面已产生了不少经典算法。越来越多的学者开始将数学形态学、模糊理论、遗传算法理论、分形理论和小波变换理论等研究成果运用到图像分割中，产生了结合特定数学方法和针对特殊图像分割的先进图像分割技术。

有关图像分割的解释和表述很多，借助集合概念，对图像分割可以给出如下比较正式的定义。

令集合 R 代表整幅图像的区域，对 R 的分割可看作将 R 分为 n 个满足以下 5 个条件的非空子集（子区域）$R_1, R_2, \cdots, R_n$。

（1）$\bigcup_{i=1}^{N} R_i = R$：对一幅图像分割所得的全部子区域的综合（并集）应能包括图像中所有像素（就是原图像），或者说分割应将图像的每个像素都分进某个区域中。

（2）对所有 i 和 j，有 $i \neq j$，使 $R_i \cap R_j = \Phi$：在分割结果中各个子区域是互不重叠的，或者说在分割结果中一个像素不能同时属于两个区域。

（3）对 $i = 1, 2, \cdots, N$，有 $P(R_i) = \text{True}$：在分割结果中每个子区域都有独特的特性，或者说属于同一个区域中的像素应该具有某些相同特性。

（4）对 $i \neq j$，有 $P\left(R_i \cup R_j\right) = \text{False}$：在分割结果中，不同的子区域具有不同的特性，没有公共元素，或者说属于不同区域的像素应该具有一些不同的特性。

（5）对 $i=1,2,\cdots,N$，R_i 是连通的区域：要求分割结果中同一个子区域内的像素应当是连通的，即同一个子区域的两个像素在该子区域内互相连通，或者说分割得到的区域是一个连通组元。

最后需要指出，实际应用中图像分割不仅要把一幅图像分成满足上述 5 个条件的各具特性的区域，而且需要把其中感兴趣的目标区域提取出来。只有这样才算真正完成了图像分割的任务。

图像分割是把图像分割成若干个特定的、具有独特性质的区域并提取出感兴趣目标的技术和过程，这些特性可以是像素的灰度、颜色、纹理等提取的目标，可以是对应的单个区域，也可以是对应的多个区域。

12.2 边缘检测

图像分析和理解的第 1 步常常是边缘检测。边缘检测方法是人们研究得比较多的一种方法，它通过检测图像中不同区域的边缘达到分割图像的目的。边缘检测的实质是采用某种算法提取出图像中对象与背景间的交界线。

我们将边缘定义为图像中灰度发生急剧变化的区域边界。图像灰度的变化情况可以用图像灰度分布的梯度来反映，因此可以用局部图像微分技术获得边缘检测算子。

12.2.1 Roberts 算子

Roberts 算子是一种斜向偏差分的梯度计算方法，梯度的大小代表边缘的强度，梯度的方向与边缘走向垂直。Roberts 算子操作实际上是求 ± 45° 两个方向上微分值的和。Roberts 算子定位精度高，在水平和垂直方向效果较好，但对噪声敏感。

Roberts 算子两个卷积核分别为

$$\boldsymbol{G}_x = \begin{bmatrix} 1 & 0 \\ 0 & -1 \end{bmatrix},\quad \boldsymbol{G}_y = \begin{bmatrix} 0 & 1 \\ -1 & 0 \end{bmatrix}$$

采用范数衡量梯度的幅度，即

$$|\boldsymbol{G}(x,y)| = |\boldsymbol{G}_x| + |\boldsymbol{G}_y|$$

12.2.2 Sobel 算子

Sobel 算子是一组方向算子，从不同的方向检测边缘。Sobel 算子不是简单地求平均再差分，而是加强了中心像素上、下、左、右 4 个方向像素的权重，运算结果是一幅边缘图像。Sobel 算子通常对灰度渐变和噪声较多的图像处理得较好。

Sobel 算子两个卷积核分别为

$$\boldsymbol{G}_x = \begin{bmatrix} -1 & 0 & 1 \\ -2 & 0 & 2 \\ -1 & 0 & 1 \end{bmatrix},\quad \boldsymbol{G}_y = \begin{bmatrix} 1 & 2 & 1 \\ 0 & 0 & 0 \\ -1 & -2 & -1 \end{bmatrix}$$

采用范数衡量梯度的幅度，即

$$|\boldsymbol{G}(x,y)| \approx \max(|\boldsymbol{G}_x|,|\boldsymbol{G}_y|)$$

12.2.3　Prewitt 算子

Prewitt 算子是一种边缘样板算子，利用像素点上、下、左、右邻点灰度差，在边缘处达到极值检测边缘，对噪声具有平滑作用。由于边缘点像素的灰度值与其邻域点像素的灰度值显著不同，在实际应用中通常采用微分算子和模板匹配方法检测图像的边缘。

Prewitt 算子不仅能检测边缘点，而且能抑制噪声，因此对灰度和噪声较多的图像处理得较好。

Prewitt 算子两个卷积核分别为

$$\boldsymbol{G}_x=\begin{bmatrix}-1 & 0 & 1\\ -1 & 0 & 1\\ -1 & 0 & 1\end{bmatrix},\quad \boldsymbol{G}_y=\begin{bmatrix}1 & 1 & 1\\ 0 & 0 & 0\\ -1 & -1 & -1\end{bmatrix}$$

采用范数衡量梯度的幅度，即

$$|\boldsymbol{G}(x,y)|\approx \max(|\boldsymbol{G}_x|,|\boldsymbol{G}_y|)$$

12.2.4　Laplacian-Gauss 算子

Laplacian 算子是二阶导数的二维等效式，函数 $f(x,y)$ 的 Laplacian 算子公式为

$$\nabla^2 f=\frac{\partial^2 f}{\partial x^2}+\frac{\partial^2 f}{\partial y^2}$$

使用差分方程对 x 和 y 方向上的二阶偏导数近似为

$$\begin{aligned}\frac{\partial^2 f}{\partial x^2}&=\frac{\partial G_x}{\partial x}=\frac{\partial\left(f(i,j+1)-f(i,j)\right)}{\partial x}=\frac{\partial f(i,j+1)}{\partial x}-\frac{\partial f(i,j)}{\partial x}\\&=f(i,j+2)-2f(i,j+1)+f(i,j)\end{aligned}\tag{12-1}$$

式（12-1）近似是以点 $(i,j+1)$ 为中心的，以点 (i,j) 为中心的近似为

$$\frac{\partial^2 f}{\partial x^2}=f(i,j+1)-2f(i,j)+f(i,j-1)$$

类似地，有

$$\frac{\partial^2 f}{\partial y^2}=f(i+1,j)-2f(i,j)+f(i-1,j)$$

表示的模板为

$$\nabla^2=\begin{bmatrix}0 & -1 & 0\\ -1 & 4 & -1\\ 0 & -1 & 0\end{bmatrix}$$

这里对模板的基本要求是对应中心像素的系数应该是正的，对应中心像素邻近像素的系数应是负的，且它们的和总为零。

Laplacian 算子检测方法常常产生双像素边界，而且这个检测方法对图像中的噪声相当敏感，不能检验边缘方向。所以一般很少直接使用 Laplacian 算子进行边缘检测。

将高斯滤波与拉普拉斯边缘检测结合在一起，形成 LOG 算法，也称为 Laplacian-Gauss 算法。LOG 算子是对 Laplacian 算子的一种改进，它需要考虑 5×5 邻域的处理，从而获得更好的检测效果。

Laplacian 算子对噪声非常敏感，因此 LOG 算子引入了平滑滤波，有效地去除了服从正态分布的噪声，从而使边缘检测的效果更好。

LOG 算子的输出 $h(x,y)$ 是通过卷积运算得到的，即

$$h(x,y)=\nabla^2[g(x,y)*f(x,y)]$$

根据卷积求导法，有

$$h(x,y)=[\nabla^2 g(x,y)]*f(x,y)$$

$$\nabla^2 g(x,y)=\left(\frac{x^2+y^2-2\sigma^2}{\sigma^4}\right)\mathrm{e}^{-\frac{x^2+y^2}{2\sigma^2}}$$

其中，σ 为高斯函数的方差。

12.2.5 Canny 算子

Canny 算子提出了边缘算子的 3 个准则。

1）信噪比准则

信噪比越大，提取的边缘质量越高。信噪比定义为

$$\mathrm{SNR}=\frac{\left|\int_{-w}^{+w}G(-x)h(x)\mathrm{d}x\right|}{\sigma\sqrt{\int_{-w}^{+w}h^2(x)\mathrm{d}x}}$$

其中，$G(x)$代表边缘函数；$h(x)$代表宽度为 w 的滤波器的脉冲响应。

2）定位精确度准则

边缘定位精度定义为

$$L=\frac{\left|\int_{-w}^{+w}G'(-x)h'(x)\mathrm{d}x\right|}{\sigma\sqrt{\int_{-w}^{+w}h'^2(x)\mathrm{d}x}}$$

其中，$G'(x)$ 和 $h'(x)$ 分别为 $G(x)$ 和 $h(x)$ 的导数。L 越大，表明定位精度越高。

3）单边缘响应准则

为了保证单边缘只有一个响应，检测算子的脉冲响应导数的零交叉点平均距离 $D(f')$ 应满足

$$D(f')=\pi\left\{\frac{\int_{-\infty}^{+\infty}h'^2(x)\mathrm{d}x}{\int_{-\infty}^{+\infty}h''(x)\mathrm{d}x}\right\}^{1/2}$$

其中，$h''(x)$ 为 $h(x)$ 的二阶导数。

以上述指标和准则为基础，利用泛函数求导的方法可推导出 Canny 边缘检测器是信噪比与定位之乘积的最优逼近算子，表达式近似于高斯函数的一阶导数。将 Canny 算子 3 个准则相结合，可以获得最优的检测算子。Canny 边缘检测的算法步骤如下。

（1）用高斯滤波器平滑图像。

（2）用一阶偏导的有限差分计算梯度的幅值和方向。

（3）对梯度幅值进行非极大值抑制。

（4）用双阈值算法检测和连接边缘。

12.2.6　边缘检测函数

在 MATLAB 中，edge()函数可以实现检测边缘的功能，调用格式为

```
BW=edge(I)                      %采用默认 Sobel 算子进行边缘检测，返回二值图像 BW，其中 1 对应于灰度
                                %或二值图像 I 中函数找到的边缘位置，0 对应于其他位置
BW=edge(I,method)               %使用 method 指定的边缘检测算子检测图像 I 中的边缘
BW=edge(I,method,threshold)                        %返回强度高于阈值 threshold 的所有边缘
BW=edge(I,method,threshold,direction)              %指定要检测的边缘方向，当 method 是'Sobel'、
                                                   %'Prewitt'或'Roberts'时有效
BW=edge(___,'nothinning')                   %跳过边缘细化阶段，以提高性能，当 method 是'Sobel'、
                                            %'Prewitt'或'Roberts'时有效
BW=edge(I,method,threshold,sigma)               %指定滤波器的标准差 sigma，仅当 method 为'log'
                                                   %或'Canny'时有效
BW=edge(I,method,threshold,h)                      %使用指定的滤波器 h 检测边缘，当 method 为
                                                   %'zerocross'时有效
[BW,threshOut] = edge(___)                         %返回阈值 threshOut
[BW,threshOut,Gv,Gh] = edge(___)                   %返回定向梯度幅值 Gv 和 Gh,当 method 为'Sobel'、
                                                   %'Prewitt'或'Roberts'时有效
```

边缘检测算法 method 参数取值如表 12-1 所示。其中，Sobel 算子和 Prewitt 算子可以检测垂直方向和（或）水平方向的边缘；Roberts 算子可以检测与水平方向呈 45° 和（或）135° 的边缘。对于 Sobel 算子和 Prewitt 算子，Gv 和 Gh 分别对应于垂直和水平梯度；对于 Roberts 算子，Gv 和 Gh 分别对应于与水平方向呈 45°和 135°的梯度。

表 12-1　边缘检测算法method参数取值

参数取值	使 用 说 明
'Sobel'	默认算法，使用导数的Sobel逼近，通过寻找图像中梯度最大的点查找边缘
'Prewitt'	使用导数的Prewitt逼近，通过寻找图像中梯度最大的点查找边缘
'Roberts'	使用导数的Roberts逼近，通过寻找图像中梯度最大的点查找边缘
'log'	使用Laplacian-Gauss滤波器对图像进行滤波后，通过寻找过零点查找边缘
'zerocross'	使用指定的滤波器对图像进行滤波后，通过寻找过零点查找边缘
'Canny'	通过寻找图像的梯度局部最大值查找边缘。edge()函数使用高斯滤波器的导数计算梯度。该方法使用双阈值检测强边缘和弱边缘，如果弱边缘与强边缘连通，则将弱边缘包含到输出中。由于使用双阈值，Canny算子相对其他算子不易受噪声干扰，更可能检测到真正的弱边缘
'approxcanny'	使用近似Canny算子查找边缘，该算法的执行速度较快，但检测不太精确。浮点图像应归一化到范围[0,1]

【例 12-1】利用不同阈值的 Sobel 算子对图像进行边缘检测。

解　在编辑器中输入以下代码。

```
clear,clc
I=imread('eight.tif');
subplot(231);imshow(I);title('原始图像')
subplot(232);imhist(I);title('直方图')
I0=edge(I,'sobel');                                  %自动选择阈值的 Sobel 算法
```

```
I1=edge(I,'sobel',0.06);                                   %指定阈值为 0.06
I2=edge(I,'sobel',0.04);                                   %指定阈值为 0.04
I3=edge(I,'sobel',0.02);                                   %指定阈值为 0.02
subplot(233);imshow(I0);title('默认阈值')
subplot(234);imshow(I1);title('阈值为 0.06')
subplot(235);imshow(I2);title('阈值为 0.04')
subplot(236);imshow(I3);title('阈值为 0.02')
```

运行程序，结果如图 12-1 所示。

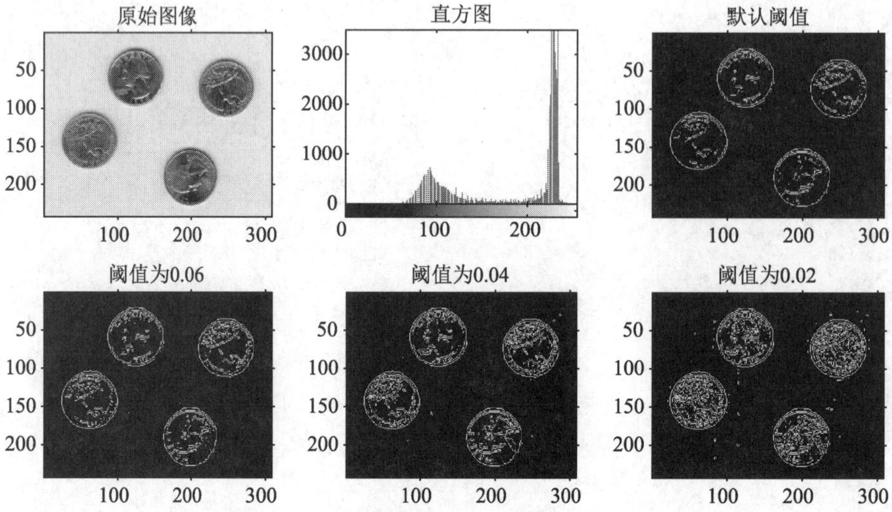

图 12-1　不同阈值的 Sobel 算子边缘检测

【例 12-2】利用 Roberts 算子对图像进行边缘检测。

解　在编辑器中输入以下代码。

```
clear,clc
I=imread('rice.png');
BW1=edge(I,'Roberts',0.04);                                  %Roberts 算子边缘检测
subplot(121),imshow(I);title('原始图像')
subplot(122),imshow(BW1);title('Roberts 算子边缘检测')
```

运行程序，结果如图 12-2 所示。

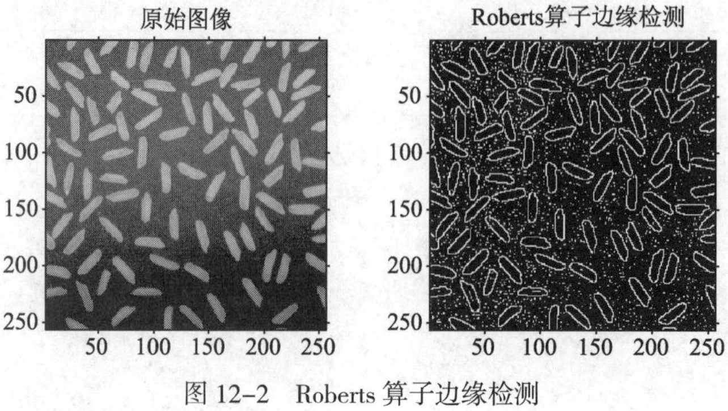

图 12-2　Roberts 算子边缘检测

【例 12-3】利用不同标准偏差的 LOG 算子进行边缘检测。

解　在编辑器中输入以下代码。

```
clear,clc
I=imread('pout.tif');
BW1=edge(I,'log',0.003,2);                              % sigma=2
BW2=edge(I,'log',0.003,3);                              % sigma=3
subplot(131);imshow(I);title('原始图像')
subplot(132);imshow(BW1);title('LOG 算子边缘检测(sigma=2)')
subplot(133);imshow(BW2);title('LOG 算子边缘检测(sigma=3)')
```

运行程序，结果如图 12-3 所示。

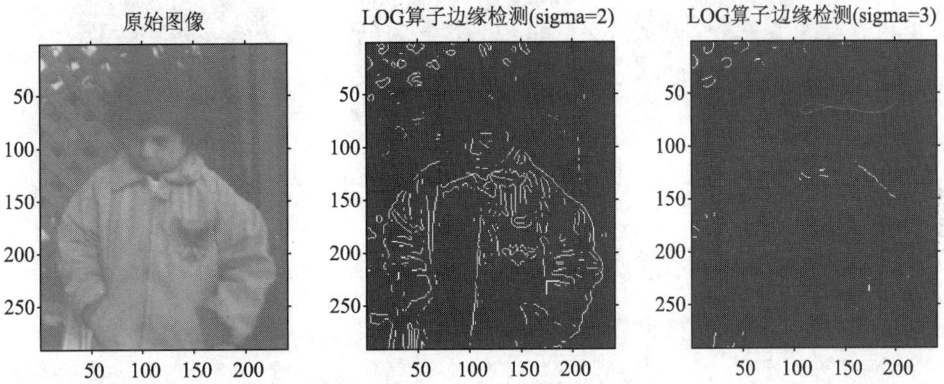

图 12-3　不同标准偏差的 LOG 算子边缘检测

【例 12-4】采用不同的边缘检测算子对图像进行边缘检测。

解　在编辑器中输入以下代码。

```
clear,clc
I=imread('rice.png');
BW1=edge(I,'Roberts',0.04);                        %Roberts 算子
BW2=edge(I,'Sobel',0.04);                          %Sobel 算子
BW3=edge(I,'Prewitt',0.04);                        %Prewitt 算子
BW4=edge(I,'LOG',0.004);                           %LOG 算子
BW5=edge(I,'Canny',0.04);                          %Canny 算子
subplot(231),imshow(I);title('原始图像')
subplot(232),imshow(BW1);title('Roberts 算子边缘检测')
subplot(233),imshow(BW2);title('Sobel 算子边缘检测')
subplot(234),imshow(BW3);title('Prewitt 算子边缘检测')
subplot(235),imshow(BW4);title('LOG 算子边缘检测')
subplot(236),imshow(BW5);title('Canny 算子边缘检测')
```

运行程序，结果如图 12-4 所示。

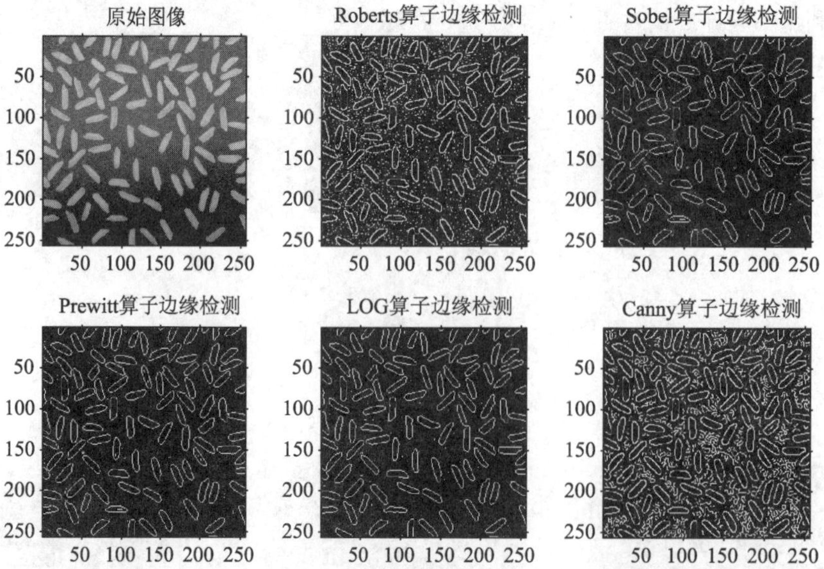

图 12-4　采用不同的边缘检测算子对图像进行边缘检测

12.2.7　小波在图像边缘检测中的应用

小波分析因其在处理非平稳信号中的独特优势而成为信号处理中的一个重要研究方向。如今，随着小波理论体系的不断完善，小波以其时频局部化特性和多尺度特性在图像边缘检测领域备受青睐。

【例 12-5】 利用小波分解检测图像的边缘。

解　在编辑器中输入以下代码。

```
clear,clc
load cathe_1;
colormap(map);axis square;
init=2055615866;
randn('seed',init);
X1=X+20*randn(size(X));                    %添加噪声
W=wpdec2(X1,1,'db5');                      %用 db5 小波对图像 X 进行一层小波分解
R=wprcoef(W,[1 0]);                        %重构图像近似部分
W1=edge(X,'sobel');                        %原始图像边缘检测
W2=edge(X1,'sobel');                       %带噪声图像边缘检测
W3=edge(R,'sobel');                        %图像近似部分的边缘检测
subplot(231);image(X);title('原始图像')
subplot(232);image(X1);title('添加噪声的图像')
subplot(233);image(R);title('重构图像近似部分')
subplot(234);imshow(W1);title('原始图像边缘')
subplot(235);imshow(W2);title('添加噪声图像边缘')
subplot(236);imshow(W3);title('重构图像近似部分边缘')
```

运行程序，结果如图 12-5 所示。

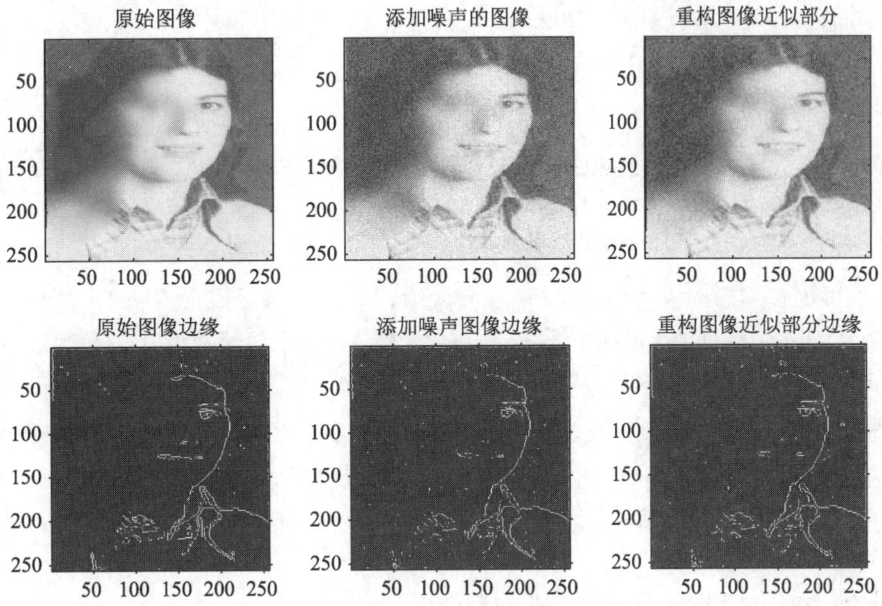

图 12-5　小波边缘检测

12.3　直线的提取与边界跟踪

图像的基本特征之一是直线。一般物体平面图像的轮廓可近似为直线与弧的组合，对物体轮廓的检测与识别可以转化为对这些基元的检测与提取。另外，在运动图像分析和估计领域也可以采用直线对应法实现刚体旋转量和位移量的测量，所以直线检测对图像处理算法研究具有重要的意义 。

边缘是一个局部的概念，一个区域的边界是一个具有整体性的概念，边界跟踪是一种串行的图像分割技术。图像由于噪声以及光照不均等原因，边缘点可能是不连续的，边界跟踪可以将它们变为有意义的信息。下面将分别介绍直线的提取与边界跟踪。

12.3.1　Hough 变换提取直线

Hough 变换是一种利用图像的全局特征将特定形状的边缘连接起来，形成连续平滑边缘的方法。它通过将原始图像上的点映射到用于累加的参数空间，实现对已知解析式曲线的识别。由于它利用了图像全局特性，所以受噪声和边界间断的影响较小，鲁棒性较强。Hough 变换常用于对图像中的直线进行识别。

图像中任意直线区域都可以一一对应参数空间中的一个点，而图像中任意像素都同时存在于很多直线区域之上。可以将图像中的直线区域想象为容器，把特定像素想象为放在容器中的棋子，只不过每个棋子都可以同时存放于多个容器中。

那么，Hough 变换可以理解为依次检查图像中的每个棋子（特定像素），对于每个棋子，找到所有包含它的容器（平面上的直线区域），并为每个容器的计数器加 1，这样就可以统计出每个容器（平面上的直线区域）所包含的棋子（特定像素）数量。当图像中某个直线区域包含的特定像素足够多时，就可以认为这个直线区域表示的直线存在。

在 MATLAB 中，通过 Hough 变换在图像中检测直线需要 3 个步骤。

（1）利用 hough()函数执行 Hough 变换，得到 Hough 矩阵。

（2）利用 houghpeaks()函数在 Hough 矩阵中寻找峰值点。

（3）利用 houghlines()函数在前两步结果的基础上得到原二值图像中的直线信息。

这些函数的调用格式如下。

```
[H,theta,rho]=hough(BW,param1,val1,param2,val2)
```

其中，BW 为边缘检测后的图像；param1、val1 以及 param2、val2 为可选参数对；H 为变换得到的 Hough 矩阵；theta 和 rho 为分别对应于 Hough 矩阵每列和每行的 θ 和 ρ 值组成的向量。

```
peaks=houghpeaks(H,numpeaks,param1,val1,param2,val2)
```

其中，H 为由 hough()函数得到的 Hough 矩阵；numpeaks 是要寻找的峰值数目，默认为 1；peaks 是一个 $Q\times 2$ 的矩阵，每行的两个元素分别为某一峰值点在 Hough 矩阵中的行、列索引，Q 为找到的峰值点的数目。

```
lines=houghlines(BW,theta,rho,peaks,param1,val1,param2,val2)
```

其中，BW 为边缘检测后的图像；theta 和 rho 为 Hough 矩阵每列和每行的 θ 和 ρ 值组成的向量，由 hough()函数返回；peaks 是一个包含峰值点信息的 $Q\times 2$ 的矩阵，由 houghpeaks()函数返回；lines 是一个结构体数组，数组长度是找到的直线条数。

【例 12-6】 对图像进行 Hough 变换，提取直线。

解 在编辑器中输入以下代码。

```
clear,clc
RGB=imread('peppers.png');
I=rgb2gray(RGB);
BW=edge(I,'canny');                                              %边缘检测
[H,T,R]=hough(BW,'RhoResolution',0.5,'Theta',-90:0.5:89.5);      %计算 Hough 变换
subplot(121);imshow(RGB);title('原始图像')
subplot(122);
imshow(imadjust(mat2gray(H)),'XData',T,'YData',R,'InitialMagnification','fit');
title('Hough 变换');xlabel('\theta 轴'), ylabel('\rho 轴')
axis on, axis normal, hold on
colormap(hot);
```

运行程序，结果如图 12-6 所示。

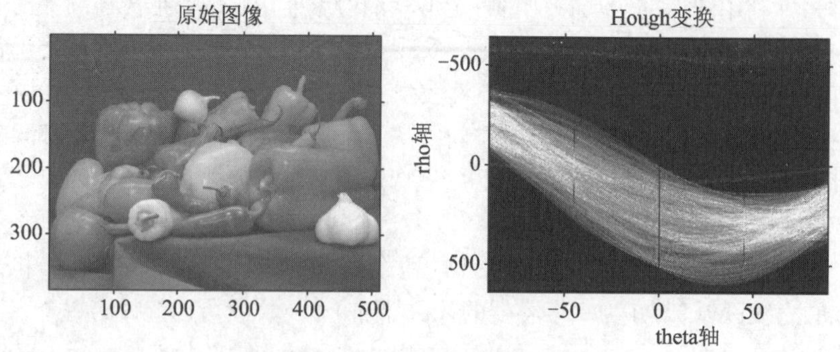

图 12-6　对图像进行 Hough 变换

【例 12-7】 对一幅图像进行 Hough 变换，标出峰值位置。

解 在编辑器中输入以下代码。

```
clear,clc
I=imread('rice.png');
subplot(121);imshow(I);title('原始图像');
BW=edge(imrotate(I,50,'crop'),'prewitt');
[H,T,R]=hough(BW);
P=houghpeaks(H,2);                                                    %提取峰值
subplot(122);imshow(H,[],'XData',T,'YData',R,'InitialMagnification','fit');
                                                                      %显示 Hough 变换
title('Hough 变换');xlabel('\theta 轴'), ylabel('\rho 轴');
axis on, axis normal,hold on
plot(T(P(:,2)),R(P(:,1)),'s','color','white');                        %标记颜色为白色
```

运行程序，结果如图 12–7 所示。

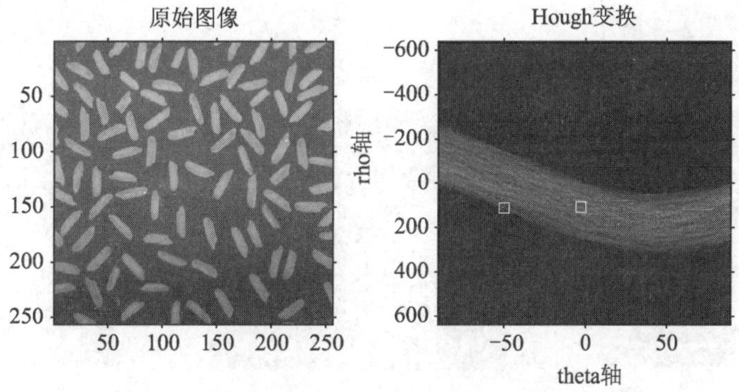

图 12–7　对图像进行 Hough 变换并标出峰值位置

【例 12-8】对图像进行 Hough 变换，并标出最长的线段。

解　在编辑器中输入以下代码。

```
clear,clc
I=imread('blobs.png');
subplot(131);imshow(I);title('原始图像')
rotI=imrotate(I,45,'crop');                                  %图像旋转
BW=edge(rotI,'sobel');                                       %用 Sobel 算子提取图像中的边缘
[H,T,R]=hough(BW);                                           %对图像进行 Hough 变换
subplot(132)
imshow(H,[],'XData',T,'YData',R, 'InitialMagnification','fit');
title('Hough 变换')
xlabel('\theta 轴'), ylabel('\rho 轴')
axis on, axis normal,
hold on;
P=houghpeaks(H,5,'threshold',ceil(0.3*max(H(:))));          %寻找极值点
x=T(P(:,2));y=R(P(:,1));
plot(x,y,'s','color','white');
lines=houghlines(BW,T,R,P,'FillGap',5,'MinLength',7);  %找出对应的直线边缘
subplot(133);imshow(rotI), title('检测线段');
hold on
max_len=0;
```

```
for k=1:length(lines)
    xy=[lines(k).point1;lines(k).point2];
    plot(xy(:,1),xy(:,2),'LineWidth',2,'Color','green');
    % 标记直线边缘对应的起点
    plot(xy(1,1),xy(1,2),'x','LineWidth',2,'Color','blue');
    plot(xy(2,1),xy(2,2),'x','LineWidth',2,'Color','red');
    len=norm(lines(k).point1 - lines(k).point2);        %计算直线边缘长度
    if (len > max_len)
        max_len=len;
        xy_long=xy;
    end
end
plot(xy_long(:,1),xy_long(:,2),'LineWidth',2,'Color','b');
```

运行程序，结果如图 12-8 所示。

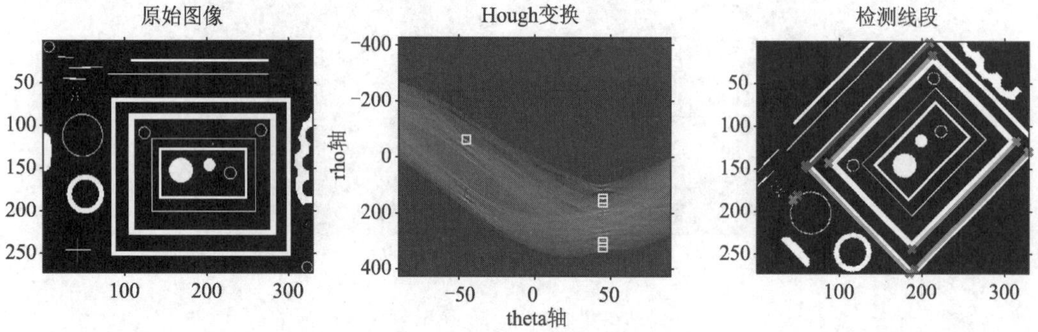

图 12-8　直线提取

12.3.2　边界跟踪

边界跟踪是指从图像中一个边缘点出发，然后根据某种判别准则搜索下一个边缘点，以此跟踪目标边界。边界跟踪算法步骤如下。

（1）确定边界的起始搜索点，起始点的选择很关键，对某些图像，选择不同的起始点会导致不同的结果。

（2）确定合适边界判别准则和搜索准则，判别准则用于判断一个点是不是边界点，搜索准则指导如何搜索下一个边缘点。

（3）确定搜索的终止条件。

在 MATLAB 中，bwtraceboundary()函数采用基于曲线跟踪的策略，给定搜索起始点和搜索方向及其返回该起始点的一条边界；bwboundaries()函数用于获取二值图中对象的轮廓。函数的调用格式如下。

```
B=bwtraceboundary(BW,P,fstep)
B=bwtraceboundary(BW,P,fstep,conn)
B=bwtraceboundary(___,N,dir)
```

其中，非零像素表示对象，零像素构成背景；B 是一个 $Q\times 2$ 的矩阵，Q 为区域边界像素的数量，B 保存有边界像素的行、列坐标；参数 P 是一个指定行、列坐标的二元向量，表示对象边界上想开始跟踪的那个点；fstep 表示初始查找方向，用于寻找对象中与 P 相连的下一个像素；dir 为寻找边界的方向，即顺时针还是逆时针；conn 指定所需的连接值，取 4 或 8；N 为正整数，表示要提取的最大边界像素数。

```
B = bwboundaries(BW,conn)
```

其中，B 是一个 $P\times1$ 的数组，P 为对象个数，每个对象是 $Q\times2$ 的矩阵，对应于对象轮廓像素的坐标。

【例 12-9】对图像进行边缘跟踪提取。

解 在编辑器中输入以下代码。

```
clear,clc
RGB=imread('saturn.png');
subplot(131);imshow(RGB);title('原始图像')
I=rgb2gray(RGB);
threshold=graythresh(I);
BW=im2bw(I,threshold);                                    %将灰度图像转换为二值图像
subplot(132);imshow(BW);title('二值图像')
dim=size(BW);
col=round(dim(2)/2)-90;                                   %计算起始点列坐标
row=find(BW(:,col), 1);                                   %计算起始点行坐标
connectivity=8;
num_points=180;
contour=bwtraceboundary(BW, [row, col], 'N', connectivity, num_points);   %提取边界
subplot(133);imshow(RGB);title('结果图像')
hold on;
plot(contour(:,2),contour(:,1),'g','LineWidth',2)
```

运行程序，结果如图 12-9 所示。

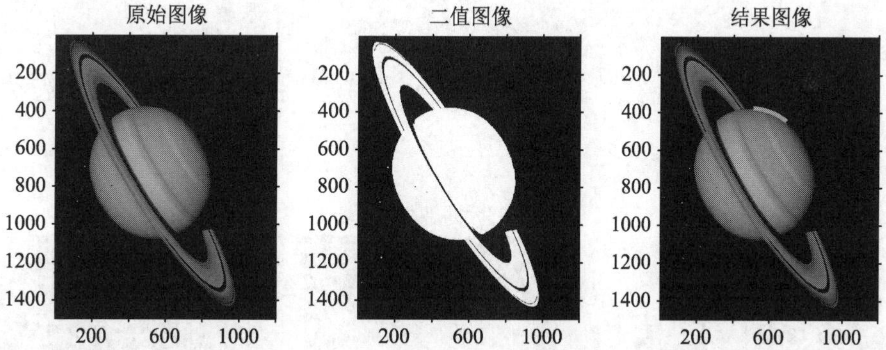

图 12-9 对图像进行边缘跟踪提取

【例 12-10】对图像进行边界跟踪提取。

解 在编辑器中输入以下代码。

```
clear,clc
I=imread('blobs.png');
subplot(121);imshow(I),title('原始图像')
B=bwboundaries(I);                                        %提取边界
D= B{1,1};
subplot(122);plot(D(:,2),D(:,1));title('边界标记')          %画第 1 条边界
set(gca,'YDir','reverse')                                 %翻转 y 坐标轴
```

运行程序，结果如图 12-10 所示。

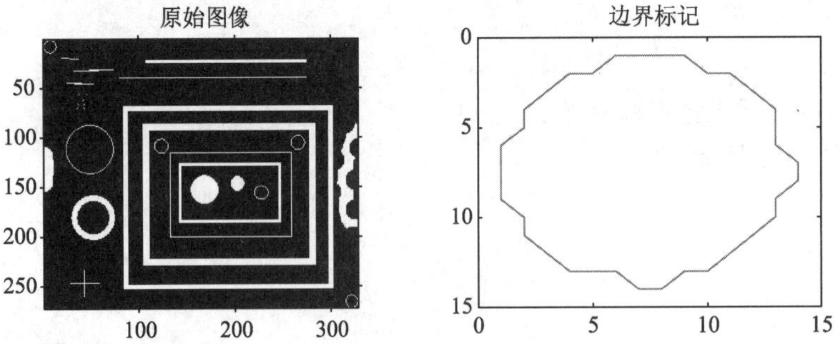

图 12-10　边界跟踪提取

【例 12-11】将图像中不同的区域表示为不同的颜色。

解　在编辑器中输入以下代码。

```
clear,clc
I=imread('tape.png');                          %导入图像
subplot(131);imshow(I),title('原始图像')
BW=im2bw(I, graythresh(I));                    %生成二值图像
subplot(132);imshow(BW),title('二值图像')
[B,L]=bwboundaries(BW,'noholes');              %提取边界，并返回边界元胞数组 B 和区域标志数组 L
subplot(133);imshow(label2rgb(L, @jet, [.5 .5 .5]));title('彩色标记图像')
hold on
%以不同的颜色标记不同的区域
for k=1:length(B)
   boundary=B{k};
   plot(boundary(:,2), boundary(:,1), 'w', 'LineWidth', 1)     %在图像上叠画边界
end
```

运行程序，结果如图 12-11 所示。

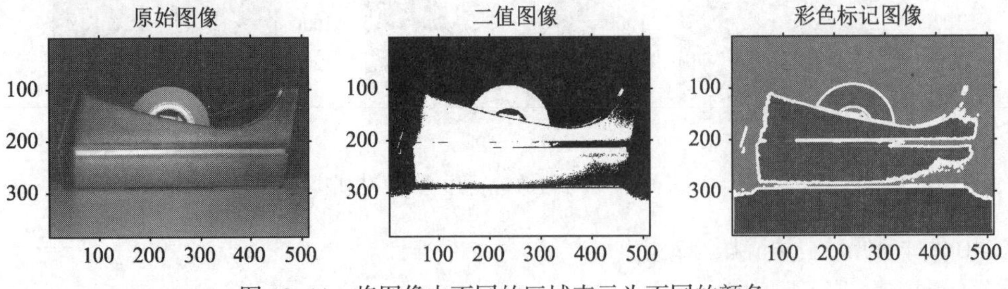

图 12-11　将图像中不同的区域表示为不同的颜色

12.4　阈值分割

阈值分割是一种基于区域的图像分割技术。阈值分割是一种最常用的图像分割方法，因其实现简单、计算量小、性能较稳定而成为图像分割中最基本和应用最广泛的分割技术。

图像阈值化的目的是按照灰度级对像素集合进行划分，得到的每个子集形成一个与现实景物相对应的

区域，各个区域内部具有一致的属性，而相邻区域布局有这种一致属性。这样的划分可以通过从灰度级出发选取一个或多个阈值来实现。

12.4.1 直方图阈值

直方图阈值法的依据是图像的直方图，通过对直方图进行各种分析实现对图像的分割。图像的直方图可以看作像素灰度值概率分布密度函数的一个近似，设一幅图像仅包含目标和背景，那么它的直方图所代表的像素灰度值概率密度分布函数实际上就是对应目标和背景的两个单峰分布密度函数的和。

若灰度图像的直方图，其灰度级范围为 $i=0,1,2,\cdots,L-1$，灰度级为 k 的像素数为 n_k，则一幅图像的总像素数 N 为

$$N=\sum_{i=0}^{L-1}n_i=n_0+n_1+\cdots+n_{L-1}$$

灰度级 i 出现的概率为

$$p_i=\frac{n_i}{N}=\frac{n_i}{n_0+n_1+\cdots+n_{L-1}}$$

当图像的灰度直方图为规律分布时，图像的内容大致为两部分，分别在灰度分布的两个山峰附近。因此，直方图左侧山峰为亮度较低的部分，对应于画面中较暗的背景部分；直方图右侧山峰为亮度较高的部分，对应于画面中需要分割的目标。

选择的阈值为两峰之间的谷底点时，即可将目标分割出来。当被分割图像的灰度直方图中呈现出明显、清晰的两个波峰时，使用该方法可以达到较好的分割精度。

【例 12-12】利用直方图阈值法对图像进行分割。

解　在编辑器中输入以下代码。

```
close all
I=imread('rice.png');
subplot(131);imshow(I),title('原始图像')
subplot(132);imhist(I),title('直方图')                    %观察灰度直方图
I1=im2bw(I,120/255);                                      %im2bw()函数将灰度值转换到[0,1]范围内
subplot(133);imshow(I1),title('直方图阈值法分割结果')
```

运行程序，结果如图 12-12 所示。

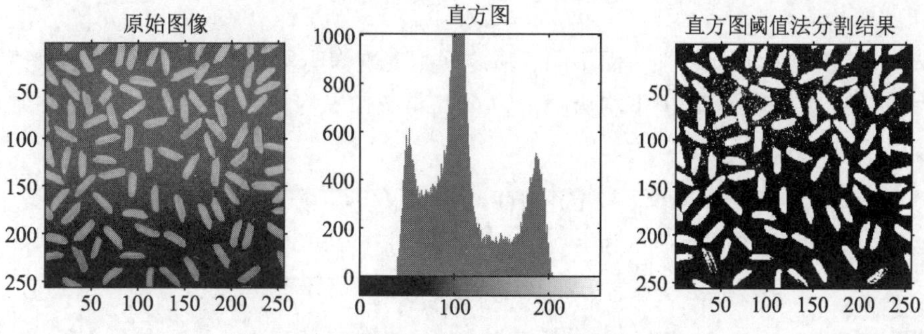

图 12-12　利用直方图阈值法对图像进行分割

12.4.2 自动阈值法

自动阈值法（Otsu 法）以图像的灰度直方图为依据，以目标和背景的类间方差最大为阈值选取准则，综合考虑了像素邻域以及图像整体灰度分布等特征关系，以经过灰度分类的像素类群之间产生最大方差时的灰度数值作为图像的整体分割阈值。

图像灰度级的集合为 $S=(1,2,\cdots,i,\cdots,L)$，灰度级为 i 的像素数为 n_i，则图像的全部像素数为

$$N=n_1+n_2+\cdots+n_L=\sum_{i\in S}n_i$$

将其标准化后，像素数为 $p_i=n_i/N$，其中，$i\in S$，$p_i\geqslant 0$，$\sum\limits_{i\in S}p_i=1$。

某图像灰度直方图，t 为分离两区域的阈值。由直方图统计可被 t 分离后的区域 1、区域 2 占整幅图像的面积比以及整幅图像、区域 1、区域 2 的平均灰度。

区域 1 的面积比为

$$\theta_1=\sum_{i=0}^{t}\frac{n_i}{N}$$

区域 2 的面积比为

$$\theta_2=\sum_{i=t+1}^{G-1}\frac{n_i}{N}$$

整幅图像平均灰度为

$$u=\sum_{i=0}^{G-1}\left(f_i\times\frac{n_i}{N}\right)$$

区域 1 的平均灰度为

$$u_1=\frac{1}{\theta_1}\sum_{i=0}^{t}\left(f_i\times\frac{n_i}{N}\right)$$

区域 2 的平均灰度为

$$u_2=\frac{1}{\theta_2}\sum_{i=t+1}^{G-1}\left(f_i\times\frac{n_i}{N}\right)$$

其中，G 为图像的灰度级数。

整幅图像平均灰度与区域 1、区域 2 平均灰度值之间的关系为

$$u=u_1\theta_1+u_2\theta_2$$

同一区域常常具有灰度相似特性，而不同区域之间则表现为明显的灰度差异，当被阈值 t 分离的两个区域之间灰度差较大时，两个区域的平均灰度 u_1、u_2 与整图像平均灰度 u 之差也较大，区域间的方差就是描述这种差异的有效参数，其计算式为

$$\sigma^2{}_{\mathrm{B}}=\theta_1(t)\left[u_1(t)-u\right]^2+\theta_2(t)\left[u_2(t)-u\right]^2$$

经数学推导，区域间的方差可表示为

$$\sigma^2{}_{\mathrm{B}}=\theta_1(t)\theta_2(t)\left[u_1(t)-u_2(t)\right]^2$$

由此可以确定阈值 $T=\max\left[\sigma^2{}_{\mathrm{B}}(t)\right]$，以最大方差决定阈值不需要人为设定其他参数，是一种自动选择阈值的方法，它不仅适用于两区域的单阈值选择，也可以扩展到多区域的多阈值选择。

在 MATLAB 中，graythresh()函数可以实现自动阈值算法（Otsu 法计算全局图像阈值），调用格式为

```
T=graythresh(I)                    %根据灰度图像 I 计算全局阈值 T（使用 Otsu 法）
[T,EM]=graythresh(I)               %返回有效性度量 EM
```

说明： Otsu 法选择一个阈值，使阈值化的黑白像素的类内方差最小化。全局阈值 T 可与 imbinarize() 函数结合使用以将灰度图像转换为二值图像。

【例 12-13】利用自动阈值法对图像进行分割。

解　在编辑器中输入以下代码。

```
clear,clc
I=imread('rice.png');
subplot(121),imshow(I);title('原始图像')
level=graythresh(I);
BW=im2bw(I,level);
subplot(122),imshow(BW);title('自动阈值法分割图像')
disp(strcat('graythresh 计算灰度阈值: ',num2str(uint8(level*255))))
```

运行程序，结果如图 12-13 所示。

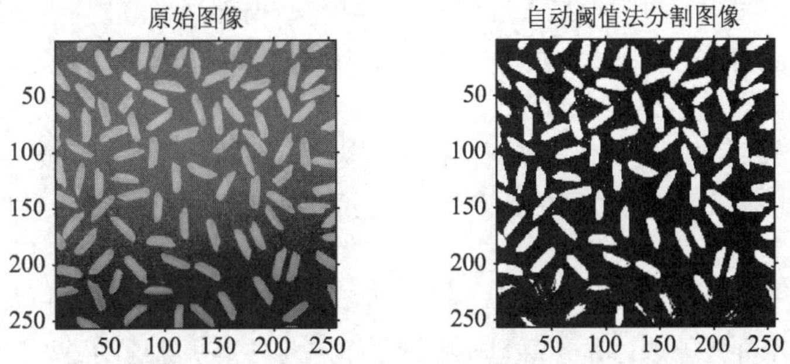

图 12-13　利用自动阈值法对图像进行分割

【例 12-14】对图像进行自动阈值分割，并归一化其灰度值。

解　在编辑器中输入以下代码。

```
clear,clc
I=imread('circuit.tif');
background=imopen(I,strel('disk',15));
I2=I-background;
I3=imadjust(I2);                          %增强图像的对比度
[level,EM]=graythresh(I3)                 %阈值的图像
bw=im2bw(I3,level);
subplot(141);imshow(I);title('原始图像')
subplot(142), imshow(I2);title('去除背景后图像')
subplot(143), imshow(I3);title('增强对比度')
subplot(144), imshow(bw);title('自动阈值分割')
```

运行程序，结果如图 12-14 所示。

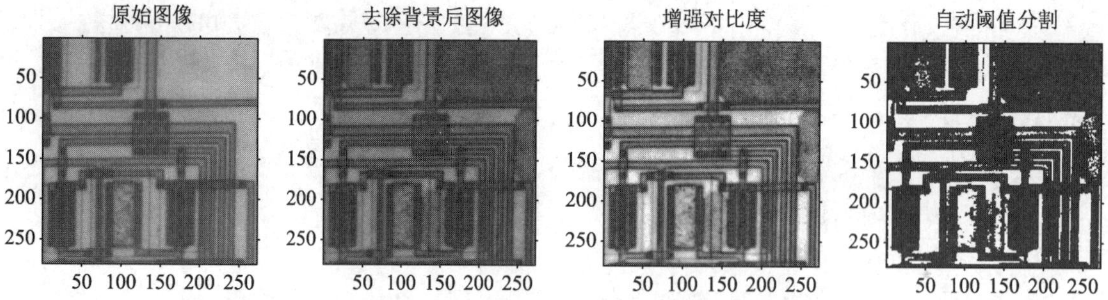

图 12-14　利用自动阈值法对图像进行分割并归一化灰度值

12.4.3　分水岭法

分水岭法是一种基于拓扑理论的数学形态学的分割方法，其基本思想是把图像看作测地学上的拓扑地貌，图像中每个像素的灰度值表示该像素的海拔高度，每个局部极小值及其影响区域称为集水盆地，而集水盆地的边界则形成分水岭。

分水岭的概念和形成可以通过模拟浸入过程说明。在每个局部极小值表面，刺穿一个小孔，然后把整个模型慢慢浸入水中，随着浸入的加深，每个局部极小值的影响域慢慢向外扩展，在两个集水盆地汇合处构筑大坝，即形成分水岭。

设 D 是一幅灰度图像，它的最大和最小灰度值分别为 h_max 和 h_min。定义一个从 h_min 到 h_max 的水位 h 不断递增的递归过程。在这个过程中，每个与不同的局部最小相关的集水盆地都不断扩展，定义 $X(h)$ 为水位 h 时集水盆地的集合的并。

在 h+1 层，一个连通分量 T（h+1）或者是一个新的局部最小，或者是一个已经存在的 $X(h)$中的集水盆地的扩展。对于后者，按邻接关系计算高度为 h+1 的每个点与各集水盆地的距离。

如果一个点与两个以上的集水盆地等距离，则它不属于任何集水盆地，否则属于与它距离最近的集水盆地。从而产生新的 $X(h+1)$。把在高度 h 出现的局部最小记作 MIN（h），把 Y（h+1,$X(h)$）记作高度为 h+1 同时属于 $X(h)$的点的集合，即

$$\begin{cases} X(h\_\min) = \{p \in D \mid f(p) = h\_\min\} = T(h\_\min) \\ X(h+1) = \text{MIN}(h+1) \cup X(h) \cup Y[h+1, X(h)] \end{cases}$$

分水岭变换 Watershed(f)就是 $X(h_max)$的补集，即

$$\text{Watershed}(f) = D \setminus (h\_\max)$$

在 MATLAB 中，watershed()函数可以实现分水岭算法，调用格式为

```
L=watershed(A)              %对图像 A 采用分水岭算法分割
L=watershed(A,conn)         %指定算法中使用元素的连通方式 conn，在图像分割中，conn=4 时，表示
                            %4 连通；conn=8 时，表示为 8 连通
```

该函数不仅适用于图像分割，也可以用于对任意维区域的分割，A 是对这个区域的描述，可以是任意维的数组，每个元素可以是任意实数。返回的 L 是与 A 维数相同的非负整数矩阵，标记分割结果，矩阵元素值为对应位置上像素点所属的区域编号，0 元素表示该对应像素是分水岭，不属于任何区域。

【例 12-15】 创建一幅包含两个重叠圆形图案的二值图像，使用分水岭法对其进行分割。

解　在编辑器中输入以下代码。

```
clear,clc
ct1=-9;
ct2=-ct1;
dist=sqrt(2*(2*ct1)^2);
ra=dist/2*1.4;
lims=[floor(ct1-1.2*ra) ceil(ct2+1.2*ra)];
[x,y]=meshgrid(lims(1):lims(2));
bw1=sqrt((x-ct1).^2+(y-ct1).^2)<=ra;
bw2=sqrt((x-ct2).^2+(y-ct2).^2)<=ra;
bw=bw1|bw2;
subplot(131), imshow(bw,'InitialMagnification','fit'), title('二值图像');
F=bwdist(~bw);
subplot(132), imshow(F,[],'InitialMagnification','fit');title('分割前的等高线图');
F=-F;
F(~bw)=-Inf;
%进行 watershed 分割并将分割结果以标记图形式绘出
L=watershed(F);
rgb=label2rgb(L,'jet',[.6 .6 .6]);
subplot(133), imshow(rgb,'InitialMagnification','fit');title('分水岭变换')
```

运行程序，结果如图 12-15 所示。

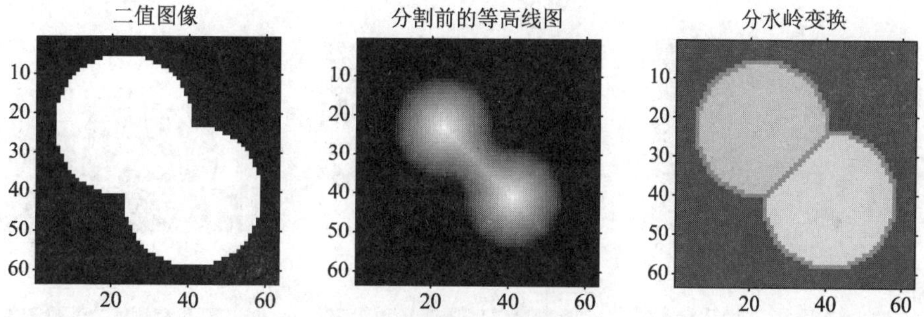

图 12-15　分水岭法分割二值图像

【例 12-16】对一幅图像进行多种方法的分水岭分割。

解　在编辑器中输入以下代码。

```
clear,clc
filename=('tape.png');                    %读入图像
f=imread(filename);
Info=imfinfo(filename);
if Info.BitDepth>8
   f=rgb2gray(f);
end
figure,mesh(double(f));                   %显示图像，类似集水盆地
```

运行程序，结果如图 12-16 所示。

方法 1：一般分水岭分割。

```
b=im2bw(f,graythresh(f));        %二值化，注意应保证集水盆地的值较低（为 0），否则就要对 b 取反
d=bwdist(b);                     %求零值到最近非零值的距离，即集水盆地到分水岭的距离
```

```
l=watershed(-d);                    %MATLAB 自带分水岭算法，l 中的零值即为分水岭
w=l==0;                             %取出边缘
g=b&~w;                             %用 w 作为掩膜从二值图像中取值
subplot(231),imshow(f);
subplot(232),imshow(b);
subplot(233),imshow(d);
subplot(234),imshow(l);
subplot(235),imshow(w);
subplot(236),imshow(g);
```

运行程序，结果如图 12-17 所示。

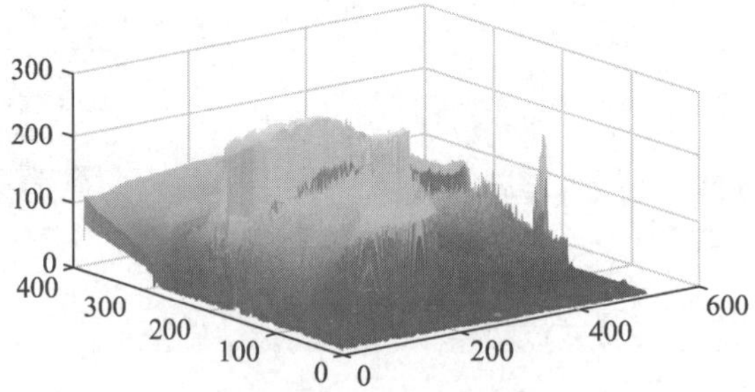

图 12-16　集水盆地

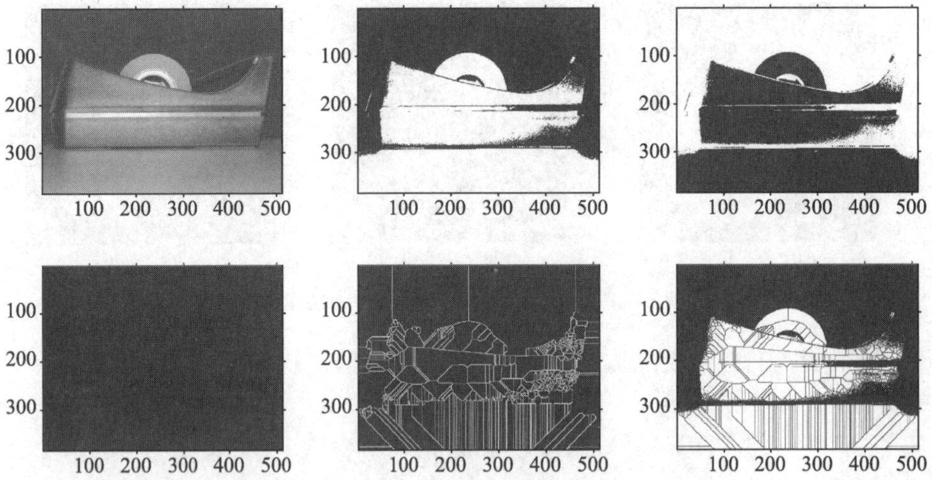

图 12-17　一般分水岭分割

方法 2：使用梯度的两次分水岭分割。

```
h=fspecial('sobel');                                 %获得纵向的 Sobel 算子
fd=double(f);
g=sqrt(imfilter(fd,h,'replicate').^2+imfilter(fd,h','replicate').^2);
l=watershed(g);                                      %分水岭运算
wr=l==0;
g2=imclose(imopen(g,ones(3,3)),ones(3,3));           %进行开闭运算对图像进行平滑
l2=watershed(g2);                                    %再次进行分水岭运算
wr2=l2==0;
```

```
f2=f;
f2(wr2)=255;
subplot(231),imshow(f);
subplot(232),imshow(g);
subplot(233),imshow(l);
subplot(234),imshow(g2);
subplot(235),imshow(l2);
subplot(236),imshow(f2);
```

运行程序，结果如图 12-18 所示。

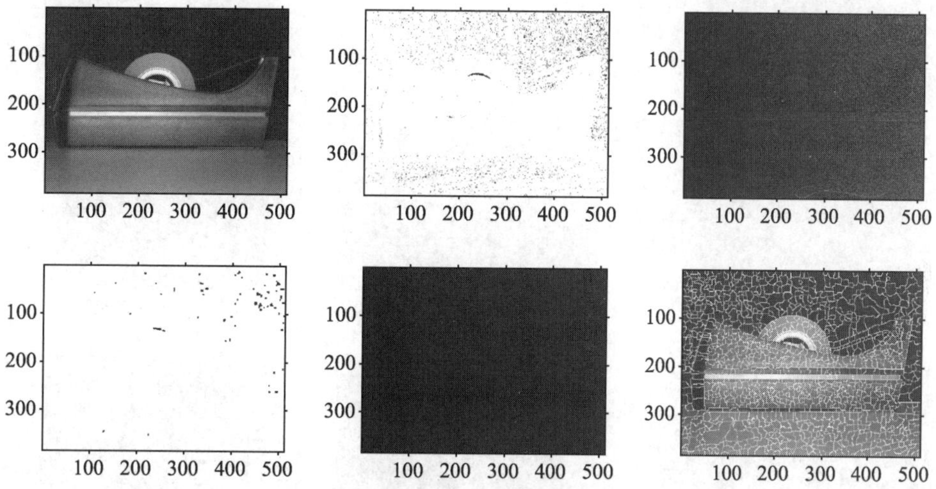

图 12-18　使用梯度的两次分水岭分割

方法 3：使用梯度加掩膜的三次分水岭分割。

```
h=fspecial('sobel');                          %获得纵向的 Sobel 算子
fd=double(f);
g=sqrt(imfilter(fd,h,'replicate').^2+imfilter(fd,h','replicate').^2);
l=watershed(g);                               %分水岭运算
wr=l==0;
rm=imregionalmin(g);                          %计算图像的区域最小值定位
im=imextendedmin(f,2);                        %上面仅是产生最小值点
fim=f;
fim(im)=175;                                  %将 im 在原图上标识出，用于观察
lim=watershed(bwdist(im));                    %再次分水岭计算
em=lim==0;
g2=imimposemin(g,im|em);                      %在梯度图上标出 im 和 em
l2=watershed(g2);                             %第 3 次分水岭计算
f2=f;
f2(l2==0)=255;                                %从原图对分水岭进行观察
subplot(3,3,1),imshow(f);
subplot(3,3,2),imshow(g);
subplot(3,3,3),imshow(l);
subplot(3,3,4),imshow(im);
subplot(3,3,5),imshow(fim);
```

```
subplot(3,3,6),imshow(lim);
subplot(3,3,7),imshow(g2);
subplot(3,3,8),imshow(l2)
subplot(3,3,9),imshow(f2);
```

运行程序，结果如图 12–19 所示。

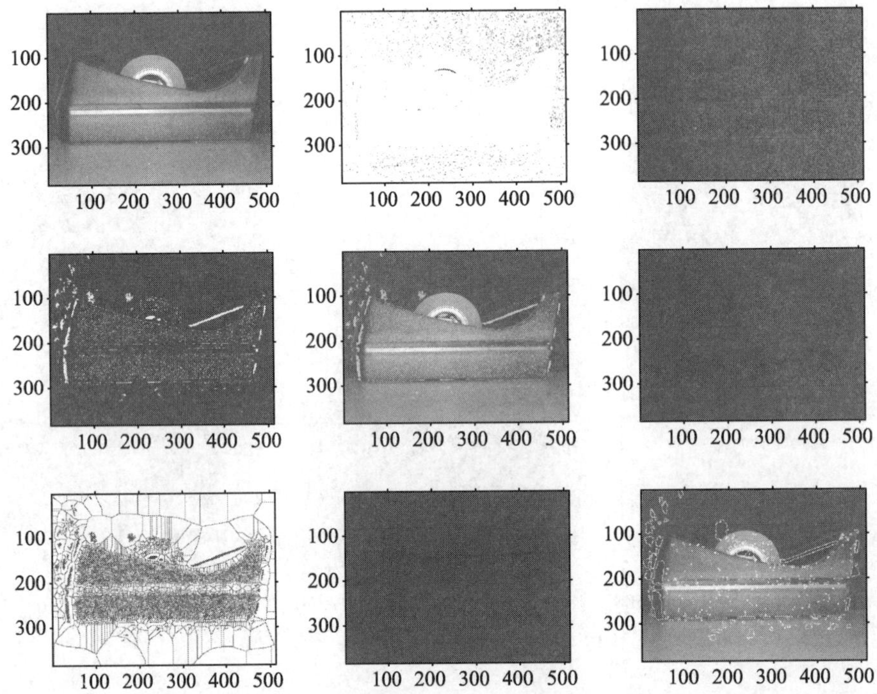

图 12–19　使用梯度加掩膜的三次分水岭分割

12.4.4　迭代法

迭代法选取阈值的方法如下：初始阈值选取为图像的平均灰度 T_0，然后用 T_0 将图像的像素点分为两部分，计算两部分各自的平均灰度，小于 T_0 的部分为 T_A，大于 T_0 的部分为 T_B，求 T_A 和 T_B 的平均值 T_1，将 T_1 作为新的全局阈值代替 T_0，重复以上过程，如此迭代，直至 T_k 收敛。

具体实现时，首先根据初始开关函数将输入图像分为前景和背景，在第 1 遍对图像扫描结束后，平均两个积分器的值以确定一个阈值。用这个阈值控制开关再次将输入图像分为前景和背景，并用作新的开关函数。如此反复迭代，直到开关函数不再发生变化，此时得到的前景和背景即为最终分割结果。

【例 12-17】用迭代法对图像进行分割。

解　在编辑器中输入以下代码。

```
clear,clc
I=imread('tire.tif');
ZMAX=max(max(I));                              %取出最大灰度值
ZMIN=min(min(I));                              %取出最小灰度值
TK=(ZMAX+ZMIN)/2;
BCal=1;
iSize=size(I);                                 %图像的大小
```

```
while (BCal)
    iForeground=0;                                      %前景数
    iBackground=0;                                      %定义背景数
    ForegroundSum=0;                                    %定义前景灰度总和
    BackgroundSum=0;                                    %定义背景灰度总和
    for i=1:iSize(1)
        for j=1:iSize(2)
            tmp=I(i,j);
            if(tmp>=TK)
                % 前景灰度值
                iForeground=iForeground+1;
                ForegroundSum=ForegroundSum+double(tmp);
            else
                iBackground=iBackground+1;
                BackgroundSum=BackgroundSum+double(tmp);
            end
        end
    end
    ZO=ForegroundSum/iForeground;                       %计算前景的平均值
    ZB=BackgroundSum/iBackground;                       %计算背景的平均值
    TKTmp=uint8((ZO+ZB)/2);
    if(TKTmp==TK)
        BCal=0;
    else
        TK=TKTmp;
    end                                                 %说明迭代结束
end
disp(strcat('迭代后的阈值:',num2str(TK)));
newI=im2bw(I,double(TK)/255);
subplot(121);imshow(I);title('原始图像')
subplot(122);imshow(newI);title('迭代法分割效果')
```

运行程序，结果如图 12-20 所示。

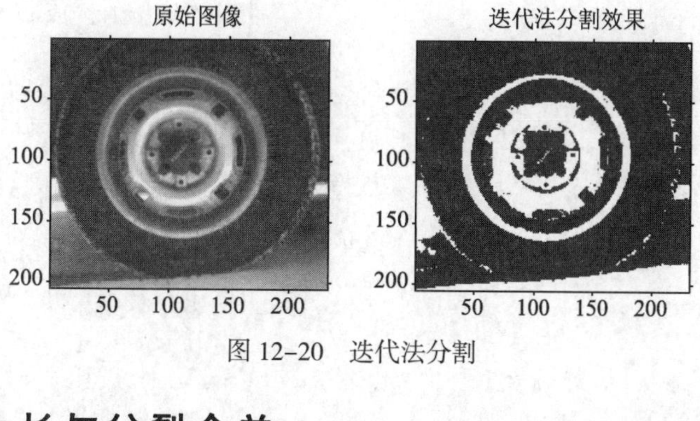

图 12-20　迭代法分割

12.5　区域生长与分裂合并

图像分割就是把图像分成若干个特定的、具有独特性质的区域并提出感兴趣目标的技术和过程。它是从图像处理到图像分析的关键步骤。

区域生长需要选择一组能正确代表所需区域的种子像素，确定在生长过程中的相似性准则，制定让生长停止的条件或准则。相似性准则可以是灰度级、彩色、纹理、梯度等特性。

选取的种子像素可以是单个像素，也可以是包含若干个像素的小区域。大部分区域生长准则使用图像的局部性质。生长准则可根据不同原则制定，而使用不同的生长准则会影响区域生长的过程。

区域合并方法是指在通过某种初始化分割方法得到的很多小区域上，根据一定的合并标准将满足合并标准的两个邻接区域合并为一个区域，直到所有满足合并标准的邻接区域都被合并起来。

在使用分割方法分割图像后，结果中可能会出现过分割，利用区域合并方法则可以进一步将相邻的区域按照合并准则合并起来。制定合并准则是进行合并的重点。

12.5.1 区域生长

区域生长是指将成组的像素或区域发展成更大区域的过程。从种子点的集合开始，从这些点的区域生长是将与每个种子点有相似属性（如强度、灰度级、纹理颜色等）的相邻像素合并到此区域。区域生长是根据事先定义的准则将像素或子区域聚合成更大区域的过程。

基本思想：从一组生长点开始（生长点可以是单个像素，也可以为某个小区域），将与该生长点性质相似的相邻像素或区域与生长点合并，形成新的生长点，重复此过程直到不能生长为止。

生长点和相邻区域的相似性判据可以是灰度值、纹理、颜色等多种图像信息。区域生长一般有 3 个步骤。

（1）选择合适的生长点。

（2）确定相似性准则，即生长准则。

（3）确定生长停止条件。

一般来说，在无像素或区域满足加入生长区域的条件时，区域生长就会停止。

【例 12-18】利用区域生长法对图像进行分割。

解 在编辑器中输入以下代码。

```
clear,clc
A0=imread('football.jpg');
seed=[100,220];                                         %选择起始位置
thresh=16;                                              %相似性选择阈值
A=rgb2gray(A0);
A=imadjust(A,[min(min(double(A)))/255,max(max(double(A)))/255],[]);
A=double(A);
B=A;
[r,c]=size(B);                                          %图像尺寸，r 为行数，c 为列数
n=r*c;                                                  %计算图像所包含点的个数
pixel_seed=A(seed(1),seed(2));                          %原图起始点灰度值
q=[seed(1) seed(2)];                                    %q 用于保存起始位置
top=1;                                                  %循环判断标志
M=zeros(r,c);                                           %建立一个与原图同等大小的矩阵
M(seed(1),seed(2))=1;
count=1;                                                %计数器
while top~=0                                            %循环结束条件
    r1=q(1,1);
    c1=q(1,2);
```

```
    p=A(r1,c1);
    dge=0;
    for i=-1:1
        for j=-1:1
            if r1+i<=r && r1+i>0 && c1+j<=c && c1+j>0
                if abs(A(r1+i,c1+j)-p)<=thresh && M(r1+i,c1+j)~=1
                    top=top+1;
                    q(top,:)=[r1+i c1+j];
                    M(r1+i,c1+j)=1;
                    count=count+1;
                    B(r1+i,c1+j)=1;                   %满足判定条件将 B 中相对应的点赋为 1
                end
                if M(r1+i,c1+j)==0
                    dge=1;                             %将 dge 赋为 1
                end
            else
                dge=1;                                 %点在图像外，将 dge 赋为 1
            end
        end
    end
    if dge~=1
        B(r1,c1)=A(seed(1),seed(2));                   %将原始图像起始位置灰度值赋予 B
    end
    if count>=n
        top=1;
    end
    q=q(2:top,:);
    top=top-1;
end
subplot(121),imshow(A,[]);title('灰度图像')
subplot(122),imshow(B,[]);title('生长法分割图像')
```

运行程序，结果如图 12-21 所示。

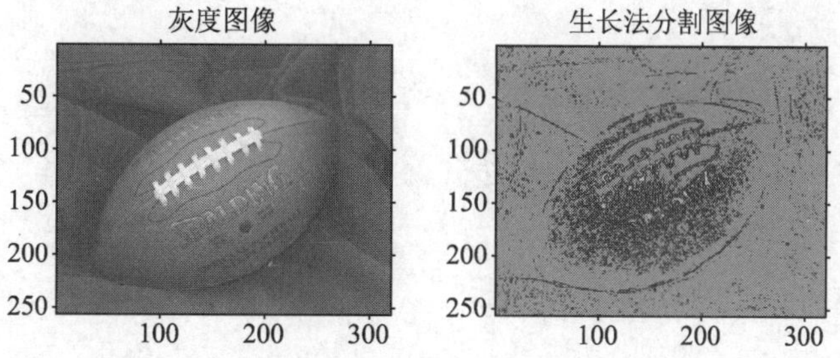

图 12-21　区域生长法分割图像

12.5.2　分裂合并

区域生长是从某个或某些像素点出发，最后得到整个区域，进而实现目标提取。分裂合并差不多是区域生长的逆过程：从整幅图像出发，不断分裂得到各个子区域，然后再把前景区域合并，实现目标提取。

分裂合并的假设是对于一幅图像，前景区域由一些相互连通的像素组成，因此，如果把一幅图像分裂到像素级，那么就可以判定该像素是否为前景像素。当所有像素点或子区域完成判断以后，把前景区域或像素合并就可得到前景目标。

假定一幅图像分为若干区域，按照有关区域的逻辑词 P 的性质，各个区域上所有像素将是一致的。分裂合并算法如下。

（1）将整幅图像设置为初始区域。

（2）选一个区域 R，若 $P(R)$ 错误，则将该区域分为 4 个子区域。

（3）考虑图像中任意两个或更多的邻接子区域 R_1，R_2，…，R_n。

（4）如果 $P(R_1 \cup R_2 \cup \cdots \cup R_n)$ 正确，则将这 n 个区域合并成为一个区域。

（5）重复上述步骤，直到不能再进行区域分裂合并。

四叉树分解法是常见的分裂合并算法。令 R 代表整个图像区域，P 代表逻辑词。对 R 进行分割的方法是反复将分割得到的结果图像分成 4 个区域，直到对任意区域 R_i，有 $P(R_i)=\text{True}$。也就是说，对整幅图像 R，如果 $P(R)=\text{False}$，那么就将图像分成四等分；对任意区域 R_i，如果有 $P(R_i)=\text{False}$，那么就将 R_i 分成四等分。以此类推，直到 R_i 为单个像素。

若只使用分裂，最后可能出现相邻的两个区域具有相同的性质但并没有合并在一起的情况。因此，允许拆分的同时进行区域合并，即在每次分裂后允许其继续分裂或合并，如 $P(R_i \cup R_j)=\text{True}$，则将 R_i 和 R_j 合并起来。当再无法进行聚合或拆分时操作停止。

在 MATLAB 中，qtdecomp()函数实现图像的四叉树分解，调用格式为

```
s=qtdecomp(I,Threshold,[MinDim MaxDim])
```

其中，I 为输入图像；Threshold 为一个可选参数，如果某个子区域中的最大像素灰度值减去最小像素灰度值大于 Threshold 设定的阈值，那么继续进行分解，否则停止并返回；[MinDim MaxDim]也是可选参数，用来指定最终分解得到的子区域大小；返回值 s 是一个稀疏矩阵，其非零元素位于块的左上角，每个非零元素值代表块的大小。

【例 12-19】对矩阵进行四叉树分解。

解 在命令行窗口中依次输入如下代码。

```
>> J =[1     1     1     1     2     3     6     6
     1     1     2     1     4     5     6     8
     1     1     1     1    10    15     7     7
     1     1     1     1    20    25     7     7
    20    22    20    22     1     2     3     4
    20    22    22    20     5     6     7     8
    20    22    20    20     9    10    11    12
    22    22    20    20    13    14    15    16];
>> S=qtdecomp(J,5);
>> full(S)
```

输出结果如下。

```
ans =
     4     0     0     0     2     0     2     0
     0     0     0     0     0     0     0     0
     0     0     0     0     1     1     2     0
```

```
    0    0    0    0    1    1    0    0
    4    0    0    0    2    0    2    0
    0    0    0    0    0    0    0    0
    0    0    0    0    2    0    2    0
    0    0    0    0    0    0    0    0
```

【例 12-20】对图像进行四叉树分解。

解　在编辑器中输入以下代码。

```
clear,clc
I1=imread('liftingbody.png');
S=qtdecomp(I1,0.25);                    %0.25 为每个方块所需要达到的最小差值
I2=full(S);
subplot(121);imshow(I1);title('原始图像')
subplot(122);imshow(I2);title('四叉树分解后的图像')
```

运行程序，结果如图 12-22 所示。

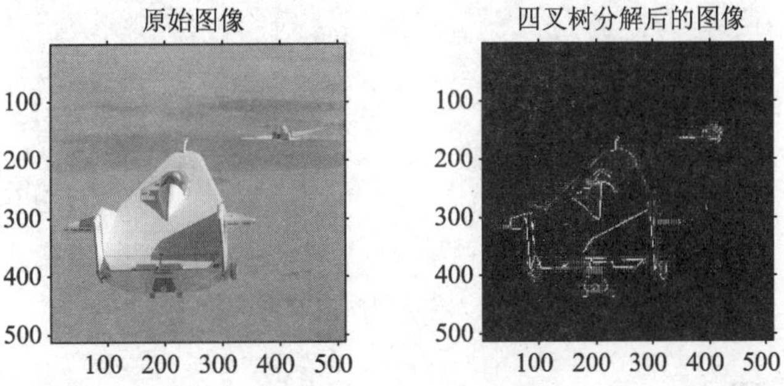

图 12-22　图像四叉树分解

在得到稀疏矩阵后，qtgetblk()函数可进一步获得四叉树分解后所有指定大小的子块像素及位置信息，调用格式为

```
[vals,r,c]=qtgetblk(I,S,dim)      %I 为输入的灰度图像；稀疏矩阵 S 是 I 经过 qtdecomp()函数处理
                                  %的输出结果；dim 为指定的子块大小；vals 为 dim×dim×k 的三维
                                  %矩阵，包含 I 中所有符合条件的子块数据；r 和 c 均为列向量，分别
                                  %表示图像 I 中符合条件子块左上角的纵坐标和横坐标
[vals,idx]=qtgetblk(I,S,dim)      %返回图像块左上角的线性索引 idx
```

在 MATLAB 中，qtsetblk()函数可以用于设置四叉树分分割中子块的值，调用格式为

```
J=qtsetblk(I,s,dim,vals)          %输入参数 vals 为 dim×dim×k 的三维矩阵，包含用来替换原有子
                                  %块的新子块信息；J 为经过子块替换的新图像。这里 k 为四叉树分
                                  %解中 dim×dim 子块的数量
```

【例 12-21】对图像进行块状的四叉树分解。

解　在编辑器中输入以下代码。

```
clear,clc
I=imread('rice.png');
S=qtdecomp(I,.26);                                  %四叉树分解
blocks=repmat(uint8(0),size(S));
for dim=[512 256 128 64 32 16 8 4 2 1]
```

```
    numblocks=length(find(S==dim));
    if (numblocks>0)
        values=repmat(uint8(1),[dim dim numblocks]);
        values(2:dim,2:dim,:)=0;
        blocks=qtsetblk(blocks,S,dim,values);
    end
end
blocks(end,1:end)=1;
blocks(1:end,end)=1;
subplot(121);imshow(I);title('原始图像')
subplot(122);imshow(blocks,[]) ;title('块状四叉树分解图像')
```

运行程序，结果如图 12-23 所示。

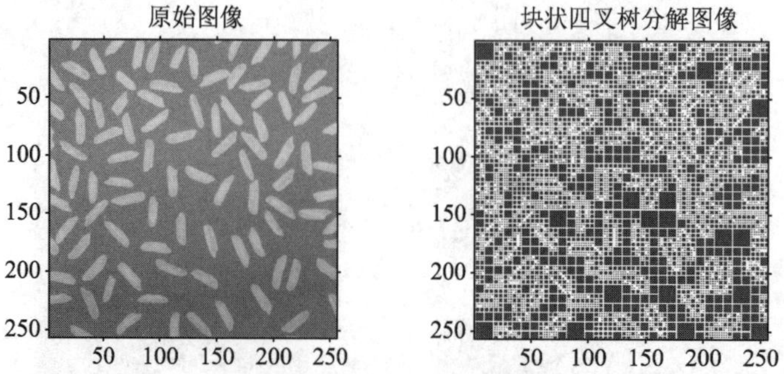

图 12-23　块状四叉树分解图像

12.6　区域处理

12.6.1　滑动邻域操作

滑动邻域操作每次在一个像素上进行。输出图像的每个像素都是通过对输入图像某邻域内的像素值采用某种算术运算得到的。中心像素是指输入图像真正要进行处理的像素。

如果邻域的行和列都是奇数，则中心像素就是邻域的中心；如果行或列有一维为偶数，那么中心像素将位于中心偏左或偏上方。任何一个邻域矩阵的中心像素的坐标表示为

```
floor(([m,n]+1)/2)
```

邻域操作的一般算法如下。

（1）选择一个像素。

（2）确定该像素的邻域。

（3）用一个函数对邻域内的像素进行计算并返回这个标量结果。

（4）在输出图像对应的位置填入输入图像邻域中的中心位置。

（5）重复计算，遍历每个像素点。

在 MATLAB 中，nlfilter()函数用于滑动邻域操作，调用格式为

```
B=nlfilter(A,[m n],fun)          %A 为输入图像；B 为输出图像；m×n 为邻域尺寸；fun 为运算函数
```

colfilt()函数用于对图像进行快速邻域操作，调用格式为

```
B=colfilt(A,[m n],'sliding',fun)            %表示指定'sliding'函数作滑动邻域操作
```

im2col()和 col2im()函数用于对图像进行列操作，调用格式分别如下。

```
B=im2col(A,[m n],'sliding')                 %表示将一幅图像排成列
B=col2im(A,[m n],[mm,nn],'sliding')         %表示将图像进行列重构处理
```

除了上述常用的函数，还可以用 inline 自定义函数。表 12-2 列出了常用的运算函数。

表 12-2　常用的运算函数

函　　数	描　　述	函　　数	描　　述
mean()	求向量的平均值	median()	求向量的中值
mean2()	求矩阵的平均值	max()	求向量的最大值
std()	求向量的标准差	min()	求向量的最小值
std2()	求矩阵的标准差	var()	求向量的方差

【例 12-22】使用滑动邻域操作对图像进行处理。

解　在编辑器中输入以下代码。

```
clear,clc
i=imread('tire.tif');
fun=@(x)median(x(:));
b=nlfilter(i,[3 3],fun);                              %使用滑动邻域操作对图像进行处理
subplot(121);imshow(i);title('原始图像')
subplot(122);imshow(b);title('滑动处理后的图像')
```

运行程序，结果如图 12-24 所示。

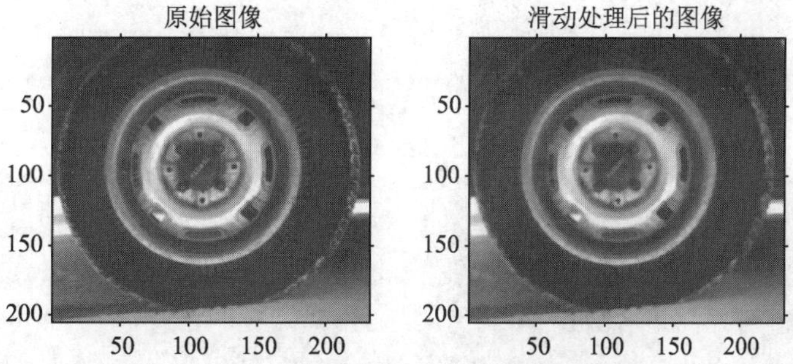

图 12-24　使用滑动邻域操作对图像进行处理

【例 12-23】分别利用平均、最大值、最小值对图像进行滑动处理。

解　在编辑器中输入以下代码。

```
clear,clc
I=imread('cell.tif');
I2=uint8(colfilt(I,[5,5],'sliding',@mean));         %对图像进行滑动平均处理
I3=uint8(colfilt(I,[5,5],'sliding',@max));          %对图像进行滑动最大值处理
I4=uint8(colfilt(I,[5,5],'sliding',@min));          %对图像进行滑动最小值处理
subplot(141);imshow(I);title('原始图像')
```

```
subplot(142);imshow(I2);title('滑动平均值')
subplot(143);imshow(I3);title('滑动最大值')
subplot(144);imshow(I4);title('滑动最小值')
```

运行程序，结果如图 12-25 所示。

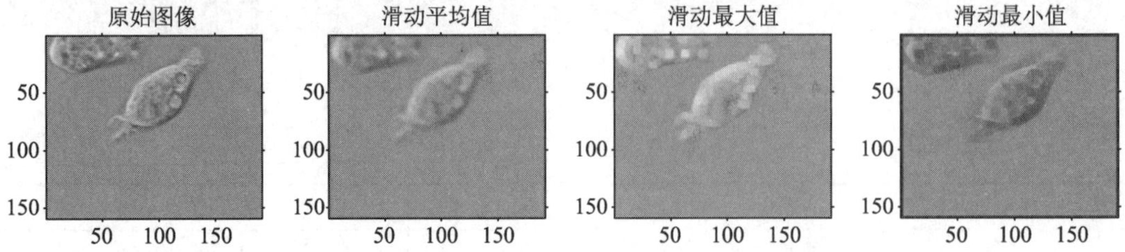

图 12-25　利用平均、最大值、最小值对图像进行滑动处理

【例 12-24】指定多种滑动函数进行滑动邻域操作。

解　在编辑器中输入以下代码。

```
clear,clc
I=im2double(imread('tire.tif'));
f1=@(x) ones(64,1)*mean(x);
f2=@(x) ones(64,1)*max(x);
f3=@(x) ones(64,1)*min(x);
I1=colfilt(I,[8 8],'distinct',f1);
I2=colfilt(I,[8 8],'distinct',f2);
I3=colfilt(I,[8 8],'distinct',f3);
subplot(141);imshow(I);title('原始图像')
subplot(142);imshow(I1);title('滑动平均值')
subplot(143);imshow(I2);title('滑动最大值')
subplot(144);imshow(I3);title('滑动最小值')
```

运行程序，结果如图 12-26 所示。

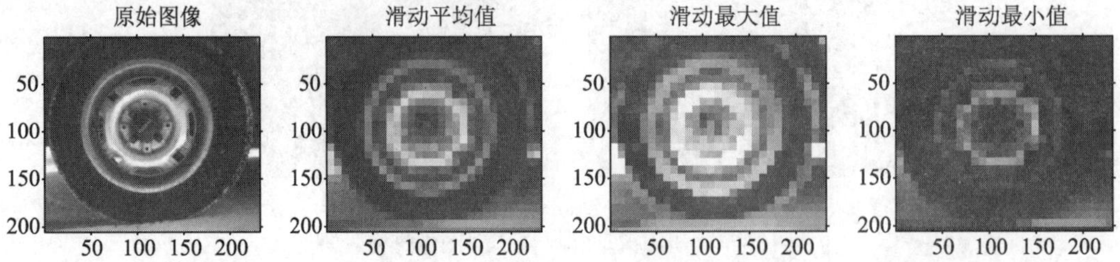

图 12-26　多种滑动邻域操作

【例 12-25】用列操作函数对图像进行滑动处理。

解　在编辑器中输入以下代码。

```
clear,clc
I=imread('cell.tif');
I1=im2col(I,[3 3],'sliding');                    %列操作对图像进行滑动处理
I1=uint8([0 -1 0 -1 4 -1 0 -1 0]*double(I1));
I2=col2im(I1,[3,3],size(I),'sliding');
```

```
subplot(121),imshow(I,[]);title('原始图像');
subplot(122),imshow(I2,[]);title('滑动处理后的图像')
```

运行程序，结果如图 12-27 所示。

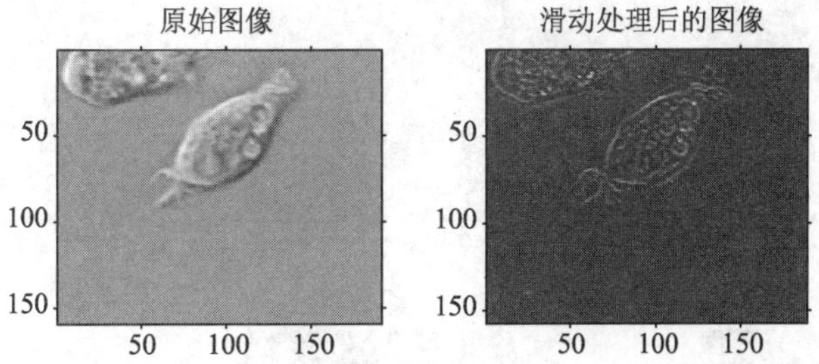

图 12-27　用列操作函数对图像进行滑动处理

12.6.2　分离邻域操作

分离邻域操作也称为图像的块操作，在分离邻域操作中，得到 $m \times n$ 的矩形。分离邻域从左上角开始覆盖整个矩阵，邻域之间没有重叠部分。

在 MATLAB 中，进行图像邻域分离操作函数是 blkproc()；colfilt()函数用于对图像进行快速分离邻域操作；与滑动邻域操作类似，im2col()和 col2im()函数为列操作函数。这些函数的调用格式为

```
B=blkproc(A,[m n],fun)                    %A 为将要进行处理的图像矩阵；[m n]为要处理的分离邻
                                          %域大小；fun 为运算函数
B=colfilt(A,[m n],'distinct',fun)         %表示'distinct'函数作快速分离邻域操作
B=im2col(A,[m n],'distinct')              %表示将图像排成列
B=col2im(A,[m n],[mm,nn],'distinct')      %表示将图像列重构
```

【例 12-26】用 blockproc()函数进行分离邻域操作。

解　在编辑器中输入以下代码。

```
clear,clc
file_name='circuit.tif';
I=imread(file_name);
normal_edges=edge(I,'canny');
subplot(231);imshow(I);title('原始图像');
subplot(232);imshow(normal_edges);title('边缘检测处理');
block_size=[50 50];
edgeFun=@(block_struct) edge(block_struct.data,'canny');
block_edges=blockproc(file_name,block_size,edgeFun);
subplot(233);imshow(block_edges);title('分离邻域操作');
border_size=[10 10];
block_edges=blockproc(file_name,block_size,edgeFun,'BorderSize',border_size);
subplot(234);imshow(block_edges);title('邻域边框');
thresh=0.09;
edgeFun=@(block_struct) edge(block_struct.data,'canny',thresh);
block_edges=blockproc(file_name,block_size,edgeFun,'BorderSize',border_size);
subplot(235);imshow(block_edges);title('阈值');
```

运行程序，结果如图 12-28 所示。

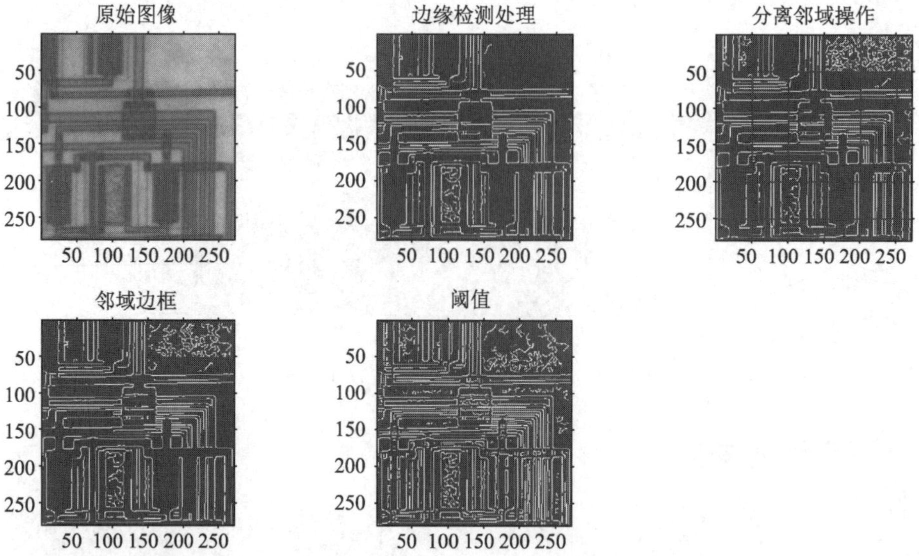

图 12-28　用 blockproc()函数进行分离邻域操作

【例 12-27】对图像进行快速分离邻域操作。

解　在编辑器中输入以下代码。

```
clear,clc
I=imread('tire.tif');
f=inline('ones(64,1)* mean(x)');                    %对图像进行快速分离邻域操作
I2=colfilt(I,[8 8],'distinct',f);
subplot(121),imshow(I,[]);title('原始图像')
subplot(122),imshow(I2,[]);title('快速分离邻域操作')
```

运行程序，结果如图 12-29 所示。

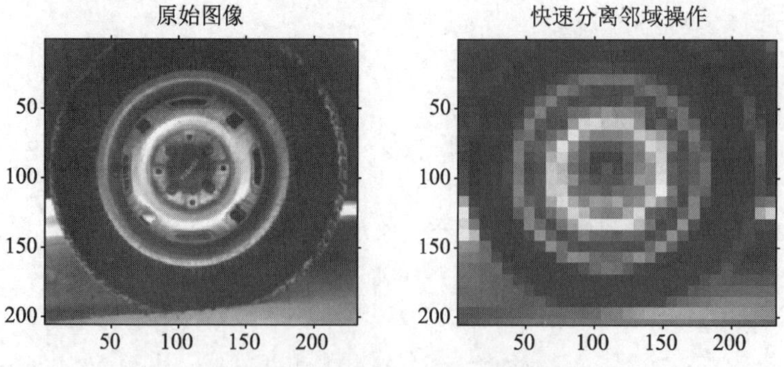

图 12-29　对图像进行快速分离邻域操作

【例 12-28】用列操作函数实现分离邻域操作。

解　在编辑器中输入以下代码。

```
clear,clc
I=imread('cameraman.tif');
```

```
I1=im2col(I,[8 8],'distinct');                          %用列操作函数实现分离邻域操作
I1=ones(64,1)*mean(I1);
I2=col2im(I1,[8,8],size(I),'distinct');
subplot(121),imshow(I,[]);title('原始图像')
subplot(122),imshow(I2,[]);title('列处理分离邻域操作')
```

运行程序，结果如图 12-30 所示。

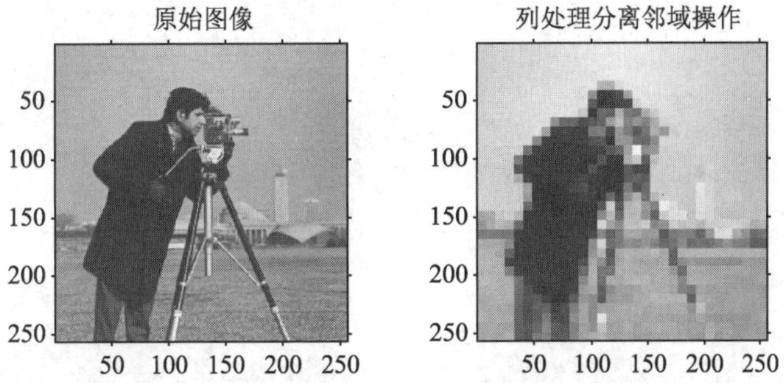

图 12-30　用列操作函数实现分离邻域操作

12.6.3　区域的选择

在图像处理时，有时只需要对图像中的某个特定区域进行滤波，而不需要对整幅图像进行处理。在 MATLAB 中，对我们感兴趣的区域进行处理，可以通过一个二值图像实现，这个二值图像称为掩膜图像。用户选定一个区域后会生成一个与原图大小相同的二值图像，选定的区域为白色，其余部分为黑色。通过掩膜图像就可以实现对特定区域的选择性处理。。

在 MATLAB 中，roicolor()函数可以实现灰度选择区域；roipoly()函数可以用于选择图像中多边形区域。函数的调用格式为

```
BW=roicolor(A,low,high)          %指定灰度范围，返回掩膜图像
BW=roicolor(A,v)                 %按向量 v 指定的灰度，返回掩膜图像
BW=roipoly(I,c,r)                %表示用向量 c、r 指定多边形各点的 X、Y 坐标。BW 选中的区域值为
                                 %1，其他部分的值为 0
BW=roipoly(I)                    %表示建立交互式的处理界面
BW=roipoly(x,y,I,xi,yi)          %表示向量 x 和 y 建立非默认的坐标系，然后在指定的坐标系下选择
                                 %由向量 xi，yi 指定的多边形区域
```

12.6.4　区域滤波与填充

在 MATLAB 中，用 roifilt2()函数实现对指定区域的滤波或处理；用 roifill()函数实现对指定区域的填充。函数的调用格式为

```
J=roifilt2(h,I,BW)          %h 为滤波器，I 为输入图像，BW 为指定区域，J 为输出图像
J=roifilt2(I,BW,fun)        %fun 函数表示对指定区域进行运算
J=roifill(I,c,r)            %填充由向量 c、r 指定的多边形，c 和 r 分别为多边形的各顶点 X、Y 坐标。
                            %可用于擦除图像中的小物体
J=roifill(I)                %用于交互式处理界面
J=roifill(I,BW)             %表示用 BW（和 I 大小一致）掩膜填充此区域。如果为多个多边形，则分
                            %别执行插值填充
```

【例 12-29】对指定区域进行锐化。

解 在编辑器中输入以下代码。

```
clear,clc
I=imread('rice.png');
c=[222 272 300 270 221 194];                       %对指定区域进行锐化
r=[21  21  75  121 121  75];
BW=roipoly(I,c,r);
h=fspecial('unsharp');                             %滤波函数
J=roifilt2(h,I,BW);
subplot(121),subimage(I);title('原始图像')
subplot(122),subimage(J);title('区域滤波图像')
```

运行程序，结果如图 12-31 所示。

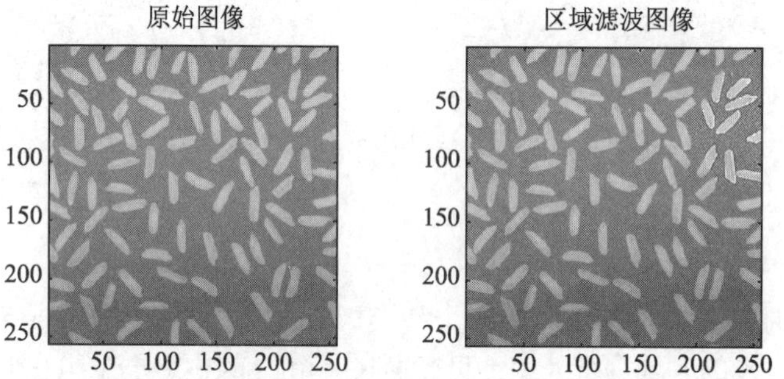

图 12-31 对指定区域进行锐化

【例 12-30】对指定区域进行运算。

解 在编辑器中输入以下代码。

```
clear,clc
I=imread('blobs.png');
c=[222  272  300  270  221  194];
r=[21  21  75  121  121  75];
BW=roipoly(I,c,r);                                 %对指定区域进行运算
f=inline('uint8(abs(double(x)-100))');
J=roifilt2(I,BW,f);
subplot(121),subimage(I);title('原始图像')
subplot(122),subimage(J);title('区域选择运算图像')
```

运行程序，结果如图 12-32 所示。

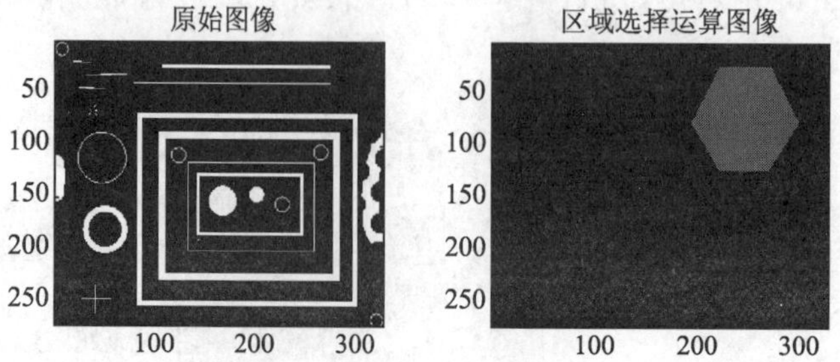

图 12-32 对指定区域进行运算

【例 12-31】用 roifill()函数实现对指定区域的填充。

解　在编辑器中输入以下代码。

```
clear,clc
I=imread('rice.png');
c=[222 272 300 270 221 194];
r=[21  21  75  121 121  75];
J=roifill(I,c,r);                                    %对指定区域进行填充
subplot(121),imshow (I);title('原始图像')
subplot(122),imshow (J);title('区域填充')
```

运行程序，结果如图 12-33 所示。

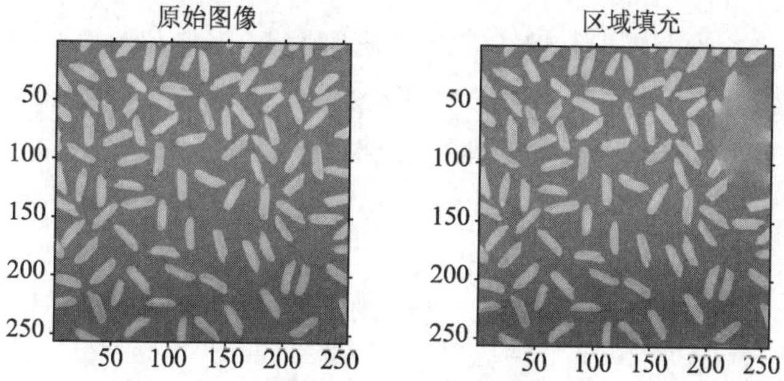

图 12-33　区域填充

12.7　小结

图像分割和区域处理在数字图像处理中占有特殊的地位，是视觉处理中最重要的一个环节。本章主要介绍图像分割和区域处理的基本概念，并通过相关的示例阐述了在 MATLAB 中的实现方法，这些是图像处理中必须掌握的方法。希望读者通过学习，可以对这些方法深入理解和熟练应用，会大大提高使用 MATLAB 进行图像处理的效率。

第 13 章 图像形态学处理

CHAPTER 13

数学形态学可以用来解决抑制噪声、特征提取、边缘检测、图像分割、形状识别、纹理分析、图像恢复与重建、图像压缩等图像处理问题。数学形态学的算法具有天然的并行实现的结构，实现了形态学分析和处理算法的并行，大大提高了图像分析和处理的速度。

学习目标

（1）了解数学形态学中的基本概念及相关知识；

（2）掌握数学形态学的基本运算的原理和实现步骤；

（3）学会熟练地使用查找表操作。

13.1 数学形态学基本操作

数学形态学的操作是由一组形态学的算术运算子组成的，它的基本运算有膨胀（或扩张）、腐蚀（或侵蚀）、开启和闭合。基于这些基本运算，还可推导和组合出各种数学形态学实用算法，如击中与击不中算法，可以进行图像形状和结构的分析及处理，包括图像分割、特征抽取、边缘检测、图像滤波、图像增强和恢复等。

数学形态学方法利用一个称作结构元素的“探针”收集图像的信息，当探针在图像中不断移动时，便可考查图像各部分之间的相互关系，从而了解图像的结构特征。数学形态学基于探测的思想，与人的FOA(Focus of Attention)视觉特点有类似之处。

作为探针的结构元素，可直接携带知识（形态、大小，甚至加入灰度和色度信息）探测、研究图像的结构特点。

13.1.1 结构元素

所谓结构元素，就是一定尺寸的背景图像，通过将输入图像与之进行各种形态学运算，实现对输入图像的形态学变换。结构元素没有固定的形态和大小，它是在设计形态变换算法的同时根据输入图像和所需信息的形状特征一并设计出来的，结构元素形状、大小及与之相关的处理算法选择恰当与否，将直接影响对输入图像的处理结果。通常，结构元素的形状有正方形、矩形、圆盘形、菱形、球形和线形等。

1. 创建结构元素

在 MATLAB 中，floor()函数用于获取任意大小和维数的结构元素原点坐标；strel()函数用于创建任意大小和形状的结构元素。这些函数的调用格式为

```
origin=floor((size(nhood)+1)/2)      %nhood 为结构元素定义的邻域（strel 对象的属性 nhood）
SE=strel(nhood)                      %创建具有指定邻域 nhood 的平面结构元素
SE=strel('arbitrary',nhood)          %同上
SE=strel(shape,parameters)           %创建任意大小和形状的结构元素，支持线形（line）、钻石形
                                     %（diamond）、圆盘形（disk）、球形（ball）等许多种常用
                                     %的形状；shape 为指定结构元素形状的字符串；parameters
                                     %为特定形状下的特定参数值
```

strel()函数能够定义的形状及其相应参数的设置如表 13-1 所示。

表 13-1 结构元素形状定义及参数设置

shape参数	parameters参数	描　述
'diamond'	r：指定从结构元素原点到菱形的最远点的距离	创建菱形结构元素
'disk'	r：指定半径 n：指定用于近似圆盘形状的线结构元素的数量	创建圆盘形结构元素
'octagon'	r：指定从结构元素原点到八边形边的距离（沿水平轴和垂直轴测量），必须是3的非负倍数	创建八边形结构元素
'line'	len：线的长度 deg：线的角度（从水平轴起逆时针方向符）	创建相对于邻域中心对称的线性结构元素
'rectangle'	[m n]：二维向量，指定结构元素的行、列数	创建大小为[m n]的矩形结构元素
'square'	w：指定边长	创建宽度为w像素的正方形结构元素
'cube'	w：指定边长	创建宽度为w像素的三维立方体结构元素
'cuboid'	[m n p]：三维向量，指定结果元素的行、列、层数	创建大小为[m n p]的三维长方体结构元素
'sphere'	r：指定半径	创建三维球形结构元素

【例 13-1】利用 strel()函数创建正方形、直线、椭圆、圆盘图形对象。

解 在编辑器中输入以下代码。

```
clear,clc
digits(5);
SE1=strel('square',9)
SE1.Neighborhood
SE2=strel('line',4,45)
SE3=strel('rectangle',[5 7])
SE4=strel('disk',9)
```

运行程序后，结果如下。

```
SE1 =
strel is a square shaped structuring element with properties:
     Neighborhood: [6×6 logical]
   Dimensionality: 2
Neighborhood =
  6×6 logical 数组
   1   1   1   1   1   1
   1   1   1   1   1   1
   1   1   1   1   1   1
   1   1   1   1   1   1
```

```
  1   1   1   1   1   1
  1   1   1   1   1   1
SE2 =
strel is a line shaped structuring element with properties:
     Neighborhood: [3×3 logical]
   Dimensionality: 2
Neighborhood =
  3×3 logical 数组
   0   0   1
   0   1   0
   1   0   0
SE3 =
strel is a rectangle shaped structuring element with properties:
     Neighborhood: [5×7 logical]
   Dimensionality: 2
Neighborhood =
  5×7 logical 数组
   1   1   1   1   1   1   1
   1   1   1   1   1   1   1
   1   1   1   1   1   1   1
   1   1   1   1   1   1   1
   1   1   1   1   1   1   1
SE4 =
strel is a disk shaped structuring element with properties:
     Neighborhood: [9×9 logical]
   Dimensionality: 2
Neighborhood =
  9×9 logical 数组
   0   0   1   1   1   1   1   0   0
   0   1   1   1   1   1   1   1   0
   1   1   1   1   1   1   1   1   1
   1   1   1   1   1   1   1   1   1
   1   1   1   1   1   1   1   1   1
   1   1   1   1   1   1   1   1   1
   1   1   1   1   1   1   1   1   1
   0   1   1   1   1   1   1   1   0
   0   0   1   1   1   1   1   0   0
```

2. 结构元素的分解

结构元素的分解是为了提高执行效率，strel()函数可能会将结构元素拆分为较小的块，如要对一个 13×13 的正方形结构元素进行膨胀操作，可以首先对 1×13 的结构元素进行膨胀操作，然后再对 13×1 的结构元素进行膨胀操作，通过这种分解，可以使执行速度提高。

【例 13-2】创建菱形结构元素对象，并对其进行分解。

解 在命令行窗口中依次输入以下代码，同时会显示相关输出结果。

```
>> SE=strel('diamond',4)
SE =
strel is a diamond shaped structuring element with properties:
```

```
       Neighborhood: [9×9 logical]
     Dimensionality: 2
>> SE.Neighborhood
ans =
  9×9 logical 数组
   0   0   0   0   1   0   0   0   0
   0   0   0   1   1   1   0   0   0
   0   0   1   1   1   1   1   0   0
   0   1   1   1   1   1   1   1   0
   1   1   1   1   1   1   1   1   1
   0   1   1   1   1   1   1   1   0
   0   0   1   1   1   1   1   0   0
   0   0   0   1   1   1   0   0   0
   0   0   0   0   1   0   0   0   0
>> seq=getsequence(SE)
seq =
  3×1 strel 数组 - 属性:
    Neighborhood
    Dimensionality
>> seq(1)
ans =
strel is a arbitrary shaped structuring element with properties:
      Neighborhood: [3×3 logical]
    Dimensionality: 2
>> seq(1). Neighborhood
ans =
  3×3 logical 数组
   0   1   0
   1   1   1
   0   1   0
>> seq(2)
ans =
strel is a arbitrary shaped structuring element with properties:
      Neighborhood: [3×3 logical]
    Dimensionality: 2
>> seq(2). Neighborhood
ans =
  3×3 logical 数组
   0   1   0
   1   0   1
   0   1   0
>> seq(3)
ans =
strel is a arbitrary shaped structuring element with properties:
      Neighborhood: [5×5 logical]
    Dimensionality: 2
>> seq(3). Neighborhood
ans =
```

```
5×5 logical 数组
 0   0   1   0   0
 0   0   0   0   0
 1   0   0   0   1
 0   0   0   0   0
 0   0   1   0   0
```

13.1.2 膨胀运算

膨胀在数学形态学中的作用是把图像周围的背景点合并到物体中。如果两个物体之间距离比较近，那么膨胀运算可能会使这两个物体连通在一起，所以膨胀对填补图像分割后物体中的空洞很有用。

膨胀的运算符为⊕，A 用 B 来膨胀写作 $A \oplus B$，定义为

$$A \oplus B = \left\{ x \mid [(\hat{B})_x \cap A \neq \varphi \right\}$$

先对 B 作关于原点的映射，再将其映射平移 x，这里 A 与 B 映射的交集不为空集，也就是 B 的映射的位移与 A 至少有一个非零元素相交时 B 的原点位置的集合。

在 MATLAB 中，imdilate()函数用于实现膨胀处理，调用格式为

```
J=imdilate (I,SE)           %放大灰度、二值或压缩二值图像 I，返回放大图像 J。SE 是结构元素对
                            %象或结构元素对象数组，由 strel()或 offsetstrel()函数返回
j=imdilate (i,nhood)        %nhood 表示一个只包含 0 和 1 的矩阵，用于表示自定义形状的结构元素
J=imdilate(___,packopt)     %packopt 为优化因子，取值为 ispacked 、notpacked，用来指定输
                            %入图像是否为压缩的二值图像
J=imdilate(___,shape)       %shape 用于指定输出图像的大小，包括'same' (default)和 'full'
                            %两个选项
```

【例 13-3】对灰度图像进行膨胀处理。

解 在编辑器中输入以下代码。

```
clear,clc
i=imread('text.png');
SE=strel('line',10,30);
i2=imdilate(i,SE);                              %进行膨胀处理
subplot(121);imshow(i);title('原始图像') ;
subplot(122);imshow(i2);title('膨胀处理后的图像')
```

运行程序，结果如图 13-1 所示。

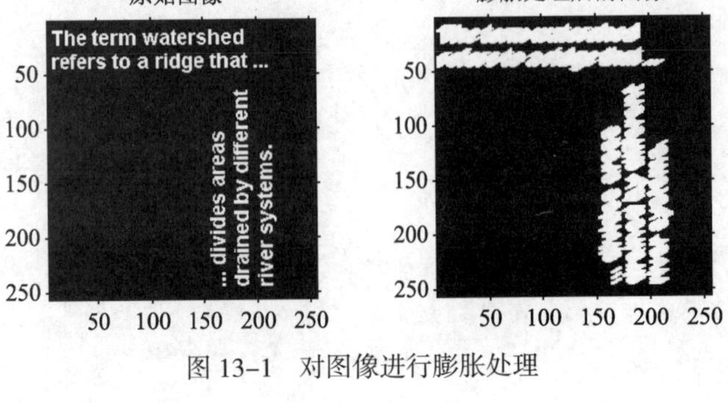

图 13-1 对图像进行膨胀处理

13.1.3 腐蚀运算

腐蚀在数学形态学运算中的作用是消除物体边界点，它可以把小于结构元素的物体去除，选取不同大小的结构元素可以去掉不同大小的物体。如果两个物体之间有细小的连通，当结构元素足够大时，通过腐蚀运算可以将两个物体分开。

腐蚀的运算符为 Θ ，A 用 B 来腐蚀写作 $A\Theta B$，定义为

$$A\Theta B=\left\{x\,|\,(B)_x\subseteq A\right\}$$

A 用 B 腐蚀的结果是所有满足将 B 平移后，B 仍旧全部包含在 A 中的 x 的集合，也就是 B 经过平移后全部包含在 A 中的原点组成的集合。

在 MATLAB 中，imerode()函数用于实现腐蚀处理，调用格式为

```
J=imerode(I,SE)              %腐蚀灰度、二值或压缩二值图像 I，返回腐蚀图像 J。SE 是 strel()或
                             %offsetstrel()函数返回的结构元素对象或结构元素对象数组
J=imerode(I,nhood)           %nhood 用于指定结构元素邻域，是 0 和 1 的矩阵，函数通过 floor((size
                             %(nhood)+1)/2)确定邻域的中心元素，等同于 imerode(I, strel(nhood))
J=imerode(___,packopt,m)     %packopt 指定 I 是否为压缩二进制图像；m 指定原始未打包图像的行维度
J=imerode(___,shape)         %shape 用于指定输出图像的大小，包括'same' (default)和'full'
                             %两个选项
```

【例 13-4】对二值图像进行腐蚀处理。

解 在编辑器中输入以下代码。

```
clear,clc
i=imread('text.png');
se=strel('line',11,90);
bw=imerode(i,se);                                    %进行腐蚀处理
subplot(121);imshow(i);title('原始图像')
subplot(122);imshow(bw);title('二值图像腐蚀处理后')
```

运行程序，结果如图 13-2 所示。

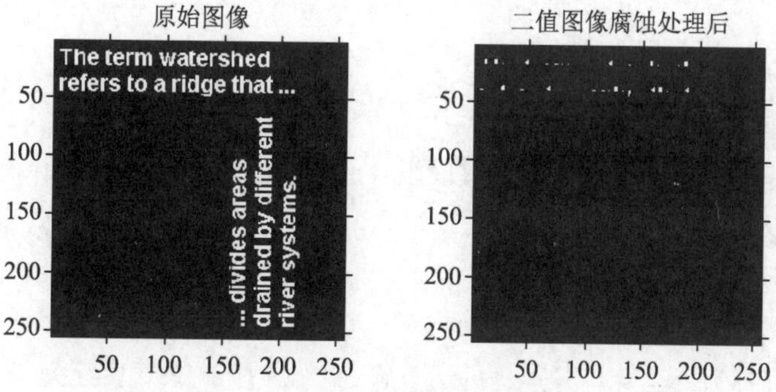

图 13-2 对二值图像进行腐蚀处理

【例 13-5】对真彩色图像进行膨胀与腐蚀处理。

解 在编辑器中输入以下代码。

```
clear,clc
rgb=imread('peppers.png');
I=rgb2gray(rgb);
```

```
s=ones(3);
I2=imerode(I,s);
I3=imdilate(I,s);
s1=strel('disk',2);
I4=imerode(I,s1);
I5=imdilate(I,s1);
subplot(231);imshow(rgb);title('原始图像')
subplot(232);imshow(I);title('灰度图像')
subplot(233);imshow(I2);title('腐蚀图像 1')
subplot(234);imshow(I3);title('膨胀图像 1')
subplot(235);imshow(I4);title('腐蚀图像 2')
subplot(236);imshow(I5);title('膨胀图像 2')
```

运行程序，结果如图 13-3 所示。

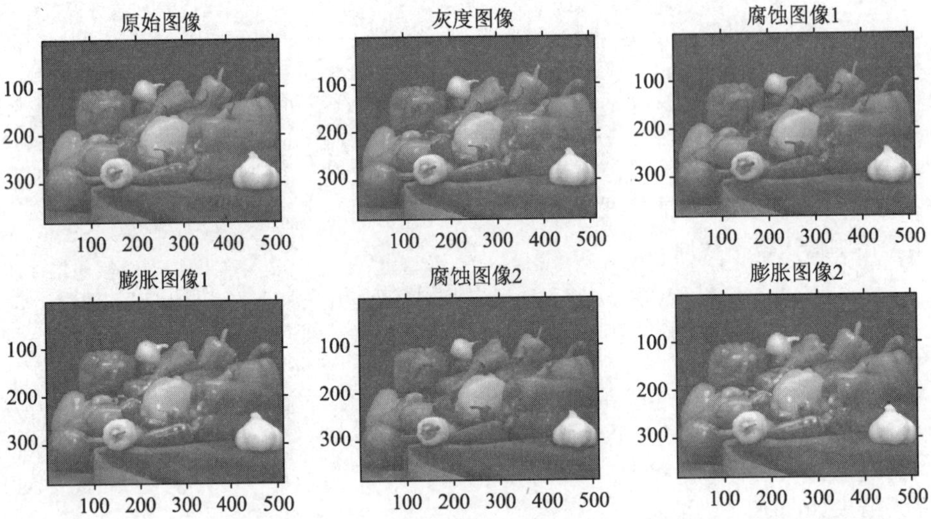

图 13-3　对真彩色图像进行膨胀与腐蚀处理

13.1.4　膨胀腐蚀组合运算

膨胀和腐蚀是两种基本的形态运算，它们可以组合成复杂的形态运算，如开闭运算，以及击中或击不中运算等。使用同一个结构元素对图像先进行腐蚀运算，再进行膨胀的运算称为开运算；先进行膨胀运算，再进行腐蚀的运算称为闭运算。

1. 图像的开运算

先腐蚀后膨胀的运算称为开运算。开运算的运算符为∘，A 用 B 来开启记为 $A \circ B$，定义为

$$A \circ B = (A \Theta B) \oplus B$$

开运算可以用来消除小对象物体、在纤细点处分离物体、平滑较大物体的边界的同时并不明显改变其体积。在 MATLAB 中，imopen()函数用于实现图像的开运算，调用格式为

```
J=imopen(I,SE)        %对灰度或二值图像 I 执行形态学开运算，返回打开的图像 J。SE 是 strel()或
                      %offsetstrel()函数返回的单个结构元素对象。形态开运算是先腐蚀后膨胀，两种
                      %操作使用相同的结构元素
```

```
J=imopen(I,nhood)     % nhood 用于指定结构元素邻域，是 0 和 1 的矩阵，函数通过 floor((size(nhood)+
                      %1)/2) 确定邻域的中心元素，等同于 imopen(I,strel(nhood))
```

【例 13-6】对图像进行开运算。

解　在编辑器中输入以下代码。

```
clear,clc
I=imread('circles.png');
SE=strel('disk',12);
J=imopen(I,SE);
subplot(121);imshow(I);title('原始图像')
subplot(122);imshow(J);title('开运算')
```

运行程序，结果如图 13-4 所示。

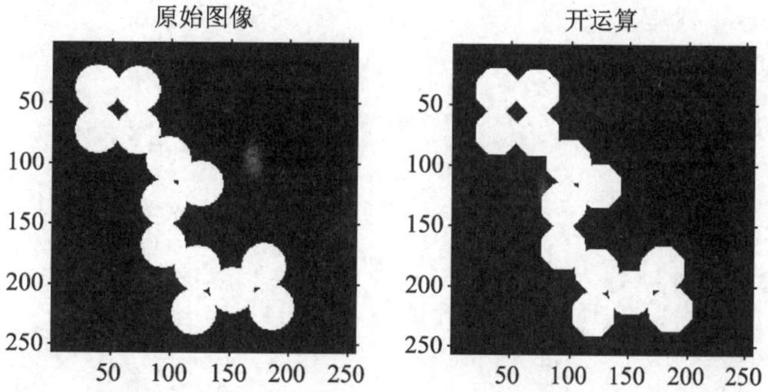

图 13-4　图像的开运算

2. 图像的闭运算

A 被 B 闭运算就是 A 被 B 膨胀后的结果再被 B 腐蚀。设 A 是原始图像，B 是结构元素图像，则 A 被结构元素 B 作闭运算，记为 $A\bullet B$，其定义为

$$A\bullet B=(A\oplus B)\Theta B$$

闭运算具有填充图像物体内部细小孔洞、连接邻近的物体、在不明显改变物体的面积和形状的情况下平滑其边界的作用。

在 MATLAB 中，imclose()函数用于实现图像的闭运算，调用格式为

```
J=imclose(I,SE)
J=imclose(I,nhood)
```

imclose()函数与 imopen()函数用法类似，这里不再赘述。

【例 13-7】对图像进行闭运算。

解　在编辑器中输入以下代码。

```
clear,clc
I=imread('testpat1.png');
SE=strel('disk',5);
J=imclose(I,SE);
subplot(121);imshow(I);title('原始图像')
subplot(122);imshow(J);title('闭运算')
```

运行程序，结果如图 13-5 所示。

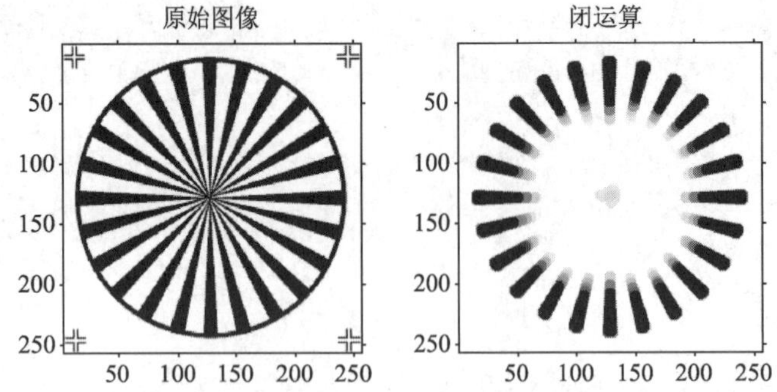

图 13-5　图像的闭运算

【例 13-8】对图像分别进行膨胀和腐蚀处理以及开、闭运算。

解　在编辑器中输入以下代码。

```
clear,clc
I=imread('pears.png');
level=graythresh(I);                              %得到合适的阈值
bw=im2bw(I,level);                                %二值化
SE=strel('square',3);                             %设置膨胀结构元素
BW1=imdilate(bw,SE);                              %膨胀
SE1=strel('arbitrary',eye(5));                    %设置腐蚀结构元素
BW2=imerode(bw,SE1);                              %腐蚀
BW3=bwmorph(bw,'open');                           %开运算
BW4=bwmorph(bw,'close');                          %闭运算
subplot(231);imshow(I);title('原始图像')
subplot(232);imshow(bw);title('二值处理')
subplot(233);imshow(BW1);title('膨胀处理')
subplot(234);imshow(BW2);title('腐蚀处理')
subplot(235);imshow(BW3);title('开运算')
subplot(236);imshow(BW4);title('闭运算')
```

运行程序，结果如图 13-6 所示。

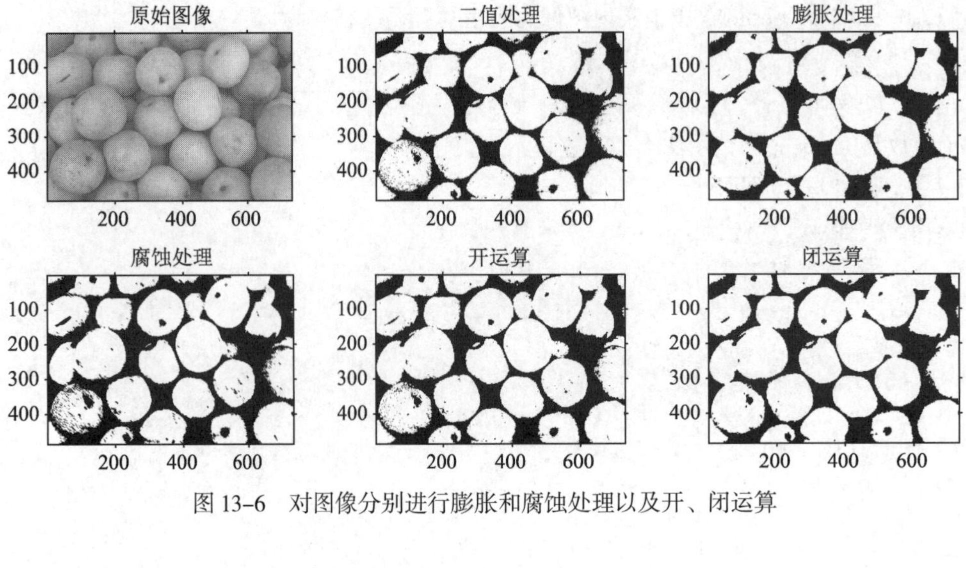

图 13-6　对图像分别进行膨胀和腐蚀处理以及开、闭运算

13.2　基于形态学处理的其他操作

除了开、闭运算外，MATLAB 还提供了基于形态学的其他操作，包括击中或击不中运算、骨架化、边界提取、区域填充等操作。

13.2.1　击中或击不中运算

形态学上形状检测的基本工具是击中或击不中运算。在 MATLAB 中，bwhitmiss()函数进行图像的击中或击不中操作，调用格式为

```
BW2=bwhitmiss(BW,SE1,SE2)          %表示执行由结构元素 SE1 和 SE2 的击中或击不中操作。击中或击不
                                   %中操作保证匹配 SE1 形状而不匹配 SE2 形状邻域的像素点
BW2=bwhitmiss(BW,interval)         %表示执行定义为一定间隔数组的击中或击不中操作,interval 是元
                                   %素为 1、0 或-1 的数组，其中 1 值元素构成 SE1 的域，-1 值元素构
                                   %成 SE2 的域，0 值元素被忽略
```

【例 13-9】对给定数组进行击中或击不中操作。

解　在编辑器中输入以下代码。

```
clear,clc
A=[0  0  0  0  0  0;
   0  0  1  1  0  0;
   0  1  1  1  1  0;
   0  1  1  1  1  0;
   0  0  1  1  0  0;
   0  0  1  0  0  0];
interval=[0  -1  -1;1  1  -1;0  1  0];
A2=bwhitmiss(B,interval)
```

运行程序，结果如下。

```
A2 =
     0     0     0     0     0     0
     0     0     0     1     0     0
     0     0     0     0     1     0
     0     0     0     0     0     0
     0     0     0     0     0     0
     0     0     0     0     0     0
```

【例 13-10】对图像进行击中或击不中操作。

解　在编辑器中输入以下代码。

```
clear,clc
[X,map]=imread('trees.tif');
I=im2bw(X,map,0.5);
interval=[0 -1 -1;1 1 -1;0 1 0];
i2=bwhitmiss(I,interval);                                  %击中或击不中
subplot(121);imshow(I);title('二值图像')
subplot(122);imshow(i2);title('击中或击不中')
```

运行程序，结果如图 13-7 所示。

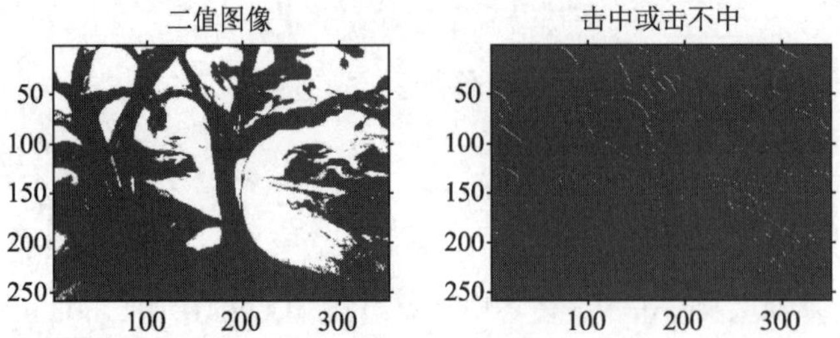

图 13-7　对图像进行击中或击不中操作

13.2.2　骨架的提取

骨架作为数据，在计算机辅助设计、数字博物馆、医学图像处理、科学数据可视化、计算机图形学、虚拟现实和游戏等领域迅猛发展，成为继图像、音频、视频后又一种重要的多媒体数据形式。

利用物体的骨架描述对象是一种既能强调物体的结构特征，又能提高内存使用率和数据压缩率的好方法。在某些应用中，针对一幅图像，希望将图像中的所有对象简化为线条，但不修改图像的基本结构，保留图像的基本轮廓，这个过程就是骨架的提取。在 MATLAB 中，bwmorph()函数用于实现骨架的提取操作，调用格式为

```
BW2=bwmorph(BW,operation)        %表示对二值图像 BW 应用 operation 指定的形态学操作
BW2=bwmorph(BW,operation,n)      %表示应用形态学操作 n 次，n 可以是 Inf，这种情况下该操作被重复
                                 %执行直到图像不再发生变化为止
```

参数 operation 表示可以执行的操作，如表 13-2 所示。

表 13-2　operation参数取值

参数取值	描　述
'bothat'	表示执行形态学上的“底帽”变换操作，返回原始图像减去形态学闭操作处理后的图像
'bridge'	表示连接断开的像素。即将0值像素置1（如果它有两个非零的不相连（8邻域）的像素），如 100　　　　　　　　110 101　经过连接后变为　111 001　　　　　　　　011
'clean'	表示移除孤立的像素。某个模型的中心像素为 000 010 000
'close'	表示执行形态学闭运算
'diag'	表示对角线填充以消除背景中的8连通区域，如 010　　　　110 100　变成　110 000　　　　000
'dilate'	表示使用结构ones(3)执行膨胀运算

续表

参数取值	描述
'erode'	表示使用结构ones(3)执行腐蚀运算
'fill'	表示执行填充孤立的内部像素（被1包围的0），某个模型的中心像素为 111 101 111
'hbreak'	表示将H连通的像素移除，如 111　　　111 010　变成　000 111　　　111
'majority'	表示在某像素的3×3邻域中至少有5个像素为1；否则将该像素置0
'open'	表示执行开运算
'remove'	表示将内部像素移除。如果该像素的4连通邻域都为1，仅留下边缘像素
'shrink'	当n = Inf时，将没有孔洞的目标缩成一个点，有孔洞的目标缩成一个连通环
'skel'	当n = Inf时，将目标边界像素移除，保留下来的像素组合成图像的骨架
'spur'	表示将尖刺像素移除，如 0 0 0 0　　　0 0 0 0 0 0 0 0　　　0 0 0 0 0 0 1 0　变成　0 0 0 0 0 1 0 0　　　0 1 0 0 1 1 0 0　　　1 1 0 0
'thicken'	当n = Inf时，增加目标外部像素，加厚目标
'thin'	当n = Inf时，减薄目标成线。它会删除像素，使没有孔洞的对象收缩为具有最小连通性的线，有孔洞的对象收缩为每个孔洞和外边界之间的连通环
'tophat'	表示执行形态学"顶帽"变换运算，返回原始图像与执行形态学开运算（先腐蚀后膨胀）之后的图像之间的差

【例 13-11】对图像进行骨架提取。

解 在编辑器中输入以下代码。

```
clear,clc
bw=imread('circbw.tif');
bw2=bwmorph(bw,'remove');                              %移除内部像素
bw3=bwmorph(bw,'skel',Inf);                            %骨架提取
bw4=bwmorph(bw3,'spur',Inf);                           %消刺
subplot(141);imshow(bw);title('原始图像')
subplot(142);imshow(bw2);title('移除内部像素')
subplot(143);imshow(bw3);title('骨架提取')
subplot(144);imshow(bw4);title('消刺')
```

运行程序，结果如图 13-8 所示。

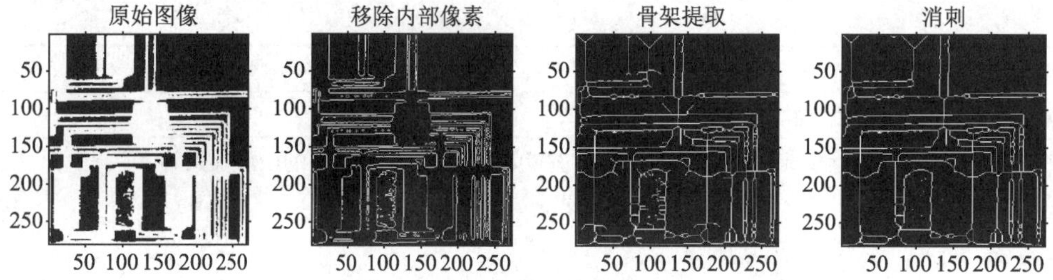

图 13-8　对图像进行骨架的提取

【例 13-12】对一幅图像添加噪声，然后对其进行骨架提取。

解　在编辑器中输入以下代码。

```
clear,clc
I=imread('coins.png');
A=imnoise(I,'salt & pepper', 0.02);
h=fspecial('gaussian',10,5);                      %产生高斯滤波器
A1=imfilter(A,h);                                 %对图像进行滤波
level=graythresh(A1);                             %获取适当的二值化阈值
BW=im2bw(A1,level);                               %图像二值化
BW1=bwmorph(A,'skel',Inf);                        %骨架提取
subplot(141);imshow(A);title('图像添加椒盐噪声')
subplot(142);imshow(A1);title('滤波处理')
subplot(143);imshow(BW) ;title('二值化')
subplot(144);imshow(BW1) ;title('骨架提取')
```

运行程序，结果如图 13-9 所示。

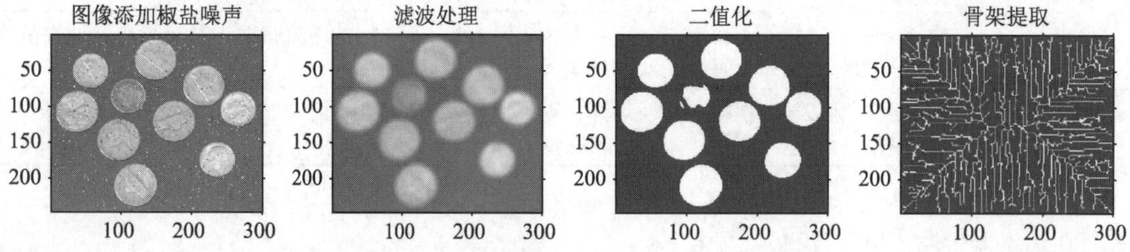

图 13-9　对噪声图像进行骨架提取

13.2.3　边界提取与距离变换

如果用 $\beta(A)$ 代表图像物体 A 的边界，以下形态运算可以得到 A 的边界。

$$\beta(A) = A - (A\Theta B)$$

即原始图像与用结构元素 B 腐蚀后的结果作差，就是图像的边界提取。

在 MATLAB 中，bwperim()函数用于判断图像中的边界像素，调用格式为

```
BW2=bwperim(BW)              %返回仅包含输入图像中对象周长像素的二进制图像。如果像素为非零且至
                             %少连接到一个零值像素，则该像素是周长的一部分
BW2=bwperim(BW,conn)         %conn 表示连接属性，用于指定像素连接
```

【例 13-13】对二值图像进行骨架及边界提取。

解　在编辑器中输入以下代码。

```
clear,clc
BW1=imread('circles.png');
BW2=bwmorph(BW1,'skel',Inf);
BW3=bwperim(BW1);
subplot(131);imshow(BW1);title('二值图像')
subplot(132);imshow(BW2);title('图像骨架')
subplot(133), imshow(BW3);title('图像边界')
```

运行程序，结果如图 13-10 所示。

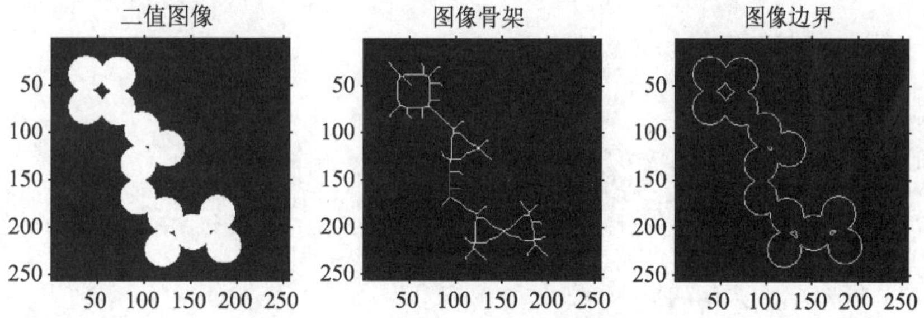

图 13-10　对二值图像进行骨架及边界提取

距离变换是计算并标识空间点（对目标点）距离的过程，它最终把二值图像变换为灰度图像（其中每个栅格的灰度值等于它到最近目标点的距离）。

在 MATLAB 中，bwdist()函数用于实现图像的距离变换，调用格式为

```
D=bwdist(BW)            %进行二值图像 BW 的欧几里得距离变换。D 表示二值图像中每个值为 0 的像素点到非零像
                        %素点的距离；对于 BW 中的每个像素，距离变换会指定一个数值，该数值表示该像素与 BW
                        %中最近的非零像素之间的距离
[D,idx]=bwdist(BW)      %以索引数组 idx 的形式计算最近像素图。idx 的每个元素都包含 BW 的最近非
                        %零像素的线性索引。最近像素图也称为特征图、要素变换或最近邻变换
[D,idx]=bwdist(BW,method)   %使用 method 指定的距离类型计算距离变换，包括'euclidean'（欧几
                            %里得距离）、'cityblock'（城市距离）、'chessboard'（棋盘距离）、
                            %'quasi-euclidean'（类欧几里得距离）等
```

【例 13-14】在二值图像中进行距离变换。

解　在编辑器中输入以下代码。

```
clear,clc
bw=zeros(400,400);                                  %创建二维图像
bw(100,100)=1;bw(100,300)=1;bw(300,200)=1;
d1=bwdist(bw,'euclidean');                          %计算欧几里得距离
d2=bwdist(bw,'cityblock');
d3=bwdist(bw,'chessboard');
d4=bwdist(bw,'quasi-euclidean');
subplot(141);subimage(mat2gray(d1));title('欧几里得距离变换')
subplot(142);subimage(mat2gray(d2));title('城市距离变换')
subplot(143);subimage(mat2gray(d3));title('棋盘距离变换')
subplot(144);subimage(mat2gray(d4));title('类欧几里得距离变换')
```

运行程序，结果如图 13-11 所示。

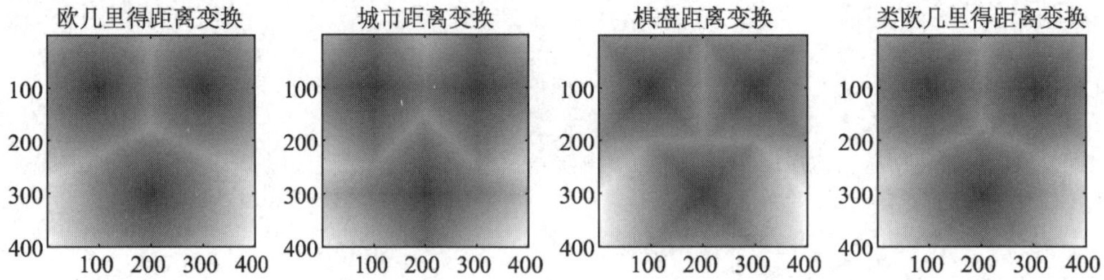

图 13-11　在二值图像中进行距离变换

【例 13-15】计算三维图像的距离变换矩阵。

解　在编辑器中输入以下代码。

```
clear,clc
bw=zeros(80,80,80);bw(40,40,40)=1;                    %创建三维图像
d1=bwdist(bw,'euclidean');                            %在三维图像中进行欧几里得距离变换
d2=bwdist(bw,'cityblock');
d3=bwdist(bw,'chessboard');
d4=bwdist(bw,'quasi-euclidean');
subplot(141);isosurface(d1,15);title('欧几里得距离')
axis equal;view(3);
subplot(142);isosurface(d2,15);title('城市距离')
axis equal;view(3);
camlight,lighting gouraud;
subplot(143);isosurface(d3,15);title('棋盘距离')
axis equal;view(3);
camlight,lighting gouraud;
subplot(144);isosurface(d4,15);title('类欧几里得距离')
axis equal;view(3);
```

运行程序，结果如图 13-12 所示。

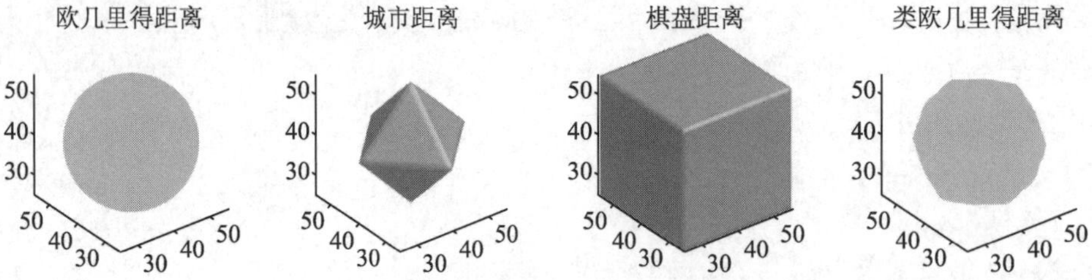

图 13-12　计算三维图像的距离变换矩阵

13.2.4　区域填充与小目标移除

在 MATLAB 中，imfill()函数用于实现图像区域的填充，调用格式为

```
BW2=imfill(BW,locations)           %从 locations 指定的点开始，对输入二值图像 BW 的背景像素
                                   %执行填充运算
BW2=imfill(BW,locations,conn)      %填充由 locations 定义的区域，conn 指定连通性
```

```
BW2=imfill(BW,'holes')                %填充输入二值图像 BW 中的孔洞区域
BW2=imfill(BW,conn,'holes')           %填充二值图像 BW 中的孔洞区域，conn 指定连通性
I2=imfill(I)                          %填充灰度图像 I 中的孔,孔定义为由较亮像素包围的一个暗像素区域
I2=imfill(I,conn)                     %填充灰度图像 I 中的孔，conn 指定连通性
BW2=imfill(BW)                        %在屏幕上显示二值图像 BW（必须为二维图像），并允许通过鼠标以交
                                      %互方式选择点定义要填充的区域
BW2=imfill(BW,0,conn)                 %允许在以交互方式指定位置时覆盖默认连通性
[BW2,locations_out]=imfill(BW)           %返回在 locations_out 中以交互方式选择的点的位置,BW 必
                                         %须为二维图像
```

说明： 在交互方式操作下，按 Backspace 或 Delete 键删除之前选择的点；按住 Shift 键的同时单击、右击可以选择最后一个点并开始填充运算。

【例 13-16】对二值图像进行区域填充。

解　在编辑器中输入以下代码。

```
clear,clc
I=imread('tire.tif');                                  %读入二值图像
subplot(131);imshow(I);title('原始图像') ;
BW1=im2bw(I);
subplot(132);imshow(BW1);title('二值图像')
BW2=imfill(BW1,'holes');                               %执行填充运算
subplot(133);imshow(BW2);title('填充图像')
```

运行程序，结果如图 13–13 所示。

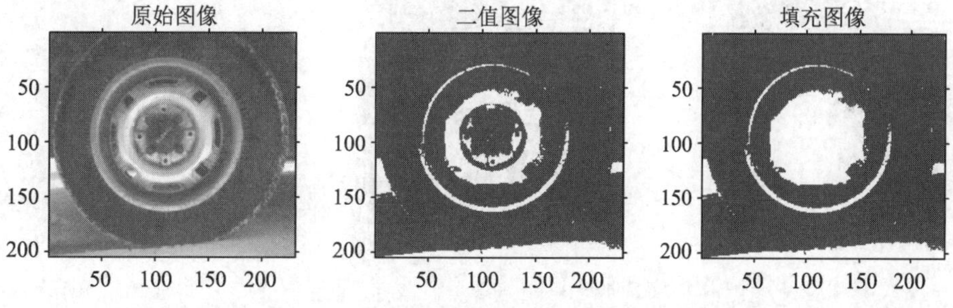

图 13–13　对二值图像进行区域填充

在 MATLAB 中，bwareaopen()函数用于从对象中移除小目标，调用格式为

```
BW2=bwareaopen(BW,P)                  %从二值图像 BW 中删除少于 P 个像素的所有连通分量（对象），并生
                                      %成另一幅二值图像 BW2，此运算称为面积开运算
BW2=bwareaopen(BW,P,conn)             %删除所有连通分量，conn 指定连通性
```

【例 13-17】从图像中移除小目标。

解　在编辑器中输入以下代码。

```
clear,clc
bw=imread('circbw.tif');
bw2=bwareaopen(bw,50);                                 %从图像中移除小目标
subplot(121);imshow(bw);title('原始图像')
subplot(122);imshow(bw2);title('移除小目标')
```

运行程序，结果如图 13–14 所示。

【例 13-18】检验图 13–15 中的米粒。

解 在编辑器中输入以下代码。

```
clear,clc
I=imread('rice.png');
imshow(I)
%% 检验图像的边缘
[junk threshold]=edge(I,'sobel');                    %边缘检测
fudgeFactor=.5;
BWs=edge(I,'sobel',threshold*fudgeFactor);           %改变参数再检测边缘
se90=strel('line',3,90);                             %垂直的线性结构元素
se0=strel('line',3,0);                               %水平的线性结构元素
BWsdil=imdilate(BWs,[se90 se0]);                     %对图像进行膨胀
BWdfill=imfill(BWsdil,'holes');                      %对图像进行填充
BWnobord=imclearborder(BWdfill,4);                   %抑制图像边界未填充的元素
subplot(221),imshow(BWs),title('二值图像')
subplot(222);imshow(BWsdil),title('膨胀后的图像')
subplot(223);imshow(BWdfill);title('填充后的图像')
subplot(224);imshow(BWnobord);title('抑制边界后的图像')
```

运行程序，结果如图 13–16 所示。

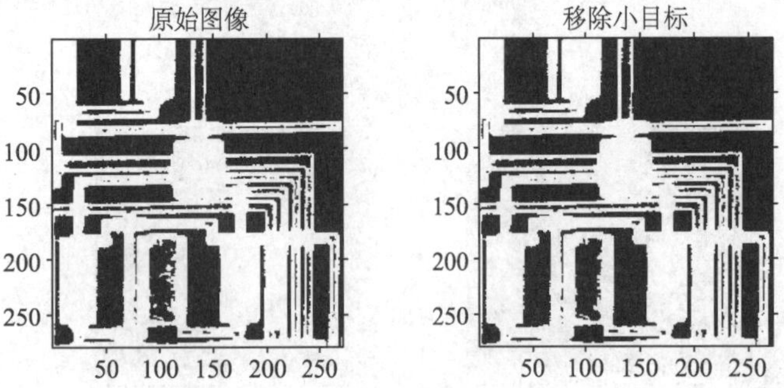

图 13–14 从图像中移除小目标

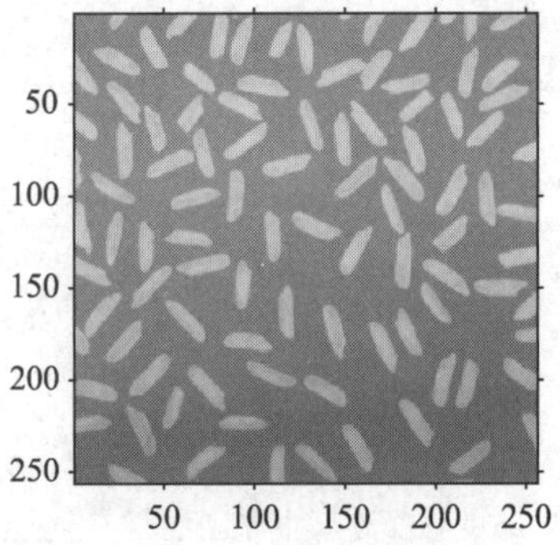

图 13–15 原始图像

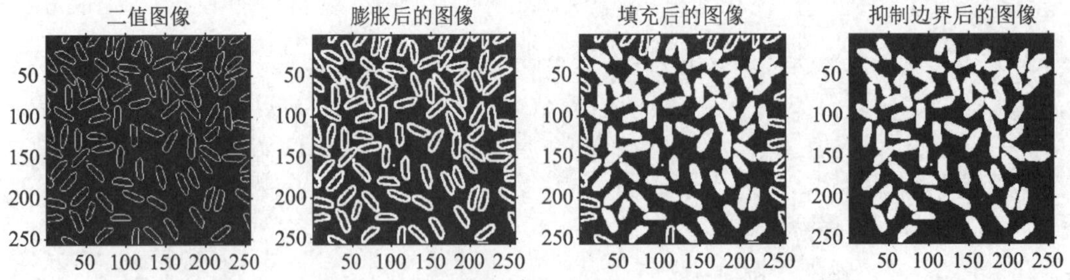

图 13–16 图像求取边缘过程中的二值图像

```
%% 显示分割后的米粒图像
seD=strel('diamond',1);                              %菱形结构元素
BWfinal=imerode(BWnobord,seD);                       %腐蚀图像
BWfinal=imerode(BWfinal,seD);                        %腐蚀图像
```

```
BWoutline=bwperim(BWfinal);
Segout=I;
Segout(BWoutline)=255;
figure;
subplot(121);imshow(BWfinal);title('处理后的图像')
subplot(122), imshow(Segout);title('原始图像上显示边界')
```

运行程序，结果如图 13-17 所示。

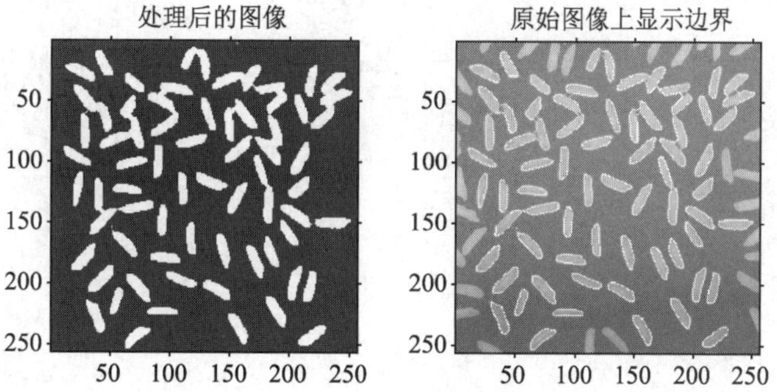

图 13-17 处理后的图像

13.2.5 极值操作

如果一个函数在一点的一个邻域内处处都有确定的值，而以该点处的值为最大（小），这个函数在该点处的值就是一个极大（小）值；如果它比邻域内其他各点处的函数值都大（小），它就是一个严格极大（小）值。该点就相应地称为一个极值点或严格极值点。

在 MATLAB 中，imregionalmax()函数和 imregionalmin()函数用于确定所有极大值和极小值；imextendedmax()函数和 imextendedmin()函数用于确定阈值设定的最大值和最小值；imhmax()函数和 imhmin()函数用于去除那些不明显的局部极值，保留那些明显的极值；imimposemin()函数用于突显图像中指定区域的极小值。

灰度图像作为输入图像，二值图像作为输出图像。当输出图像时，局部极值设定为 1，其他值设定为 0。下面举例介绍这些函数的用法。

【例 13-19】利用 imregionalmax()函数和 imextendedmax()函数对图像 B 进行确定极大值操作。其中 B 包含两个主要的局部极大值（15 和 19）以及相对较小的极大值（13）。

解 在编辑器中输入以下代码。

```
clear,clc
B=[10   10   10   10   10   10   10   10   10   10;
   10   15   15   15   10   10   13   10   13   10;
   10   15   15   15   10   10   10   13   10   10;
   10   15   15   15   10   10   13   10   10   10;
   10   10   10   10   10   10   10   10   10   10;
   10   13   10   10   10   19   19   19   10   10;
   10   10   10   13   10   19   19   19   10   10;
   10   10   13   10   10   19   19   19   10   10;
   10   13   10   13   10   10   10   10   10   10;
   10   10   10   10   10   10   10   13   10   10];
```

```
C1=imregionalmax(B)                    %确定局部的极大值点的位置
C2=imextendedmax(B,2)                  %若把阈值为 2 加入，则返回矩阵只有两个极大值区域
```

运行程序，结果如下。

```
C1 =
  10×10 logical 数组
     0     0     0     0     0     0     0     0     0     0
     0     1     1     1     0     0     1     0     1     0
     0     1     1     1     0     0     0     1     0     0
     0     1     1     1     0     0     1     0     0     0
     0     0     0     0     0     0     0     0     0     0
     0     1     0     0     0     1     1     1     0     0
     0     0     0     1     0     1     1     1     0     0
     0     0     1     0     0     1     1     1     0     0
     0     1     0     1     0     0     0     0     0     0
     0     0     0     0     0     0     0     1     0     0
C2 =
  10×10 logical 数组
     0     0     0     0     0     0     0     0     0     0
     0     1     1     1     0     0     0     0     0     0
     0     1     1     1     0     0     0     0     0     0
     0     1     1     1     0     0     0     0     0     0
     0     0     0     0     0     0     0     0     0     0
     0     0     0     0     0     1     1     1     0     0
     0     0     0     0     0     1     1     1     0     0
     0     0     0     0     0     1     1     1     0     0
     0     0     0     0     0     0     0     0     0     0
     0     0     0     0     0     0     0     0     0     0
```

【例 13-20】确定图像的所有极小值和局部极小值。

解　在编辑器中输入以下代码。

```
clear,clc
i=imread('coins.png');
A1=imregionalmin(i);                                   %确定所有极小值
A2=imextendedmin (i,45);                               %确定局部极小值
subplot(131);imshow(i);title('原始图像')
subplot(132);imshow(A1);title('所有极小值')
subplot(133);imshow(A2);title('局部极小值')
```

运行程序，结果如图 13-18 所示。

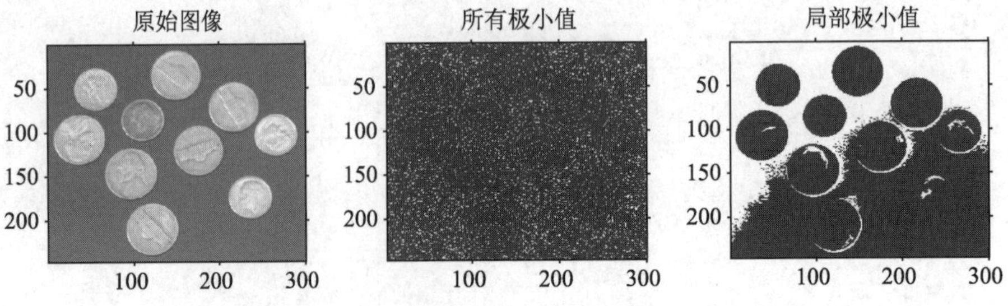

图 13-18　确定图像的所有极小值和局部极小值

【例 13-21】利用 imhmax()函数对图像 B 进行处理。其中，B 包含两个主要的局部极大值（15 和 19）以及相对较小的极大值（13）。

解　在编辑器中输入以下代码。

```
clear,clc
B=[10    10    10    10    10    10    10    10    10    10;
   10    15    15    15    10    10    13    10    13    10;
   10    15    15    15    10    10    10    13    10    10;
   10    15    15    15    10    10    13    10    10    10;
   10    10    10    10    10    10    10    10    10    10;
   10    13    10    10    10    19    19    19    10    10;
   10    10    10    13    10    19    19    19    10    10;
   10    10    13    10    10    19    19    19    10    10;
   10    13    10    13    10    10    10    10    10    10;
   10    10    10    10    10    10    10    13    10    10] ;
C1=imhmax (B,2)              % imhmax()函数仅对极大值产生影响，且会保留两个重要的极大值
```

运行程序，结果如下。

```
C1 =
   10    10    10    10    10    10    10    10    10    10
   10    13    13    13    10    10    10    10    10    10
   10    13    13    13    10    10    10    10    10    10
   10    13    13    13    10    10    10    10    10    10
   10    10    10    10    10    10    10    10    10    10
   10    10    10    10    10    17    17    17    10    10
   10    10    10    10    10    17    17    17    10    10
   10    10    10    10    10    17    17    17    10    10
   10    10    10    10    10    10    10    10    10    10
   10    10    10    10    10    10    10    10    10    10
```

【例 13-22】利用 imhmin()函数对图像进行处理。

解　在编辑器中输入以下代码。

```
clear,clc
i=imread('tire.tif');
A=imhmin(i,45);                                  %利用 imhmin()函数对图像进行处理
subplot(121);imshow(i);title('原始图像')
subplot(122);imshow(A);title('抑制极小值')
```

运行程序，结果如图 13-19 所示。

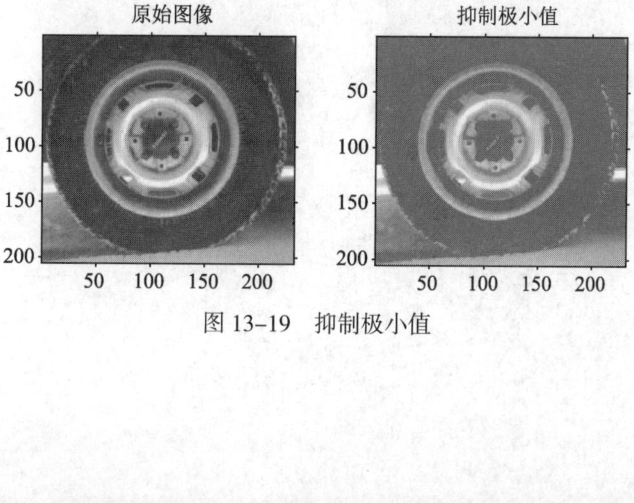

图 13-19　抑制极小值

【例 13-23】突出极小值。

解 在编辑器中输入以下代码。

```
clear,clc
i=uint8(10*ones(10,10));      %创建一幅包含两个明显的局部极小值和一些不太明显的极小值的图像
i(6:8,6:8)=2;
i(2:4,2:4)=8;
i(3,3)=4;
i(2,9)=9;
i(3,8)=9;
i(9,2)=9;
i(8,3)=9;
i
i1=imextendedmin (i,1)        %得到一幅二值图像，确定两个最小的极小值的位置
i2=imimposemin(i,i1)          %设定新的极小值
```

运行程序，结果如下。

```
i =
  10×10 uint8 矩阵
   10   10   10   10  10   10   10   10   10   10
   10    8    8    8  10   10   10   10    9   10
   10    8    4    8  10   10   10    9   10   10
   10    8    8    8  10   10   10   10   10   10
   10   10   10   10  10   10   10   10   10   10
   10   10   10   10  10    2    2    2   10   10
   10   10   10   10  10    2    2    2   10   10
   10   10    9   10  10    2    2    2   10   10
   10    9   10   10  10   10   10   10   10   10
   10   10   10   10  10   10   10   10   10   10
i1 =
  10×10 uint8 矩阵
    0    0    0    0    0    0    0    0    0    0
    0    0    0    0    0    0    0    0    0    0
    0    0    1    0    0    0    0    0    0    0
    0    0    0    0    0    0    0    0    0    0
    0    0    0    0    0    0    0    0    0    0
    0    0    0    0    0    1    1    1    0    0
    0    0    0    0    0    1    1    1    0    0
    0    0    0    0    0    1    1    1    0    0
    0    0    0    0    0    0    0    0    0    0
    0    0    0    0    0    0    0    0    0    0
i2 =
  10×10 uint8 矩阵
   11   11   11   11  11   11   11   11   11   11
   11    9    9    9  11   11   11   11   11   11
   11    9    0    9  11   11   11   11   11   11
   11    9    9    9  11   11   11   11   11   11
   11   11   11   11  11   11   11   11   11   11
```

```
    11    11    11    11    11     0     0     0    11    11
    11    11    11    11    11     0     0     0    11    11
    11    11    11    11    11     0     0     0    11    11
    11    11    11    11    11    11    11    11    11    11
    11    11    11    11    11    11    11    11    11    11
```

【例 13-24】实现图像的极大值与极小值变换。

解　在编辑器中输入以下代码。

```
clear,clc
I=imread('rice.png');
m1=false(size(I));
m1(64:71,64:71)=true;
J=I;
J(m1)=255;
K=imimposemin(I,m1);                                    %抑制极小值
subplot(131);imshow(I);title('原始图像')
subplot(132);imshow(J);title('标记图像上的叠加')
subplot(133);imshow(K);title('抑制极小值')
```

运行程序，结果如图 13-20 所示。

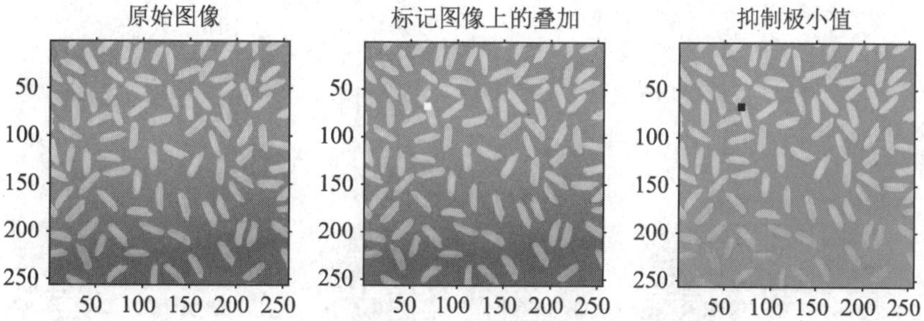

图 13-20　极大值与极小值变换

13.2.6　查找表与对象的特性度量

查找表可以提高一些二值图像操作的计算速度，作为一个列向量，它保存一个像素邻域点的所有可能组合，使大量的运算转换为查找表问题。

在 MATLAB 中，makelut()函数用于创建 2×2 和 3×3 的邻域查找表，调用格式为

```
lut=makelut(f,n)      %n 为邻域尺寸（2 或 3），2×2 邻域对应的查找表是一个 16 个元素的向量，3×3 邻
                      %域共有 512 种排列方式。由于数值越大，排列的可能性越多，会超出系统计算的范
                      %围，因而查找表不接受更大的数值
```

在 MATLAB 中，applylut()函数用于对查找表进行操作，调用格式为

```
A=applylut(bw,l)      %l 表示由 makelut()函数返回的查找表；A 为使用查找表后返回的图像
```

【例 13-25】利用查找表对图像进行腐蚀处理。

解　在编辑器中输入以下代码。

```
clear,clc
BW=imread('circbw.tif');
```

```
lut=makelut('sum(x(:)) == 4',2);                                    %查找表
BW2=applylut(BW,lut);                                               %查找表的二值图像处理
B=[8 4;2 1];                                                        %验证 2×2 邻域
C=conv2(double(BW),B);                                              %卷积运算
C=uint8(C)+1;                                                       %转换为 double 型
lut8=uint8(lut);                                                    %转换为 uint8 型
isize=size(C);
for i=1:isize(1)
    for j=1:isize(2)
        tmp=C(i,j);
        C(i,j)=lut8(tmp);
    end
end
C=logical(C);
isize2=size(BW2);
isizeC=size(C);
tmpsize=isizeC-isize2;
C=C((tmpsize(1)+1):isizeC(1),(tmpsize(2)+1):isizeC(2));            %提取图像的有效部分
subplot(131);imshow(BW);title('原始图像')
subplot(132);imshow(BW2);title('查找表的二值图像处理')
subplot(133);imshow(C);title('验证图像')
breturn=min(min(C==BW2));
disp(strcat('applylut 和验证结果：',num2str(breturn)))
```

运行程序，结果如图 13-21 所示。

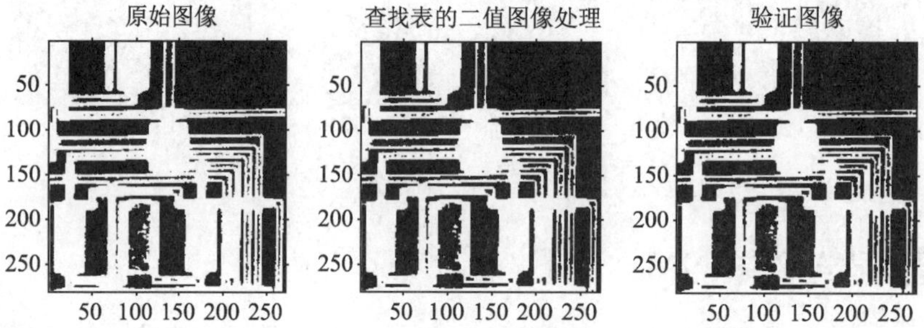

图 13-21　查找表处理

在对图像进行进一步处理之前，往往需要先对图像的目标区域进行特性度量，获取目标区域的相关属性。

在 MATLAB 中，bwlabel()函数和 bwlabeln()函数用于对二值图像进行标识操作。不同的是，bwlabel()函数仅支持二维的输入，bwlabeln()函数可以支持任意维数的输入。它们的调用格式类似，其中 bwlabel()函数的调用格式为

```
L=bwlabel(BW)              %返回标签矩阵 L，其中包含在二值图像 BW 中找到的 8 连通对象的标签
L=bwlabel(BW,conn)         %conn 指定像素的连通性，默认值为 8
[L,n]=bwlabel(___)         %返回 n，即在 BW 中找到的连通对象（区域）的数量
```

【例 13-26】利用 bwlabel()函数指定相应的像素。

解　在编辑器中输入以下代码。

```
clear,clc
BW=[ 1    1    1    0    0    0    0    0;
     1    1    1    0    1    1    1    0;
     1    1    1    0    1    1    1    0;
     1    1    1    0    1    1    1    0;
     1    1    1    0    0    0    0    1;
     1    1    1    0    0    0    0    1;
     1    1    1    0    0    0    1    1;
     0    0    0    0    0    0    0    0] ;
L=bwlabel(BW,4)                        %调用 bwlabel()函数，指定连通性为 4 的像素
L1=bwlabel(BW)                         %指定连通性为默认值 8 的像素
```

运行程序，结果如下。

```
L =
     1    1    1    0    0    0    0    0
     1    1    1    0    2    2    2    0
     1    1    1    0    2    2    2    0
     1    1    1    0    2    2    2    0
     1    1    1    0    0    0    0    3
     1    1    1    0    0    0    0    3
     1    1    1    0    0    0    3    3
     0    0    0    0    0    0    0    0
L1 =
     1    1    1    0    0    0    0    0
     1    1    1    0    2    2    2    0
     1    1    1    0    2    2    2    0
     1    1    1    0    2    2    2    0
     1    1    1    0    0    0    0    2
     1    1    1    0    0    0    0    2
     1    1    1    0    0    0    2    2
     0    0    0    0    0    0    0    0
```

若 bwlabel()函数的输出矩阵是 double 型，而不是二值图像，可以用索引色图 label2rgb()函数显示该输出矩阵。当显示时，通过将各元素加 1，使各个像素值处于索引色图的有效范围内。这样，根据每个物体显示的颜色不同，就很容易区分出各个物体。label2rgb()函数的调用格式为

```
RGB=label2rgb(L)                 %将标签图像 L 转换为 RGB 图像，以便可视化标签区域。该函数根据标签矩
                                 %阵中对象的数量确定要分配给每个对象的颜色
RGB=label2rgb(L,cmap)            %指定要在 RGB 图像中使用的颜色贴图 cmap
RGB=label2rgb(L,cmap,zerocolor)              %指定背景元素（标记为 0 的像素）的 RGB 颜色
RGB=label2rgb(L,cmap,zerocolor,order)        %order 控制如何为标签矩阵中的区域指定颜色
RGB=label2rgb(___,'OutputFormat',outputFormat)     %outputFormat 指定函数返回颜色列
                                                   %表，而不是 RGB 图像
```

【例 13-27】使用颜色高亮显示标签矩阵中的元素。

解 在编辑器中输入以下代码。

```
clear,clc
I=imread('rice.png');
BW=imbinarize(I);
```

```
CC=bwconncomp(BW);
L=labelmatrix(CC);
RGB=label2rgb(L);                              %使用默认设置将标签矩阵转换为 RGB 图像
%将标签矩阵转换为 RGB 图像，'spring'将背景像素设置为青色，并随机化将颜色指定给标签
RGB2=label2rgb(L,'spring','c','shuffle');
subplot(131);imshow(I);title('原始图像')
subplot(132);imshow(RGB);title('默认设置')
subplot(133);imshow(RGB2);title('指定参数')
```

运行程序，结果如图 13-22 所示。

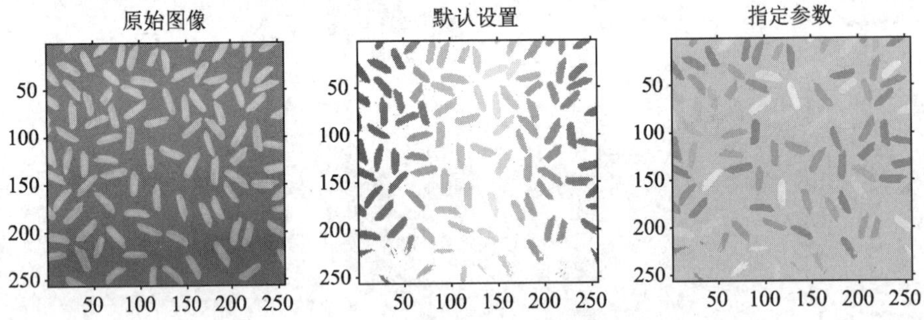

图 13-22　高亮显示颜色

在 MATLAB 中，bwarea()函数用于计算二值图像前景（值为 1 的像素点组成的区域）的面积。bwarea()函数的计算是根据不同的像素进行的加权，调用格式为

```
total=bwarea(BW)               %估计二值图像 BW 中对象的面积，total 为返回的面积，为标量
```

【例 13-28】计算图像膨胀后的面积增长百分比。

解　在编辑器中输入以下代码。

```
clear,clc
bw=imread('glass.png');
se=ones(5);
bwarea(bw);
bw1=imdilate(bw,se);
bwarea(bw1);
increase=(bwarea(bw1)-bwarea(bw))/bwarea(bw)          %计算图像膨胀后的面积增长百分比
```

运行程序，结果如下。

```
increase =
   0.0553
```

在 MATLAB 中，bwselect()函数用来选择二值图像的对象，调用格式为

```
BW2=bwselect(BW,c,r)         %返回包含与像素点坐标(r,c)重叠的对象的二值图像，对象是像素上的连接
                             %集，即值为 1 的像素。BW 为输入的二值图像，BW2 为被选择的二值图像
BW2=bwselect(BW,c,r,n)                 %指定对象的连接类型 n（4 连通性或 8 连通性）
[BW2,idx]=bwselect(___)                %返回属于选定对象的像素的线性索引
[x,y,BW2,idx,xi,yi]=bwselect(___)      %返回图像的 x、y 范围以及像素的坐标(xi,yi)
[___]=bwselect(x,y,BW,xi,yi,n)         %通过 x、y 向量为 BW 建立非默认全局坐标系
[___]=bwselect(BW,n)                   %显示图像 BW，使用鼠标以交互方式选择坐标(r,c)
[___]=bwselect                         %以交互方式选择图像在当前轴上的坐标(r,c)
```

【例 13-29】利用 bwselect()函数选择对象。

解　在编辑器中输入以下代码。

```
clear,clc
bw=imread('glass.png');
c=[43 185 212];
r=[38 68 181];
BW2=bwselect(bw,c,r,4);                         %利用 bwselect()函数选择字符对象
subplot(121);imshow(bw);title('原始图像')
subplot(122);imshow(BW2);title('对象选择')
```

运行程序，结果如图 13-23 所示。

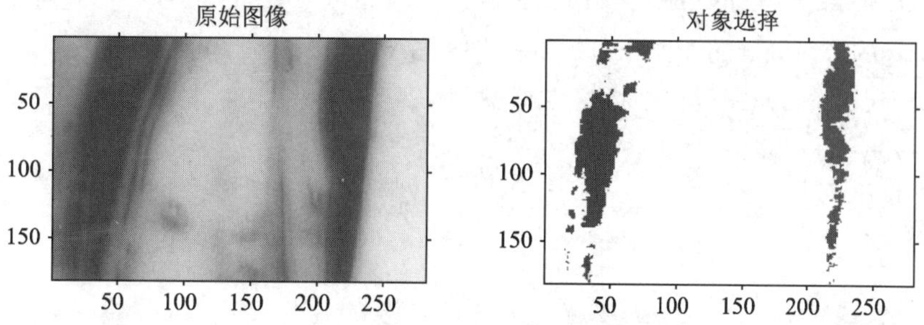

图 13-23　利用 bwselect()函数选择对象

【例 13-30】米粒识别与统计。待处理的图像如图 13-24 所示（图像有明显的噪声，部分米粒有断开和粘连），请识别其中的米粒并统计其数目。

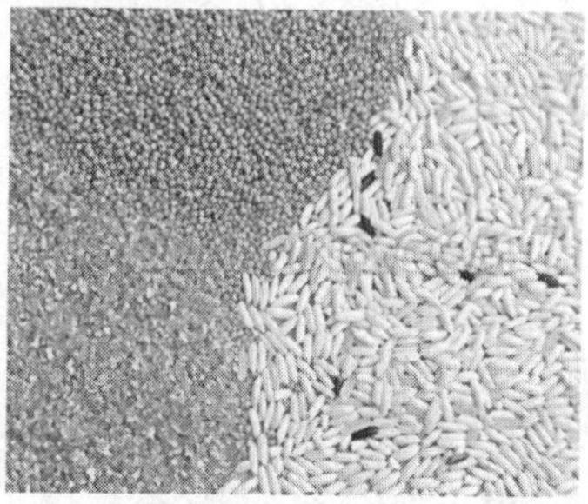

图 13-24　有明显的噪声米粒图像

要识别图像中的米粒并统计其数目，基本方法如下。

（1）读取待处理的图像，将其转换为灰度图像，然后反白处理。

```
I=imread('mili.bmp');
I2=rgb2gray(I);
s=size(I2);
I3=255*ones(s(1),s(2),'uint8');
I4=imsubtract(I3,I2);
```

（2）对图像进行中值滤波去除噪声。经试验，如果采用 3×3 的卷积因子，噪声不能较好地去除，米粒附近毛糙严重；而 5×5 和 7×7 的卷积因子能取得较好的效果。

```
I5=medfilt2(I4,[5 5]);
```

（3）将图像转换为二值图像。阈值为 0.3 附近时没有米粒断开和粘连，便于后期统计。

```
I5=imadjust(I5);
bw=im2bw(I5,0.3);
```

如果使用 graythresh()函数自动寻找阈值，得到的图像中米粒断开得比较多，此时可以对白色区域进行膨胀，使断开的米粒连接。

```
level=graythresh(I5);
bw=im2bw(I5,level);
se=strel('disk',5);
bw=imclose(bw,se);
```

两种方法相比，前者对米粒面积的计算比较准确，后者对不同图像的适应性较强。下面的步骤将基于第 1 种方法。

（4）去除图像中面积过小的可以肯定不是米粒的杂点。这些杂点一部分是去噪时没有滤去的米粒附近的小毛糙，一部分是图像边缘亮度差异产生的。

```
bw=bwareaopen(bw,10);
```

（5）标记连通的区域，以便统计米粒数量与面积。

```
[labeled,numObjects]=bwlabel(bw,4);
```

（6）用颜色标记每个米粒，以便直观显示。此时米粒的断开与粘连问题已基本被解决。

```
RGB_label=label2rgb(labeled,@spring,'c','shuffle');
```

（7）统计被标记的米粒区域的面积分布，显示米粒总数。

```
chrdata=regionprops(labeled,'basic')
allchrs=[chrdata.Area];
num=size(allchrs)
nbins=20;
figure
hist(allchrs,nbins);title(num(2))
```

至此，米粒识别与统计完成。此方法采用 MATLAB 已有的函数，简单且快捷。

整个程序代码如下。

```
I=imread('mili.bmp');
I2=rgb2gray(I);
s=size(I2);
I3=255*ones(s(1),s(2),'uint8');
I4=imsubtract(I3,I2);
I5=medfilt2(I4,[5 5]);
I5=imadjust(I5);
bw=im2bw(I5,0.3);
bw=bwareaopen(bw,10);                                  %去除图像中面积过小的
[labeled,numObjects]=bwlabel(bw,4);                    %标记连通的区域
RGB_label=label2rgb(labeled,@spring,'c','shuffle');    %用颜色标记每个米粒
chrdata=regionprops(labeled,'basic')
allchrs=[chrdata.Area];
num=size(allchrs)
nbins=20;
subplot(221),imshow(I);title('原始图像')
subplot(222),imshow(bw);title('二值图像')
subplot(223),imshow(RGB_label);title('标记每个米粒')
subplot(224),hist(allchrs,nbins);title(num(2));title('统计米粒')
```

运行程序，结果如图 13-25 所示。

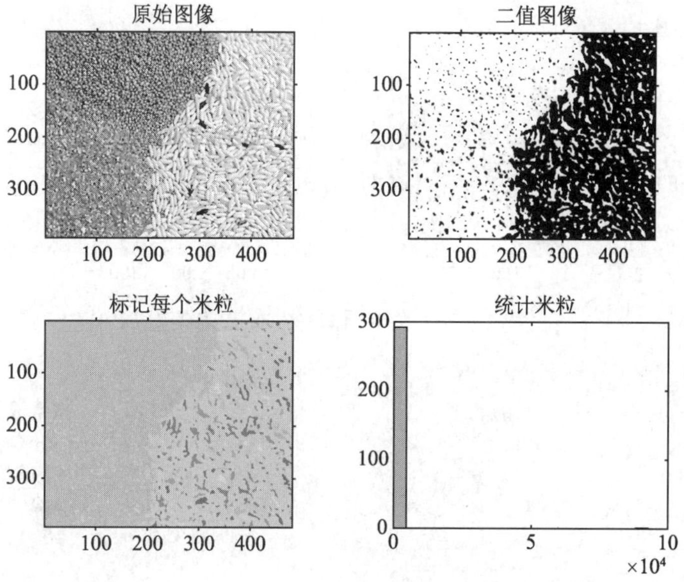

图 13-25　米粒识别与统计

13.2.7　光照不均匀处理

在机器视觉定标时，照明光束会不均匀，可以将不均匀照明的图像转换为均匀性较好的二值图。纠正照明的不均匀主要有以下几个步骤。

（1）读取图像并生成二值图像。

（2）标注矩阵的生成。

（3）图像统计信息的确定。

【例 13-31】纠正照明的不均匀示例。

解　在编辑器中输入以下代码。

```
clear,clc
I=imread('coins.png');
figure(1);
subplot(141);imshow(I);title('原始图像')
background=imopen(I,strel('disk',15));                              %形态学开操作
figure(2),
subplot(131);surf(double(background(1:8:end,1:8:end))),zlim([0 255]); %显示背景变化情况
set(gca,'ydir','reverse');title('图像背景变化的像素值')
I2=imsubtract(I,background);                                        %减去背景
figure(1);
subplot(142);imshow(I2);title('去除背景后');
I3=imadjust(I2);                                                    %调整图像的对比度
figure(1);
subplot(143);imshow(I3);title('调整对比度');
level=graythresh(I3);                                               %设定阈值
bw=im2bw(I3,level);                                                 %生成二值图像
figure(1);
subplot(144);imshow(bw);title('二值图像');
```

运行程序，结果如图 13-26 所示。

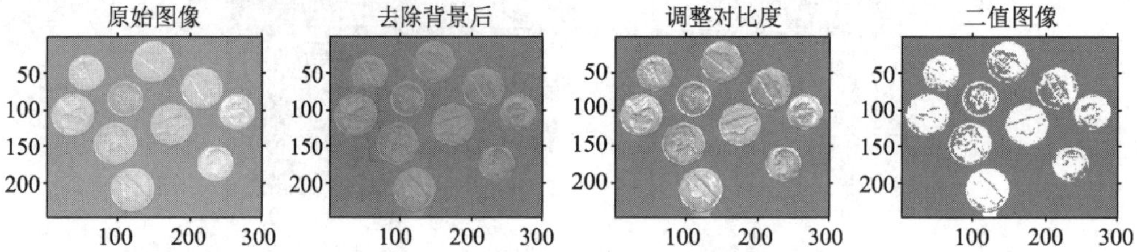

图 13-26　读取图像并生成二值图像

```
%% 标注矩阵的生成，并显示彩色图像
[labeled,numObjects] = bwlabel(bw,4);                    %生成标注矩阵
numObjects                                               %计算图像中目标对象的个数
rect=[105 125 10 10];                                    %固定图像的区域
grain=imcrop(labeled,rect)                               %确定标注矩阵的一部分
RGB_label=label2rgb(labeled,@spring,'c','shuffle');     %伪彩色图像
figure(2),
subplot(132);imshow(RGB_label);title('伪色彩显示的标注矩阵');
%统计确定图像的性能
graindata=regionprops(labeled,'basic')
graindata(50).Area%
allgrains=[graindata.Area];                              %生成所有目标对象的面积矩阵
max_area=max(allgrains)                                  %找出面积最大的值
biggrain=find(allgrains==max_area)                       %找到面积最大的标号
mean(allgrains)                                          %找到所有的平均值
nbins=20;
figure(2)
subplot(133);hist(allgrains,nbins);title('所有面积的直方图')
```

运行程序，结果如图 13-27 所示，同时输出以下结果。

```
numObjects =
   118
grain =
     0     0    18    18    18    18    18    18    18    18    18
     0     0     0    18    18    18    18    18    18    18    18
    18     0     0    18    18    18    18    18    18    18    18
     0     0     0    18    18    18    18    18    18    18    18
     0     0     0     0    18    18    18    18    18    18    18
    18     0     0     0    18    18    18    18    18    18    18
    18     0     0     0     0    18    18    18    18    18    18
    18     0    36    36     0     0    18    18    18    18    18
     0     0     0     0     0     0     0    18    18    18    18
    18    18    18     0     0     0     0    18    18    18    18
    18    18    18     0     0     0     0     0    18    18    18
graindata =
  包含以下字段的 118×1 struct 数组:
    Area
    Centroid
    BoundingBox
```

```
ans =
     4
max_area =
       2490
biggrain =
    27
ans =
  147.5339
```

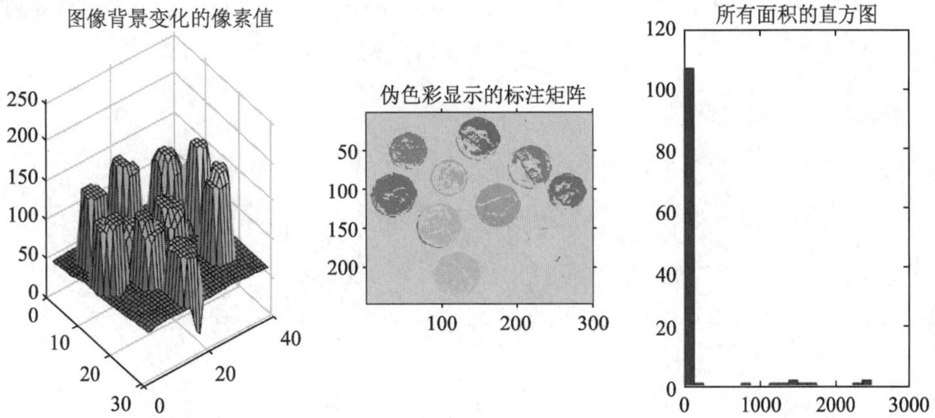

图 13-27　光照不均匀处理

13.2.8　使用纹理滤波器处理图像

一个物体的颜色或其表面的光滑程度就是这个物体的纹理。纹理可以描述图像中每个区域的特征，在实际生活中有着很多的应用。对图像使用纹理滤波器进行分割处理的原理就是划分图像中不同区域的纹理。对图像使用纹理滤波器进行分割处理的基本步骤如下。

（1）创建纹理图像。

（2）显示图像不同部分的纹理。

（3）通过使用合适的滤波器对图像进行处理。

【例 13-32】对图像使用纹理滤波器进行处理。

解　在编辑器中输入以下代码。

（1）创建纹理图像并显示。

```
clear,clc
I=imread('circuit.tif');
E=entropyfilt(I);                                      %创建纹理图像
Eim=mat2gray(E);                                       %转换为灰度图像
BW1=im2bw(Eim,.8);                                     %转换为二值图像
figure
subplot(131);imshow(I);title('原始图像')
subplot(132);imshow(Eim);title('灰度图像')
subplot(133);imshow(BW1);title('二值图像')
```

运行程序，结果如图 13-28 所示。

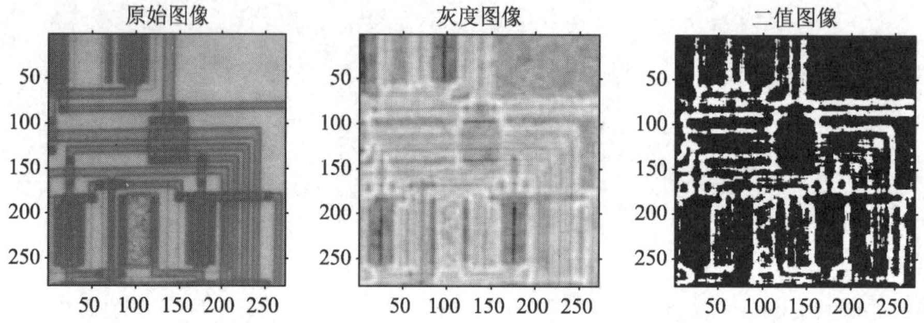

图 13-28　原始图像、灰度图像、二值图像

（2）显示图像的底部和顶部纹理。

```
BWao=bwareaopen(BW1,2000);                              %提取底部纹理
nhood=true(9);
closeBWao=imclose(BWao,nhood);                          %形态学关操作
roughMask=imfill(closeBWao,'holes');                    %填充操作
I2=I;
I2(roughMask)=0;                                        %底部置为黑色
figure;
subplot(141);imshow(BWao);title('提取底部纹理')
subplot(142);imshow(closeBWao);title('边缘光滑')
subplot(143);imshow(roughMask);title('填充图像')
subplot(144);imshow(I2);title('底部置为黑色')
```

运行程序，结果如图 13-29 所示。

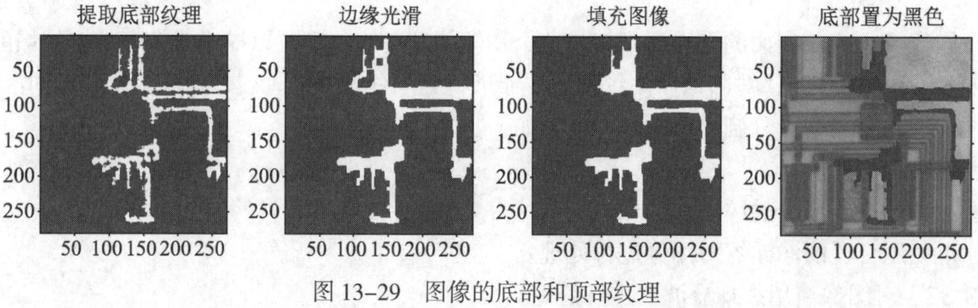

图 13-29　图像的底部和顶部纹理

（3）通过使用合适的滤波器对图像进行处理。

```
E2=entropyfilt(I2);                                 %创建纹理图像
E2im=mat2gray(E2);                                  %转换为灰度图像
BW2=im2bw(E2im,graythresh(E2im));                   %转换为二值图像
mask2=bwareaopen(BW2,1000);                         %求取图像顶部的纹理掩膜
texture1=I;texture1(~mask2)=0;                      %底部置为黑色
texture2=I;texture2(mask2)=0;                       %顶部置为黑色
boundary=bwperim(mask2);                            %求取边界
segmentResults=I;
segmentResults(boundary)=255;                       %边界处设置为白色
figure;
subplot(231);imshow(E2im);title('纹理图像')
subplot(232);imshow(BW2);title('二值图像')
```

```
subplot(233);imshow(mask2);title('顶部纹理掩膜图像')
subplot(234);imshow(texture1);title('图像顶部')
subplot(235);imshow(texture2);title('图像底部')
subplot(236);imshow(segmentResults);title('最终图像')
```

运行程序，结果如图 13-30 所示。

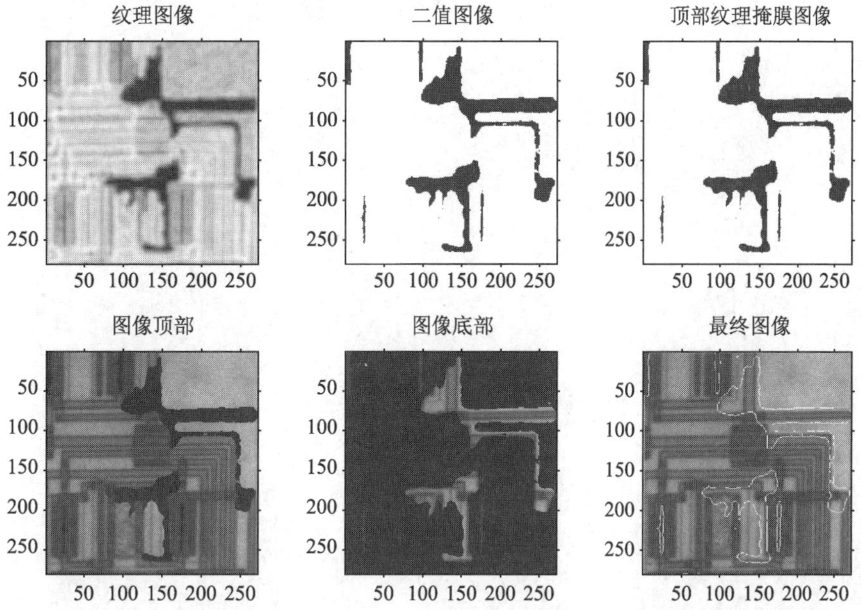

图 13-30　纹理图像、二值图像、顶部纹理的掩膜图像以及纹理图像的边界

（4）使用两种函数对图像进行滤波分割。

```
S=stdfilt(I,nhood);                                  %标准差滤波
R=rangefilt(I,ones(5));                              %rangefilt 滤波
figure;
subplot(121);imshow(mat2gray(S));title('标准差滤波')
subplot(122);imshow(R);title('rangefilt 滤波')
```

运行程序，结果如图 13-31 所示。

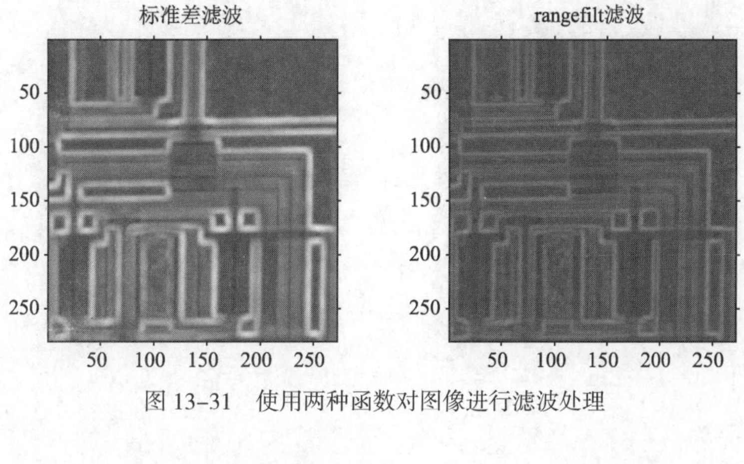

图 13-31　使用两种函数对图像进行滤波处理

13.3 小结

数学形态学已经在计算机视觉、信号处理、图像分析、模式识别等领域得到广泛的应用，是图像处理与分析的重要数学工具。本章首先从形态学的基本操作膨胀和腐蚀入手，对以这两种操作为基础的其他形态学操作进行了介绍。本章在图像处理中所用到的基础内容比较多，读者对本章中的所有方法都要仔细研究，熟练掌握。

第 14 章 综合应用

CHAPTER 14

前面重点介绍了图像处理的基本知识和 MATLAB 的实现方法，本章将主要介绍如何进行实际的工程应用。本章仅从几方面列举一些典型的应用案例，实际应用要远远超出这些范围。

学习目标

（1）了解 MATLAB 图像处理在实际应用中的基础知识；

（2）理解各综合应用的基本原理和实现步骤。

14.1 医学图像处理应用

医学图像处理是指使用计算机对获取的图像进行各种处理，使之满足医疗需要的一系列技术的总称。它是应用图形图像处理技术，弥补影像设备和成像中的不足，从而得到利用传统手段无法获取的医学信息。

随着医学图像处理技术的发展，如图像去噪、图像增强、图像分割等基本技术，传统的医学图像的获取和观察方式被完全改变，图像处理技术在医学领域变得越来越重要。

14.1.1 医学图像负片效果

在医学图像中，为了较好地显示病变区域的边缘脉络或大小，常常对图像进行负片显示，从而达到更好的观测效果。图像负片效果可以帮助我们在大片黑色区域中容易地观察到白色或灰色细节。

【例 14-1】对图像求反。

解 在编辑器中输入以下代码。

```
clear,clc
I=imread('thoracic.png');
switch class(I)                                    %图像的求反过程
   case'uint8'
      m=2^8-1;
      I1=m-I;
   case'uint16'
      m=2^16-1;
      I1=m-I;
   case'double'
      m=max(I(:));
      I1=m-I;
```

```
end
figure;
subplot(121);imshow(I);title('原始图像')
subplot(122);imshow(I1);title('图像负片效果')
```

运行程序，结果如图 14-1 所示。

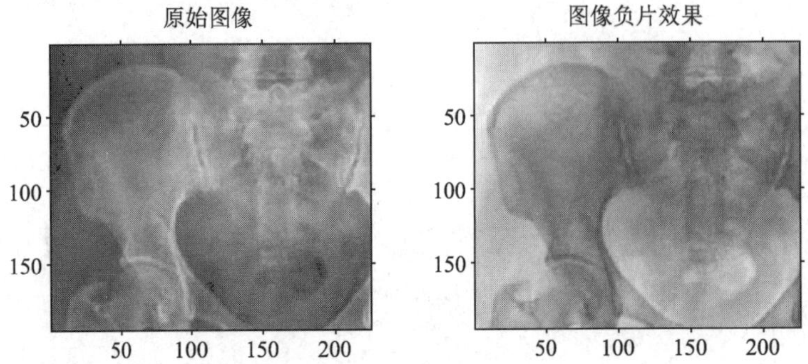

图 14-1　对图像进行求反

14.1.2　医学图像灰度变换

通常经输入系统获取的图像信息中含有各种各样的噪声与畸变，光照度不够均匀，会造成图像灰度过于集中，因此要对图像质量进行改善。

灰度变换是根据某种目标条件按一定变换关系逐点改变原图像中像素灰度值的方法。目标图像的灰度变换处理是图像增强处理技术中一种非常基础、直接的空间域图像处理方法。灰度变换有时被称为图像对比度增强或对比度拉伸。

【例 14-2】对一幅胸腔 X 射线图像进行灰度变换。

解　在编辑器中输入以下代码。

```
clear,clc
f=imread('breast.tif');
g1=imadjust(f,[0 1],[1 0]);                %将原始图像灰度反转
g2=imadjust(f,[0.6 0.8],[0 1]);            %将原始图像 0.6～0.8 的灰度级扩展到[0,1]
g3=imadjust(f,[ ],[ ],2);                  %将 gamma 值设置为 2
subplot(221);imshow(f),title('原始图像')
subplot(222);imshow(g1),title('灰度反转')
subplot(223);imshow(g2),title('部分区域灰度变换')
subplot(224);imshow(g3),title('gamma=2')
```

运行程序，结果如图 14-2 所示。

【例 14-3】图像的灰度拉伸。

解　在编辑器中输入以下代码。

```
clear,clc
f=imread('hand.bmp');
g=hand(f,'stretch',mean2(im2double(f)),0.89);          %对图像进行灰度拉伸
subplot(121);imshow(f),title('原始图像')
subplot(122);imshow(g),title('拉伸图像')
```

运行程序，结果如图 14-3 所示。

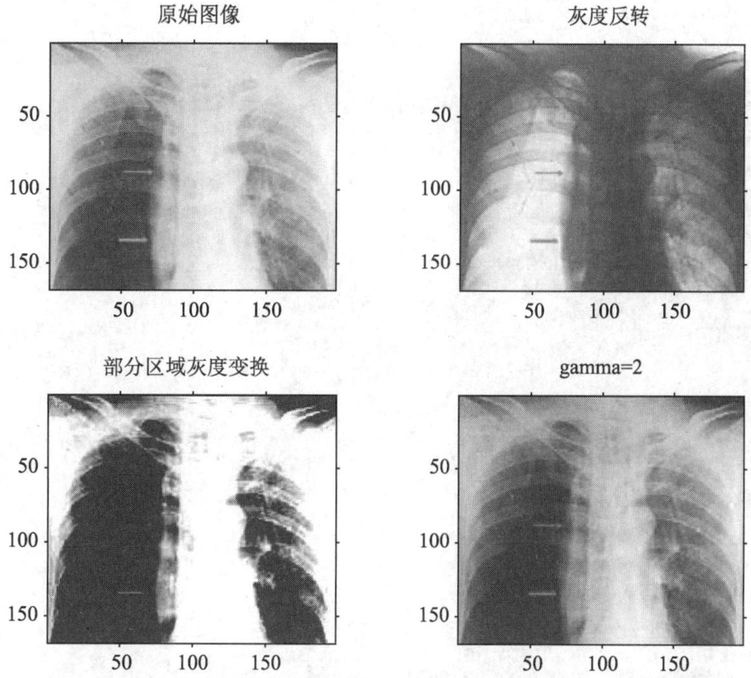

图 14-2　对 X 射线图像进行灰度变换

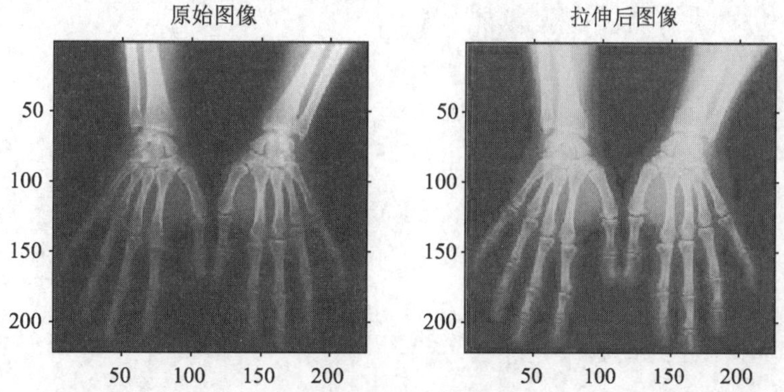

图 14-3　图像灰度拉伸

上述程序使用自定义函数 hand()对图像进行灰度拉伸。自定义函数 hand()如下。

```
function g=hand(f,varargin)
error(nargchk(2,4,nargin))
classin=class(f);
if strcmp(class(f),'double')&max(f(:))>1 & ~strcmp(varargin{1},'log')
   f=mat2gray(f);
else
   f=im2double(f);
end
```

```
method=varargin{1};
switch method
   case 'neg'
      g=imcomplement(f);
   case 'log'
      if length(varargin)==1
         c=1;
      elseif length(varargin)==2
         c=varargin{2};
      elseif length(varargin)==3
         c=varargin{2};
         classin=varargin{3};
      else
         error('Incorrect number of inputs for the log option.')
      end

      g=c*(log(1+double(f)));

   case 'gamma'
      if length(varargin)<2
         error('Not enough inputs for the gamma option.')
      end

      gam=varargin{2};
      g=imadjust(f,[],[],gam);
   case 'stretch'
      if length(varargin)==1
         m=mean2(f);
         E=4.0;
      elseif length(varargin)==3
         m=varargin{2};
         E=varargin{3};
      else
         error('Incorrect number of inputs for the stretch option.')
      end

      g=1./(1+(m./(f+eps)).^E);
   otherwise
      error('UNknown enhancement method.')
end
```

14.1.3 医学图像直方图均衡化

基于直方图均衡化的图像增强是数字图像的预处理技术，对图像整体和局部特征都能有效改善。直方图均衡化是一种常用的灰度增强方法，将原始图像的直方图经过变换函数修整为均匀直方图，然后按均衡后的直方图修整原始图像。

【例 14-4】对医学图像进行直方图均衡化。

解　在编辑器中输入以下代码。

```
clear,clc
I=imread('thoracic.png');
I=rgb2gray(I);
J=histeq(I);                                          %图像的均衡化
subplot(221);imshow(I);title('原始图像')
subplot(222);imshow(J);title('均衡化图像')
subplot(223);imhist(I,64);title('原始图像直方图')
subplot(224);imhist(J,64);title('均衡化直方图')
```

运行程序，结果如图 14-4 所示。

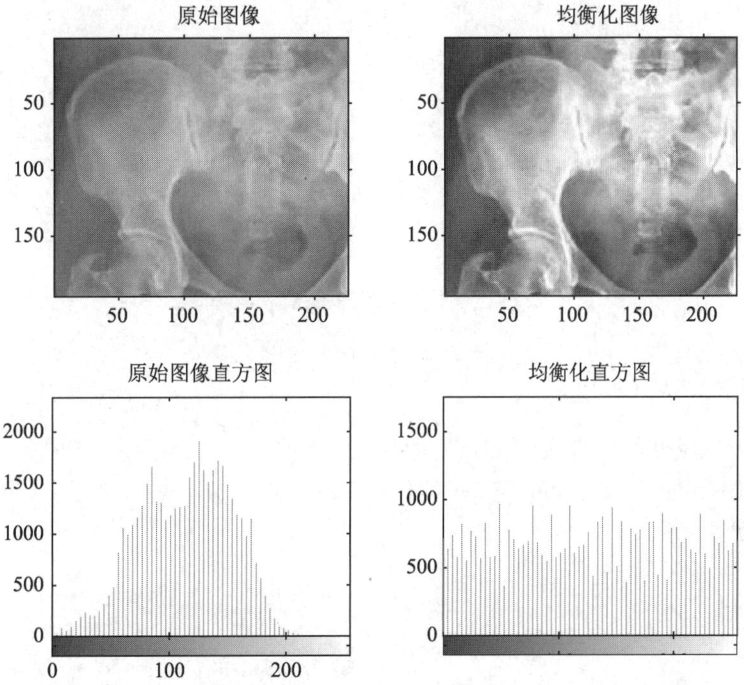

图 14-4　医学图像的直方图均衡化

14.1.4　医学图像锐化

数字图像经过转换和传输后，难免产生模糊。图像锐化的主要目的在于补偿图像轮廓，突出图像的边缘信息以使图像显得更加清晰，从而符合人类的观察习惯。图像锐化的实质是增强原始图像的高频分量。在高通滤波器中，卷积核中心的卷积系数最大，在锐化中起着关键的作用。

当该卷积系数经过图像中的高频部分（即像素值有突变的部分）时，由于其值较大，它与像素值的乘积很大，在卷积结果中占很大的比重。因此，卷积之后，图像中像素值的突变变得更加突出，即图像中的像素值的差得到增强；同时，图像中像素值变化较小的区域（低频成分区域）所受的影响却很小。所以，高通滤波将使图像锐化，使图像更加醒目，在视觉上就显得更清晰。

【例 14-5】对医学图像进行锐化处理。

解　在编辑器中输入以下代码。

```
clear,clc
J=imread('breast.tif');
subplot(121);imshow(J);title('原始图像')
J=double(J);
lapMatrix=[1 1 1;1 -8 1;1 1 1];                    %拉普拉斯模板
J_tmp=imfilter(J,lapMatrix,'replicate');           %滤波
I=imsubtract(J,J_tmp);                             %图像相减
subplot(122);imshow(I),title('锐化图像')
```

运行程序，结果如图 14-5 所示。

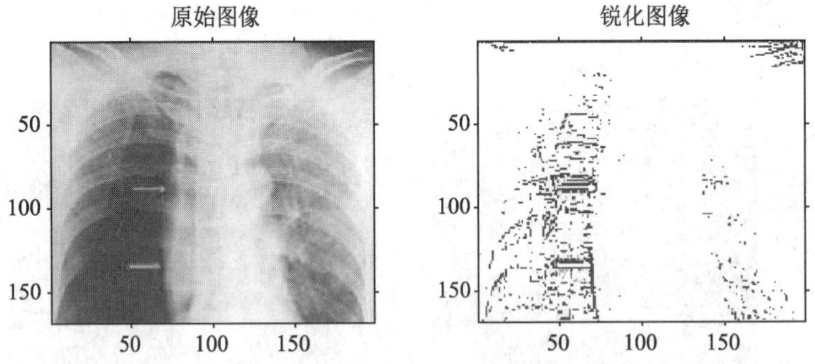

图 14-5　对医学图像进行锐化处理

14.1.5　医学图像边缘检测

边缘检测在医学图像处理中占有十分重要的地位，检测结果的好坏直接关系着诊断和治疗效果。MATLAB 工具箱提供的 edge()函数可利用 Sobel 算子、Prewitt 算子、Roberts 算子、LOG 算子和 Canny 算子实现检测边缘的功能。

【例 14-6】对一幅医学图像进行边缘检测。

解　在编辑器中输入以下代码。

```
clear,clc
M=imread('thoracic.png');
I=rgb2gray(M);
BW1=edge(I,'sobel');                     %用 Sobel 算子进行边缘检测
BW2=edge(I,'roberts');                   %用 Roberts 算子进行边缘检测
BW3=edge(I,'prewitt');                   %用 Prewitt 算子进行边缘检测
BW4=edge(I,'log');                       %用 LOG 算子进行边缘检测
BW5=edge(I,'canny');                     %用 Canny 算子进行边缘检测
h=fspecial('gaussian',5);                %高斯低通滤波器
BW6=edge(I,'canny');                     %滤波之后的 Canny 检测
subplot(231),imshow(BW1);title('Sobel 边缘检测')
subplot(232),imshow(BW2);title('Roberts 边缘检测')
subplot(233),imshow(BW3);title('Prewitt 边缘检测')
subplot(234),imshow(BW4);title('LOG 边缘检测')
subplot(235),imshow(BW5);title('Canny 边缘检测')
subplot(236),imshow(BW6);title('Gaussian&Canny 边缘检测')
```

运行程序，结果如图 14-6 所示。

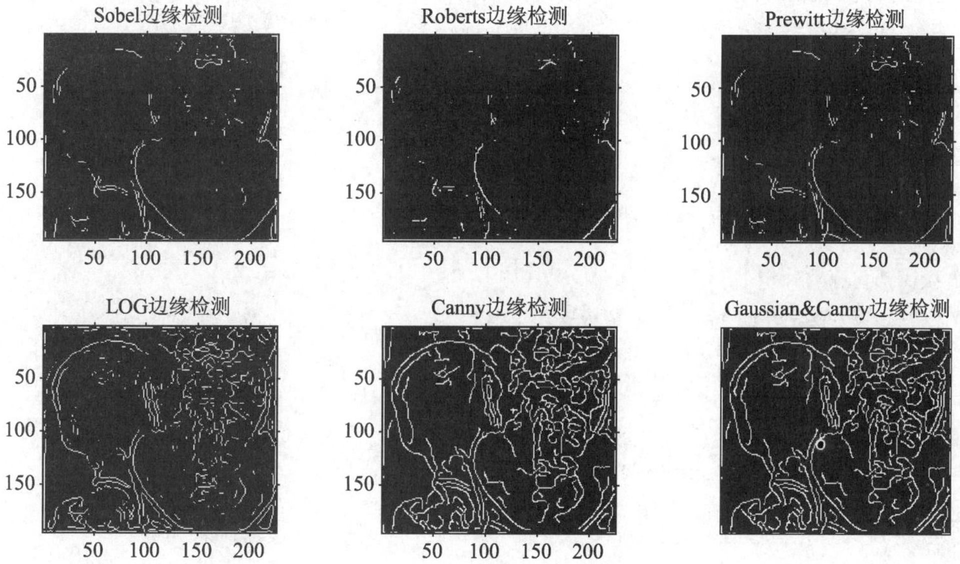

图 14-6 对医学图像进行边缘检测

14.2 图像特征提取应用

特征提取是指对某一模式的测量值进行变换，以突出该模式具有代表性特征的一种方法；或者通过影像分析和变换，以提取所需特征的方法。

特征提取是计算机视觉和图像处理中的一个概念，是指使用计算机提取图像信息，决定每个图像的点是否属于一个图像特征。

14.2.1 确定圆形目标

圆形是一种几何特征明显且十分容易识别的图形，在图像处理中具有其他几何形状无法比拟的优点。圆形目标的确定在计算机视觉中有着重要的作用。

【例 14-7】圆形目标的确定。

解 在编辑器中输入以下代码。

```
clear,clc
%对图像进行读取，并将其转换为二值图像
RGB=imread('pears.png');
figure;subplot(221);imshow(RGB);title('原始图像')
I=rgb2gray(RGB);                                    %转换为灰度图像
threshold=graythresh(I);                            %阈值
bw=im2bw(I,threshold);                              %转换为二值图像
subplot(222);imshow(bw);title('二值图像')
%对图像中目标的边界进行寻找
bw=bwareaopen(bw,30);                               %去除小目标
se=strel('disk',2);                                 %圆形结构元素
bw=imclose(bw,se);                                  %闭操作
```

```
bw=imfill(bw,'holes');                                          %填充孔洞
subplot(223);imshow(bw) ;title('去噪后的图像')                    %显示填充孔洞后的图像
[B,L]=bwboundaries(bw,'noholes');                               %图像边界
subplot(224);imshow(label2rgb(L,@jet,[.5 .5 .5]))              %不同颜色显示
title('圆形目标的确定')
hold on
for k=1:length(B)
   boundary=B{k};
   plot(boundary(:,2),boundary(:,1),'w','LineWidth',2)%显示白色边界
end
%对图像中圆形目标的确定
stats=regionprops(L,'Area','Centroid');                         %求取面积、质心等
threshold=0.94;                                                 %阈值
for k=1:length(B)
   boundary=B{k};
   delta_sq=diff(boundary).^2;
   perimeter=sum(sqrt(sum(delta_sq,2)));                        %求取周长
   area=stats(k).Area;                                          %面积
   metric=4*pi*area/perimeter^2;                                %圆形的量度
   metric_string=sprintf('%2.2f',metric);
   if metric > threshold
      centroid=stats(k).Centroid;
      plot(centroid(1),centroid(2),'ko');                       %标记圆心
   end
   text(boundary(1,2)-35,boundary(1,1)+13,metric_string,'Color',...
      'y','FontSize',14,'FontWeight','bold');                   %标注圆形度量
end
```

运行程序，结果如图 14-7 所示。

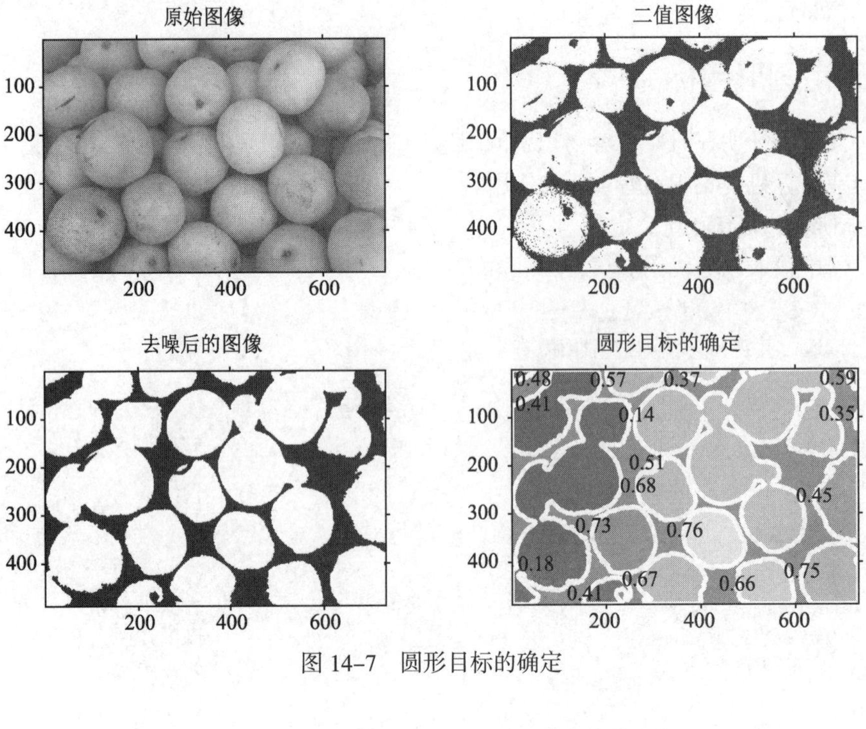

图 14-7　圆形目标的确定

14.2.2 测量图像的粒度

粒度即颗粒的大小。通常球体颗粒的粒度用直径表示，立方体颗粒的粒度用边长表示。对于不规则的矿物颗粒，可将与矿物颗粒有相同行为的某一球体直径作为该颗粒的等效直径。实验室常用的测定物料粒度组成的方法有筛析法、水析法和显微镜法。

在不精确分割图像目标的基础上确定目标分布情况和大小的方法就是粒度的测量。粒度的测量主要有以下几个基本步骤。

（1）对图像进行读取并加强。

（2）对图像中粒度大小的分布进行计算。

（3）对不同半径的粒度分布进行计算。

【例 14-8】粒度的测量。

解 在编辑器中输入以下代码。

```
clear,clc
%对图像进行读取并加强
I=imread('bag.png');
figure;subplot(231);imshow(I);title('原始图像')
claheI=adapthisteq(I,'NumTiles',[10 10]);
claheI=imadjust(claheI);                              %亮度调整
subplot(234);imshow(claheI);title('增强后的图像')

%对图像中粒度大小的分布进行计算
for counter=0:22
    remain=imopen(claheI, strel('disk', counter)); %开操作
    intensity_area(counter + 1)=sum(remain(:));     %剩余像素和
end
subplot(232);plot(intensity_area, 'm - *'), title('开操作后剩余的像素和');
grid on
%对不同半径的粒度分布进行计算
intensity_area_prime= diff(intensity_area);         %差分
subplot(235);plot(intensity_area_prime, 'm - *'), title('每个半径下的粒度数')

grid on
set(gca, 'xtick', [0 2 4 6 8 10 12 14 16 18 20 22]);
open5=imopen(claheI,strel('disk',5));                %半径为 5 的形态学开操作
open6=imopen(claheI,strel('disk',6));                %半径为 6 的形态学开操作
rad5=imsubtract(open5,open6);                        %半径为 5 的粒度
subplot(233);imshow(rad5,[]);title('粒度分布情况')   %显示半径为 5 图像中粒度分布情况
```

运行程序，结果如图 14-8 所示。

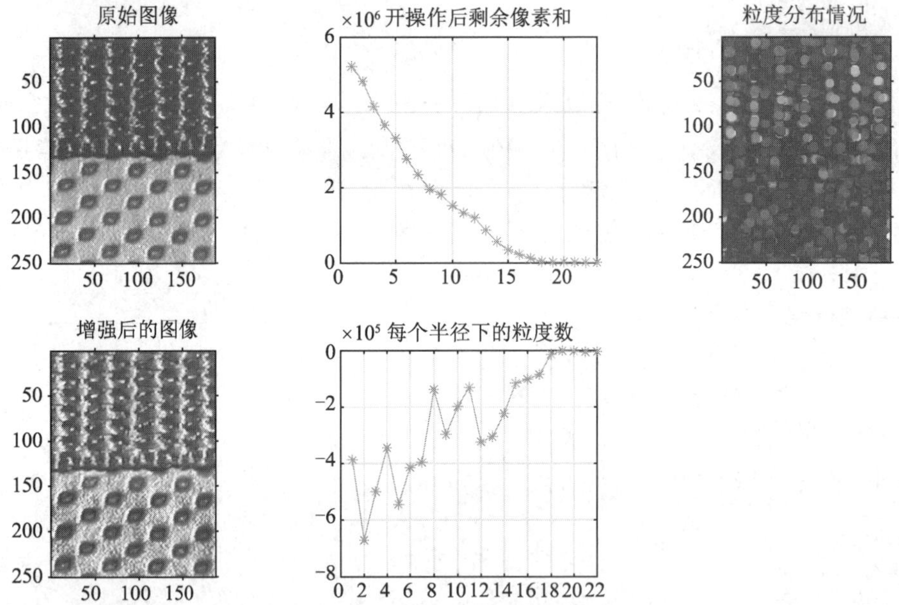

图 14-8　测量图像的粒度

14.2.3　测量灰度图像的属性

一幅完整的图像是由红、绿、蓝 3 个通道组成的。红、绿、蓝 3 个通道的缩略图都是以灰度显示的。用不同的灰度色阶表示红、绿、蓝在图像中的比例。通道中的纯白代表了该色光在此处为最高亮度，亮度级别为 255。测量灰度图像的属性主要有以下几个基本步骤。

（1）显示图像，并得到二值图像。

（2）标注不同的二值图像目标。

（3）计算某些属性。

【例 14-9】 测量灰度图像的属性。

解　在编辑器中输入以下代码。

```
clear,clc
%读取并显示图像并显示标注矩阵
I= imread('moon.tif');
subplot(131);imshow(I);title('原始图像')
BW=I>0;                                                    %二值图像
L=bwlabel(BW);                                             %标注矩阵
subplot(132);imshow(label2rgb(L));title('彩色显示标注矩阵')
%质心和加权质心的计算
s=regionprops(L,I,{'Centroid','WeightedCentroid'});       %求取质心等
subplot(133);imshow(I);title('显示质心等')
hold on
numObj=numel(s);
for k=1:numObj
    plot(s(k).WeightedCentroid(1),...
        s(k).WeightedCentroid(2),'r*');                    %在原图上显示加权质心
    plot(s(k).Centroid(1),s(k).Centroid(2),'bo');          %在原图上显示质心
```

```
end
hold off
```

运行程序，结果如图 14-9 所示。

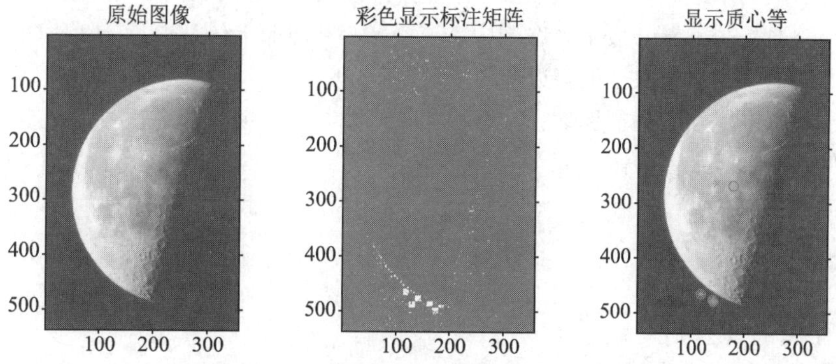

图 14-9 在原始图像中标注质心和加权质心

```
%% 统计性质的计算
s=regionprops(L,I,{'Centroid','PixelValues','BoundingBox'});  %求质心、像素值、范围属性
figure
subplot(131);imshow(I);                                        %显示原图
hold on
for k=1:numObj
    s(k).StandardDeviation=std(double(s(k).PixelValues));     %标准差
    text(s(k).Centroid(1),s(k).Centroid(2), ...
        sprintf('%2.1f', s(k).StandardDeviation), ...
        'EdgeColor','b','Color','g');
end
hold off;subplot(132);bar(1:numObj,[s.StandardDeviation]); %显示标准差
sStd=[s.StandardDeviation];
lowStd=find(sStd<50);                                          %找出标准差小于 50 的目标
subplot(133);imshow(I);                                        %显示原图
hold on
for k=1:length(lowStd)
   rectangle('Position', s(lowStd(k)).BoundingBox,'EdgeColor','y');%矩形标注所选目标
end
hold off
```

运行程序，结果如图 14-10 所示。

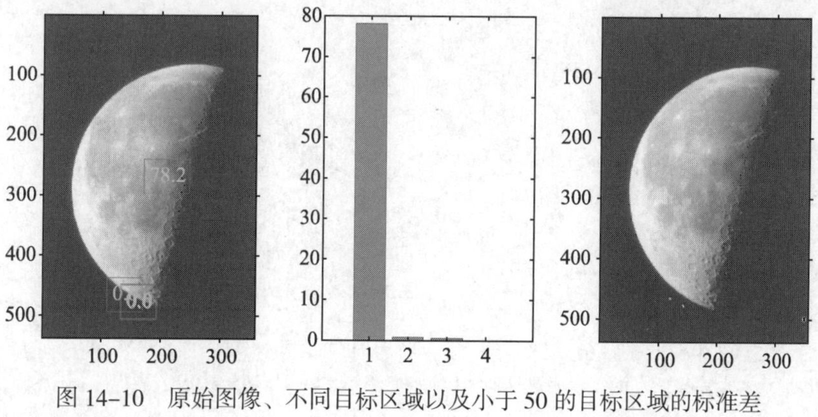

图 14-10 原始图像、不同目标区域以及小于 50 的目标区域的标准差

14.2.4 测量图像的半径

半径是数学几何中的术语，意为圆上最长的两点间距离的一半。在圆中，连接圆心和圆上任意一点的线段叫作圆的半径，通常用字母 r 表示。在球中，连接球心和球面上任意一点的线段叫作球的半径。正多边形所在的外接圆的半径叫作圆内接正多边形的半径。

半径的测量主要有以下几个基本步骤。

（1）读取图像并显示其二值图像。

（2）图像边界的获取。

（3）半径的计算。

【例 14-10】半径的测量。

解 在编辑器中输入以下代码。

```
clear,clc
RGB=imread('peppers.png');
figure;
subplot(131);imshow(RGB);title('原始图像');
I=rgb2gray(RGB);                                    %转换为灰度图像
threshold=graythresh(I);                            %阈值
BW=im2bw(I,threshold);                              %转换为二值图像
subplot(132);imshow(BW);title('二值图像')

%图像边界的获取
dim=size(BW);                                       %图像大小
col=round(dim(2)/2)-90;                             %边界起始点的列
row=find(BW(:,col), 1);                             %边界起始点的行
connectivity=8;                                     %连通性为 8
num_points=180;                                     %边界点的个数
contour=bwtraceboundary(BW, [row, col], 'N',...
   connectivity, num_points);                       %求取圆周
subplot(133);imshow(RGB);title('测量结果')           %显示原图像
hold on;
plot(contour(:,2),contour(:,1),'g','LineWidth',2); %显示绿色边界

%半径的计算
x=contour(:,2);y=contour(:,1);
abc=[x y ones(length(x),1)]\-(x.^2+y.^2);          %计算参数
a=abc(1);b=abc(2);c=abc(3);
xc=-a/2;                                            %圆心的 x 轴坐标
yc=-b/2;                                            %圆心的 y 轴坐标
radius = sqrt((xc^2+yc^2)-c)                        %半径
plot(xc,yc,'yx','LineWidth',2);                     %标出圆心
theta=0:0.01:2*pi;
Xfit=radius*cos(theta) + xc;
Yfit=radius*sin(theta) + yc;
plot(Xfit, Yfit);                                   %用蓝色显示另一段弧
message=sprintf('半径的估计值是%2.3f 像素',radius);
text(15,15,message,'Color','y','FontWeight','bold');
```

运行程序，结果如图 14-11 所示。

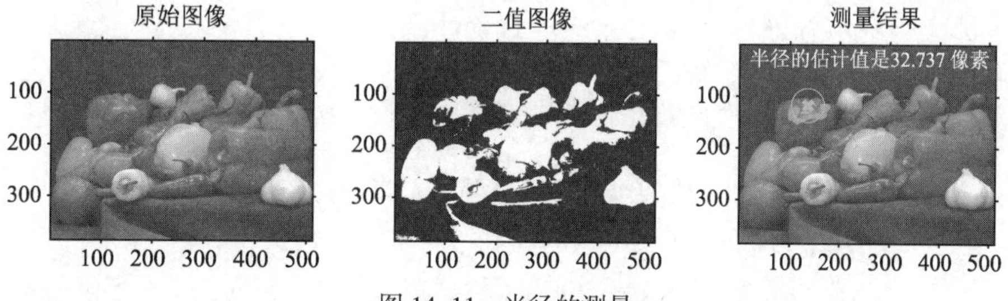

图 14-11 半径的测量

14.2.5 测量图像的角度

角度是一个数学名词，表示角的大小的量，通常用度或弧度表示。为了避免人工测量角度，图像处理的任务之一就是实现角度测量的智能化。角度的测量主要有以下几个基本步骤。

（1）对图像进行读取，并选择出要测量角度的区域。

（2）对角的直线边界进行读取。

（3）角度的计算。

【例 14-11】 两条直线之间角度的测量。

解 在编辑器中输入以下代码。

```
clear,clc
%对图像进行读取，并选择出将要测量角度的区域
RGB=imread('tape.png');
subplot(221);imshow(RGB);title('原始图像');
line([300 328],[85 103],'color',[1 1 0]);                %画直线
line([268 255],[85 140],'color',[1 1 0]);                %画直线
start_row=34;                                            %选取图像的起始行
start_col=208;                                           %选取图像的起始列
cropRGB=RGB(start_row:163, start_col:400, :);            %确定图像区域
subplot(222);imshow(cropRGB);title('子区域');

%对角的直线边界进行读取
offsetX=start_col-1;                                     %x 方向的偏移量
offsetY=start_row-1;                                     %y 方向的偏移量
I=rgb2gray(cropRGB);                                     %转换为灰度图像
threshold=graythresh(I);                                 %阈值
BW=im2bw(I,threshold);                                   %转换为二值图像
BW=~BW;                                                  %取反
subplot(223);imshow(BW);title('二值子图像');

dim=size(BW);                                            %图像大小
col1=4;                                                  %水平轴的起始列
row1=min(find(BW(:,col1)));                              %水平轴的起始行
row2=12;                                                 %另一条直线的起始行
col2=min(find(BW(row2,:)));                              %另一条直线的起始列
```

```
boundary1=bwtraceboundary(BW, [row1, col1], 'N', 8, 70);   %水平边界
boundary2=bwtraceboundary(BW, [row2, col2], 'E', 8, 90,'counter');  %另一条直线的边界
subplot(224);imshow(RGB);title('求取的边界角度');                %显示原图像
hold on;
plot(offsetX+boundary1(:,2),offsetY+boundary1(:,1),'g','LineWidth',2);
%显示水平方向的直线
plot(offsetX+boundary2(:,2),offsetY+boundary2(:,1),'g','LineWidth',2);
%显示另一方向的直线
%角度的计算
ab1=polyfit(boundary1(:,2), boundary1(:,1), 1);               %拟合直线
ab2=polyfit(boundary2(:,2), boundary2(:,1), 1);               %拟合直线
vect1=[1 ab1(1)];vect2=[1 ab2(1)];
dp=dot(vect1, vect2);                                         %点积
length1=sqrt(sum(vect1.^2));                                  %长度
length2=sqrt(sum(vect2.^2));                                  %长度
angle=180-acos(dp/(length1*length2))*180/pi                   %计算角度
intersection=[1 ,-ab1(1);1,-ab2(1)] \ [ab1(2);ab2(2)];        %相对位置
intersection=intersection + [offsetY;offsetX]                 %交点实际坐标
inter_x=intersection(2);                                      %交点的 x 轴坐标
inter_y=intersection(1);                                      %交点的 y 轴坐标
plot(inter_x,inter_y,'yx','LineWidth',2);                     %在原图上标注交点
```

运行程序，输出如图 14-12 所示，同时输出计算结果如下。

```
angle =
  144.0205
intersection =
   34.0000
  152.1438
```

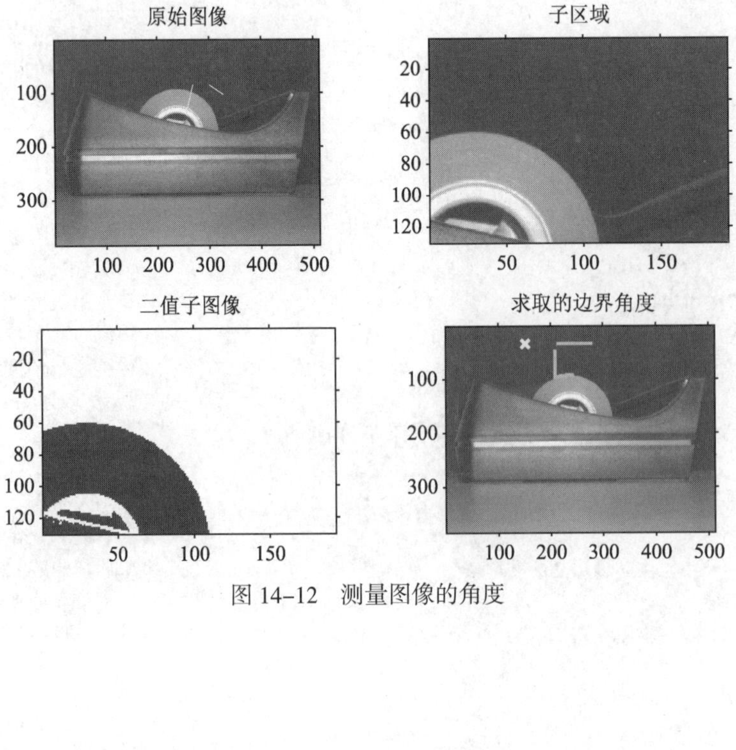

图 14-12　测量图像的角度

14.3　人脸识别应用

人脸识别是一门新兴的科研项目，它的工作原理是借由生物特征确认生物个体，利用计算机软件实现人脸信息的检测与识别。

随着社会的发展以及技术的进步，尤其是近 10 年内计算机的软硬件性能的飞速提升，以及社会各方面对快速高效的自动身份验证的要求日益迫切，生物识别技术在科研领域取得了极大的重视和发展。

由于生物特征是人的内在属性，具有很强的自身稳定性和个体差异性，因此是身份验证的最理想依据。其中，人脸特征也是典型的生物特征之一，利用人脸图像进行身份的鉴别和确认，具有被动识别、易于为用户接受、友好方便的特点，因此也成为国内外研究的热点之一。

【例 14-12】人物头像脸部区域定位。

解　在编辑器中输入以下代码。

```
clear,clc
I=imread('face.jpg');
figure;subplot(231);imshow(I);
title('原始图像');

I=rgb2gray(I);                                  %将真彩色图像转换为灰度图像
I=wiener2(I,[5 5]);
subplot(232);imshow(I);title('灰度图像');
BW=im2bw(I);                                    %将灰度图像转换为二值图像
subplot(233);imshow(BW);title('二值图像');
[n1 n2]=size(BW);                               %图像尺寸
r=floor(n1/10);                                 %尺寸除以 10
c=floor(n2/10);
x1=1;
x2=r;
s=r*c;
for i=1:10                                      %缩小背景区域，将图像部分边缘区域设置为黑色
    y1=1;
    y2=c;
    for j=1:10
        if(y2<=c|y2>=9*c)|(x1==1|x2==r*10)
            BW(x1:x2,y1:y2)=0;
        end
        y1=y1+c;
        y2=y2+c;
    end
    x1=x1+r;
    x2=x2+r;
end
subplot(234);imshow(BW);title('除去背景的图像');      %显示缩小背景区域后的图像
L=bwlabel(BW,4);                                     %标注各连通区域
B1=regionprops(L,'BoundingBox');
B2=struct2cell(B1);                                  %将连通区域的坐标转换为元胞数组
```

```
B3=cell2mat(B2);                            %将连通区域的元胞数组坐标转换为数组
[s1 s2]=size(B3);
mx=0;
%确认连通区域的矩形中面积最大，且面部的长宽比小于 2，确定面部矩形
for k=3:4:s2-1
    p=B3(1,k)*B3(1,k+1);
    if p>mx&(B3(1,k+1)/B3(1,k))<2
        mx=p;
        j=k;
    end
end
subplot(235);imshow(I);title('脸部识别效果');hold on;
rectangle('Position',[B3(1,j-2),B3(1,j-1),B3(1,j),B3(1,j+1)],'EdgeColor','r');
```

运行程序，结果如图 14-13 所示。

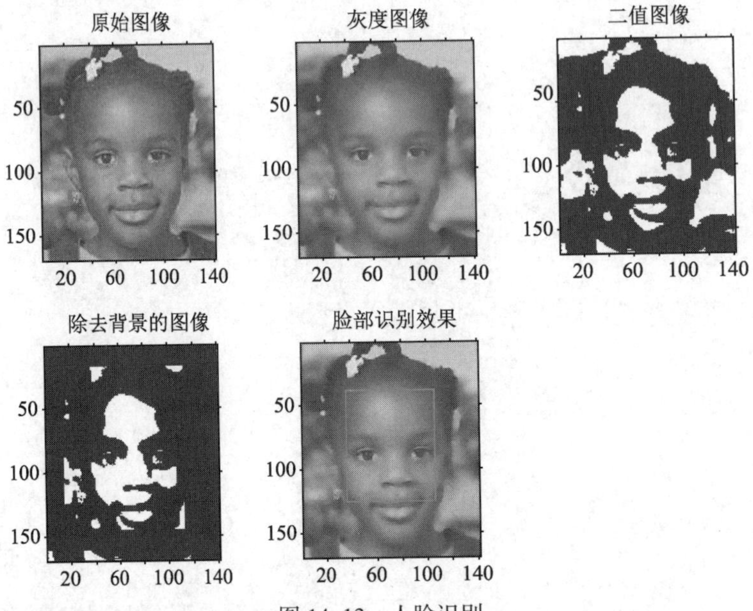

图 14-13　人脸识别

14.4　图像配准

图像配准就是将不同时间、不同传感器(成像设备)或不同条件下（天气、照度、摄像位置和角度等）获取的两幅或多幅图像进行匹配、叠加的过程，已经被广泛地应用于遥感数据分析、计算机视觉、图像处理等领域。

首先对两幅图像进行特征提取得到特征点，通过进行相似性度量找到匹配的特征点对；然后通过匹配的特征点对得到图像空间坐标变换参数；最后由坐标变换参数进行图像配准。

图像配准主要有以下几个步骤。

（1）读取图像并选择其需要配准的子区域。

（2）确定配准图像的区域。

（3）显示最终的图像。

【例 14-13】图像配准。

解　在编辑器中输入以下代码。

```
clear,clc
%读取图像
hestain=imread('hestain.png');
peppers=imread('peppers.png');
figure;
subplot(221);imshow(hestain);title('图像H');
subplot(222),imshow(peppers);title('图像P');
%裁剪出需要配准的子区域
rect_hestain=[111 33 65 58];                  %确定 hestain 图像的区域
rect_peppers=[163 47 143 151];                %确定 peppers 图像的区域
sub_hestain=imcrop(hestain,rect_hestain);
sub_peppers=imcrop(peppers,rect_peppers);
subplot(223),imshow(sub_hestain);title('图像H子区域');
subplot(224),imshow(sub_peppers);title('图像P子区域');
```

运行程序，结果如图 14-14 所示。

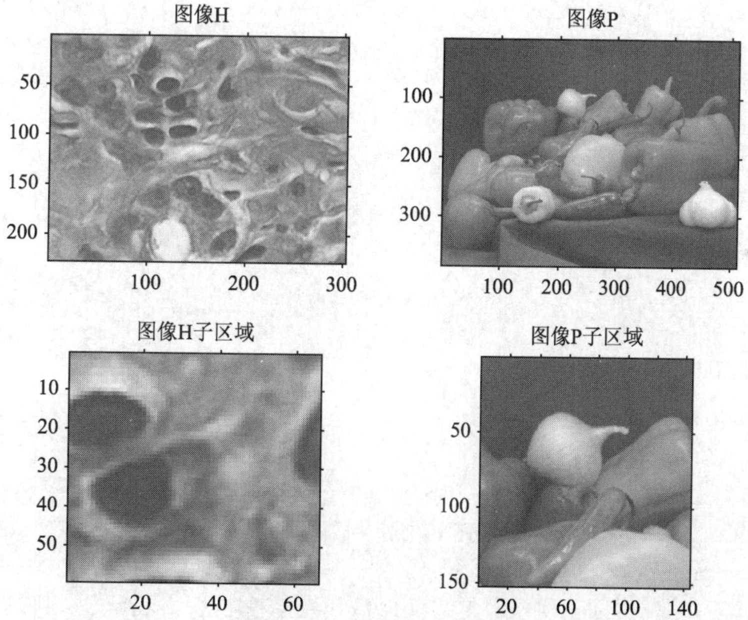

图 14-14　读取图像并裁剪出需要配准的子区域

```
%确定配准图像的区域
c=normxcorr2(sub_hestain(:,:,1),...
   sub_peppers(:,:,1));                       %对红色色带进行归一化互相关
figure
subplot(131),surf(c),title('确定配准图像的区域')

shading flat
```

```
[max_c,imax]=max(abs(c(:)));                    %确定归一化互相关最大值及其位置
[ypeak,xpeak]=ind2sub(size(c),imax(1));         %把一维坐标转换为二维坐标
corr_offset=[(xpeak-size(sub_hestain,2))
   (ypeak-size(sub_hestain,1))];                %利用相关找到的偏移量
rect_offset=[(rect_peppers(1)-rect_hestain(1))
   (rect_peppers(2)-rect_hestain(2))];          %位置引起的偏移量
offset=corr_offset+rect_offset;                 %总的偏移量
xoffset=offset(1);                              %x 方向的偏移量
yoffset=offset(2);                              %y 方向的偏移量
xbegin=round(xoffset+1);                        %x 轴起始位置
xend=round(xoffset+ size(hestain,2));           %x 轴结束位置
ybegin=round(yoffset+1);                        %y 轴起始位置
yend=round(yoffset+size(hestain,1));            %y 轴结束位置
extracted_hestain=peppers(ybegin:yend,xbegin:xend,:);    %提取 hestain 子图
if isequal(hestain,extracted_hestain)
   disp('hestain.png was extracted from peppers.png')    %判断两幅图像是否相同
end
%显示最终配准后的图像
recovered_hestain=uint8(zeros(size(peppers)));
recovered_hestain(ybegin:yend,xbegin:xend,:)=hestain;      %恢复的 hestain 图像
subplot(132),imshow(recovered_hestain);title('同样大小的背景下'); %显示恢复的 hestain 图像
[m,n,p]=size(peppers);                          %peppers 图像大小
mask=ones(m,n);
i=find(recovered_hestain(:,:,1)==0);
mask(i)=.2;                                     %可使用不同的值进行实验
subplot(133),imshow(peppers(:,:,1));title('最终配准后的图像');hold on
%显示图像的红色色带
h=imshow(recovered_hestain);                    % 显示恢复的 hestain 图像
set(h,'AlphaData',mask)
```

运行程序，结果如图 14-15 所示。

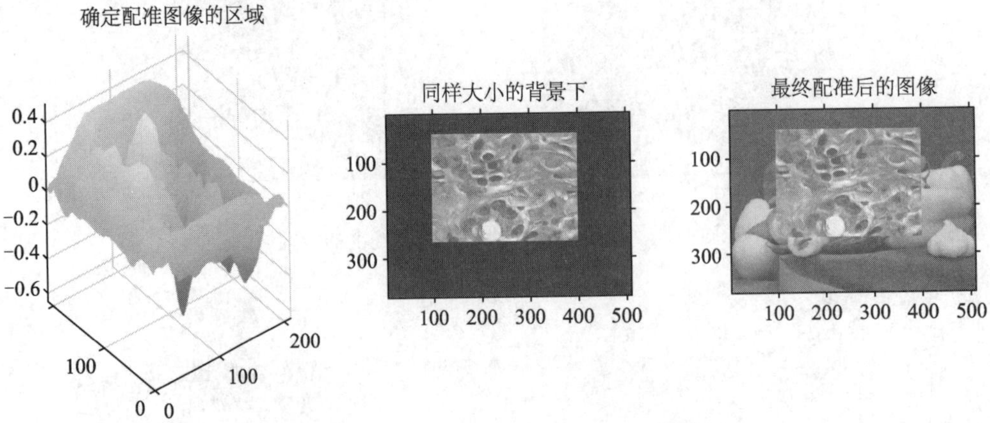

图 14-15　确定配准图像的区域并显示最终图像

14.5　视频目标检验

14.5.1　利用图像分割检验目标

视频文件是由一帧一帧图像按照一定顺序连接而成，因此对图像的处理方法同样适用于对视频文件的处理，只需逐帧选取图像，然后对其进行处理，最后再按照原来的顺序连接成视频文件。利用图像分割检验视频中的目标主要有以下几个步骤。

（1）将视频文件进行读取。

（2）将视频文件的一帧图像进行处理并检验其中的目标。

（3）对图像使用循环法进行检验。

【例 14-14】利用图像分割检验视频中的目标。

解　在编辑器中输入以下代码。

```
clear,clc
%利用 VideoReader()函数读取视频文件
rhinosObj=VideoReader('rhinos.avi');('rhinos.avi');          %从视频文件中读取数据
implay('rhinos.avi');
get(rhinosObj)
```

运行程序，结果如图 14-16 所示。程序中使用 get()函数可以获得更多的视频文件信息，如下所示。

```
obj =
  VideoReader - 属性:
   常规属性:
          Name: 'rhinos.avi'
          Path: 'C:\Program Files\Polyspace\R2020a\toolbox\images\imdata'
      Duration: 7.600000000000000
   CurrentTime: 0
     NumFrames: 114
   视频属性:
         Width: 320
        Height: 240
     FrameRate: 15
  BitsPerPixel: 24
   VideoFormat: 'RGB24'
```

图 14-16　视频文件

```
%对视频文件的一帧图像进行处理
darkCarValue=50;                                    %阈值
darkCar=rgb2gray(read(rhinosObj,71));               %转换为灰度图像
noDarkCar=imextendedmax(darkCar,darkCarValue);      %去除图像中深色的目标
figure
subplot(131);imshow(darkCar)
subplot(132);imshow(noDarkCar)
sedisk=strel('disk',2);                             %圆形结构元素
noSmallStructures=imopen(noDarkCar, sedisk);        %开操作
subplot(133);imshow(noSmallStructures)              %去除小目标
```

运行程序，结果如图 14-17 所示。

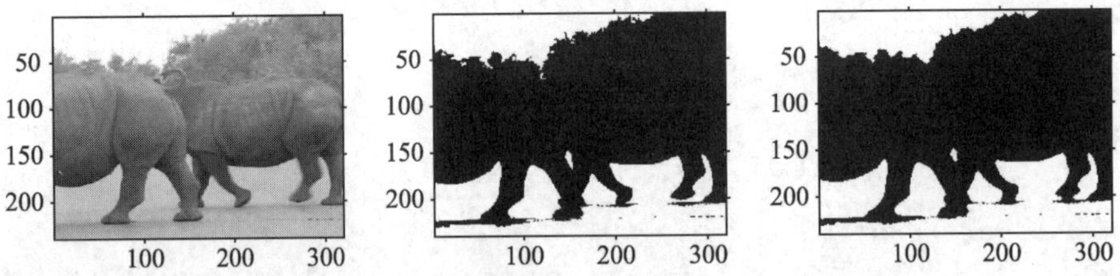

图 14-17　对视频文件中的一帧图像进行处理

```
%对图像使用循环法进行处理
nframes=get(rhinosObj,'NumberOfFrames');            %帧数
I=read(rhinosObj,1);                                %第 1 帧图像
taggedCars=zeros([size(I,1) size(I,2) 3 nframes], class(I));
for k=1:nframes
    singleFrame=read(rhinosObj,k);                  %读取图像
    I=rgb2gray(singleFrame);
    noDarkCars=imextendedmax(I,darkCarValue);
    noSmallStructures=imopen(noDarkCars,sedisk);
    noSmallStructures=bwareaopen(noSmallStructures,150);
    L=bwlabel(noSmallStructures);
    taggedCars(:,:,:,k)=singleFrame;
    if any(L(:))
        stats=regionprops(L,{'centroid','area'});   %求取质心和面积
        areaArray=[stats.Area];                     %求取目标对象的面积
        [junk,idx]=max(areaArray);                  %求取最大面积
        c=stats(idx).Centroid;
        c=floor(fliplr(c));
        width=2;
        row=c(1)-width:c(1)+width;
        col=c(2)-width:c(2)+width;
        taggedCars(row,col,1,k)=255;
        taggedCars(row,col,2,k)=0;
        taggedCars(row,col,3,k)=0;
    end
end
frameRate=get(rhinosObj,'FrameRate');
implay(taggedCars,frameRate);
```

运行程序，结果如图 14–18 所示。

图 14–18　检验结果

14.5.2　利用卡尔曼滤波定位目标

1960 年和 1961 年，卡尔曼（R.E.Kalman）和布西（R.S.Bucy）提出了递推滤波算法，成功地将状态变量引入滤波理论，用消息与干扰的状态空间模型代替了通常用来描述它们的协方差函数，将状态空间描述与离散时间更新联系起来，适合计算机直接进行计算，而不是寻求滤波器冲激响应的明确公式。这种方法得出的是表征状态估计值及其均方误差的微分方程，给出的是递推算法。这就是著名的卡尔曼理论。

卡尔曼滤波不要求保存过去的测量数据，当新的数据到来时，根据新的数据和前一时刻的存储值的估计，借助系统本身的状态转移方程，按照一套递推公式，即可计算出新的估值。这一点说明卡尔曼滤波器属于无限冲激响应（Infinite Impulse Response，IIR）滤波器的范畴。也就是说，与维纳滤波器不同，卡尔曼滤波器能够利用先前的运算结果，再根据当前数据提供的最新消息，即可得到当前的估值。

卡尔曼递推算法大大减少了滤波装置的存储量和计算量，并且突破了平稳随机过程的限制，使卡尔曼滤波器适用于对时变信号的实时处理。

卡尔曼滤波的含义是现时刻的最佳估计为在前一时刻的最佳估计的基础上根据现时刻的观测值作线性修正。卡尔曼滤波在数学上是一种线性最小方差统计估算方法，它是通过处理一系列带有误差的实际测量数据而得到物理参数的最佳估算。其实质要解决的问题是寻找在最小均方误差下的估计值。它的特点是可以用递推的方法计算，所需数据存储量较小，便于进行实时处理。具体来说，卡尔曼滤波就是要用预测方程和测量方程对系统状态进行估计，即

$$\boldsymbol{X}_k=\boldsymbol{\Phi}_{k,k-1}\boldsymbol{X}_{k-1}+\boldsymbol{\Gamma}_{k,k-1}\boldsymbol{W}_{k-1} \tag{14-1}$$

$$\boldsymbol{Z}_k=\boldsymbol{H}_k\boldsymbol{X}_k+\boldsymbol{V}_k \tag{14-2}$$

其中，$\boldsymbol{X}_k$ 为 k 时刻的系统状态；$\boldsymbol{\Phi}_{k,k-1}$ 和 $\boldsymbol{\Gamma}_{k,k-1}$ 为 $k-1$ 时刻到 k 时刻的状态转移矩阵；$\boldsymbol{Z}_k$ 为 k 时刻的测量值；$\boldsymbol{H}_k$ 为测量系统的参数；$\boldsymbol{W}_k$ 和 $\boldsymbol{V}_k$ 分别为过程和测量的噪声，它们被假设为高斯白噪声。

如果被估计状态和观测量是满足式（14–1），系统过程噪声和观测噪声满足式（14–2）的假设，k 时刻的观测 $\boldsymbol{X}_k$ 的估计 $\hat{\boldsymbol{X}}_k$ 可按以下步骤求解。

进一步预测

$$\boldsymbol{X}_{k,k-1}=\boldsymbol{\Phi}_{k,k-1}\boldsymbol{X}_{k-1}$$

状态估计

$$\hat{\boldsymbol{X}}_k=\hat{\boldsymbol{X}}_{k,k-1}+\boldsymbol{K}_k[\boldsymbol{Z}_k\boldsymbol{H}_k\hat{\boldsymbol{X}}_{k,k-1}]$$

滤波增益矩阵

$$\boldsymbol{K}_k=\boldsymbol{P}_{k,k-1}\boldsymbol{H}_k^{\mathrm{T}}R_k^{-1}$$

一步预测误差方差阵

$$\boldsymbol{P}_{k,k-1}=\boldsymbol{\Phi}_{k,k-1}\boldsymbol{P}_{k,k-1}\boldsymbol{\Phi}_{k,k-1}^{\mathrm{T}}+\boldsymbol{\Gamma}_{k,k-1}\boldsymbol{Q}_{k,k-1}\boldsymbol{\Gamma}_{k,k-1}^{\mathrm{T}}$$

估计误差方差阵

$$\boldsymbol{P}_k=[\boldsymbol{I}-\boldsymbol{K}_k\boldsymbol{H}_k]\boldsymbol{P}_{k,k-1}$$

上述就是卡尔曼滤波器的 5 条基本公式，只有给定初值 $\boldsymbol{X}_0$ 和 $\boldsymbol{P}_0$，根据 k 时刻的观测值 $\boldsymbol{Z}_k$，就可以递推计算得 k 时刻的状态估计 $\hat{\boldsymbol{X}}_k$（k=1,2,⋯,N）。

下面利用卡尔曼滤波从视频中取出 60 帧图像，定位球目标，如图 14–19 所示。

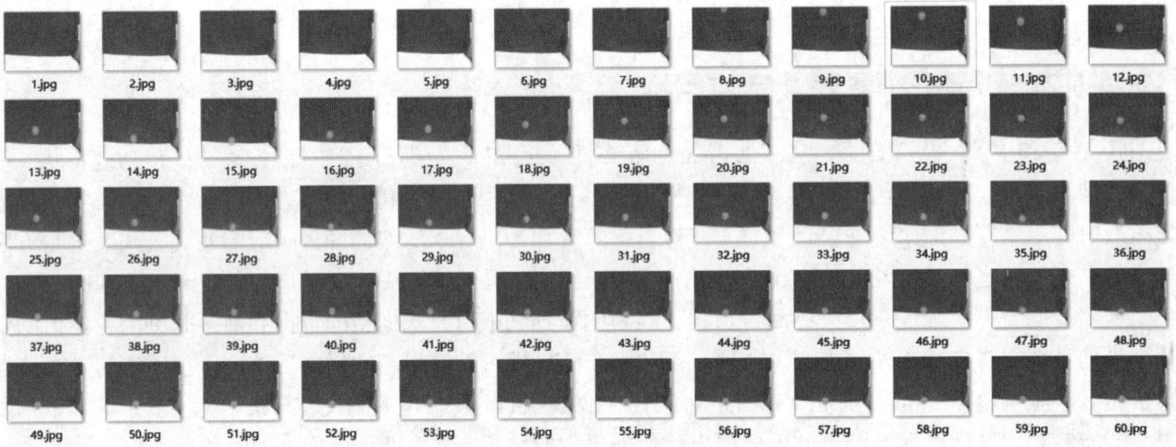

图 14–19　视频中取出的 60 帧图像

【例 14-15】利用卡尔曼滤波定位视频中的目标。

（1）首先编写发现目标球函数 extractball()，代码如下。

```
function [cc,cr,radius,flag]=extractball(Imwork,Imback,index)
cc=0;
cr=0;
radius=0;
flag=0;
[MR,MC,Dim]=size(Imback);

%减去背景和选择一个大的差异像素
fore=zeros(MR,MC);
fore=(abs(Imwork(:,:,1)-Imback(:,:,1)) > 10) ...
   | (abs(Imwork(:,:,2)-Imback(:,:,2)) > 10) ...
   | (abs(Imwork(:,:,3)-Imback(:,:,3)) > 10);

%形态学操作腐蚀去除小噪声
foremm=bwmorph(fore,'erode',2);

%选择最大的对象
```

```
labeled=bwlabel(foremm,4);
stats=regionprops(labeled,['basic']);
[N,W]=size(stats);
if N < 1
   return
end

%在大于 1 的区域进行分类（大到小）
id=zeros(N);
for i=1:N
   id(i)=i;
end
for i=1:N-1
   for j=i+1:N
      if stats(i).Area<stats(j).Area
         tmp=stats(i);
         stats(i)=stats(j);
         stats(j)=tmp;
         tmp=id(i);
         id(i)=id(j);
         id(j)=tmp;
      end
   end
end

%确保至少有一个大区域
if stats(1).Area<100
   return
end
selected=(labeled==id(1));

%获得最大的质量和半径的中心
centroid=stats(1).Centroid;
radius=sqrt(stats(1).Area/pi);
cc=centroid(1);
cr=centroid(2);
flag=1;
return
end
```

（2）发现目标球。

```
%发现目标球
clear,clc
% 计算背景图像
Imzero=zeros(240,320,3);
for i=1:5
   Im{i}=double(imread(['DATA/',int2str(i),'.jpg']));
   Imzero=Im{i}+Imzero;
```

```
end
Imback=Imzero/5;
[MR,MC,Dim]=size(Imback);

%得出所有循环图像
for i=1:60
   % load image
   Im=(imread(['DATA/',int2str(i),'.jpg']));
   imshow(Im)
   Imwork=double(Im);

   %提取球
   [cc(i),cr(i),radius,flag] = extractball(Imwork,Imback,i);
   if flag==0
      continue
   end
   hold on
   for c=-0.9*radius:radius/20:0.9*radius
      r=sqrt(radius^2-c^2);
      plot(cc(i)+c,cr(i)+r,'g.')
      plot(cc(i)+c,cr(i)-r,'g.')
   end
   %慢动作
   pause(0.02)
end

figure
plot(cr,'g*');hold on
plot(cc,'r*')
```

运行程序，发现目标球和相应的目标球轨迹，如图 14-20 和图 14-21 所示。

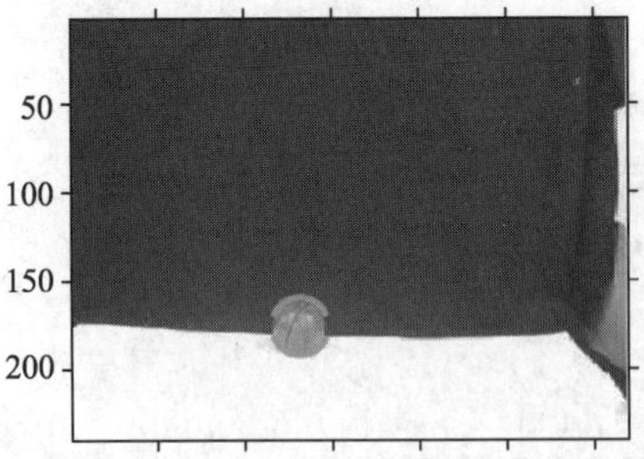

图 14-20 选出一帧发现目标球

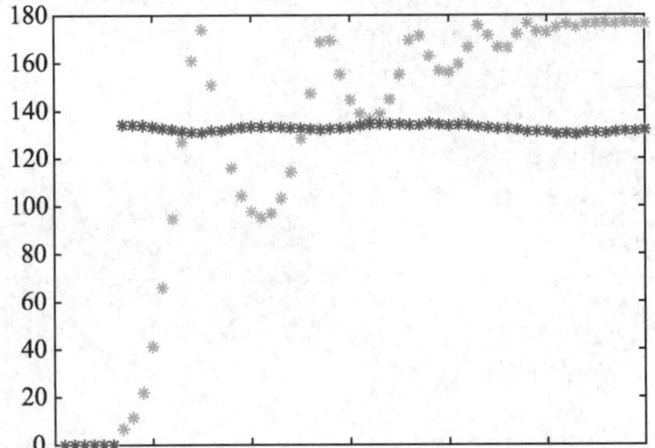

图 14-21 目标球轨迹

（3）利用卡尔曼滤波定位视频中的目标。

```
clear,clc
% 计算背景图像
```

```
Imzero=zeros(240,320,3);
for i=1:5
    Im{i}=double(imread(['DATA/',int2str(i),'.jpg']));
    Imzero=Im{i}+Imzero;
end
Imback=Imzero/5;
[MR,MC,Dim]=size(Imback);

% 卡尔曼滤波初始化
R=[[0.2845,0.0045]',[0.0045,0.0455]'];
H=[[1,0]',[0,1]',[0,0]',[0,0]'];
Q=0.01*eye(4);
P=100*eye(4);
dt=1;
A=[[1,0,0,0]',[0,1,0,0]',[dt,0,1,0]',[0,dt,0,1]'];
g=6;
Bu=[0,0,0,g]';
kfinit=0;
x=zeros(100,4);

% 对所有帧图像进行循环
for i=1:60
    % 加载图像
    Im=(imread(['DATA/',int2str(i),'.jpg']));
    imshow(Im);
    imshow(Im);
    Imwork=double(Im);
    %提取球目标
    [cc(i),cr(i),radius,flag]=extractball(Imwork,Imback,i);
    if flag==0
        continue
    end
    hold on
    for c=-1*radius:radius/20:1*radius
        r=sqrt(radius^2-c^2);
        plot(cc(i)+c,cr(i)+r,'g.')
        plot(cc(i)+c,cr(i)-r,'g.')
    end
    % 卡尔曼更新
    if kfinit==0
        xp=[MC/2,MR/2,0,0]'
    else
        xp=A*x(i-1,:)'+Bu
    end
    kfinit=1;
    PP=A*P*A'+Q
    K=PP*H'*inv(H*PP*H'+R)
    x(i,:)=(xp+K*([cc(i),cr(i)]'-H*xp))';
```

```
    x(i,:)
    [cc(i),cr(i)]
    P=(eye(4)-K*H)*PP

    hold on
    for c=-1*radius:radius/20:1*radius
        r=sqrt(radius^2-c^2);
        plot(x(i,1)+c,x(i,2)+r,'r.')
        plot(x(i,1)+c,x(i,2)-r,'r.')
    end
    pause(0.3)
end

% 显示目标的位置
figure
plot(cc,'r*');hold on
plot(cr,'g*')

%评估图像噪声
posn=[cc(55:60)',cr(55:60)'];
mp=mean(posn);
diffp=posn-ones(6,1)*mp;
Rnew=(diffp'*diffp)/5;
```

运行程序，跟踪目标球和相应的目标球轨迹，如图 14–22 和图 14–23 所示。

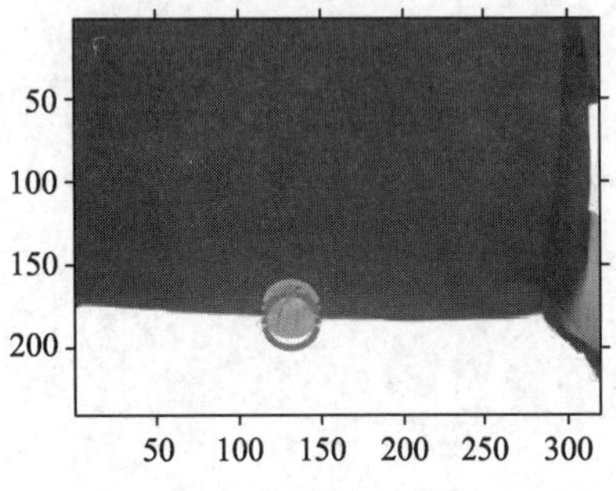

图 14–22 卡尔曼跟踪目标球

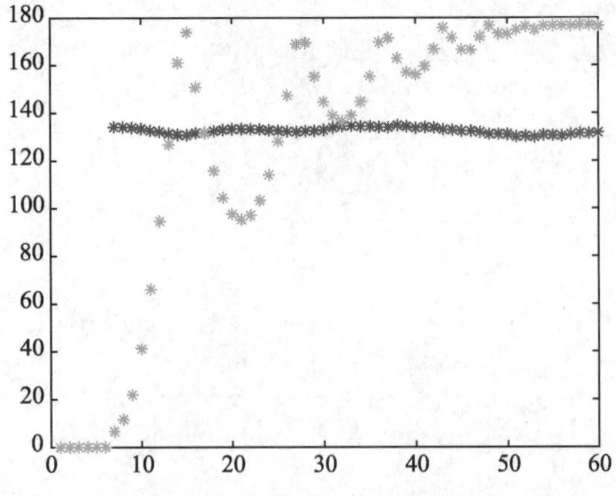

图 14–23 目标球卡尔曼追踪轨迹

14.6 小结

本章讲述了 MATLAB 图像处理在医学图像处理、特征提取、人脸识别、图像配准、视频目标检验等的应用。本章仅列举一些典型的应用实例，阐述图像处理的基本过程及方法，为读者和研究人员提供一种分析和解决问题的方法。结合示例经常对程序进行独立设计和调试，会有意想不到的效果。

参 考 文 献

[1] 刘浩，韩晶．MATLAB R2020a 完全自学一本通[M]．北京：电子工业出版社，2020.

[2] 马平．数字图像处理和压缩[M]．北京：电子工业出版社，2007.

[3] 张志涌．MATLAB 教程[M]．北京：北京航空航天大学出版社，2001.

[4] 孙家广．计算机图形学[M]．北京：清华大学出版社，1995.

[5] 闫敬文．数字图像处理：MATLAB 版[M]．北京：国防工业出版社，2007.

[6] 陈超．MATLAB 应用实例精讲[M]．北京：电子工业出版社，2011.

[7] 于万波．基于 MATLAB 的图像处理[M]．北京：清华大学出版社，2008.

[8] 夏德深．计算机图像处理及应用[M]．南京：东南大学出版社，2004.

[9] 周新伦．数字图像处理[M]．北京：国防工业出版社，1986.

[10] 李信真．计算方法[M]．西安：西北工业大学出版社，2000.

[11] 陈桂明．应用 MATLAB 语言处理信号与数字图像[M]．北京：科学出版社，2000.

[12] 周品．MATLAB 图像处理与图形用户界面设计[M]．北京：清华大学出版社，2013.

[13] 何斌，马天予．Visual C++数字图像处理[M]．北京：人民邮电出版社，2001.

[14] 郭景峰，蔺旭东．数学形态学中结构元素的分析研究[J]．计算机科学，2002，29(7)：113-115.

[15] 冈萨雷斯．数字图像处理[M]．2 版．阮秋琦，译．北京：电子工业出版社，2007.

[16] 徐飞，施晓红．MATLAB 应用图像处理[M]．西安：西安电子科技大学出版社，2002.

[17] 章毓晋．图像处理与分析[M]．北京：清华大学出版社，2004.

[18] 张强，王正林．精通 MATLAB 图像处理[M]．北京：电子工业出版社，2009.

[19] 陈杨．MATLAB 6.X 图像编程与图像处理[M]．西安：西安电子科技大学出版社，2002.

[20] 王慧琴．数字图像处理[M]．北京：北京邮电大学出版社，2006.

[21] 秦襄培，郑贤中．MATLAB 图像处理宝典[M]．北京：电子工业出版社，2011.

[22] 崔屹．图像处理与分析：数学形态学方法及应用[M]．北京：科学出版社，2000.

[23] 唐常青．数学形态学方法及其应用[M]．北京：科学出版社，1990.

[24] 阮秋琦．数字图像处理学[M]．北京：电子工业出版社，2001.

[25] 何东健．数字图像处理[M]．西安：西安电子科技大学出版社，2003.

[26] 王家文．MATLAB 6.5 图形图像处理[M]．北京：国防工业出版社，2004.

[27] 余成波．数字图像处理及 MATLAB 实现[M]．重庆：重庆大学出版社，2003.

[28] 杨帆．数字图像处理与分析[M]．北京：北京航空航天大学出版社，2007.